中國地質學家看
玉峯華逝
地貨賢宗

丁文江
章鴻釗
翁文灝
李四光
壬寅年
密瑞葬題

《地质贤宗》油画（宋瑞祥、彭兆远、徐虹策划，刘高峰创作）
左起：丁文江、章鸿钊、翁文灏、李四光

1922—2022

本书编写组 编著

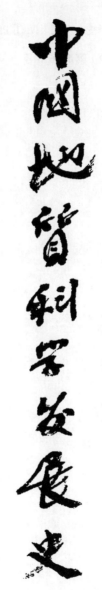

中国地质科学发展史

（下）

中国科学技术出版社

·北 京·

图书在版编目（CIP）数据

中国地质科学发展史 . 下 / 本书编写组编著 . -- 北京：中国
科学技术出版社，2022.10

ISBN 978-7-5046-9803-2

I. ①中… Ⅱ. ①本… Ⅲ. ①地质学史—中国 Ⅳ. ① P5-092

中国版本图书馆 CIP 数据核字（2022）第 169670 号

本书编写组

顾　问：宋瑞祥　彭兆远

主　编：孟　琪　李裕伟　赵腊平　詹庚申

副主编：张　恒　杨　辉　夏小博

七律　贺中国地质学会
百年华诞

宋瑞祥

西学终成车渐风，神州狮醒地初萌。
聊将兵马奠基业，更举旌旗寻矿野。
何处漂来向扬子，秦华老矗牟山宗。
百年回首众头越，国运兴隆又一重。

二〇二二年八月于大连

序 言

2022 年，是中国地质学会的百年华诞。回眸中国地质科学发展的百年历史，每一个豪迈而艰辛的步伐，均在中华民族伟大复兴之路上留下了坚实的足迹，书写了精彩的篇章。一部《中国地质科学发展史》，就是一代又一代地质人追求科学报国、实现中华民族伟大复兴的历史缩影和生动见证。

20 世纪初叶，正是中华民族觉醒的前夜。一批心系民族存亡、立志振兴中华的有志青年，在西学东渐的时代背景下，毅然决然地选择了地质科学。其中最具代表性并为中国地质科学发展作出了奠基性重要贡献的代表性人物有章鸿钊、丁文江、翁文灏、李四光"四位贤宗"。前人栽树，后人乘凉。可以这样说，正是在这一代地质科学巨匠的引领下，中国现代地质科学方能快速起步，从而取得了今天中国地质科学的骄人业绩。

中华人民共和国成立以后，从计划经济到改革开放，我国的地质工作者始终肩负着"开路先锋"的神圣使命，他们呕心沥血、励精图治、跋山涉水、风餐露宿，为工业化、现代化建设提供了重要的矿产资源保障。地质科学的一个重要特点和特殊规律就是科研与生产一体化。地质工作的过程本质上就是科学研究的过程。地质找矿需要科学理论指导，同时，地质找矿本身也是地质科学探索与实践的过程。在不同的历史阶段，科技创新都始终贯穿地质工作全过程。反过来，这些实践又在不断地丰富与发展地质科学，促进地质科学与时俱进，始终屹立在基础科学的前沿。

当历史的车轮驶入新时代，经济社会可持续发展对地质工作提出了更新更高的要求。党的十八大以来，生态文明理念深入人心。基于大地质的理念，地质工作开始延伸到国民经济和社会发展的各个领域，尤其是在生态文明建设中发挥先行性的功能和强有力的科学技术支撑。历史和现实一再告诫我们：地质科学是探索地球奥秘的重要钥匙，与人类的生存和发展息息相关，不可或缺。过去是，现在是，将来亦是如此。

我是一个老地质工作者，已经进入耄耋之年，但仍以"老骥伏枥，志在千里；烈士暮年，壮心不已"激励自己，想继续为地质事业贡献一点余热。回首自己的职业生涯，最令我难忘、最令我珍爱的，就是曾经经历过的如诗如画的地质生活：钟山脚下南京地质学校求学阶段的如饥似渴；三湘大地野外地质工作的实践历练；西北边陲为政一方的地质情怀；北京西四谋划地质工作发展改革的殚精竭虑……这些，都在我的脑海里留下了难以磨灭的印象。在此期间，我深深地体会到：地质工作是一个小领域，在其从业人数最多的20世纪80年代，仅一百多万人；但在国家发展的每一个历史阶段，都起到提供"工业粮食和血液"的重要基础性作用。因此说，这门学科及这个行业的发展史是值得大书特书的。

　　古往今来，盛世修史。为英雄树碑、为先驱立传，踵事增华，由细流而大河，大河而汪洋，以为榜样，发扬光大，激励后世，既为中华民族之优秀传统，也是世界通行之惯例。几年前我开始琢磨，要为庆祝中国地质学会成立一百周年做一些有意义的工作。后来，我的思绪聚焦到了一个念头，那就是组织写一部书，以中华民族伟大复兴为背景，系统地回顾、全面地总结中国地质科学的发展历程。

　　基于上述宗旨，我策划了本书的基本框架和编写思路。现在，经过编写组主编、副主编们的共同努力，终于在中国地质学会成立一百周年之际，我们向广大地质队员献上了这份"厚礼"——一部百万字的巨作《中国地质科学发展史》（上、中、下三卷）。本书从先秦时代写起，直至全面建成小康社会的今天，按时间顺序，围绕中国的工业化、现代化直至生态文明建设的进程展开。依托地质科学发展的主线索，对其间出现的重要人物、重要事件、重要项目、重要成果、重要产地进行了全方位论述。本书回眸历史，立足当下，展望未来，框架博大、构思精巧、语言丰富，不失为地质学史著作编撰的一次有益探索和创新。

　　历史是一面镜子，是特殊的"人文资源"，每一次智慧的整合均能给人以启发。这部著作，记述和体现了老、中、青三代地质人的梦想，真实地还原了地质科学领域波澜壮阔的发展历程。我国地质科学萌芽阶段的地质宗师、地质大师、地质精英们的民族精神和人文情怀，令人荡气回肠。中华人民共和国成立以来地勘行业凝结的特有的"三光荣"精神，以及为共和国成长提供矿产资源和地质环境保障所作出的特有贡献，又把读者带进那个激情燃烧的岁月。21世纪以来地质工作转型升级的诸多探索与经验，新时期地质工作的新领域、新使命和新担当，更增强了读者对中国地质工作发展前景的坚定信心。

　　一部好的史书，能够起到"资政育人"的重要作用。地质工作不仅需要知识传承、技能传承，更需要精神传承、作风传承。2022 年，正值中国地质学会成立一百周年。中国地质科学和地质事业的百年历史所积累的宝贵经验是一笔弥足珍贵的精神遗产，已经成为红色历史经典的重要内容，将永远激励着我国新一代地质工作者。当前，中国共产党领导全国人民在为实现第二个百年目标而奋斗。因此我认为，本书可以作为全国地勘行业党史学习的推荐性教材。通过这本著作，让更多的地质工作者和普通读者了解地质科学与民族复兴的内在逻辑关系，并从历史中汲取无穷无尽的精神力量，将地质工作汇入中华民族伟大复兴的时代潮流中去。

世界正面临百年未有之大变局。国际形势的变化将影响国际能源、矿产的配置格局。对此，习近平总书记对国家资源安全及地球科学探索作出了一系列重要指示、批示和论述。党的十九届六中全会通过的《中共中央关于党的百年奋斗重大成就和历史经验的决议》中提出了"国家安全观"，并明确提出要加强地质勘查。新一轮找矿突破行动也将启动。因此，地质勘查工作使命光荣，任重道远，前途光明。

总结与回顾地质科学百年发展史，为的是瞄准"两个一百年"奋斗目标，把地质工作更加紧密地置身于中华民族伟大复兴的中国梦当中；为的是"努力向学、蔚为国用"，更好地把握地质工作的发展方向，确保地质工作始终与国家和人民同呼吸共命运；为的是进一步弘扬科学精神、创新科技，促进地质工作为建设人类命运共同体贡献中国智慧与力量。

2022 年 10 月 2 日，中国共产党第二十次全国代表大会召开的前夕，习近平总书记给山东省地矿局第六地质大队回信。在信中，习总书记站在历史和全球的高度，既高度赞誉了地质工作者的优良作风、历史功绩，更充分肯定了地质工作在经济社会发展和国计民生、国家安全中的战略地位，同时也为新时期地质工作的发展指明了方向。全国地质工作者倍感亲切、备受鼓舞。当前，全国地勘行业正在掀起一场学习习总书记回信精神的新高潮。

我衷心希望，广大地质科学工作者继续以史为鉴、以史为镜，进一步深刻领会和贯彻落实习总书记的回信精神，以饱满的热情投入工作，在开启新征程、奋进新时代，实现第二个百年宏伟目标和中华民族伟大复兴的历史进程中，不断创新发展，作出新的更大的贡献！

宋瑞祥

本卷目录

第六篇

新时代

卷首语

　　世纪之交，国家深化"富国兴业"总格局，1998年成立国土资源部，次年果断实施地质勘查体制改革，实施公益性地质工作与商业性地质工作分体运行。以公益性地质工作为核心，先后着力实施"新一轮国土资源大调查计划"和"地质矿产调查评价专项"，提高地质工作程度，加强矿产地质调查、勘查，提高矿产资源保障程度，推进矿产勘查战略西移。着力实施环境地质保障工程，支撑三峡水利枢纽、西气东输、南水北调、青藏铁路的建设，支撑服务京津冀协同发展、长江经济带建设等国家重大战略的实施。着力实施海洋地质调查专项，地质考察推进到南北极，深入到大洋领域，重点区域发现了油气、天然气水合物、锰结核等海洋矿产，支撑服务我国海洋强国战略，为维护海洋权益、解决海洋争端提供重要地质依据。积极开展国际地质矿产合作，支撑服务"一带一路"建设。

　　党的十八大以来，我国社会主义建设进入新时代，地质人以"强国富民"为己任，紧紧围绕实现"两个一百年"奋斗目标，为实现中华民族伟大复兴的中国梦而奋斗。地质工作服务领域不断扩大，在服务国家能源资源安全保障，服务促进生态文明建设，服务防灾减灾，服务新型城镇化、工业化、农业现代化和重大工程建设，服务海洋强国建设，服务国防和军队建设，推进地质调查工作战略性结构调整，努力实现从地质大国走向地质强国等方面，不断建立新的功勋。

　　历史经验表明，地质工作的过程本质上就是科学研究的过程，在不同的历史阶段，科技创新始终贯穿地质工作的全过程。地质科学技术发展的历史经验表明，科技革命总是深刻地影响着地质工作的格局。

　　进入新世纪之后，中国地质科学继续深化热河生物群及燕辽生物群、关岭生物群、瓮安生物群以及西藏晚中生代生物群的研究工作，发现了一批重要的古生物化石，取得了有重大国际影响的原创性成果，为探寻生命起源演化，厘定相关地层时代和进行地层对比作出了重要贡献。

历史经验表明，地质科学既具有世界性和时代性，又具有地域性和应用性。发展地质科学必须坚持全球视野，把握时代脉搏，又坚持自主创新，解决实际问题。

世纪之交，应用现代分析技术，建立了54种元素化学分析系统和监控系统，使"化学地球"国际大科学计划成为可能。近年来，地、物、化、遥数据综合已向大数据、云计算发展，集成化、智能化正在改变着传统地质工作，蜕茧蝶变已见端倪。

中国大陆科学钻探工程、汶川地震断裂科学钻探工程以及深部技术与实验研究专项等重大科学工程的接连实施，已带动地球深部探测与地质科学前沿研究，提高了我们对地球深部过程与演化的认识，为创建新的地学理论奠定了基础。

我国天然气水合物勘查与开发研究起步晚于美国、加拿大、日本等国家，但是我们发挥后发优势，奋起直追，提升了对天然气水合物形成机理的认识。初步形成了完整的天然气水合物勘查技术体系，在陆域和海域均实现了天然气水合物勘查发现的重大突破，已处于与发达国家并跑阶段。目前正大力推进天然气水合物试采，努力攻克商业化开发的技术瓶颈，力争使我国天然气水合物勘查开发领跑世界水平。当前，我国地质科技正向深陆、深海、深空迈进。全面增强地球系统及资源环境的探测能力，时代的要求和我们的命运同在。

我们坚信，在中国特色社会主义进入新时代，特别是在我国实现"两个一百年"奋斗目标和中华民族伟大复兴的征程中，一定会主动适应新技术革命的挑战，适应传统矿业转型时的新需求，适应地球系统科学的新发展，从深陆、深海、深空迈向宇宙，不断开辟地质工作的新领域、新境界，为人类文明的发展作出新的更大的贡献。

第五篇

二十一世纪初

　　21 世纪的中国地质工作，从一开始就面临着市场竞争、体制转轨、转型升级的历史性考验。世纪初叶，国际矿业市场持续低迷，地质工作者坚持以"大地质观"为指导，将地质工作拓展至国民经济和社会发展的各个领域。2003 年以后，中国开始了为期十年的中国矿业"黄金期"。地质勘查行业管理部门谋划和实施了一系列的地质找矿专项行动，地质科技工作者积极致力于"攻深找盲"，为中国经济的超常规增长提供了强有力的能源和矿产支撑。期间，中国的地质科学研究工作开始全面与国际接轨，取得了一批国际地学界瞩目的重要科研成果。

第二十章

行业主体与政策法规

进入 21 世纪，地质勘查行业以构建社会主义市场经济体制为导向，行业管理机构逐步健全，地质勘查事业单位的改革持续深化，多种经济成分的市场主体不断发展。与此同时，各项政策、法规日益完善，具有中国特色的地质勘查新体制和新机制初步形成。

21 世纪的前 20 年，是我国地质勘查行业面向未来的重要战略机遇期。在科学发展和建设全面小康的征程上，地质勘查行业坚持以"大地质"观为导向，一如既往地为国家提供矿产资源与地质环境的基本保障；同时，坚持科技创新，将地质工作向国民经济的各个领域拓展，为经济社会的可持续发展和生态文明建设作出积极贡献。

第一节　地质勘查行业管理及相关机构

地质勘查行业管理，是依托地质勘查领域行业规划、行业组织、行业协调以及行业沟通等政府行为而建立起来的一种行业管理体制，是介于宏观经济管理与微观经济管理之间的中观管理层次，也是一种适应社会化大生产和市场经济需要的社会经济管理形式，是市场经济体制的有机组成部分。

进入 21 世纪，按照国土资源部（自然资源部）的"三定方案"，地质勘查司履行管理地质勘查行业和全国地质工作的职责。主要通过两个途径进行管理：一是根据地质勘查行业的发展方向和目标，直接对地质勘查行业进行规划、协调和指导；二是委托直属机构及行业协会、学会，或通过购买服务来实现对地质勘查行业的管理。

一、政府管理机构

进入 21 世纪，新组建的国土资源部充分履行九届全国人大一次会议第三次全体会议（1998 年 3 月 10 日）表决并授予的地质勘查行业管理职能。其中与地质科学技术相关的管理职能包括：拟定有关矿产资源、海洋资源管理的法律、法规、政策，制订矿产资源、海洋资源管理的技术标准、规程、规范和办法。组织编制和实施国土规划和其他专项规划，组织矿产资源、海洋资源的调查评价，编制矿产资源和海洋资源保护与合理利用规划、地质勘查规划、地质灾害防治和地质遗迹保护规划。依法管理矿产资源探矿权、采矿权的审批登记发证和转让审批登记；依法审批对外合作区块；承担矿产资源储量管理工作，管理地质资料汇交；依法实施地质勘查行业管理，审查确定地质勘查单位的资格，管理地勘成果；按规定管理矿产资源补偿费的征收和使用。组织监测、防治地质灾害和保护地质遗迹；依法管理水文地质、工程地质、环境地质勘查和评价工作，监测、监督防止地下水的过量开采与污染，保护地质环境；认定具有重要价值的古生物化石产地、标准地质剖面等地质遗迹保护区。

根据《国务院办公厅关于印发国土资源部职能配置内设机构和人员编制规定的通知》（国办发〔1998〕47 号），国土资源部设 14 个职能司（厅），其中涉及地勘行业管理的司局主要包括：

矿产开发管理司。依法进行采矿审批登记发证和采矿权转让审批登记；依法调处重大采矿争议、纠纷；审核评估机构从事采矿权评估的资格，审核国家出资形成的采矿权评估结果；依法进行矿产资源开发、利用与保护的监督管理，依法征收矿产资源补偿费。

矿产资源储量司。组织拟定矿产资源储量管理办法、标准、规程、规范；组织建立健全矿产资源储量评审的专家系统；承担矿产资源储量管理和地质资料汇交管理工作；组织矿产资源供需形势分析；研究拟定矿产资源政策。

地质环境司。拟定地质遗迹等地质资源和地质灾害管理办法；组织编制和实施滑坡、崩塌、泥石流、地面沉降与塌陷等地质灾害防治和地质遗迹保护规划并对执行情况进行监督检查；组织协调重大地质灾害防治；指导地质灾害和地下水动态监测、评价和预报；组织认定具有重要价值的古生物化石产地、标准地质剖面等地质遗迹保护区，组织保护地质遗迹和地质灾害防治。

　　地质勘查司。组织拟定地质勘查工作标准、规程、规范；组织矿产资源、海洋资源调查评价，起草编制地质勘查规划并对执行情况进行监督检查；依法进行勘查审批登记发证和探矿权转让审批登记；审核对外合作勘查、开采区块；依法调处重大地质勘查争议、纠纷；审核评估机构从事探矿权评估的资格，组织确认国家出资形成的探矿权评估结果。

二、部属事业单位

　　自然资源部直属的事业单位包括以下几个系列：综合管理服务系列、地质矿产科技系列、土地资源管理系列、地理测绘信息系列、海洋资源环境系列。其中地质矿产科技系列主要包括如下单位。

（一）中国地质博物馆

　　始建于 1916 年的中国地质博物馆，始终秉承"典藏立馆、科普兴馆、科研强馆"的理念，在 21 世纪不断迈出新的步伐。2016 年 7 月 23 日，中国地质博物馆成立 100 周年之际，习近平总书记亲致贺信，对中国地质博物馆取得的成就和作出的贡献给予高度评价，为今后发展指明了方向，并寄予殷切希望。历经百年积淀，中国地质博物馆已收藏各类标本 20 多万件，涵盖古生物、矿物岩石、宝玉石等各个领域，具有很高的收藏价值、科研价值和观赏价值。在科普方面，"全国青少年地学夏令营"成为中小学生素质教育的"第二课堂"；科普期刊《地球》成为地学科普殿堂的重要平台和窗口。

（二）中央地质勘查基金管理中心

　　2006 年 1 月，《国务院关于加强地质工作的决定》颁布。国土资源部、财政部密切配合，筹建基金管理机构和启动中央地质勘查基金同步进行。中央编制委员会办公室以中编办复字〔2007〕50 号文批准设立国土资源部中央地质勘查基金管理中心。财政补助事业编制 30 名。2007 年 6 月，发布《中央地质勘查基金（周转金）管理暂行办法》。同年 11 月，启动首批 126 个试点项目，安排勘查投入 5.7 亿元。与此同时，在项目招投标、监理、权益处置等方面提出相应的制度和办法。开展"中央地质勘查基金项目规划（实施方案）编制研究""重要矿产资源战略储备研究""国家出资勘查形成的矿业权价款折股股权管理研究""中央地勘基金项目管理研究""中央地勘基金管理专家队伍建设和办公自动化建设""中央地勘基金参与国外矿产资源勘查开发政策研究"等研究课题。内部管理制度基本建立，机构运转总体顺畅，职责任务进一步落实，各项工作正有序展开。

（三）矿产资源储量评审中心

矿产资源储量评审中心是自然资源部直属事业单位，1999年9月经中央机构编制委员会办公室批准成立，是自然资源部专门从事矿产资源储量评审和矿产勘查开发技术标准与规范的研究机构，是联合国能源和矿产资源储量协调机制成员单位。21世纪以来，作为第一承担单位完成的全国"固体矿产储量套改"成果获国土资源部科学技术奖一等奖。负责开展了各类矿产资源储量报告的评审工作，其中包括在上海、深圳、香港和美国证券交易所上市的公司提交的资源储量报告。广泛开展技术咨询和项目合作，为社会各界提供了多种技术服务。

（四）珠宝玉石首饰管理中心

珠宝玉石首饰管理中心即国家珠宝玉石质量监督检验中心［简称珠宝国检（NGTC）］，是自然资源部直属司局级事业单位，为国家市场监督管理总局依法授权的国家级珠宝玉石质检机构。于1992年成立于北京，历经30年的发展，已成为集检验检测评价、科学技术开发、国家标准建设、国际交流合作、职业教育培训、技能鉴定认证于一体的，拥有800余名员工的国家级珠宝玉石科技文化综合服务平台。珠宝国检在全国十余个城市设有一流的实验、培训、科研机构，承担着市场监管以及公安、司法、海关等政府部门的监督检验、仲裁检验等任务。

（五）自然资源部油气资源战略研究中心

自然资源部油气资源战略研究中心（简称油气中心）是自然资源部承担油气等能源矿产保障研究和矿产资源行政管理支撑的直属事业单位。2002年1月正式成立。编制数为110人。主要工作任务是：①开展油气等能源矿产资源战略、规划研究。开展国外油气资源投资环境研究。跟踪国内外油气资源勘查开发形势、重大事件及进展、科技发展和市场动态。②开展油气资源评价方法、关键参数、技术标准研究，开展国内外油气资源潜力评价。③受部委托开展油气矿业权拟出让区块规划研究，提出区块出让计划建议。承担油气矿业权竞争性出让和管理、立卷归档等技术性、事务性工作。组织开展油气勘查实施方案、开发利用方案的审查。

（六）中国自然资源经济研究院

成立于 1976 年的地质机械仪器设计院，历经地质勘查技术研究设计院、地质矿产部地质技术经济研究中心、中国地质矿产经济研究院，于 1998 年更名为中国国土资源经济研究院，2018 年再次更名为中国自然资源经济研究院。挂靠单位包括：中国地质矿产经济学会秘书处、全国自然资源与国土空间规划标准化技术委员会秘书处、自然资源经济研究博士后科研工作站。截至 2019 年年底，全院共有在职职工 275 人，其中，专业技术人员 197 人（含高级职称 120 人），拥有博士、硕士学位的 145 人。专业结构涵盖地质矿产、资源经济、区域规划、土地管理、法律、财会、金融等学科领域。累计完成各类科研项目 1557 项，承担并完成国家科技攻关项目和各类基金项目 60 项，获得省部级以上成果奖 175 项，公开发表学术论文 6500 余篇，公开出版学术著作 380 余部。

（七）中国大洋矿产资源研究开发协会

中国大洋矿产资源研究开发协会（简称中国大洋协会）于 1990 年 4 月 9 日经国务院批准成立。1991 年 3 月 5 日，经联合国批准，中国大洋协会在国际海底管理局和国际海洋法法庭筹备委员会登记注册为国际海底开发先驱者，在国家管辖范围外的国际海底区域分配到 15 万平方千米的开辟区。1999 年 3 月 5 日，获得 7.5 万平方千米具有专属勘探权和优先商业开采权的多金属结核矿区。1997 年，国际海底管理局批准中国大洋协会在其多金属结核矿区 15 年的勘探工作计划。2001 年 5 月，中国大洋协会与国际海底管理局签订了《勘探合同》。2011 年，中国大洋协会在西南印度洋获得面积为 1 万平方千米的多金属硫化物合同区。2014 年，中国大洋协会在东北太平洋获得面积为 3000 平方千米的富钴结壳合同区，使我国成为世界上第一个在国际海底区域拥有"三种资源、三块矿区"的国家。并逐步形成以"三龙"（"蛟龙"号、"海龙"号和"潜龙一号"）和四大装备（中深钻、电视抓斗、声学拖体和电磁法）为代表的深海装备体系。党的十八大提出"建设海洋强国"战略部署，中国大洋协会紧跟国际海底活动新动向，谋求我国大洋事业新发展，秉持"持续开展深海勘查、大力发展深海技术、适时建立深海产业"的大洋工作方针，为维护我国国际海域权益、建设海洋强国作出了积极贡献。

第二节　地质调查机构

20 世纪 90 年代中期以后，有关方面就地质勘查业分为实行公益性地质与商业性地质达成共识，但是否需要实行公益性地质与商业性地质分体运行，即是否需要单独组建公益性地质队伍，如何组建公益性地质队伍，曾进行了较长时期的争论。2000 年以来，从中央到地方，对公益性地质队伍的组建进行了一系列的探索和实践。

一、中央公益性地质调查队伍

组建中央公益性地质调查队伍的顶层设计始于 20 世纪 90 年代中期，其标志是 1994 年 8 月时任国务院副总理朱镕基关于"组建野战军和地方部队"的批示。正式起步于 90 年代末期，其标志是在原地质矿产部所属地勘单位实施属地化管理的同时，组建中国地质调查局。进入 21 世纪，中央公益性地质调查队伍的组建开始提速。2001 年，国土资源部印发了《地质队伍"野战军"组建总体方案》，将国土资源部直属的中国地质科学院及 12 个研究所、中国地质环境监测院、中国地质博物馆、中国地质图书馆划归中国地质调查局归口管理。2002 年，根据《国土资源部对中国地质调查局直属单位结构调整方案的批复》，中国地质调查局对局直属单位进行了结构调整。

中国地质调查局组建初期，由于以往地质勘查装备投入较少，多数设备和仪器处于老化状态，技术含量较低，配置结构较差，许多重要技术装备尚处于空白状态，总体水平处在发达国家 20 世纪七八十年代的水平。为了实现公益性地质调查队伍"精兵加现代化"的目标，国家发展和改革委员会于 2003 年启动了为期 3 年的《地质队伍"野战军"技术装备建设专项计划》。该专项计划总投资 15 亿元，2003—2005 年每年投资 5 亿元。为此，国土资源部和中国地质调查局先后编制了《地质队伍"野战军"技术装备规划》《地质队伍"野战军"2003—2005 年技术装备计划》及《地质队伍"野战军"2003 年技术装备建设启动方案》，明确这次装备建设的目标是"国内一流、国际先进"，基本实现地质队伍"野战军"常规技术装备的更新换代，完成"十五"乃至"十一五"国家地质调查工作点项目关键设备的配置。

2004 年 7 月 30 日，中央机构编制委员会印发了《中国地质调查局主要职责内设机构和人员编制规定》（中编发〔2004〕2 号），明确中国地质调查局为国土资源部直属的副部级事业单位，负责统一部署和组织实施国家基础性、公益性、战略性地质和矿产勘查工作，为国民经济和社会发展提供地质基础信息资料，并向社会提供公益性服务。2005 年 1 月，国土资源部印发了《中国地质调查局工作总体思路的通知》（国土资发〔2005〕12 号）、《关于国家公益性地质队伍建设的意见的通知》（国土资发〔2005〕13 号）、《关于进一步明确中国地质调查局有关职责的决定》（国土资发〔2005〕14 号），将 26 个原归口管理的地质单位整体划归中国地质调查局，实行统一管理。要求中国地质调查局根据我国国土面积、人口总量和国家对公益性地质工作的需求，与国家财政管理体制、地勘队伍管理体制相适应，逐步建成一支结构合理、专业齐全、高素质的公益性地质调查队伍。

公益性地质调查队伍由国家和地方公益性地质调查队伍两部分组成，总体规模2.5 万 ~3 万人，其中国家公益性地质调查队伍在中国地质调查局现有直属单位 1 万人规模基础上逐步达到 1.5 万人（控制规模）。2006 年 1 月，国务院印发《国务院关于加强地质工作的决定》（国发〔2006〕4 号）明确指出："中国地质调查局统一部署、组织实施中央政府负责的基础性、公益性地质调查和战略性矿产勘查工作，强化相关技术、质量、成果管理和社会化服务。以中国地质调查局直属单位为基础，按照人员精干、结构合理、装备精良、能承担重大任务的要求，抓紧建精建强中央公益性地质调查队伍。面向社会招聘专业技术骨干，充实野外地质调查技术力量，增强野外调查和科研能力。省级政府也要尽快建实建强地方公益性地质调查队伍，中国地质调查局应通过项目联系对其进行业务指导。"到 2007 年年底，中国地质调查局形成了以中国地质调查局机关为核心，区域地调机构、专业地调机构、科技创新机构、公共服务机构、技术支撑机构为组成的国家级公益性地调队伍。在职人员 6651 人，其中中国地质调查局机关 132 人，区域地质调查机构 1565 人，专业地质调查机构 1946 人，科技创新机构 1590 人，技术支撑机构 759 人，公共服务机构 659 人。此外，离退休人员5548 人。

经过 21 世纪前 20 年的发展，中国地质调查局在地质调查、科学研究、信息服务等方面形成了健全的机构组织，为国家经济社会可持续发展提供了重要的基础支撑。其主要机构设置和业务板块包括：①区域地质调查机构。包括：天津地质调查中心、沈阳地质调查中心、南京地质调查中心、武汉地质调查中心、成都地质调查中心、西安地质调查中心。②专业地质调查机构。包括：青岛海洋地质研究所、中国国土资源航空物探遥感中心、广州海洋地质调查局、水文地质环境地质调查中心、油气资源调查中心。③综合研究与服务机构。包括：发展研究中心（全国地质资料馆）、中国地质环境监测院、中国地质图书馆、国土资源实物地质资料中心。④科技创新与支撑机构。包括：中国地质科学院（院部）、地质研究所、矿产资源研究所、地质力学研究所、国家地质实验测试中心、水文地质环境地质研究所、地球物理地球化学勘查研究所、岩溶地质研究所、矿产综合利用研究所（成都）、郑州矿产综合利用研究所、勘探技术研究所、探矿工艺研究所、北京探矿工程研究所。2016年，由国土资源部主管、中国矿业联合会主办的面向矿业行业的中国矿业报社，正式划归中国地质调查局主管主办。2020年，中国地质调查局国际矿业研究中心在中国矿业报社正式挂牌，智库型行业媒体转型初见成效。

根据党中央机构改革决策部署，2018年8月，原武警黄金部队集体退出现役，正式移交自然资源部，并入中国地质调查局。根据中共中央办公厅、国务院办公厅《武警黄金部队转制改革实施方案》和中央机构编制委员会办公室《关于原武警黄金部队转隶组建事业单位机构编制事宜的批复》，武警黄金指挥部更名为中国地质调查局自然资源综合调查指挥中心，所属总队、支队和研究所、教导大队调整组建为13个专业地质调查中心，在中国地质调查局党组领导下，指挥中心统一管理所属13个专业地质调查中心。其主要职责是：组织开展区域基础地质、地球物理、地球化学调查工作；组织开展能源、金属和非金属矿产资源调查和多金属矿产资源勘查工作；组织开展自然资源综合调查与长期观测工作；组织开展国土空间生态调查、保护修复与长期观测工作；组织开展海洋与海岸带地质调查工作；组织开展应用地质调查工作；组织开展地质调查资料、信息数据服务工作；开展科学技术研究、科学观测和平台建设、科学普及和国际合作工作；开展科技成果转化、技术服务和技术咨询工作；承担自然资源部、中国地质调查局交办的其他工作。

二、地方公益性地质调查队伍

为了加强地方公益性地质调查队伍建设，国土资源部于2003年9月19日印发了《关于加强地方和行业公益性地质调查队伍建设的意见》（国土资发〔2003〕358号）。意见明确要求："按照社会主义市场经济体制的要求，满足中央与地方对公益性地质工作日益增长的需要，将地方和行业公益性地质调查队伍建设成为人员精干并相对稳定、装备精良、以高新技术为支撑、调查与科研相结合，能担当重大战略任务、善于攻坚打硬仗、专门从事公益性地质工作的高素质专业化队伍。与国家财政体制改革相适应，逐步建立起事权分开、各负其责、互相配合的中央与地方公益性地质工作和战略性矿产勘查工作新格局。"此后，各省（区、市）陆续组建了省级地调院和地质环境监测总站。截至 2010 年年底，全国 31 个省（区、市）建有 59 个省级公益性地质调查单位。其中地调院 31 个，每个省（区、市）1 个；监测站 30 个（2008 年江苏省将其职责和人员并入江苏地调院），其他每个省（区、市）各 1 个；其中上海、天津地调院和监测站为一个单位，两块牌子。59 个省级公益性地质调查单位中，隶属于国土资源厅（局）管理的 3 个，隶属于地勘（矿）局管理的有 36 个。2010 年年底，省级公益性地质调查队伍编制为 13958 人，其中地调院 10231 人，监测站 3727 人（不包括上海站、天津站）；省级公益性地质调查队伍在职职工为 8984 人，其中地调院 5943 人，监测站 3041 人（不包括上海站、天津站）。

第三节　地质勘查队伍

国有地勘队伍是我国地质勘查工作的中坚。在 20 世纪的后 50 年里，国有地勘队伍在管理体制上经历了从中央到地方的"三上三下"。其中，第三次下放地方的时间是 1999 年。进入 21 世纪，国有地勘队伍的新格局初步形成，产业结构和队伍结构调整不断迈出新的步伐。

一、国有地勘队伍

进入 21 世纪，我国地质勘查队伍基本形成了属地（省、区、市）、属委（国务院国资委）、属局（中国地质调查局）三大系列，与此同时民营地质调查机构也开始崛起。在此期间，地勘行业经历了全球矿业"十年黄金期"（2003—2012 年），国内的地勘行业终于走出了 20 世纪 90 年代的低谷。乘 2006 年《国务院加强地质工作决定》的东风，全国地勘行业队伍迅猛发展，主要经济指标于 2012 年达到历史的峰值。从 2013 年起，地勘市场开始回落，与此同时国内的地勘队伍也开始萎缩，其重要时间节点的队伍状况可管窥其间的发展历程。

1998 年年底，即地勘队伍属地化管理前，我国地勘队伍总规模约 108 万人，主要分布在地矿、煤炭、有色金属、冶金、核工业、石油（石化、海洋石油、新星石油等）、武警黄金、化工、轻工、建材等部门。1999 年，约有 64 万人的地勘队伍实行了属地化管理。之后，全国地勘队伍规模和格局发生了重大变化。至 2005 年年底，全国地勘队伍总人数约 102.6 万人。其中，公益性地质调查队伍 2.8 万人，约占队伍总规模的 3%；非油气地勘队伍 72.2 万人，约占队伍总规模的 70%；油气地勘队伍 27.6 万人，约占队伍总规模的 27%。在公益性地质调查队伍中，中央和省级公益性地质调查队伍总编制约 2.33 万人。其中，中国地质调查局及其所属 27 个单位总编制为 1.08 万人，约占 46%；省级公益性地质调查队伍编制为 1.25 万人，约占 54%。非油气地勘队伍在职职工 40.6 万人中，从事矿产勘查的约为 4.8 万人，约占 12%。在油气勘查队伍中，中国石油公司所属地勘队伍 16.18 万人，中国石化公司所属地勘队伍 10.43 万人，中国海油公司所属地勘队伍 9700 人。

2010 年，全国登记注册地质勘查资质证书的各类地勘单位 2105 个。登记注册的地质勘查资质总数 5854 个，其中甲级资质 1815 个。全国地勘单位在职职工人数为 62.41 万人。其中，地质勘查人员 23.42 万人；工程勘察与施工人员 7.27 万人；矿产开发人员 6.61 万人；其他产业人员 25.11 万人。属地化管理地勘单位在职职工人数 28.99 万人；中央管理地勘单位在职职工人数 6.15 万人；其他地勘单位 27.27 万人。

2020 年，全国非油气地勘在职职工 40.56 万人，比"十二五"末减少 15.55%。其中，地质勘查人员 16.29 万人，约占 40.16%；工程勘察与施工人员 7.45 万人，约占 18.37%；矿产开发人员 1.79 万人，约占 4.41%；其他人员 15.03 万人，约占 37.06%。地质勘查人员中技术人员约 13.97 万人，约占 85.76%。其中，高级技术人员 4.36 万人，约占技术人员总数的 31.21%，约占地质勘查人员的 26.76%；中级技术人员 6.66 万人，约占技术人员总数的 47.67%，约占地质勘查人员的 40.88%。上述非油气地勘单位在职职工中，中央管理地勘单位 4.74 万人，约占 11.69%；属地化管理地勘单位 21.43 万人，约占 52.84%；其他地勘单位 14.39 万人，约占 35.47%。

二、主要地勘和矿业企业

（一）矿产资源领域中的央企

根据国资委网站公布的名录，截至 2018 年 6 月，中央管理的国有企业有 96 家，其中矿产资源领域就有 18 家，包括中国石油天然气集团有限公司、中国石油化工集团有限公司、中国海洋石油集团有限公司、国家能源投资集团有限责任公司、鞍钢集团有限公司、中国宝武钢铁集团有限公司、中国铝业集团有限公司、中国五矿集团有限公司、中国中煤能源集团有限公司、中国煤炭科工集团有限公司、中国中钢集团有限公司、中国钢研科技集团有限公司、中国有色矿业集团有限公司、有研科技集团有限公司、北京矿冶科技集团有限公司、中国冶金地质总局、中国煤炭地质总局和中国黄金集团有限公司。

自 20 世纪末，中国的石油行业开展了公司重组和海外上市等体制改革和机制创新，中国石油、中国石化、中国海油三大国家石油公司逐渐发展成为具有全球影响力的大型国际化综合能源公司。1998 年 4 月 17 日，国家经济贸易委员会向国务院正式上报了《关于组建两个特大型石油石化集团公司有关问题的请示》，两大集团实现了政企分开和上下游、产销、内外贸三个一体化。1999 年 5 月中旬，党中央、国务院对石油集团重组改制发出了启动指令。截至 1999 年 10 月底，53 家相关的企业重组工作全面结束，核心业务与非核心业务的机构、人员、资产全部分开，新的机构和机制开始内部运行，机关工作人员基本到位。1999 年 10 月 28 日，中国石油天然气股份公司创立大会在北京隆重举行。同年 11 月 5 日，中国石油在国家工商局正式注册成立。2000 年 4 月 7 日上午 10 时，时任中国石油董事长在香港证交所交易大厅宣布：中国石油 H 股股票交易正式开始。此后，中国石油化工集团公司在经过内部重组后，以独家发起方式设立了中国石油化工股份有限公司，于 2000 年 10 月 18 日、19 日在中国香港、英国伦敦和美国纽约三地交易所成功上市。中国海洋石油公司也在 2001 年成功进入海外资本市场。

在央企中，以矿产勘探为核心业务的公司主要来自原国家部委所属的地勘事业单位。①中国煤炭地质总局。世纪之交，煤田地质勘查系统的地勘单位部分实施属地化管理。至 2015 年，局级单位 33 家，其中，中国煤炭地质总局管理 14 家，地方政府管理 19 家；勘探队（处）级单位约 300 家，其中，成建制勘探队 123 个，勘查院（中心）87 个。中国煤炭地质总局隶属于国务院国资委管理，地方政府管理的 19 家局级勘探单位中 11 家为省政府直接管理的厅局级事业单位，分别为辽宁、安徽、山西、河北、河南、江西、四川、湖南、新疆、陕西、贵州煤田地质局；4 家为省国土资源厅所属事业单位，分别为山东、福建、甘肃、内蒙古煤田地质局；2 家为省工业和信息化委员会所属，分别为黑龙江、云南煤田地质局；1 家隶属于自治区国资委管理，为宁夏煤炭地质局；1 家隶属于省能源局，为吉林煤田地质局。②中核集团公司。2011 年 9 月 5 日，中核集团公司印发《关于成立地质矿产事业部的通知》。在全面整合中国核工业地质局、中核金原铀业有限责任公司、中国国核海外铀业公司管理职能的基础上，组建中核集团公司地质矿产事业部。地质矿产事业部是中核集团公司的产业经营机构，作为中核集团公司的二级单位，主要从事国内外铀矿等资源项目的勘查、开发和采冶工作。③中国冶金地质总局。2006 年 8 月，"中国冶金地质勘查工程总局"变更为"中国冶金地质总局"。2012 年 1 月 4 日，国务委员王勇（时任国务院国资委主任）对总局的工作专门作了批示，希望总局建设成为具有较强竞争力的大型矿业集团。同年，总局开始与其他央企建立战略合作关系。与此同时，借助中央与地方合作契机，建立与地方政府的广泛联系，积极融入区域经济发展格局。期间，组建地理信息集团公司，进驻国家地理信息科技园；组建三川德青科技有限公司，服务于国家生态文明建设。④有色金属矿产地质调查中心。2000 年 7 月，有色地质部门所属 19 个省地质勘查局全部下放到有关省（区、市）进行管理。2001 年，有色金属总局机关与在京的部分下属单位（地质资料馆、遥感中心、物化探中心等），整合成立了"有色金属矿产地质调查中心"，隶属于国资委（由有色金属工业协会代管），同时与原有色金属工业总公司所属北京矿产地质研究所整合，实行"一套人马两个牌子"的方式合署办公与开展各项工作。下放地方管理的 19 个省地质勘查局中，广西局与广西地矿局彻底合并，浙江局、广东局作为省地矿局二级局的方式独立存在，其他 16 局仍按原建制作为省事业单位独立存在。⑤其他并入国资委的地勘单位。属地化以后，原化工、建材系统的地勘单位保留在国资委系统，并不断参与重组，管理层级也在作相应的调整。

其他在固体矿产勘查领域投资额度较大的企业有中国五矿集团有限公司等企业。中国五矿集团是由两个世界 500 强企业（原中国五矿和中冶集团）战略重组形成的中国最大、国际化程度最高的金属矿产企业集团，资产总规模达到 1.68 万亿元，其中资产总额 8600 亿元，金融业务管理资产 8200 亿元。2017 年，公司实现营业收入 5000亿元，利润总额 130 亿元。集团在 2017 年世界 500 强企业排名第 109 位，其中在金属行业中排名第一。21 世纪以来，该集团积极参与矿产资源勘查风险投资，并与地勘单位联合创建找矿新模式。

（二）省属国企及其他矿业公司

伴随地勘市场的发育，省企及多种经济成分的矿业公司也成为地勘市场的重要投资主体。其中，福建紫金、山东黄金、山东招金、西部矿业等矿业企业在地勘风险投资领域较为活跃，尤其是在参与矿产资源全球化配置方面扮演了"领头羊"的重要角色。

比如，福建紫金矿业集团凭借着优秀的战略眼光和专业的团队，在地质勘查找矿领域取得了最引人瞩目的成果。先后实现了山西繁峙县金矿、福建上杭县南山坪铜钼矿、贵州贞丰县水银洞金矿、甘肃礼县李坝金矿、新疆乌恰县乌拉根铅锌矿等一系列国内重大找矿突破; 2018 年 2 月 27 日, 紫金矿业发布公告称, 在刚果 (金) 投资并购的卡库拉—卡莫阿铜矿, 通过 3 年的不断勘探, 铜资源量从 2400 万吨增加到 4249 万吨, 成为当时世界上最大的未开发铜矿。

山东黄金集团深耕胶东半岛, 取得了三山岛西岭矿区、莱州市南吕—欣木矿区等金矿的重大找矿成果。其中, 在三山岛西岭投资 3.2 亿元, 耗时 16 年, 在地下 1000 米的深度发现世界少有的单体超大型黄金矿床。至 2017 年, 三山岛西岭金矿备案的矿石资源量 8460 万吨, 黄金金属量 382.58 吨, 金平均品位 4.52 克 / 吨。专家预测黄金总量会超过 550 吨, 可连续生产 40 年。

山东招金集团取得了三山岛北部海域金矿、栾家河金矿等重要成果。其中投资的三山岛北部海域金矿, 至 2020 年 12 月 31 日, 保有矿产资源量为 562.37 吨, 平均品位高达 4.2 克 / 吨, 为近 20 年来全球发现的最大单体金矿。该金矿也是我国首个海上发现的金矿, 引起了广泛关注。2021 年 7 月取得采矿证, 项目建设总投资约 73 亿元, 设计规模为采选 1.2 万吨 / 日。项目达产后, 将年产黄金 51 万盎司 (约 15.9 吨) 以上。

西部矿业集团重视地质矿产风险勘查和深部找矿工作, 2009 年以来, 他们先后与地勘单位合作取得了青海大场金矿、有热铅锌银矿等重大找矿突破。在深部勘查找矿中, 锡铁山铅锌矿、获各琦铜矿 (铅锌矿段) 也取得了资源翻番的重要成果。

此外, 西南能矿集团在贵州的铝土矿勘查, 中国铝业、四川宏达在西藏的铜矿勘查, 江西钨业在江西的钨矿勘查, 等等, 也取得了重要的找矿突破。

(三) 中外合资合作的勘探公司

自 20 世纪 80 年代中期, 国外的大型矿业公司和初级勘查公司即开始关注中国的矿产资源风险投资市场。在项目实施过程中, 陆续与中国的企业或事业单位建立中外合资、合作的小型勘查公司。

自 1987 年开始, 必和必拓 (BHP) 公司与冶金工业部西南冶金地质勘查局合作, 通过历时 4 年的评估与谈判, 成立了我国第一家规范化的非法人的固体矿产合作勘查企业——四川康滇公司, 投资 420 万澳元, 在四川会理会东地区, 开展层控铅锌矿勘查。1994—1996 年, 约有 50 ~ 60 家国外矿产勘查公司在中国寻找投资机会。1997—1999 年, 由于国际金价的周期性下跌, 印度尼西亚 "布桑金矿" 世纪黄金勘查骗案的事发, 加之国内勘查中出现了争议, 国外大型矿业公司和初级勘查公司开始批量化地撤出中国。2003 年年初, 由于黄金价格的上涨, 黄金勘查筹资又趋活跃。国外矿业公司和初级矿产勘查公司再次大量进入中国，其势头超过了 1994—1995 年。据著名矿产勘查专家刘益康先生统计，截至 2005 年 9 月，共有 118 家矿业公司和初级矿产勘查公司进入中国寻求矿产勘查投资项目。其中大型矿业公司 12 家，初级勘查公司 106 家。约 80% 的初级矿产勘查公司为上市公司。国外矿产勘查公司主要来自加拿大，共有 78 家，占所有外国公司的 66%；其次为澳大利亚；另外，南非、英国、美国、日本、韩国、巴西、芬兰等国也有少量的公司来华寻求投资机会。从投资的地区来看，外国矿产勘查公司主要关注中国的西部地区。从投资的矿种来看，主要投资矿种为黄金，银和铂族金属受到重视；有色金属的项目有明显上升趋势，主要是铜、铅锌、镍，有个别的金刚石、锡、磷等项目。从投资和合作形式来看，除合资勘探企业、合作勘探企业外，非法人的合作形式已为更多的中方合作伙伴接受。有一些民营企业，在国外注册公司，再以外资公司的身份回来，投资矿产勘查。国外的矿产勘查技术承包工程公司、矿产勘查技术咨询服务公司、矿产勘查信息服务公司也开始进入中国的勘查技术承包市场。钻探公司有兄弟公司、埃德柯公司；物探公司有费格罗航空物探测量公司；商业实验室有 ALS Chemex 的子公司——澳实广州矿物实验室；勘查技术咨询服务公司有 SRK 矿业咨询公司、国际矿业软件开发及咨询公司；勘查信息服务公司有 InfoMine、亚洲矿业、国际矿业咨讯等。与此同时，大型矿业公司有重返中国矿产勘查市场的动向，如必和必拓公司的勘查，在撤出中国 8 年之后重返中国，再建了矿产勘查办公室。英美公司在四川西部开始了镍矿的风险勘查。有一批中外合资合作勘查公司，在勘查项目上做了实质性的投入，取得了明显的勘查成果，少数已开始矿山建设，个别已经投产。希尔威金属有限公司快速勘查河南洛宁的超薄铅锌银矿，找到一处大型铅锌银矿床，迅速投产。西南资源公司在云南东川地区勘查的播卡金矿，引起国内外矿业界和许多大型矿业公司关注。此外，取得重要进展的公司还有金山矿业有限公司的金矿项目，明科银矿公司的银矿项目，埃尔拉多黄金公司的金矿项目，曼德罗矿业公司的金矿项目，大陆矿业公司的铜矿项目，等等。

第四节　地勘社团组织

地质勘查及其相关的社团包括两大类，一类是学会团体，另一类是协会团体。其中，直接隶属于行业管理部门的协会团体，在市场经济体制下，承担着政府与企业间的桥梁纽带功能。

一、中国地质学会

2000年以来，具有光荣传统的中国地质学会与时俱进，在履行国际行业学会各项职能方面取得了长足进展，形成了全面、系统的学术交流网络，社会影响日益扩大，在地质科技领域的凝聚力和辐射力不断增强。到2017年，已经具有57个分支机构（专业委员会、研究分会、工作委员会）、6万多名会员。每年举办各种类型的学术会议30余个，还承办国际学术团体委托召开的国际学术讨论会，经常派专家学者参加国际学术会议。学会十分重视科普工作，每年的"世界地球日"和青少年地学夏令营已成为中国地质学会科普工作的品牌项目。学会设立的"中国青年地质科技奖"（即"金锤奖"和"银锤奖"）、"黄汲清青年地质科技奖"、"野外地质杰出贡献奖"（即金罗盘奖）、"优秀女地质科技工作者奖"和"优秀科普产品奖"，在行业内外形成了广泛的吸引力和影响力。2012年荣获民政部"4A级社会团体"称号；2015年入选中国科协"优秀社团能力建设项目"。

二、中国矿业联合会

2000年以来，中国矿业联合会继续秉承服务"矿业、矿山、矿城、矿工"的宗旨，充分体现了政府与企业之间的桥梁和纽带功能。内设综合管理部、党群工作部、会员服务部、咨询研究部、信息中心5个部门，12家分支机构，主办《中国矿业杂志》、中国矿业网、《中国矿业年鉴》等媒体与出版物。在健全会员服务体系、建设交流平台、研究政策法规、完善标准体系、打造诚信体系、推进科技创新、促进绿色发展、促进国际合作等方面取得了显著成绩。

三、中国地质矿产经济学会

创建于改革开放初期的中国地质矿产经济学会，团结全国地质矿产经济研究的专家、学者，在地勘行业发展与改革的进程中，发挥着学术研究的重要作用。到2020年，学会发展单位会员67个，个人会员近1000名。学会下设地勘产业专业委员会、资源管理专业委员会、资源经济与规划专业委员会、环境经济专业委员会、青年分会，并与中国自然资源经济研究院联合主办学术期刊《中国国土资源经济》。

四、中国珠宝玉石首饰行业协会

中国珠宝玉石首饰行业协会创建于 1991 年，历经 90 年代的十年艰苦创业，在 21 世纪的最初两个十年继续发力。单位会员已超过 2000 家，其中特大型规模企业超过 200 家。在协会内根据专业分工下设 19 个分支机构。协会秉承"服务企业、发展产业、规范行业"的宗旨，在疏导行业政策、开展行业自律、促进品牌培育、推进特色珠宝，以及加强国际交流与合作等方面做了大量卓有成效的工作，在国内外珠宝玉石首饰行业已经形成广泛的影响力。

第五节　行业政策法规

2000 年以后，由于国家财政体制以及经济建设对于矿产资源需求的变化，我国地勘行业的发展经历了走出低谷到发展较快，以后逐步平稳的几个阶段。在这期间，国家用于引导与调控地勘行业发展的有关政策、法规也顺应大势，作出了相应调整。

一、地质勘查管理政策

行业政策是一个国家或地方有效调整和优化行业或产业结构，提高行业素质，或者抑制一个行业发展的重要手段之一。在经济学里，一般将行业政策视同为产业政策，主要包括产业结构政策、产业组织政策、产业技术政策和产业布局政策等内容。

同样，制定地勘行业政策的目的是促进地勘产业结构平衡与产业结构升级，引导推动产业结构升级产生并形成新的经济增长点，促进经济可持续发展。

（一）深化地质勘查队伍改革

2003 年 9 月 4 日，《国务院办公厅关于深化地质勘查队伍改革有关问题的通知》（国办发〔2003〕76 号）发布，明确的政策措施包括：①维护企业化经营的国有地质勘查单位的合法权益。国有地质勘查单位转让国家出资勘查形成矿产地的探矿权、采矿权，符合规定并经批准，其价款的部分或全部转增为国有地质勘查单位的国家资本金。②对企业化经营的国有地质勘查单位国有划拨土地使用权，按照有关规定，经评估后可以采取出让、租赁、作价出资（入股）或授权经营等方式处置。③国家"十五"规划的后两年继续保留已实行属地化管理的原中央直属地质勘查单位基本建设中央预算内投资补助，各省、自治区、直辖市人民政府也要给予积极支持，努力解决已实行属地化管理地质勘查单位基础设施建设欠账过多问题。④认真落实住房制度、社会保障制度等相关政策。已实行属地化管理地质勘查单位的住房改革支出，按照当地的统一政策执行。地质勘查单位改制为企业的，依法实行劳动合同制度，纳入地方企业职工养老保险社会统筹，职工在事业单位的连续工作年限视同缴费年限，不再补缴养老保险费用。未改制为企业的，仍执行国家有关事业单位离退休制度的统一规定。各省、自治区、直辖市人民政府在落实增加工资政策时，要保证地质勘查单位与其他事业单位享受同等待遇。同时，地质勘查单位要按照国家有关规定参加当地基本医疗保险、失业、工伤和生育保险。⑤国务院有关部门要继续加强对未实行属地化管理的原工业部门地质勘查单位工作指导。支持其进行企业化改革，加大资产重组和结构调整力度，尽快建立现代企业制度。⑥切实加大地质勘查行业宏观指导力度。国土资源部要继续加强对地质勘查行业的综合管理职能，会同有关部门制订有关政策、法规，健全完善商业性地质工作的市场环境。各省、自治区、直辖市人民政府要积极为推进地质勘查单位的改革与发展，提供良好的外部环境和条件，指导地质勘查单位进行结构调整，帮助地质勘查单位加快改革和发展。

（二）发布《国务院关于加强地质工作的决定》

2006 年 1 月 20 日，《国务院关于加强地质工作的决定》（国发〔2006〕4 号）发布，提出了健全公益性地质工作体系、加强公益性地质调查队伍建设、建立矿产资源勘查投入良性循环机制、完善商业性矿产资源勘查机制、培育矿产资源勘查市场、深化国有地质勘查单位改革、扩大地质领域对外开放等方面的要求。

（三）发布《关于加强地质勘查行业管理的通知》

2006 年 12 月 8 日，国土资源部发布了《关于加强地质勘查行业管理的通知》（国土资发〔2006〕288 号），对加强地质勘查行业管理提出了总体要求，明确了地质勘查行业管理的重点任务：健全地质勘查市场准入机制；完善地质勘查行业技术标准、规范、规程；加强对地质勘查市场的引导与监管；推进地质勘查行业技术进步与创新；促进地质勘查行业的交流与联系；制定地质勘查规划和行业发展战略；制定促进地质勘查行业发展的政策措施；强化地质勘查行业信息服务等。

（四）建立部省两级地质勘查基金

2006 年 7 月 13 日，财政部、国土资源部联合发布了《中央地质勘查基金（周转金）管理暂行办法》。10 月 18 日，国土资源部、财政部共同成立中央地质勘查基金领导小组，下设基金管理中心筹备办公室。11 月 2—3 日，2006 年度中央地勘基金试点项目启动会议在北京召开。2007 年 5 月 10 日，中央编办批复同意设立国土资源部中央地质勘查基金管理中心。中央地勘基金的基本定位是要体现国家意志，帮助社会资本化解风险。其投向重点支持煤、铁、铜、铝、铀、钾盐等国家急需紧缺重要矿种勘查，有序开展钨、锡、锑、稀土等国家规定实行保护性开采的特定矿种或国家限制开采总量的重要矿种勘查。与此同时，部分省级政府也陆续建立了省级地勘基金。至2011 年，全国已有 24 个省（区、市）设立了省级地勘基金，两级地勘基金总规模超200 亿元，其中，中央地勘基金投入近 20 亿元。4 年间，两级地勘基金累计投资矿产勘查项目 2500 余个，新发现大中型矿产地 156 处。其中，中央地勘基金先后在 26 个省份实施了 188 个风险勘查项目，累计投资近 19 亿元，完成钻探工作量 108 万米，发现大中型矿产地 50 处，其中大型矿产地 31 处、中型矿产地 19 处。

（五）构建地质找矿新机制

2010 年，国土资源部印发了《关于进一步加强地质勘查行业服务与管理的若干意见》（国土资发〔2010〕60 号），从地质找矿工作的统筹协调、制定行业发展的政策、行业信息交流与服务、建立注册地质师制度、地质勘查资质管理、行业诚信体系建设、探索矿产风险勘查资本市场、完善行业标准规范等八个方面提出了地勘行业管理的要求；印发了《关于促进国有地勘单位改革发展的指导意见》（国土资发〔2010〕61 号），明确了国有地勘单位的改革方向，就支持地勘单位盘活存量土地资产、完善勘查成果收益分配政策等提出了指导意见。

二、地质勘查法律法规

2008 年 3 月 3 日，温家宝总理签署了中华人民共和国国务院令第 520 号，颁布《地质勘查资质管理条例》，自 2008 年 7 月 1 日起施行。该条例规定："从事地质勘查活动的单位，必须取得地质勘查资质证书；国务院国土资源主管部门和省、自治区、直辖市人民政府国土资源主管部门负责地质勘查资质的审批颁发和监督管理工作。市、县人民政府国土资源主管部门负责本行政区域地质勘查资质的有关监督管理工作。"2010年1月，国土资源部印发了《地质查资质监督管理办法》（国土资发〔2010〕14号），对全国地质勘查资质监督管理工作进行了权限划分，明确了地勘查资质监督检查的主要内容和方式。2010年6月，国土资源部印发了《地质勘查单位从事地质勘查活动业务范围规定》（国土资发〔2010〕86号），规范和强调了不同地质勘查资质类别和资质等级从事相应的地质勘查活动的范围，严格了对地质勘查资质的级别化和差异化管理的力度。

三、矿业权市场建设法规

1986年颁布的《矿产资源法》首次提出了我国矿业权的概念，同时规定："采矿权不得买卖、出租，也不能用作抵押。"1998年，国务院发布了新《矿产资源法》的三个配套法规，即《矿产资源勘查区块登记管理办法》《矿产资源开采登记管理办法》《探矿权采矿权转让管理办法》，规定探矿权采矿权可以通过招标投标的方式有偿取得，经批准可依法转让，标志着矿业权市场开始形成。与此同时形成了两级市场的概念，即由国家出让的矿业权一级出让市场和由矿业权人之间横向依法转让的矿业权二级转让市场。1998年和1999年，浙江、海南率先进行了采用竞争方式出让矿业权的试点，在随后的几年里，试点省（区）逐步扩大，探矿权和采矿权招标拍卖挂牌出让的宗数和价款均显著增长。

2000年，国土资源部颁布了《矿业权出让转让管理暂行规定》（国土资发〔2000〕309号）。国土资源部2001年、2002年分别在浙江省、青海省召开以探矿权采矿权市场建设为主题的国土资源管理市长研讨班。2002年，颁布了《关于印发〈国土资源部矿业权审批会审制度〉的通知》（国土资发〔2002〕270号），建立了矿业权审批会审制度。2003年颁布的《行政许可法》规定，有限自然资源开发利用的行政许可，行政机关应当通过招标、拍卖等公平竞争的方式作出决定。2003年，国土资源部制定了《探矿权采矿权招标拍卖挂牌管理办法（试行）》（国土资发〔2003〕197号），分别就新设探矿权和新设采矿权的适用情形作出了明确规定。2005年，国务院印发了《国务院关于全面整顿和规范矿产资源开发秩序的通知》（国发〔2005〕28号），明确提出了推进矿业权市场建设的要求。此后，国土资源部制定了《关于规范勘查许可证采矿许可证权限有关问题的通知》（国土资发〔2005〕200号），对以往的探矿权采矿权授权进行了清理，重新调整了中央和地方的审批权限，对部、省两级国土资源主管部门审批登记颁发勘查许可证、采矿许可证的权限进行重新规范，有效解决了越权审批矿业权问题。

2006 年，国土资源部制定了《关于进一步规范矿业权出让管理的通知》（国土资发〔2006〕12 号），将矿产资源分为无风险、低风险、高风险三类，分别确定不同的出让方式。同时，制定了《关于进一步加强煤炭资源勘查开采管理的通知》，对矿业权出让条件、程序、权限作出明确规定，特别规定了探矿权人自领取勘查许可证未满2 年，或没有按照批准的勘查设计组织施工和投入资金的，不予批准转让。为避免煤炭勘查投资过热而出现的产能过剩问题，国土资源部印发了《关于暂停受理煤炭探矿权申请的通知》（国土资发〔2007〕20 号），定于 2008 年 12 月 31 日之前在全国范围内暂停受理新的煤炭探矿权申请。其间，积极推进矿产资源有偿使用制度改革。2006年，国务院批复了《关于同意在山西省开展煤炭工业可持续发展政策措施试点意见》和《关于深化煤炭资源有偿使用制度改革试点的实施方案》；财政部、国土资源部印发了《关于深化探矿权采矿权有偿取得制度改革有关问题的通知》。同年，财政部、国土资源部、中国人民银行发布了《关于探矿权采矿权价款收入管理有关事项的通知》，合理划分了探矿权采矿权价款收入中央与地方的分成比例。与此同时，财政部发布了《关于逐步建立矿山环境治理和生态恢复责任机制的指导意见》（财建〔2006〕215 号），要求建立矿山环境治理和生态恢复责任机制，矿山环境治理恢复保证金制度逐步建立起来。

第六节 跨世纪战略思考

进入 21 世纪以来，矿产勘查行业的有识之士对地质科技的发展进行了全方位、多角度的战略思考。在世纪之交的 2000 年，本书顾问宋瑞祥发表了题为《跨越千年的地质科学与可持续发展》（《中国地质》2000 年第 11 期）的文章。以下为文章主要内容。

跨越千年的地质科学与可持续发展

地质科学是研究地球结构、组成、过程和演化的科学。不断膨胀的人口需要更多的资源，自然资源的开发利用，自然灾害的频发，人类活动向大气、水和土壤中排放的污染物日益增多等，都给人类生存的环境造成了损害。由于生命在地球表面的环境中繁衍生息，因此，人类为了生存和发展，就需要科学地了解地球的物质，了解与岩石圈、水圈、大气圈和生物圈密切相关的各种作用和过程。

对地球各种自然作用和过程的综合了解，将使我们能够认识全球环境条件的重大变化，并逐步预测或适应这些变化。

地质科学对社会经济发展的巨大推动作用

纵观地质科学发展的历程，它每一次认识上的飞跃和实践上的创新，都给人类社会经济发展以巨大的推动作用，并不断改变着人们的思维方式和生活方式。

地质学的思想源远流长。早在2000多年前，人们便明白了沧海桑田的道理，人们对地球资源的利用，曾有力地推动人类社会走过了石器时代、青铜器时代、铁器时代等阶段。尤其是近百年来地质科学的飞速发展，不仅形成了具有完整学科结构的地质科学知识体系和方法手段，而且以此极大地推动了20世纪人类社会经济的发展，带来了全球矿业的繁荣局面，为工业文明提供了充足的矿产和能源，使人类的生活方式和社会行为发生了重大而深刻的变化。煤的大规模开发应用，导致了工业革命；石油、天然气资源的开发和广泛利用，使人类进入了汽车、飞机和塑料时代；矿物核能的利用，不仅改变了传统的能源结构，而且对战后世界政治军事格局的形成产生了重大影响；在天然岩石矿物研究基础上获得的新材料的使用，又将人类带入了电子时代和新材料时代。众所周知，人类社会经济发展所需的资源主要靠矿业提供。现在和可预见的将来，95%的能源、80%左右的工业原材料都要取自地下。要把这些资源从地下找到并开采出来投入使用，只能依靠地质科学知识，特别是需要地质学家的艰苦探索和献身精神。

20世纪地质科学的三大发展

20世纪是地质科学飞速发展的百年，人类对地球的认识不仅建立起具有完整学科结构的知识体系和方法手段，而且取得了大量的进展和突破，其中特别引人瞩目的是板块构造、地球成像和对人类影响地球的认识这三方面的重大发展。

20世纪60年代以来兴起的板块构造学说是地质科学发展史上的一次重大的认识飞跃和理论突破。第二次世界大战后积累起来的大量海洋地质、地震和岩石磁学等证据，导致提出了板块构造学说。这一新的思维强调了地壳大规模水平运动的重要性，据此，把全球分成大约12大板块和若干微板块。板块构造模式可以合理地解释地球上大多数主要地质特征，为地质科学发展提供了全球研究的框架，推进了地质科学向全球化方向发展，树立了地质科学理论的全球观，并由此有力地推动了大陆动力学的探索研究；同时，板块构造理论也为资源探寻和灾害预测提供了新的思路，扩大了油气和金属找矿区，并为地震、火山等自然灾害的评估与预测提供了新的依据。全球板块构造理论的科学价值完全可以与万有引力定律、原子理论、生物进化论、相对论和量子力学等相提并论。

地球成像是 20 世纪地质科学领域中科学与技术高度结合的典范。地球轨道卫星、新的地壳钻进技术（全球大陆科学钻探、大洋钻探）、先进的地球物理探测技术、高分辨率地球化学分析技术和精确地质测年法的兴起，加上计算机信息技术带来的革命性进步，使地球科学数据获取能力提高了好几个数量级。这些新的手段使地质学家可以获得比以往更为清晰的地表图像、地下深部图像和地球历史演化图像。通过卫星可获得描绘地表详细特征的全景动态图像，还可以跟踪成百上千个地球台站来测量板块运动。从洋底沉积物和极地冰盖采取岩（冰）芯样品的技术，结合对岩（冰）芯物质进行高分辨率核素分析，可以确定它们的形成或沉积时间，从而能够清晰地揭示地质历史，大大增强了地质学家研究和预测全球（环境）变化的能力。

对人类活动影响地球及其可居住性的认识，正导致人类发生一场深刻的观念变革。我们已充分认识到，人类活动对地球表层的影响现在已变得十分巨大，甚至是全球尺度的。例如，目前人类每年要处理近 500 亿吨的地质资源，是每年由自然过程搬运到海洋中的沉积物总量的 3 倍，甚至超过了洋中脊每年新增的地壳物质；人类目前抽取地下水的速率要比天然补给速率快得多，在一些地方地下水位已下降了数米、数十米乃至上百米；目前人类各种活动产生的有害物质被排放到空气、水体和土体中。由此引起的后果是资源耗竭、水体污染、生态恶化、水土流失、灾害频发等，地球环境问题日趋严重。地质学家现在已普遍认识到，人类的生存既受到地质环境变化的影响，同时也是诱发地质灾变的因素。人类目前对自然灾害和生态变化的承受能力比以往任何时候都更为脆弱。因此，人类要实现可持续发展，就必须约束和改变自己的行为与生活方式，理智地与大自然和谐相处。地质科学需要不断扩展和深化其研究领域，不断增进对地球及其可居住环境的了解，以便使人类不仅能更有效地改善自然与人为变化可能造成的有害影响，而且能够利用这种变化对人类自身发展可能有利的机遇。

正是上述三大发展，使地质科学在为人类社会提供知识和手段方面越来越起到关键作用。决策者和社会公众利用地学知识和手段，将使人类可以维护和建设一个更健康、更安全、更美丽的地球。

21 世纪地质科学面临的重大挑战

21 世纪 20—30 年代，将是人类社会发展史上一个巨大的变革时期。一方面，以信息技术迅猛发展及知识和技术不断创新为主要标志的科技革命，正成为新经济的催产素和发动机；另一方面，可持续发展的理念要求人们必须从战略高度深刻认识和正确处理经济建设与资源、环境的协调关系。地质科学通过近10多年来的调整和转向正逐渐适应这种变化，并将致力于研究和解决由这种变化所提出的一些最重要的科学挑战。

1. 安全供水和水资源科学管理

安全、洁净的淡水是保证人类健康生活的关键。近几年发表的大量环境状况报告揭示，全球性缺水和水质恶化的情况日趋严重，已成为实现可持续发展的最大制约因素。在未来10~20年内，淡水供应在许多国家将是可持续发展的最重要议题，并且可能会影响广大干旱地区的社会稳定，甚至可能因抢夺水源引起国家之间的战争。目前，影响安全供水的两个主要因素：一是含水层枯竭；二是地表水和地下水资源的污染。

造成含水层枯竭的原因固然有人口增加导致用水量剧增的因素，但很大程度上则是由于管理不善（如过度开采、严重浪费、补给差等）造成的。作为专业勘查人员，地质学家可通过发现那些深部和边远地区的地下淡水资源来减缓含水层的枯竭；地质学家还可以探测和圈定含水层中的污染水体及其通过水系可能蔓延的范围，从而通过优选水井的空间分布和抽水深度提高地下水资源管理的水平；地质学家还可以利用地下含水层的巨大空间，建立"水银行"，即通过地下水水库的人工调蓄工程来调节和缓解供水的紧张局面。实践证明，含水层人工补给是一种可行的、费用低廉的解决供水的方法，它不但可以提供大量的可靠供水，在许多情况下，还能利用不断增加的大量污水处理后的再生水。特别是干旱和缺水地区，污水净化后是重要的地下水补给来源。此外，人工补给还可用于控制海水入侵、控制由地下水位下降引起的地面沉降、维持河流的基流、保护生态环境。

要保证长期不断地提供安全、洁净的淡水，仅仅依靠水质处理场和氯化消毒是远远不够的。由于饮用水源的土地不断被城市化所侵占，微生物病菌对消毒的抗阻，水中养分富集，以及不利于健康的新的合成化学物质的激增等，均严重危及安全、洁净的水资源保障。解决这些问题需要地质学家加强与健康和环境科学机构的合作研究。地质学家由于具有关于地壳结构、组成和岩石（沉积物）性质以及岩石（沉积物）与地下水相互作用等方面的知识，能够建立地下水流动模型，用大量的数据来模拟水流路径，并计算出岩层对某些污染元素和化学物质的滞留能力。地质预测已成为极富前景的水资源管理手段之一，而且据此可制定出防止含水层受到进一步污染破坏的措施。

2. 保证能源与矿产资源的可持续供应

对于人类社会的可持续发展，能源与矿产资源的稳定供应必不可少，但从长远看（至少在21世纪）却面临着严峻的形势。当前，石油、天然气与固体矿产的价格并未能反映未来的严峻形势。

一些发展中国家大量使用黑煤与褐煤，以及许多地区大规模的煤矿自燃（煤火），使大量 CO_2 及酸性物质进入大气，造成全球性的环境问题，地球科学如何加入解决这一问题的战斗是一个严重的挑战。

矿业的可持续发展和矿产品的稳定供应，不仅涉及环境保护，还涉及如何从经济与环境的角度选择适于开发的矿山，如何发现与开采更多巨型、大型矿床，避免开采小型矿床，防止大面积污染，减低矿山环境保护的成本等问题。这就要进一步使矿产勘查全球化，早日查明全球能源和矿产资源潜力，以便从经济与环境条件考虑有充分选择的余地。由此，必须使矿产勘查的战略战术发生重大创新和变革，以适应新形势的要求。

由于传统的能源和矿产资源日趋枯竭，以及新型产业的兴起和人们生活水准的不断提高，对新型、非传统能源和矿产的开发、利用提出了要求。人们发现，开发和利用资源的领域将逐步拓宽到海洋深处、宇宙空间和地球深部，这不仅会带动许多新技术、新工艺和新产业的崛起，而且将推动地球科学理论的进一步提高和发展。上天、入地、下海、登极将是未来地质学家的新舞台，在这些领域的卓有成效的活动将改变人们的资源观，并为人类发展打开新的资源宝库和提供新的生存空间。

3. 减轻地质灾害

极具破坏力的地震、火山、洪水、泥石流、滑坡等灾害，会造成严重的人员伤亡和财产损失。联合国国际减灾10年（1990—1999年）汇编的年报表明，在1990—1993年间，因这些地质灾害而造成的死亡和失踪人数近24万，经济损失逾2000亿美元，而且这种损失在21世纪还会不断增大。

有关自然和人为灾害影响的评价与监测证明，需要有预测和预防地质灾害的手段。由于地质作用是评价灾害可能造成经济损失的依据，所以预测模型必须建立在地质科学专业知识的基础上。地质学家应帮助人们了解地震、火山、洪水、泥石流、滑坡等灾害是如何发生以及在何处发生，以便使人们能够在地球上安全建筑和生活；提供关于这些灾害的实时信息，可以帮助人们在灾害发生时做出快速和有效的反应，为决策者制定新的政策提供科学依据。

目前，对地质灾害全过程的实时监控和定量评价、概率性灾害预报、灾害前兆警报和灾情短期预报是制定灾害减轻规划和做出灾害紧急反应的关键。对地质灾害评价的重点应主要放在国家和区域层次，同时对地质灾害高发区进行详细调查和监测，重视地质灾害的基础研究，尤其应强调对控制灾害事件地理分布、规模、时间和地质后果的因素进行持续不断的研究，以提高地质灾害评价的实用性和可靠性。

4. 预测全球变化

地质历史记录表明，地球是不断变化的。目前困扰人们的一个重要问题是，这种变化对人类有多大影响以及它在多大程度上受到人类活动本身的影响。由于全球变化问题涉及包括岩石圈、水圈、生物圈和大气圈的整个地球系统，必须把地球作为一个整体进行综合研究。地质学家正致力于研究全球变化可能带来的影响，如第四纪地质学家通过参加国际地圈－生物圈计划的过去全球变化（PAGES）核心项目，研究地质历史时期自然条件下大气中温室气体的数量变化对气候的影响，从而使人们不仅能更加精确地测定过去气候事件的年代，而且可更好地了解在20万年和0.2万年两个时标上与冰期和暖期有关的温室气体的自然增降情况。

全球变化研究的另一个问题是海平面加速上升对现今海岸带的影响。南极冰盖冰雪若全部融化，将使全球海平面大幅度上升，世界上许多海岸带和城市将遭受淹没。珊瑚礁、海草和红树植物等是地球上最复杂的生物生态系统，也是全球变化的指示性标志。地质学家可以通过测量冰川、分析海洋或湖泊沉积物、填绘珊瑚礁、评估海平面上升及其对海岸区的影响、监测火山喷发、研究碳循环，来探索未来水文的可能变化、气候和植被分布的格局及风暴对海岸系统的影响等，并监控这些过程与变化。

5. 城市化与城市地学

随着世界尤其是发展中国家城市化进程的不断加快，地球上已有近一半人口生活在只占全球陆地总面积百分之几的城市地区，使得与城市土地利用、资源开发、废物处置、环境保护和灾害防治等有关的地质问题日益突出，甚至直接影响和制约着城市的发展和改造，从而引起城市规划与管理部门的重视。"可持续的城市发展"已成为国际环境议事日程中最优先讨论的议题。城市地质学家共同组织成立了国际城市地质专题组，这一机构为亚太地区城市地质论坛（FUGAP）以及欧盟和挪威地调所城市地质GEOURBAN网络提供科学支持。国际地理联合会成立了特大城市灾害易损性研究组。一些国家或城市也提出了颇具雄心和远见的城市地质发展计划。

城市地质问题比较复杂和集中，迫切需要按照系统观从整体上考察和把握城市地质问题及其与别的问题之间的关系。城市地学问题主要集中在以下几方面：城市综合地学调查与主题填图；城市地下水可供能力与污染调查评价；城市有害废弃物的安全地质处置、选址及其环境影响调查评价；城市主要地质灾害调查与风险评价；城市环境地球化学、地球物理场及其对人类健康影响的调查和评价；城市多层地下空间开发利用的工程地质、地球物理调查评价；城市含水层对建筑和基础设施影响调查评价；城市资源（尤其是建筑石料）调查评价；城市土地利用与规划综合研究等。

城市地质学家通过收集和处理上述方面的地质资料，并向城市管理人员和规划者提供关于城市的地下三维地质情况，结合经济数据与法律资料，就能够得出具有指导意义的可靠成本、效益分析，建立起城市地质信息与规划决策支持系统。

6. 矿山环境保护

采矿不可避免地会扰动环境。矿产开发活动既产生大量的物质财富，也广泛、直接地影响生态平衡，导致矿山环境恶化。采矿和选矿（初加工）过程中产生的三类固体废弃物，即剥离的覆盖层土壤和岩石、分离的废石堆和遗弃的尾矿库，不仅挤占大量土地和农田，破坏地貌景观和植被，而且易于成为矿山酸性排放水的来源，加上矿产选冶和加工过程中生成的有毒有害气体、废水、粉尘和废渣等，对矿山和选（冶）厂周围的大气、水质和土壤造成严重污染和环境危害；因采空或疏干排水引起或诱发的地面沉降、塌陷、地裂缝、地震、滑坡和泥石流，露天矿边坡的崩落以及因爆破形成的飞石和冲击波，都直接威胁着矿区地面建筑物和人员安全，都给人类生产和生活带来严重影响和危害。而且在大多数情况下，解决和治理上述环境问题不仅难度大，而且代价高昂，有时进行环境恢复和土地复垦的费用甚至超过开采出的矿产品价值。

从矿业可持续发展的角度看，一是要在采矿利益与伴随的环境破坏或代价之间找到一种适度平衡的办法；二是必须研制出新的和更好的采矿和选矿技术，以便降低生产成本和减轻环境破坏。由于以地学信息为依据制定的矿产开发计划，往往能够减轻矿产采掘和加工对环境的负面影响，而且预先进行矿山环境保护规划的费用往往也要远远低于因没有规划而造成环境后果的治理费用。因此，必须高度重视矿产－环境评估研究，将之作为制定国家矿产资源勘查计划的主导思想和原则，同时制定出与资源勘查并行的"减轻环境影响研究"计划，以便查明矿产开发造成环境影响的作用过程，提供能够帮助减轻环境影响和进行环境恢复的信息。

当前矿业环境保护的一个重要发展趋势是，加强矿产勘查和研究阶段的环境评估，在矿产开发前就了解矿产资源开发可能带来的环境与土地利用问题，把矿产开发对环境破坏降到最低程度，并为此做出合理规划，采取必要的防治措施。

7. 生态地学

近来研究表明，地球表层过程对土地和土壤的状况影响强烈。土地和土壤的动态变化，是以自然作用为基础，地表地质－地球化学和生物过程与人类活动综合作用的结果。因此，生态地质将岩石、土壤、生物、水和人类活动甚至阳光和空气（气候）作为相互作用与扰动的生命支持系统，不仅研究系统内各个要素的发展演变规律，而且还关注系统各组成要素之间的相互耦合和作用。这也是正在实施的"国际地圈－生物圈计划"的主要科学目标之一。"土地利用与土地覆被变化"作为全球环境变化研究的一个主题，是探讨自然与人文过程相互作用和影响最密切的课题。无疑，这方面研究的进展将为生态地质提供理论基础。生态地质领域是一个综合性研究领域，它提供了一种协调自然资源有效利用与维护生态系统整体性之间矛盾的途径，为以可持续的方式管理生态系统提供了依据。尽管过去地质学家在这一领域中所做的工作是有限的，但是，他们却为生态系统的研究和管理，提供了大量非常有价值的信息，包括土地特性、地表模拟、地质空间数据管理、地表水和地下水水文学、水文模拟、地球物理学、生态学、地球化学、古生物学、污染物、沉积物和营养物动力学等。

8. 影响人类健康的地质作用与过程

许多慢性病和地方病可能与地质环境有着直接关系，地球物质和地质作用均可能对人类健康造成影响和危害。一些有毒物质通过地质过程，有可能在许多敏感的环境中循环和聚集，并直接进入食物链中，从而威胁到人类健康以及与人类密切相关的动物的健康。通过环境与生物地球化学调查研究，地质学家已了解到一些自然物质（如氡、石棉、砷、汞、硒、铅、铬、铀等）和人造有机化合物对人体健康的危害；而且地质学家也可以在了解诸如放射性、电磁波和噪声之类的物理污染对环境和人类健康的危害方面做出重要贡献。

目前，关于有毒物质风险评估的大多数研究集中在癌症的潜在引发上，关于对其他人类健康影响和生态效应的研究还远远不够。以往对有毒物质风险管理的研究也主要集中在控制与治理技术以及表征和监控方面，特别是对治理技术的野外评价方面。近年来，人们开始重视污染防治研究，今后研究的重点为：有毒物质辐射及其环境灾害的评估与预测；有毒物质行为的生物与生态效应；人类产生的化学物质在不同环境单元之间的迁移与聚集；污染土地和地下水的治理方法。

将地质过程与人类健康及环境污染联系起来的研究将是未来重大的研究领域。地质科学和地学机构与医学、生物学专家和机构越来越密切的合作，将会使这一领域的研究取得重大进展。

9. 废物安全处置

人类生产和生活产生的大量废弃物，由于管理不善而对许多大城市及其周围的环境产生了很大的危害与威胁，严重阻碍着可持续发展。各种废弃物主要储存在地表及近地表处，或者存放于紧靠城市中心的近郊。由于这类废物堆放设计很差，且堆放场地下面缺乏合乎要求的天然隔阻层，或者堆放位置处于淋滤液易进入含水层的透水层之上，使其成为地表水和地下水以及生物圈污染的源头。

地质科学在废物安全处置中将发挥日益重要的作用。厚粘土层、岩盐或页岩等不透水或弱透水的岩层可充当阻挡淋滤液进入水体和生物圈之前的天然屏障，通过地质调查和研究不仅可寻找到环境上可持续发展和经济上合算的方式储存废物的场地，而且可以找到适合各种灾害性废物（尤其是放射性废物）长久存放的最佳场所；也可以为减轻或防止废物堆放场对环境产生的潜在危害，进行科学的废物管理提供知识和手段。

10. 信息管理与服务

在21世纪，人口过剩、城市扩展、环境污染、植被退化、资源耗竭、灾害频发等对人类生存与发展形成的巨大压力仍将继续且有加重之势。由于这些问题均涉及至关重要的地理范围，因而，对地球空间数据和信息的需求将不断增长。随着空间信息技术即地理信息系统的发展，可以按照统一的参照系，将各类地球空间信息收集起来，构筑具有多种分辨率、三维表达的地球信息模型，综合各种人文信息，便可实现对地球的虚拟表达，供人们开发和交互使用地球的各种自然与人文信息，这一发展方向构成了"数字地球"的新思路和新概念。按照这一思路，我们能够以基础地理数据为底层，把地学基础信息及其相关的管理信息等集成起来，给予动态的数字表达，并通过网络使之被社会广泛开发和共享。

在未来几十年内，地质学家应该为解决人类生存与发展的一些问题作出贡献。地质学家的目标和工作领域，将从传统的资源勘查为主转向为更加广泛的社会问题服务。21世纪的地质学家，将是拥有广博的多学科基础知识、熟悉信息技术、适应社会需要的新型专家，地质学家将不只是关注解决问题的地质手段，而且将努力通过整体研究获得全面解决问题的办法。这对地质科学的发展，既是严峻的挑战，又是难得的机遇。地质学家应以此为契机，肩负起历史的重托与责任，努力当好地球的监护人和管理者。

第二十一章
基础地质调查工作

基础地质调查是一项旨在查明全国基本地质情况，获取基础地质数据的超前性、公益性、基础性地质工作。其主要任务是：了解某一区域乃至全国的资源、环境地质背景，为国家经济建设和社会公众提供基本地质信息；为人类探索地球、认识自然、利用自然提供基础数据。基础地质调查开展的程度既是一个国家开展全面地质工作的基础和前提，更是一个国家地质工作发展水平的重要标志。

第一节　工作部署

21世纪初，我国的能源资源供需矛盾日趋尖锐，与此同时资源与环境的问题日益成为社会关注的焦点。此时，市场经济发达国家的地质调查工作也正从资源领域向环境、生态领域扩展，现代信息技术开始在地质调查领域得以广泛应用，传统的地质调查工作面临着前所未有的挑战和机遇。为此，地质勘查行业管理部门积极策划和实施了新一轮的国土资源大调查计划。

1998年6月，谢学锦院士给国土资源部领导写信，建议国土资源部制定新的"大科学"计划，即实施新的研究与大规模调查相结合的计划。谢院士的建议引起了国土资源部党组的高度重视，随即中国地质调查局筹备组成立了一个"地质大调查计划编写小组"，着重调研、编写《地质大调查实施纲要》，旨在以新理念、新思维、新方法、新技术推进新一轮的地质大调查。先后有22位院士提供了29份关于国土资源调查评价方面的书面建议材料。与此同时，行业内40个地勘、科研、教学单位积极参与，提交了 80 份书面建议材料。之后，地质大调查正式命名为"新一轮国土资源大调查"。1998 年 12 月 21 — 25 日，国土资源部在人民大会堂召开"新一轮国土资源大调查科技座谈会"，会议讨论了由中国地质调查局筹备组组织起草的《新一轮国土资源大调查纲要（讨论稿）》。会后，中国地质调查局筹备组向国土资源部提出了实施方案。

1999 年 7 月 16 日，中国地质调查局正式成立。与此同时，《新一轮国土资源大调查纲要》也基本成型。同年 8 月，经国务院批准，在财政部的大力支持下，国土资源部启动了"新一轮国土资源大调查"，调查计划为期 12 年（1999 — 2010 年），该计划是国家财政专项资金支持项目，共投入资金 120 亿元。计划中的地质调查部分概括为"一项计划"，即"基础调查计划"；"四项工程"，即"矿产资源调查评价工程、地质灾害预警工程、数字国土工程、资源调查与利用技术发展工程"。

新一轮国土资源大调查是我国地质工作者面对 21 世纪的第一座峰峦开启的新征程，有力地促进了全国基础地质工作的全面提升。

第二节　重要图幅

2000 年以来，中国地质调查局通过开展大规模的基础地质调查，获得一批重要的基础地质资料、信息与成果，较大程度地提升了我国基础地质工作。

一、区域地质调查

区域地质调查指在选定地区的范围内，在充分研究和应用已有资料的基础上，运用当代地质科学理论和技术方法，进行全面系统的综合性的地质调查研究工作。区域地质调查是地质工作的先行，又是地质工作的基础，具有重要的战略意义。其主要任务是通过地质填图、找矿和综合研究，阐明区域内的岩石、地层、构造、地貌、水文地质、地球物理、地球化学等基本地质特征及其相互关系，研究矿产的形成条件和分布规律，为经济建设、国防建设、国土整治、环境地质、科学研究和进一步的地质找矿工作，提供基础地质资料。区域地质调查工作的范围，一般按经纬度进行分幅，或按工作任务要求划分。按工作的详细程度可分为小比例尺（1：100 万、1：50 万）区域地质调查、中比例尺（1：25 万、1：20 万）区域地质调查和大比例尺（1：5 万、1：2.5

万）区域地质调查。同一地区一般先进行小比例尺地质调查，在特殊情况下，也可按实际需要在选定地区内直接进行中比例尺或大比例尺的地质调查。

（一）1∶5万区域地质调查图

作为1∶5万区域地质调查最主要的成果，1∶5万地质图是以1∶5万国际分幅地形图为地理底图，用规定的颜色、线条、花纹、符号和代号表示区域内各地质体的组成、空间分布、基本特征及其相互关系和地质发展史等内容的图件。1∶5万地质图是一个国家进行工农业建设与科技文教所需的最基础图件种类之一，是认知地球最基础的工具，其工作程度高低是衡量一个国家地质工作水平的标志。

通过1∶5万区域地质调查，能够在岩石、地层、构造、古生物等方面取得许多原创性认识，解决一大批重大基础地质问题，促进地质理论创新；查明重点成矿区带成矿地质背景，为找矿突破战略行动提供有力支撑；重要经济区和重大工程区的区域地质调查主要服务于国计民生，拓宽服务领域；区域地质理论和技术方法不断创新，区域地质调查能力和水平不断提高。

国土资源大调查期间，以重点成矿带为重点，中国地质调查局带领下属各单位及其他机构兼顾重要经济区、重大工程建设区和重大地质问题区，开展了1∶5万区调，完成面积30万平方千米，其中成矿带完成24万平方千米。全国累计完成213万平方千米，约占全国陆域国土面积的22%。除此之外，服务于地质找矿，开展了16个重要成矿带成矿地质背景综合研究，编制了东天山—北山、祁连、西南三江、大兴安岭、川滇黔、辽东—吉南、晋冀、武夷山、南岭、湘西—鄂西等重要成矿带地质图。

通过对中国地质调查局地质云网站提供的资料统计，截至2021年年底，我国对外公开的且带有效图幅号的1∶5万区域地质图（非矿产类）累计7483余幅；其中，2000年至2021年年底完成的1∶5万区域地质图（非矿产类）数为3942幅。

（二）1∶20万区域地质调查图

我国该项工作大多于2000年前开展，对外公开的且带有效图幅号1∶20万区域地质调查图1000余幅，其中2000年之后完成的图幅数为15。截至2022年5月，全国1∶20万区域地质调查完成面积7121719.60平方千米，占陆域国土面积的74%。按完成区域地质调查占省（区、市）国土面积百分比排名前十的是：云南（100.0%）、香港（100.0%）、四川（100.0%）、山西（100.0%）、海南（100.0%）、贵州（100.0%）、重庆（99.9%）、江西（99.9%）、澳门（99.9%）、浙江（99.7%）。按陆域国土面积排名前十的是：内蒙古（1037813.25平方千米）、新疆（871188.79平方千米）、青海（679632.65平方千米）、四川（483402.68平方千米）、甘肃（402517.02平方千米）、云南（383426.27平方千米）、黑龙江（319651.12平方千米）、广西（236870.51平方千米）、湖南（212241.8平方千米）、西藏（207438.29平方千米）。

整装勘查区1:20万区域地质调查完成面积490495.9平方千米，占成矿区带总面积的85.9%。成矿区带1:20万区域地质调查完成面积3955578.92平方千米，占成矿区带总面积的87.6%。经济区1:20万区域地质调查完成面积2192175.09平方千米，占成矿区带总面积的94.9%。

（三）1:25万区域地质调查

中比例尺的1:25万区域地质调查（每幅图东西长1.5个经度、南北宽1个纬度）是衡量一个国家基础科学研究水平的重要标志，发达国家基本上都已完成了国土面积的中比例尺区域地质调查工作，我国政府也高度重视这项工作。1:25万地质图是以1:25万国际分幅地形图为地理底图，用规定的颜色、线条、花纹、符号和代号表示区域内各地质体的组成、空间分布、基本特征及其相互关系和地质发展史等内容的图件。它反映了一个时期内该地区地质调查研究的最新成果，体现地质科学发展的水平，是了解分析地质背景与区域成矿、地质构造与环境灾害、地质景观与地质旅游资源的基础图件，也是一个国家进行工农业建设与科技文教所需用的最基础图件种类之一，是认知地球最基础的工具。至20世纪末，全国中比例尺区域地质调查覆盖率达到了72%，其余空白区主要集中在自然地理环境极其恶劣的青藏高原和森林覆盖的大兴安岭地区。这些空白区的存在严重影响着区域经济发展，乃至国家经济发展规划的制定。因此，在20世纪初期，我国的地质工作积极安排中比例尺区域地质调查的覆盖工作。

我国在国土资源大调查期间，重点围绕填补青藏高原中比例尺区域地质调查空白，以及在重要地区对资料陈旧的1:20万地质图进行更新，累计投入约10亿元，共完成449幅1:25万地质图（完整图幅361幅，边境地区不完整图幅约88幅），共计594万平方千米（其中，实测161万平方千米，修测433万平方千米），完成面积占陆域国土面积的62%，基本实现陆域可测区中比例尺区域地质调查全覆盖，显著提高国土地质认知水平，为国家经济建设和社会发展提供了重要的支撑和积极的服务。

截至2022年5月，全国1:25万区域地质调查完成面积6033642.16平方千米，占陆域国土面积的63%。按完成区域地质调查占省（区、市）国土面积百分比排名前十的是：海南（100.0%）、北京（100.0%）、香港（99.9%）、澳门（99.8%）、西藏（99.2%）、湖南（97.8%）、辽宁（96.0%）、福建（94.7%）、天津（93.8%）、浙江（88.9%）。按陆域国土面积排名前十的是：西藏（1130091.42平方千米）、新疆（690197.73平方千米）、内蒙古（658273.09平方千米）、青海（485381.1平方千米）、四川（283484.43平方千米）、黑龙江（228417.45平方千米）、甘肃（212469.01平方千米）、湖南（208162.67平方千米）、云南（171601.65平方千米）、河北（148155.51平方千米）。

整装勘查区1∶25万区域地质调查完成面积426810.2平方千米，占成矿区带总面积的74.8%。成矿区带1∶25万区域地质调查完成面积3446115.55平方千米，占成矿区带总面积的76.3%。经济区1∶25万区域地质调查完成面积1531686.09平方千米，占成矿区带总面积的66.3%。

（四）区域海洋地质调查

2009年1月至2015年12月，中国地质调查局青岛海洋地质研究所、山东省第四地质矿产勘查院完成了"1∶25万青岛幅海洋区域地质调查（试点）"。

2012年1月至2015年12月，中国地质调查局青岛海洋地质研究所完成了"1∶100万天津幅海洋区域地质调查"。

中国地质调查局广州海洋局承担的"1∶25万福州幅、莆田幅海洋区域地质调查项目"自2012年起，历时3年，为我国在南部海域首批完成的1∶25万海洋区调项目图幅，填补了我国在这一海域开展中比例尺海洋区域地质调查工作的空白。

2016年，中国地质调查局广州海洋地质调查局承担的"1∶5万珠江口内伶仃洋海洋区域地质调查（试点）"项目通过评审，为我国完成的首幅1∶5万海洋区域地质调查成果，填补了我国大比例尺海洋基础地质调查空白。

自然资源部中国地质调查局青岛海洋地质研究所"1∶100万大连幅海洋区域地质调查"项目荣获2019年度国土资源科学技术奖二等奖。

二、区域地球物理调查

大范围内多目标地球物理测量和编图称为区域地球物理调查。这种调查可服务于区域地质、深部地质、矿产地质、水工环地质和地球物理场本身等方面的研究。专门的区域地球物理调查从获得数据开始，工作比例尺一般为1∶100万、1∶25万、1∶20万；也可收集大范围分散施工，但已经连片的中、小比例尺非专题区域地球物理测量成果，通过编图的方式，获得区域地球物理资料。中国已经开展的区域地球物理测量和编图的方法有磁法、重力测量和放射性测量三种。

1999—2010年，历时12年的国土资源大调查，从事区域地球物理调查的队伍30多家、技术人员1000多人，投入先进的高精度重力仪等地面物探设备120多台套、航空物探设备近20台套，完成项目约140项（航空物探30项、地面物探110项）。共投入经费4.36亿元（其中，1999—2006年经费1.99亿元、2007—2010年经费2.37亿元），约占总经费140亿元的3.11%，平均每年投入经费约3633万元（其中，1999—2006年年平均经费2486万元、2007—2010年年平均经费5915万元）。

（一）1:5万区域重力调查

截至2022年5月，全国1:5万重力地质调查完成面积101969.71平方千米，占陆域国土面积的1%。按完成区域地质调查占省（区、市）国土面积百分比排名前十的是：北京（30.7%）、山东（14.0%）、宁夏（11.1%）、河北（10.6%）、山西（4.6%）、安徽（2.2%）、天津（1.9%）、河南（1.9%）、新疆（1.5%）、江苏（1.0%）。按陆域国土面积排名前十的是：新疆（24079.22平方千米）、山东（21609.7平方千米）、河北（19795.44平方千米）、山西（7117.96平方千米）、宁夏（5785.01平方千米）、北京（5023.54平方千米）、河南（3214.65平方千米）、安徽（3092.03平方千米）、内蒙古（2716.36平方千米）、甘肃（2664.75平方千米）。

整装勘查区1:5万重力地质调查完成面积23390.07平方千米，占成矿区带总面积的4.1%。成矿区带1:5万重力地质调查完成面积68511.74平方千米，占成矿区带总面积的1.5%。经济区1:5万重力地质调查完成面积31465.18平方千米，占成矿区带总面积的1.4%。

（二）1:20万区域重力调查

截至2022年5月，全国1:20万重力地质调查完成面积4675051.07平方千米，占陆域国土面积的49%。按完成区域地质调查占省（区、市）国土面积百分比排名前十的是：香港（100.0%）、山西（100.0%）、海南（100.0%）、澳门（99.9%）、福建（99.7%）、宁夏（98.7%）、浙江（98.4%）、辽宁（98.2%）、江西（97.3%）、江苏（97.0%）。按陆域国土面积排名前十的是：内蒙古（794060.66平方千米）、青海（332002.03平方千米）、新疆（329134.06平方千米）、云南（277158.91平方千米）、广西（192630.17平方千米）、四川（186317.74平方千米）、黑龙江（175256.91平方千米）、甘肃（173138.58 平方千米）、湖南（169040.86 平方千米）、河北（166668.11 平方千米）。

整装勘查区 1∶20 万重力地质调查完成面积 322699.37 平方千米，占成矿区带总面积的 56.5%。成矿区带 1∶20 万重力地质调查完成面积 2858642.12 平方千米，占成矿区带总面积的 63.3%。经济区 1∶20 万重力地质调查完成面积 1595342.41 平方千米，占成矿区带总面积的 69.1%。

（三）1∶25 万区域重力调查

截至 2022 年 5 月，全国 1∶25 万重力地质调查完成面积 2088704.87 平方千米，占陆域国土面积的 22%。按完成区域地质调查占省（区、市）国土面积百分比排名前十的是：天津（93.1%）、江西（70.3%）、青海（56.6%）、重庆（52.4%）、黑龙江（37.8%）、甘肃（36.2%）、北京（34.2%）、湖南（31.5%）、河南（31.1%）、安徽（28.5%）。按陆域国土面积排名前十的是：青海（407234.63 平方千米）、内蒙古（316147.2 平方千米）、西藏（195111.53 平方千米）、黑龙江（169766.02 平方千米）、甘肃（149265.54 平方千米）、新疆（129892.32 平方千米）、江西（117571.57 平方千米）、云南（92579.91 平方千米）、湖南（67030.24 平方千米）、四川（55255.47 平方千米）。

整装勘查区 1∶25 万重力地质调查完成面积 227207.52 平方千米，占成矿区带总面积的 39.8%。成矿区带 1∶25 万重力地质调查完成面积 1092035.02 平方千米，占成矿区带总面积的 24.2%。经济区 1∶25 万重力地质调查完成面积 545089.01 平方千米，占成矿区带总面积的 23.6%。

（四）区域地球物理勘探

区域地球物理勘探（简称区域物探），是对某一范围较大的地区（例如某一地质单元、构造带或图幅所辖范围）进行的地球物理勘探工作。工作比例尺一般为小比例尺（1∶100 万、1∶50 万）和中比例尺（1∶20 万、1∶10 万）。其目的是通过物探工作对区域性的地下地质构造、地层、岩石等进行研究，与区域地质调查相结合，为经济建设、国防建设、科学研究和进一步的地质找矿工作提供基础地质资料。常用的区域物探方法有重力勘探、航空磁法勘探等。

我国地球物理工作始于 20 世纪 50 年代，20 世纪 50—80 年代中期地球物理测量以中低精度为主。自 80 年代末期，尤其是国土资源大调查以来，围绕重点成矿区带，在全国范围内系统地开展了地球物理调查工作，大幅提高了地球物理调查程度。基于海量地球物理数据，编制了中国陆域、大区及标准图幅1:25万～1:500万航磁系列图（图件内容主要有航磁基础图、数据处理图、地质构造推断解释图和磁性铁矿资源潜力预测图等）、重力系列图（图件内容主要有布格重力异常图、剩余重力异常图、重力推断盆地及前新生代地层分布图）、航放总计数率阴影图。

系列图的编制，系统清理了全国几十年来积累的地球物理（磁、重、放）资料、数据与科研成果资料，集成了全国不同层次的磁力、重力、放射性系列图；展示了我国陆域深部及浅部磁场信息、航磁反映的磁性基底深度及盖层厚度、断裂岩浆岩、区域构造单元、基底岩相等分布特征；预测了我国磁性铁矿的资源潜力，包括位置、规模及其主要特点；圈定了中新生代沉积盆地范围及主要密度界面深度，圈定了老地层的分布范围。该成果为社会公众提供了一批公益性国土资源信息，为区域地质调查、能源及矿产调查、资源潜力评价、环境保护、基础测绘和重大工程建设等提供了一批多样化的区域地球物理调查图文资料。

截至2015年12月，1:5万航空磁测面积为479.02万平方千米，占陆域总面积的50.5%；1:5万及大比例尺航空磁测面积为484.12万平方千米，占陆域总面积的51%；1:10万航空磁测面积为364.26万平方千米，占陆域总面积的38.4%；1:20万航空磁测面积为377.39万平方千米，占陆域总面积的39.8%。

三、区域地球化学调查

区域地球化学调查，也称区域地球化学勘查、区域地球化学填图，习惯上称为区域化探或化探扫面，指在广大地区或大面积内对各种自然介质（如岩石、土壤、水系沉积物、湖积物、水、气体和植物等）中化学元素及其同位素的含量分布进行系统测量，并研究其空间分布特征、演化规律和迁移、富集变化规律，及其与各种地质过程、地质特征和区域成矿作用之间的关系，为区域地质找矿、成矿预测、基础地质研究、地球化学研究以及环境和农林牧业等领域提供基础地球化学资料。

国土资源大调查实施以来，共开展区域化探工作项目82个，累计投入经费2.5485亿元，平均每年投入经费约2124万元。其间，共完成区域化探100.2万平方千米，工作程度提高10%，西南三江、大兴安岭、天山—北山、昆仑—阿尔金、班公湖—怒江和冈底斯等重要成矿区带区域化探工作程度大幅提高。通过区域化探扫面，获得了海量的区域地球化学数据，编制了全国1:1200万、1:500万和六大区1:50万～1:150万、

1∶20万分图幅的39种元素地球化学图及异常解释等系列图件，查明了各项元素的区域地球化学分布分配特征，为基础地质研究与资源潜力评价、矿产资源勘查等提供了重要的地球化学资料。同时，围绕提高重要成矿区带区域化探工作程度和基础图件的更新，着力加强大兴安岭、天山、昆仑—阿尔金、班公湖—怒江、冈底斯等在国家重要成矿区带的区域化探工作，进行新方法、新技术的试点与推广，开展全国、重点地区、重要成矿带和标准图幅的区域地球化学系列图件的编制。

（一）1∶20万区域地球化学调查

截至2022年5月，全国1∶20万地球化学调查完成面积6442274.85平方千米，占陆域国土面积的67%。按完成区域地质调查占省（区、市）国土面积百分比排名前十的是：香港（100.0%）、山西（100.0%）、江苏（100.0%）、海南（100.0%）、贵州（100.0%）、澳门（99.9%）、云南（99.7%）、湖南（99.7%）、福建（99.7%）、广西（99.4%）。按陆域国土面积排名前十的是：内蒙古（855829.85平方千米）、青海（600866.18平方千米）、新疆（490697.23平方千米）、四川（408958.0平方千米）、西藏（401182.38平方千米）、云南（382465.71平方千米）、甘肃（372515.83平方千米）、黑龙江（275801.12平方千米）、广西（236842.73平方千米）、湖南（212241.8平方千米）。

整装勘查区1∶20万地球化学调查完成面积448261.31平方千米，占成矿区带总面积的78.5%。成矿区带1∶20万地球化学调查完成面积3681436.61平方千米，占成矿区带总面积的81.5%。经济区1∶20万地球化学调查完成面积2096893.83平方千米，占成矿区带总面积的90.8%。

（二）1∶25万区域地球化学调查

截至2022年5月，全国1∶25万地球化学调查完成面积1378381.75平方千米，占陆域国土面积的14%。按完成区域地质调查占省（区、市）国土面积百分比排名前十的是：宁夏（42.3%）、山西（41.4%）、黑龙江（32.9%）、青海（32.0%）、陕西（29.7%）、吉林（28.6%）、内蒙古（26.4%）、甘肃（16.0%）、新疆（13.7%）、西藏（13.2%）。按陆域国土面积排名前十的是：内蒙古（297170.45平方千米）、青海（230073.56平方千米）、新疆（224993.96平方千米）、西藏（150025.27平方千米）、黑龙江（147968.71平方千米）、甘肃（65942.17平方千米）、山西（64543.22平方千米）、陕西（61122.31平方千米）、吉林（54481.79平方千米）、河北（22064.81平方千米）。

整装勘查区1∶25万地球化学调查完成面积127597.22平方千米，占成矿区带总面积的 22.4%。成矿区带 1∶25 万地球化学调查完成面积 803614.88 平方千米，占成矿区带总面积的 17.8%。经济区 1∶25 万地球化学调查完成面积 57915.38 平方千米，占成矿区带总面积的 2.5%。

四、水文地质调查

水文地质调查反映了一个地区地下水分布和特征。而水文地质调查图是总结和表示水文地质调查成果的主要形式，主要包括：①反映一个地区主要水文地质特征的综合水文地质图，图上表示出含水层（层、组）的分布埋藏情况、含水层组的类型和富水性、各种断层的含水特征、代表性水点的水量和水质数据及与地下水有关的重要自然地质现象等。②反映地下水某一方面特征的图件，如地下水位埋藏深度图、等水位线图、地下水化学类型及矿化度图等。③为某项经济建设服务的专门性图件，如为矿床疏干服务的矿层底板承压含水层等测压水位线图，为供水服务的地下水资源图、地下水开采利用条件图等。

（一）1∶5 万水文地质调查图

据不完全统计，截至 2021 年年底，我国对外公开的且带有效图幅号的 1∶5 万水文地质调查图累计 930 余幅；其中，2000—2021 年，完成 1∶5 万水文地质调查图 558 幅。

（二）1∶20 万区域水文地质调查

截至 2022 年 5 月，全国 1∶20 万水文地质调查完成面积 6359342.89 平方千米，占陆域国土面积的 66%。按完成区域地质调查占省（区、市）国土面积百分比排名前十的是：香港（100.0%）、天津（100.0%）、西藏（100.0%）、河北（100.0%）、海南（100.0%）、贵州（100.0%）、北京（100.0%）、安徽（100.0%）、重庆（99.9%）、浙江（99.9%）。按陆域国土面积排名前十的是：新疆（971449.97 平方千米）、内蒙古（789713.94 平方千米）、四川（429667.22 平方千米）、青海（371407.8 平方千米）、云南（348185.11 平方千米）、黑龙江（284935.19 平方千米）、甘肃（282636.5 平方千米）、广西（236870.51 平方千米）、湖南（205794.53 平方千米）、陕西（199121.26 平方千米）。

整装勘查区 1∶20 万水文地质调查完成面积 348616.53 平方千米，占成矿区带总面积的 61.1%。成矿区带 1∶20 万水文地质调查完成面积 2992289.27 平方千米，占成矿区带总面积的 66.3%。经济区 1∶20 万水文地质调查完成面积 2213652.69 平方千米，占成矿区带总面积的 95.8%。

五、环境地质调查

环境地质调查是通过对区域地质环境条件和由自然地质作用及人类活动引起的环境地质问题的调查研究，评价预测资源开发与国土整治的环境地质条件，论证重大区域性环境地质问题和有关地质灾害的地质环境背景，拟定地质环境保护对策，为区域经济与社会可持续发展、生态环境建设与地质环境保护提供科学依据。

（一）1∶5 万环境地质调查

截至 2015 年 12 月，完成 1∶5 万环境地质调查 39.65 万平方千米，占陆域国土面积的 4.2%。

（二）1∶25 万环境地质调查

截至 2022 年 5 月，全国 1∶25 万环境地质调查完成面积 1139724.15 平方千米，占陆域国土面积的 12%。按完成区域地质调查占省（区、市）国土面积百分比排名前十的是：山西（79.5%）、青海（63.7%）、山东（55.3%）、安徽（49.1%）、湖北（44.7%）、海南（43.5%）、陕西（23.0%）、江西（18.8%）、湖南（16.6%）、河南（15.9%）。按陆域国土面积排名前十的是：青海（458761.09 平方千米）、山西（123909.75 平方千米）、山东（85472.61 平方千米）、湖北（83318.4 平方千米）、安徽（68648.87 平方千米）、内蒙古（56770.81 平方千米）、陕西（47323.32 平方千米）、黑龙江（40665.72 平方千米）、湖南（35276.01 平方千米）、江西（31506.94 平方千米）。

整装勘查区 1∶25 万环境地质调查完成面积 135575.52 平方千米，占成矿区带总面积的 23.7%。成矿区带 1∶25 万环境地质调查完成面积 475334.84 平方千米，占成矿区带总面积的 10.5%。经济区 1∶25 万环境地质调查完成面积 235676.69 平方千米，占成矿区带总面积的 10.2%。

（三）1∶50 万环境地质调查

1999 年开始，在以往工作的基础上，中国地质环境监测院继续实施了 1∶50 万分省区域环境地质调查，5 年累计完成调查面积约 570 万平方千米。到 2003 年年底，共完成了 30 个省（区、市）960 万平方千米的调查。

第三节　重要专项

中国地质调查局组建以来，组织开展了多项基础地质专项调查及研究工作。其中最具代表性的是在西部地区开展的青藏高原区域地质调查和在东部地区开展的江苏沿海地区综合地质调查。

一、青藏高原区域地质调查与研究专项

1999 年，按照温家宝副总理"新一轮国土资源大调查要围绕和更新一批基础地质土建"的指示精神，中国地质调查局组织开展了青藏高原空白区 1∶25 万区域地质调查攻坚战。调集 24 个来自全国省（自治区）地质调查研究院、研究所、大专院校等单位精干的区域地质调查队伍，每年近千人奋战在世界屋脊，徒步走遍雪域高原，开创了人类地质工作历史的伟大壮举。

（一）区域地质调查（1999—2005 年）

青藏高原区域地质调查取得的主要成果列举如下。

（1）填制了 110 幅国际分幅的 1∶25 万区域地质图，为资源勘查、国土规划、环境保护、重大工程规划与建设、地质科学研究等提供了基础图件。实现了我国陆域中比例尺区域地质调查的全覆盖。

（2）新发现矿床、矿点及矿化点 600 余处，其中一些矿床具有大型—超大型前景规模。圈定出数十个具有重要找矿前景的找矿远景区，为矿产资源调查评价提供了重要的基础资料。

（3）新发现数以万计的古生物化石，为确定地层时代和形成环境提供了重要的基础资料。重新厘定和监理了一批地层单位，全面更新和完善了青藏高原地层系统。

（4）发现和确认了 20 条蛇绿混杂岩带和 16 条高压—超高压变质带，对认识造山带的组成与结构、恢复洋 – 陆古地理格局、探讨洋 – 陆构造体制转换的地球动力学过程、分析矿产资源形成的地质背景和指导找矿具有重要科学意义。

（5）新发现和确认了一大批重要的岩浆岩体，查明了岩浆岩分布和时空演化规律，对研究青藏高原不同演化阶段的板块俯冲、碰撞过程中的构造－岩浆事件及成矿作用具有重大意义。

（6）新发现和确认了一系列重要的地质界面，厘定了一批重要地质事件，对研究青藏高原构造演化历史和成矿作用提供了重要的基础资料。

（7）获得了大量高原隆升、环境变化资料，结果显示新生代以来青藏高原植被发生了几次由森林型突变为草甸型、气候冷暖频繁波动的显著变化；在4500万年以来经历了多次抬升事件；在距今11万~4万年间，青藏高原发育了一系列面积为数万至十余万平方千米的大型湖泊。但由于高原隆升，湖泊逐渐萎缩、河湖断流，土地盐碱化、沙漠化，草场退化，雪线逐年升高，被誉为"中华水塔"的三江源蓄水量在日趋下降。

（8）查明了大量地质灾害的空间分布，对其危害性进行研究和评估，为重大工程规划、建设和管理以及减灾防灾提供了重要的资料。

（9）新发现地质旅游景观点700余处，研究和总结了旅游资源的分布规律，编制了相应的旅游资源分布图，为青藏高原旅游资源开发增添了大量珍贵的资料。

（10）在1∶25万区域地质调查过程中，分别设立青藏高原南部、北部综合研究项目，适时跟踪、指导和服务于区调工作全过程，并进行初步综合研究。编制了一系列地质和资源图件，提交了相关综合研究阶段性报告。

（二）集成和综合研究（2006—2010年）

在青藏高原空白区1∶25万区域地质调查和国内外最新研究成果基础上，通过集成与综合研究，建立1∶25万地质图空间数据库，构建了青藏高原地质成果数据库管理系统；系统厘定了区域地层构造格架，编制了1∶150万地质图、大地构造图、构造－岩浆岩图、前寒武纪地质图、变质地质图、新生代地质图及中立、航磁、化探等基础系列图件，编制了1∶150万金属矿产图、非金属矿产图、旅游资源图等资源系列图件，编制了显生宙构造－岩相古地理系列图件等，为区域资源勘查、国土规划、环境保护、重大工程规划与建设、地质科学研究等提供了基础图件。

（1）基于177幅1∶25万区域调查成果资料，系统厘定了区域地层及构造地层系统，划分出9个地层及构造－地层大区、35个地层及构造－地层区及64个地层及构造－地层分区，建立了青藏高原及邻区岩石地层划分与对比序列（共计1200余个岩石地层单位，其中新建或启用岩石地层单位150余个），奠定了综合研究的基础。

（2）基于177幅1∶25万区域调查成果资料，首次以岩石地层为编图单位编制青藏高原及邻区 1∶150 万地质图，建立地质图数据库。全面反映了青藏高原区域地质调查的最新成果。

（3）重新构建了青藏高原大地构造格架，划分出 9 个一级、38 个二级和 78 个三级构造单元，提出"一个大洋、两个大陆边缘、三大多岛弧盆系"高原原特提斯形成演化模式的原创性认识，建立了大陆边缘造山带"多岛弧盆系构造"新模式。

（4）按照大地构造相划分方案（3 个大相、14 个基本相和 36 个亚相）对地质体进行大地构造环境解析，以 36 个大地构造亚相为基本编图单元，编制青藏高原及邻区 1∶150 万大地构造图。

（5）依据青藏高原构造 - 岩浆演化特征及时空格架，按照洋壳型、俯冲型、碰撞型、后碰撞型及陆内伸展型构造 - 岩浆岩相组合，编制青藏高原及邻区 1∶150 万构造 - 岩浆岩图。

（6）依据青藏高原区域及构造变质特征及时空格架，按照变质地区、变质地带、变质带和甚低 - 低 - 高绿片岩相、低 - 高角闪岩相、蓝片岩相、高 - 超高压榴辉岩相、麻粒岩相等进行变质环境解析，编制青藏高原及邻区 1∶150 万变质地质图。

（7）依据青藏高原及邻区前寒武纪陆块或地块的性质、组成及热事件序列，结合变质期次、变质相带及标志性矿物等变质特征，编制青藏高原及邻区 1∶150 万前寒武纪地质图。

（8）立足 1∶25 万区域地质调查成果新资料，以现代板块构造学说为理论指导，以大陆边缘多岛弧盆系造山模式为主线，以大地构造相及其相关沉积岩相、混杂岩相与岩浆岩相的时空分析为基本方法，首次探索性地开展了青藏高原显生宙 17 个重要地质断代构造 - 岩相古地理专题研究与编图。

（9）系统收集和整理区域地质调查与矿产勘查获得的 5000 余矿床（点）资料，编制了青藏高原 1∶150 万金属及非金属矿产分布图、成矿带地质背景图，划分出 3 个成矿域、10 个成矿省和 33 个成矿带，并对成矿带的地质背景和矿床类型进行了总结，为青藏高原矿产资源勘查评价提供了重要的基础资料。

（10）系统收集和整理青藏高原及邻区各类景观点 1600 余处，其中新增 1∶25 万区域地质调查发现的各类旅游资源（主体为地质旅游资源）景点 700 余处，编制了青藏高原及邻区 1∶150 万旅游资源图，划分出 26 处地质遗迹集中区，为青藏高原旅游资源开发提供了丰富的基础资料。

（11）全面集成和综合研究 1∶25 万区域地质调查获得的新生代地质与第四纪环境演变成果资料，编制青藏高原 1∶150 万新生代地质图、第四纪地质与地貌图、新构造与地质灾害图等，揭示青藏高原构造隆升－地貌水系演化－气候与环境演变的耦合关系，为区域生态环境保护与可持续发展提供地质背景资料。

（12）在全面收集 1∶20 万、1∶50 万、上 100 万区域重力调查成果资料的基础上，编制青藏高原及邻区 1∶150 万重力异常系列图件，编写说明书和区域重力专题成果报告，实现青藏高原重力成果资料的综合整装。

（13）在全面综合 1∶20 万、1∶50 万、1∶100 万区域航磁调查成果资料的基础上，编制青藏高原及邻区 1∶150 万航磁 ΔT 等值线平面系列图件，编写说明书和区域航磁专题成果报告，实现青藏高原航磁成果资料的综合整装。

（14）在全面收集 1∶20 万、1∶50 万区域化探成果资料的基础上，编制青藏高原及邻区 1∶150 万单元素、组合元素和综合异常系列图件，编写说明书和区域化探专题成果报告，实现青藏高原化探成果资料的综合整装。

（15）完成青藏高原空白区 110 幅 1∶25 万地质图空间数据库建设，首次实现区域地质图数据化的标准化、规范化；初步构建了地质－资源－环境专题成果图数据库及其管理系统，为青藏高原地质成果资料的社会化服务奠定了基础。

二、江苏沿海地区综合地质调查

江苏沿海地区地质资源丰富，地质环境相对脆弱。2009 年，国务院批复了《江苏沿海地区发展规划》，提出了"依据资源环境承载力科学布局，实现江苏沿海可持续发展"。2012 年，江苏省人民政府与国土资源部共同投资部署了江苏沿海地区综合地质调查工作。2013 年 11 月，《江苏沿海地区综合地质调查总体实施方案》要求，按"查条件、摸家底、探问题、提对策、建系统"五大专项 13 个课题进行实施。该项目以江苏省地质调查研究院和中国地质调查局南京地质调查中心为主体，12 家国内外科研院所与地勘队伍组成共同攻关的联合实施团队。项目累计投入近 3.45 亿元专项经费，经过 7 年的组织实施，省部联合投入，海陆统筹部署，为新时期中央地方合作开展地质工作提供了江苏样板。

（一）主要成果及科技创新

经过 7 年的持续调查及研究，江苏沿海地区综合地质调查获得了一批基础性、应用性、战略性成果，可为破解江苏沿海发展面临的重大资源环境问题提供可靠的决策支撑。

（1）通过基础、水工环、海岸带综合调查，项目团队系统查明了江苏沿海地质条件。实现了中尺度（1∶5万比例尺）区域地质环境调查全覆盖。共完成1∶5万区域地质调查图43幅，面积11480平方千米，沿海发展前沿地区全覆盖；完成1∶5万水工环调查图33幅，面积12270平方千米，主要城市港口全覆盖；完成1∶10万潮间带综合调查15000平方千米，海岸带全覆盖。极大地提高了中比例尺区域地质、水工环地质、海岸带地质调查工作程度，填补了长期以来江苏沿海地区基础性地质资料的空白，为沿海可持续发展提供了坚实的基础地质资料保障。

（2）开展苏北盆地形成与第四纪沉积演化过程研究，支撑水工环应用研究。为查明江苏沿海地区巨厚松散地层结构，开展了苏北盆地形成与第四纪沉积演化过程研究。系统利用482个第四纪及水文地质钻孔，采用年代学及气候学等多重地层划分方法，建立了江苏沿海地区第四纪标准地层。结合38条钻孔联合剖面和9个时期岩相古地理图，充分展现了研究区第四纪地层结构。创新性地将盆地沉积速率分析、锆石测年等技术系统结合研究江苏沿海平原的形成演化过程，首次揭示了江苏沿海平原第四纪以来的四个重要成陆阶段，其中120万年区域构造沉降是研究区形成的重要时期。项目提出区域成陆过程是青藏高原隆升、区域构造沉降及全球气候变化的耦合。首次提出断裂活动是研究区沉积环境特征及区域成陆速率存在差异的重要控制因素，并对长江贯通时限及其影响范围提出了新的见解。

（3）查明江苏沿海地区地质结构，构建了三维地质模型。通过对地质大数据的综合分析，查明了江苏沿海地区地质结构，构建了反映基岩构造、第四纪松散地层结构、地下水含水系统结构及工程地质结构多层次、高精度的三维地质模型，掌握了各类岩土体空间分布特征和理化特性，相关调查成果为沿海城镇规划及重大工程建设提供了地质依据。

（4）查明了沿海地区工程地质条件，摸清了地下空间资源家底，提出了开发利用建议。江苏沿海地区广泛分布着软土、吹填土、液化砂土、地面沉降、水土腐蚀、海岸侵蚀与淤积六大类工程地质环境问题，项目根据工程建设所面临的这六类环境工程地质问题对沿海地区城乡规划体系提出了地质建议，将全区划分为一至五类用地。评价了南通、盐城、连云港三个中心城市不同深度地下空间开发利用潜力。首次发现连云港深部地下空间适宜建设大型能源储备库，圈出建库适宜区296平方千米，具备规划建设总容量超过9500万立方米地下水封洞库的潜力，可在满足连云港炼化一体产业对原油、化工原料储存需求的同时建设国家战略石油储备基地，对保障国家能源战略安全、提升连云港市新亚欧大陆桥东方桥头堡地位有着重要意义。

（5）开展了沿海地区地下水系统结构与循环演化过程研究。联合运用水文地质钻探、物探、水文地球化学、多种环境同位素示踪与测年等方法，划分了沿海地区地下水系统，明确了沿海地区地下含水系统空间分布与富水性特征。研究了沿海地区地下水流系统循环的机理，建立了三大流域不同级次地下水流系统循环模式，揭示了区域地质构造背景、岩相古地理、水文地质结构、地形地貌、人类活动等因素共同制约下地下水流系统发育特征，尤其是海平面升降严格控制了沿海地区咸淡水的空间分布，而人类活动强烈影响了区域地下水流系统演化特征。

（6）探明了地下水资源家底，提出了地下水综合利用与管理建议。综合运用多种地面沉降监测技术、土工试验分析、数值模拟等方法，查明了沿海地区不同沉降区土体应力应变特征，摸清了沿海地区地面沉降机理，构建了沿海地区三维地下水流－一维固结形变耦合模型，评价了地面沉降约束下地下水可采资源量，科学划定了沿海各县市地面沉降、淡水咸化共同约束下的地下水位红线，提出了地下水资源综合管理的对策及建议。创新性地提出多尺度模拟方法（三级嵌套），实现南通城市规划区地下水流－溶质运移－固结形变多场耦合模拟，预测了不同地下水应急工况开采后可能造成的地面沉降和淡水咸化问题。

（7）全面掌握了滩涂资源数量，评价了资源潜力，服务滩涂围垦规划调整。为精确摸清滩涂资源家底及演变趋势，服务沿海海岸带规划与生态管护，创新运用机载激光雷达测量技术对沿海滩涂数量进行了全面调查。系统运用激光点云数据解算、地面DEM 重构叠加系统的潮位验测，精确查明了理论基准面以上滩涂资源面积 3318.9 平方千米，主要分布于大丰、东台、如东沿海及离岸沙洲区。77.3% 的滩涂生态质量优良，21.8% 的滩涂生态质量较好。基于最新的海底地形、侵蚀淤积监测，洋流泥沙动力海洋锚系站位实测数据，创新运用地貌演化数值模型等技术手段开展了决定滩涂演变的辐射沙脊群形成演化研究。建立了可验证的区域海洋地貌演化数值模型，分析了大型沙洲－深槽系统迁移演化的机理及演变趋势，总结了人类活动影响下的滩涂剖面演化模式，进一步分析了滩涂地貌变化的生态环境效应，提出以滩涂生态管护理念进行江苏沿海滩涂的保护利用，为辐射沙脊群形成演化和稳定性评价定量研究提供了新的思路，对下阶段海岸带资源环境可持续开发起到重要支撑作用。

（8）查明了江苏沿海重大地质环境问题现状，构建了多要素资源环境综合监测预警网络。针对江苏沿海地区的主要环境地质问题，本次工作运用物联网技术率先构建了覆盖滩涂资源、地下水资源、地面沉降、岸线侵蚀淤积、土壤环境等资源环境多要素的综合监测网络，并建立了科学的预警模型。结合江苏省国土资源卫星应用技术中心，为沿海地区自然资源调查监测和生态环境系统治理奠定了坚实基础，实现了沿海地区地质资源合理开发和风险有序防控。

（9）建立沿海海陆一体化成果发布与辅助决策系统。本次工作建立了沿海海陆一体化的成果发布与辅助决策系统，实现了地质调查成果支撑政府决策的快速响应。

（二）应用成效

（1）支撑沿海地区新一轮规划编制。本次工作的岸线滩涂资源调查成果已成功运用到江苏沿海地区土地利用总体规划编制、江苏省滩涂围垦"十三五"规划修编中；地面沉降调查成果运用到全省地面沉降防治规划编制；提出的地下水位红线动态管理机制这一成果也在水利厅的地下水资源管理方面得到了应用。

（2）海岸带及地下水资源研究支撑地质资源的保护与合理利用。海岸带研究成果为滩涂围垦时序与围垦规模的调整提供了定量判别指标，为滩涂围垦从数量管理向数量、质量并重管理转变起到了推动作用，获得了显著的社会效益和经济效益。地下水资源研究成果在江苏省地下水水位控制红线划定及超采区划分与治理等地下水管理工作中得到了应用，同时利用海域淡水地下水资源也为解决滩涂地区供水问题提供了一种可行的途径。

（3）服务于重大工程建设及国家战略能源储备选址。2017年8月，江苏省发改委向省政府呈送了《江苏省发展改革委关于积极推进连云港大型地下能源储备库建设情况》的报告，提出连云港建设地下能源储备库符合国家总体布局，有利于国土空间资源立体化、集约化利用，有利于国家能源战略储备安全，下一步将进一步论证选址条件，申报纳入国家规划，拓宽储库使用途径。该项目很好地发挥了地质工作作用并扩大了地质行业的影响。地面沉降研究成果也已成功应用于新建盐城—南通高铁地质论证、南通市地下空间开发及地下轨道交通选线地质论证、盐城市区及大丰港区深层地下水资源开发利用方案制定及条子泥滩涂围垦规划布局等项目。

第四节　重要图集

地学图件是对地球认识的归纳和总结，是最直观的表现形式。我国老一代地质学家历来十分重视地质编图工作。陆域地质勘查程度高，编制了大量的地学图件，而海域地质调查程度相对较低，地学图件少，而且长期得不到更新。随着我国经济快速发展，尤其是海陆经济协同发展，急需海陆统一的基础性、公益性地质调查成果资料和图件。

一、中国地下水资源与环境图集

《中国地下水资源与环境图集》是"新一轮全国地下水资源评价"项目的主要成果之一，主要反映中国地下水资源的空间分布规律和开发利用状况、地下水环境状况及地下水资源合理开发利用对策建议等信息。该图集既反映地下水资源的分布及其开发利用状况，又反映地下水资源保护以及开发利用中的环境问题，使规划者对于中国地下水资源的数量和质量、开发、利用状况和保护有比较系统的了解，便于使用。同时也反映了我国水文地质科学成果图件从侧重专业的基础性图件为主，逐步向地下水资源开发利用和环境保护的应用性图件为主的方向转变的历史过程。这种转变，是水文地质编图工作不断适应国民经济和社会发展需要、更加主动地为国民经济和社会发展服务的具体体现，是社会发展的必然要求。图集编制的主要进展体现在以下几方面：①基础性地学图和应用性地学图的结合，并向应用性地学图方向转变，图面内容力求直观易懂；②首次将地下水资源评价和地下水环境评价成果相结合，进行综合制图，体现了地下水既是资源又是环境要素的自然属性特征；③数字化全过程制图。该图集包括序图、全国图、地区图和分省图 4 个图组，共 126 幅图。图集编制工作，由国土资源部地质环境司主持，中国地质环境监测院和中国地质科学院组织实施，中国地质科学院水文地质环境地质研究所为技术负责单位，各省、区、市国土资源厅（局）及地质环境监测总站（中心）等有关单位共同参加完成，是我国老、中、青三代水文地质专家共同协作的成果。该图集由中国地图出版社于 2004 年出版。

二、中国陆域地球物理系列图

以截至 2011 年实测航磁数据为基础，中国地质调查局编制了中国陆域航磁系列图（1:500 万），实际覆盖面积达 979.6 万平方千米，采用的网格间距为 5 千米 × 5 千米，编图基准面高度为离地 1000 米。图件内容由航磁 ΔT 场等值线平面图、化极等值线平面图、化极垂向一阶导数等值线平面图、化极上延 20 千米等值线平面图和化极上延 50 千米等值线平面图 5 种图件构成，基本满足了常规研究工作所需图件类型。

图件的出版在中国地学界引起了强烈反响，得到各方的好评。

中国陆域航磁系列图（1:250万）增加了75个测区的412万平方千米的高精度中、大比例尺航磁资料，编图采用的航磁数据密度为1千米×1千米，主要特点为：①网格距小、信息更丰富，增大网格距相当于进行低通滤波，因此中国陆域航磁系列图（1:250万）保留了更多的信息；②编图范围扩大，补充了部分近海海域磁测资料；③增加了地名等地理信息以更方便读者使用。

中国东北等六大区的航磁系列图和重力系列图（1:150万），满足了大区地质调查中心地质调查的规划管理工作和基础地质背景与成矿环境研究工作的需要。公开出版的148幅1:25万航磁系列图展示了1:25万标准图幅航磁整体面貌，配合1:25万地质填图工作，为区域地质特征、构造分析、成矿规律研究等提供了重要信息。

三、中国陆域地球化学系列图

我国区域化探工作从1978年开始实施，截至2015年，采集水系沉积物样品700万余件，分析样品170万余件，分析39种元素（及氧化物），完成国土面积700余万平方千米。获得了系统而规范的海量高质量地球化学数据，在我国矿产勘查和基础地质研究中发挥了巨大的作用，对世界地球化学填图的引领与推动具有重要的指导意义。

基于这些数据资源，中国地质调查局研究编制完成了全国陆域1:25万~1:500万区域地球化学系列图，包括不同尺度39种元素（及氧化物）单元素地球化学图、单元素地球化学异常图、综合异常图、地球化学推断地质构造图及重要矿种找矿预测图等，是几十年来我国开展区域地球化学调查工作的重要成果，也是几十万地球化学工作者共同工作的结晶。多元素、多尺度的地球化学图集，不仅能够宏观地反映元素含量在地理和空间上的宏观分布与变化，而且还可以为基础地质学、矿产勘查、农业、土壤、生态、环境和地方病等研究领域的元素基本含量的对比研究提供重要而又实用的基础地球化学资料。全国区域地球化学调查数据库和系列图通过全国地质资料馆以数据库、矢量图、网络地图等多种方式面向社会提供服务。

本系列图从全国矿产资源潜力评价化探资料应用成果和区域地球化学调查成果中选出了8类1039张不同层次的地球化学图件。系列图件由四个层次的图构成：第一层次为图幅尺度，主要是比例尺为1:25万标准图幅地球化学系列图；第二层次为成矿区带尺度，比例尺为1:100万；第三层次为大区尺度，比例尺为1:150万；第四层次为全国尺度，比例尺为 1∶250 万 ~1∶500 万。

四、1∶500 万中国海陆地质 - 地球物理图集

2008—2012 年，青岛海洋地质研究所联合局属单位广州海洋地质调查局、中国国土资源航空物探遥感中心、中国地质调查局发展研究中心、中国科学院地质与地球物理研究所、中国海洋大学、中国科学院海洋研究所等 13 个单位，上百位科学家共同编制了中国海陆及邻区地质 - 地球物理系列图（1∶500 万）。编制团队主要利用 1988 年以来我国陆域、海域最新地质 - 地球物理调查成果和周边国家最新研究成果，以"全球构造活动论"思想为指导，采用先进的数字成图技术，编制了空间重力异常图、布格重力异常图、磁力异常图、地震层析成像图、莫霍面深度图、地质图、大地构造格架图和大地构造格架演化图等 8 种图件。编图范围为东经 64°~140°、南纬 3°~北纬 56°，涵盖中国陆地和海洋以及周边国家和地区，采用兰伯特投影，中央经线为东经 105°，双标准纬线为北纬 15°、北纬 40°。

通过系列图件编制和综合研究，全面揭示了中国海陆地球物理场特征，系统展示了中国海陆大地构造格架全貌，利用地震层析成像技术，首次系统揭示了中国陆域和海域壳幔结构特征，为块体构造单元划分提供了深部构造关键证据；创新性地提出了"块体构造学说"，对解决中国大地构造单元划分和构造演化具有很强的实用性，首次系统指出了块体构造与成矿作用的关系，对实现找矿突破具有重要指导意义。

五、1∶200 万南海地质 - 地球物理图系

2009—2015 年，广州海洋地质调查局组织 30 多位科技人员编制了南海地质 - 地球物理图系（1∶200 万）。科技人员主要利用 1980—2014 年在南海获取的地质、地球物理高精度测量资料，同时收集国内外最新科研成果，应用板块构造活动理论和现代计算机成图技术完成了编图工作。编图范围为北纬 0°~26°，东经 105°~122°，采用 CGCS2000 坐标系、等角圆锥投影，基准纬线北纬 15°，比例尺 1∶200 万。该图系共包括 15 类图（附录）、编图说明书和配套专著《南海海洋地质与矿产资源》，由中国航海图书出版社以中英文对照方式公开出版发行。

六、1∶150 万青藏高原基础地质系列图

基于对青藏高原 152 万平方千米的空白区 1∶25 万区域地质调查所取得海量珍贵的第一手地质资料和一大批重要科学发现并进行了成果集成和理论研究，中国地质调查局编制了青藏高原 1∶150 万地质资源、地球物理、地球化学等 16 套 65 幅基础地质系列图件。该套图件真实、客观、系统、全面地刻画了青藏高原形成演化历史，得到全国乃至世界地学界的高度评价和广泛应用，并直接促成了国家"青藏专项"的设立与实施，为中央决定在西藏建立 5 个国家级矿产资源储备基地提供了决策依据。

1∶150 万青藏高原基础地质系列图件编制，提出了一系列基础地质原创性理论和创新性认识，创新了青藏高原基础地质编图方法及成果形式，夯实了解决青藏高原地质资源环境问题的基础，搭建了地质理论创新和人才培养平台。基于青藏高原地质实践的原创性"大陆边缘增生构造理论"、全新的青藏高原大地构造格架和特提斯演化模式及全球特提斯洋－陆分布格局等新认识，解决了青藏高原形成演化和成矿地质背景重大科学问题，改变了"西方模式"主导青藏高原研究话语权的局面。2011 年，该系列图件作为"青藏高原地质理论创新与找矿重大突破"重大成果支撑，获得国家科学技术进步奖特等奖。

七、1∶100 万中国海区及邻域地质－地球物理图集

2003—2010 年，青岛海洋地质研究所联合广州海洋地质调查局、中国国土资源航空物探遥感中心共 50 余名科研人员，编制了中国海区及邻域地质－地球物理系列图（1∶100 万）。科研人员主要利用"八五"至"十五"期间国家专项获得的高精度实测重力、磁力、地震、表层沉积物等调查资料，结合卫星重力数据和综合研究成果，编制了我国 1∶100 万全海域空间重力异常图、布格重力异常图、磁力异常图、沉积物类型图和区域构造图等 5 种图件。

在系列图件编制过程中，利用多种来源的重力数据调差和重力场模型，实现了海陆重力场的拼接，更加准确地表现了各海区重力异常的细节；使用高精度磁力实测资料，新发现一大批磁力异常，重新厘定了主要断裂构造；圈定了岩浆岩分布范围，全面展示了管辖海域磁力异常特征；系统地划分了我国海域沉积物类型和分布范围，揭示了沉积物的物质来源及运移规律，指出了海砂等沉积矿产的找矿方向；重新建立了

我国海域区域构造格架，系统划分了构造单元，精确厘定了断裂构造，梳理了海域岩浆岩的发育和展布特征，全面展示了我国大陆边缘的区域构造特征；总结了板块构造活动与沉积盆地形成演化的相关性，为制定海洋油气资源勘查开发战略部署提供了重要的基础资料及图件。

八、1∶5 万中国矿山地质环境调查图系

2002 年以来，在国土资源部的正确领导和财政部的大力支持下，中国地质调查局组织开展了两轮全国矿山地质环境摸底调查，调查矿山 11 万多个，实施了重点矿区年度矿产资源开发遥感调查监测，覆盖 163 个重点矿区、10.2 万个矿山，启动了典型矿区 1∶5 万精度矿山地质环境调查等工作。通过上述工作，初步掌握了我国矿山地质环境总体状况，为全国矿产资源规划编制，矿山地质环境保护与恢复治理、矿山"复绿行动"等提供了基础支撑和决策依据。

综合分析调查和监测成果，形成以下主要认识：①我国矿山数量 11 万余个，大中型矿山占 10.5%，以矿产资源开发为主的资源型城市 244 个，资源枯竭型城市 62 个。②我国现有 2.2 万多平方千米采矿损毁土地，其中 8400 平方千米采煤塌陷地可修复为农用地和生态用地，建议优先进行综合整治。③我国矿山废水年产出量超过 110 亿立方米，其中，煤矿和非金属建材矿矿坑排水易于处理，应充分挖掘综合利用潜力；金属和化工原料类等矿山有害选矿废水应进一步提高循环利用率并强化监管。④我国矿山固体废物积存量 480 多亿吨，加强排岩（土）场综合整治、强化尾矿库的安全管理、推广煤矸石充填开采模式和煤矸石规模化利用，是最重要的处置措施。⑤资源枯竭型城市矿山地质环境治理与城镇规划相结合，形成了矿山公园、工业园区、土地整治和地质灾害防治等 4 种可借鉴推广的模式。

第五节　地质史志

地质史志是一个历史时期地质科学发展成果的重要集成。21 世纪以来，各省（区、市）均在积极编纂本地区的各种主题和不同形式的地质史志。历经二十余年的积累与沉淀，跨世纪的全国性的矿产地质志终于问世。

2021 年 4 月 28 日，《中国矿产地质志》首批成果发布暨学术研讨会在京召开。这

项规模宏大、意义重大的综合性地质成果，是一项集大成、家底性、立典式的基础性工作，填补了中华人民共和国成立以来全国矿产资源大型志书的空白，具有里程碑式的重要意义。该项目自 2014 年正式启动，在自然资源部（原国土资源部）的直接领导下，在各级政府及自然资源主管部门和相关行业部门的大力支持下，中国地质调查局精心组织 600 余家单位，组成了以中国工程院院士陈毓川领衔、4000 余名矿产地质科技工作者参加的研编团队，秉承"存史、育人、资政"的历史使命，历时 8 年，取得重大成果。

《中国矿产地质志》主要内容包括全国性矿种志书、省级志书、区带志书和专题研究等，形成"书、图、库、普"四类成果，实现了"书记天下矿产，图示古今资源，库存海量信息，普及地学文明"的目标。截至 2021 年 4 月，已成稿志书 187 部，共约 1.2 亿字，包括全国性矿种志书 27 部，省级志书 77 部，成矿区带志书 15 部，专题志书 9 部，专题图件 59 套。首批 50 部志书已公开出版，预计最终将形成 200 余部志书系列成果。通过研编《中国矿产地质志》，全面系统总结了我国百余年地质勘查成果，深化了区域成矿规律总结研究，建立了多尺度的成矿模式和找矿模型，为实施国家能源资源安全战略提供了基础性支撑。已取得的重要成果包括：①按照矿种、矿产地和国域面积"三个全覆盖"原则，系统梳理核实了我国已发现的 6.48 万余处矿产地，基本反映了我国目前的矿产资源现状。系统编制了新一代矿产地分布图、矿产地质图和成矿规律图，全面展示了矿产资源时空分布和成矿规律，研判了我国矿产资源潜力和找矿前景，为实施国家能源资源安全战略提供基础支撑。②构建了标准化的矿产地质志成果数据库，实现各行业部门百余年矿产勘查和科研资料的统一数字化集成，促进了信息资料共享服务，为信息化时代矿产地质工作奠定了大数据基础。③创新发展了我国"成矿系列"理论，建立完善了中国成矿体系框架，提升了我国矿床学研究的整体水平和创新能力。研编团队提出了全国矿床（成因/工业）类型三级分类体系，厘定了矿种全覆盖的矿床成矿系列、亚系列 1000 多个，构建了全国 94 个成矿带的区域成矿谱系和中国分时段的成矿体系。④积极开展了成果应用服务。直接指导矿区找矿预测，在湖南锡矿山锑矿、广东大宝山铜矿、贵州遵义和松桃锰矿等实现重要找矿突破，在川西马尔康、青海茶卡北山等地区促进形成一批战略性矿产勘查基地。编制了全国和各省区矿产地分布图、成矿规律图等专题图件及温泉分布图等特色图件，服务于政府相关规划、管理和决策。出版了一批矿产地质志普及本，为宣传矿产资源国情和普及地学知识发挥了积极作用。⑤探索建立了专业志书研编协同创新机制，促进了地质调查与科学研究深度融合，搭建了地质科技人才培养和成长平台，在全国打造了多个老中青结合的科研、找矿和科普专业团队，培养了一批青年地质人才，整体提升了成矿学研究和地质找矿的能力。

第二十二章
保障国家矿产资源安全

为国家的国民经济发展提供可靠的矿产资源安全保障，是地质工作的基本职责和重要任务。21世纪以来，国际矿业形势风云变幻，矿产资源价格起伏跌宕，对地质工作不断提出更新更高的要求。为此，地勘行业管理部门策划和实施了一系列的地质找矿专项，并积极培育市场化找矿新体制和新机制。地勘单位进一步发挥找矿的主力军作用，不断取得地质找矿新突破，尤其在大宗矿产、紧缺矿产、新兴矿产的找矿方面取得了重要进展。

第一节　矿产资源安全保障综述

21世纪以来，我国在矿产资源供给方面始终面临着结构性供给不足的矛盾。在全球经济一体化的时代背景下，其矛盾不断加剧，人们自然将目光投向矿业的上游产业——矿产地质勘查领域。自20世纪末开始，地勘和矿业管理部门即开始对我国及全球的矿产资源形势进行研判，并不断调整产业政策。

一、多种社会因素刺激地勘投资持续增长

21世纪的最初两年，我国的地勘投资依旧徘徊在20世纪90年代的谷底。从2003年起，在经济高增长的带动下，加之国际矿业市场的影响，地勘投资开始风生水起。以后持续10年高歌猛进，至2012年达到历史的峰值，从2013年起开始回落。20年间，

我国地勘业的投资总额达 1 万亿元以上。

"十一五"期间，全国地质勘查总投入 3708 亿元，是"十五"期间地质勘查总投入的 2.7 倍。2006—2010 年，全国地质勘查总投入从 495 亿元增加到 1023.6 亿元，年均增长 19.9%。

"十二五"期间，全国地质勘查投入 5681.8 亿元，较"十一五"期间增长 53.2%。其中，财政投入 1005.3 亿元，占全国地质勘查投入的 17.7%，增长 108.4%；社会投入 4676.5 亿元，占 82.3%，增长 44.9%。

至 2020 年，全国地质勘查投资为 871.85 亿元，较上年下降 12.2%。其中，油气矿产地质勘查投资 710.24 亿元，下降 13.5%；非油气矿产地质勘查投资 161.61 亿元，下降 6.1%，与 2019 年相比降幅有所扩大，其中，矿产勘查投资 82.47 亿元，占总量的 51.0%，下降 6.3%。

二、政府部门组织重大矿产资源调查专项

为实现保障矿产资源的安全供给，国土资源部（自然资源部）在 21 世纪初的 20 年里，组织了一系列矿产资源安全保障行动。1999—2011 年，由中国地质调查局等单位组织实施了新一轮国土资源大调查（矿产资源评价工程）；2004—2010 年，由国土资源部组织实施了"全国危机矿山接替资源找矿专项"；2007 年 11 月，中央地质勘查基金项目开始启动；2011—2020 年，国土资源部、国家发展改革委、科技部、财政部四部委联合组织实施了"找矿突破战略行动"；在此期间，国土资源部还组织实施了"大宗急缺矿产和战略性新兴产业矿产调查工程"（2015—2020）。中国地质调查局还受国土资源部委托，组织开展了"全国矿产资源潜力评价""全国矿产资源利用现状调查"和"全国矿业权核查"等三项国情调查。同时还实施了地勘单位"走出去"战略等专项行动。

在这一历史时期，《找矿突破战略行动纲要（2011—2020 年）》及《找矿突破战略行动总体方案（2016 年版）》的颁布，将新一轮地质找矿推向了高潮。截至 2016 年年底，我国新发现主要固体大型矿产地 297 处和中型矿产地 521 处；与此同时，重新厘定划分了 26 个全国重点成矿区带，优化调整整装勘查区 117 个，并加大战略新兴产业所需的矿产勘查，将石墨、锂、硅藻土等矿种纳入勘查重点。5 年间，贵州铜仁锰矿、青海祁漫塔格夏日哈木镍矿、江西大湖塘与朱溪钨矿、云南鹤庆北衙金矿、内蒙古双尖子山银矿等世界级大矿横空出世；在山东省胶东地区，形成了以三山岛、焦家和玲

珑为代表的 3 个千吨级金矿田，使胶东地区一跃成为世界第三大金矿区。中核集团优化铀矿资源勘查的技术方法，形成天、空、地、深四位一体综合勘查方法体系，成功实施我国铀矿第一科学深钻，开创了世界铀矿勘查的最大深度。此外，还形成了西藏拉萨—山南地区及新疆克州、阿尔泰等超大型及大型铜资源基地，发现我国铅锌矿资源量最大的新疆和田火烧云矿，探获我国首个大型页岩气田涪陵页岩气田，在鄂尔多斯发现世界级大营铀矿，在南海神狐海域天然气水合物试采工程创造了产气时长和总量的世界纪录。

三、积极探索地质找矿的新体制和新机制

21 世纪以来，我国的地质勘查领域形成了多种经济成分共同发展的局面。从投资份额上看，中央财政、地方财政、社会资金的资金构成"三分天下"。从固体矿产勘查投入看，社会资金投入由 2006 年的 48.24 亿元增加到 2010 年的 240.91 亿元，所占比重从 57.0% 上升到 59.2%。2012 年，全国矿产勘查投入 1200.21 亿元，完成机械岩芯钻探工作量 3419.19 万米。其中，中央财政投资 45.85 亿元，地方财政投资 96.92 亿元，社会资金投资 1057.44 亿元。2020 年，在非油气矿产地质勘查投资 161.61 亿元中，全国财政投资 110.13 亿元，占总量的 68.1%。其中，中央财政投资 46.26 亿元，占总量的 28.6%，比上年度下降 26.8%；地方财政投资 63.87 亿元，占总量的 39.5%，比上年度增长 20.4%；社会资金投资 51.48 亿元，占总量的 31.9%，比上年度下降 7.8%。

四、主要矿产资源新探明储量大幅度增长

到 2010 年，我国地质勘查彻底走出了 20 世纪 90 年代以来的谷底。"十一五"期间，主要矿产勘查新增查明资源储量，除银矿和钾盐以外，均高于"十五"期间。煤炭新增查明资源储量 4092 亿吨，是"十五"期间新增查明储量的 12.7 倍；石油新增地质储量 57.48 亿吨，天然气新增地质储量 3.12 万亿立方米，分别比"十五"期间地质储量增长 15.4% 和 16.5%；铁矿 164.1 亿吨、铜矿 2115.9 万吨、铝土矿 6.5 亿吨、铅矿 1919.3 万吨、锌矿 3119.3 万吨、镍矿 178.5 万吨、金矿 2975.8 吨、钨矿 65.8 万吨、锡矿 67.7 万吨、钼矿 444.8 万吨和锑矿 66.1 万吨，分别是"十五"期间新增查明储量的 6.4 倍、8.6 倍、2.3 倍、3.9 倍、3.0 倍、100 多倍、2.4 倍、30 多倍、2.4 倍、4.1 倍和 6.9 倍；非金属矿新增查明资源储量，硫铁矿 4.8 亿吨、磷矿 21.4 亿吨，分别比

"十五"期间新增查明储量增长 208.9% 和 72.1%。5 年间，全国新发现矿产地 2839 处，其中，大型 528 处，中型 660 处，小型 1651 处。煤炭新发现矿产地，大型 240 处，中型 85 处；铁矿新发现矿产地，大型 19 处，中型 68 处；铜矿新发现矿产地，大型 2 处，中型 34 处；铝土矿新发现矿产地，大型 29 处，中型 19 处；铅锌矿新发现矿产地，大型 15 处，中型 77 处；金矿新发现矿产地，大型 16 处，中型 35 处。

"十二五"期间，地质找矿工作取得显著成效。天然气、煤层气、页岩气、锰矿、钨矿和钼矿新增查明资源储量占累计查明资源储量的比例超过 30%。与"十一五"相比，"十二五"期间我国主要矿产新增查明资源储量明显增长。石油新增探明地质储量增长 6.6%，天然气增长 25.6%，煤层气增长 111.1%；锰矿新增查明资源储量增长 256.5%，钨矿增长 598.9%，钼矿增长 250.6%，磷矿增长 171.5%。2015 年，石油新增探明地质储量 11.18 亿吨，天然气 6772.2 亿立方米，页岩气 4373.79 亿立方米；煤炭新增查明资源储量 390.3 亿吨，铁矿 12.0 亿吨，铜矿 392.2 万吨，铝土矿 4.9 亿吨，钨矿 248.4 万吨，金矿 1720.4 吨，磷矿 17.4 亿吨。

到 2020 年，实施十年的找矿突破战略行动取得重要成果。形成了一批重要的矿产资源战略接续区。石油、天然气十年新增探明地质储量分别为 101 亿吨、6.85 万亿立方米，约占中华人民共和国成立以来累计探明总量的 25%、45%。固体矿产取得一批重大找矿新突破。新形成 32 处矿产资源基地。铁、锰、铜、铝、钾盐、铬等大宗紧缺矿产增储显著，晶质石墨、镍、锂、萤石等战略新兴矿产资源勘查取得显著成果，新兴材料资源保障加强。

第二节　重大矿产资源调查专项

一、新一轮国土资源大调查

1999 年，经国务院批准，我国新一轮国土资源大调查正式启动。这是由中国地质调查局、中国土地勘测规划院、国土资源部信息中心分别组织实施，中央财政出资支持的国家基础性、公益性、战略性的跨世纪宏伟工程。该工程包括"一项计划、五项工程"，即基础调查计划，土地资源监测调查工程、矿产资源评价工程、地质灾害预警工程、数字国土工程、资源调查与利用技术发展工程。整个大调查历时 12 年完成。该工程围绕国家战略性矿种，坚持中央公益性地质工作定位，组织中央、地方各级地勘单位、大专院校科研院所等 400 余家单位，共计 10 万余人次，累计投入经费 170 亿元，设置项目 1600 多个。

12 年间，我国累计发现矿产地 907 处，其中，新发现大型、特大型矿产地 152 处。铁矿新发现矿产地 32 处，锰矿新发现矿产地 40 处，铜矿新发现矿产地 121 处，铅锌矿新发现矿产地 191 处，铝土矿新发现矿产地 13 处，钨矿新发现矿产地 17 处，锡矿新发现矿产地 35 处，金矿新发现矿产地 162 处，银矿新发现矿产地 90 处，煤炭新发现矿产地 13 处，钾盐新发现矿产地 8 处，其他矿种新发现矿产地 179 处。新增资源量，铁矿石 50 亿吨、铜 3800 万吨、铝土矿 4.5 亿吨、钾盐 4.6 亿吨、金 1800 吨、铅锌 8300 万吨、银矿 8 万吨、锰矿石 1.8 亿吨、钨矿 75 万吨、锡矿 260 万吨。与此同时，我国在铁、铜、铝、钾盐等国家紧缺矿产资源方面也实现了找矿的重大突破，逐步形成一批新的资源接续基地。在中西部地区形成十大资源基地，有力缓解了矿产供需矛盾。

（一）初步形成十大新的资源基地

十大新的资源基地主要分布在我国中西部地区，充分体现了东部地区向深部第二空间、中西部地区着眼新区发现的找矿思路。

（1）藏中铜矿基地。新发现驱龙、朱诺、山南、雄村、甲玛等一批大型、特大型铜多金属矿床，以驱龙铜矿为中心，沿雅鲁藏布江和拉萨河分布，查明资源储量超过 2000 万吨。其中，驱龙铜矿探获资源量达 1036 万吨，伴生钼 50 万吨，成为我国规模最大的千万吨级铜矿。

（2）滇西北有色金属资源基地。新发现普朗、羊拉、白秧坪等一批大型、特大型矿床。其中，普朗铜矿资源量 436 万吨，羊拉铜矿 123 万吨，白秧坪多金属矿铜 37 万吨、银 4598 吨、铅锌 79 万吨。预测全区远景资源量：铜 1000 万吨、铅锌 2000 万吨、银 2000 吨。普朗、羊拉、白秧坪均已进入矿山建设阶段。

（3）新疆东天山有色金属资源基地。新发现矿产地 23 处，其中大型 6 处。土屋、延东、卡拉塔格探获铜矿 465 万吨；新发现彩霞山铅锌矿、维权银铅锌矿、吉源银铅锌矿、沙泉子铅锌矿等一批重要矿产地。

（4）北方可地浸砂岩型铀矿基地。新发现 3 处大型规模铀矿床、初步形成北方可地浸砂岩型铀矿资源基地。

（5）新疆罗布泊钾盐资源基地。新发现的罗布泊盐湖特大型钾盐矿田，共探获液体资源量：KCl 1.84 亿吨、$NaCl$ 18.43 亿吨、$MgCl_2$ 6.97 亿吨、伴生 $MgSO_4$ 8971 万吨。后续商业性投资及时跟进，一期工程已建成正式投产。

（6）新疆阿吾拉勒铁铜资源基地。包括 6 个主要铁矿，已初步控制铁矿石资源储量 6.6 亿吨，预测资源量 20 亿吨。其中，松湖、智博、备战、查岗诺尔已开发，2010年年底可形成 350 万 ~ 400 万吨铁精粉生产能力。

（7）新疆乌拉根铅锌资源基地。探获铅锌矿资源量 448 万吨，远景资源量 1000 万吨以上，潜在经济价值 1500 亿元。

（8）西藏念青唐古拉有色金属基地。新发现大中型矿产地 17 处，估算铅锌资源量 900 万吨，有望形成千万吨级铅锌多金属资源基地。其中，亚贵拉铅锌矿资源量 302 万吨，拉屋铅锌矿资源量 236 万吨。

（9）青海祁漫塔格有色金属基地。基地横跨新疆、青海，隶属东昆仑成矿带，已发现铁、铜、铅、锌、金、钨、锡、钴等矿产。在新疆，白干湖钨锡矿柯可·卡尔德矿段探获资源量 20 万吨，维宝矿区探获铅锌资源量 61 万吨，迪木那里克探获铁矿资源量 9736 万吨。在青海，新发现卡尔却卡斑岩铜矿、虎头崖矽卡岩铅锌矿、四角羊—牛苦头多金属矿，探获铜铅锌资源量 200 万吨，远景资源量可达 500 万吨；尕林格矿区探获铁矿资源量 1.5 亿吨。

（10）青海大场金资源基地。在青海格尔木曲麻莱县发现大场超大型金矿及外围 4 个中型金矿，控制资源量 150 吨，预测远景超过 300 吨，有望成为青海最重要的黄金生产基地。东昆仑成矿带还发现沟里金矿 61 吨、五龙沟金矿 40 吨、瓦勒根金矿 27 吨。东昆仑东段成矿带远景可达 500 吨。

（二）重要矿产资源均实现找矿突破

1. 能源矿产调查评价取得新发现

松辽盆地外围、西北银额盆地、西南中上扬子盆地和青藏羌塘盆地等四大陆域油气新区，已证实具有较大勘探远景，新圈定出一批战略选区。新疆东部等煤炭资源整装勘查新增资源量超 1000 亿吨，为后续煤炭资源普查和"西煤东运"工程提供了地质依据和资源量支撑。

（1）松辽盆地外围"突参 1 井"钻获轻质原油。2008—2014 年，中国地质调查局沈阳地调中心开展了"松辽盆地外围油气基础地质调查""松辽盆地及周边页岩气资源调查"等项目（地矿专项）；2013 年，中国地质调查局油气调查中心开展了"索伦—林西地区油气资源选区调查"项目（战略选区专项），经过几个项目组的密切配合，组织 10 余家专业单位，投入 100 余位科研人员，取得良好找油效果。通过开展油气地质综合调查，在大面积火山岩覆盖油气工作空白区圈定了龙江盆地、突泉盆地、扎鲁特盆地、林西盆地和乌兰盖盆地油气新区，下侏罗统及上二叠统等油气新层系。依据盆地凹陷面积、暗色泥岩厚度、烃源岩特征、含油气情况等，优选突泉盆地为松辽外围新区、新层系勘查突破的远景盆地。根据综合分析，油气调查中心部署实施了"突参1井"，成功取到含油岩心10.30米，经测录井综合解释，明确了3个含油层段，合计5.6米。完井后，油气企业及时跟进，开展压裂试油工作，选择1684.5~1698.2米井段进行压裂试油，累计出油0.52立方米。松辽外围油气成果实现了通过油气基础地质调查项目钻获实物原油样品的"零突破"，拓宽了大兴安岭及周缘近38万平方千米的油气调查区域，引领油气企业跟进部署，加快了突泉盆地勘探的步伐，探索创立了"基础先行、战略突破、商业跟进"的油气调查工作新模式。

（2）内蒙古银额盆地新区新层系油气调查解决影响油气地质条件与资源潜力评价的基础地质问题。2007年以来，中国地质调查局西安地质调查中心承担了"西北中小盆地群油气远景调查（2007—2010）"和"银额盆地及其邻区石炭—二叠系油气远景调查（2010—2014）"项目，以探索新区、新层系油气资源为目标，采取基础地质与油气地质结合、地质与地球物理结合的方法，解决了一系列影响油气地质条件评价的基础地质问题。通过盆地演化与沉积建造研究，明确了银额盆地及邻区石炭纪—二叠纪为典型裂谷盆地。在重新厘定石炭系—二叠系主要岩石地层单元时代归属的基础上，建立了石炭系—二叠系层序地层格架，重建了各地层单元的岩相古地理格局。首次发现石炭系—二叠系多套厚度大、横向分布稳定、有机质丰度中等—高、以Ⅱ型为主的成熟—高成熟烃源岩，明确了银额盆地石炭系—二叠系不存在区域变质。通过油源对比证实，前中生界所获得的工业油气流均源于石炭系—二叠系烃源岩，明确了石炭系—二叠系具有良好的油气资源前景。

（3）新疆东部吐哈盆地探获巨大煤炭资源量。2009年，新疆地矿局联合新疆煤田地质局对吐哈煤田煤炭资源进行勘探。在吐哈盆地的沙尔湖、三塘湖等地相继发现了150多米的巨厚煤层，累计探明煤炭资源储量1900亿吨。随着近年来我国东部地区煤炭资源日渐枯竭，国家提出"西煤东运"发展战略，将吐（鲁番）哈（密）盆地作为重要的煤炭开发基地。

2.铁、铜、铝、钾盐等国家紧缺矿产实现找矿重大突破

新发现辽宁大台沟、安徽泥河、新疆阿吾拉勒、西藏尼雄等一批大型铁矿，新增铁矿资源量50亿吨，开创了我国铁矿找矿新局面，正逐步发展成为我国新的铁矿石资源基地。

其中，2006年，安徽省地质调查院在安徽省庐江盛桥—枞阳横埠地区铁铜矿勘查

时，发现了泥河大型隐伏铁、硫及硬石膏多金属矿。泥河铁矿的发现是我国长江中下游地区近 20 年来地质找矿的重大突破之一，也是我国深部找矿的重大突破，其潜在经济价值近 800 亿元，而且对我国深部找矿理论和技术方法具有重要的示范作用。随着泥河铁矿的发现，国家加大对泥河的投入，先后开展了数个国土资源大调查项目及安徽省地质勘查基金项目，拉开了庐枞地区矿产勘查的新局面。

新发现西藏驱龙、云南普朗、羊拉、新疆土屋—延东等大型—超大型铜矿，新增铜资源量 3851 万吨，有望形成西藏冈底斯、滇西北、新疆东天山等新的国家级铜矿资源基地。

在山西交口—汾西、河南济源—新安、桂西南、黔北等地区新增铝土矿资源量 4.5 亿吨，为传统的铝土矿资源基地提供了资源保障。

柴达木盆地显现出良好的找矿前景，初步估算钾盐资源量 2.14 亿吨，罗布泊大型钾盐矿已规模开发。

3. 铅锌、钨锡、金银等优势矿产开创找矿新局面

在扬子周缘、念青唐古拉、豫西南、西南天山、西南三江北段等地区铅锌找矿取得重大新发现，新增资源量 8355 万吨。新发现湖南白腊水、锡田，新疆白干湖，甘肃小柳沟等一批大型以上钨锡矿，新增钨矿资源量 106 万吨、锡矿资源量 264 万吨，进一步巩固了我国钨锡矿产资源在世界的优势地位。青海大场、辽宁青城子外围、内蒙古朱拉扎嘎、海南抱伦等地区金矿以及川西、豫西南等地区银矿调查评价取得重要进展，新增金矿资源量 1830 吨、银矿资源量 85165 吨，显著提高了我国贵金属资源的保障程度。

（三）一批老资源基地焕发青春

通过开发已有地质资料，利用先进的技术设备，在我国东部部分重点成矿区带开展的"攻深找盲"等工作，取得重大找矿突破，北方老钢铁基地、长江中下游铁铜基地、南岭钨锡资源基地、秦岭铅锌银资源基地、武夷铅锌银资源基地等一批老资源基地进一步得到巩固。

在位于北方老钢铁基地的辽宁本溪、河北遵化、河南新蔡、山东单县、山西五台等地开展隐伏铁矿找矿工作，新增铁矿资源量约 50 亿吨。其中，辽宁本溪大台沟探获亚洲最大的单体铁矿床，新增铁矿石资源量 30 亿吨，远景资源量 76 亿吨。

在我国重要的铁铜资源基地长江中下游地区，深部找矿取得重大突破。安徽泥河铁矿勘查示范取得重要新发现后，引入新机制，企业及时跟进，仅用两年时间就完成了埋深在 675 米以下的泥河大型隐伏铁矿床的普查、勘探工作，探明磁铁矿矿石量 2 亿吨，硫铁矿矿石量 3500 万吨，估算潜在经济价值达 500 亿元。此外，湖北大冶铁矿在埋深 700 米以下新增资源储量 2678 万吨，江西九江—瑞昌、江苏宁镇、安徽铜陵等地区均取得找矿新发现。

在世界最重要的钨锡资源基地南岭地区，取得了湘南骑田岭锡矿的找矿重大突破，在骑田岭芙蓉矿田发现不同类型锡矿体 50 多个，累计控制锡资源量 66 万吨，其中仅白腊水矿区锡资源量就有 42 万吨，达超大型规模。此外，还发现了湘东锡田，湘南大义山、大坳及荷花坪等大型—超大型锡矿产地。全区控制资源量锡 182 万吨、钨 31 万吨，夯实了我国钨锡优势资源基础。

秦岭铅锌资源基地的找矿突破主要在豫西南、陕南等地区。西秦岭评价了陕西马元、旬北，甘肃代家庄等大中型铅锌矿床，提交了铅锌资源量 400 多万吨，其中陕西马元铅锌矿的南矿带获铅锌资源量 221 万吨，预测远景资源量 500 万吨以上。东秦岭在豫西南地区新发现大中型矿产地 17 处，其中超大型 1 处、大型 8 处，潜在经济价值超过 3000 亿元，且所提交的矿床全部进行了开发，截至 2006 年，区内已经建成 300~500 吨铅锌银矿选厂 5 座，3000 吨以上规模的大中型钼矿选场 10 座，年产值 25 亿元左右，利税约 12 亿元，安排就业 3 万余人。

在处于武夷成矿带的武夷铅锌银资源基地，先后发现江西梨子坑铅锌矿，福建峰岩铅锌银矿、建瓯八外洋铅锌矿等大批矿产地，新增铅锌资源量 300 余万吨，均已开发利用。

二、危机矿山接替资源找矿

2004 年 9 月，经国务院同意，国土资源部实施了"全国危机矿山接替资源找矿专项"，实施周期为 2004—2010 年。《全国危机矿山接替资源找矿规划纲要》明确指出："危机矿山接替资源找矿工作的主要目标是，在有资源潜力和市场需求的国有大中型老矿山周边和深部再发现并查明一批资源储量，延长矿山服务年限。"本纲要中的"危机矿山"是指，在现有开采利用技术、开采能力条件下，保有可采储量的服务年限不足 5 年（严重危机）、10 年（中度危机）、15 年（轻度危机）的国有大中型矿山。全国危机矿山接替资源找矿专项安排总资金 35.75 亿元，勘查类项目投入占总资金近九成。

（一）危机矿山接替资源找矿的主要成果

2004—2010年，专项对煤、铁、铝、铜等30个矿种1010座大中型矿山组织开展了资源潜力现状调查。调查结果显示，开采年限不足15年的危机矿山有632座，占调查矿山的63%，有色金属、黑色金属及金等矿类（种）矿山危机程度相对较高；392座矿山具备开展危机矿山找矿工作的条件，约占危机矿山的62%。通过调查，初步查明了矿山资源潜力家底。在矿山资源潜力调查基础上，分期分批实施了230个危机矿山找矿项目和96个矿产预测项目和新技术新方法项目。找矿项目中，有色金属63项，煤炭45项，铀矿4项，黑色金属37项，金67项，磷矿及其他矿种14项。累计安排资金36亿元，其中，中央财政补助资金20亿元，地方财政补助资金2.8亿元，企业匹配经费13.2亿元。累积安排坑探工作量37万米，钻探工作量249万米。230个勘查项目中，48个取得突破性进展，探获资源储量达到大型或超大型矿床规模；76个取得重要进展，探获资源储量达到中型矿床规模；94个项目探获资源储量达到小型矿床规模。新增资源储量：原煤53亿吨，铁矿石10.5亿吨，锰矿石1126万吨，铬铁矿54万吨，铜金属量327万吨，铅锌金属量849万吨，铝土矿1641万吨，钨金属量41万吨，锑金属33万吨，金669吨，银8541吨，磷矿石量2.7亿吨。危机矿山接替资源找矿工作围绕找矿关键技术的研发和应用，开展了96个矿产预测和新技术新方法项目的研究。关键地球物理地球化学探测技术和大深度钻探等技术，在湖北大冶铁矿、河北迁安铁矿、云南个旧锡矿和江西山南铀矿等矿山的应用，极大提高了找矿效果。通过危机矿山深、边部找矿工作，取得了许多新的发现和认识，丰富了成矿理论，加深了对深部矿床成矿规律的认识，对指导中东部深部找矿意义重大。在800~1000米范围内探明了一批资源储量，证明了深部找矿潜力巨大。危矿专项还获得了十分丰富并且珍贵的实物地质资料。实物中心自2006年开始承担危机找矿项目的实物地质资料采集任务，共采集106个矿山的236个钻孔岩心116552米、系列标本3286块、大标本122块、副样103袋，使危机找矿专项重要实物地质资料得到长期保存。

全国危机矿山接替资源找矿专项工作2004—2006年共安排勘查项目126项，矿产预测项目22项，新技术新方法项目4项。3年累计安排资金13.14亿元，其中，中央财政6.93亿元，地方财政1.36亿元，企业配套资金4.85亿元。至2006年年底，35个项目取得重要找矿进展，累计新增可供接替的资源储量：铁矿1.72亿吨，原煤10.56亿吨，铅锌金属量120.62万吨，铜金属量67.27万吨，金金属量37.44吨，银金属量1904吨，锰矿石115万吨，磷矿石360吨，钨金属量2.04万吨。平均延长矿山开采年限 12 年，稳定矿山就业 16 万余人。

专项的实施，使辽宁阜新八道壕煤矿、四川攀枝花宝鼎煤矿、安徽濉溪县刘桥煤矿等一大批煤炭矿山资源危机得到明显缓解，河北迁安铁矿、辽宁弓长岭铁矿等一批黑色金属大中型矿山深部找矿取得重大突破，广西南丹铜坑锡矿、湖南桂阳黄沙坪铅锌矿等一批有色金属大中型矿山深部及外围找矿成效显著，山东莱州三山岛金矿、甘肃玛曲格尔珂金矿等一批贵金属矿山后备资源得到进一步保障，湖北宜昌樟村坪磷矿、广东茂名金塘高岭土矿等一批非金属矿山深部和外围找矿取得重要进展，多个矿山新增资源量数倍于原有储量。专项实施以来，危机矿山找矿工作效果较好，资金效率较高。探明大中型矿床成功率是普通找矿成功率的 6 倍，新增资源量达到大型矿床规模的资金投入仅为一般勘查项目的 23%，万米钻探工作量探获的资源储量明显优于一般勘查项目。

（二）危机矿山接替资源找矿实施的主要项目

（1）辽宁省抚顺市红透山铜锌矿接替资源勘查。该项目为国土资源部第一批危机矿山接替资源找矿专项试点项目，工作时间为 2004 年 12 月—2007 年 12 月。矿床类型为晚太古宙绿岩带有关的变质岩层状铜矿床。工作以坑内钻探和坑探方法，探测矿区深部矿体。累计新增矿石量 609.88 万吨，铜金属量 10.76 万吨，锌金属量 15.32 万吨，稳定就业 1 万人。在项目实施的同时，不断总结"红透山式"铜锌矿床成矿规律及特点，完善了太古代古火山三次喷发 – 沉积旋回控制成矿、三次变质变形改造富集定位的"红透山式"块状硫化物矿床成矿的成矿理论。

（2）河北省迁安市首钢迁安铁矿接替资源勘查。该项目列入"2005 年度危机矿山接替资源勘查项目计划"，工作时间为 2005 年 12 月—2008 年 3 月。在河北省迁安市首钢迁安铁矿二马和杏山两个勘查区共完成地表钻探 37291.95 米，新增铁矿石资源量 2.43 亿吨。使两座正在开采的严重危机矿山获得重生，两座矿山可延长服务年限 39年，稳定职工就业 2 万人。

（3）山西省灵丘县支家地铅锌银矿接替资源勘查。该项目列入"2005 年度危机矿山接替资源勘查项目计划"，工作时间为 2005 年 12 月—2008 年 3 月，项目总投资2330 万元，由中央资金、省财政和矿山企业共同出资。矿床类型为火山岩 – 次火山岩浅成低温热液型银矿床。其工作主要采用坑探和坑内钻探手段对矿区深部开展勘查。通过勘查工作，获得银金属量 1883 吨，铅锌金属量 64 万吨，矿山采选能力由 15 万吨 / 年提高到 46.5 万吨 / 年。新增资源银和铅锌矿床都达到大型规模，潜在经济价值

220亿元，延长矿山服务年限63年，稳定就业1000人。

（4）山东省招远市玲珑金矿接替资源勘查。该项目列入"2005年度危机矿山接替资源勘查项目计划"，工作时间为2005年12月—2009年3月，矿床类型为石英脉型金矿床。工作主要采用钻探和坑探手段在玲珑金矿有利部位，进行深部勘查。累计新增（333）金资源量（矿石量）341.98万吨，金金属量20.87吨。延长矿山服务年限10年，缓解了矿山资源危机问题，稳定就业人数4150人。

（5）河南省嵩县庙岭金矿接替资源勘查。该项目列入"2005年度危机矿山接替资源勘查项目计划"，工作时间为2005—2008年，主要由河南省地质矿产勘查开发局第一地质调查队完成，勘查工作累计投入中央财政资金627万元，企业配套资金628万元，投入资金总额1255万元。工作主要采用钻探和深坑手段，对含金断裂蚀变带深部金矿体进行找矿勘查。估算金资源量（122b）+（333）矿石量448.1万吨，金金属量11.27吨，平均品位2.52×10^{-6}；银金属量48.6吨，平均品位13.02×10^{-6}；硫3.37万吨，平均品位13.02×10^{-6}。

（6）辽宁省辽阳市弓长岭铁矿接替资源勘查。该项目工作时间为2005年12月—2008年3月。为保障鞍钢对矿产资源特别是对高品位富铁矿的需求，按照全国危机矿山接替资源找矿规划，从2005年12月开始，国家和辽宁省共投入地质勘查资金1760万元，在辽阳市弓长岭铁矿二矿区外围和深部开展铁矿资源，特别是富铁矿资源勘查。工作主要以钻探手段对弓长岭铁矿二矿区深部上含铁层进行勘查。经过几年勘查，辽阳市弓长岭铁矿接替资源勘查共探获铁矿资源量1.39亿吨，其中富铁矿6083万吨，平均品位达63%，延长矿山服务年限30年，稳定职工就业1300人。

（7）湖南省宜章县瑶岗仙钨矿接替资源勘查。该项目系2004年度开展的全国危机矿山接替资源找矿9个试点项目之一，工作时间为2004年10月—2007年12月，经费总投入为3060万元，其中，中央财政1530万元，矿山企业匹配1530万元。项目承担单位为瑶岗仙钨矿，勘查单位为有色金属矿产地质调查中心北京地质调查所。工作主要对老区及杨梅岭深部地段采用坑探和坑内钻探相结合手段，探寻深部隐伏矿脉的延深和新类型矿床。宜章县瑶岗仙钨矿接替资源勘查累计新增资源储量钨39711吨、钼1768.5吨。

（8）湖北省黄石市大冶铁矿接替资源勘查。该项目系2004年度开展的全国危机矿山接替资源找矿9个试点项目之一，工作时间为2004年10月—2007年12月，主要工作部署在龙洞—象鼻山、狮子山—尖山、犁头山等矿段深部，大冶铁矿床为典型的矽卡岩型矿床。工作主要以钻探为主，结合航磁等物探成果，探寻深部隐伏矿体。估算新增铁矿资源量 2300 多万吨。

（9）辽宁省阜新八道壕煤矿接替资源勘查。该项目工作时间为 2004 年 12 月—2008 年 3 月，工作以钻探和地震为主在黑山盆地八道壕煤矿深部、南部及半拉门、雷家和谢林台开展找矿勘查。探获煤炭资源储量 7100 万吨。计划将已经濒临破产关闭的矿井改扩建为年产 120 万吨、开采年限 40 年的矿井。

三、地质勘查基金

地质勘查基金是在我国地质勘查体制转轨进程中，参考国外资本市场的风险勘查板块而设计的过渡性政策安排，包括中央地质勘查基金和省级地质勘查基金。

2006 年 1 月，《国务院关于加强地质工作的决定》颁布，为中央及省两级地勘基金的建立提供了政策依据。中央地勘基金由财政部、国土资源部共同负责管理与监督，两部共同组成中央地勘基金领导小组，作为地勘基金管理的议事机构，协调和指导地勘基金管理的各项工作。中央编制委员会办公室以中编办复字〔2007〕50 号文批准设立了国土资源部中央地质勘查基金管理中心，并于 2007 年 9 月 25 日挂牌成立。此后，全国除北京、上海以外的 29 个省（区、市）也陆续设立了省级地质勘查基金。

在基金项目组织实施方面，中央地勘基金主要支持重点矿种、重要成矿区带的矿产前期勘查，矿种范围以煤、煤层气、铀、铁、铜、铝、铅、锌、锰、镍、钨、锡、钾盐、金等重点矿种为主，适当兼顾国家急需的其他重要矿产，统一部署，整装勘查，综合评价。工作程度原则上控制到普查。在投资方式上，根据矿产勘查项目的不同情况，地勘基金采取全额投资、合作投资两种方式，其中全额投资项目由基金管理中心申请登记矿业权。在运行方式上，地勘基金引入市场机制，实行项目合同制管理，通过合同约定各方的权利、责任和义务。基金项目未取得找矿成果的，地勘基金投资按规定核销；取得找矿成果的，成果收益由中央、地方、合作投资人及项目勘查单位按规定分成，其中中央分成部分主要用于补充地勘基金，实现滚动发展。

截至 2016 年年底，财政部、国土资源部共下达中央地勘基金项目 12 批，总预算 49.02 亿元，累计发现或评价大中型矿产地共 118 处，其中大型 64 处、中型 54 处，完成储量备案的大中型矿产地共 24 处，煤炭、铀、铁、钨、铝土矿、稀土、镍、钾盐等矿产均取得了重要的勘查成果。

截至 2019 年年底，全国地勘基金总投入 612.6 亿元，其中矿产勘查投入 499.22 亿元，累计设置矿产勘查项目 10165 个，提交矿产地 2014 处，全国累计出让地勘基金项目成果 471 个，收益 820.45 亿元。中央地勘基金共处置项目 12 个，实现财政收益 1.27 亿元；省级地勘基金共完成处置项目 459 个，实现财政收益 819.18 亿元。处置成果集中于煤炭、铁矿，两个矿种收益占总收益的 88%。新疆、甘肃、宁夏、内蒙古和安徽累计出让收益位列全国前五位。

据自然资源部中央地质勘查基金管理中心发布的《2021 年全国地质勘查基金情况通报》（以下简称《通报》）显示：截至 2020 年年底，中央和省级地勘基金累计实施矿产勘查项目 10559 个，累计发现矿产地 2203 处，找矿成功率达 20.9%；累计处置项目成果 491 宗；中央和省级地勘基金实现财政收益 869.36 亿元，相较总投入的 685.76 亿元，中央和省级地勘基金实现投资盈余 183.6 亿元，地勘基金成果处置仍有很大空间。

《通报》指出，2020 年，全国地质勘查基金（含专项资金，下同）管理机构克服疫情影响，持续推进找矿突破战略行动工作部署，着力加强重点矿种和重要成矿区带前期勘查，继续发挥引导拉动社会资金的政策调控工具的作用，使其在构建地质找矿新机制、促进地质找矿突破和服务地方经济发展等方面发挥了重要作用。主要体现在以下几个方面。

（1）地勘基金投入稳中有升。2020 年，全国省级地勘基金总投入 29.79 亿元，较 2019 年增加 6.14 亿元。其中，矿产勘查投入 22.51 亿元，较 2019 年增加 7.34 亿元，同比增加 48.4%。全国省级地勘基金矿产勘查投入占全国矿产勘查总投入（82.47 亿元）的 27.3% 和全国财政矿产勘查投入（43.62 亿元）的 51.6%，仍然是财政资金投入矿产资源风险勘查的重要组成部分。截至 2020 年年底，全国地勘基金累计总投入 685.76 亿元，其中矿产勘查投入 525.87 亿元。

（2）地勘基金找矿成功率超世界平均水平。2020 年，省级地勘基金实施矿产勘查项目 439 个，新发现大型矿产地 29 处。截至 2020 年年底，中央和省级地勘基金累计实施矿产勘查项目 10559 个，累计发现矿产地 2203 处，找矿成功率 20.9%，远超世界平均找矿成功率。

（3）地勘基金找矿成果较为显著。2020 年，山西省孝义市申家庄勘查区铝土矿勘查取得重大成果，单矿体估算资源量达 1.7 亿吨，达到大型矿产地规模；江西省新增超大型矿床 3 处（浮梁县朱溪钨铜矿、广丰区许家桥滑石矿、渝水区石竹山硅灰石矿）；青海省都兰县那更康切尔沟银多金属矿普查，累计探获银资源量 5070 吨，属超大型银矿床。

（4）地勘基金整体已实现投资盈余。2020 年，省级地勘基金共处置项目成果 20 宗，探矿权出让收益 48.92 亿元。截至 2020 年年底，中央和省级地勘基金累计处置项目成果491宗，实现财政收益869.36亿元，相较总投入685.76亿元，整体已实现投资盈余。处置项目成果占已发现矿产地的22.4%，地勘基金成果处置仍有很大空间。

（5）地勘基金矿产勘查投资方式以全额为主。2020年，全国省级地勘基金新增合作项目5个，仅占全部新增项目数的0.7%，合作项目投资资金1.31亿元，仅占全部投资资金的4.4%。省级地勘基金项目绝大部分以全额投资为主，仅个别省份以已设探矿权进行合作勘查。

（6）地勘基金项目投向多元化发展。省级地勘基金结合本地实际情况，进一步调整项目结构、资金投向和勘查布局。省级地勘基金兼顾区调、矿调等基础性、公益性地质调查工作，加大对清洁能源、新能源、"三稀"及战略性新兴矿产及基础科学研究的投入力度。

（7）两级基金协调联动工作延续创新。在体制机制改革和做好疫情防控工作的背景下，中央地勘基金管理机构继续坚持与各省级地勘基金管理机构采取落实信息交流报表制度、编印全国地质勘查基金情况通报、召开全国地质勘查基金协调联动工作会议、加强项目合作、组织编写中央地勘基金项目成果总结、开展项目管理情况和矿产地储备相关工作调研交流等措施，努力做好两级地勘基金协调联动工作。2020年，全国地勘基金运行管理交流座谈会在江西景德镇召开，并到江西浮梁县朱溪超大型钨矿现场进行了考察交流。

随着新一轮找矿突破行动的开展和地勘基金的改革发展，全国地勘基金必将在全国的地质勘查工作中发挥出更为重要的作用。

四、国家油气重大专项

从1953年我国制定第一个五年计划起，每个五年计划均对油气地质工作和油气勘探工作进行专项投资。1997年，由国家科技领导小组第三次会议决定的"973"计划持续对油气资源研究项目予以立项。进入21世纪，国家对油气的专项投入持续加大。

（一）五年计划

在"十五"计划中，国家投资的研究项目包括：①我国油气工业上游科技发展战略研究；②塔里木盆地石油天然气勘探开发技术（二期）；③中国大中型气田勘探开发研究（二期）；④塔里木高压凝析气田开发技术研究与应用。

（二）"973"计划

实施"973"计划的战略目标是加强原始性创新，在更深的层面和更广的领域解决国家经济与社会发展中的重大科学问题，从而提高我国自主创新能力和解决重大问题的能力，为国家未来发展提供科学支撑。截至 2014 年，在油气领域开展了如下专题研究。

2001 年：高效天然气藏形成分布与凝析；低效气藏经济开发的基础研究。

2002 年：中国煤层气成藏机制及经济开采基础研究。

2003 年：多种能源矿产共存成藏（矿）机理与富集分布规律。

2005 年：中国海相碳酸盐层系油气富集机理与分布预测。

2006 年：中国西部典型叠合盆地油气成藏机制与分布规律。

2007 年：中低丰度天然气藏大面积成藏机理与有效开发的基础研究；非均质油气藏地球物理探测的基础研究。

2008 年：火山岩油气藏的形成机制与分布规律；南海深水盆地油气资源形成与分布基础性研究；南海天然气水合物富集规律与开采基础研究；高丰度煤层气富集机制及提高开采效率基础研究。

2011 年：中国西部叠合盆地深部油气复合成藏机制与富集规律。

2012 年：中国南方古生界页岩气赋存富集机理和资源潜力评价。

2012 年：中国早古生代海相碳酸盐岩层系大型油气田形成机理与分布规律。

2013 年：中国南方海相页岩气高效开发的基础研究；深层油气藏地球物理探测的基础研究。

2014 年：中国东部古近系陆相页岩油富集机理与分布规律；中国陆相致密油（页岩油）形成机理与富集规律。

（三）国家油气重大专项

"大型油气田及煤层气开发"作为国家科技重大专项的 16 个重大专项之一，"十一五"期间在油气及煤层气领域共设置 43 个项目与 22 项示范工程；"十二五"期间在调整油气、煤层气、页岩气等结构基础上继续设置 43 个项目与 22 项示范工程；在"十三五"期间，按照油气、煤层气、页岩油气、致密油气设置 49 个项目与 22 项示范工程。"十二五"期间，以寻找大油气田、提高采收率、打造具有国际竞争力的油田技术服务和非常规天然气战略性产业为主攻方向，加强油气资源勘探开发地质理论研究，攻克了非常规天然气高效增产等 13 项重大技术，研制了深水油田工程支持船等

11 项重大设备，建成 8 项示范工程，使老油田水驱采收率提高 3%~5%，海上稠油油田聚驱采收率提高 5%，勘探开发整体技术水平达到或接近国际大石油公司的水平。

（四）全国油气资源战略选区专项

该专项是由国家投入、国土资源部组织实施的一项前期性的油气资源调查工作，主要任务是在我国陆上和海域油气资源调查程度低的新区、新领域、新层系以及商业性勘探不足地区，实施区域性"战略侦察"，最终目标是优选出油气有利目标区和勘探接续区。2004 年 4 月，国土资源部组织实施了第一批 15 个项目，2009 年 3 月启动第二批 20 个油气资源战略选区调查与评价项目，取得了明显成效。实现了南海北部深水海域、大庆方正断陷、胜利油田临清凹陷、柴达木盆地西部、沁水盆地 5 项油气重大突破，优选出 49 个油气有利目标区和 14 个煤层气有利勘探区，取得 30 余项地质新认识，获得 10 余项技术创新。

（五）油气找矿突破战略行动

在国土资源部《找矿突破战略行动纲要（2011—2020 年）》中的油气资源调查板块，主要开展了三方面工作：①以天山—兴蒙—吉黑构造带、中上扬子海相盆地、青藏高原及重点海域为主，开展油气新区、新层系、新领域和新类型的基础地质与战略选区调查，加强区域油气地质综合研究与编图工作，着力解决制约我国油气勘查的关键油气地质问题。发现并圈定新的含油气盆地，优选油气远景区，评价油气有利目标区，查明油气资源潜力和勘探开发前景，开拓油气资源新区、新领域，实现油气新发现和重大突破。引导油气企业加强新区、新领域油气勘探开发，形成新的接续区，增强我国油气资源可持续供给能力。②开展煤层气、页岩气、油页岩、油砂、壳幔源气等非常规油气资源地质调查与研究，圈定勘探开发远景区并评价开发利用前景，选择有利目标区开展重点勘查示范，促进我国非常规油气勘探开发，开拓能源新领域，实现能源多元供给。③开展海域、陆域冻土区天然气水合物资源调查评价与勘查，圈定有利区块，评价资源潜力。优选试采目标，实施冻土区和海域天然气水合物试采工程。研发天然气水合物勘采技术和装备，筹建实验基地。

（六）风险勘探专项

中国石油天然气股份公司在 2004 年 10 月决定，从 2005 年起设立风险勘探项目，主要是为 2~3 年后的资源接替做准备。所选目标和研究领域要区别于以近 1~2 年钻探目标为研究对象的预探项目，应该是常规预探的向前延伸。经风险勘探取得突破的领域，通过进一步预探来落实储量规模。截至 2015 年 3 月，中国石油实施风险探井 184 口，总进尺 96 万米，实施二维地震 7299 千米，三维地震 140 平方千米，总投资近 100 亿元。56 口获工业油气流，钻探成功率 32%，落实了 10 个亿吨级以上规模储量区。

（七）油气勘探成果综述

在 21 世纪最初的三个五年计划期间，中国的油气勘探坚持"稳定东部、发展西部、加快海域、突破常规"的方针，通过实施一系列的油气勘探专项，取得了丰硕的勘探成果。①渤海湾盆地岩性和潜山油气藏勘探不断取得新发现，实现了储量的稳定增长。②松辽盆地中浅层油气勘探成果不断扩大，形成了第三次储量增长高峰。③松辽盆地发现深层火山岩气田，为油气勘探持续稳定发展带来了新动力。④二连、海拉尔、依舒地堑等中小盆地均有勘探发现，成为稳定东部的重要补充。⑤鄂尔多斯盆地上古生界勘探实现满盆含气。⑥鄂尔多斯盆地下古生界实现了领域的有序接替。⑦鄂尔多斯盆地中生界发现西峰、姬塬等大油田，不断挑战低渗透极限。⑧四川盆地礁滩天然气勘探发现普光等大型油田。⑨四川盆地川中古隆起发现震旦系—下古生界安岳大气田。⑩四川盆地发现大川中—川西致密气大气区。⑪塔里木盆地库车形成万亿立方米深层大气区，进一步夯实了西气东输的资源基础。⑫塔里木盆地塔北地区哈拉哈塘—塔河—轮南整体含油连片。⑬塔里木盆地塔中地区发现塔中 1 号气田，顺南、古城获重要突破。⑭准噶尔盆地西北缘油气勘探获得新突破，形成超亿吨级的大型油区。⑮准噶尔盆地发现克拉美丽气田，开辟了石炭系勘探新领域。⑯柴达木盆地柴西南发现昆北、英雄岭整装效益油田。⑰柴达木盆地柴北缘山前发现东坪新气田，实现盆地天然气勘探重大突破。⑱渤海海域发现了超亿吨级大油田群，加快了海域油气勘探发展。⑲东海海域新发现 4 个千亿立方米级大气田，我国东部天然气实现重大突破。⑳南海北部发现番禺、荔湾 3-1、陵水 17-2 等大气田，海域深水进入自主高效发展阶段。㉑非常规油气崭露头角，油气勘探翻开新篇章。

第三节　矿产资源国情调查

2007—2012 年，中国地质调查局组织开展了"全国矿产资源潜力评价""全国矿产资源利用现状调查"和"全国矿业权核查"3 项国情调查，目的是摸清我国主要矿产资源基本国情、资源潜力和开发利用现状，为矿产资源勘查开发提供科学支撑。工作历时 6 年，全国近 1000 家单位 3 万余人参加，累计投入经费 40 余亿元，摸清了我国主要矿产资源的家底。这项成果对分析我国矿产资源保障形势，调整地质调查方向，优化资源勘查开发布局，保障国家资源安全和支撑资源管理奠定了坚实基础。

一、全国矿产资源潜力评价工作

（一）工作部署

2006 年，全国矿产资源潜力评价作为国土资源部"十一五"工作重点列入国土资源大调查计划。2007 年年初，国土资源部下发了《关于开展全国矿产资源潜力评价工作的通知》（国土资发〔2007〕6 号），明确了开展该项目的目的意义、工作内容、工作要求和组织实施要求等。随后在长沙召开了工作部署会议。为进一步推动全国矿产资源国情调查，2007 年 8 月，国土资源部下发了《关于加强全国矿产资源潜力评价与储量利用调查组织管理工作的通知》（国土资发〔2007〕1193 号），由国土资源部组建领导小组直接领导，中国地质调查局成立项目办公室具体组织实施。为此，国土资源部副部长汪民主持专题研究会议，进一步落实国土资源部的工作部署。

2007 年 10 月，国土资源部部长徐绍史主持召开了全国矿产资源潜力评价与储量利用调查领导小组第一次会议。随后国土资源部办公厅下发了《关于印发全国矿产资源潜力评价与储量利用调查组织管理职责分工方案的通知》（国土资厅发〔2007〕180号）。中国地质调查局在 2007 年 10 月组建了全国矿产资源潜力评价项目办公室，明确了项目组织实施中的工作方案和任务分工。该项目的目的是通过系统总结地质调查和矿产勘查工作成果，全面掌握矿产资源现状，科学评价未查明矿产资源潜力，建立真实准确的矿产资源数据，为实现找矿重大新突破提供资源勘查依据。

全国矿产资源潜力评价工作由中国地质调查局承担并组织实施，中国地质科学院矿产资源研究所、中国地质调查局发展研究中心、中国国土资源航空物探遥感中心等作为业务支撑单位。参加单位主要涉及天津地调中心、沈阳地调中心、南京地调中心、宜昌地调中心、成都地调中心、西安地调中心、中国核工业地质局、中国煤炭地质总局、中化地质矿山总局、中国地质大学（北京、武汉）以及 30 个省（区、市）地调院等。2006—2013 年，在国土资源部和财政部的领导下，在省级国土资源主管部门的支持和配合下，中国地质调查局组织 165 家单位 3700 余人，投入财政资金 18.5 亿元（其中，中央财政 10.4 亿元，地方财政 8.1 亿元）。国土资源部成立了领导小组，省级国土资源主管部门组建省级领导小组，建立了地质调查局、大区中心、省地调院三级工作体系。该项工作全面完成了 31 个省（市、区）的煤炭、铀、铁、铜、铝、铅、锌、锰、镍、钨、锡、钾盐、金、铬、钼、锑、稀土、银、硼、锂、磷、硫、黄石、菱镁矿、重晶石 25 种矿产资源潜力评价。以现代成矿理论和 GIS 技术为支撑，对中华人民共和国成立 60 多年来积累的各类基础地质、矿产勘查和综合研究成果资料进行二次开发。集成各类矿产的地质、物探、化探、遥感、重砂等多元信息，全面评价我国重要矿产资源家底。评价结果表明，我国重要矿产资源查明程度平均为 30.3%。

该项目共分为 10 个子项目，分别为全国矿产资源潜力评价与综合，全国重要矿产成矿地质背景研究，全国重要矿产和区域成矿规律研究，全国物探、化探、遥感、自然重砂综合信息评价，全国重要矿产单矿种总量预测，全国重要矿产资源潜力评价综合信息集成，全国铀矿资源潜力评价，全国煤炭资源潜力评价，全国化工资源潜力评价和矿产资源定量化预测新方法研究。

（二）主要成果

1. 首次实现全国陆域 25 种重要矿产资源潜力定量评价

首次按照全国统一技术要求，科学评价了 25 种重要矿产资源潜力，获得 500 米以浅、1000 米以浅和 2000 米以浅的预测资源量。圈定最小预测区 47186 处，其中大型及以上规模资源潜力的最小预测区 3176 处。在此基础上，在全国层面圈出重要远景区 3326 处，其中大型及以上规模资源潜力的远景区 1532 处。总体评价，我国 25 种重要矿产的资源查明率平均为 34.94%，资源潜力巨大。

我国铜、金、锰、铝土矿等大宗紧缺矿产资源查明率低。铜矿资源查明率仅 29.5%，预测资源潜力达 3.0 亿吨，其中 500 米以浅 1.9 亿吨，主要分布在西藏、新疆、云南等省区；金矿资源查明率仅 32.2%，预测资源潜力达 3.2 万吨，其中 500 米以浅 2.0 万吨，主要分布在山东、甘肃、新疆等省区；锰矿资源查明率仅 31.7%，预测资源潜力达 35.2 亿吨，其中 500 米以浅 25.7 亿吨，主要分布在湖南、广西、贵州等省区；铝土矿资源查明率仅 26.3%，预测资源潜力达 129.7 亿吨，其中 500 米以浅 149 亿吨，主要分布在河南、广西、山西等省区。

我国钨、锡、菱镁矿、重晶石等传统优势资源查明率不到 1/3。钨矿资源查明率仅 24.6%，预测资源潜力近 3000 万吨，其中 500 米以浅 2100 多万吨，主要分布在江西、湖南、河南、新疆等省区；锡矿资源查明率仅 30.7%，预测资源潜力仅 1800 万吨，其中 500 米以浅 1500 万吨，主要分布在湖南、云南、广西等省区；菱镁矿资源查明率仅 19.1%，预测资源潜力达 130 万吨，其中 500 米以浅 85 万吨，主要分布在辽宁、新疆等省区；重晶石资源查明率仅 25.0%，预测资源潜力达 14.4 万吨，其中 500 米以浅 11.6 万吨，主要分布在湖南、贵州、云南等省区。

我国稀土、锂、硼、萤石等资源总量丰富且资源潜力大。稀土矿资源查明率仅 33.8%，预测资源潜力达 3.6 亿吨，其中 500 米以浅 1.6 亿吨，主要分布在内蒙古、广东、江西等省区；硬岩锂和卤水锂资源查明率分别为 36.6% 和 18.8%，预测资源潜力氧化锂 594 万吨、氯化锂 9248 万吨，其中 500 米以浅氧化锂 496 万吨、氯化锂 522 万吨，硬岩锂主要分布在四川、江西、湖南、新疆等省区，盐湖锂主要分布在青海和西藏等区；硼矿资源查明率仅 33.5%，预测资源潜力达 1.89 亿吨，其中 500 米以浅 1.0 亿吨，主要分布在青海、辽宁、西藏等省区；萤石矿资源查明率仅 25.7%，预测资源潜力达 9.5 亿吨，其中 500 米以浅 8.7 亿吨，主要分布在湖南、浙江、内蒙古等省区。

2. 实现中华人民共和国成立以来地质矿产资料最系统的搜集、集成和综合分析

首次建立了涵盖成矿背景、成矿规律、重力、磁法、化探、遥感、自然重砂及矿产预测八大专业领域的 103 种潜力评价数据模型。以数据模型为基础，建立了海量、异构、多尺度、多学科的全国矿产资源潜力评价成果数据库，数据量达 6 TB。数据包括：各类成果报告近 2000 份；全国 1:25 万实际材料图、建造构造图、单矿种预测图等专题图件 15.5 万幅，数据图库 14 万余个，图件说明书 8.9 万份，矿产地数据记录 34000 余条，各种比例尺化探数据 300 万条。为便于数据管理和服务应用，研发了矿产资源潜力评价数据模型应用软件和数据集成管理应用平台 DipMopa，实现了数据模型、应用软件、数据实体之间相对独立和关联驱动，实现了工作全程信息化、预测处理 GIS 化、预测结果定量化、预测定位精准化、成果规范化与集成化，为矿产资源潜力动态评价、矿产地质调查、矿产资源勘查、成果综合集成及社会化服务奠定了基础。

3. 建立了大地构造相研究方法分析成矿环境，建立了建造构造研究方法分析成矿地质作用的成矿背景研究工作体系

提出了中国大陆一级构造单元划分方案，即由 6 个造山系、3 个陆块区、5 个对接带以及东部陆缘弧盆系构成，揭示了中国大陆不同时代的板块构造环境；首次系统编制了中国 1:250 万沉积大地构造图、侵入岩大地构造图、火山岩大地构造图、变质岩大地构造图、大型变形构造图等图件，为全国多尺度矿产资源潜力评价和成矿预测提供了全新的地质构造背景，对中国大陆构造演化与构造单元划分等一些重大问题提出了新的认识，为研究探讨中国大陆形成演化洋陆格局、前寒武纪基底构造性质等长期以来存在的一些重大基础地质问题的认识提供了重要依据。按照统一标准编制了 25 个矿种成矿规律系列图件，系统首次采用同位素技术方法标定了分矿种的成矿谱系，全面提升了单矿种成矿规律研究水平，为各矿种定量预测奠定了理论基础；通过 2000 余个典型矿研究建立了 300 多个典型矿的模型。首次提出并划分出 575 个矿产预测类型，为矿产资源潜力定量预测奠定了理论基础；重新划分了全国 Ⅰ、Ⅱ、Ⅲ 级成矿区带，首次实现 Ⅰ、Ⅱ、Ⅲ、Ⅴ 级成矿区带的全覆盖，并首次划分了单矿种的成矿区带；系统研究了 17 个成矿省的成矿规律，探讨了重大区域成矿规律问题，完善了各成矿省的区域成矿模式及区域成矿谱系。

4. 创新了物化遥多元信息用于矿产预测的方法

创新了磁法、遥感、化探、重力和自然重砂等多元信息用于矿产预测的方法、方式，编制了 1∶250 万全国布格重力异常图、剩余重力异常图等基础图件，圈定重力异常近 1 万个。编制了 1∶500 万全国陆域磁法推断地质构造图，推断断裂构造近 500 条、各类岩体 4682 处，圈定磁异常 46000 余个。首次编制中国陆域磁性铁矿资源潜力预测图，预测全国铁矿 2000 米以浅资源潜力 1334 亿吨。建立了铜等 11 个矿种的典型矿床地质－地球化学模型，圈定化探异常近 5000 处，根据多元素地球化学组合及分布特征解译线性构造 1100 余条、推断各类岩体 2300 余处。编制了全国自然重砂分布图和自然重砂异常图，圈定各种重砂矿物异常 69000 个。完成覆盖全国陆地国土面积的 1∶25 万遥感调查解译工作，为矿产潜力定量预测发挥了重要作用。

5. 创立了矿床模型综合地质信息预测理论方法，建立了新的矿产资源潜力评价技术方法体系

首次提出区域预测综合信息编图的综合解释模型、矿产预测类型、矿产预测方法类型、最小预测区等新概念，为矿产预测编图、建模、圈定预测区、估算资源量等奠定方法基础。以地球动力学和成矿系列理论为指导，深入开展区域地质构造研究，深度挖掘各种地质构造的成矿信息，以各级成矿区带为单元，划分主要矿产的矿床预测类型，建立矿床模型，总结区域成矿系列。全面利用物探、化探、遥感、自然重砂等资料所显示的地质找矿信息，运用体现地质成矿规律内涵的预测技术，全面、全过程应用空间数据库及 GIS 技术，在圈定成矿预测区的基础上估算潜在资源量。

6. 创新全国矿产资源潜力评价工作机制

探索形成了以政府为主导完成重大项目的管理模式。为统筹推进全国矿产资源潜

力评价工作，编制了全国重要矿产资源潜力预测评价总体技术指南、成矿规律研究技术要求、专题图件编制技术要求、物探资料应用技术要求、全国基础数据库维护工作指南等 14 项技术标准，制定了 500 万字、21 个分册的《全国矿产资源潜力评价数据模型建模工作要求与指南》，研发了拥有自主知识产权的矿产资源定量预测软件系统 GeoDAS 4.3 和矿产资源预测软件 MRAS 2.0。建立了专家支撑体系，成立了由 26 位院士专家组成的专家委员会，负责项目总体实施方案、技术指南和技术要求的论证、业务指导和技术咨询。编制并出版《中国重要矿产预测类型划分方案》等 42 部专著；组织编制了《我国能源与重要矿产资源潜力及保障能力分析报告》等报告，为编制《找矿突破战略行动总体方案》《全国矿产资源规划（2016—2020 年）》等提供了重要基础。

二、全国矿产资源利用现状调查专项

（一）专项目标

2008 年，国土资源部组织了全国矿产资源利用现状调查专项，由中国地质调查局组织实施。该专项是中华人民共和国成立以来规模最大、最系统的矿产资源利用状况国情调查，目标是全面查明我国石油、天然气、煤炭、煤层气、铀、铁、锰、铬、铜、铝土矿、铅、锌、镍、钨、锡、锑、钼、锂、稀土、金、银、磷、钾盐、硫铁矿、硼、重晶石、萤石、菱镁矿 28 种矿产资源储量的数量、结构、品质、分布与开发利用状况，摸清资源家底、盘活资源存量，创建新时期资源储量监督管理支持系统，为国家矿产资源战略、规划和管理提供基础支撑。

（二）主要成果

调查工作始于 2007 年年底。全国 31 个省（区、市）674 支队伍近 3 万名地矿工作者，历时 5 年，调查了全国石油、天然气、煤炭、煤层气、铀、铁、锰、铬、铜等 28 个矿种（类）全部 25000 多个矿区，完成 2.16 万个矿区的储量核查任务，收集整理各类矿区储量报告 10 万多份，绘制各类电子图件 50 万份，编制矿区核查报告 2.16 万份、省级单矿种汇总报告 525 份和省级调查综合报告 30 份。在此基础上，组织编制完成全国 28 种矿产资源国情调查 25 套系列报告，建立了全部矿区的空间数据库，囊括了矿区资源的储量、结构、品质、占用、权属、空间关系，为实现"一张图"管矿奠定了数字基础。全面系统反映了本次矿产资源国情调查的主要成果，为摸清我国矿产资源家底作出了重大贡献。

1. 全面梳理了我国 28 种矿产资源储量的数量、类型、结构、品质、开发利用状况，以及各要素的空间分布

统一技术要求和标准，按照不重不漏的原则，科学界定和重新划分矿区，全面核查了 28 种矿产全部 25751 个矿区资源储量的累计查明量、消耗量、保有量、勘查程度、开发利用状况和资源储量的类型、结构、品质，及其各要素的空间分布。编制矿区核查报告 2.16 万份、省级单矿种汇总报告 525 份。系统清理了数十年来矿产资源储量登记、统计、开发利用过程中的误报、错报、漏报、重复上报和储量消耗挂账、伴生矿随主矿产消耗后挂账等导致的资源储量误差，为国家矿产资源管理和决策提供了可靠的数据支撑，为国家资源管理提供了科学依据。核查后重稀土、锑、锰、锡、重晶石和菱镁矿保有资源储量有较大减幅，轻稀土、钾盐、萤石、钼矿、铝土矿等保有资源储量增幅较大。

2. 系统查明了我国矿产资源储量占用情况

核查表明，28 种矿产中，萤石、镍、锡、钾盐等保有资源储量占用率较高，未来扩产潜力有限。煤炭、铝土矿、重稀土、磷矿等资源占用率低，大量资源储量没有配置，属"国家库存"，科学合理配置这部分资源，可在较短时间内形成产能，缓解我国矿产资源供应压力。首次全面系统查明我国 6884 个煤炭矿区 14 种煤类的资源储量、灰分、硫分、开发利用状况和空间分布。

3. 测算了 24 种矿产可回收资源储量，客观地反映了国家矿产资源国情，分析了我国矿产资源的国际地位

首次提出可回收资源储量（国家储量）的概念，制定了可回收资源储量测算方案，按矿区逐一测算了 24 种矿产的可回收资源储量。结果表明，我国铁矿石可回收资源储量近 400 亿吨，铜可回收资源储量 5520 万吨，铝土矿可回收资源储量达 22.5 亿吨等。以可回收资源储量为基础，分析了我国重要矿产资源国际地位。钨、锡、锑储量仍居世界第一位，铅、锌、铜储量分别居世界第二、第二和第五位，铁和铝分别位居第三和第四位。

4. 建立了全国矿产资源利用信息系统

（1）首次构建以块段为基本数据单元的全国 25 种矿产资源储量的品位－吨位模型，为准确分析我国矿产资源品质、合理开发利用资源提供了科学依据。

（2）建立了全国矿区空间数据库和矿产资源储量动态管理支持系统，首次建立了涵盖 28 个矿种 2 万多个矿区，集资源储量数量、类型、结构、品质、空间分布、开发利用状况、矿业权人信息等和矿区平面套合图、采掘工程分布图、资源储量估算图、资源利用现状图以及典型勘探线剖面图五大类电子图件于一体的大型空间数据库，创建了基于 GIS 平台、采用 B/S 和 C/S 为架构的全国矿产资源储量动态管理支持系统。

（3）系统清理了资源储量消耗挂账等问题，全面掌握了资源消耗和保有情况，形成系列技术规范。

（4）厘清了矿体、矿区和矿权的空间关系。首次标定了 25 种矿产 2 万多个矿区的矿体平面投影边界，厘清了矿体、矿区和矿权三者的空间关系，为实现"一张图管矿"、大幅度提高矿政管理水平奠定了基础。

（5）完成了国家矿产资源储量数据库更新，提交了《中国能源需求展望》《中国钢铁需求展望》《中国铜资源需求展望》和《中国铝资源需求展望》4 个报告。

三、全国矿业权实地核查专项

（一）主要任务

2008 年 3 月开始，国土资源部实施了全国矿业权实地核查专项。主要任务是实地核查全国范围内有效矿业权（不含油气）的实际位置与许可范围的一致性，并对其他数据项进行实地调查。在国土资源部统一领导下，中国地质调查局负责具体实施，各省国土资源主管部门负责组织开展本行政区矿业权实地核查工作。项目于 2007 年年底启动，2010 年年底结束，历时 3 年多时间，全国累计投入 4000 多个单位和部门共 2.8 万人，测量设备 1.2 万台套，经费 22.5 亿元，其中中央财政投入 1.157 亿元，共完成了 14.7 万多个矿业权实地核查工作。

（二）主要成果

1. 获得了全面系统、真实可靠的矿业权权属基础数据

通过本次矿业权实地核查，系统核实了 36755 个探矿权和 110493 个采矿权的登记数据项，首次实现了全国 147248 个矿业权（包括部、省、市、县四级发证的采矿权和部、省两级发证的探矿权）的拐点坐标数据在 1980 西安坐标系、1985 国家高程基准内的统一，全面查清了全国有效矿业权现状，夯实了矿政管理的数据基础，为矿业权数据进入国土资源部统一监管平台提供了保障。同时，本次核查实测编制了 18108

张探矿权勘查工程实际材料图、110493 张采矿权开拓采掘工程分布图，首次完整地获得了反映矿业权活动现势性的空间图形数据，填补了矿业权登记数据库中空间数据的空白。

2. 建立了覆盖我国所有矿山的地质测量基础设施

我国各地区测量基础条件差距很大，用于矿山测量基准的国家大地控制点分布很不均匀。东部地区部分省份已经建成了高精度卫星定位服务综合系统（CORS），而西部地区的新疆、西藏、内蒙古等省区大面积缺乏国家大地测量基础控制点。通过矿业权实地核查，全国共建立加密控制点 40346 个，向矿区引入 165182 个控制点。埋设露天采矿权界桩 242873 个，系统建立了我国所有矿山的地质控制测量点体系，每个控制点实测获得了两套坐标数据（1954 年北京坐标和 1980 西安坐标），积累了一批重要的基础地质测绘信息数据，对后续的矿政管理、国土资源管理的其他领域及基础测绘工作奠定了良好基础。

3. 系统梳理分析了矿业权存在的问题并分类提出了处理建议

由于历史等原因，相当数量的矿业权实际位置与发证范围不一致、产权关系不清、大量超层越界，引发矿业权纠纷。在矿业权实地核查过程中，对每一个矿业权边界范围逐一进行实地测量核实：逐一核查矿业权相关登记信息，查缺补漏，纠正错误。全国矿业权实地核查发现问题共计 108356 个，其中，属于矿界位置（含矿界位移、超层越界和矿界交叉重叠）方面的问题共计 65953 个，占发现问题总数的 60.87%，占实地核查矿业权总数的 44.79%。通过总结分析，矿业权存在的问题有历史遗留的，也有近年新形成的；有技术方面的，也有政策规定方面的；有矿业权人的，也有管理部门的。基于矿业权实地核查数据库和管理信息系统、分行政区、矿种、矿业权种类等分析了矿业权的分布特点和存在问题，分别绘制了 31 个省（区、市）矿业权分布图、专题分析图和 11 册 1500 多个全国主要矿业权图集，系统展示了全国矿业权分布规律。通过对实地核查中发现问题的梳理和研究，分析了问题的主要倾向、产生的原因等，开展了矿业权布局和矿业权边界设置规律研究。

4. 建立了矿业权信息平台和方法体系

（1）开发建设了矿业权实地核查数据库、管理信息系统。基于 Oracle 建立的全国矿业权实地核查成果数据库，囊括了全国约 15 万个矿业权核查（采矿权核查、探矿权核查）成果数据（包括属性数据和空间数据）、用于核对的矿业权登记数据、省级成果数据、全国矿业权核查汇总数据，数据量约 700 吉字节（GB）。

（2）系统提出了矿业权实地核查技术方法指南与技术要求。创造性地提出了单矿业权"四个一"的工作要求，即为矿区引入"一"组控制点后，为每个矿业权实测"一"张勘查工程或开采工程平面图，使用矿业权的登记与核查属性库生成"一"张实地核查对照表，并编写"一"张矿业权基本情况说明。

（3）创新性地提出了基于矿业权实地核查成果数据的县市级矿政管理信息系统建设模式。利用 GIS 技术，以县级行政区为基本单元，对矿业权实地核查成果数据和相关数据进行组织管理，能够形成某一区域的矿政管理信息系统，该项研究提出了以单矿业权实地核查成果为基本数据源、以县为基本地域单元的矿政管理一张图建设的基本框架、工作模式和基本方法。

（4）丰富和发展了矿政管理理论和方法体系。先后出版了《全国矿业权实地核查及成果应用研究》（地质出版社）、《全国矿业权实地核查技术方法指南研究》（地质出版社）、《全国矿业权实地核查信息系统建设与应用》（科学出版社）、《基石——全国矿业权实地核查纪实》（地质出版社）及《全国矿业权实地核查工作指南和技术要求》（中国大地出版社）共 5 种专著。

四、其他国情调查专项

（一）全国重要矿产资源"三率"调查与评价专项

2012 年，国土资源部印发《关于开展重要矿产资源"三率"调查与评价工作的通知》，要求在全国范围内部署开展煤、石油、天然气、铁、锰、铜、铅、锌、铝、镍、钨、锡、锑、钼、稀土、金、磷、硫铁矿、钾盐、石墨、高铝粘土、萤石等 22 个重要矿种"三率"调查与评价，中国地质调查局启动了"全国重要矿产资源'三率'调查与评价"（以下简称"三率"调查）工作。截至 2014 年年底，全国 30 个省（区、市，除上海市以外）业务支撑单位、7 家行业协会以及 5 个油气公司等共 13000 余人直接参加"三率"调查。累计投入资金 1.16 亿元，其中地质调查专项经费 7900 万元，各省匹配资金 3700 万元。通过调查，全面查明了矿产资源节约集约利用现状，对我国矿产资源利用有了总体认识和基本判断。建成了全国 22 种重要矿产矿山数据库，基本建成了我国矿产资源开发利用"三率"指标体系。其主要成果如下。

（1）制定并发布矿种"三率"指标要求。深入研究总结"三率"指标内涵，广泛征求国土资源管理部门、专家、矿山企业意见，制定了《资源综合利用技术指标及其计算方法》（DZ/T 0272—2015），规范统一了行业评价指标，为调查评价提供了统一的计算方法，创新性地引入价格比法将共伴生组分品位折算为当量品，消除了共伴生稀有、稀散元素和主要组分在品位单位上数量级的差距。依托"三率"调查工作，国土资源部陆续发布试行了包括煤炭、石油、天然气、铁、锰、铬、钒钛磁铁矿、铜、铅、锌、铝、钨、钼、金、稀土、磷、硫、钾、石墨、萤石、高岭土、石棉、锡矿、镍矿、滑石、石膏等27种重要矿产资源开发"三率"最低指标要求。

（2）首次全面系统地获取了全国矿山"三率"基础大数据。本次调查在统一调查指标、统一调查规范、统一时间节点的基础上，构建了"三率"调查数据质量控制体系。通过调查表数据项逻辑关系控制、专家审核复核、矿山实地核查、省（区、市）和行业协会分别审核等环节，调查了全国22个矿种当年全部在产的19432座矿山（油气田），实地核查了全部在产2493座大中型矿山及2580座小型矿山，经历"四上三下"的数据检查、复核过程，最终获取了220万条准确可信的基础数据，第一次系统得到了我国22种重要矿产2011年开发利用"三率"指标。建立了中国重要矿产矿山数据库，涵盖全国煤炭、石油、天然气、铁、锰、铜、铅、锌等大宗、优势、重要矿产的20230个矿山油气田，主要包含"三率"、矿山能耗、采选技术、尾矿废石和废水、矿山经济等120多项矿山油气田数据。

（3）摸清了矿产资源开发利用先进技术工艺状况。2009—2015年，我国涌现出一批矿产资源开发利用先进技术、装备，共获得国家科技进步奖特等奖3项、国家科技进步奖一等奖12项，国土资源科学技术奖一等奖1项、二等奖4项，一批技术达到了国际先进水平，大幅提升矿产资源开发利用"三率"水平。其中，"大庆油田高含水后期4000万吨以上持续稳产高效勘探开发技术"获得了国家科技进步奖特等奖，支撑大庆连续5年实现4000万吨稳产，到2014年年底累计增油达到10674万吨。该技术的应用使油田采收率突破50%，比国内外同类油田高10%~15%。该技术已在中国陆上15个高含水老油田推广应用，相继在苏丹、印度尼西亚、哈萨克斯坦等国家得到应用，有力支撑了我国能源"走出去"战略，促进了当地经济发展。

（二）矿产资源国情调查试点工作

2018年11月，自然资源部印发了《矿产资源国情调查试点工作方案》，确定辽宁、黑龙江、安徽、山东、河南、湖北、湖南、云南、宁夏9个省（区）为试点省份，煤、铁、石墨、铜、金、钼、铝土矿、磷、钨、锡、铅、锌12个矿种为试点矿种，标志着此项工作正式启动。

各省（区、市）矿产资源国情调查的阶段性成果显示，收集各类调查资料共计

21 万余份，做到应收尽收。全面清理资源储量数据，夯实了资源本底账簿，实现各类矿种全覆盖。通过系统梳理，实际确定矿区 45516 个，较梳理前的 44481 个矿区增加 1035 个。此外，各省（区、市）对未利用矿区、生产矿山、关停（闭）矿山等所有调查对象开展实地调查，共计完成重点矿区调查 23575 个、重点矿山调查 25144 个，矿山调查航迹 54 万多千米，核实照片 23 万多张。

第四节　地质找矿新成果概览

自 2007 年我国加强矿产资源勘查以来，中国地质学会每年开展"十大地质科技进展"和"十大地质找矿成果"评选工作。"双十"评选主要表彰地勘行业完成的地质科学研究、地质找矿、资源环境、地质技术创新与开发、科技成果推广应用、高新技术产业化、重大工程建设、社会公益性地质科技事业中的代表性项目，以及对项目作出突出贡献的单位和个人。

至 2021 年，共评出找矿新成果 150 项。其中，探获能源矿产找矿成果 54 项，包括煤矿找矿成果 13 项、煤层气找矿成果 1 项、页岩气找矿成果 4 项、石油找矿成果 20 项、天然气找矿成果 9 项、铀矿找矿成果 7 项。金属矿产找矿成果 76 项，包括铁矿找矿成果 10 项、锰矿找矿成果 5 项、铜矿找矿成果 3 项、铅锌矿找矿成果 10 项、铝土矿找矿成果 5 项、钨矿找矿成果 4 项、钼矿找矿成果 2 项、铂族金属找矿成果 1 项、金矿找矿成果 17 项、银矿找矿成果 1 项、锶矿找矿成果 1 项、铷矿找矿成果 1 项、稀土找矿成果 3 项、多金属找矿成果 13 项。非金属找矿成果 19 项，包括石墨找矿成果 5 项、磷矿找矿成果 6 项、萤石矿找矿成果 3 项、红柱石找矿成果 1 项、硅灰石找矿成果 1 项、滑石找矿成果 1 项、蜡石找矿成果 1 项、碱矿找矿成果 1 项。水气矿产找矿成果 1 项，为地下水找矿成果。

一、能源矿产

（一）煤矿

1. 云南省昭通地区发现新的大型煤田

2007 年，由中国煤炭地质总局组织实施，航测遥感局和云南省煤田地质局共同承担的"云南昭通煤炭资源评价"项目，采用 3S 技术、钻探、物探相结合的综合勘查方法，提交煤炭资源量（333+334）9.7 亿吨，圈定含煤远景区 12 个，1000 米以浅潜在资源量 33.44 亿吨，主要为优质无烟煤。该区上二叠统宣威组为主要含煤地层，C5 和 C3 为主要可采煤层。该项目的实施，为老少边穷地区脱贫致富，实现经济腾飞提供了资源保障。

2. 四川省攀枝花市宝鼎煤矿找矿取得重大突破

2008 年，四川煤田地质工程勘察设计研究院提交的四川省攀枝花市宝鼎煤矿勘查项目取得重大突破。四川煤田地质工程勘察设计研究院承担四川省攀枝花市宝鼎煤矿找矿勘查工作，中国矿业大学参与了聚煤规律研究。四川省攀枝花市宝鼎煤矿接替资源勘查项目探获优质炼焦煤资源量 325 亿吨，达中型煤矿区规模，属典型的渐陷盆地成煤。这标志着在煤炭资源贫乏的攀西地区找煤取得了重大突破。攀西地区构造复杂、成煤条件差、找煤难度非常大。从靶区选择到勘查工作，该项目始终注重科学研究、勘查方法创新和先进技术装备的运用。该项目主要特点：立项前对攀西地区煤炭赋存规律的综合研究；运用阶梯状布孔很好地控制了 2000 米煤系和百余层煤；用新的探矿技术大大提高了工程质量；用"成煤可容空间"理论，建立高分辨率层序地层格架和精细聚煤作用模式，并预测今后找煤方向；对煤质、水文、瓦斯、地温等问题进行了较深入的研究。其找煤思路、找煤方法和综合研究对攀西地区找煤工作具有重要的指导意义。新发现的资源可延长攀煤集团矿井服务年限 48 年，为中国特种钢基地和世界钒都的可持续发展提供了资源保障。

3. 内蒙古自治区东胜煤田艾来五库沟—台吉召地段发现超大型煤田

2009 年，内蒙古自治区地质矿产勘查开发局等单位提交的内蒙古自治区东胜煤田艾来五库沟—台吉召地段勘查项目取得重大找矿突破。内蒙古自治区东胜煤田艾来五库沟—台吉召地段煤炭普查有 6 个子勘查区组成，总面积 1304.91 平方千米。勘查区内地层总体产状为向西南方向倾斜的单斜构造，倾角 1°~3°；主要可采煤层为稳定及较稳定煤层，勘查类型为一类二型。勘查区见 5 个煤组，可采厚度 2.35~26.90 米。煤类以不粘煤为主，含少量长焰煤，煤质以低硫、低磷、特低灰—中灰、高热值烟煤—特高热值烟煤为主，煤质质量优良，一般作为动力和民用燃料，也可作为气化用煤。全区可采层煤资源量（333）+（334），约为 201.55 亿吨，其中（333）资源量 90.78 亿吨，为一超大型煤矿田。

4. 内蒙古自治区锡林郭勒盟高力罕发现特大型煤田

2010 年，内蒙古龙旺地质勘探有限责任公司提交的内蒙古锡林郭勒盟高力罕勘查项目发现特大型煤田。高力罕煤田位于内蒙古兴安地槽褶皱系，东乌珠穆沁旗晚华力西褶皱带，乌尼特凹陷中。煤系地层为白垩系下统巴彦花组，为湖泊相向河流相的沉积，各盆地沉积厚度不一，总体厚度 400~700 余米。煤层赋存在 3 个含煤盆地内，含煤段平均厚 198.71 米，总资源量 157 亿吨。其中，长焰煤 120 亿吨，褐煤 37 亿多吨。这是内蒙古地区最新找到并初步查明的大型煤炭基地之一。

5. 山东省曹县发现大型优质焦煤煤田

2010 年，山东省地质科学实验研究院和菏泽市矿产资源勘探开发中心等单位提交的项目发现大型优质焦煤煤田。曹县地处鲁西南黄泛平原区，第四系松散层厚达 500~900 米，深部找煤一直未获重大突破。山东省地质科学实验研究院等单位运用"北断南超"模式和"凹中找凸，凸中找凹"找煤思路，辅以地震、电法、钻探、测井等综合手段一举实现鲁西南找煤重大突破，发现一个大型优质石炭纪—二叠纪隐伏煤田，可采煤层为 3 煤层，厚 7~9 米，煤类为优质炼焦用煤，资源量约 63.36 亿吨，其中 1500 米以浅已控制资源量 33.06 亿吨。潜在经济价值 5 万亿元以上。

6. 内蒙古自治区东胜煤田车家渠—五连寨子—杭东地段煤炭普查

2011 年，由国土资源部中央地质勘查基金管理中心及内蒙古地质工程有限责任公司、中国煤炭地质总局勘查总院等多家单位共同完成的内蒙古自治区东胜煤田车家渠—五连寨子—杭东地段煤炭普查项目，是中央地勘基金全额投资煤炭普查项目。该项目采用整装勘查思路，统一部署 12 个项目勘查工作，综合勘查。两年时间，在 2326 千米勘查区投资 41387 万元，施工钻探进尺 322018 米，二维地震 1386 千米，全面完成普查工作，经国土资源部储量中心评审探获煤炭资源量 307 亿吨，潜在经济价值超 2.5 万亿元（按回采率 50%，坑口价格 160 元 / 吨计），取得了显著的经济社会效益。同时，项目在勘查区北部煤系上部发现大面积工业铀矿化，煤铀综合勘查取重大突破。

7. 辽宁省南票煤田深部普查探获亿吨级煤炭储量

2012 年，东北煤田地质局一五五勘探队提交的辽宁省南票煤田深部普查项目有重大找矿突破。南票煤田是辽宁省重要煤炭能源开发基地之一，多年的勘探开发，使得该煤田的能源储备急剧下降，后备基地亟待接续，已成为重度危机矿山。2011 年，该项目在南票煤田深部寻找可供矿井生产利用的煤炭资源量，本次普查工作提交煤炭资源量 14360.16 万吨，其中推断的内蕴经济资源量（333）为 4797.58 万吨，预测的资源量（334）为 9562.58 万吨。为南票矿井提供可延续的地质资料，为辽宁老工业基地的振兴作出了贡献。

8. 湖南省攸县兰村矿区深部煤炭详查

2013 年，湖南省煤炭地质勘查提交的湖南省攸县兰村矿区深部煤炭详查取得重大找矿突破。该项目在充分收集、分析、利用前人地质工作成果的基础上，采用先进的绳索取芯钻探工艺、数字测井技术、GPS 测量技术，利用标志层、物性特征、显微岩矿鉴定、生物化石特征结合相旋回、煤质、层间距等方法的综合对比，突破了兰村矿区煤、岩层对比难题，结合浅部矿井的开采资料，选择了多种勘查手段相结合的勘查方法，在湖南省攸县兰村矿区深部探获资源储量规模达到大型煤矿，20 多年来首次实现湖南找煤过亿吨，对南方缺煤省份特别是湖南来说意义重大。

9. 河南省睢县西部煤整装勘查

2014 年，河南省煤炭地质勘察研究总院提交的河南省睢县西部煤整装勘查项目是河南省开展的首个煤炭整装勘查项目。该项目是河南省第一个省级地质勘查基金（周转金）整装勘查项目，面积 2269 平方千米，勘查资金 18771.55 万元，完成二维地震物理点 74359 个、钻探工作量 130341.83 米，提交煤炭资源量 146 亿吨。该项目具有河南省勘查区面积最大、投入资金最大、项目组织施工和现场管理难度大、项目任务重、时间紧、施工难度大等特点。河南省国土资源厅监审专家组将新发现的这一大型煤田命名为"通柘煤田"（总资源量 230 亿吨），是迄今为止河南省发现的最大煤田。

10. 山西省黎城县新发现大型煤炭资源矿床

2016 年，山西省地质勘查局二一二地质队提交的山西省沁水煤田黎城县黎侯勘查区煤炭详查项目发现大型煤炭资源矿床。通过对黎城县城周边已有地质资料、邻区煤矿的成煤地质环境和背景的综合研究、分析等综合手段，发现一处大型煤炭资源矿床，提交的煤炭资源量超过 2.6 亿吨。该项目为黎城县历史上发现的首个煤炭资源矿产地，其估算资源量达到大型井田规模，适宜建设中—大型煤矿企业，探明的各煤层煤类均为强粘结—特强粘结的焦煤及肥煤，均可作为炼焦用煤。开发本区煤炭资源，在为当地及周边地区提供能源的同时，也将促进本地区工业的发展，改善当地居民生活水平，对地方经济的繁荣将起到重要的作用，经济意义巨大。

11. 陕西省府谷县马家梁—房子坪探获大型优质煤炭资源

2016 年，中国煤炭地质总局航测遥感局提交的陕西省陕北石炭纪—二叠纪煤田府谷矿区马家梁—房子坪勘查区普查项目探获大型优质煤炭资源。中国煤炭地质总局航测遥感局在陕西省地质勘查基金的支持下，在陕北石炭纪—二叠纪煤田府谷矿区的西北部预测区内开展煤炭资源普查工作，取得重大找矿突破。在山西组、太原组含煤岩系中共发现可采煤层 5 层，探获煤炭资源总量（333）+（334），为 320861 万吨，其中（333）资源量为 100390 万吨，占总资源量的 31.3%。煤类以气煤为主，长焰煤次之，煤质优良，可广泛用于动力用煤、气化用煤、液化用煤及炼焦配煤等。该矿床的发现为国家规划的陕北能源化工基地和陕西省规划的煤电化载能工业园区提供了有力的资源续接保障，并对当地经济发展具有重大意义。

12. 安徽省淮南市潘集煤矿外围实现煤炭找矿新突破

2019 年，安徽省煤田地质局勘查研究院提交的项目在淮南市潘集煤矿外围发现一处特大型煤矿床。该项目是安徽省"358"找矿突破战略行动核心项目。研究团队利用多种勘查技术手段，基本查明了煤炭赋存特征，新发现煤炭资源量 48.57 亿吨，均为优质炼焦用煤。首次开展了"深部煤炭勘查与开采地质条件专题研究"，建立了深部煤层开采地质条件勘查、测试技术与评价方法；首次建立了一套巨厚松散层覆盖下复杂煤系地层深孔绳索取芯钻进关键技术。率先在淮南煤田展开煤层气、页岩气、地热能及其他有益矿产综合勘查与评价工作。项目不仅为现有煤矿企业发展提供了充足的后备资源，也将为长三角经济一体化协同发展提供能源保障。

13. 内蒙古自治区伊金霍洛旗纳林希里矿区实现煤炭资源找矿重大突破

2021 年，内蒙古自治区煤田地质局一五三勘探队提交的项目在内蒙古自治区伊金霍洛旗纳林希里矿区探获一处大型煤矿基地，累计查明煤炭资源量 224660.3 万吨。项目详细查明了含煤地层为侏罗系中下统延安组，可采煤层 11 层，煤类以不粘煤为主，含少量长焰煤。煤质特征为特低—低灰煤、高发热量煤，煤质优良，为良好的动力用煤。勘探成果为后期探转采提供了可靠的地质依据，为内蒙古能源基地建设提供了有力的资源接续保障，并对当地经济发展具有重大意义。

（二）煤层气

2012 年，中国石油化工股份有限公司华东油气分公司提交的项目在鄂尔多斯延川建成首个煤层气气田。延川南区块是中石化从事煤层气勘探开发的主战场。该区块位于鄂尔多斯盆地东南缘，华东分公司自 2008 年开始在该区开展煤层气勘探以来，周松研究团队仅用 2 年的时间就实现了煤层气单井突破，在此基础上，提出了"单井突破—小井组试验—大井组试验—整体开发"的整体部署思路，采用多项先进的钻井技术和排采技术，截至 2012 年 12 月 31 日，该区块日产气已达 4.2 万立方米，可提交探明储量 207.8 亿立方米，该区块也将成为中石化第一个煤层气产能建设示范区。

（三）页岩气

1. 涪陵地区页岩气勘探项目

2014 年，中国石油化工股份有限公司提交的涪陵地区页岩气勘探项目获得重大找矿突破。中国石油化工股份有限公司郭旭升团队在四川盆地海相页岩气勘探中，在涪陵焦石坝地区发现了国内首个商业开发的大型海相页岩气田，2013 年在国内首次提交页岩气探明地质储量 1067.5 亿立方米；形成一套页岩气勘探评价技术方法。2014 年 4 月 21 日，国土资源部宣布设立涪陵页岩气田"全国页岩气勘查开发示范基地"。该气藏完成压裂试气的 61 口井均获中、高产页岩气流，已建成 20 亿立方米的产能，试采情况良好。涪陵百亿立方米产能建成后，每年可减排二氧化碳 1200 万吨、二氧化硫 30 万吨、氮氧化物近 10 万吨。涪陵页岩气田的发现极大地推动了国内页岩气产业的发展，对实施绿色低碳战略、促进地方经济发展具有重要意义。

2. 四川盆地威荣页岩气田探明千亿立方米级深层页岩气

2018 年，中国石油化工股份有限公司西南油气分公司提交的项目在四川盆地深层页岩气领域探明超千亿立方米大型页岩气田。针对埋深大于 3500 米的深层页岩气地质评价、钻完井和压裂难题，攻关团队解放思想、创新理论认识、深化资源评价、强化技术攻关，创新性提出了一项理论、四项配套技术：首次提出了海相深层页岩气"优质相带、适宜演化、良好保存"的"三元"富集理论；建立了深层页岩气综合岩性、电性、古生物等多参数地质综合评价技术；建立了深层页岩气地质工程双"甜点"地球物理预测技术；建立了优快钻井与水平井轨迹优化控制技术；建立了控近扩远、提高裂缝和分簇改造有效性深层页岩气压裂改造技术。威荣气田提交了探明储量 1247 亿立方米，落实了产能建设新阵地，具有良好的社会经济效益，对推动绿色发展意义重大。

3. 川南地区五峰组—龙马溪组 3500 米以浅探明万亿立方米页岩气田

2019 年，中国石油化工股份有限公司西南油气分公司在川南地区五峰组—龙马溪组埋深 3500 米以浅发现了国内首个万亿立方米页岩气大气田。中国石油股份有限公司西南油气分公司谢军为首席专家的团队通过 5 年多的攻关评价，项目组自主研究，提出了适应于川南特殊地质条件的页岩气"三控"富集高产理论，指导了建产区的优选；创建了本土化的页岩气勘探开发 6 大技术系列，包括地质评价技术、开发优化技术、优快钻井技术、体积压裂技术、工厂化作业技术和高效清洁开采技术，实现了 3500 米以浅页岩气规模效益开发和 3500~4000 米页岩气勘探开发突破。项目组在川南地区五峰组—龙马溪组累计探明储量 10610.5 亿立方米，形成了万亿立方米页岩气大气区。2019 年年底，年产气量 80 亿立方米，成为中国最大的页岩气生产基地。

4. 渝东南南川招标区探明超千亿立方米大型常压页岩气田

2020 年，中国石油化工股份有限公司华东油气分公司提交的项目探明超千亿立方米大型常压页岩气田。历经十余年攻关，在渝东南南川招标区发现了我国首个超千亿立方米大型常压页岩气田。针对常压页岩气富集规律复杂、甜点优选难度大、单井产量和 EUR（估算最终采收量）低等难点，攻关团队创新提出了"沉积相带、保存条件、地应力场"三因素控产地质理论，构建了高陡背斜、反向逆断层遮挡等四种成藏模式，创建了"岩相-应力-孔隙"一体化储层综合评价、变密度三维地震勘探、基于地质-工程一体化的甜点评价及水平井设计技术等勘探关键技术，实现勘探重大突破，提交探明储量 1918 亿立方米。南川常压页岩气田的发现是我国页岩气地质理论创新和勘探技术突破的重大成果，有效推动了我国南方 9 万亿立方米常压页岩气资源的效益开发。

（四）石油

1. 冀东南堡油田地质勘查获重大突破

2007 年，中国石油天然气股份有限公司冀东油田分公司在河北省唐山市境内（曹妃甸港区）渤海湾盆地冀东滩海找油取得重大突破，发现并落实南堡油田三级油气当量储量 11.8 亿吨。其中，新增探明石油地质储量 4.451 亿吨，控制石油地质储量 3.36 亿吨，预测石油地质储量 3.03 亿吨，新增溶解气地质储量 1208.47 亿立方米。这是我国近年来油气找矿领域最重大的发现之一。

2. 塔河油田奥陶系碳酸盐岩中发现大型油气田

2006—2008 年，中国石油化工股份有限公司西北油田分公司勘探开发研究院在塔河油田奥陶系碳酸盐岩中发现大型油气田。塔河油田在艾丁地区奥陶系，一批钻井投产后均获高产油气流。继艾丁地区 AD4 井在奥陶系获高产工业油气之后，在艾丁—艾丁北外缘相继部署了 AD19、AD20、AD21、AD14、AD15、AD22、AD23、AD16 等井，除 AD14、AD21 测试出少量稠油未能投产外，其余均获得工业油气并已投产，获得了巨大的经济效益。2008 年，此区提交探明储量 12955 亿吨，控制储量 10722 亿吨，呈现出了良好的开发势头。在于奇地区部署的 YQ5 井，在奥陶系获高产工业油气流，日产稠油 70 吨。截至 2008 年 7 月 13 日，累产原油 10563 吨，10 毫米油嘴，基本不含水，YQ5 井区提交预测储量 1.4193 亿吨，实现了塔河油田的北扩，为近两年中石化西北油田分公司在塔河地区储产量的持续增长提供了后备基地。2006 年下半年在塔河油田南部盐下部署的 AT5，完钻后对奥陶系中统一间房组测试获高产工业油气流，5 毫米油嘴，日产原油 754 立方米，日产天然气 128535 立方米，提交预测储量原油 0.7726 亿吨，实现了塔河油田的南扩。

3. 四川盆地新场气田须家河组二段探明千亿立方米大型整装气藏

2009 年，中国石油化工股份有限公司西南油气分公司提交的项目探明大型整装气藏。在四川盆地中部川中低缓构造区，新场气田经过近 20 年的勘探，专家组提出了深层须家河组"早聚、中封、晚活化"的油气成藏地质理论。突破了须家河组二段气藏的气水边界，逐步证实了须家河组二段气藏为一构造岩性气藏，大大拓展了气藏的勘探面积；以 3D3C 地震勘探技术为基础，对储层预测、储层保护、储层改造等技术开展攻关，形成了适合川西深层须家河组高产富集带预测、钻井提速与储层保护、成像测井与储层改造工艺等配套的勘探技术方法系列，钻井成功率达 85% 以上。2009 年年底，新场须家河组二段气藏整体提交探明储量 1177.2 亿立方米，实现了千亿立方米大型气藏的勘探突破。

4. 鄂尔多斯盆地华庆低渗透大型整装油田勘探新突破

2009 年，中国石油天然气股份有限公司长庆油田分公司提交的鄂尔多斯盆地华庆低渗透大型整装油田勘探项目获得重大找矿突破。华庆地区位于鄂尔多斯盆地中生代湖盆中部。该区石油勘探早期以长 3 段、长 4+5 油层组及侏罗系油层为主，发现了华池、南梁等一批小型油田。近年来，通过深化湖盆中部沉积相和成藏地质条件研究，长庆油田公司提出了"长 6—8 期湖盆中部发育三角洲前缘水下分流河道、碎屑流和浊流沉积等多成因的砂岩储集体"的新认识，勘探获得重大突破。2009 年新增探明石油地质储量 2.6569 亿吨，价值 62.62 亿元。通过进一步勘探评价，预计可落实 6~8 亿吨的储量规模，华庆油田成为鄂尔多斯盆地继安塞—靖安、西峰油田发现之后的又一整装大油田。

5. 新疆维吾尔自治区塔中隆起发现大型油气田

2009 年，中国石油天然气股份有限公司塔里木油田分公司提交的项目在新疆塔中隆起发现大型油气田。塔中隆起位于塔里木盆地中部，是寻找大油气田的重要领域。从 1989 年塔中 1 井寒武系碳酸盐岩获高产油气之后的 10 多年，油气勘探一直处于低迷状态。2006 年重新认识塔中加里东期岩溶发育特征，在塔中 83 井下奥陶统鹰山组 5666.1~5684.7 米井段酸压测试获得高产工业油气流，实现了塔中鹰山组岩溶勘探的重大突破。随后，钻探证实塔中风化壳岩溶斜坡是一个有利的油气富集带，探明储量油气当量 1.58 亿吨；预测油气当量 9895 万吨；三级油气储量当量 2.57 亿吨，实现了塔中岩溶斜坡整体连片控制。该研究成果明确了塔中北斜坡鹰山组 7 亿吨级油气规模，大型富油气区带轮廓已经明朗。

6. 鄂尔多斯盆地姬塬油田勘探新突破

2011 年，中国石油天然气股份有限公司长庆油田分公司冉新权团队在鄂尔多斯盆地姬塬油田勘探项目中，针对内陆坳陷湖盆低渗透岩性油藏勘探开发的技术难题，提出了"浅水三角洲沉积"和"多层系复合成藏"的新认识，建立了"生烃增压、大面积充注、多种输导、连续性聚集"的成藏模式，开展了以烃源岩评价、沉积特征、地震储层预测、复杂低渗储层压裂改造、低渗透油田有效开发为重点的多学科综合研究和技术攻关，创新形成了低渗透油田勘探开发配套技术系列。2011 年，长 8 油层新增探明石油地质储量 2.0765 亿吨，控制石油地质储量超 2 亿吨，为长庆油田 5000 万吨产量实现和稳产奠定了坚实的资源基础，对中国陆上低渗透油藏的勘探开发具有重要的指导意义。

7. 柴达木盆地昆北断阶带探获亿吨级油田

2012 年，中国石油天然气股份有限公司青海油田分公司提交的项目在柴达木盆地昆北断阶带探获亿吨级油田。柴达木盆地是中国陆上七大含油气盆地之一，属国家油气资源战略规划区。在国家能源战略和西部大开发中，柴达木盆地对于提高后备油气资源的保障能力显得尤为重要。中国石油天然气股份有限公司青海油田分公司通过对柴达木盆地西南地区富油凹陷和构造稳定区成藏规律综合分析，结合国内外最先进的含油气系统理论、区带成藏理论及油气勘探目标一体化评价技术，在昆北断阶带按照"沿构造斜坡，顺有利相带，以下第三系为主，兼顾风化壳"的找油气思路，通过预探和评价工作，发现和探明了昆北中型高丰度油田。共探明石油地质储量 1.07 亿吨，相当于又找到了一个青海油田，是中国石油近年发现的少有的高品质油田，是青海省首个亿吨级油田。

8. 塔里木盆地哈拉哈塘 6500 米超深碳酸盐层发现大型油田

从 2009 年中国石油天然气股份有限公司塔里木油田分公司专门设立"哈拉哈塘地区勘探开发一体化研究"重点科研项目以来，通过 4 年持续攻关，该公司新发现了一个海相碳酸盐岩特大型油田；创新性提出了层间岩溶储层类型，丰富了碳酸盐岩古岩溶理论；创立了轮南—英买力整体含油、局部富集、碳酸盐岩非均质准层状油藏的成藏理论；建立了超深碳酸盐岩缝洞型储层勘探技术。4 年间，该公司在哈拉哈塘地区部署完钻井 142 口，116 口获工业油气流，钻井成功率 81.7%；累计上交三级石油地质储量 3.37 亿吨，累产原油 125 万吨，2012 年生产原油 61 万吨，为中国石油"新疆大庆建设"和塔里木油田的可持续发展提供了可靠的资源保证，同时对新疆经济的快速发展、政治和社会的稳定具有重大战略意义。

9. 鄂尔多斯盆地西南缘发现多个亿吨级油田

2013 年，中国石油化工股份有限公司华北分公司通过创新特低渗透石油成藏理论、强化黄土塬三维地震攻关和水平井分段压裂技术的成功应用，丰富了找矿理论，形成了一批特色应用技术，在鄂尔多斯盆地西南缘相继新发现红河、渭北、泾河、洛河等多个亿吨级油田，提交石油探明储量 18362.52 万吨，三级石油储量 76718.61 万吨，突破了盆地西南缘构造区划结合部位无大规模石油富集的早期认识，取得了一批亿吨级规模油田的新发现。

10. 鄂尔多斯盆地延长组致密油勘探获得重大突破

2014 年，中国石油天然气股份有限公司长庆油田分公司提交的鄂尔多斯盆地延长组致密油勘探项目获得重大找矿突破。通过创新致密油成藏理论认识，强化适应性工艺技术攻关，在鄂尔多斯盆地相继发现了安 83、庄 230、西 233 等 14 个致密油有利含油富集区，首次在国内致密油勘探领域新增探明石油地质储量 1.0 亿吨，落实了整装的控制储量和预测储量，形成了超 10 亿吨的储量规模。项目研究成果丰富了非常规石油找矿理论，明确了致密油成藏机理、赋存状态及富集规律，形成了一系列特色配套技术，实现了非常规致密油有效勘探与开发。

11. 东海西湖凹陷探获超千亿立方米大气田

2015 年，中海石油（中国）有限公司上海分公司提交的项目在东海西湖凹陷探获超千亿立方米大气田。中国东海海域第一个油气田平湖油气田发现于 20 世纪 80 年代，此后虽经二十余年不懈努力，再无更大的油气发现。2008 年，中国海油上海分公司勘探团队，开始重新进行深入的研究，创新形成了"优—特"耦合的勘探认识方法并提出了独具特色的西湖凹陷"高压控藏、塔式聚集"成藏理论和大中型油气田的勘探新领域，创新形成深层地层压力钻前预测和实时监测技术、抗高温新型低自由水钻井液技术、复杂地层高效钻井提速技术、低渗—特低渗气层"五元法"识别及探井产能测试技术等系列勘探适用技术。理论的创新和技术的进步结出硕果，中海石油有限公司上海分公司与中国石化上海石油化工股份有限公司密切合作，在西湖凹陷成功发现了超千亿立方米大气田。

12. 准噶尔盆地玛湖凹陷探获大型油田

2016 年，中国石油天然气股份有限公司新疆油田分公司提交的项目在准噶尔盆地玛湖凹陷探获大型油田。中华人民共和国成立后发现的第一个大油田克拉玛依油田经过半个世纪开发，面临后备资源不足的困境，与之相邻的玛湖凹陷是战略接替领域。中国石油天然气股份有限公司新疆油田分公司勘探团队，针对制约砾岩勘探的资源、储层、成藏和技术四大世界公认难题，开展协同攻关研究，创建了碱湖烃源岩两段式高效生油模式，建立了凹陷区大型退覆式浅水扇三角洲砾岩沉积新模式，创立了凹陷区源上砾岩大油区成藏模式，创新了砾岩高效勘探技术。该项目发现了 5 亿吨原油储量的玛湖大油田，奠定了世界第一大砾岩油田的地位，不仅实现了新疆几代石油人为祖国再找大油田的夙愿，也为世界资源潜力巨大的凹陷区砾岩勘探提供了成功经验，保障了我国国防军工建设对航天和国防稀缺油品的持续供给。该成果是我国砾岩油藏地质理论研究与勘探技术攻关的重大创新性成果，丰富发展了陆相生油与粗粒沉积学地质理论，是对岩性油气成藏理论的重要补充。

13. 塔里木盆地中西部顺北地区探明超深层大型油气田

2017 年，中国石油化工股份有限公司西北油田分公司提交的项目在塔里木中西部顺北地区探明超深层大型油气田。中国石油化工股份有限公司西北油田分公司研究团队通过 3 年的攻关研究，在顺北 9169 米超深层探获大型油气田。该项目明确了塔中北坡陆棚—斜坡部位是优质烃源岩分布区，由此将重点勘探区域由隆起向斜坡部位拓展，大大扩大了下古生界碳酸盐岩勘探范围；建立了塔里木周缘前陆盆地寒武纪烃源岩成烃、沿断裂带运移聚集成藏新模式，提出了"立足原地烃源岩，沿着高陡断裂带、寻找原生油气藏"的新的勘探思路；初步明确顺北地区油气成藏条件与富集规律，形成顺北超深碳酸盐岩裂缝洞穴型油气藏成藏理论；建立了塔里木盆地沙漠覆盖区超深层裂缝洞穴型储集体预测技术系列。这些理论技术有效指导了区带评价及勘探部署，天然气探明储量 73.8 亿立方米，控制储量 33.82 亿立方米，预测储量 412.3 亿立方米，实现了超深找矿的突破。

14. 准噶尔盆地玛湖凹陷南斜坡二叠系探明大型油田

2017 年，中国石油天然气股份有限公司新疆油田分公司在玛湖凹陷南斜坡探获大型油田。项目组提出上乌尔禾组为区域不整合面之上第一套填平补齐的沉积，具备形成大油区条件。创新性提出三项认识和三项配套技术：①构建了大型地层背景下砂体纵向叠置、横向连片大面积成藏新模式；②建立了凹槽区厚层状低饱和度、斜坡区互层状和古凸带薄层状三种类型油藏分布模式，探井成功率从 35% 提高到 76%；③发现了上二叠统支撑砾岩高产储层新类型，指导试油选层，多井获得百吨高产；④攻克扇体刻画、低渗砾岩测井评价和低饱和度油层改造三项配套技术，试油获油率从 45% 提高到 83%。在上述认识和技术的支撑下，玛湖凹陷南部上乌尔禾组勘探快速推进，落实三级石油地质储量 3.36 亿吨，展现出 5 亿吨级前景。

15. 鄂尔多斯盆地庆城 10 亿吨级页岩油田勘探重大突破

2019 年，中国石油天然气股份有限公司长庆油田分公司在甘肃省首次发现了我国规模最大的庆城 10 亿吨级页岩油田，进一步夯实了油田冲刺 6000 万吨的资源基础。庆城地区位于晚三叠世鄂尔多斯湖盆中心，为延长组长 7 发育典型的页岩油藏。项目团队通过系统开展厘米级沉积特征研究、微纳米级储层孔喉精细刻画、页岩油充注机理模拟以及研发了地震、测井、压裂改造等配套技术系列，创新了页岩油地质理论和勘探技术，实现了页岩油勘探重大突破，落实含油面积 3000 平方千米，新增石油三级储量超 10 亿吨，其中，石油探明储量 3.58 亿吨。目前已具备年产原油 300 万吨生产能力，至"十四五"末，原油年生产能力可达 500 万吨，将为国家能源安全和甘肃省经济社会发展作出重要贡献。

16. 渤海海域勘探老区地质理论创新与亿吨级岩性油田获重大突破

2020 年，中海石油（中国）有限公司天津分公司提交的项目在渤海海域勘探老区地质理论创新与亿吨级岩性油田获重大突破。历经多年攻关，中海石油（中国）有限公司天津分公司在渤海勘探老区成功发现了渤海湾盆地新近系储量规模最大的高产优质岩性油田——垦利 6-1 油田，进一步夯实了渤海油田"2025 年上产 4000 万吨"的资源基础。项目团队针对渤海湾盆地新近系油气成藏的特点，创新提出了以"汇聚脊"控制它源型油气成藏与富集理论为核心的新近系大型岩性油藏勘探理论体系，并创建了 2 项关键技术，有力地指导了渤海新近系油气勘探的重大突破与勘探方向的转变。该油田已上报国家探明储量超过 1 亿吨，将新建产能近 300 万立方米 / 年。垦利 6-1 油田的成功发现，为渤海湾盆地新近系大型岩性油田勘探厘定了方向。

17. 塔里木盆地塔北寒武系、奥陶系深层石油勘探获重大突破

2020 年，中国石油天然气股份有限公司塔里木油田分公司在塔里木盆地塔北寒武系、奥陶系深层石油勘探项目获得重大找矿突破。中国石油天然气股份有限公司塔里木油田分公司技术团队，通过创新海相油气地质理论认识，攻克了大沙漠区、超深层碳酸盐岩储层预测方法的技术瓶颈，在新疆塔里木盆地塔北寒武系、奥陶系 8000 米超深层取得石油勘探重大战略性突破。轮探 1 井在 8200 米之下的下寒武统新层系发现了全球最深的古生界油藏，标志着塔里木盆地沙漠腹部寒武系盐下 30 亿吨级的油气勘探新领域取得历史性突破。塔北南缘富满油田奥陶系在 7500 ~ 8000 米埋深范围内持续突破，新发现一个 10 亿吨级海相碳酸盐岩特大型油田，阶段新增石油三级储量超 3 亿吨，其中石油探明储量 1.02 亿吨，生产能力为年产原油 160 万吨。

18.准噶尔盆地坳陷区二叠系油气藏勘探获得重大发现

2021 年，中国石油天然气股份有限公司新疆油田分公司突破坳陷区深层碎屑岩勘探禁区，在准噶尔盆地中央坳陷二叠系地层油气藏勘探领域获得重大发现。该成果丰富和发展了陆相油气成藏地质理论，率先创立了坳陷区古地貌控油理论，创新坳陷区古地貌背景下地层圈闭发育新模式；建立了坳陷区深埋优质储层成因新模式，勘探深度拓展至 7000 米；创建了古地貌与湖平面耦合控油新模式，指导 7 亿吨地层油藏群整体发现。

19.四川盆地川中古隆起北斜坡蓬莱气区立体勘探取得重大突破

2021 年，中国石油天然气股份有限公司西南分公司提交的项目在四川盆地川中古隆起北斜坡蓬莱气区立体勘探取得重大突破。针对四川盆地川中古隆起北部斜坡区油气成藏特点，创新提出以"断层 – 岩性控圈、立体成藏、复式聚集"为核心的超深层天然气立体成藏理论，在蓬莱气区相继钻获高产工业气流，取得了历史性勘探重大战略新发现，突破了川中古隆起大型斜坡区超深层碳酸盐岩天然气富集成藏认识禁区。该发现使蓬莱气区有望成为我国最大的碳酸盐岩气藏群，进一步夯实了西南油气田分公司的资源基础，为推动落实成渝地区双城经济圈建设、打好打赢国家能源保供攻坚战奠定了坚实的资源基础。

20.河套盆地兴隆构造带石油勘探实现重大突破与规模储量发现

2021 年，中国石油化工股份有限公司华北分公司提交的河套盆地兴隆构造带石油勘探项目取得总要找矿突破。该项目创新提出河套盆地内陆咸化湖烃源岩早熟早排的成烃机制和弱成岩保孔主导的成储机理，构建源动力强势输导、近源复式富集油气成藏新模式，攻克了巨厚疏松层覆盖区勘探目标精准落实和复杂孔隙结构低阻油层评价的地球物理技术瓶颈，在内蒙古河套盆地兴隆构造带古近系取得石油勘探重大突破，新发现了大型规模巴彦油田。该成果为河套盆地经济社会发展奠定了坚实的资源基础，为国家能源安全作出了积极贡献。

（五）天然气

1.南海北部陆坡钻探获取天然气水合物

2007 年，广州海洋地质调查局提交的项目在南海北部陆坡钻探获取天然气水合物。该项目在我国南海北部陆坡海域实施钻探工程，共施工 8 个钻孔，取心孔 5 个，其中 3 个钻孔发现天然气水合物实物标本。SH2、SH3、SH7 孔位水深分别为 1230 米、1245 米、1105 米，水合物位于海底之下分别为 191~225 米、183~201 米、153~182

米，水合物饱和度分别为 25%~48%、20%~25%、20%~48%，甲烷含量分别为 99.8%、99.7%、99.4%。钻探区控制面积约为 15 平方千米，预计水合物气体资源量 160 亿立方米，作为一种潜在的能源资源，具有非常高的开发利用前景。

2. 鄂尔多斯发现大牛地天然气田

2007 年，中国石油化工股份有限公司在陕西省榆林市与内蒙古自治区鄂尔多斯市交界处发现大牛地天然气田。该气田发育于鄂尔多斯盆地北部上古生界石炭系—二叠系潮坪河流三角洲沉积相中，由 7 层气层组成，属于低压、低渗、致密气藏。截至 2007 年年底，共探明天然气地质储量 307.7 亿立方米，建成年产天然气 1.65 亿立方米的气源地一处，现已向北京、内蒙古、山东、河南等省（区、市）供气，是我国西气东输重要的气田之一。

3. 准噶尔盆地发现第一个千亿立方米大气田

2008 年，中国石油天然气股份有限公司新疆油田分公司研究院提交的项目在准噶尔盆地发现第一个千亿立方米大气田——克拉美丽气田。该气田不同于鄂尔多斯等盆地探明的产于中下侏罗统、砂岩气田，它是我国在石炭系首次探明的大型火山岩气田。该气藏主要受到火山岩性岩相的控制。在两年的研究过程中，项目组综合应用录井、岩石薄片鉴定、测井及地面地质、地震层序追踪等技术，创建了适用于准噶尔盆地石炭系火山岩识别与描述的配套技术流程：一是通过岩心、薄片刻度测井，建立火山岩常规测井岩性识别图版；二是通过测井刻度地震，建立井震结合的火山岩岩相体的刻画方法；三是综合应用重磁、建场测深及地震解释技术，识别火山机构、描述有利火山岩体。突破了以往按石炭系顶面构造控藏的勘探思路，确立了以火山岩岩性岩相控藏的勘探思路并应用于实际，取得了显著的勘探效果。2008 年 12 月，克拉美丽气田 1000 亿立方米天然气探明地质储量通过国家储量委员会评审，成为新疆油田分公司第一个储量上千亿立方米的大型整装气田。该项成果标志着中国石油新疆油田分公司在火山岩天然气勘探取得一项突破性成果，其成矿规律、找矿思路和找矿方法对指导北疆石炭系的勘探具有重要意义。

4. 南海珠江口盆地深水天然气勘探获得重大发现

2009 年，中海石油（中国）有限公司勘探部提交的南海珠江口盆地深水天然气勘探项目取得重大找矿突破。南海珠江口盆地白云深水区早中新世深水扇砂体和晚渐新世陆架浅水三角洲砂体含有一系列气藏和含气目标层，烃源岩从古近系扩展到新近系，陆架坡折带也将成为重要的成藏区带，构成一深水大天然气区。近年来的勘探，相继在水深 1200 米以下地区获得日产天然气超过 2447 万立方米、626 万立方米高产油气井多口，提交储量超过 500 亿立方米。白云深水区展示出万亿立方米大气区之勘探前景。它是我国深水油气勘探的重大突破，对未来我国海域深水油气勘探具有重要的指导作用。

5. 川东北海相勘探元坝勘探子项目

2011 年，中国石油化工股份有限公司南方勘探开发分公司提交的川东北海相勘探元坝勘探项目取得重大找矿突破。元坝气田层埋藏超深，具有高温、高压、高含硫等特点，勘探难度大。中国石化勘探南方分公司在项目实施过程中，加强理论创新和技术发展，形成超深层碳酸盐岩油气成藏理论认识，建立"相控三步法"储层描述技术，形成的超深层隐蔽岩性气藏勘探理论和技术，丰富了我国油气勘探理论和技术。元坝海相长兴组第一期提交探明天然气地质储量 1592.53 亿立方米，天然气探明技术可采储量 981.21 亿立方米，探明含气面积 155.33 平方千米。气田一期探明储量由元坝 27、元坝 101、元坝 103H 井区长二段气藏及元坝 29、元坝 12 井区等五个气藏组成。气藏平均埋深 6673 米，是迄今为止国内埋藏最深的海相大气田。元坝大气田是中国石化勘探南方分公司继普光气田之后发现的第二个海相千亿立方米级大气田。

6. 成都气田马井什邡地区探获千亿立方米天然气

2012 年，中国石油天然气股份有限公司西南油气田分公司提交的项目在成都气田马井什邡地区探获千亿立方米天然气。马井什邡区块主体位于向斜区域，川西中浅层天然气勘探前期主要集中在正向构造上，规模难以进一步扩大。中国石化西南油气分公司通过理论创新并大胆实践，实现了天然气勘探的重大突破。针对气藏储层品质差等困难，实施了高精度三维地震勘探，通过加强地质综合研究，形成了以"满盆富砂、满坳含气"为核心的"叠覆型致密砂岩气区"成藏地质理论与储层预测技术，通过有针对性的水平井分段压裂技术，确保了气田开发的经济效益。2012 年 11 月，经国土资源部油气储量评审办公室组织专家评审，成都气田马井什邡区块蓬莱镇组气藏通过新增天然气探明储量 1652.07 亿立方米，技术可采储量 745.66 亿立方米，经济可采储量 473.92 亿立方米。

7. 安岳气田磨溪区块龙王庙组天然气勘探获重大突破

2013 年，中国石油天然气股份有限公司提交的安岳气田磨溪区块龙王庙组天然气勘探项目获得重大找矿突破。项目组在四川盆地石油与天然气勘探中，发现了安岳气田磨溪区块龙王庙组海相碳酸盐岩特大型优质天然气气藏，2013 年提交了 4358 亿立方米天然气探明储量，其为中国陆上一次性整体探明天然气储量规模最大的整装气田。该气藏已获工业气 16 井，其中 11 口井测试产量超百万立方米，7 口井投入试采，单井日产气稳定在 60 万～90 万立方米，试采情况良好。安岳气田磨溪区块龙王庙组气藏的发现与投入生产，将有力缓解川渝地区工业及民用天然气强力需求，积极推动川渝地区经济持续增长和促进川渝地区及周边省市广泛有效利用天然气清洁能源，减少 CO_2 气体排放，缓解大气污染，对保护自然环境将具有里程碑式的重大意义。

8. 塔里木盆地克拉苏地区天然气勘探项目

2014 年，中国石油天然气股份有限公司塔里木油田分公司提交的塔里木盆地克拉苏地区天然气勘探项目取得重大找矿突破。该项目建立了含盐前陆冲断带顶篷构造控储控藏地质理论，发展了复杂山地高陡构造深层地震勘探技术，克服了超深高陡构造、复合盐层、高温高压钻井测试世界级难题；相继发现了克深 2、5、8、9、6 等 5 个大型气藏，埋深 6500～8000 米，温度 120～185℃，天然气地质储量规模超过 7000 亿立方米，有 14 口井测试天然气日产量超过百万立方米，2014 年上交天然气探明地质储量 3470 亿立方米。克深特大型砂岩气田的发现进一步奠定了塔里木盆地作为西气东输工程主力气区的地位，对保障国家能源安全、加快新疆丝绸之路经济带建设具有重大意义。

9. 渤海湾盆地渤中凹陷探明全球最大的变质岩凝析气田

2019 年，中海石油（中国）有限公司天津分公司提交的项目在渤海湾盆地渤中凹陷探明全球最大的变质岩凝析气田。该项目历经多年，第一次在中国东部老勘探区渤海湾盆地发现了中国东部最大的以变质岩潜山为储层的渤中 19-6 大型整装凝析气田。渤海湾盆地是典型的油型盆地，项目团队针对其特点，创新提出"湖盆成气"理论，指出油型盆地在某些构造与沉积特殊的凹陷具有形成大型天然气田的地质条件，从而揭示了油型湖盆在寻找大型油田之后寻找大型天然气田的机会。该凝析气田已上交国家探明天然气储量超千亿立方米，凝析油储量超亿吨。渤中 19-6 大型整装凝析气田的发现是我国天然气成藏理论的新发展，对保障国家能源安全、京津冀生态文明建设，助推雄安新区绿色发展起到重大作用。

（六）铀矿

1. 内蒙古自治区东盛地区铀矿勘查获得重大突破

2007 年，中国核工业地质局在内蒙古自治区东胜地区铀矿找矿和勘查中取得重大突破，该区已探明我国第一个特大型砂岩铀矿床，并有望发展为超大型砂岩铀矿床。通过对该区的研究，确立了新的地球化学找矿标志、新的盆地类型、新的储集类型，并建立了"古层间氧化带"铀成矿模式和找矿模式，对我国及世界的砂岩型铀矿找矿具有重要的指导意义。

2. 内蒙古自治区二连盆地中东部地区发现大型铀矿床

2008 年，核工业二〇八大队承担勘查工作、核工业北京地质研究院提交的项目在内蒙古自治区二连盆地中东部地区发现大型铀矿床。该矿床已达到大型规模，但不同于伊犁、吐哈、鄂尔多斯等盆地探明的产于中下侏罗统、典型层间氧化还原作用成因的铀矿床，它是在我国白垩系—古近系首次探明的大型地浸砂岩型铀矿床，也是我国第一个大型古河谷型地浸砂岩型铀矿床。矿床受大型古河谷砂体（带）、古河谷"补 – 径 – 排"水动力体系、潜水和层间氧化还原作用、容矿砂岩还原容量、构造 – 沉积演化及其次造山活动等因素控制，通过沉积体系综合分析研究确定目的层位、物探方法定位砂体（带）、准确预测氧化还原部位、科学钻探等集成方法进行勘查，其成矿规律、找矿思路和找矿方法对指导北方类似沉积盆地的找矿具有重要意义。2008 年 10 月，二连盆地中东部地区铀矿普查地质报告经放射性矿产资源储量评审中心审查通过，标志着中国核工业地质局在北方主攻地浸砂岩型铀矿又取得一项突破性成果。

3. 新疆维吾尔自治区察布查尔县蒙其古尔铀矿床勘查取得重大突破

2009 年，核工业二一六大队提交的新疆维吾尔自治区察布查尔县蒙其古尔铀矿床勘查项目取得重大找矿突破。该项目在新疆伊犁盆地南缘蒙其古尔地区开展的铀矿床普查和局部区段的详查工作，取得了重大找矿突破，共发现 4 条规模较大的工业铀矿带，是继伊犁盆地库捷尔太之后发现的又一处大型可地浸砂岩型铀矿床。本矿床是伊犁盆地东部新区第一个万吨级规模的地浸砂岩型铀矿床；盆地深部找矿取得前所未有的突破，从以往的 400 米深度，发展到 700 米深度以内，为我国在伊犁盆地建设地浸砂岩型铀矿生产基地提供了重要的依据和资源保障；其深部成矿与多层位成矿也为伊犁盆地进一步找矿和扩大勘查成果指明了方向，为新疆其他大型盆地深部找矿提供了依据。

4. 内蒙古自治区二连盆地努和廷铀矿床详查及外围评价

2010—2011 年，核工业二〇八大队彭云彪团队在努和廷铀矿床西部和东南部进一步扩大了矿床铀资源规模。努和廷铀矿床为我国第一个超大型铀矿床。团队通过对该矿床的勘查实践，建立了新的勘查技术和方法，在物探测井技术和钻探工艺领域，"测井电缆防绞缠自动控制装置""双环式阶梯齿形复合片钻头"在 2011 年分别获国家知识产权局专利；建立了"努和廷式"新的铀成矿模式，认为该矿床形成于湖泊扩张体系域，并经历了三次主要的湖泛事件，每次湖泛事件的湖泊淤浅阶段均形成一层铀矿体，其中最大湖泛事件的湖泊淤浅阶段沉积了 I 号主矿体，从早至晚各次湖泛面积逐渐变大，导致从下至上矿体规模依次扩大。该成矿模式的建立，进一步丰富铀成矿理论，有效指导了矿床的进一步扩大，对其他沉积盆地中的铀矿勘查具有很好的借鉴作用。努和廷超大型铀矿床的落实，是我国在沉积盆地中铀矿找矿的重大突破，对提高我国铀资源保障能力具有重要意义，而且对我国北方沉积盆地中的铀矿勘查具有重要的示范和指导作用。

5. 内蒙古自治区杭锦旗大营矿区铀矿普查

2013年，国土资源部中央地质勘查基金管理中心以"煤铀兼探"的创新思维，会同内蒙古国土资源厅、中国地质调查局天津地质调查中心组织"会战"，通过系列管理创新，由核工业二〇八大队等单位施工，经过一年多铀矿普查工作，控制铀资源量达超大型规模，实现了找矿重大突破，是实施找矿突破战略行动以来取得的最显著的重大找矿成果。该成果为建设内蒙古铀资源大基地奠定了坚实基础，为我国核能的发展提供资源保障。在管理、科研方面取得一系列创新成果：新发现含铀层位，对指导鄂尔多斯盆地找铀具有特别重要的意义；发现铀岩系中普遍具有微弱的聚煤事件，揭示了微弱的聚煤作用与铀矿化的密切关系，丰富了砂岩型铀矿成矿理论。

6. 新疆维吾尔自治区察布查尔县洪海沟探获特大型铀矿

2016年，"新疆察布查尔县洪海沟铀矿勘查"由中核集团地矿事业部核工业二一六大队实施发现重大找矿成果。该成果是应用我国自主建立的"六位一体"的层间氧化带砂岩型铀矿成矿理论和模式找矿的典范，在含矿砂体沉积微相、新技术方法组合探索以及新层位找矿等方面均取得重大进展。首次在头屯河组发现工业铀矿带，铀资源总量接近特大型，为矿山建设提供了重要资源保障，砂岩型和煤岩型铀矿体共存也为我国"铀煤兼探联采"提供了理想的试验基地。该矿床的发现过程中首次引进浅层地震手段对含矿层展布、砂体规模、小型断裂分布、目的层埋深等进行了较精细的研究，有效地指导了钻孔布设；砂岩型铀矿勘查深度首次接近1000米，不仅展示伊犁盆地新层位和深部找矿的良好前景，而且对新疆其他盆地找矿具有重要的现实意义。

7. 内蒙古自治区开鲁盆地钱家店凹陷铀矿勘探取得新突破

2018年，中国石油天然气股份公司辽河油田分公司在内蒙古自治区开鲁盆地钱家店凹陷查明一个超大型可地浸砂岩铀矿床。钱家店铀矿的重大发现开创了我国非核系统综合找铀的先河，填补了我国东北地区含油气盆地寻找可地浸砂岩型铀矿的空白。历经多年的勘查实践与积淀，辽河油田专家团队凭借"油铀兼探，一矿变双矿"的新思维，在钱家店铀矿最终实现了"五个一"成果，即创新了一项砂岩型铀矿成矿理论，开辟了一种新型的找矿模式，形成了一批独特的开采技术，创建了一套铀资源评价体系，查明了一个超大规模铀矿体，为中国石油乃至全国砂岩型铀矿勘查工作起到了引领和示范作用，为我国天然铀通辽大基地建设奠定了坚实的资源基础。

二、金属矿产

（一）铁矿

1. 湖北省黄石市大冶铁矿深部勘查获得突破

2007 年，中国冶金地质总局中南地质勘查院在实施全国危机矿山接替资源勘查试点项目时，通过航磁、地面磁测、可控源音频大地电磁测深、井中磁测等勘查技术组合，对大冶铁矿区深部勘查进行攻关，发现了第二台阶铁矿体。共施工钻孔 40 个，钻探总进尺 31171.01 米，其中近 10 个钻孔见到厚大铁矿体。新增（333）+（334）铁矿资源量 2000 多万吨，全铁平均品位 43.41%；新增铜金属量近 8 万吨，钴近 5000 吨，金近 5 吨，还有银、硫等有用元素。实现了深部找矿的重大突破，对我国危机矿山的深部找矿工作起到了示范作用。

2. 安徽省庐枞深部发现泥河大型铁矿

安徽庐枞地区泥河铁矿是安徽省地质调查院在实施 2006 年度国土资源大调查"安徽庐江盛桥—枞阳横埠地区铁铜矿勘查"项目时所发现的一个大型隐伏的磁铁矿床。该铁矿床的发现，是在系统总结区域成矿地质条件、成矿规律、控矿地质因素的前提下，利用玢岩铁矿找矿模式，选择 1∶5 万航磁异常与重力异常套合地区，通过大比例尺地磁、重力测量，利用钻探对磁异常进行验证而发现的，2007 年 5 月，首孔（ZK0501 孔）在 675~1095 米见到厚大的矿体。截至 2008 年，该矿床控制的主矿体及外围铁矿资源量经初步概算大于 1 亿吨，硫铁矿资源量可达大型。该矿床的发现是庐枞地区近 20 年来找矿的重大发现之一，也是我国近年来开展深部寻找铁矿矿床的成功案例之一，它的发现预示在长江中下游地区进一步开展深部找矿工作具有十分广阔的前景，也必将对长江中下游地区深部找矿工作起到积极的推动作用。

3. 河北省滦南县马城发现特大型铁矿

2009 年，中国冶金地质总局提交的项目在河北省滦南县马城发现特大型铁矿。马城铁矿位于河北省滦南县、滦县、昌黎县交界处，属京、津、唐（秦）环渤海经济区内。矿区位处阴山—天山纬向构造带东段—燕山南亚带山海关台拱西南边缘。区域矿产主要为"鞍山式"沉积变质铁矿及非金属矿。项目自 2008 年 3 月初开始实施，2009 年 8 月 12 日经国土资源部和河北省国土资源厅联合评审，保有铁矿资源量（332）+（333）10.4476 亿吨，全铁平均品位 34.98%。马城铁矿是近年来在冀东地区铁矿找勘查工作中的重大突破，也是近年来达到详查程度且资源储量超 10 亿吨的超大型铁矿床，对缓解当前我国铁矿石短缺局面有重要意义。

4. 辽宁省本溪市思山岭发现特大型铁矿

2010 年，北京华夏建龙矿业科技有限公司在辽宁省本溪市思山岭发现特大型铁矿。思山岭特大型矿床产于太古界鞍山群茨沟组含铁变质岩系中，为隐伏矿床。矿体呈多层状、厚层状、大透镜状产出。矿石类型主要为磁铁矿石，其次为赤铁矿石。矿床成因类型属"鞍山式"沉积变质型铁矿。勘查区内铁矿石储量 24.87 亿吨，平均品位：共生氧化矿金铁（TFe）31.19%、共生原生矿磁性铁（mFe）19.05%，矿石质量较好。

5. 辽宁省辽阳市弓长岭铁矿接替资源勘查

2011 年，辽宁省冶金地质勘查局地质勘查研究院及鞍钢集团矿业公司弓长岭矿业公司通过勘查工作，大致查明了弓长岭铁矿二矿区上部铁层在中央区和东南区深部的分布特征，扩大了矿床规模，增加了矿床的资源量，获得新增加的铁矿石（333）类资源量 1.387 亿吨，其中富铁矿资源量 7770 万吨，磁铁贫矿资源量 6090 万吨。项目对弓长岭富矿成因进行研究认为，该区磁铁富矿是由区域变质阶段形成的变质热水交代条带状磁铁石英岩形成的，而不大可能是原始沉积的菱铁矿在变质作用过程中分解而成，这为今后在该区找寻富铁矿提供了理论依据。本次勘查控制程度良好，地质资料较详尽，且质量良好，可作为矿山进一步勘查工作及远景规划的依据。

6. 河北省司家营铁矿再获 8 亿吨铁矿储量

2011 年，河北省地矿局第二地质大队在省国土资源厅的安排部署下，充分发挥自己在铁矿勘查领域功勋地质队的专业技术优势，通过对已有地质资料的综合分析研究，结合国内外最新的铁矿科研成果，综合运用多种物探手段，提出了"重磁结合，正、反演对照，负异常优先，南进西扩，钻探渐进"的找矿思路。通过本轮普查，司家营铁矿南区新增资源储量 8.21 亿吨，整个司家营矿区累计探明储量达到了 31.83 亿吨，为河北省钢铁产业的发展提供了可靠的资源保障。

7. 山东省苍山县兰陵矿区（古林—兰陵矿段）铁矿详查

2013 年，临沂市国土资源局、中化地质矿山总局山东地质勘查院利用物探、钻探及岩矿测试等勘查手段在山东省苍山县兰陵地区发现了一大型铁矿床，探求总铁矿石资源量 62228.9 万吨，平均品位 TFe 32.91%。该矿床资源储量大，开发利用条件较好，经济利用价值较高，资源开发利用将对社会和企业产生明显的经济效益，对当地经济发展具有巨大的促进作用。本次勘查对该区矿床成因有了深刻的认识并总结了找矿标志，指明了找矿方向，为在山东省寻找沉积变质型铁矿奠定了基础，提供了经验，推动了地球物理在金属找矿中的运用，为铁矿成矿理论研究指明了方向。

8. 山东省兰陵县王埝沟—凤凰山—宋楼矿区铁矿勘探

2014 年，山东省鲁南地质工程勘察院、山东省地质科学研究院于学峰团队在山东省兰陵县（原苍山）王埝沟—凤凰山—宋楼成矿带发现并探明了一大型铁矿床，资源总量 6.2 亿多吨。该矿床赋存于新太古代泰山群山草峪组中，属于沉积变质型磁铁矿床，资源储量大，埋藏浅，开发利用条件好、价值高，易采易选，效益明显。本次勘查查明了该成矿带的矿体特征，总结了找矿标志、找矿方向及勘查技术方法。

9. 山东省莱芜市张家洼发现大型矽卡岩铁矿

2015 年，山东正元地质资源勘查有限责任公司提交的山东省莱芜市张家洼矿区深部及外围铁矿普查项目发现大型矽卡岩铁矿。山东省莱芜市张家洼矿区位于泰莱凹陷东北部，是典型的矽卡岩型矿床。本次勘查工作投入钻探 27955.60 米（26 孔）及相应测试、研究工作，发现 15 个铁矿体，主矿体 4 个，其中主矿体 II 3 矿体走向控制长 1280 米，倾向延伸 1060 米，赋存标高 –520～–1030 米，矿体平均厚度 16.98 米，平均品位 TFe 46.68%、mFe 40.68%。新增（333）铁矿石资源量 1.065 亿吨，累计查明（333）铁矿石资源储量 1.265 亿吨。新增伴生铜矿石量 5920 万吨，伴生铜金属量 8.446 万吨，铜平均品位 0.14%。新增伴生钴矿石量 3160 万吨，伴生钴金属量 0.631 万吨，钴平均品位 0.02%。查明该矿床属于接触－交代成因的大型铁矿，为矿山可持续发展提供了接替资源。

10. 辽宁省本溪市南芬铁矿扩界勘探取得重大突破

2021 年，辽宁省冶金地质勘查研究院有限责任公司承担的南芬铁矿扩界勘探项目，详细查明了矿区内 8 条铁矿体的赋存部位、规模、形态、产状、厚度及矿石质量等特征；提交了全矿床保有资源量 6.17 亿吨，其中，探明资源量 2.21 亿吨，控制资源量 1.48 亿吨，推断资源量 2.48 亿吨，矿床全铁平均品位 32.1%。本次勘查为查明矿山资源储备、选矿工艺改造、领导决策和项目投资提供了可靠的地质依据，对矿山企业持续、稳定发展具有重大意义。

（二）锰矿

1. 广西壮族自治区德保县足荣扶晚发现特大型锰矿

2011—2012 年，南宁地质勘查院在广西壮族自治区德保县足荣扶晚锰矿区开展了大规模的勘查工作，在寻找氧化锰的过程中，新发现了深部碳酸锰矿，区内共发现 5 个锰矿层 31 个锰矿体，共新增（122b）+（333）锰矿石资源储量 8160.33 万吨，达特大型锰矿床规模，为近 20 年来勘查发现的规模最大的锰矿床。碳酸锰矿采用一粗两精一扫强磁选试验流程，锰回收率 71.39%；氧化锰矿采用干-湿式磁选选矿流程，锰回收率 71.17%，其选矿工艺简单，技术经济可行，矿床开发效益显著。本次勘查成果将对我国碳酸锰矿的勘查工作起到良好的示范作用。

2. 贵州省铜仁市松桃县锰矿整装勘查

2013 年，贵州省地质矿产勘查开发局提交的贵州省铜仁市松桃县锰矿整装勘查取得重大找矿成果。贵州省地质矿产勘查开发局运用长期对南华系"大塘坡式"锰矿进行产学研协同创新的研究成果，在实施贵州省铜仁市松桃县锰矿整装勘查工作 5 年来，特别是在 2012—2013 年度，实现我国锰矿找矿 40 多年来的重大突破：新发现全国最大的锰矿床——松桃道坨超大型锰矿床和西溪堡、李家湾等大型-超大型锰矿床，实现新增锰矿资源量 2.42 亿吨。该项目成果大幅提高了我国锰矿资源的保障能力，巩固和提升了铜仁松桃地区作为我国最重要的锰资源基地的地位，也为武陵山国家级扶贫攻坚、实现经济社会快速发展、与全国同步建成小康社会提供了有力的支撑，对于全国实施找矿战略突破行动和推进整装勘查工作具有重要的示范意义。

3. 广西壮族自治区大新县下雷矿区大新地区探获大型锰矿床

2015 年，中国冶金地质总局广西地质勘查院在广西壮族自治区大新县下雷矿区大新锰矿北中部矿段，采用以钻探为主，槽、坑探为辅的控制手段，共圈定了 3 层锰矿，探获经济基础储量（111b）+ 控制的经济基础储量（122b）+ 推断的内蕴经济资源量（333）锰矿矿石量 3372.94 万吨，矿床锰平均品位 19.33%，矿床规模达到大型。本次勘探工作取得了显著的找矿成果，大大提高了矿区的勘查程度；同时，总结了矿区含锰岩系的特征标志，提出新的锰矿床成因类型，提升了下雷锰矿区矿床的研究高度。可行性研究表明，项目的实施可为当地人民群众提供 300 多个就业岗位，并可带动当地其他相关产业的发展，社会、经济、环境效益好。

4. 新疆维吾尔自治区阿克陶县奥尔托喀讷什地区发现我国最富锰矿床

2016 年，中国冶金地质总局西北地质勘查院承担的新疆维吾尔自治区阿克陶县奥尔托喀讷什锰矿勘查项目发现我国最富锰矿床。奥尔托喀讷什锰矿是截至 2016 年我国发现的最富的锰矿床，且厚度大、品位高、埋藏浅、易采选、远景规模大。奥尔托喀讷什锰矿床由 4 个工业矿体组成，均位于玛尔坎土山背斜北翼，严格受层位控制，呈似层状、透镜状产出，产状与围岩产状基本一致。累计获得锰矿石资源/储量（121b）+（122b）+（331）+（332）+（333）868.65 万吨，矿床锰平均品位 36.70%。本次重大发现填补了西昆仑山地区锰矿找矿的空白，有望成为我国超大型富锰矿战略资源基地。

5. 贵州省松桃县桃子坪探获超大型锰矿

2016 年，贵州省地矿局一〇三地质大队与中国地质大学（武汉）创新团队在贵州省松桃县桃子坪锰矿详查的过程中，运用所建立的锰矿裂谷盆地古天然气渗漏成矿系统理论和深部隐伏矿找矿预测模型，在贵州铜仁松桃锰矿国家整装勘查区中，圈定了桃子坪Ⅳ级断陷盆地分布范围，即桃子坪锰矿找矿预测靶区。经钻探工程验证，成功发现了隐伏的厚大锰矿体。通过普查和详查地质工作，2016 年 6 月，本次勘查提交了备案的（332）+（333）锰矿石资源量 1.06 亿吨，圈定的锰矿石资源量位居亚洲第四、世界第十二位，成为贵州铜仁松桃锰矿整装勘查区新发现的又一个世界级超大型锰矿床，实现了我国锰矿这一战略紧缺矿产找矿的重大突破。

（三）铜矿

1. 辽宁省红透山铜矿深部找矿获得重大突破

2007 年，辽宁省有色地质局勘查总院承担的红透山危机矿山接替资源勘查工作取得重大突破，在矿区深部初步探获（122b）+（333）铜锌矿石量 522.91 万吨，铜锌金属量 21.14 万吨。在矿区外围 1150~1220 米中段多孔见到稳定矿体，见矿部位累计穿厚近 30 米，其中见两条致密型铜矿体，穿厚分别为 1.6 米、0.5 米，其余为浸染型铜矿（化）体，铜品位 0.82%~0.46%、锌品位 5.16%~1.15%。本矿床为太古宙绿岩带型海底火山喷发沉积变质矿床，具有三次喷发—沉积旋回控矿、三次变质变形改造富集定位的复杂特点。这些认识为本区攻深找盲取得重大突破提供了有效的技术指导，为缓解矿山资源危机作出了重要贡献。

2. 湖北省铜绿山铜铁矿深部找矿取得重大突破

2006 年，湖北省鄂东南地质大队和大冶有色金属公司在湖北省铜绿山铜铁矿深部找矿取得重大突破。"湖北省大冶市铜绿山接替资源勘查"被列为全国第一批危机矿山接替资源找矿项目。面对矽卡岩矿床成矿地质条件复杂，深部找矿风险大，矿山开采坑深坡陡，建筑物密布，人文环境复杂，物探方法受局限、难以展开，深部成矿信息提取难度大的特点，项目组以构造控矿规律和蚀变—矿化分带规律为基础，通过研究大量的矿区勘查和开采资料，进行矿床深部预测和验证。验证过程中，克服钻孔深度大、孔内情况复杂、施工难度大等困难，通过两年的勘查工作，深部找矿取得重大突破。截至 2008 年，全矿区新增（333）铜金属资源量 20 万吨，铁矿石量 1000 余万吨，伴生金资源量 10 吨。尤其是在Ⅺ号矿体的深部标高 –700 ~ –1000 米第二找矿空间新发现Ⅻ号矿体，查明（333）铜金属量 12 万吨、铁矿石量近 700 万吨。鄂东南地区是长江中下游铜、铁、金、硫成矿带重要的矿集区，铜绿山矿床深部找矿的突破具有重要的示范作用，为推动该区深部找矿提供了依据。

3. 河北省涞源县杨家庄镇木吉村获得大型铜钼金矿床

2010 年，河北省保定地质工程勘查院提交的项目在河北省涞源县杨家庄镇木吉村获得大型铜钼金矿床。木吉村铜（钼）矿床位于太行山北段山西断隆与燕山台褶带过渡地带，乌龙沟—上黄旗深断裂带中。区内下古生界及中元古界碳酸盐岩地层是主要赋矿围岩，闪长玢岩体为主要成矿母岩，自岩体到围岩、由深而浅分为内外蚀变分带，铜钼矿化主要受钾质蚀变带及矽卡岩带控制，矿床成因类型为斑岩－矽卡岩型中高温热液矿床。本次探获铜 98.11 万吨、钼 3.14 万吨，伴生金 6.13 吨、伴生银 243 吨。伴生金远景储量达 19.5 吨、伴生银 448 吨。

（四）铅锌矿

1. 新疆维吾尔自治区乌恰县乌拉根铅锌矿发现超大型铅锌矿

2007 年，有色金属矿产地质调查中心在新疆维吾尔自治区乌恰县乌拉根铅锌矿及其外围找矿工作中，在乌拉根矿床向斜核部探获铅锌矿体；进一步证实该矿床铅锌矿成层展布，铅锌品位地表贫、深部富，矿体沿走向延伸稳定，南北带矿体沿倾向深部连续分布，并且局部有厚大矿体。截至 2007 年，该矿床探求铅锌资源量近 800 万吨，其中（333）以上资源储量 568 万吨，已具备超大型矿床的特征；同时，在乌拉根铅锌矿外围发现了具有较大找矿潜力的砂岩型铜矿。乌恰—阿图什地区必将成为我国西北地区又一个新的重要的有色金属矿业基地。

2. 山西省灵丘县支家地铅锌银矿深部找矿取得重大突破

2008 年，中国冶金地质总局三局在山西省灵丘县支家地铅锌银矿接替资源勘查深部找矿中取得重大突破。该矿床规模达到大型，使一个资源已近枯竭的老矿山获得新生。矿床赋存于隐爆角砾岩中，柱状隐爆角砾岩矿体储量大，在深部及构造复合部位富集成矿，断层及其次级断裂构造、隐爆角砾岩体的分布和形态直接控制了矿体的展布方式、形态特征及矿体规模、矿石类型和矿石质量。在断裂带人字形构造两侧，实现找矿新突破，先后发现了 6 条隐伏矿体，最高见矿厚度 118 米，深部 900 米处富矿体厚达 30.7 米，铅品位 5.91%，锌品位 8.67%，银品位 100.14 克 / 吨。截至 2008 年，已探获矿石资源量 1901.98 万吨；（333）金属资源量：银 1816.87 吨，铅锌 46.79 万吨。实践证明，隐爆角砾岩与白云岩接触带上形成的富矿体在该区深部仍具有较大的找矿前景。

3.江苏省南京市栖霞山铅锌矿区虎爪山矿段深部详查

2013 年，江苏华东基础地质勘查有限公司通过对南京市栖霞山铅锌矿区深部详查，探获铅锌矿资源储量达大型规模；铅锌品位明显升高，尤其是 42 线～46 线之间，部分块段铅锌平均品位超过 30%；伴生含量较高的有益组分金、银和铜，尤其是铜品位明显增高，在 42 线～46 线间可以圈出独立的金、银或铜矿体。矿石矿物中新发现了大量的黄铜矿、磁铁矿，蚀变矿物中发现了绿帘石、绿泥石、透闪石，显示了随深度的增加，成矿温度愈高，岩浆成矿作用的痕迹愈显明显。综合分析认为，该矿床深部的找矿潜力巨大。从工业类型上来说，有从浅部的铅锌矿多金属矿床向深部过渡为铜多金属矿床的可能；从成因类型上看，有从热液型矿床过渡为矽卡岩型乃至斑岩型矿床的可能性，在本矿床的深部有较大的找铜潜力。

4.湖南省花垣县大脑坡铅锌矿普查

2014 年，湖南省地质矿产勘查开发局四〇五队在研究花垣地区寒武系清虚洞组碳酸盐岩中铅锌矿（花垣河谷式简称"花垣式"）的基础上，总结出在区域性断裂为主导矿构造的背景下，碳酸盐岩台地边缘复成分礁体控制矿床的规律，实现了铅锌矿找矿的重大突破。普查新发现隐伏的花垣县大脑坡、杨家寨等超大型矿床，使湖南花垣县提升为千万吨级的世界级资源基地。2014 年，大脑坡矿床西部提交并备案（333）+（334）铅锌金属资源量 450.5 万吨，其中（333）铅锌金属资源量为 53%，矿床东部尚在勘查中。本次普查大大提高了我国铅锌矿资源保障能力，巩固和提升了花垣地区作为我国重要的铅锌矿资源基地的地位，对于全国实施找矿战略突破行动和推进整装勘查工作具有重要的示范意义。

5.新疆维吾尔自治区和田县火烧云一带发现超大型铅锌矿

2016 年，新疆地矿局第八地质大队提交的新疆维吾尔自治区和田县火烧云矿区铅锌矿普查项目发现超大型铅锌矿。新疆地矿局第八地质大队在西昆仑地区喀喇昆仑山新疆维吾尔自治区和田县火烧云一带，通过区域铅锌矿成矿规律研究和连续 5 年的勘查评价，发现并探明了一处超大型铅锌矿床。截至 2016 年，火烧云铅锌矿床共探求（333）+（334）？锌铅金属量 1894.96 万吨，是中国第一、世界第七大的铅锌矿；矿床平均品位：铅 4.58%、锌 23.92%、铅锌 28.51%，为世界级铅锌矿床中罕见的高品位矿床。火烧云铅锌矿床具有矿体形态简单完整、产状平缓延伸稳定、埋藏浅、矿床规模大、品位高等特点，经济开发品质优异，适合露天开采。火烧云铅锌矿床不仅具有巨大的社会经济价值，同时兼具重要的理论研究价值。有关火烧云矿床成因类型、成矿规律的研究必将丰富、创新整个藏北铅锌矿带的成矿理论。

6. 贵州省赫章县猪拱塘实现铅锌矿找矿重大突破

2018 年，贵州省地矿局——三地质大队在赫章县猪拱塘发现并探明了一处超大型铅锌矿床。项目团队系统总结成矿规律，转变找矿思路，突破传统找矿认识的束缚，圈定深部找矿靶区，构建"三位一体"找矿预测地质模型。历时 6 年持续勘查，圈定铅锌矿体 69 个，探获铅锌量 275.82 万吨，为贵州首个超大型铅锌矿床。该矿床的发现表明黔西北地区具有较好的铅锌找矿远景，为黔西北地区地质找矿指出了新方向和找矿思路。该矿床位于国家级乌蒙山连片扶贫攻坚区的腹地，潜在经济价值巨大，其资源的开发利用对乌蒙山集中连片特困区脱贫攻坚具有重大意义。

7. 甘肃省徽县郭家沟矿区查明特大型铅锌矿

2018 年，甘肃省有色金属地质勘查局天水矿产勘查院提交的项目在西成铅锌矿田发现并探明一超大型铅锌矿床。该矿床为一深埋藏隐伏矿床，矿床地表全为新生界地层覆盖，几无基岩出露，矿床埋深在 300~1100 米，矿床控制长约 4400 米。共发现矿体 70 条，主矿体 19 条。累计查明（保有）铅锌矿石量 6502.32 万吨，铅金属量 637659.51 吨，锌金属量 2151191.85 吨。累计查明（保有）伴生银金属量 1162190.96 千克，伴生镉金属量 11767.37 吨。该矿床的发现为寻找隐伏矿床提供了指导经验。

8. 内蒙古自治区双尖子山探明超大型银铅锌矿

2018 年，有色金属矿产地质调查中心在内蒙古自治区巴林左旗双尖子山探明超大型银铅锌矿。经内蒙古自治区矿产资源储量评审中心评审，采矿权范围内保有（121b）+（122b）+（333）主、共生矿产资源储量：矿石量 15897.87 万吨，其中，银矿石量 10936.09 万吨，银金属量 15129.29 吨，银品位 138.34 克 / 吨；铅矿石量 3768.29 万吨，铅金属量 389119 吨，铅品位 1.03%；锌矿石量 10303.76 万吨，锌金属量 1500462 吨，锌品位 1.46%。采矿证范围内共圈定工业矿体 280 条，其中 39 条大型矿体，规模等级为超大型。本次勘查对大兴安岭中南段有色金属找矿具有重大意义，是中国银矿勘查的重大突破。矿区保有资源储量和潜在经济价值巨大，可稳定安排当地剩余劳动力，并拉动当地其他相关行业的经济发展，对当地经济和税收将起到支柱作用。

9. 云南省会泽铅锌矿区深部找矿取得重大突破

2019 年，云南冶金资源股份有限公司和云南驰宏锌锗股份有限公司提交的云南省会泽铅锌矿区深部找矿项目取得重大突破。该项目通过系统总结川滇黔地区铅锌矿床的成矿规律，转变思路深入研究区域及矿区的构造、岩性组合、围岩蚀变等要素，抓住找矿预测的关键线索，建立了找矿预测模型。工程实施后，在云南省会泽铅锌矿区一带的深部找矿取得重大突破。共备案矿石量 915.88 万吨，铅锌金属量 244.07 万吨，铅锌品位 26.65%，伴生锗金属量 432437 千克、银金属量 587560 千克。云南省会泽铅锌矿矿床规模大，矿体厚度大、品位高，富含锗、银等，矿石易采易选，矿山建设的基础条件好，矿床潜在经济价值巨大，其深部和周边还有很大找矿潜力。近几年的找矿工作和地质科研工作为区域上的找矿工作提供了新的思路和方向。

10. 内蒙古自治区巴尔陶勒盖—复兴屯发现特大型陆相火山岩型铅锌银矿床

2019 年，由内蒙古自治区地质勘查基金管理中心出资，地勘局内蒙古国土资源勘查开发院承担的"内蒙古自治区科尔沁右翼前旗复兴屯银多金属矿集中勘查一区银矿普查"取得重大找矿突破。一区圈定银矿体 92 条，评审备案资源量：银金属量（333）+（334）？ 5105.05 吨，平均品位 194.17 克 / 吨，伴生铅锌金属量 37.09 万吨。另有低品位铅锌矿体 484 条，金属资源量（333）+（334）？ 361.78 万吨，为特大型隐伏矿床。矿床受火山机构和晚侏罗世火山岩控制，矿床成因类型属陆相火山 – 次火山热液充填型铅锌银矿床。该特大型银多金属矿床在大兴安岭火山岩地区为首次发现，其深部及外围仍具较大找矿潜力，为广大地质工作者今后在本地区勘查找矿提供了新思路和方向。

（五）铝土矿

1. 河南省新安县郁山探明大型铝土矿床

2006—2009 年，河南省地质调查院在河南省新安县郁山探明大型铝土矿床。河南省新安县郁山铝土矿床是一处大型隐伏矿床。项目基本查明了成矿地质条件、矿床地质特征。重点开展勘查的西郁山矿段矿体一个，长大于 2300 米，宽大于 1500 米，工程控制矿体埋深 200~650 米。铝土矿体呈似层状、大透镜状产出，普遍赋存一层铝土矿，偶有夹层。矿体平均厚度 3.06 米。主要为中高铝、中低铁、中高硫的中高品位工业类型。经初步估算，仅西郁山和南庄两矿段已探获铝土矿资源量（333）+（332）+（334）？ 3125 万吨，矿床规模为大型。

2. 中电投几内亚共和国 3650 号矿区铝土矿勘探项目

2011 年，河南省地质矿产勘查开发局第二地质队提交的"中电投几内亚共和国 3650 号矿区铝土矿勘探"项目是我国涉外地质勘查取得的巨大地质找矿成果项目。该项目查明的（331）+（332）+（333）铝土矿资源储量及其伴生的镓金属资源量，超过国内铝土矿保有资源量的总和，是世界级特大型矿床，取得了我国涉外地质找矿的重大突破。在项目勘查方面，大型红土型铝土矿床勘查在国内还没有案例。河南省地质矿产勘查开发局在勘查过程中，进行诸多科技创新，如勘查类型和勘查工程间距的确定、螺旋钻探工艺改进和地质填图方法等，对今后该类型矿床勘查具有重要的示范和借鉴意义。同时，项目取得的许多地质成果或数据为今后国内开展红土型铝土矿床相关科学研究提供了基础依据，丰富了矿床学的研究内容。

3. 河南省偃龙煤田深部发现超大型铝（粘）土矿

2018 年，河南省地矿局第四地质勘查院在偃龙煤田深部探获超大型铝土矿床。矿区处于洛阳盆地东南侧，嵩山背斜北翼。成矿区带属于嵩山—箕山铝土矿成矿区之偃（师）巩（县）荥（阳）Ⅳ级铝土矿分区。矿体赋存于石炭系本溪组中，是以铝土矿为主，共生耐火粘土、铁矾土、硫铁矿、菱铁矿，伴生镓元素亦可供综合利用的超大型沉积矿床。全区共完成钻探 107533 米，测井 89377 米，圈定铝土矿体 16 个，探获铝土矿（333）+（334）资源量 24924 万吨，大部埋深 500 米以浅，其共（伴）生矿产进行资源量估算，均达到大型矿床规模。根据勘查成果资料预测，700 米以浅，潜在铝土矿资源量仍有 1.6 亿吨。项目成果为河南省铝工业发展提供了资源安全保障，为区域经济社会发展提供了坚实的资源支撑。

4. 山西省中阳县探明大型铝土矿

2020 年，山西省第三地质工程勘察院提交的项目在山西省中阳县下枣林矿区发现了一处大型铝土矿基地。该项目历经 3 年艰苦施工，基本查明了铝土矿的形态、规模、产状、厚度和矿石质量、成矿控制因素和矿床开采的主要水文地质、工程地质、环境地质等，对矿床开采技术条件的复杂性做出了评价；估算铝土矿矿产资源量 2856.2 万吨，其中（332）资源量 657.6 万吨，（333）资源量 2198.6 万吨；估算硬质粘土矿（333）资源量 3625 万吨，山西式铁矿（333）资源量 829 万吨，共生矿产煤的资源量 719 万吨，伴生矿产镓（333）资源量 2113.6 吨。

5. 山西省孝义市发现特大型单矿体铝土矿床

2021 年，山西省第三地质工程勘察院提交的项目在山西省孝义市发现一处特大型单矿体铝土矿床。矿区探获铝土矿资源量 16991.19 万吨，为山西最大铝土矿床、全国最大单体铝土矿体。矿区另外探获煤炭资源量 19537 万吨、硬质粘土矿资源量 4359.42 万吨、山西式铁矿资源量 99.5 万吨、伴生金属镓资源量 4417.71 吨，经济价值巨大。该项目是山西省首个煤炭资源整合关闭后新设立的铝土矿勘查区，对今后煤下铝找矿具有重要的指导意义。

（六）钨矿

1. 吉林省珲春市杨金沟钨矿勘探

2013 年，吉林省有色金属地质勘查局六〇三队提交的项目在吉林省珲春市杨金沟取得重大找矿突破。该项目在下古生界五道沟群斜长角闪片岩、斜长角闪岩、钙质云母片岩、黑云母石英片岩中，发现185条白钨矿体，矿体最大延长1146米，最大延伸510米，平均真厚度0.5~5.12米。矿石类型按主次分为4类，即白钨矿—石英型、白钨矿—斜长石—石英型、白钨矿—阳起石—石英型、硫化物—白钨矿—石英型。主矿产为钨，伴生矿产银、金、硫共3种。矿石工业类型为白钨矿—石英细脉带型，矿床成因类型属岩浆热液矿床。杨金沟钨矿的开发利用可以缓解东北地区钨精矿需求的紧张局面，也可以扩大就业，增加税收，带动地方经济发展，具有较好的经济效益和社会效益。

2. 江西省浮梁县朱溪地区探获特大型钨矿

2015年，江西省地质矿产勘查开发局九一二大队联合中国地质科学院、中国地质大学（北京）、北京大学等单位，在江西省地勘基金与中央地勘基金联动重点项目的支持下，在江西省浮梁县朱溪外围钨铜矿普查取得重大突破。探明 WO_3 资源量（333）+（334）286.48万吨，其中（333）资源量236.14万吨，平均品位0.551%；富钨矿（333）+（334）资源量102万吨，其中（333）资源量84.19万吨，平均品位1.757%。铜资源量（333）+（334）10万吨，其中（333）资源量7.86万吨，平均品位0.57%。朱溪矿区是集钨铜矿于一体、以矽卡岩型为主的多金属矿床，矿床规模大、品位富，共伴生矿种多，为世界最大的钨矿床。该矿床的发现，进一步打破了江西"南钨北铜"的成矿格局，形成了赣南、赣西北、赣东北钨矿"三足鼎立"的新态势，大大提高了我国钨矿资源的保障程度。

3. 江西省武宁县东坪发现超大型钨矿

2017年，江西省地质调查研究院提交的项目在武宁县东坪探获超大型钨矿。该项目成功运用赣南石英脉型黑钨矿"五层楼"成矿模式，历时6年持续勘查，实现找矿突破。东坪矿床共探获储量：保有钨矿（122b）+（332）+（333）矿石量4772.9万吨，金属量（三氧化钨）213941吨，平均品位0.448%；保有低品位钨矿（332）+（333）矿石量610.5万吨，金属量（三氧化钨）5946吨，平均品位0.097%。其储量规模超过福建行洛坑、湖南瑶岗仙和江西西华山等钨矿。矿床具有规模大、品位高、易采易选等特点。东坪矿床的发现丰富和完善了"五层楼"式石英脉型钨矿床成矿理论和成矿规律，拓展了长江中下游成矿带钨矿找矿空间、找矿思路和找矿方向，提出了赣北地区自南至北存在1.6亿年左右、1.5亿~1.45亿年、1.35亿~1.25亿年三期钨成矿作用的认识。

4. 江西省靖安县大雾塘矿区钨矿找矿取得重大突破

2021年，江西钨业控股集团有限公司在江西省靖安县大雾塘新发现特大型钨矿床，探明、控制及推断资源量三氧化钨金属量 26 万吨，实现了找矿重大突破；在燕山期花岗岩体内外接触带发现以细脉浸染型钨矿体、蚀变花岗岩型钨矿体为主的复合型矿床；建立了找矿模型，拓展了江西钨矿找矿空间、找矿思路和找矿方向。大雾塘矿床矿体埋藏浅，适宜于大规模露采，潜在经济价值巨大。

（七）钼矿

1. 安徽省金寨县沙坪沟斑岩型钼矿详查

2011 年，安徽省地矿局三一三地质队提交的安徽省金寨县沙坪沟斑岩型钼矿详查项目探明一个特大型钼矿床。该矿床提交（332）+（332）矿石量 17.11 亿吨，钼金属量 239.02 万吨，平均品位 0.14%。在发现过程中，项目重视资料二次开发，充分运用多方法、多手段系统研究矿区的地质特征，以"斑岩型钼矿床"成矿理论为指导，通过与秦岭—大别山钼成矿带西段的已知相类似的矿床进行类比，筛选沙坪沟实施勘查。通过对浅部铅锌矿及深部钼矿的矿床特征研究，对成矿条件和成矿规律进行总结，首次确立了矿床的矿化蚀变分带，为建立沙坪沟斑岩型钼矿成矿模式和找矿模型提供了依据。同时，新理论（成矿系列理论、成矿系统理论等）、新认识（关注低缓化探异常和面状矿化蚀变）和新技术（深部钻探技术）的有效应用是实现找矿突破的关键因素。该矿床的发现改写了大别山东段无大矿的历史，对推动大别山东段地质找矿有着重要的指导意义，成为安徽省实现地质找矿新突破的一个重要里程碑。

2. 河南省嵩县雷门沟探明超大型钼矿

2017 年，河南省地质矿产勘查开发局第三地质勘查院提交的项目在嵩县雷门沟探获超大型钼矿。矿区地处华北地台的南缘，熊耳山古隆起与嵩县中新生代断陷盆地的交界处，属环太平洋成矿带东秦岭矿带，岩浆及构造活动具多旋回和多期次活动的特点。矿床受高—中温热液蚀变影响，是以钼为主、伴生硫的可供综合利用的特大型斑岩型钼矿床。项目共完成钻探 17184.90 米，圈定大小矿体 92 个，其中，工业钼矿体 19 个，低品位钼矿体 66 个，钼氧化矿体 7 个。共估算（332）+（333）工业矿钼矿石资源量 80180 万吨，钼金属量 636373 吨。开发本区钼矿资源为当地及周边地区提供资源的同时，也将促进本地区工业的发展，改善当地居民生活水平，对地方经济的繁荣将起到重要的作用，经济意义巨大。

（八）铂族金属

2008 年 4 月，河南省地质矿产勘查开发局第一地质勘查院完成了河南省唐河县周庵含铂族－铜镍硫化物矿床的勘探工作。该项目探得镍金属量 328388 吨，铜金属量 117534 吨，伴生有用组分金属量：铂 18401 千克，钯 15703 千克，金 12157 千克，银 402218 千克，钌 4654 千克，锇 712 千克，铑 171 千克，铱 304 千克，钴 13095 吨。矿床达到大型含铂族元素和钴、金、银的铜镍硫化物矿床规模。勘探报告于 2008 年 4 月 15 日由北京中矿联咨询中心评审通过。该矿床是在航磁异常查证的基础上发现的。矿床位于扬子古板块与华北古板块俯冲带内，处于秦岭—大别基性、超基性岩带南亚带随枣岩群的西段。矿床成因为岩浆熔离型铜镍矿床。含矿岩体属隐伏超基性岩体，位于板块碰撞后，局部不均匀拉张的裂陷槽环境，隐伏于新生界地层之下，侵位于中元古界片岩、大理岩地层中。岩体侵位时代为加里东期。矿体呈层状产出在超基性岩体内接触带蚀变壳内及岩体内部的二辉辉橄岩与二辉橄榄岩接触带，埋深 300850 米。该矿床的发现，填补了河南省空白，对在周边寻找同类矿床具有指导意义。建成投产后，必将带动和促进当地就业和经济发展，具有巨大的社会效益和经济效益。

（九）金矿

1. 甘肃省文县阳山发现超大型金矿

2007 年，中国人民武装警察部队黄金部队（以下简称武警黄金部队）在甘肃省文县阳山找矿获得重大突破，该矿有望成为亚洲最大金矿，潜在工业价值高达数百亿元。该区共发现 6 个矿段 89 条金矿脉。矿体主要赋存于泥盆系千枚岩中，受北东东向断裂构造控制。探获（332）+（333）+（334）金资源量达 308.067 吨，2007 年通过国土资源部资源储量评审中心评审验收的（332）+（333）金资源量为 162.428 吨。该矿在世界卡林型金矿中列第六位，矿石品级列第三位。

2. 陕西省镇安县金龙山发现特大型金矿

2007 年，武警黄金部队在陕西省镇安县金龙山找矿获得重大突破，该矿有望成为我国特大型金矿之一。该区共发现 4 个矿段 34 条蚀变矿体。矿体赋存于泥盆系粉砂岩、页岩中，受北东向断裂构造控制。矿带探获（122b）+（333）+（334）金资源量 100 吨，2007 年通过陕西省国土资源规划与评审中心验收的（122b）+（333）金资源量为 81 吨。

3. 黑龙江省东宁县金厂发现超大型金矿

2008 年，中国人民武装警察黄金部队第一支队（以下简称武警黄金第一支队）提交项目在黑龙江省东宁县金厂发现超大型金矿。金厂金矿位于黑龙江省东南部，属延边—东宁成矿带。该区地处太平岭森林区，地表覆盖较厚，地质工作难度较大。1994

年，武警黄金第一支队进入该区进行 1∶5 万水系沉积物异常查证时发现了半截沟 I 号矿体。其后，通过大量的地质、物化探、遥感解译及工程验证工作，在矿区陆续发现了多个隐爆角砾岩型金矿体及石英脉型金矿体。自 2000 年起，针对金厂矿区控矿构造复杂，深部矿体难以控制等特点，先后与武警黄金地质研究所、中国地质大学、桂林工学院、吉林大学等科研院所合作，开展联合攻关，建立了"金厂式"金矿"四位一体"成矿作用模式。截至 2008 年，矿区已发现 4 种类型金矿体，包括隐爆角砾岩型、岩浆穹窿型、环状 – 放射状裂隙充填型、接触带型；共发现具有工业价值的矿体 17 条、矿化体 9 条，累计提交（333）金资源量 64 吨，平均品位为 3.31~52.26 克 / 吨。该矿具有矿化集中、品位稳定、易采易选等特点，达到超大型规模。

4. 山东省莱州市焦家金矿深部再现特大型金矿

2009 年，山东省第六地质矿产勘查院完成提交的项目在山东省莱州市焦家金矿深部发现特大型金矿。山东省莱州市焦家金矿床是我国著名的金矿床之一，其深部（1000 米）还有没有矿体，一直是地质界关注的焦点。本次详查施工钻孔 69 个，见矿钻孔 62 个，见矿率 90%。超过 1000 米深的钻孔有 33 个，创造了胶东地区金矿找矿一个矿区一次性施工深孔数量之最。2009 年 3 月 6 日，经国土资源部资源储量评审中心评审，共探求金矿资源储量：（122b）+（332）+（333）矿石量 29204524 吨，金属量 105.175 吨，平均金品位 3.60 克 / 吨。本次深部找矿突破，是贯彻国务院东部"攻深找盲"勘查战略的一次成功实践，并取得了巨大的经济社会效益，对今后指导同类金矿床深部找矿工作具有重要示范作用。

5. 甘肃省玛曲县格尔珂发现特大型金矿

2010 年，甘肃省地矿局第三地质矿产勘查院提交的项目在甘肃省玛曲县格尔珂发现特大型金矿。格尔珂金矿（原大水金矿）位于白龙江逆冲带南缘格尔括合褶皱束北西，赋矿地层为二叠纪—白垩纪碳酸盐岩建造、碎屑岩，成矿时代为燕山期的类卡林型金矿。勘查区共圈出金矿体 132 个，新增金金属量 32.068 吨，平均品位 6.06 克 / 吨。本区累计探明金资源量 90.5 吨，矿床规模达超大型。

6. 山东省莱州市三山岛再获特大型金矿

2010 年，中国冶金地质总局山东正元地质勘查院提交的项目在山东省莱州市三山岛探获特大型金矿。三山岛金矿是当前我国深部找矿最成功的实例之一，钻孔竣工深度达到 2060.50 米，矿体垂深达 1600 余米，斜深达 2360 余米。本次共探获金金属量 60.436 吨，银金属量 122.126 吨，基本查清了三山岛矿区金矿 –600 米以下矿体的形态、产状、厚度和品位变化情况。三山岛深部金矿的发现、新的盲矿体的发现为胶东深部找矿提供了思路。

7. 内蒙古自治区浩尧尔忽洞探获近百吨金矿

2012 年，北京金有公司提交的项目在内蒙古自治区浩尧尔忽洞探获近百吨金矿。内蒙古太平矿业有限公司浩尧尔忽洞金矿隶署中国黄金集团公司。北京金有公司通过地质综合研究认为：浩尧尔忽洞金矿床属于中低温热液矿床，分布在花岗岩体内变质岩片理化带，是导矿、控矿构造，其矿体具有低品位稳定、连续的特点，具备较大的找矿空间。为此，中国黄金集团组织并实施地质会战，从 2011 年 5 月至 11 月，使用先进钻探设备，采用高精度控漂技术，严格执行地质勘查规范，参战钻机 43 台，投入 5320 万元，完成钻孔 101 个（58170 米）。实现新增（332）+（333）金金属量 91.10 吨，取得了低品位原生矿找矿重大突破。由北京金有公司编制的《内蒙古自治区乌拉特中旗浩尧尔忽洞金矿 6800E–11000E 勘探线 1436m 标高以下详查报告》《内蒙古自治区乌拉特中旗浩尧尔忽洞金矿资源储量核实报告》经专家评审、现场验收，并于 2012 年 10 月获国土资源部矿产资源储量评审备案。此项目的实施，为矿山扩能改造提供了可靠的资源保障，促进了企业的持续、健康发展，带动了当地经济繁荣。

8. 内蒙古自治区包头市哈达门沟矿区柳坝沟矿段 313、314 号脉岩金矿普查

中国人民武装警察部队黄金第二支队陈海舰团队在该区域综合工作的基础上，于 2008 年 1 月至 2012 年 12 月对 313、314、314–1 号等脉体进行了岩金矿普查工作，于 2013 年 6 月编制完成了《内蒙古自治区包头市哈达门沟矿区柳坝沟矿段 313、314 号脉岩金矿普查报告》。该项目的完成，是哈达门沟矿区继 13 号脉群之后又发现的一个达到大型以上的金矿床，进一步丰富、实践了"哈达门沟式"金矿床模式，使哈达门沟矿区岩金矿储量（资源量）达到 100 吨以上，达到超大型矿床规模，为内蒙古自治区经济发展提供了可靠的矿产资源保障。

9. 甘肃省夏河县加甘滩金矿详查

2014 年，甘肃省地矿局第三地质矿产勘查院提交的甘肃省夏河县加甘滩金矿详查项目获得重大找矿突破。甘肃省地矿局第三地质矿产勘查院利用化探、钻探等勘查手段，在"三位一体"成矿预测理论的指导下，以控矿构造和成矿结构面研究为重点，预测矿体空间总体分布规律，实施钻探工程控制矿体，探求金金属量 90354 千克，为一大型金矿。矿床资源量大，开发利用经济效益显著，为甘南藏族自治州少数民族地区的经济发展和社会稳定作出巨大的贡献。通过勘查，提高了对该矿床成矿地质体、成矿结构面特征及其空间展布特征的认识，总结了成矿作用特征标志，为该区金矿勘查工作奠定了基础。

10. 山东省莱州市三山岛北部海域探获特大型金矿

2015 年，山东省第三地质矿产勘查院提交的项目在山东省莱州市三山岛北部海域探获特大型金矿。该项目在综合分析研究成矿规律及矿体空间分布、富集规律与预测找矿潜力的基础上，结合邻区找矿实践及物探异常进行找矿靶区预测，并首次大规模推广应用自主研发的海上简易钻探平台，系统开展海上金矿勘查。该项目探获了国内首个海域、超大型金矿，提交（332）+（333）资源量：矿石量 11369.4 万吨，金金属量 470.47 吨，金平均品位 4.30 克/吨。该项目创下了国内单报告提交金金属量最大的找矿纪录，取得了巨大经济、社会效益；项目总结出的三山岛成矿带北东浅海区延伸部位空间展布规律及金矿体产出规律，丰富了胶东金矿成矿规律的研究内容；推广应用了海域新型找矿技术方法，填补了国内海域金矿勘查空白，对今后滨、浅海区金矿勘查起到示范作用。

11. 贵州省贞丰—普安地区探获系列特大型金矿

2015 年，贵州省地矿局一〇五地质大队提交的项目在贵州省贞丰—普安地区探获系列特大型金矿。该项目系统总结了贵州西南部构造蚀变体分布区金矿成矿规律和控矿因素，构建了以构造蚀变体为核心的、与隐伏花岗岩有关的金（锑）矿成矿模式；建立了金矿找矿模型；开展了区域成矿预测，发现了埋深 300~1400 米的隐伏金矿体。整装勘查区累计查明金资源量 367.31 吨，新增 203.32 吨，实现了贵州金矿找矿的历史性突破；水银洞层控卡林型隐伏金矿累计查明金资源量 260.45 吨，新增 177.41 吨，成为中国最大的卡林型金矿床；新发现者相二埋深 900~1400 米的隐伏金矿体，可望形成新的大型金矿产地。该项目重新厘定了泥堡金矿控矿构造格架，区内有望新增金资源数十吨，使之成为贵州又一个超大型金矿床。

12. 山东省莱州市纱岭地区探获特大型金矿

2015 年，山东省第六地质矿产勘查院在山东省莱州市焦家金矿带，细致研究矿体侧伏规律与阶梯成矿模式，创新认识、科学部署、大胆探索，实现了找矿重大突破，发现并探明了一超大型金矿床，新增金矿（332）+（333）金属量 328.677 吨，平均品位 3.41 克/吨；另有低品位金矿金属量 60.598 吨，平均品位 1.44 克/吨。该矿床赋存于著名的胶西北金矿集中区深部，产出于焦家断裂带内，属于蚀变岩型金矿床，资源储量大，矿体厚大，开发利用条件好、价值高，易采易选，效益明显，开发后将对当地经济发展产生巨大影响。通过本次勘查，查明了该成矿带的矿体特征，总结了找矿标志、找矿方向及勘查技术方法，为金矿的深部勘查提供了宝贵经验。

13. 新疆维吾尔自治区新源县卡特巴阿苏发现特大型金（铜）矿床

2016 年，新疆美盛矿业有限公司、新疆地矿局第一区域地质调查大队提交的项目在新疆维吾尔自治区新源县卡特巴阿苏发现特大型金（铜）矿床。该项目由新疆美盛矿业有限公司投资，勘查工作由新疆地矿局第一区域地质调查大队完成。卡特巴阿苏金（铜）矿床位于那拉提—红柳河缝合带内，成矿带属于那拉提—红柳河金－铜－镍－铅锌－玉石－白云母成矿带。卡特巴阿苏金（铜）矿床的发现证实了"中亚金腰带"已延伸到我国新疆。矿床控制长约3000米，宽40~300米；金矿体45条，铜矿体17条；金矿储量78.73吨，平均品位3.13克/吨，铜4.83万吨，平均品位0.53%；外围找矿潜力大，有望突破百吨。该矿床具有很大潜在的经济价值，进一步勘查、开发将会产生很大的经济效益和社会效益，对拉动地方经济增长，促进地方的稳定和发展具有重要的意义。

14. 内蒙古自治区乌拉特中旗石哈河首次发现大型砾岩型砂金矿

2017年，内蒙古第三地质矿产勘查开发有限责任公司在内蒙古自治区巴彦淖尔市乌拉特中旗石哈河地区发现一大型露天开采的砂金矿床，这是内蒙古地区近年来发现的第一个大型冰碛砾石型砂金矿床。该矿床备案矿石资源储量44695481.22立方米，金金属量17020.85千克，金平均品位0.3808克/立方米，混合砂平均厚度25.30米。石哈河冰碛砾石型砂金矿矿石可选性较强，为易选矿石；矿床采矿、选矿生产工艺成熟可靠。该矿床的开采将对发展边疆经济，增加地方财政收入起到积极的作用。

15. 甘肃省西和县大桥探明超大型金矿

2017年，甘肃省地质调查院提交的项目在西秦岭地区发现并探明了一处超大型硅化角砾岩型金矿床。矿床控制长约4500米，宽40~1100米，发现金矿体53条，累计探获金资源储量105吨，伴生银资源量276吨，并在外围发现了渭子沟、马家山、安子山等金矿点。该矿床的发现和勘查为西秦岭地区增加了新的金矿类型，为地质找矿指出了新方向，并提供了类比依据和理论指导，大大改善了当地贫困落后的面貌和就业状况，促进了经济发展。

16. 山西省繁峙县发现大型斑岩型金矿

2020年，紫金矿业集团股份有限公司通过总结繁峙县义兴寨金矿床的成矿规律，深入研究矿区构造、岩性组合、成矿流体、成矿物质来源、围岩蚀变等要素，建立了找矿预测模型；在山西省内首次发现新类型斑岩型金矿床，且达到大型规模，矿山接替资源找矿取得重大突破新增金资源储量超过57吨，约占山西省历史上累计查明资源量的一半、现在保有量的2倍，其潜在经济价值近160亿元。此次勘查改写了区域找矿的历史，突破了该区单一石英脉型金矿成矿的认识，开拓了找矿思路和方向，对该区域乃至更大范围找矿具有重要的指导意义。

17. 山东省招平断裂带深部探获超大型金矿

2021 年，山东省地质矿产勘查开发局第六地质大队在山东省招远市水旺庄矿区，探获招平断裂带迄今最大深部金矿床，提交金矿石探明、控制及推断资源量 4711.6 万吨、金金属量 186.1 吨，潜在经济价值近 700 亿元，助力招平断裂带成为我国第三条千吨级控矿断裂。项目团队创新提出了"倾伏向分段富集规律""双首采区并行施工方案"，总结了深部金矿勘查施工技术方法，其自身经济价值及其带动效益对保障国家黄金储备具有极为重要的意义。

（十）银矿

河南省嵩山地区探获斑岩型大型独立银矿床。2015 年，河南省地质矿产勘查开发局第一地质勘查院在河南省洛宁县老里湾探明一斑岩型大型独立银矿床，提交（331）+（332）+（333）银矿石量 1118.28 万吨，银金属量 1961.21 吨，银平均品位达 175.38 克/吨。这是近 30 年来，河南省继破山银矿后发现的第二大银矿床，且其保有银资源储量居河南省第一。该矿区中的 F1-1 矿体提交银金属量 1807 吨，银平均品位 179.60 克/吨，单矿体储量即达到大型规模，这在河南省尚属首例。老里湾银矿床位于豫西嵩山断隆区，赋存于老里湾花岗斑岩体内，矿床成因类型为斑岩型，是河南省探获的首个大型独立斑岩型银矿床，对在本地区寻找同类型银矿床具有重要的指导意义。

（十一）锶矿

新疆维吾尔自治区和硕县可可乃克矿区 1490 米标高以浅锶矿详查项目。2013 年，山东省第七地质矿产勘查院提交的新疆维吾尔自治区和硕县可可乃克矿区 1490 米标高以浅锶矿详查项目发现重大找矿突破。该项目基本查明可可乃克矿区天青石矿资源量的性质和数量及矿床的分布、规模、矿石品位及厚度变化情况，估算天青石矿石资源量（332）+（333）+（334）281.96 万吨，天青石矿物量 122.27 万吨；查明锶金属量 584764.70 吨，为特大型矿床，在我国新疆是第一次发现特大型锶矿。项目的实施不但可以创造较大利润，缓解国内天青石原料紧缺的现状，还可以解决新疆部分地区富余劳动力就业问题，为社会分担就业压力，对促进地方经济发展、巩固边疆建设有重大的意义。

（十二）铷矿

广东省蕉岭县作壁坑矿区探明超大型铷矿。2019 年，广东煤炭地质二〇二勘探队提交的项目在广东省蕉岭县作壁坑矿区探明超大型铷矿。该项目共探获铷矿资源量（331）+（332）+（333）矿石量 13277.4 万吨，氧化物量（Rb_2O）72727 吨；同时探获可综合利用的石英矿资源量（333）4425.8 万吨；其经济价值和战略价值都十分巨大。本区铷矿是以蚀变花岗岩为主控矿因素的热液蚀变型矿床。矿体赋存在与震旦系老地层相接触的燕山三期蚀变花岗岩体中，在岩体和地层铷元素丰度都较高的情况下，各种成矿作用叠加，铷元素多期运移富集，最终形成含黑云母的碱性长石花岗岩型铷矿床。综合研究表明，该铷矿床的成矿地质条件在岭南地区并不罕见，在该区域找到其他同类矿床潜力很大。

（十三）稀土金属

1. 广东省平远县八尺稀土矿详查

2014 年，广东省核工业地质局二九二大队提交的广东省平远县八尺稀土矿详查项目获得重大找矿突破。该项目在广东省平远县八尺地区通过钻探、岩矿测试等工作寻找到了一个大型离子吸附型轻稀土矿床，提交工业矿矿石量 13212.05 万吨，全相稀土氧化物资源储量 136122 吨，平均品位 0.115%。本矿属经济价值较高的中钇富铕稀土矿床，离子相稀土氧化物占全相的 63.14% ~ 67.97%；稀土总回收率高，矿石属易浸易选矿石；投资利润率 78.14%，具有较高的经济、社会效益。该矿床是典型的南方离子吸附型稀土矿床，对广东省和当地经济增长具有很大的带动作用，提高了国家战略资源的储备。

2. 广西壮族自治区平南县大洲发现大型稀土矿

2016 年，广西地勘局第六地质队提交的广西壮族自治区平南县大洲矿区稀土矿普查项目获得重大找矿突破。为了查明广西平南大洲矿区稀土矿资源量，广西地勘局第六地质队积极融入找矿突破战略行动，历时 4 年在该区开展了稀土矿勘查工作，累计完成 1∶1 万地质测量 106.5 平方千米。矿区提交（333）资源量：稀土矿石量 43532.7244 万吨，全相稀土氧化物资源量 53.0513 万吨，离子相稀土氧化物资源量 36.6543 万吨，达到大型矿床规模。该矿床资源储量规模较大，矿石品质较好，矿石加工选冶性能良好，属易选矿石，矿床开采技术条件简单，开发经济效益显著。

3. 广东省英德市鱼湾发现大型稀土矿

2017 年，广东省有色金属地质局九四〇队提交的项目在英德市鱼湾探获大型稀土矿床。圈定 6 个矿体，估算花岗岩风化壳离子吸附型稀土矿资源量（332）+（333）：矿石量 13641.1 万吨，全相稀土氧化物总量 153618 吨，平均品位 0.1126%；离子相氧化物总量 105218 吨，平均品位 0.0771%；另有低品位矿石量 280.1 万吨，储量规模达到大型。矿区探明的稀土储量为广东省近年第一。矿山总工业价值约 80 亿元，矿山服务年限 50 年，具较好经济效益；可带动当地相关产业的发展，并增加就业及税收，具有较好的社会效益。

（十四）多金属

1. 西藏自治区墨竹工卡县甲玛矿区探明铜金多金属矿床

2009 年，中国地质科学院矿产资源研究所提交的项目在西藏自治区墨竹工卡县甲玛矿区取得重大找矿突破。甲玛矿区主要矿体为矽卡岩型、角岩型铜多金属矿体。截至 2009 年 12 月，甲玛矿区共探明矽卡岩和角岩型矿体铜资源储量 444.83 万吨，钼资源储量 52.79 万吨，铅资源量 56.15 万吨，锌资源量 16.49 万吨，金资源量 75.7 吨，银资源量 5324.23 吨。项目组对矿区 30 件辉钼矿进行了 Re–Os 同位素测定，否定了晚侏罗世海底喷流型成矿的成因观点，为冈底斯成矿带开辟了新的找矿思路和找矿方向。项目开展了详细的矿化分带研究，确定了热液的运移通道，主要成矿元素在平面、剖面上的分布、分带特征，给出了矿区热源、热液源以及矿液运移方向；总结了高温—低温矿物的空间分布规律，成矿元素具有斑岩 – 矽卡岩型矿床的元素空间分布特征。

2. 新疆维吾尔自治区和布克赛尔县白杨河地区发现特大型铀铍多金属矿床

2010 年，核工业二一六大队提交的项目在新疆维吾尔自治区和布克赛尔县白杨河地区发现特大型铀铍多金属矿床。白杨河铀铍矿床位于雪米斯台复背斜中，矿区内发育杨庄、阿苏达、小白杨河三个花岗岩体。铍矿体主要产于花岗斑岩与火山岩地层接触破碎带附近，铀矿体发育在次火山岩体接触破碎带中。铀矿物主要为沥青铀矿，少量为铀石。累计探明氧化铍资源量 2.5 万余吨，新增铀资源量 1000 余吨，估算钼矿资源量 1354.49 吨。该矿床总体仍处于预 – 普查阶段，有望发展为超大型铀多金属矿床。

3. 安徽省南陵县姚家岭发现铜铅锌金银多金属特大型矿床

2010 年，华东冶金地质勘查局八一二地质队提交的项目在安徽省南陵县姚家岭发现铜铅锌金银多金属特大型矿床。矿区位于铜陵铜金矿集区的最东部，铜陵至南陵近东西向深大断裂带南侧，一度被认为是"无矿区"，历时 8 年获得突破。在姚家岭花岗闪长斑岩体内捕房体的上下接触带和层间破碎带及斑岩体中，新发现一个以锌、金矿为主的多金属大型矿床，铜铅锌矿资源总量 155.47 万吨，金金属资源量 49.577 吨，银金属资源量 858.45 吨。矿床潜在经济价值 500 余亿元。姚家岭铜铅锌金银矿床的勘查发现，是近年来安徽沿江地区乃至长江中下游地区普查找矿的又一重大突破，对指导安徽开展新一轮的深部找矿工作具有重要借鉴意义。

4. 西藏自治区山南地区泽当矿田铜多金属矿普查

2011年，中国冶金地质总局第二地质勘查院完成的西藏自治区山南地区泽当矿田铜多金属矿普查取得了重大地质成果。项目在2002—2007年开展1∶5万水系沉积物测量及异常查证、矿点检查的基础上，在西藏冈底斯斑岩铜矿成矿带首次提出"顺层找矿"（"层"指的是：碳酸盐相与碎屑岩相的过渡带层间滑脱型剥离断层）新思路，并按此思路在努日大片风成沙覆盖区发现大型隐伏—半隐伏层矽卡岩型铜多金属矿床。项目探获铜金属资源量（333）+（334）65.38万吨，铜平均品位0.71%；钼金属资源量：（333）+（334）3.24万吨，钼平均品位0.067%；氧化钨资源量（333）+（334）19.72万吨，三氧化钨平均品位0.22%，其中层矽卡岩型白钨矿的发现，填补了区带矿种的空白。项目还应用走滑型陆缘成矿理论和新认识，采用斑岩型矿床模式类比方法，在雅鲁藏布江缝合带边部发现了明则（程巴）中型隐伏的斑岩型钼（铜）矿，理论上突破了"挤压型"陆缘成矿理论的传统误区（在距缝合带20千米以外找斑岩型矿床），实践上促使国家专项调查评价斑岩型矿床的找矿战略区位调整南移20千米以上。

5. 云南省鹤庆北衙金多金属矿详查（四期）

2011年，云南黄金矿业集团股份有限公司提交的云南省鹤庆北衙金多金属矿详查（四期）获得重大找矿突破。云南省鹤庆县北衙金多金属矿是历经十年四期勘查探明的大型—超大型金矿床。云南黄金矿业集团股份有限公司自1999年以来先后开展四期详查工作，2007年至2010年部署实施的四期详查，以增储扩大矿床规模为目标，在充分研究总结以往一期—三期详查及科研成果基础上，通过加强综合研究，分析总结成矿控矿规律，加大勘查范围及深度，发现了产于万硐山富碱斑岩体与三叠系中统北衙组碳酸盐岩接触带的厚大矽卡岩型金多金属矿体，从而获得了找矿重大突破。北衙矿区四期详查累计探获控制的经济基础储量（122b）、控制的内蕴经济资源量（332）和推断的内蕴经济资源量（333）为：金矿石量0.6399万吨，金金属量155.537吨，平均品位2.43克/吨；共生氧化矿全铁（TFe）矿石量2657万吨，平均品位35.19%；共生原生矿磁性铁（mFe）矿石量1010万吨，平均品位24.32%；共生原生矿铜矿石量3398万吨，铜金属量18.2818万吨，平均品位0.54%；金矿达到超大型规模，同体共生铜、铁矿达中型规模。四期详查新增金矿石量3727万吨，金金属量97.825吨。北衙金矿是云南省近年来寻找到的大型—座大型—超大型金多金属矿床，该矿特殊的成矿作用对下一步在富碱斑岩体中寻找金矿具有重要指导意义。该矿山生产规模已达 3 吨 / 年，具有显著的经济和社会效益。

6.西藏自治区北喜马拉雅成矿带扎西康探获超大型金属矿床

2012 年，西藏华钰矿业开发有限公司与中国地质大学（北京）等合作提交的项目在西藏自治区北喜马拉雅成矿带扎西康探获超大型金属矿床。扎西康锑铅锌银矿床位于全球地质学家关注的北喜马拉雅成矿带上。1995—2005 年，相关地勘单位先后在该区发现了扎西康"高、大、全"异常，随后断续开展了异常查证、矿产预查、普查等地质找矿工作。但由于自然环境、交通条件、资金投入等原因致找矿效果不太理想，仅达小型矿床规模。在此背景下，2007 年，西藏华钰矿业开发有限公司与中国地质大学（北京）等合作，在前人大量工作的基础上，以解决关系找矿突破的关键科技问题为出发点，提出了"扎西康地区是整个北喜马拉雅地区成矿作用与物质交换最强烈的地区，明确沿 V 号矿体向北部及深部隐伏区部署勘探工程"等一系列找矿评价新思路及新认识，指导找矿取得重大突破。项目共探获（111b）+（122b）+（333）资源量：铅和锌 126.8 万吨，锑 13.8 万吨，银 1800 吨，伴生金 3.9 吨，伴生镓 361 吨。其当量相当于 6 个大型锑矿床或铅锌矿床，成为北喜马拉雅成矿带中的首个超大型矿床，是继冈底斯突破之后西藏令人瞩目的区域找矿重大发现及"358"目标的重要成果。

7.云南省鹤庆县北衙金多金属矿详查（五期）

2011—2014 年，云南黄金矿业集团股份有限公司配合国土资源部开展云南省鹤庆县北衙金多金属矿"五期"详查。北衙金多金属矿是金沙江—哀牢山富碱斑岩带内已发现规模最大的新生代富碱斑岩型金多金属矿床，在西南三江地区占有极为重要的地位。通过系统研究总结成矿地质特征，建立矿床成因模式和勘查模型指导找矿，大胆部署深部及周边找矿工作，"五期"详查持续获得找矿重大突破，新增（333）以上金资源储量 105.09 吨。矿区累计探明金 258.48 吨，达到超大型规模，同时共伴生矿产铜、铅锌、铁、银、硫达到大型、特大型规模。

8.湖南省平江县仁里发现超大型铌钽多金属矿

2017 年，湖南省核工业地质局三一一大队提交的项目在湖南省平江县仁里发现了超大型铌钽矿。仁里矿区位于湖南省平江县，钦杭成矿带主带的中部，幕阜山复式花岗岩的西南缘，为典型的花岗伟晶岩脉型铌钽矿床。项目运用大岩基地区多期次岩浆演化的"共岩浆补余分异"稀有金属成矿理论。矿区发现铌钽矿脉 14 条，圈定矿体 17 个，（333）+（334）五氧化二钽资源量 10791 吨、五氧化二铌资源量 14057 吨，五氧化二钽平均品位 0.036%、五氧化二铌平均品位 0.047%。矿区铌钽品位富，找矿潜力大，五氧化二钽远景资源量有望突破 2 万吨，潜在经济价值超过 1000 亿元。该项目突破了"大岩基地区难以形成超大型稀有金属矿床"的既有认识，总结、提出了铌钽等稀有金属矿成矿规律及控矿因素的新认识，丰富和发展了稀有金属成矿理论，对华南地区稀有金属找矿具有重要的指导意义。

9. 内蒙古自治区克什克腾旗发现维拉斯托大型锂锡多金属矿床

2018 年，内蒙古地质勘查有限责任公司提交的项目在内蒙古自治区克什克腾旗维拉斯托矿区发现并探明大型矿床。矿区位于大兴安岭中南段西坡。矿床深部为石英斑岩型铷锡多金属矿（化）体，中部为隐爆角砾岩型锂铷多金属矿体，浅部为石英脉型锡钨多金属矿体；三种矿体空间上叠合配套，成因上密切相关，构成典型的"三位一体"斑岩型成矿系统。项目共圈定工业矿体 80 条，备案资源储量（121b）+（122b）+（333）：矿石量 3475 万吨，氧化锂金属量 35.72 万吨，平均品位 1.28%；锡金属量 5.77 万吨，平均品位 0.85%；同时共伴生铷、锌、钨、钼、铜、铅、银等多种有益组分，其深部和外围仍具有较大找矿潜力。该矿床为中国北方首次发现的大型锂多金属矿床，填补了国内对该类型矿床勘查和研究空白，实现了中国北方找锂多金属矿重大突破，为本区找矿提供了新思路和方向。

10. 江西省横峰县松树岗矿区探明超大型钽铌稀有多金属矿床

2018 年，江西有色地质矿产勘查开发院在江西省横峰县松树岗矿区探明了一处超大型钽铌稀有多金属矿床。矿床工业类型为钠长石、铁锂云母花岗岩型钽铌矿床，矿体规模巨大，矿体控制东西长 1676 米，南北宽 740 米，赋存标高 402.74～-330.76 米，单工程控制最大厚度 493.47 米。采用地质统计学法估算矿床资源储量，探获（111b）+（122b）+（333）矿石量 29860.4 万吨，钽金属氧化物量 42444 吨，铌金属氧化物量 63591 吨，伴生铷（333）金属氧化物量 601834 吨，伴生锂（333）金属氧化物量 603813 吨，潜在经济价值超 1000 亿元。该矿床的发现是我国在隐伏稀有金属矿床找矿上的重大突破，研究建立该区岩浆岩型稀有多金属矿床成矿系列与成矿模式，丰富和发展了稀有多金属成矿理论，对稀有多金属找矿与勘查具有重大的指导意义。

11. 河南省栾川县深部探明超大型钼多金属矿

2019 年，河南省地质调查院承担的河南省自然资源厅地质勘查基金项目"河南省栾川县冷水—赤土店钼铅锌多金属矿深部普查"取得重大找矿突破，在栾川县深部探获超大型钼多金属矿。团队创新深部成矿地质认识，总结成矿规律和找矿标志，建立有效找矿方法技术组合，通过多元地学信息三维地质建模和定量预测方法，指导施工的 35 个深部勘查钻孔全部见矿，证实了区内钨钼矿体深部连续性及巨大找矿潜力。圈定 8 个钨钼矿体，累计新增（333）+（334）资源量：三氧化钨 44.98 万吨，钼 319.40 万吨。另有（333）低 +（334）？低三氧化钨 29.80 万吨、钼 72.50 万吨。在钼矿石中估算伴生铼 146 吨。区内探明钼资源量跃居世界第一。区内矿床具有规模大、有用元素种类多、开采条件成熟等特点，钨钼的深部找矿突破为国家钨钼资源布局和长远规划提供了依据。

12. 青海省都兰县那更康切尔沟探明超大型银多金属矿

2020 年，四川省冶金地质勘查局水文工程大队承担的"青海省都兰县那更康切尔沟银多金属普查"项目取得重大找矿突破，在青海东昆仑地区首次发现了超大型中低温构造热液型银矿床，地质勘查、研究意义重大。团队通过地质、物探、化探、科研等多专业协同合作，产学研联合攻关，在矿区内已发现银矿带 18 条，圈出银矿体 69 条，评审认定（333）+（334）银资源量 5070.56 吨，矿床平均品位 326.35 克 / 吨，其中（333）资源量 2137.2 吨，伴生铅锌 151987.26 吨，深部及外围还具有较大的找矿潜力。那更康切尔沟银矿的发现，填补了青海省无超大型独立银矿床的空白，对青海省的经济建设以及西部大开发都具重要意义。

13. 四川省甲基卡稀有金属找矿获重大突破

2020 年，四川省地质调查院承担的"四川省康定县甲基卡海子北锂矿普查"在前期中国地质调查局部署的"四川三稀资源综合研究与重点评价"项目工作的基础上，探获氧化锂（333）+（334）资源量 89.49 万吨，取得了稀有金属找矿重大突破，伴生铍铌钽规模大，均可综合利用。项目建立的找矿预测方法和三维找矿与勘查模型，指导了甲基卡及外围研究与找矿，相继探获氧化锂资源量达 217.45 万吨，使甲基卡锂矿田氧化锂资源总量达到 280.7 万吨，新三（$X0_3$）矿脉成为世界最大的花岗伟晶岩型锂辉石单体矿脉。该项目在成矿理论、找矿预测、勘查模型、地质找矿等方面取得了一系列创新性成果，提升了我国新能源资源的保障程度。

三、非金属矿产工业岩石

（一）石墨

1. 福建省武夷山市桃棋发现优质石墨矿床

2010 年，中化地质矿山总局福建地质勘查院提交项目在福建省武夷山市桃棋发现优质石墨矿床。福建省武夷山市桃棋石墨矿赋存于前震旦系大金山组第二、三岩性段中，由 4 个矿层 20 个石墨矿体组成。矿床属沉积变质型矿床，固定碳平均品位：风化矿石 2.99%，原生矿石 3.25%，全区 3.14%。矿石矿物成分主要为鳞片状晶质石墨，脉石矿物主要为片状黑云母、粒状石英等。工业类型属晶质（鳞片状）石墨矿石，经浮选可以获得固定碳 87.51%~89.55%、回收率 85.96%~91.33% 的石墨精矿，属于易选矿石。

2. 四川省南江县尖山石墨矿勘探

2014 年，中国建筑材料工业地质勘查中心四川总队提交的四川省南江县尖山铜矿勘探项目发现了一处超大型石墨矿床，也是秦岭成矿带发现的最大晶质石墨矿床。2014 年提交了石墨矿石量 5035.0 万吨（石墨矿物量 397.2 万吨），固定碳品位 3.5%~15.9%，平均品位 7.89%，主要为中、细粒晶质鳞片状石墨，经过选矿，可获得含固定碳 99.13% 的高纯石墨精矿。通过勘探及地质研究，查明了含矿层位、找矿标志、矿床成因。矿床资源储量大，经济利用价值较高，资源开发利用将对当地经济发展具有巨大的促进作用。该矿床的发现，是我国近年在石墨找矿方面的突破，对秦岭成矿带寻找晶质石墨矿床具有重要的示范意义。

3. 内蒙古自治区阿拉善左旗探获特大型晶质石墨矿

2015 年，内蒙古地矿局第八地质矿产勘查开发有限责任公司在内蒙古自治区阿拉善左旗发现一个特大型可露天开采的晶质大鳞片石墨矿——查汗木胡鲁晶质石墨矿。该矿提交矿石资源量 12893.1 万吨，固定碳品位 3.00%~18.87%，平均品位 5.45%，矿物量 702.91 万吨，全矿区石墨片度大于正 100 目以上占到 99.8%，如此高比例的大鳞片石墨在全球也不多见，可以进行石墨全产业链深加工。该矿床是我国近年新石墨矿床找矿的重大发现，必将为我国资源战略安全起到积极的保障作用，甚至直接影响到全球石墨资源格局。该矿矿石易选，可全部实现露天开采，交通便利，开发价值巨大，对当地经济发展具有重大意义。

4. 黑龙江省双鸭山市西沟发现超大型石墨矿

2018 年，黑龙江省有色金属地质勘查局七〇一队在黑龙江省双鸭山市西沟探获超大型石墨矿床。矿床成因类型为沉积变质型石墨矿床，矿体呈层状、似层状及透镜状产于中元古—新元古界兴东群大盘道组变质岩中。矿石类型以石墨片麻岩型为主，属于大鳞片晶质石墨。项目技术人员对本区成矿地质条件进行了重点研究，认真总结成矿规律，合理布设探矿工程，地质找矿取得了重大突破。全区共发现晶质石墨矿体 62 条，提交工业矿体（333）+（334）石墨矿石量 33551.19 万吨，矿物量 2337.61 万吨，平均品位 6.97%。其中（333）占资源量总量为 95.22%，总剥采比 1.69∶1。西沟石墨矿资源潜在价值巨大，初步估算潜在价值在 1000 亿元以上。

5. 黑龙江省林口县三合村探明超大型石墨矿床

2019 年，黑龙江省第六地质勘查院首次成功运用"地层＋构造＋航磁"石墨找矿模型，在黑龙江省林口县三合村探获一处超大型晶质石墨矿床，新发现 5 条石墨矿带，矿带长 1.2～6.57 千米，矿体 80 条，新增（333）＋（334）？矿石资源量 34583.16 万吨，矿物量 1888.87 万吨。西北楞—三合村石墨矿田内已累计发现 11 条石墨矿带，矿带长 1.2～11.57 千米，累计探明（333）＋（334）？矿石资源量 88068.46 万吨，矿物量 5590.32 万吨。西北楞—三合村石墨矿田为全国第三、黑龙江省第二、单矿体长度世界第一的超大型石墨矿，矿床潜在经济价值巨大，为黑龙江石墨产业发展提供了坚实的资源支撑。

（二）磷矿

1. 湖北省宜昌磷矿深部勘查取得重大突破

2008 年，中化地质矿山总局湖北地质勘查院在充分搜集湖北省宜昌磷矿开采矿区中已有的勘查和采矿地质资料的基础上，运用沉积磷矿床的成矿理论，结合区域地层、构造的分布特征，对分布在扬子地区北缘、受黄陵背斜和神农架背斜控制的宜昌磷矿深部磷矿赋存规律进行了综合研究。本次勘查划分了磷矿的富集区、贫矿区及无矿区，认为：贫矿区分布于夷陵区到兴山县一带，呈北西向展布；到兴—神磷矿一带，折转向南西展布；贫矿区以南地区为无矿区，贫矿区以北为磷矿富集区。预测在宜昌磷矿树空坪矿区的深部可能存在较好的磷矿层。该院 2004—2008 年先后和三家矿山企业合作，分别对后坪、黑良山、乔沟 3 个矿区近 40 平方千米范围内进行深部找矿验证。共施工钻孔 46 个，进尺 4.1 万米，部分钻孔深 710~1014 米。发现赋存于震旦系陡山沱组第二段中的富磷矿 Ph1 和 Ph2 在全区稳定分布，两层矿体总平均厚度约 6 米，平均品位约 25%。采用水平投影块段法进行整体资源估算，共估算（333）＋（334）？磷矿资源量 4.34 亿吨。

2. 湖北省远安县杨柳矿区发现特大型磷矿

2010 年，中化地质矿山总局湖北地质勘查院提交的项目在湖北省远安县杨柳矿区发现特大型磷矿。湖北省远安县杨柳矿区磷矿位于扬子地台黄陵背斜北东翼，区内出露地层为寒武系、震旦系地层，含磷地层为陡山沱组，厚度为 100~140 米。该区磷矿为沉积磷块岩型，磷矿分 3 层。矿石主要有用矿物为碳氟磷灰石，磷灰石 80% 为超显微晶级。杨柳矿区经过普查，共查明（333）磷资源量 5.75 亿吨，（334）磷资源量

1.615 亿吨。

3. 贵州省开阳磷矿洋水矿区东翼深部普查

2011 年，中化地质矿山总局贵州地质勘查院提交的贵州省开阳磷矿洋水矿区东翼深部普查项目获得重大找矿突破。开阳磷矿是国内外知名的特大富矿区，属国家规划矿区。自 1954 年发现以来，截至 1994 年，累计探明磷矿石资源储量 4.43 亿吨，其中 I 级品磷矿石达 4.28 亿吨，占全国已探明高品位磷矿石（P_2O_5，含量32% 以上）总储量的 78%。为了提高资源保障程度，中化地质矿山总局贵州地质勘查院充分发挥在磷矿勘查方面的专业技术优势，通过对开阳磷矿洋水矿区已有地质资料综合分析，结合最新国内外磷矿成因理论研究成果，提出了"寻找古陆边界，延伸两翼深部，背斜东主西辅，钻探逐次推进"的找矿思路。通过普查工作，在开阳磷矿洋水矿区东翼深部共探获磷矿石资源量 7.87 亿吨，其中推断的内蕴经济资源量（333）5.78 亿吨，预测的资源量（334）? 2.09 亿吨，属特大型沉积型磷块岩矿床，相当于再造一个开阳磷矿，为开磷集团的可持续发展提供了可靠的资源保证，也为贵州省磷及磷化工的快速发展提供了长远的资源保障。

4. 贵州省瓮安县白岩地区探获超大型磷矿

2015 年，贵州省地质矿产勘查开发局——五地质大队提交的项目在贵州省瓮安县白岩地区探获超大型磷矿。根据对全球大规模成磷事件和贵州省震旦系陡山沱组磷矿成矿条件的综合研究，在贵州省瓮安县白岩背斜探获磷矿总资源（储量）297273.00 万吨，新增总资源量 295855.58 万吨，矿层平均厚 20.23 米，矿石平均品位（P_2O_5）26.50%，为世界级超大型磷矿床，实现了贵州省优势矿种磷的重大找矿突破。磷矿体厚度大，矿石品位高，矿石总体达到 II 级品以上，I 级品大于 10 亿吨，选冶性能好，具有良好的开发价值，潜在经济价值近 1 万亿元。经招拍挂，财政收益已达数亿元。该磷矿的发现，大大提高了贵州磷及磷化工产业持续发展的资源保障能力，将为少数民族地区的经济社会发展作出重大贡献。

5. 湖北省保康县堰边上矿区发现超大型磷矿

2019 年，中化地质矿山总局湖北地质勘查院提交的项目在湖北省保康县堰边上探明超大型磷矿。该项目在湖北省保康县堰边上震旦系陡山沱组地层中探明一处超大型、沉积型磷矿床。该矿床处于宜昌磷矿北东延伸部，埋深约 680~1430 米，控制规模为 5800 米 ×2800 米，单一磷矿体厚度约 12 米，P_2O_5 平均含量 23.54%，通过选矿，可达到较好选矿指标。经估算，堰边上磷矿总资源储量为 5.9 亿吨。其中 I 级品富矿资源量 4348.7 万吨，P_2O_5 平均含量 31.80%。矿山潜在经济价值可达到

738 亿元。本次系统勘查为宜昌磷矿深部找矿提供了理论方向，对鄂西磷矿深部成矿模式规律研究具有一定价值。项目投产后，可带动山区脱贫致富，促进地方经济发展。

500 亿元。本次系统勘查为宜昌磷矿深部找矿提供了理论方向，对鄂西磷矿深部成矿模式规律研究具有一定价值。项目投产后，可带动山区脱贫致富，促进地方经济发展。

6. 贵州省瓮福地区探获首个隐伏超大型磷矿床

2021 年，贵州省地质矿产勘查开发局一〇四地质大队完成的福泉大湾磷矿勘探项目，探获磷矿石探明、控制和推断资源量 4.05 亿吨，实现了贵州省瓮福地区深部隐伏磷矿找矿重大突破。其中Ⅰ级品资源量 1.43 亿吨、Ⅱ级品资源量 1.27 亿吨，矿石质优，开采技术条件较好。初步估算其潜在经济价值约 1698 亿元，后期可建设成为年产 250 万吨的大型磷矿山，为贵州福泉瓮安千亿级世界磷化工产业基地建设奠定坚实的资源基础。

（三）萤石矿

1. 浙江省安吉县报福镇地区探获大型萤石矿

2015 年，浙江省核工业二六二大队所属浙北地质矿产调查研究院在继 2013 年提交安吉民乐大型萤石矿后，再次在安吉县报福镇蒲芦坞发现大型萤石矿床一处。总计萤石矿资源量（333）：矿石量 515.888 万吨，矿物量 233.598 万吨，矿床平均品位 45.28%；其中萤石富矿率 27.85%，富矿平均品位 78.82%，潜在经济价值 27 亿元。该矿床的探明，改写了浙北地区萤石矿产资源较贫乏的传统认识，填补了浙北地区交代蚀变型萤石矿的找矿空白，其成矿理论研究和工作成果具有重要的推广示范作用。

2. 新疆维吾尔自治区若羌县卡尔恰尔探明超大型萤石矿

2020 年，浙江省第十一地质大队、新疆华瓯矿业有限公司通过攻关，首次在新疆阿尔金变质杂岩带发现超大型萤石矿床。该项目探明、控制和推断萤石资源量：矿石量 6631.23 万吨，矿物量（CaF_2）2248.91 万吨，探明和控制资源量（CaF_2 矿物量）占 53.25%；提出了"中奥陶世二长花岗岩体＋新太古—古元古界阿尔金岩群 a 岩组变质岩＋韧性剪切带构造控矿"三位一体找矿模式，建立了伟晶岩型萤石矿床成矿模型，推动了阿尔金地区萤石找矿持续性突破。该矿床的发现，使新疆萤石矿资源量由全国排名第 24 位上升至第 4 位，单一型矿床规模位居全国前列。

3. 内蒙古自治区四子王旗阿德格哈善图地区探明大型萤石矿

2021 年，中化地质矿山总局内蒙古地质勘查院地质找矿项目团队在内蒙古自治区四子王旗阿德格哈善图地区深部探明了一处大型萤石矿床，为矿山提交了新增萤石矿石资源量 378.7 万吨，平均品位 39.71%。该矿床产于上古生界二叠系下统大石寨组第三岩性段结晶灰岩中，属碳酸盐岩中的层控型矿床。矿石易选，通过简单的浮选工艺可选出符合质量标准的合格萤石精矿。此类型萤石矿具备矿床规模大、采矿成本低、经济效益好等特点，为矿山寻找接替资源和下一步找矿方向提供了充分的依据。

（四）红柱石

云南省盈江县大石坡发现超大型红柱石矿。2017年，中国冶金地质总局昆明地质勘查院在云南省盈江县大石坡矿区探获超大型红柱石矿。在该区发现并圈定7个红柱石矿体，探获（333）+（334）？矿石量91979.89万吨，红柱石矿物量11043.57万吨，工业矿平均品位18.0%，低品位矿平均品位8.5%。该矿的发现与勘查，开创了云南寻找红柱石矿的先河，实现了该区找矿新突破。该次勘查提出：矿物加工采用湿式磁选—浮选流程工艺，红柱石回收率62.03%，精矿满足HJ-55产品技术要求；通过碳热还原工艺可直接生产硅铝合金、3N高纯硅；磁选云母可综合回收氯化铷。未来矿山开发社会经济意义重大，对我国红柱石矿勘查及应用研究将起到良好的示范作用。

（五）硅灰石

江西省新余市石竹山—上高县樟木桥探明世界最大硅灰石矿。2018年，江西省地质勘查基金管理中心在江西省新余市渝水区石竹山—上高县樟木桥矿区探获世界资源规模最大的硅灰石矿，提交（333）+（334）硅灰石矿物量6955万吨。新余市渝水区石竹山—上高县樟木桥硅灰石矿的发现，刷新了世界硅灰石矿资源规模纪录，改变了中国硅灰石矿分布格局；建立了蒙山地区隐伏硅灰石矿"岩体+碳酸盐岩+构造裂隙+盖层（炭质泥岩屏蔽）"成矿模式，拓展了硅灰石矿的找矿空间、找矿思路和找矿方向。该矿不但规模大，而且矿石品位高、品质好，易采、易选，为蒙山地区硅灰石产业集群的发展以及巩固新余"矿业立市"提供了资源保障。

（六）滑石

江西省上饶市许家桥发现世界最大滑石矿。2020年，江西省地质勘查基金管理中心在江西省上饶市广丰区许家桥矿区探获世界资源储量规模最大的滑石矿，提交（控制和推断）滑石资源量9552.3万吨（相当于全国新增滑石32%），其中控制滑石矿资源量4036.7万吨。上饶市广丰区许家桥滑石矿的发现，刷新了世界滑石矿资源储量规模纪录，改变了世界滑石矿分布格局；创建了"同生断层+富硅热液+富镁海水+有机质"黑滑石成矿模型和"许家桥式"滑石矿"层位+钙镁硅质岩石组合+同生断层+

向斜构造"找矿模式，深化了区域成矿规律。区内黑滑石矿石品质好，创建的黑滑石晶体结构模型开拓了材料应用新方向，为上饶市打造千亿级滑石矿产业集群提供了资源保障。

（七）蜡石矿

福建省建瓯市井后探明超大型优质叶蜡石矿。2017 年，中化地质矿山总局福建地质勘查院在福建省建瓯市井后矿区探获超大型叶蜡石矿。井后叶蜡石矿属火山期后低温热液交代矿床。矿体呈似层状赋存于晚侏罗世南园群火山碎屑岩中，最大走向延展长 725 米，最大延深 600 米，各矿体累计总厚可达 90 米。矿石划分玻纤级和陶瓷两个品级。项目技术人员从火山构造研究开始，在火山期后热液蚀变与矿石原岩组构的研究中发现了火山岩地层与火山期后气液矿化蚀变之间的有机联系，取得矿区成矿理论的突破，并依此科学规划地质找矿技术路线，有效推导成矿空间，合理布设探矿工程，地质找矿取得重大突破。项目提交一处特大型叶蜡石矿床，资源量达 4000 余万吨，资源储量占全国叶蜡石累计查明总资源储量的 1/3，为我国最大叶蜡石矿床。

（八）碱矿

内蒙古自治区阿拉善右旗塔木素矿区发现超大型天然碱矿。2020 年，内蒙古矿业开发有限责任公司在阿拉善右旗塔木素矿区取得天然碱矿重大找矿突破。矿区获得固体天然碱（122b）+（333）矿石量 107836 万吨，矿物量（$Na_2CO_3+NaHCO_3$）70909 万吨；其中控制的经济基础储量（122b）天然碱矿石量 60884 万吨，矿物量 40633 万吨，是我国已查明天然碱储量最大的天然碱矿。其成矿时代为白垩纪，突破了我国天然碱矿仅在新近纪以来成矿的历史，为今后天然碱矿的发现提供了更大的找矿空间。该天然碱矿的发现，或将改变我国以化学合成法制碱为主的现状，减轻化学制碱对自然环境造成的压力，对环境保护起到积极作用，并将带来较大的社会经济效益。

四、水气矿产

河南省探明沿黄城市后备地下水大型、超大型水源地 5 处。2012 年，河南省地质调查院提交的项目在河南省探明沿黄城市后备地下水大型、超大型水源地 5 处。近年来，我国北方干旱频发，黄河中上游来水量减少，水质污染严重，城市供水安全成为制约城市发展的瓶颈。为缓解城市水资源供需矛盾，寻找新的城市后备水源，河南省地质调查院通过多年勘查研究，发现黄河下游影响带地下水资源丰富，有勘查评价多个傍河集中型水源地的可能。本次普查采用先进的地下水勘查技术和方法，初步和基本查明了黄河下游影响带富水地段的供水水文地质条件，探明了中牟县东漳乡—狼城岗镇等10处可供进一步勘查开发的大型、特大型城市后备地下水水源地，新增地下水允许开采量（C+D级）170万立方米/天（其中C级50万立方米/天，大型、特大型各5处），为中原经济区的郑州、洛阳、开封等沿黄城市发展提供了水资源依据，对保障河南沿黄城市群供水安全作出了重要贡献。

第二十三章
服务防灾减灾事业

第一节　地质灾害调查

2000 年以来，自然资源部门和地勘行业积极开展地质灾害综合性和专项性调查工作，为防灾、减灾事业提供了强有力的技术支撑。其中，中国地质调查局发挥了技术上的引领和牵动作用。在国土资源大调查项目中，1999 年地质灾害调查项目 37 个，经费 1775 万元；以后逐年递增，至 2009 年项目 66 个，经费 12200 万元。

一、我国地质灾害的发展趋势

自 20 世纪 80 年代以来，我国的地质灾害发生的数量一直呈上升趋势。2000 年以来，伴随我国经济与社会的发展、人类工程建设活动的增加、自然环境的变化，地质灾害的发生居高不下。

对于地质灾害发生的基本现状和客观规律，我国政府机构及学术团体形成如下基本共识。

1. 矿产资源过度开采将加剧地质灾害恶化

在资源开采和环境改造的过程中，总是伴随着人为引发的地质灾害。露天采矿引起崩塌、滑坡、泥石流，地下采矿引起地面塌陷、地面沉降和地裂缝等灾害。地下水日趋减少和用水量的不断增加进一步加剧了地面沉降和地裂缝的灾害。据预测，到2030 年，我国地下水年需求量达 781 亿立方米，年缺口超过 100 亿立方米，地下水日趋减少和用水量不断增加必将引起地下水的过量开采，如果再继续过量开采地下水，以上地区地面沉降和地裂缝灾害会呈进一步加剧趋势。

2. 城市化发展使地质灾害呈加剧态势

随着我国城市化进程的加速，城镇中不合理的人为工程活动引发的地质灾害将愈加突出。我国许多山区城市，如重庆、兰州、大连、十堰、攀枝花等，由于城市无限制地膨胀，向山要地，上山建城，严重破坏了山体天然平衡，成为滑坡、崩塌灾害严重的城市。中国已进入城市化发展加速阶段。预计21世纪中叶，中国城市人口比例将增加60%，城市人口数量将达到10亿，中国城市数量将突破1000个。中国东部各大主要城市将进入了一个大规模重新规划改造的新时期。青藏铁路与亚欧大陆桥沿线地区更将有一批城市要进行新建和扩建，地质灾害将进一步呈现逐渐加剧的发展态势。

3. 不合理的人类工程活动助推地质灾害严重

2000年以来，不合理的人类工程活动诱发地质灾害的数量已占地质灾害总数的50%以上。广东2002年度发生的重大地质灾害中，83%是由于人类活动诱发的，其造成人员死亡的数量占该省地质灾害造成死亡总人数的54%。其中，采石、采矿诱发的地质灾害又占到人类活动诱发地质灾害总数的50%。福建2002年发生的重大地质灾害中有82%是由于人类活动诱发，切坡建房诱发的占人类活动诱发总数的94%。铁路沿线的地质灾害几乎50%甚至70%是开挖所致。随着公路建设的不断发展，将会在山区、丘陵区引发更多的滑坡、崩塌、泥石流灾害。

4. 自然条件的变化诱发地质灾害的多发

首先，气候变化诱发地质灾害。暴雨或连续降雨是诱发地质灾害的主要因素。统计分析表明，全国降雨诱发的突发性地质灾害占60%以上。全球气候变暖后，不仅气候平均值会发生变化，而且天气、气候严重偏离其平均状态的极端事件出现频率也会随之发生变化。大量事实证明，我国和世界各地正处于一个气候剧烈变化期，旱、涝、风暴将更加频繁，因此，崩塌、滑坡、泥石流等地质灾害将更加活跃。其次，地震活动诱发地质灾害。地震活动是突发性地质灾害的重要影响因素。我国是世界上大陆地震活动最为频繁和强烈的国家，地震活动总体呈现频度高、强度大、分布范围和影响面广、区域差异明显的特点。全国有40%的国土面积、70%以上的省会城市和直辖市位于基本烈度为Ⅶ度和Ⅶ度以上的高烈度区。地震活动使岩层破碎、山体失稳、松散固体物质增多，从而触发山体发生滑坡、崩塌、泥石流。据预测，我国在21世纪地震活动仍处于活跃状态期。因此，西部、华北和东部沿海地区，因地震而诱发的地质灾害也将十分频繁。

综合上述，人为活动和气候变化等因素，促进了地质灾害的发生频度和密度的增长。因此，地勘行业的防灾减灾工作任重而道远。

二、地质灾害调查工作部署

早在 20 世纪 90 年代，我国开始全面部署地质灾害调查工作。

1991 年，原地质矿产部组织实施了以省为单位的全国地质灾害现状概查，主要以收集资料和各省（区、市）上报的资料为主，对全国地质灾害类型与现状进行了较全面的总结。调查内容包括地质灾害的类型、发生的重点区域、对国家和人民生命财产造成的损失以及地质灾害发育特征和分布规律等。根据收集整理的成果和 1 万余个典型地质灾害点资料，汇编并出版了《中国地质灾害》，编制出版了《中国分省地质灾害图集》。

1992 年，原地质矿产部部署 1∶50 万环境地质调查。

1996 年，我国开始第一轮较全面的在全国开展的地质灾害的调查。调查的主要目的是在概略查明各省（区、市）地质环境条件的基础上，重点调查人类工程活动与地质环境的相互作用和影响，初步查明开发利用自然环境遇到的和引发的各种主要地质灾害、特殊不良地质环境条件和环境地质问题的发育特征和分布规律，作出现状评价和发展趋势预测，提出防治对策建议，为国家制定减灾、防灾、国土开发与整治、经济建设和社会发展规划，以及地质环境监督管理，提供宏观决策依据；保护地质环境，减少灾害损失，促进经济建设与地质环境的协调发展。

从 1999 年开始，作为国土资源大调查计划的组成部分，国土资源部启动以县（市）为单元的地质灾害调查工作。这项工作强调遵循"以人为本"的原则，专业人员与地方结合，大力推行群测群防体系。基本做法是采取专业调查和发动群众查险、报险相结合的办法，不强调按比例尺布线与布点。根据已掌握的情况和群众报险线索，以乡镇、村庄、重要交通干线和工程设施为重点，逐步进行现场调查并注意发现地质灾害隐患点、危险点。对隐患点、危险点综合分析后，划出地质灾害易发区和防治区，初步建立起群测群防预警体系，包括：建立减灾防灾领导责任制；建立临灾避险群防体系；编制地质灾害防灾预案；建立汛期地质灾害险情速报制度等。在进行 10 个县的地质灾害调查试点的同时，启动了三峡库区（包括宜昌市、巫山县等在内的）19 个县（市）的地质灾害调查，为大规模的地质灾害防治工作提供了示范。

三、重点地质灾害调查工程案例

2000年以来，为了摸清我国地质灾害的情况，有的放矢地开展灾害防治，我国实施了一系列重点地质灾害调查工程。

（一）全国性地质灾害调查

1.县（市）地质灾害调查

该项目由国土资源部和中国地质调查局部署。承担单位：中国地质境监测院。参加单位：各省地质环境监测总站。工作起止年限1999—2005年。调查工作以县（市）为单元开展。在地质灾害易发区，建立地质灾害群测群防网络，编制重地质灾害防治预案，建立县级地质灾害信息系统，编制县级地质灾害防治规划建议。在此基础上，建立全国地质灾害信息系统，为有计划地开展地质灾害防治提供依据。至2005年，已经部署了700个县（市）的调查工作，被调查县（市）面积182万平方千米，约占国土面积的19%，占山区丘陵面积的27%，涉及人口4.4亿。调查地质灾害点近10万处，确定地质灾害隐患点11万处，对其中隐患较为严重的点建立了群测群防点。每个县（市）都在调查的基础上，编制了《地质灾害分布与易发区图》《地质灾害防治规划图》等系列图件，对重要地质灾害隐患点编制了"防灾预案"，提出了县（市）地质灾害防治对策及建议，建立了地质灾害空间数据库。在各县（市）调查成果的基础上，开展综合研究和信息集成，开发了相应的信息系统建设软件，开发研制了县（市）地质灾害成果的演示系统，初步建立了县（市）地质灾害调查数据管理系统。

2.全国山区丘陵县（市）地质灾害调查与区划

1999—2008年，中国地质调查局开展并完成了1640个山区丘陵县地质灾害调查与区划，调查面积650万平方千米。调查工作以县（市）为单元开展。通过1∶10万地质灾害调查，在各调查县（市）圈定地质灾害易发区，建立地质灾害群测群防网络，编制重大地质灾害防灾预案，建立县级地质灾害信息系统，编制县级地质灾害防治规划。共调查并确定地质灾害及地质灾害隐患点10多万处，针对查出的重要隐患点，建立了县、乡、村三级责任制的群测群防监测预警体系，对重要地质灾害隐患点编制了防灾预案，提出了县（市）地质灾害防治对策及建议。基本查明了全国山区丘陵区地质灾害的主要类型和分布规律，划分了地质灾害易发区。在此基础上，选择重点地区进行了地质灾害详细调查。在黄土高原区、秦巴山区、川滇山地区、湘鄂桂山地区、新疆伊犁谷地等地质灾害高发区开展了以1:5万为主的地质灾害详细调查。以县（市）级行政区划为基本单元，通过遥感解译、地面调查与测绘，查明了地质灾害及其隐患的分布、形成的地质环境条件和发育特征，并对其危害程度进行评价，圈定地质灾害易发区和危险区，建立地质灾害信息系统，建立健全群专结合的监测网络。截至2010年年底完成了127个县（市）的调查任务，覆盖面积39.4万平方千米。

3. 第一次全国自然灾害综合风险普查

该项目发起单位为自然资源部。其宗旨是，通过组织开展第一次全国自然灾害综合风险普查，摸清全国灾害风险隐患底数，查明重点区域抗灾能力，客观认识全国和各地区灾害综合风险水平，为国家和地方各级政府有效开展自然灾害防治和应急管理工作、切实保障社会经济可持续发展提供权威的灾害风险信息和科学决策依据。项目目标：①获取我国地震灾害、地质灾害、气象灾害、水旱灾害、海洋灾害、森林和草原火灾等主要灾害致灾信息，人口、房屋、基础设施、公共服务系统、三次产业、资源与环境等重要承灾体信息，历史灾害信息，掌握重点隐患情况，查明区域抗灾能力和减灾能力。②以调查为基础、评估为支撑，客观认识当前全国和各地区致灾风险水平、承灾体脆弱性水平、综合风险水平、综合防灾减灾救灾能力和区域多灾并发群发、灾害链特征，科学预判今后一段时期灾害风险变化趋势和特点，形成全国自然灾害防治区划和防治建议。③通过实施普查，建立健全全国自然灾害综合风险与减灾能力调查评估指标体系，分类型、分区域、分层级的国家自然灾害风险与减灾能力数据库，多尺度隐患识别、风险识别、风险评估、风险制图、风险区划、灾害防治区划的技术方法和模型库，开发综合风险和减灾能力调查评估信息化系统，形成一整套自然灾害综合风险普查与常态业务工作相互衔接、相互促进的工作制度。

具体任务如下：①全面掌握风险要素信息。全面收集获取孕灾环境及其稳定性、致灾因子及其危险性、承灾体及其暴露度和脆弱性、历史灾害等方面的信息。充分利用已开展的各类普查、相关行业领域调查评估成果，根据地震、地质、气象、水旱、海洋、森林和草原火灾等灾种实际情况和各类承灾体信息现状（包括各类在建承灾体），统筹做好相关信息和数据的补充、更新和新增调查。针对灾害防治和应急管理工作的需求，重点对历史灾害发生和损失情况，以及人口、房屋、基础设施、公共服务系统、三次产业、资源与环境等重要承灾体的灾害属性信息和空间信息开展普查。②实施重点隐患调查与评估。针对灾害易发频发、多灾并发群发、灾害链发，承灾体高敏感性、高脆弱性和设防不达标，区域防灾减灾救灾能力存在严重短板等重点隐患，在全国范围内开展调查和识别，特别是针对地震灾害、地质灾害、气象灾害、水旱灾害、海洋灾害、森林和草原火灾等易发多发区的建筑物、重大基础设施、重大工程、重要自然资源等进行分析评估。③开展综合减灾资源（能力）调查与评估。针对防灾减灾救灾能力，统筹政府职能、社会力量、市场机制三方面作用，在国家、省、市、县各级开展全面调查与评估，并对乡镇、社区和企事业单位、居民等基层减灾能力情况开展抽样调查与评估。④开展多尺度区域风险评估与制图。制定国家、省、市、县灾害风险评估技术标准，建立风险评估模型库，开展地震灾害、地质灾害、气象灾害、水旱灾害、海洋灾害、森林和草原火灾等主要灾种风险评估、多灾种风险评估、灾害链风险评估和区域综合风险评估。建立风险制图系统，编制各级自然灾害风险单要素地图、单灾种风险图和综合风险图。⑤制修订灾害风险区划图和综合防治区划图。在上述各级系列风险图的基础上，重点制修订全国、省级、县级综合风险区划图和地震灾害风险区划、洪水风险区划图、台风灾害风险区划图、地质灾害风险区划图等。综合考虑我国当前和未来一段时期灾害风险形势、经济社会发展状况和综合减灾防治措施等因素，编制全国、省级、县级灾害综合防治区划图，提出区域综合防治对策。

截至 2021 年 9 月，首批国家部署的 86 个试点城市已完成各行业全部基础调查工作，进入全面审核阶段。同时，国务院部署的第一次全国自然灾害综合风险普查工作进入全面铺开阶段。作为调查内容之一，地质灾害风险普查工作取得了阶段性进展：部署的 1067 个县（市）中，110 个试点县（市）已完成地灾风险普查，658 个县（市）的地灾风险普查陆续启动。

（二）区域性地质灾害调查

1. 甘肃省天水市甘谷县地质灾害详细调查

2011 年 12 月 16—18 日，中国地质调查局组织相关专家在西安召开了 2010 年度 1:5 万地质灾害调查成果验收会。中国地质科学院地质力学研究所承担的"甘肃省天水市地质灾害详细调查（甘谷县）"地调项目通过成果验收。取得主要成果如下：①开展了甘谷县 1:5 万地质灾害调查。甘谷县地质灾害发育种类主要包括滑坡、崩塌、泥石流、不稳定斜坡等，以滑坡灾害为主。本次调查确定地质灾害隐患点 328 个，有 119 个点使人民生命财产直接受到威胁。系统调查了甘谷县各类地质灾害形成的地形地貌、地层岩性、地质构造和斜坡结构条件，基本查明了甘谷县各类灾害点及其隐患点的分布特征，阐明了地下水活动条件、降雨、地震及人类工程活动等对滑坡等灾害的影响，进行了工程地质条件区划，为地质灾害发育特征、分布规律、形成机理以及应急搬迁新址适宜性评价等奠定了良好的基础。②全面总结了甘谷县滑坡、崩塌、泥石流、不稳定斜坡等灾害的发育特征与分布规律，初步揭示：甘谷县地质灾害具有群发性、突发性和周期性特点。在北部黄土丘陵区主要以滑坡、崩塌为主，在南部低中山区主要以崩塌和泥石流灾害为主，地质灾害主要集中分布于渭河谷地两侧阶地及其支流的沟谷边坡地带。③分析认为地形地貌、岩土体性质、斜坡结构、地下水类型、地质构造、植被条件等是灾害形成的主要基础条件，强烈的现今构造活动、地震和暴雨、洪水以及人类活动等是其形成的激发因素。④在勘查、测绘的基础上，运用有限元数值模拟和强度折减法稳定性计算手段，考虑滑体、滑带、滑床等空间差异性，按不同工况条件分析评价了其稳定性，探索了典型黄土滑坡和黄土与基岩混合型滑坡稳定性评价的方法技术及其应用的适应性。⑤在地质灾害形成条件和影响因素研究的基础上，确定了地质灾害易发程度和危险程度评价指标，采用定性分析与定量评价相结合，利用基于 GIS 平台的层次分析法模型，完成了甘谷县地质灾害易发程度和危险程度区划。⑥建立了甘谷县地质灾害数据库，编制了甘谷县地质灾害防治规划建议，对重大和中等地质灾害隐患点提出了县级防灾预案，对一般地质灾害隐患点提出了地质灾害群测群防预案，为地方政府减灾防灾决策提供了有力的技术支撑。

2. 贵州省重点地区重大地质灾害隐患详细调查

该项目承担单位为贵州省地质环境监测院，时间为 2011—2015 年。项目通过大量现场调查、室内试验、资料收集、综合整理，完成了贵州省重点地区重大地质灾害隐患详细调查的相关工作，系统分析了贵州省地质灾害孕灾背景及形成条件，详细阐述了贵州省地质灾害基本情况和特征，分析了贵州地质灾害的发育规律；对典型地质灾害隐患点进行了剖析，并按不同类型分析了成灾模式、形成机理；对调查成果进行集成，对重大地质灾害隐患点进行了易发性分区和稳定性、易损性、风险性评估；系统地建立了全省地质灾害隐患点空间数据库及信息系统；结合国内外地质灾害风险管理经验及防治技术发展趋势，提出了防治对策及建议。此外，项目绘制了专项系列图件，建立贵州省重点地区重大地质灾害隐患点空间数据库，为指导地质灾害减灾防灾、地质灾害防治专项规划编制及贵州省地质灾害监测预警与决策支持平台提供基础依据。

3. 陇南白龙江流域地质灾害调查

由中国地质调查局水文地质环境地质调查中心承担的陇南白龙江流域地质灾害调查于 2016 年 9 月完成。陇南白龙江流域是六盘山区、秦巴山区和四省藏区扶贫攻坚区。工作区地质构造复杂，工程地质条件差，泥石流灾害频发，对居民构成巨大威胁。项目采用遥感解译、地面调查、工程钻探与物探相结合的综合手段，对 32 条重要泥石流沟和 7 个重要城镇进行了详细调查和风险评价，为地方政府防灾减灾工作提供了及时有效的技术支撑。本项目采用资料收集整理、遥感解译、地面调查、剖面测绘、钻探、坑探、槽探、物探及测试分析等技术方法，对陇南白龙江流域开展地质灾害调查。完成的实物工作包括 1∶5 万工程地质调查面积 3574 平方千米、1∶5 万地质灾害调查面积 3574 平方千米、1∶5 万遥感解译面积 6128 平方千米、高密度电法 3496 点、浅层地震 1004 点、钻探 3420.36 米、槽探 1846.16 立方米、岩土水样品测试 857 组件、调查地质灾害及隐患点 904 个、1∶5 万调查图幅 12 幅。取得以下主要成果：①根据泥石流灾害孕灾背景条件，创新编制了城镇和单沟尺度泥石流灾害地质图册、泥石流物源等第四系物质分布图等，同时编制了泥石流等地质灾害发育的地貌演化模式图，概化形成了泥石流致灾模式图，建立了泥石流滑坡灾害的早期识别标志。②结合光学遥感影像、无人机低空遥感和高密度电阻率法、浅层地震等遥感和物探技术方法，形成了多手段融合的泥石流灾害精细化调查、快速早期识别方法。并查明了白龙江干流及岷江支流泥石流松散固体物质分布规律、发育特征等，绘制了不同物源类型泥石流启动模型图，建立了不同泥石流松散固体物质动储量估算方法及公式，构建了不同降雨频率下泥石流一次最大冲出规模和泥石流危险度等级的早期识别模型。③形成了白龙江流域地质灾害评价指标、评价标准及评价方法，开展了不同降雨条件下有无工程措施重点泥石流沟危险度评价，对陇南白龙江流域 20 个城镇和 69 条单沟泥石流进行了动态风险评价，创新编制城镇及单沟尺度的风险区划图集和科普宣传资料并开展科普宣传活动。④在科学理论创新和技术方法进步方面，建立了不同尺度下的泥石流等地质灾害风险评价指标、评价标准和评价方法，初步完成了陇南白龙江流域泥石流等地质灾害风险动态评价系统。⑤在成果转化应用和有效服务方面，向陇南市、舟曲县、宕昌县自然资源局提交了流域、图幅、重要城镇、重点泥石流沟 4 个尺度系列图件 1 套，积极参与地质灾害应急调排查，有力支撑了地方政府地质灾害防治，应用服务成效显著。开展科普宣传培训 2 次，受众人数 500 余人。积极探索了中央与地方地质灾害调查联动协调机制。为陇南地区地质灾害综合防治、国土空间生态监测与修复、应急处置排查提供参考。

4. 雪峰山区北部地质灾害调查

该项目于 2018 年由中国地质调查局水文地质环境地质调查中心实施。项目采用资料收集整理、地面调查、遥感解译、钻探、槽探、测试分析等技术方法，对雪峰山区北部开展地质灾害调查。完成的实物工作包括 1∶5 万地质灾害调查 1200 平方千米、1∶5 万遥感解译 800 平方千米、钻探 818.60 米、槽探 209.75 立方米、岩土样测试 347 组。取得以下主要成果：①初步总结了雪峰山区北部区域地质灾害规律特征，编制了地质灾害易发性分区图。②在完成辰溪县幅、潭湾镇幅、黄溪口镇幅地质灾害调查基础上，总结了区域内地质灾害类型、分布规律及发育特征，完成了工程地质岩组划分、斜坡结构分类等工作，编制了 1∶5 万灾害地质图，提出了区域内地质灾害成灾模式。③完成了黄溪口镇等重点城镇地质灾害调查，对黄溪口镇区开展了 1∶5000 地质灾害风险评价，并结合当地建设开发规划，提出了土地利用建议。④针对龙虎溪滑坡等 11 处典型灾害（斜坡）点开展了地质灾害勘查，总结了地质灾害发育特征及形成机理，获取了区域岩土体力学参数特征及风化层厚度特征，为灾害地质图编制及风险评价提供了数据支撑。⑤在科学理论创新和技术方法进步方面，利用 TRIGRS 模型开展辰溪县及其周边浅层斜坡稳定性评价。利用容栅传感技术成功研发了数显裂缝报警器，促进了原有裂缝报警器的转型升级，可有效提升群测群防监测预警水平。基于 LoRa 技术研发地质灾害快速监测系统。⑥在成果转化应用和有效服务方面，支援辰溪县开展地灾应急排查，共排查 40 余处灾害点，指导开展群测群防监测及应急处置等工作。初步建成辰溪县群测群防示范区，群测群防体系建设成效初现，建立了地质灾害群测群防宣传培训工作新模式。⑦在人才培养和团队建设方面，与中国地质大学（北京）、成都理工大学、桂林理工大学联合培养硕士研究生 9 人。获得发明专利 1 项，实用新型专利 3 项。

5. 四川 2016 年度地质灾害详细调查项目

该项目承担单位为中国地质科学院地质力学研究所。项目成果报告通过验收后，于 2017 年汛期开始前开始应用。本轮详查工作历时过半年，共投入水工环、岩土工程、钻探、测绘、分析测试、遥感、信息系统等各类专业技术人员近 1000 人，实际完成地面和遥感专项调查 16 万平方千米，调查评估 1190 处场镇、各类地质环境点 20084 处，结合钻探、物探、测绘等手段，对 465 处崩塌、1988 处滑坡、367 处泥石流等典型地质灾害隐患点开展了综合分析和研究，探索总结调查区地质灾害发育分布规律；对 167 处重点场镇、42 处小流域进行了详细调查测绘，并有针对性地提出了防治措施对策建议。通过本轮详查，梳理形成了"地质灾害隐患点""地质灾害避险搬迁""地质灾害工程治理"三本台账。全面复核（排查）隐患点 14131 处，涉及威胁 101647 户共 470977 人、财产 203.49 亿元；调查新增隐患点 1772 处，建议销号 2055 处，建议向其他防灾责任主体移交 1527 处；编制隐患点预案 12287 份，发放"防灾明白卡、避险明白卡"112041 份；开展避险搬迁选址调查 823 处，规划安置受威胁群众 9541 户；复核地质灾害治理工程 2456 处；开展地质灾害宣传培训 1408 场，受众 106368 人次。本轮详查成果丰硕，提交了正式成果报告 41 套、各类附件 640 份、相关图件 800 套，以及数百套表格、图册和 40 套成果数据库等，及时更新了辖区国土资源主管部门地质灾害基础信息系统。调查数据与辖区市（州）、县（市）做到无缝对接，调查成果将在今后的防灾减灾工作中发挥重要决策支撑作用。为确保项目顺利实施及工作成果质量，根据省厅安排部署，四川省地质环境监测总站高度重视项目组织监管工作，前后实施了 3 轮全覆盖野外检查，邀请了中国地质环境监测院、中国地质查局驻蓉单位、省内高校、地勘单位、科研院所、测绘等单位专家 360 人次指导把关，组织专家审查验收及技术复核会议 78 场次。中国地质环境监测院专家认为，四川地质灾害详细调查工作在制度建设、组织实施、过程监管、质量控制、成果表达与运用等方面均处于全国领先水平。

（三）专题性地质灾害调查

1. 关中盆地渭南地区地裂缝地质灾害调查

该项目承担单位为长安大学。2019 年 10 月，历时 3 年的关中盆地渭南地区地裂缝地质灾害调查项目通过中国地质调查局西北项目办验收。项目采用资料收集整理、野外地质调查、钻探、物探、监测、实验测试等技术方法，对关中盆地渭南地区安仁镇幅、许庄镇（韦庄镇）幅和大荔县幅 3 个 1∶5 万标准图幅开展地裂缝地质灾害调查。

完成的实物工作包括：收集了地质、气象水文、水文地质、工程地质、环境地质等与本项目有关的各类资料，重点收集和整理了本区地裂缝、地面沉降、活动断裂以及各类钻孔资料、1∶5 万水工环综合地质调查 1260 平方千米、1∶1 万地裂缝详细调查 30 平方千米，共定点 1326 个点、调查地裂缝 100 条、钻探 5767 米、水文地质钻探 1085 米、槽探 5900 立方米、浅层地震勘探 3600 点。

取得的主要成果包括：①查明了调查区地质环境条件和大西安地裂缝地面沉降活动现状，提出了盆地内次级块体地裂缝的差异运动驱动机制和黄土湿陷地裂缝的悬臂梁弯曲致裂机制，构建了地裂缝灾害危险性评价指标体系和风险评估模型，提出了高铁工程地裂缝灾害的防治对策，初步形成了隐伏地裂缝破裂扩展理论。②建立了调查区地质环境数据库，更新了大西安地区地裂缝地面沉降数据库。③在科学理论创新和技术方法进步方面，建立了地裂缝灾害危险性评价指标体系。④在成果转化应用和有效服务方面，项目成果积极应用和服务于当地的重大工程建设，承担了西安地铁、西安高新云轨、引汉济渭、泾渭新城开发区和铜川电厂专用铁路线等重大工程的地震安全性评价、地质灾害危险性评估等工作。及时将水工环地质调查成果移交给当地政府，为当地城镇规划、工程建设和防灾减灾提供基础数据。将地裂缝灾害调查成果提交给当地村委会和工程建设方，服务于乡村合理规划、房屋选址和建设工程安全运营。4 口水文钻孔及时交给当地作为灌溉井，有效缓解了当地的用水困难，为有效促进调查区的农业经济发展作出了贡献。编制完成了中国地质灾害防治工程行业协会团体标准——《地裂缝防治工程勘查规范》（送审稿）和《地裂缝防治工程设计规范》（送审稿），为地裂缝灾害防治的示范推广和应用提供了技术支撑。开展专门的公益科普宣传讲座、地质灾害技术培训，制作地质灾害科普宣传画报，编写地裂缝灾害防治科普宣传读物，为地质灾害科普宣传提供支持。⑤在人才培养和团队建设方面，地质灾害团队 45 人，为自然资源部科技创新团队人员，其中教授 4 人、副教授 7 人。课题组 2 人晋升为教授，培养青年教师 3 人，培养博士 7 人、硕士 27 人。发表论文 18 篇（其中 SCI 论文 7 篇），编制行业规范（送审稿）1 部，参编行业规范（送审稿）1 部。

2. 徐州地区岩溶塌陷调查

徐州是江苏省地质环境最脆弱的城市，岩溶分布广泛。3216 平方千米的城市规划区分布有 1800 平方千米的隐伏岩溶区。在以往的地下水开采及城市建设中，不仅频发岩溶塌陷，而且给建筑工程的地基处理带来很大影响。"徐州地区岩溶塌陷调查"既是中国地质调查局"重点地区岩溶塌陷灾害综合地质调查"子项目，又是"徐州城市地质调查"的配套项目。项目在全面系统分析徐州地区以往成果的基础上，通过 1:5 万岩溶塌陷调查，系统分析了徐州地区地质环境条件，深入研究了岩溶发育的控制因素，全面摸清了岩溶塌陷时空分布规律，开展了岩溶塌陷易发程度评价和风险评价，提出了岩溶塌陷防治对策，为徐州城市规划布局、重大工程建设及防灾减灾服务提供了基础地质数据。

主要成果及科技创新：①基本查明了徐州地区可溶岩地层岩性分布，摸清了岩溶发育规律及控制因素。②建立了"单一透水型盖层"和"透-阻型盖层"等岩溶塌陷发育的地质模式。③基于岩溶塌陷的破坏模式及监测数据，首次提出徐州地区岩溶塌陷发育判据。④建立岩溶塌陷易发程度评价指标体系，进行岩溶塌陷易发性评价。⑤以岩溶塌陷为约束条件，首次划定了岩溶水水位控制红线。

取得的成果在徐州城市交通基础设施建设中得到了较好的应用，其中在地铁沿线岩溶塌陷风险评价方面效果突出。依据地铁 1、2 号线工程地质钻探资料，提取相关地层岩性、结构和厚度指标，根据岩溶塌陷水位降深控制红线的确定方法，计算得到地铁 1、2 号线各段的临界水力梯度，划定地铁 1、2 号沿线岩溶塌陷水位控制红线。根据地铁线沿线地质结构、岩溶发育特征、覆盖层特点判断，地铁 1 号线岩溶塌陷高风险段 8.09 千米，岩溶塌陷风险中等段 3.36 千米；地铁 2 号线岩溶塌陷高风险段 7.40

千米，岩溶塌陷风险中等段 0.40 千米；地铁 3 号线一期工程岩溶塌陷高风险段 5.51 千米。上述地段可能诱发突水突泥型岩溶塌陷，地铁工程采取了有针对性的工程措施。

3. 淮河流域平原区地下水污染调查

2003—2006 年，中国地质调查局南京地质调查中心组织实施了淮河流域环境地质调查。该项目首次对淮河流域平原区统一进行地下水污染调查，基本查清了重点地区（面积约 8 万平方千米）不同层位的地下水质量及污染状况。①埋深小于 20 米的地下水是流域内广大农村地区生活用水的主要水源，已普遍遭受不同程度的污染。区内仅少部地区分布有可以饮用的 Ⅰ～Ⅲ类水，面积约占调查面积的 4.37%；Ⅳ类水（经处理后可以饮用）分布面积占调查面积的 49.81%；Ⅴ类水（不可饮用）分布面积占调查面积的 45.82%。地下水中超标组分主要为三氮、氯化物、总硬度、氟化物、铁、锰、溶解性总固体。②埋深 20~50 米的地下水以轻度污染区为主。其中，Ⅰ～Ⅲ类水分布面积占调查面积的 11.5%，Ⅳ类水分布面积占调查面积的 70.0%，Ⅴ类水分布面积占调查面积的 18.5%。地下水中超标组分主要为氯化物、硫酸盐、氟化物、总硬度、硝酸盐、铁、锰、总硬度。③埋深大于 50 米的地下水质量一般较好，大部分地区为水质良好区。其中，Ⅰ～Ⅲ类水分布面积占调查面积的 52.5%，Ⅳ类水分布面积占调查面积的 36.2%，Ⅴ类水分布面积占调查面积的 11.3%。地下水中超标组分主要为氟化物、氯化物、硫酸盐、总硬度、溶解性总固体、亚硝酸盐等。

成果在流域内相关各省得到了推广和应用，尤其在各省的国土资源整治、矿山环境治理、农村安全饮用水工程、疾病高发区和地方病区改水、流域内各以地下水为主要供水水源城市的地下水位持续下降等环境地质问题的治理以及地下水资源合理开发利用等方面得到了应用，产生了显著的社会效益、经济效益和环境效益。

4. 东部重要经济区地下水污染状况调查

2002 年完成的"新一轮全国地下水资源评价"项目中表明，全国有 2/3 城市地下水水质普遍下降，其中 300 多个城市由于地下水污染造成供水紧张。对此，中国地质调查局于 2006 年启动了全国地下水污染调查，第一阶段主要部署在东部重要经济区，包括珠江三角洲、长江三角洲、淮河流域平原区、华北平原和东北平原，项目实施周期为 4 年。

（1）珠江三角洲。调查发现：区域地下水酸化严重；三氮污染突出，局部已呈片状分布特征；重金属超标点多，特别在城市周边及工矿企业分布区，铅、砷超标率高；微量有机污染虽超标点不多，但检出点多；典型点污染严重，有机无机污染并存，且呈现多种微量有机污染物检出和超标的复合污染特征。

（2）长江三角洲。基本查明了长江三角洲地区污染源类型和地下水污染现状，进行了长江三角洲（长江以南）地区地下水防污性能分区与评价。区内地下水防污性能总体较好，防污性能较差和极差区主要分布在张家港—常熟—太仓盐铁塘以北沿江地区、杭州西南、余杭西北的岩溶山区及海盐的钱塘江口；地下水无机污染以三氮为主；初步掌握了"癌症村"周边污染源的分布和水土环境中存在的主要污染物；成功地应用地质雷达对苏南地区加油站泄漏和污染状况进了探查。

（3）华北平原。根据地下水污染调查结果统计，区域地下水污染呈加重态势：污染指标以三氮、重金属和痕量有机污染物为主；多为点状污染，分布较广，多集中在城市周边和重化工开发区及影响带范围内；以浅层地下水污染为主，深层地下水亦有多点检出污染物；往往有机污染和无机污染并存，呈多种指标的复合污染特征，地下水环境整体状况堪忧。

5. 河套平原浅层地下水重金属污染调查

2013 年，中国地质调查局完成了对浅层地下水中的重金属较系统的调查评价，包括铜（Cu）、锌（Zn）、镉（Cd）、六价铬（Cr）、铅（Pb）、汞（Hg）、镍（Ni）和类金属砷（As）等 8 项元素。范围包括后套平原、三湖河平原、呼包平原及黄河南岸平原，行政区划隶属呼和浩特市、包头市、巴彦淖尔市、鄂尔多斯市，涉及 23 个旗（县、区），面积约 3.2 万平方千米。

依据《地下水质量标准（报批稿）》（2009），对 8 项元素分别进行了单因子评价。结果显示，河套平原浅层地下水中的重金属含量低，重金属不明显，按照重金属元素评价，Ⅰ、Ⅱ类水比例超过 90%。其中，铅元素含量最低，按铅元素评价，Ⅰ、Ⅱ类水比例达到 98.8%。河套平原浅层地下水中的砷含量高，按砷含量评价，Ⅰ、Ⅱ类水仅占 48.8%，严重威胁当地群众饮水安全，应当引起足够重视。据调查，河套平原浅层地下水中砷，主要由天然地球化学背景所致。

第二节　地质灾害防治

地质灾害的种类繁多，主要包括崩塌、滑坡、泥石流、地面塌陷、地面沉降、地裂缝、矿井突水突泥、冲击地压（岩爆）、瓦斯突出、煤层（田）自燃、矿井和地下工程热害、水土流失、冷浸田、土地荒漠化、土地盐渍化、砂土液化、渗透变形、海水入侵、土地冻融灾害、水土化学污染等。此外，还有地震及火山活动。地质灾害动力性质可分为内动力、外动力、热源动力、人为动力、化学动力。根据其活动过程，地质灾害可分为突发性地质灾害、缓发性地质灾害或累进性地质灾害。

一、地质灾害减灾重点和宏观对策

我国是世界上地质灾害最严重的国家之一。根据我国地质灾害特点和减灾能力，地质灾害防治的原则是：预防为主，避让与治理相结合；重点治理与群测群防相结合；统筹兼顾、因地制宜、长远规划、逐步实施；把防治地质灾害与工程建设、资源开发、环境保护相结合；把防治地质灾害与防治自然灾害相结合；把防治地质灾害与发展经济和脱贫扶困，全面建设小康社会相结合。

（一）我国地质灾害现状

2000 年以来，中国地质调查局所属的调查和科研机构，对我国的地质灾害现状、种类和数量进行了系统的调查研究、系统梳理，得出了相对精准的数据。

1. 崩塌、滑坡、泥石流

根据卫星照片资料，全国有崩塌、滑坡、泥石流（以下简称"崩滑流"）灾害点 100 万处以上。其中大型、特大型灾害点 7800 多处。中华人民共和国成立以来，共发生破坏性较大的灾害 5000 多次，造成重大损失的灾害事件 1000 多次。近 50 年来，造成 2 万多人死亡。全国受崩滑流严重侵扰的城市有 59 座，县城以下城镇 400 多个，大型企业 100 多个，矿山 55 个。四川省松潘县、南坪县，云南省兰坪县、元阳县，新疆库东县等因崩滑流灾害严重，不得不搬迁重建。全国铁路沿线有大型泥石流沟 1386 条；几乎所有山区公路不同程度地受到崩滑流灾害的破坏；数万座水库、水电站受到过崩滑流的破坏等。崩滑流密集区（带）包括：①长白山—燕山—太行山密集区（带）；②黄土高原密集区（带）；③秦岭—大巴山密集区（带）；④长江三峡及其两岸密集区（带）；⑤龙门山—横断山—五莲峰—乌蒙山密集区（带）；⑥云贵高原密集区（带）。此外，西北的天山、祁连山，青藏高原的念青唐古拉山，华南和东南沿海的仙霞岭、武夷山和台湾山地等地区，崩滑流灾害也比较严重。

2. 岩溶地面塌陷

岩溶地面塌陷广泛分布在我国 24 个省（区、市），以桂、黔、滇、粤、湘、鄂、赣、冀等省（区）最严重。全国已发现的岩溶地面塌陷 3000 多处，塌陷坑约 33200 个，塌陷总面积 330 平方千米。在地理位置上，主要分布在长白山—燕山—吕梁山—四川盆地—哀牢山以东区域。全国发生岩溶地面塌陷的城市近 70 座，造成严重破坏的 44 座，主要有唐山、武汉、昆明、黄石、九江、水城、杭州、柳州等。此外，矿山、铁路也一定程度地受岩溶地面塌陷的威胁。

3. 地面沉降

我国发生地面沉降的城市达 70 座，其中省会城市有哈尔滨、长春、沈阳、呼和浩特、太原、西安、郑州、杭州、武汉、广州等，累计降量在 2 米以上的有 9 座城市。在区域分布上，地面沉降主要发生在我国东部地区，尤其以沿海城市和华北平原等地区最严重。形成大面积的沉降区（带）有：①下辽河平原的沈阳—营口地面沉降区（带）；②北部黄淮海平原的天津—沧州—衡水—德州—滨州—东营—潍坊地面沉降区（带）；③南部黄淮海平原的徐州—滨州—东营潍坊地面沉降区（带）；④长江三角洲的上海—苏州—无锡—常州—镇江—南通地面沉降区（带）；⑤汾河河套平原的太原—侯马—运城—西安地面沉降区（带）；⑥台湾山地边缘的宜兰—台北—台中—云林—嘉义—屏东地面沉降区（带）。

4. 地裂缝

我国的构造地裂缝分布较广泛，在华北和长江中下游地区尤其发育。主要有：①汾渭盆地地裂缝带；②太行山东麓平原地裂缝带；③大别山东北麓平原地裂缝带。

（二）地质灾害防治工作部署

1. 政策、法制、标准与规划的制定

1999 年 3 月，国土资源部制定了《地质灾害防治管理办法》。2001 年 3 月，国土资源部颁布了《地质灾害防治工作规划纲要》。2003 年 11 月 24 日，温家宝总理签发中华人民共和国国务院令第 394 号，公布了《地质灾害防治条例》。2006 年，国土资源部颁布了地质灾害防治技术标准 5 部，包括《滑坡防治工程勘查规范》《滑坡防治工程设计与施工技术规范》《泥石流灾害防治工程勘查规范》《崩塌、滑坡、泥石流监测规范》《地质灾害防治工程监理规范》。

2. 地质灾害防治体系的建立

（1）地质灾害监测网络日趋完善。以国家级监测总站（中国地质环境监测院）为核心，建立了 31 个省级监测总站、217 个地（市）级监测站；20738 个地下水监测点、28 个地下水均衡试验场，控制监测面积达 100 多万平方千米。

（2）明确地质灾害防治任务。根据我国地质灾害防治能力和社会经济发展对地质灾害减灾需求，在一段时期内地质灾害防治的任务主要有下列 10 个方面：完善地质灾

害管理体制，推进政府领导的社会化减灾系统建设；健全地质灾害减灾法规，推进地质灾害防治法制化和规范化；完善地质灾害防治规划；更加广泛深入地开展地质灾害调查、评估与区划；逐步增加减灾投入，加强重点地区和减灾示范区的地质灾害防治；发展完善地质灾害群测群防和地质灾害预警体系；加强地质灾害信息系统建设；加强地质灾害减灾宣传教育；加强科学研究，为地质灾害防治提供充分的理论支持和技术方法保障；全面加强地质灾害防治管理。

（3）因地制宜实施地质灾害防治对策。我国不同地区自然条件和社会经济条件有很大差异，地质灾害类型和危害情况不同。21世纪以来，根据不同区域的实际情况，采取了不同的防治对策。

1）东北—华北区。包括黑、吉、辽、京、津、冀、鲁、豫、皖、苏、沪等省（市）。主要地质灾害是由于过量开采地下水和煤炭资源引起的地面沉降、地面塌陷、海水入侵，主要发生在沿海城市和矿区；其次是部分地区的水土流失、土地沙漠化和泥石流，主要分布在山地、丘陵、草原。因此，防治的主要途径是合理开发利用水资源、土地资源和矿产资源，保护和治理生态环境，特别是在城镇、矿区和农灌区，要大力节水，严格控制地下水开采，控制地面沉降和地面塌陷。与此同时，在进行城市和重大工程建设时，一方面要避让灾害危险区，另一方面要防止建设活动诱发次生地质灾害的发生。

2）东南区。包括湘、赣、闽、粤、台、琼等省。主要地质灾害是水土流失、崩滑流和地面塌陷。这些地质灾害除少量分布在一些城镇、矿区外，主要分布在山区农村。防治重点是危险性较高的城镇和矿区，实施重点工程治理和生物治理，防治崩滑流和水土流失；采用控制地下水开采量以及工程建设避让灾害危险区等措施，预防治理城镇、矿区的地面塌陷。对于分布在广大丘陵山区的水土流失和零散的崩滑流，应加强国土资源保护与生态环境建设。与此同时对于发育在居民点和交通干线的灾害实行监测和群测群防，减轻人员伤亡和财产损失。

3）中部区。包括晋、陕、甘、鄂、川、渝、滇、黔、桂等省（区、市），是我国崩滑流和水土流失灾害最严重的区域，部分地区还有沙漠化和地面塌陷、矿井灾害等。防治地质灾害的措施主要包括：加强国土资源保护和流域水土整治，退耕还林、还草，改善生态环境，控制水土流失和土地沙漠化不断发展势头，削弱崩滑流形成的基础条件；加强地质灾害调查和危险性评估，科学规划工程建设，使城市、村镇和铁路、公路、桥梁等各种工程设施尽可能避让地质灾害高危险区；对于无法避让高危险区的工程设施和已经处于高危险区的城镇、重点工程设施，采取专门措施进行防治；对于处于地质灾害危险区而且又难以进行有效防治的城镇、农村居民点和其他工程设施，选择安全地区进行搬迁；在崩滑流活动比较强烈、居民比较分散的山区，在加强调查、评估、预测的同时，建立健全监测预警体系，通过监测、预报和临灾避让，减少人员伤亡和财产损失；科学地进行山地耕植、矿产开采和工程建设活动，避免诱发地质灾害。

4）北部区。包括内蒙古、宁夏、新疆等自治区和甘肃省西北部。主要地质灾害为土地沙漠化，部分地区有土地盐渍化和滑坡、泥石流。主要防治途径是合理开发利用土地资源、水资源和草原资源，保护治理生态环境，遏制沙漠化、盐渍化不断发展势头。对于滑坡、泥石流，加强监测、预报，对危害城镇和重要工程的灾害点实施重点治理。

5）青藏区。包括藏、青等省（区）。主要地质灾害为土地冻融，其次为土地盐渍化、沙漠化，还有一些地区发育有滑坡和冻融泥石流。主要危险对象是铁路、公路、桥梁、房屋等工程设施。防治途径是通过地基处理以及采用抗灾工程结构，预防灾害的破坏。

3. 地质灾害防治规划的制定

2004 年 4 月，中国地质环境监测院编制完成了《全国地质灾害防治规划》（2004—2020 年）（以下简称《规划》）。《规划》明确了 2004—2020 年我国地质灾害防治的总体目标，划分了地质灾害易发区和重点防治区，提出了实施地质灾害防灾减灾工程的内容和保障措施。《规划》要求，2004—2010 年，在完成全国陆地 700 个县（市）地质灾害调查与区划的基础上，全面完成主要地质灾害易发区、重要经济区、主要城市、国家重大工程建设区的地质灾害调查，并完成我国重要经济区的地质灾害风险区划；地质灾害群测群防监测网络基本覆盖全国，在三峡库区、长江三角洲地区、环渤海地区建成地质灾害专业监测网，在重点防治区实现地质灾害的有效监测预报；建成国家、省（区、市）、市三级地质灾害应急反应系统和全国地质灾害信息系统；完成三峡库区重大地质灾害隐患点的治理和危及城镇公共安全重大地质灾害隐患点的治理；完成全国 160 万人受地质灾害隐患点威胁的搬迁避让工程。到 2010 年，全国大部分重点地质灾害防治区初步建成防灾减灾体系，使地质灾害造成的人员伤亡减少 20%，因地质灾害造成的经济损失占国民生产总值的比例降低 20%。2011—2020 年，开展第三轮全国地质灾害调查，完成覆盖全国的地质灾害风险区划，全面掌握我国陆地和近海地质灾害的分布与危害程度；建立全国相对完善的地质灾害监测网络和地质灾害应急反应系统；完成遭受地质灾害威胁的零散居民点的搬迁避让工程和乡镇以上城镇、居民集中点、铁路和重要交通干线地质灾害隐患点的治理工程；建立相对完善的地质灾害防治法律法规体系和监督管理体系，并使人为引发的地质灾害得到根本控制。到 2020 年，在全国重点地质灾害防治区建成完整的防灾减灾体系，使地质灾害造成的人员伤亡减少 50%，因地质灾害造成的经济损失占国民生产总值的比例降低 50%。

二、重点地质灾害防治研究项目与工程项目

（一）三峡水利枢纽水库区崩滑地质灾害防治科学研究

2000 年以来，国家与地区地质灾害防治行政管理部门持续开展库区崩滑地质灾害防治科学研究，组织实施了一系列的重点项目。

1. 国土资源部"崩滑地质灾害监测工程试验（示范）区项目专题研究"（1998—1999 年）

该项目于 1998 年 11 月开始实施。主要研究内容为：三峡库区崩塌、滑坡地质灾害 GPS 监测试验研究；重大地质灾害（链子崖、黄腊石、黄土坡）综合监测示范研究；崩塌、滑坡地质灾害信息系统与防治决策支持系统研究。科研主管部门为国土资源部国际合作与科技司、地质环境司。参加单位有成都理工大学、全国地质环境总站、武汉测绘科技大学、中国地质大学（武汉）。1999 年 9 月完成科研报告的编写，同年 10 月 20 日通过部主管部门审查验收。科研取得的主要成果是成功地将 GPS 测量引进崩滑地质灾害监测领域（精度达到毫米级）。从 13 种 GPS 监测控制网型设计中优化选出了首级监测网的布设方案。同时，补充建立了链子崖危岩体、黄腊石滑坡、黄土坡滑坡综合立体监测网，进行了监测技术总结和推广示范，并对崩滑地质灾害信息系统和决策支持系统进行了研究和初步开发。

2. 国土资源部 2000 年科技专项计划"长江三峡地质灾害监测与预报"（2001—2004 年）

该专项计划于 2000 年 6 月开始实施，于 2004 年 10 月结题。主要研究内容为：①三峡库区常见多发型滑坡地质模型与监测模型建模研究；②三峡库区常见多发型滑坡预报模型建立与预报判据研究；③滑坡、崩塌地质灾害监测新技术开发，包括绝对位移自动化监测系统、多功能钻孔倾斜仪、滑坡推力监测系统、直接提取变形量的高精度 GPS 监测软件、TDR 监测技术研究 5 个课题；④三峡库区地质灾害信息系统工程化开发。科研主管部门为国土资源部国际合作与科技司、地质环境司。参加单位有成

都理工大学、三峡大学、中国地质大学、地科院探矿工艺研究所、武汉测绘科技大学、中国地质环境监测院、中国地质调查局水文地质技术方法研究所、东南大学等。科研取得的主要成果是：项目①、②、④对滑坡预报和信息系统提高了研究深度；项目③的5个监测技术均研制成功，并应用于三峡库区崩滑地质灾害监测，其中钻孔倾斜仪能一次性测斜和测扭，滑坡推力监测填补了一项空白，GPS结算软件大大提高了监测效率。

3. 二期防治规划科研"三峡库区滑坡塌岸防治专题研究"（2002—2005年）

2002年7月，三峡库区地质灾害防治工作指挥部编制了《三峡库区滑坡塌岸防治专题研究》科研立项报告，报告分为4个专题33个项目。通过专家组审查后，同年8月编制完成专题研究的总体设计，经财政部审查修改后，同年11月通过。2003年10月科研经费到位，科研工作开始实施。各专题是：①三峡库区塌岸预测与防治；②库区滑坡防治研究（包括两个子专题：库区万州、奉节、巫山、巴东移民新城区有争议的重大滑坡防治研究，库区水库型滑坡预测评价及防治研究）；③库区地质灾害防治工程效果评价、减灾效果评价和防治工程技术综合研究；④库区地质灾害防治工程信息系统与决策支持系统研究。承担研究的单位有中国科学院，水利部、国土资源部、中国气象局等部门所属单位和中国地质大学、成都理工大学、武汉大学、三峡大学、南京大学、香港大学等院校。2005年9月，二期科研全部完成，通过了专家组验收。2006年1月14日，该项目通过了国家领导小组验收委员会的最终（行政）验收，验收认为：三峡库区滑坡塌岸防治专题研究4个专题33个项目都完成了合同所规定的任务，共提交成果报告85册，取得了一定的创新成果，提高了塌岸预测评价和滑坡预测评价的科技水平，提高了滑坡勘查、设计、施工、监测预警和信息化研究的科技水平，解决了三峡库区地质灾害防治工作中多项技术难题，对三峡库区地质灾害防治有重要的指导意义，有较大的推广应用价值。

4. 三期防治规划"三峡库区三期地质灾害防治重大科学研究项目"（2006—2009年）

三期防治规划科研涉及众多方面的内容。2006年7月，三峡库区地质灾害防治工作指挥部完成了《三峡库区三期地质灾害防治重大科研技术研究立项报告》的编写，共设计了7个研究专题。

三峡库区崩滑地质灾害防治科研工作，在国家领导小组办公室和国土资源部地质勘查管理司、科技发展司的领导下，组织了全国有很强科研能力的高等院校、研究单位和生产单位，走产、学、研相结合的道路，解决了多项崩滑地质灾害防治的技术难题，取得一批丰硕成果，并在三峡库区崩滑地质灾害防治中得到了很好应用。

（二）河南省地质灾害治理项目

河南省地质环境勘查院规划设计院公司经过艰苦努力，接连中标5个地质环境类项目，既有财政类项目，也有市场项目，展现了该院在地质环境专业上的优势。其中"河南省禹州市1∶5万地质灾害详细调查""焦作市中站区焦晋高速粘土矿矿山地质环境治理项目勘查设计""巩义市新城区南部矿山地质环境治理恢复项目勘察、设计"3个项目属于财政项目，"中国铝业股份有限公司冯庄—白寨铝土矿土地复垦方案编制""中国铝业股份有限公司渑池铝矿（贯沟）矿山恢复方案与土地复垦方案编制"2个项目为市场项目。

"河南省禹州市1∶5万地质灾害详细调查"项目是河南省国土资源厅2013年度1∶5万地质灾害详细调查项目的其中一个标段，项目金额为92.07万元。该项目在收集利用地质灾害调查与区划、地质灾害防治规划和矿山地质环境保护规划基础上，开展禹州市滑坡、崩塌、泥石流等地质灾害详细调查，基本查明区内地质灾害及其隐患发育特征、分布规律以及形成的地质环境条件，并对其危害程度进行评价，圈定地质灾害易发区和危险区，建立地质灾害信息预警系统，建立健全群专结合的监测网络，为减灾防灾提供地质依据。

"焦作市中站区焦晋高速粘土矿矿山地质环境治理项目勘查设计"是国土资源部、财政部批复的焦作市矿山地质环境治理项目中一个子项目的勘查设计项目，金额为155万元。项目位于焦作市中站区焦晋高速公路锦绣峰隧道上部西侧，为武汉钢铁公司早期开采粘土矿的废弃采区，因采矿引发的山体破损问题十分严重，山坡上到处是采矿遗留的矿坑和矿渣堆，造成地貌景观和不稳定边坡问题，不稳定采矿边坡坡度在70°~85°，边坡岩体破碎，易产生崩塌；废弃矿渣无序堆放，形成的堆积体边坡在强降水时易发生滑移。部分高陡边坡存在地质灾害隐患，地表植被遭破坏，山体裸露。该项目旨在通过矿山地质环境治理工程的实施，消除区内潜在地质灾害隐患，改善区内生态环境，改善当地居民生存环境，是一个造福百姓的民生工程。

"巩义市新城区南部矿山地质环境治理恢复项目勘察、设计"项目位于巩义市新城区南部矿区。自20世纪七八十年代以来，由于个体矿主对该地区石灰岩矿进行连续开采，造成该区域内形成了多处大小不等的采坑，大量废弃矿渣堆在区内，造成区内原生地貌景观破坏，并存在崩塌、泥石流等地质灾害隐患，对当地游客、居民的生命财产安全造成很大隐患，严重影响了当地的旅游环境和生态环境、破坏了风景区及道路南侧的原生地貌景观。通过该矿山地质环境治理恢复项目的实施，目的是基本消除该区域内地质灾害隐患，排除其对当地生态环境的影响，使拟治理区内的矿山地质生态环境趋于良性发展，对区内居民的生命财产安全起到保护作用，促进人口、资源、环境三者间的和谐有序发展。

（三）江苏耕地质量提高与污染防治研究——典型地区耕地污染修复与防治示范项目

2015年12月，江苏省地质调查研究院组织实施了该项目，工作周期3年。设计工作经费1830.97万元。在查明全省典型区耕地重金属污染范围及其强度、污染物来源及风险的基础上，研发了重金属污染耕地实用修复技术及相关污染治理技术，建立污染修复与防治示范工程，最后拟定了耕地重金属污染防治对策。研发技术包括①研发了针对耕地镉污染实用的钝化修复技术。针对精确锁定的重金属镉污染田块开展了连续3年的大田修复试验，成功研制了施用改性凹凸棒石、改性沸石、改性蒙脱土及生物炭等环境修复材料治理酸性、中性及碱性镉污染耕地的实用钝化技术，修复成本低廉、周期短，且修复效果显著。已成功修复轻微—重度镉污染耕地200余亩，在苏南、苏中建立了修复示范区。在探索修复技术的同时，致力于修复材料研发，将低品位凹凸棒石类矿产资源变废为宝，研制了可批量生产的高效钝化修复材料，用于污染耕地修复。相关技术已获得发明专利一项。②研发了针对耕地镉污染实用的植物修复技术。在前期试验的基础上，优选出了苏柳795、172等能够吸收土壤残留镉等重金属的大生物量植物。通过大面积实地栽种并辅以配套的管护措施，每隔两年重栽一次，植物吸收对污染耕地土壤中残留镉的年清除率最高达到23%，5~6年后能基本使得重度镉等污染耕地恢复到正常，且不改变耕地的利用方式。已经在江苏累计修复污染耕地近100亩，收割后植物经过晒干送至生物炭制备厂，进行无害化处理后，可加工成钝化修复材料，循环利用。相关技术已提交两项发明专利申请，且在苏南地区建立了修复示范区。

（四）污染土地和地下水原位修复技术的研究

2001—2003年，中国地质科学院水文地质环境地质研究所开展了"污染土体和地下水的原位微生态修复技术——以氮素污染为例"的项目。该项目以微观角度研究了包气带土体和地下水的生态功能，探索微生态技术对土壤包气带土体和地下水污染的修复途径；通过野外试验井地下水硝酸根离子污染的微生态原位修复的可行性和有效性试验研究，开展室内外包气带土体硝酸根离子污染的微生态修复与硝酸根离子异化产氨根离子试验研究。该技术不仅在原位有效地修复了土壤、包气带中的硝态氮污染，还增加了土壤的肥力与氮肥利用率，且无负面作用。这对修复污染、保护地下水资源和农作物增产都具有重要意义。

第三节　地质灾害监测

我国地质灾害种类多，分布面积广，活动频次高，危害程度大。20世纪70年代以来，人类活动日益加剧了自然环境的恶化，地质灾害造成的破坏和损失呈现急速增长趋势。其中包括：①突发性灾害。主要有地震、崩塌、滑坡、泥石流、溃坝、地陷等，其破坏性极强，给当地的生命财产、基础设施造成严重的破坏。②持续性灾害。主要有地沉、地裂、水土污染，其影响性持久，对当地经济社会可持续发展提出了严峻挑战。对此，21世纪以来，各级政府部门依据地质灾害的基本特点策划和实施了监测网络的构建工作。

一、地质灾害监测原则和任务的确立

《中国21世纪议程》提出了我国可持续发展的战略目标。在我国经济和社会快速发展的过程中，人类活动的强度和范围达到前所未有的程度，其对包括地质环境在内的人类生态环境的干扰与破坏也日益增强，自然地质灾害造成的危害和损失成倍增加，矿产资源和地下水资源等的开发利用以及各种工程活动诱发的地面沉降、崩塌、滑坡、泥石流等人为地质灾害也较为普遍，对城市、公共基础设施和广大人民群众的生命财产安全构成严重威胁。特别是地面沉降，多发生在我国经济最发达、人口密度最大、公共基础设施最密集的东部地区，成为这些地区乃至国家可持续发展的重要制约因素。

因此，加强地质灾害监测，进行全国地质灾害监测与预警体系建设的规划，在监测基础上，实现对地质灾害的治理与对地质环境的保护，不仅是防灾减灾的需要，而且是国家经济社会可持续发展、保护生态环境和进行生态环境建设的最基本的保障，是一项重要的基础性和公益性的国家地质工作。

（一）基本原则

2000 年以来，在地质灾害监测工程中坚持了以下基本原则。

（1）与国家国民经济社会发展进程相适应的原则。建立和完善与全面建设小康社会相适应的、符合可持续发展要求的地质灾害监测预警体系，为国家及地方宏观调控和指导国土资源开发与整治提供依据。

（2）突出"以人为本"。坚持按客观规律办事，从实际出发，讲求实效，山区、平原和不同灾种的监测重点各有侧重的原则。在以突发性地质灾害为重点的地区，应以最大限度地减少人员伤亡、保障社会稳定和人民生命财产安全作为主要目的；缓变性地质灾害应以专业监测为主要手段进行监测与规划。

（3）群专结合的原则。建立以县、乡、村为基础，全民参与、群专结合的群策群防体系，是多年来地质灾害防治工作中总结出来的宝贵经验，也是避免人员伤亡，把灾害损失降到最低限度的重要保证。

（4）统筹规划、分步实施、分级管理。密切结合生产力布局和人口分布状况，对全国地质灾害监测预警体系建设工作进行统筹规划，制定切实可行的分阶段实施方案，明确各级政府和企（事）业单位在地质灾害监测中的责任和义务，建立统一管理和分级（国家、省、市、县）管理相结合，处理好全部与局部、长远与当前的关系，优先实施重点地区和重要经济区（带）的监测预警体系建设。

（5）监测网建设与保护并重。摈弃重建设、轻保护的观念，严禁边建设、边破坏，通过法律、经济等手段，明确保护责任，落实保护费用，切实保护监测仪器、设备、设施的建设成果。

（6）站网建设与能力建设并举。在不断完善地质灾害监测网基础硬件设施建设的同时，加强机构建设、法规制度建设、技术规范建设、信息系统建设、人力资源建设和研究能力建设。

（7）专业服务功能与公众服务功能并重。地质灾害监测信息既要为国家决策和专业调查评价提供支持，也要为社会公众提供地质灾害现状信息和防灾减灾信息。

（8）依靠科技创新，提高监测工作质量。加强科学研究，改进监测设施，依靠科技进步，全面提升监测能力和服务水平。

（9）建立多渠道筹资机制。各级地质灾害监测机构的监测经费要纳入同级政府财政预算。多渠道筹集监测资金，设立各级地质灾害监测专项经费，确保监测工作的顺利实施。

（二）目标和任务

地质灾害监测预警体系建设的目的是：最大限度地减少人民群众的生命财产损失，以保障经济、社会的可持续发展；为国家及地方宏观调控和指导国土资源开发与整治提供依据；从地质环境可持续开发利用角度提出地区发展战略建议；为改善人居环境，保障交通大动脉安全畅通，水电工程正常运行等提供保障；为地区社会经济发展提供决策参考。在基本掌握全国地质灾害分布状况与危害程度的基础上，建立并逐步完善全国地质灾害的监测预警网络体系。在逐步查明我国地质灾害分布状况与危害程度的基础上，建成覆盖全国的较完善的突发性地质灾害群测群防网络体系；建成以省（区、市）及部分县（市）地质环境监测站为骨干的突发性地质灾害应急反应体系；建成我国较完善的地质灾害专业监测骨干网络，重点地区及重要经济区（带）达到监测数据的实时采集、分析、预警预报的水平。使地质灾害防治工作以被动救灾为主的局面得到根本性扭转，人为有效控制地质灾害，使损失逐年攀升的趋势得到有效控制。重点监测任务包括以下几点。

（1）保障国家重大工程建设安全。全国有 20 余条铁路干线和所有山区公路不同程度地受到滑坡、崩塌、泥石流的危害或威胁。大型水库岸边，河流傍岸，尤其是峡谷段，常因发生滑坡、崩塌、泥石流而阻塞航道，并引起洪灾。中东部沿海平原和盆地地面沉降、地裂缝和地面塌陷等地质灾害严重威胁和破坏基础工程设施。加强这些基础工程设施和沿大江大河危险地段的地质环境监测，采取科学的分析方法进行预测预报，是一项长期的工作。此外，西部地区的水利、交通、能源和通信等基础设施，包括长江三峡工程、南水北调工程、大江大河上中游干（支）流控制性水利枢纽工程、内河航运通道、青藏铁路、西电东送工程、西气东输工程等，这些重大工程地域跨度大，多处在或穿越地质灾害易发区，为保障上述工程安全施工和运营，必须加强地质环境监测工作。

（2）城市化发展对地质灾害监测的需求。21 世纪初期，我国有城市 668 座。2020 年以后，我国城镇化水平提高到 45% ~ 50%，城市数量将达到 1000 个以上。城市是人类活动最集中、环境地质问题最突出的地区。为了保障城市化进程，指导城市规划，预防由于不合理的工程活动引发的地面沉降、地裂缝、崩塌、滑坡等地质灾害和其他环境地质问题，必须加强对城市地下水环境和地质灾害的监测。

（3）矿产资源开发对地质灾害监测的需求。我国矿产资源开发带来了很多环境地质问题，产生大量的地质灾害隐患。每年矿石开采量 57 亿 ~ 60 亿吨，矿山企业每年产生固体废弃物 133.8 亿吨、产生尾矿 26.5 亿吨，处置率仅为 6.95%。矿山固体废弃物任意堆放形成了严重的滑坡、泥石流等地质灾害隐患，地下采矿活动诱发的滑坡、地面塌陷等地质灾害十分突出。矿山地质环境监测十分薄弱，矿山地质灾害防治工作任重道远。为了保障矿产资源的安全开发和矿山地质环境的有效治理，必须加强矿山地质环境监测。

二、地质灾害监测系统的建立

（一）工作部署

21世纪的前10年，是我国地质灾害及地质环境信息化工作取得长足发展的重要时期。随着计算机信息技术得到普遍应用，以中国地质调查局直属机构为核心，依托全国各省地质环境监测信息化平台和队伍，建立了一批具有开创性的全国地学灾害及地质环境空间管理信息系统及数据库。地质环境信息广泛应用于国家重大项目及国民经济建设中，取得了很好的经济效益和社会效益。

这一时期，以国土资源大调查项目为依托，新编或修订了相关的信息化工作指南和数字化标准，主要包括《区域环境地质调查空间数据库建设工作指南》《县（市）地质灾害调查数据库格式标准》《水工环空间数据库图例标准》等，为地质环境信息化工作的开展奠定了基础。

（二）平台建设

在网络系统建设方面，建成了中国地质环境信息网络，实现了国土资源部、中国地质调查局、中国气象局、国务院应急指挥中心以及三峡地质灾害监测中心等重要部门专用网络的连接。完善了基于卫星通信的地质灾害会商和应急网络框架，实现了动态监测数据的实时传输和管理。在网络信息服务方面，构建了中国地质环境信息网站，面向社会和专业部门发布地质环境信息、地质灾害气象预警、地下水和地质灾害动态监测信息发布平台等专业服务。

其间，数据库及应用系统建设加快推进，数据资源积累大幅提高。建成的专业信息系统包括"全国县（市）地质灾害调查数据库系统""全国区域环境地质调查数据库系统""地质环境监测数据库系统""全国矿山环境地质调查信息系统""全国地下水监测数据库管理系统""全国地质灾害群测群防信息系统""地面沉降监测信息系统"等，形成了我国覆盖面最大、信息最全面、数据最权威的地质环境空间数据库，实现了对数据库的快速查询、浏览、统计、数据更新、图库互查。其中，各系统相关的地质灾害数据库以全国县（市）地质灾害调查数据库为基础，纳入了地质灾害群测群防信息以及地质灾害灾情险情速报数据（2004—2008 年）和地质灾害防治工程数据。全国县（市）地质灾害调查数据库系统汇总集成了全国 1000 个山区丘陵县（市）12 万余条地质灾害信息以及地质灾害点的平面图、剖面图、照片等多媒体资料；全国地质灾害群测群防信息系统汇总集成了全国 30 个省（区、市）（除上海、香港、澳门和台湾）10 余万条地质灾害群测群防点信息；全国地下水监测数据库管理系统存储了 1980 年以来全国4521 个监测点的 362 万条地下水监测数据；全国矿山环境地质调查信息系统存储了全国11 万个矿山的地质环境调查数据，包括矿山基本概况、矿山占用破坏土地及土地恢复治理、矿山废水废液排放、矿山尾矿固体废弃物排放、矿坑排水影响、矿山次生地质灾害等六个方面，共计 474 万条数据。开发了适用于不同目的的专业应用系统，主要包括"全国地质灾害预警预报系统""地下水监测信息网络发布系统""三峡库区地质灾害预警分析系统""区域地质环境评价系统"等，大大提高了信息技术在地质环境专业领域的应用水平。例如，地质灾害野外数据采集系统（2003—2005 年），为国土资源大调查项目，是在以往地质灾害调查工作的基础上，结合 1∶5 万地质灾害调查和县（市）地质灾害调查项目，采用基于掌上机的 GIS 和 GPS 开发的地质灾害调查野外数据采集软件系统，建立了以突发性地质灾害调查内容为主的地质灾害调查野外数据模型，实现了野外地质灾害调查复杂图文信息实时、准确记录，大大提高了地质灾害调查工作精度。

（三）监测网络

1. 突发性地质灾害监测网络

截至 2008 年，山东、辽宁、浙江等 11 省市开展了突发性地质灾害专业监测，已建和正在建设的专业监测点 600 个。监测内容包括地表和深部变形监测、地下水动态监测、物理与化学场监测、诱发因素监测及宏观现象监测。监测频率正常情况下为每月一次，在汛期根据降水和滑坡变形情况频率增加至每 5~10 天一次。

自 1998 年开始，在地质灾害严重地区建立了县、乡、村、监测人四级群测群防网络体系，在全国 700 个县（市、区）建立了较为完整的地质灾害群测群防网络体系，覆盖面积达 208 平方千米。每年进行汛期重大地质灾害的应急现场调查和监测，取得了重大地质灾害第一手资料。31 个省（区、市）地质环境监测机构每年汛前、汛中、汛后对区内的重大地质灾害隐患区开展巡测，了解已有地质灾害隐患的危险状态。截至 2008 年，全国已建成群测群防监测点 127395 个。监测内容主要是观测地质灾害隐患点地表位移的动态变化情况，监测方法以宏观迹象巡查和地表位移测量为主；监测手段以简易皮尺测量和巡视目测为主。频率一般汛期为 5 天二次，非汛期 10 天一次，大、暴雨期为 1 天一次，甚至实时观测。据各省（区、市）地质灾害成功避让实例统计，成功避让地质灾害案例多以群测群防监测为主。

2.缓变性地质灾害监测网络

自国土资源大调查实施以来，在以往工作基础上，又陆续开展了整个长江三角洲、华北平原、汾渭断陷盆地地面沉降和地裂缝调查与监测工作。据 2008 年统计，上海、北京和江苏等 10 省（市）开展了地面沉降监测，已建地面沉降监测站 40 个、共有水准点 4612 个、基岩标 72 座、分层标 143 组、GPS 监测点 915 个、地下水监测孔 953 个；全国已建立地裂缝监测点 195 个。

（四）技术研发

1.地质灾害预警关键技术方法研究与示范

该项目为国土资源大调查计划项目，工作时间：2003—2006 年。主要任务是：建设基于 GPS 地表变形监测、固定式钻孔倾斜仪深部位移监测、时间域反射（TDR）监测、孔隙水压力监测、光纤应变分析仪（BOTDR）等技术方法的地质灾害实时监测预警示范站；通过地质灾害监测技术优化集成以及 GPRS 无线传输、监测信息互联网实时发布等预警关键技术的研究、示范运行，实现地质灾害监测数据实时采集、传输、处理、发布，提高我国地质灾害监测预警技术水平。

该项目技术创新表现在：采用引进和自主研发的地质灾害监测技术，通过解决数据采集远程传输和网络实时发布等关键技术问题，建立示范站；开展地质灾害监测技术方法优化和数据采集传输、数据处理分析、信息发布等相关技术的综合研究工作。示范站建设运行期间，中国地质调查局、重庆市政府、巫山县委县政府以及中国地质环境监测院、宜昌地质调查中心、成都地质调查中心、成都综合研究所、广西岩溶地质研究所、成都探矿工艺研究所、中国地质科学院地质力学研究所的有关领导、专家，曾多次视（考）察本站，并对示范站的建设工作提出了宝贵的意见和建议；先后有"地质灾害调查与监测方法技术现场研讨会""全国和五届地质灾害防治大会""第一届中日韩滑坡现场交流研讨会""第十二届水岩相互作用国际会议"的与会代表考察示范站，进行技术交流；示范站知名度随技术交流活动显著提高，监测信息发布网站的点击率急剧攀升，由初期的每天几人次、几十人次猛增至每天数百人次，点击量累计达 10 万次以上。从中文域名服务机构反馈的消息看，点击量不断呈增加趋势；通过电话、会访等形式进行的技术咨询亦呈增多的趋势。在国内推广使用中，该项目的相关成果、技术方法和相关经验已经和即将为国内部分地质灾害监测预警站点建设提供技术依据和参考，示范效果显著。对比美国、日本、意大利等发达国家在地质灾害实时监测预警方面的技术水平，该项目研究成果已经达到国际先进水平。

2. 地质灾害多参数组网远程监测系统研究

"地质灾害多参数组网远程监测系统研究"是 2015 年中国地质调查局水文地质环境地质调查中心（以下简称"水环中心"）牵头启动的公益性行业专项项目，目的是提高我国黄土区滑坡、采空塌陷等地质灾害监测技术方法水平，为防灾减灾提供技术支撑。经过 3 年研究，取得的成果包括：①研发了多参数组合监测传感装置、多通信方式自组网集成技术、黄土区地质灾害监测预警技术，开展了黑方台黄土滑坡多参数综合监测应用示范、甘肃华亭煤矿区多参数综合监测应用示范；②解决了地质灾害实时监测设备野外长期运行的稳定性与低功耗设计、地质灾害多参数组合传感工艺、实时监测传感器野外安装工艺、黄土区滑坡及矿山地面塌陷多参数实时监测组合方案、基于诱发因素 – 坡体应力 – 变形的黄土区地质灾害多源数据分析及预警技术等技术难点；③在研发地质灾害多参数组合监测传感器、多参数多方式局域自组网构建远程自动监测系统和黄土地区地质灾害多参数综合监测等方面取得突破性创新。项目取得的系列成果有力支撑了甘肃省黄土滑坡和采煤塌陷实时监测工作，为推动地质灾害监测技术行业发展作出了重要贡献。

3. 全国地下水与地面沉降信息系统建设

2016—2019 年，中国地质环境监测院组织开展了全国地下水与地面沉降信息系统建设项目。项目汇集全国地下水与地面沉降调查监测数据，开展数据分析与综合研究，研发服务产品，促进成果转化应用，为政府管理决策提供技术支撑，为社会公众提供数据信息服务。取得了以下主要成果：①推进水文地质"调查 – 编图 – 数据库"一体化标准建设，编制完成《水文地质调查数据库标准（1∶50000）》和《水文地质空间数据库建设标准》，形成了完善的数据库建设标准体系。②构建了全国地下水与地面沉降数据库，整编入库包括 1∶20 万综合水文地质图、1∶5 万水文地质图、1∶50 万为主的分省水文地质图、不同比例尺的水资源专题图、各类地面沉降图件共 1500 余幅，空间要素 100 余万条，入库 5138 余个国家级监测井的基本信息表，约 330 万条长期监测记录。③基于云构建建成了集信息管理、综合分析、支撑服务为一体的全国地下水与地面沉降信息中心，开发形成全国地下水与地面沉降数据库管理子系统、全国地下水与地面沉降信息共享服务子系统、水文地质调查检查验收子系统以及相关辅助工具集。④通过试点研究形成全国 1∶20 万水文地质图整编拼接技术方案，全面完成松辽平原、华北平原、湟水河流域、黑河流域、西南岩溶贵州片区 244 幅 1∶20 万水文地质图的整编拼接。⑤基于水循环理论和地下水流系统理论，综合前人研究成果，完成了全国1—4级水文地质单元级次划分，分别完成了黑龙江—松嫩流域、华北平原、河西走廊及阿拉善高原3个典型一级水文地质单元3—5级的具体划分方案，为其他区域单元划分提供了典型示范，并为全国水文地质信息管理，水文地质调查评价及地下水监测工作部署提供基础支撑。⑥开展黄河下游平原区1∶5万水文地质调查，系统研究了黄河下游河南郑开段黄河水与沿黄浅层、中深层、深层地下水之间响应关系，重新厘定了黄河影响带范围，进一步完善了黄河影响带地表水与地下水转化规律研究，深化了对黄河下游水文地质条件及人类活动对区域水环境影响的认识。本项目获得数据管理与服务的5项软件著作权。

4. 普适型监测预警设备研发

2020年，自然资源部中国地质调查局水文地质环境地质调查中心对自主研发的4种普适型地质灾害监测预警设备进行了野外示范应用，初步获取了较好的监测数据。该项目依托地质灾害监测技术集成与应用地质调查项目和滑坡裂缝位移智能监测预警仪器研发科研项目，充分发挥地质灾害监测预警仪器科技创新团队和技术优势，紧密围绕降雨与地表变形监测技术难题，以提高设备可靠性和集成度、降低设备功耗和综合成本为目标，综合运用微机电系统（MEMS）、光电/压电、北斗定位、窄带物联网等智能传感与传输技术，自主研发了智能雨量监测仪、倾角/加速度监测仪、智能裂缝位移监测仪、全球导航卫星系统（GNSS）地表位移监测仪4种普适型地质灾害监测预警设备。这些设备具有一体化、集成化、低功耗、低成本、安装便捷、维护方便等特点，技术水平在国内同行业中处于领先水平。

为充分检验新研发普适型设备的适用性和有效性，技术团队聚焦不同地区、不同类型典型地质灾害隐患点的监测需求，分别在西藏昌都金沙江上游、三峡库区重庆云阳、甘肃陇南、江西赣州等地开展了野外示范应用。设备运行稳定、状态良好，初步获取了较好的监测数据。水环中心灾害监测预警团队将持续跟踪设备运行情况，及时优化完善设备性能，进一步开展数据分析、预警模型判据研究等工作，为普适型地质灾害监测预警设备的推广应用提供有力的技术支撑。

三、典型地质灾害监测预警工程

（一）三峡库区崩滑地质灾害监测预警

进入21世纪，三峡库区崩滑地质灾害监测，继续以群测群防为基础，结合专业监测，构建了监测预警信息网络，及时为政府和有关部门提供库区蓄水影响区和移民迁建区内已经发生的地质灾害和将要发生的地质灾害动态信息。三峡库区范围涉及湖北省和重庆市的26个区县，2003年11月两省上报崩塌、滑坡4719处，纳入防治规划4203处，其中3028处进行监测预警，占规划总数的72%，保护57.7万名居民的安全。3028处崩塌、滑坡全部进行了群测群防监测，其中254处进行专业监测。建立了县、乡、村三级监测网体系，落实了监测人、监测责任人，共投入管理人员438人，现场监测人员5956人。如2003年7月13日秭归县千将坪滑坡，体积2000多万立方米，预报成功，使1200多名居民得以安全撤离滑坡区。

（二）四川雅安地质灾害预警示范区建设

2003年7月，中国地质调查局根据实施项目"全国地质灾害预警系统建设"的总体安排，实施了"四川雅安地质灾害预警示范区建设"项目。项目工作自始至终都得到国土资源部、中国地质调查局、中国地质环境监测院、四川省国土资源厅、四川省地质环境监测总站、四川省雅安市国土资源局及其雨城分局的领导和专家的大力支持和帮助。清华大学、中国地质大学（北京）、北京东方道尔信息技术有限公司、北京大学、中国地质调查局水文地质环境地质调查中心和日本亚洲航测株式会社、日本古野电气株式会社、澳大利亚昆士兰理工大学等单位的研究人员参加了项目的研究工作。项目取得了如下几个方面的成果：①开展了雅安市雨城区的地质灾害详细调查，对西南红层地区的地质灾害详细调查工作开展提供了示范。完成示范区1:5万、重点区1:1万地质灾害询查；对重点滑坡区（多营滑坡、峡口滑坡）分别进行了1：1000、1：2000工程地质测绘。摸清了地质灾害的现状和地质灾害的发育控制因素。②建立了地质灾害敏感性评价的指标体系，构建了地质灾害敏感性评价的二元统计模型。对雅安市雨城区进行了地质灾害易发区区划。③建立和完善了专测网络和群测网络。由基于北斗一号卫星的峡口滑坡多参数自动监测系统和多营滑坡的静态GPS连续位移值测系统组成的单体值测网络，完善了地质灾害区域预报预警系统和可视化的单体滑坡预报预警系统。示范区预报预警系统成功运行，为国内类似地区监测预警系统建设提供示范。2006年7月13日成功进行了预报预警，启动群测群防体系，有效避灾10余处，数百人成功避灾，有效保障了川藏公路、雅碧公路等公路干线的运行安全。

（三）苏锡常地裂缝成因机制及预警研究

自20世纪80年代末以来，在苏锡常平原区超采地下水引发区域地面沉降的背景条件下，陆续发生了严重的地裂缝地质灾害。国土资源主管部门直接部署了包括省地勘基金项目"苏南地区地裂缝地质灾害勘查评价"，国土资源部公益性行业科研专项项目"苏南平原区地裂缝成因机制及预警研究"等项目及中国地质调查局部署的一系列项目，对地裂缝灾害发育特征及灾害开展了系统性调查；对重要地裂缝部署了包括钻探、槽探、浅地震勘探、可控源音频大地测深、电测深等勘探工作；实施了地裂缝水准测量、裂缝计及静力水准联合自动化监测、GPS 测量、InSAR 技术监测、三维激光扫描监测、分布式光纤剖面监测及地层结构性变形监测等监测工作，查清了地裂缝成因机理。同时还构建了大型地裂缝物理模型并开展试验研究；构建了地裂缝数学模型并开展了数值模拟研究，实现了对地裂缝灾害发展动态的实时监控，对地裂缝灾害进行了区域风险区划，取得了多项创新成果。例如，综合研究成果《苏锡常平原地区地裂缝成因分析及预测评价方法研究》、专著《苏锡常地裂缝》等，相关成果两次获得国土资源部国土资源科技进步奖二等奖。

研究取得的主要成果及科技创新包括：①深化研究了地下水超采 / 限采 / 禁采条件下，地层结构性变形（压缩 / 回弹）特征及其时空演化规律，以及对地面沉降 / 抬升的贡献。论述了地面沉降减缓甚至地面抬升的科学意义，为地下水资源开发利用的科学管理及地面沉降管控提供依据。②提出了地裂缝的时空发育规律新论断，研究了地裂缝及其拉张－剪切的联合力学成因机制。提出了地裂缝成因模式、地裂缝发育扩展的时空演化规律，研究发现基岩潜山型地裂缝的力学性质是拉张－剪切的耦合。③建成了集多种技术方法融合监测的无锡光明村地裂缝监测示范基地。④构建了一个典型物理模型试验系统，并完成了在采水条件下，基岩潜山型地裂缝形成过程的模型试验。该系统是国内首个用于研究地下水开采条件下地裂缝成因机理的试验模型。⑤构建了三维地面沉降模型和地裂缝模型。

研究应用成效主要包括：①项目对地下水超采 / 限采 / 禁采条件下地层结构性变形（压缩 / 回弹）的特征及其对地面沉降 / 抬升的贡献的研究成果，应用于《江苏省地下水水位控制红线研究及江苏省地下水压采方案》编制中，为江苏省地下水资源规划开发利用以及区域地面沉降防控提供了地质科技支撑。②相关研究成果对西气东输、京沪高铁、沪宁城际铁路等重大工程地质灾害评估，"江阴市地下水应急备用水源地建设工程"及"吴江盛泽地区地面沉降机理研究课题"等工作起到了重要的基础支撑作用。

（四）苏锡常地面沉降监测与防控研究

苏锡常地面沉降监测最早可追溯到 20 世纪 80 年代初，至 2000 年前主要是在较小的市区范围内进行有限观测，其成果不能表达沉降的全区宏观态势。随着国土资源大调查启动苏锡常地面沉降调查项目，该地区的规模化持续监测工作才真正开始。20年来，苏锡常地面沉降监测与防控大致可分为4个阶段：2000—2003年，以区域地面沉降地质背景调查沉降机理研究为主要内容；2004—2006年，以地面沉降监测设施建设为主要内容，同时进行观测方法试验研究；2006—2010年，全面推进地面沉降GPS监测和InSAR监测方法应用，同时研究地面沉降灾害的非工程措施应对策略，即灾害的风险管理；2011年以后，维持地面沉降监测网络运行，推进监测技术方法的集成与提升。

研究取得的主要成果及科技创新包括：①在国内率先建立地面沉降集成监测技术方法体系。率先整合多种地面沉降监测技术方法，在苏锡常平原区开展可行性试验研究并取得成功。用GPS网点进行区域控制，基岩标分层标进行关键点控制，长距离水准测量进行剖面控制，又以InSAR测量来补充对面上的精细刻画。通过GPS、InSAR高精度水准的集成化应用，充分发挥多技术互补优势，极大提高了对地面沉降动态的跟踪捕捉能力。监测精度达到毫米级，该技术指标为历年来最优。②建立了地面沉降地下水三维耦合模型及可视化系统。突破传统理论对地面沉降机理的认识不足，以大量室内实验数据为基础，建立包括塑性形变、弹性形变和蠕变在内的非线性沉降模型。首次采用多尺度有限元法（MsFEM）进行模型求解和预测，首次运用虚拟现实技术（VRT）建立地层结构模型，实现地面沉降及地下水流场的动态展示。③建立本地区地裂缝成因模式和预测预警方法。基于对地裂缝灾害形成的特殊地质背景条件分析，提出导致差异性地面沉降（地裂缝）发生的5种地质成因模式，又依据地裂缝区基底构造、地层结构、岩性、地下水位等控制因素的定量分析，综合运用GIS、人工神经网络、灰色系统模型技术开展了地裂缝灾害的预测评价。研究成果较好地验证了地裂缝形成机制，解释了其展布规律，成为本地区地裂缝防治的主要指导依据。④开创地面沉降防治管理模式。开拓了地面沉降研究新领域，首次论述了地面沉降风险的内涵及研究方法，并开展了苏锡常地区地面沉降风险研究实践。从地面沉降地质灾害的易发性、易损性、抗风险性（承灾能力）各方面进行了机理剖析，建立起地面沉降风险评价的指标体系，揭示了经济快速发展时代背景下的苏锡常地区地面沉降灾害风险的空间分布及演化规律，并从非工程角度探索了地面沉降防治途径。

研究应用成效主要表现在：①服务地方经济社会发展。经过多年的防控努力，苏锡常平原区地面沉降地裂缝活动明显减弱。70%的面积得到有效控制，年平均沉降量小于5毫米，区域地质环境趋于改善。项目研究成果直接服务地方经济建设，在地裂缝灾害区村民避灾搬迁、新农村建设选址、常州及无锡市地铁选线规划等工作中作为重要地质依据发挥作用，社会效益显著。②服务国家重大工程建设。以本项目研究成果为基础，积极服务京沪高速铁路、沪宁城际铁路、西气东输管线等国家重大工程建设，有针对性地开展了工程沿线地质灾害危险性评估，重点研究分析了差异性地面沉降（地裂缝）强弱和影响范围，为工程建设和后期安全运营提供了强有力的决策支持。③为地面沉降防治提供示范。在苏锡常地面沉降防控实践中，进行了从行政管理制度到专业技术方法的多层面探索研究，为国内地面沉降防治积累了宝贵经验。成果直接服务于《全国地面沉降防治规划》的编制，"禁采控沉"政策已被杭嘉湖平原和华北平原区借鉴推广。相关成果获得国土资源部国土资源科技进步奖一等奖1项、二等奖4项，江苏省科技进步奖一等奖1项，申请专利4项。

四、全国地质灾害气象预报预警

2003年4月，国土资源部和中国气象局签署协议，联合建立了地质灾害气象预报预警制度。中国地质环境监测院与国家气象中心联合承担具体工作。从2003年6月1日起，通过中央电视台《天气预报》栏目正式向全国发布地质灾害气象预报预警信息。当年的6—9月，共制作国家级预报预警产品122份，在中央电视台发布56次预报预警信息，在中国地质环境信息网上发布109次。据不完全统计，汛期全国降雨诱发的危害较严重的突发性地质灾害264起，其中有101起（878多处）地质灾害发生的时间和地点处于预报预警范围内。截至2003年年底，四川、贵州、江西、浙江、河北、黑龙江、北京、辽宁、湖北、湖南、广西、陕西、青海、甘肃、宁夏和福建16个省（区、市）陆续开展了地质灾害气象预报预警工作。

2004年，细化了预警分区图，增加了灾害样本，改进了预警判据，开发研制了预警预报自动化软件，建立了ftp数据传输方式，与省级单位建立了会商联系。2004年汛期，共制作预警产品153份，在中央电视台发布83次预报预警信息，在中国地质环境信息网上发布106次。当年汛期降雨诱发了382起地质灾害，其中有163起发生的时间和地点位于预报预警范围内。

此后的若干年间，气象预警技术不断成熟，气象预警服务不断完善，减灾防灾成效不断提高。2005年汛期，共制作预警产品153份，在中国地质环境信息网上发布信息124次，中央电视台播发101次，当年全国共发生因降雨诱发的突发性地质灾害1504处，其中有785处地质灾害发生的时间和地点位于预警预报范围内。2006年汛期，共制作预警预报产品 163 份，在中央电视台发布 5 级地质灾害预警预报信息 3 次、4 级 59 次，在中国地质环境信息网上发布 120 次（3 级以上），制作地质灾害预警快报 59 期，当年年底，全国 30 个省（区、市）、99 个市、15 个县也相继开展了地质灾害气象预警预报工作。2007 年汛期，共制作预警预报产品 162 份，在中央电视台发布预警预报信息 4 级 53 次、5 级 3 次，在中央人民广播电台发布 18 次，在中国地质环境信息网上发布 162 次（3 级以上），在国土资源部政府网上发布 27 次。2003 年—2007 年 6 月，国家级地质灾害气象预警预报共在中国地质环境信息网上发布地质灾害气象预警预报信息 479 次（≥ 3 级），在中央电视台发布 345 次（≥ 4 级）。

在国家级预警预报的带动下，到 2004 年，全国 30 个省（区、市）（除上海）开展了地质灾害气象预警预报工作。据统计，截至 2006 年年底，全国已有 99 个地级市、15 个县开展了地质灾害气象预警预报工作。地质灾害预警预报发布媒体主要是电视台和网络，另外许多省份还通过广播电台、传真、手机短信、电话甚至人工传递方式向社会和下一级政府发送预警预报提示信息。

2003 年—2007 年 9 月，全国各地共成功避让地质灾害 3480 起，安全转移 16.4 万多人，避免财产损失 48.3 亿多元。

五、全国地质灾害成功避险案例

据初步统计，2001 年全国成功预报突发性地质灾害 231 起，避免了 4200 多人的伤亡。与 2000 年相比，提高了 2.8 倍，死亡人数下降了 29%，受伤人数下降 80%，直接经济损失约减少 14 亿元。

"十三五"期间，全国成功避险地灾 4000 余起，涉及可能伤亡人员近 15 万人，避免直接经济损失近 50 亿元。其间，基层探索形成大量防灾减灾经验。2020 年，自然资源部地质勘查管理司组织部宣传教育中心、自然资源部地质灾害技术指导中心、中国地质灾害防治工程行业协会、中国自然资源报社、中国地质学会地质灾害研究分会等推选出 2020 年地灾成功避险十大案例。

1. 四川木里 "6·9" 泥石流避险

2020 年 6 月 9 日 16 时 50 分左右，四川省凉山彝族自治州木里县项脚蒙古族乡项脚村阿牛窝子组突降短时大暴雨，引发泥石流灾害。泥石流暴发前，当地干部及时组织沟道沿途两岸群众 78 户 386 人紧急撤离转移，避免 2 户 11 人因灾伤亡，实现了成功避险。主要经验是：未雨绸缪保平安。

2. 甘肃文县"8·17"泥石流避险

2020 年 8 月 17 日，因遭受百年一遇大暴雨袭击，甘肃省文县石鸡坝镇水磨沟暴发泥石流灾害，8 栋房屋被冲毁，23 栋房屋严重受损。因预警及时，安全撤离转移 3000 余人，避免了人员伤亡。主要经验是：防灾体系筑得牢。

3. 湖南慈利"7·8"滑坡避险

2020 年 7 月 8 日下午，受连续强降雨的影响，湖南省张家界市慈利县许家坊土家族乡新界村 16 组居民区前缘斜坡突发一起大型滑坡灾害，造成 31 栋民房、230 米公路、30 亩农田及输电线杆等不同程度毁坏，直接经济损失约 1000 万元。主要经验是：群专结合严防守。

4. 四川中江"8·15"滑坡避险

2020 年 8 月 15 日，四川省德阳市中江县集凤镇九股泉村 12、13 组处发生明显滑坡变形，提前撤离群众 96 户 239 人，无人员伤亡，避免经济损失约 4000 余万元。主要经验是：雨前雨后勤巡查。

5. 湖南石门"7·6"滑坡避险

2020 年 7 月 6 日，湖南省常德市石门县南北镇潘坪村雷家山地质灾害隐患点突发山体滑坡，体积约 180 万立方米。因提前避险、封锁道路，未造成人员伤亡。主要经验是：人防技防齐上阵。

6. 重庆云阳"7·17"滑坡避险

2020 年 7 月 17 日下午，受连续强降雨影响，重庆市云阳县云阳镇三坪村团包滑坡中前部发生强烈变形，造成一栋房屋垮塌。因预警及时并对受威胁 2 户 4 人进行了应急避险撤离，无人员伤亡，避免直接经济损失 300 万元。主要经验是："四重"网格有实效。

7. 云南泸水"10·22"泥石流避险

2020 年 10 月 22 日，云南省泸水市老窝镇松茅沟发生泥石流灾害，造成部分房屋冲毁。因提前紧急撤离群众 97 户 371 人，未造成人员伤亡。主要经验是：灾害信号早识别。

8. 重庆石柱"6·14"滑坡避险

2020 年 6 月 14 日，重庆市石柱县大歇镇流水村长冲组（小地名：瓦窑坝）发生新生突发滑坡灾害，因提前撤离所有受威胁群众 8 户 17 人，未造成人员伤亡。主要经验是：暴雨袭来须警惕。

9. 四川宝兴"8·16"泥石流避险

2020 年 8 月 16 日凌晨，四川省雅安市宝兴县硗碛藏族乡和平沟暴发大规模泥石流，冲出规模总计约 10 万立方米，共计 85 户 390 间房屋受损，G351 国道断道，农田受灾 98 亩，通乡通村道路损毁 3 千米，桥梁损毁 1 座，交通、电力、通信全部中断。因提前避险，避免了 121 户 723 人和 135 名游客因灾伤亡。主要经验是：预警精准疏散快。

10. 湖北恩施"7·21"滑坡避险

2020 年 7 月 21 日，湖北省恩施土家族苗族自治州屯堡乡马者村沙子坝约 144 万立方米滑坡体滑入清江形成堰塞湖。因避险防范有序、应急支撑有力，无一人伤亡，最大限度地减少了因灾损失。主要经验是：科技支撑强有力。

六、为地质灾害应急救援提供技术支撑

随着地质灾害监测系统数字化、自动化、网络化功能的提升，地质灾害发生前的特征信息通过传感器转化为数字化信息，并在全国范围内实现前兆数据的分布式共享；三维空间的地质灾害监测系统，实现了不同时间尺度的面上扫描和小时间尺度的单体突发性地质灾害的实时监测，极大地提高了地质灾害应急救援的及时度。

2004 年 6 月 22 日，西藏自治区札达县曲松乡楚鲁松杰村上游帕里河发生山体崩塌，造成河流堵塞，形成堰塞湖。2005 年 6 月 8 日，堰塞湖左岸山体再次发生崩塌，堵塞原坝溢流口，湖面水位上升。6 月 26 日 10 时，堰塞湖坝体发生溃决，下泄洪水量达 2420 余万立方米，给楚鲁松杰村带来了巨大的损失。且灾害波及印度境内帕里河流域，印方反应强烈，曾几次为帕里河堰塞湖事件照会中国外交部。国务院总理温家宝、副总理曾培炎指示采用卫星遥感技术调查西藏帕里河堰塞湖水面变化及滑坡情况。中国地质调查局部署航遥中心开展西藏帕里河滑坡卫星遥感调查监测工作。项目采用 7 个类型 21 个时相的卫星数据查明了帕里河灾害类型、规模、数量及滑坡发育地质环境；监测了堵江滑坡及堰塞湖的变化，表明不会对下游造成大的危害；调查监测了堵江滑坡下游的危岩及特大滑坡，分析了其未来活动趋势及可能危害；为本地区灾害防治及外交事务工作提供了灾害与环境事实依据。

2008 年 9 月 8 日，山西新塔尾矿库溃坝事故发生后，应国务院"9·8"溃坝事故调查组要求和中国地质调查局的部署，航遥中心立即组织矿山监测技术人员对事故区域进行遥感分析，并派技术人员赶往襄汾县事故现场协助工作。项目组使用 2008 年 7 月 30 日溃坝前、2008 年 9 月 15 日溃坝后获取的航空无人飞机拍照的遥感图像，对矿区内的矿山开采状况、溃坝状况进行了详细的解译对比分析。溃坝前尾矿库的面积为 1.38 公顷，溃坝后尾矿库的巨大泥流迅速下泄，形成长 2.2 千米、过泥面积 35.91 公

顷、最大宽度 354 米泥流覆盖区，溃坝后泥流损毁房屋 51 处，损毁面积 6578 平方米。运用三维 GIS 技术和虚拟现实技术，将遥感数据和地形数据结合，制作了溃坝前三维遥感立体图，实现了溃坝地区尾矿库内外的地形地物、景观的真实再现，为溃坝分析、决策提供了有效的辅助依据。

2010 年 6 月 28 日下午，贵州省安顺市关岭县因连续强降雨发生山体滑坡。据报道，被困或被埋村民达 100 余人。灾情发生后，航遥中心第一时间获取了灾区 1008 张数字航片，影像分辨率高达 0.1 米，面积 80 平方千米。迅速开展了灾后航空遥感正射影像图、数字高程模型及三维仿真模型制作，及时开展了滑坡地质灾害解译；查明了滑坡体与堆积体特征、破坏面积与破坏程度；对滑坡周边地区开展了更大范围的影像图制作、灾情调查以及潜在隐患分析工作，制作了灾害区解译图、灾害区地形变化图、灾害地形剖面图和地形剖面位置图等，并及时将解译成果报送给了前方应急救援指挥部。

第四节　服务抗震救灾

我国是一个地震多发国家。服务抗震救灾是地勘工作的神圣使命。21 世纪以来，地质科技工作在抗震救灾工作中发挥的作用越来越大。

一、四川汶川地震

四川汶川地震次生灾害遥感应急调查为国务院和抗震救灾部门及时掌握灾情、部署救灾工作赢得了宝贵时间，为防范震后灾情险情危害和灾后规划重建提供了客观依据，成为科技抗震救灾的典范。2008 年 5 月 12 日四川汶川特大地震灾害发生后，在中共中央、国务院号召下，在国土资源部统一部署下，中国地质调查局迅速启动了应急调查组织保障机制，组织全国遥感力量开展了高科技抗震救灾工作，迅速获取了地震灾区的全覆盖遥感数据、开展了灾情应急调查，为国务院和抗震应急救灾部门科学决策提供了技术支撑。

快速反应，科学部署，精心组织，协同作业，实现了对汶川地震灾区遥感数据的全覆盖。在总参、空军等部门的鼎力支持下，中国地质调查局在第一时间调集了航空遥感专业飞机和技术力量，组织实施了航空遥感应急调查工作，快速获取了重灾区高清晰航空遥感灾情影像信息。同时，快速获取了多种光学遥感数据和雷达遥感数据，实现了对汶川地震灾区遥感数据的全覆盖。

获取首张震后灾区航空遥感图像，为国务院掌握灾情、部署救灾工作赢得了宝贵时间。地震灾害发生之后，汶川、北川等重灾区道路受阻，信息中断。及时掌握震区受灾情况，成为指挥抗震救灾工作最紧迫的需求。5月14日上午，中国地质调查局获取了震后灾区首张航空遥感图像。40余名遥感专家连夜进行图像处理和解译，并于5月15日早向国土资源部提交了北川、汶川、都江堰等3个重灾县的震后遥感影像解译图，标注了灾区的房屋倒塌、道路桥梁损毁、河流堵塞情况以及滑坡崩塌体分布情况。随即，这批影像资料被送往国务院领导和抗震救灾前线总指挥部用于指挥抢险救灾，对明确受灾重点、调整救灾工作部署、摸清重要地段道路损毁、河道堵塞等情况提供了第一手资料，有力支援了前线指挥决策。5月15日，利用DMC数字航摄仪和POS导航系统获取了都江堰—漩口—映秀—汶川—茂县等重灾区沿线第一批高清晰航空遥感彩色影像图，专家们迅速对航片进行快速处理和解译成图。影像图显示了都江堰至汶川的道路损毁以及北川堰塞湖分布情况，为抗震救灾指挥调整工作部署和防灾避险提供了重要依据，被抗震救灾前线指挥部的同志称赞为是对抗震救灾的"伟大贡献"。

采用新技术、新方法，及时准确地开展应急灾情调查，成果直接服务于国务院及抗震应急救灾有关部门，为抗震救灾决策指挥服务，为防范震后灾情险情危害提供依据。为了充分发挥航空遥感数据、多源光学卫星遥感数据与雷达卫星遥感数据互补优势及多平台、多时相、多分辨率遥感数据的协同应用优势，中国地质调查局采用计算机网络技术、并行处理技术、高性能计算技术与数字摄影测量处理技术相结合，震后、震前卫星遥感信息对比解译和重大地质灾害隐患多时相遥感数据实时监测的技术思路，联合地方和大学遥感力量联合作业，快速编制了相关图像、图件资料与文字资料，及时提交给地质灾害综合评估组、地质资料综合组、第一线野外排查和相关部门决策使用。针对地震灾区应急救灾调查的特点，利用所获航空遥感图像和卫星遥感图像，建立了统一的房屋倒塌、河流堵塞、道路损坏、崩塌、滑坡、泥石流等主要次生地质灾害类型的解译标准，及时准确地解译了各类地质灾害，基本查清了地质灾害的分布特征。共解译出地震引发的崩滑体6960个；泥石流266条；堰塞湖147个；灾害毁路1383段；潜在泥石流239条，威胁村镇264个；泥石流、崩塌、滑坡对道路的潜在影响1732处；地震对生态环境破坏面积约为5777平方千米；并编写了相关的专题报告，及时为国务院抗震救灾总指挥部、受灾地方政府指挥抗震救灾、防范次生地质灾害、开展灾后重建等方面提供了重要的科学决策依据。特别是提交的唐家山堰塞湖等专题解译结果引起了国务院领导的高度重视。抗震救灾期间，按照国土资源部的要求，中国地质调查局积极为抗震救灾相关部门提供资料和服务。先后向国务院及国家防汛抗旱总指挥部、水利部、武警总部、交通部、农业部、住房城乡建设部、中央统战部等部委和四川、甘肃、陕西等省政府提供各类数据资料 1611 件，总数据量达 1719 吉字节（GB）。其中，8 次向国家防汛抗旱总指挥部提供技术分析资料；3 次向中国华能电力集团提供资料，帮助该集团受困于映秀镇太平驿水电站附近的 100 余名员工成功脱险。

中国地质环境监测院及四川省地质环境监测总站、甘肃省地质环境监测总站、陕西省地质环境监测总站共同编辑完成了《5·12 汶川地震典型地质灾害影像研究》图集。该图集应用高分辨率卫星数据及航片，结合 1:20 万地质图、1:50 万地质图、地形图，进行综合处理、分析，系统研究了汶川地震触发的典型地质灾害的分布及地质条件，直观地反映了不同地貌及地质条件下地质灾害的形态、规模、数量等信息。研究范围覆盖了汶川地震 11 个重灾县（市、区），其中四川省 9 个县、甘肃省 2 个县，总共 111 个乡（镇）。展示与分析的内容包括 3 个部分：①乡（镇）的平面影像，反映地质灾害的分布规律、构造和地层；②与平面图相应的三维模型构建，展示地质灾害的形态、规模等细节；③野外实地拍摄的照片，清楚地反映了地质灾害的细节及发育背景。

二、青海玉树地震灾情遥感解译

2010 年 4 月 14 日，青海省玉树发生 Ms7.1 级地震，造成严重的人员伤亡和重大的经济损失。除组织现场快速震害评估和地表破裂带调查外，中国地质调查局充分发挥遥感技术优势，第一时间获取了玉树地区震前、震后遥感卫星影像图，并于震后第二天通过青海省地质调查院送到玉树地震前线指挥部。同时，利用玉树地震后中国资源卫星、快鸟、SPOT5 卫星遥感数据，利用高分辨率卫星影像解译，迅速给出初步震害评估和同震地表破裂的位置。通过对震前、震后高分辨率 SPOT 卫星影像的对比，解译出了 12 千米长的同震地表破裂带，其在影像上主要表现为线性阴影和色彩变化，地表破裂带位置和先存的断层、老破裂带位置一致，说明青海玉树地震属于原地复发型地震，这一解译结果得到了来自野外实地调查结果的验证，证明了遥感解译的可信性和及时性。

地震发生后，中国地质调查局组织有关专家召开了青海玉树地震会商会，对灾情的发展和灾害调查进行了评估，为国务院和国土资源部抗震救灾工作部署提供了基础资料和决策依据。

第二十四章

服务可持续发展

2000 年以来，国家及各地方政府高度重视地质工作，地勘行业在服务和支撑经济社会发展中的地位与作用越发凸显。进入"十三五"以后，地勘行业长期向好的基本面没有改变，但工作内容与要求与时俱进，发生着深刻的变化。地勘单位重新审视自己的定位，以转型升级为主线、以改革创新为动力，探索新的发展空间与模式，积极向服务可持续发展领域拓展，为全面建成小康社会与我国的生态文明建设提供强有力的地质工作支撑服务。

第一节　发展环境承载力评价

环境承载力又称环境承受力或环境忍耐力。它是指在某一时期、某种环境状态下，某一区域环境对人类社会、经济活动的支持能力的限度。环境承载力是环境科学的一个重要而又区别于其他学科的概念，它反映了环境与人类的相互作用关系，在环境科学的许多分支学科可以得到广泛的应用。1999 年中国地质调查局组建以后，同时启动了国土资源大调查专项，其中包括水文地质、灾害地质、环境地质调查。其中，1999年启动环境地质调查 19 个项目，经费 700 万元；以后逐年持续增长，至 2009 年项目增加至 38 个，经费 8000 万元。

一、环境地质综合评价

（一）大江大河流域和生态环境脆弱区环境地质调查

在 21 世纪启动的国土资源大调查项目中，围绕大江大河治理开发规划和生态环境脆弱区发展规划，开展了大江大河流域和生态环境脆弱区环境地质调查，为水患防治、工程建设、治理开发、生态环境保护提供了地质依据。主要包括黄河中游、长江源区和长江上游、长江中游、怒江流域、内蒙古东部荒漠化地区等。

调查主要成果包括：①长江中游主要水患区。环境地质调查查明了水患区的地质环境背景条件，深入研究了与水患形成有关的主要环境地质问题，反映了工作区第四纪地质、地貌、新构造运动与构造沉降速率、江湖泥沙淤积、堤基稳定性、环境地质分区等特征。论证评价了人类工程活动对水患形成的利弊影响，从地学角度提出了防洪治水的构想和若干对策建议。②北方荒漠化。系统收集、整理和综合分析了工作区有关荒漠化的各类资料。对中国北方荒漠化研究的历史、现状以及存在的主要问题做了全面论述。对中国北方荒漠化的类型、分布范围、等级划分及危害程度进行了详细论述。对不同类型荒漠化形成的地质背景及其人为影响等因素做了初步分析。初步查明荒漠化分布地区地下水资源分布状况，提出了中国北方荒漠化防治对策。

（二）黄河下游环境地质调查评价综合研究

2003—2004 年，由中国地质科学院水文地质环境地质研究所牵头的"黄河下游环境地质调查评价综合研究"项目针对黄河小浪底水库运行后对下游地区地质环境产生的影响进行了调查研究。通过调查沿黄两岸河流影响带的地下水量、水位和水质的时空变化，获取了最新的数据资料，查明了小浪底水库运行后黄河两侧地下水资源与地质环境的变化趋势及其对地质环境的影响，为黄河开发和治理提供地学依据。

调查主要成果为：①建立了黄河下游河流影响带代表性地段的水文地质剖面 7 条，环境地质观测井 69 个，11 个河水观测点，在 69 个环境地质观测井中安置了 36 个自动水位监测仪，为进一步观测研究黄河下游地质环境在人类重大水利工程影响下的变化奠定了监测基础。②确定了郑州以西到温县这段的黄河影响带范围，并对下游山东地段的黄河影响带范围进行了界定。③发现小浪底水库调水调沙总体上使下游河道高程降低、使下游河流主槽高程不断下切。④观测数据表明，在水库运行的 4 年里，下游河水位整体也在下降。⑤调查发现，与 2000 年比较，2004 年黄河下游影响带地下水位整体在上升。与 2003 年比较，2004 年黄河下游影响带地下水位孙口以上在下降，孙口以下地段在上升。⑥调查研究发现，黄河河水水质客观上影响着下游两侧地下水水质，泥沙对污染物具有吸附和解吸作用，小浪底水库调水调沙使下游河道泥沙成分发生变化，泥沙作为河水和地下水的污染源，影响着两侧浅层地下水水质，但由于时间短，影响还不明显。⑦研究发现，小浪底水库运行后，下游黄河影响带近河道两岸土地沙化有所加重。孙口以上地段盐渍化程度有所减轻，河口三角洲地区变化比较复杂，其他地方变化不明显。⑧提出傍河水源地激发补给的动态调蓄新的认识。分析论证了激发开采动态调蓄会促进滩地表水资源转化为地下水，可改善背河洼地积涝，扩大地下水资源可利用量。并且以 10 个傍河水源地激发开采动态调蓄实例，探讨了浅层地下水激发补给的动态调蓄模式。⑨建立了小浪底水库运行对黄河下游地质环境影响数据库，编制了《小浪底水库运行后黄河下游地质环境效应图》，为建立黄河下游环境地质信息系统奠定基础。

（三）北方地下水资源及其环境问题调查

自 1999 年起，国土资源部中国地质调查局紧密围绕国家和地方需求，组织全国 24 家单位的 300 多名技术人员，完成了华北平原、鄂尔多斯盆地等我国北方 12 个主要平原盆地地下水资源及其环境问题调查评价工作。历时十余年，累计投入资金 2.19 亿元，完成 1∶25 万水文地质调查面积 228 万平方千米，1∶5 万水文地质调查面积 5800 平方千米，实施水文地质钻探总进尺 7.35 万米，覆盖了我国北方主要人口聚集区和生态脆弱区，涉及人口 2.46 亿。

调查成果包括：①北方主要平原盆地地下水的可开采资源量为 695 亿立方米 / 年，现状开采量为 445 亿立方米 / 年，开采程度总体达 6%。②地下水质量总体很好。以区域控制地下水水质为目的的采集了 10536 组样品，测试结果表明，主要平原盆地地下水水质总体很好，可直接饮用的地下水分布面积占总面积的 74%；适当处理后可作生活饮用水的地下水分布面积占总面积的 11%。③各平原盆地地下水开采强度总体较大，其中华北平原最大。地下水利用中，以农业灌溉用水为主，总用水量为 337 亿立方米 / 年，占地下水开采总量的 76%。④北方各平原盆地均存在地下水不合理开发利用的现象，针对这些问题，提出了地下水可持续利用建议，为各地区调整开发利用模式，保障资源、环境、社会的协调发展提供科学依据。⑤圈定了地下水水源地前景区 269 处，其中重要城市经济圈应急供水水源地 31 处，为区域供水安全、解决供水突发事件提供了可靠的水资源保障。⑥制定了调查评价技术要求，有力指导了各平原盆地的调查评价工作。首次构建了区域地下水数值模型；建立了地下水动态监测网；制定了数据库标准；系统整合并建成地下水资源调查评价数据库。

（四）黑龙江省大庆市及周边地区环境保护与综合整治规划研究

该项目自 2001 年 3 月开始，至 2003 年 12 月结束，提交了《黑龙江省大庆市及周边地区环境保护与综合整治规划研究报告》及附图。整个项目投资超 4 亿，是国家首次对大矿业城市进行地质环境综合整治的项目。大庆市及周边地区在大庆油田发现之前是一望无际的大草原。大庆近 40 年的石油开发和建设为我国的经济建设作出了举世公认的重要贡献。但大庆市及周边地区的生态系统（尤其是地质生态环境系统）随着油气资源的开发利用遭到了严重破坏，"三化"（退化、盐渍化、沙化）土地面积日趋扩大，土壤和水资源污染日益严重，对区域小气候起调节作用的湿地不断萎缩干枯，地下水位大幅度持续下降，地面变形逐年加剧，生物多样性遭到破坏及物种减少等。上述地质生态环境问题的凸显表明规划区很多地方的地质环境已处于严重超载状态。地质环境的日益恶化已经严重影响了当地人民的正常生活和生产，也严重阻滞了规划区内经济社会的可持续发展。

项目目的任务：通过对规划区地质环境、经济社会现状与发展趋势进行评价和预测，在优化组合未来 20 年的环境、经济、技术等发展要素的基础上，对大庆市及其周边地区的地质环境保护和综合整治工作的措施、步骤等进行合理部署和精心筹划，使该地区的地质环境保护和综合整治工作保障有序，并科学规范地进行下去，最终使规划区地质环境问题得到根治，从而促进地质环境系统功能的完善，保障环境与经济、社会的可持续发展。项目以实现造一个"绿色大庆"为总目标，具有十分显著的经济效益和深远的社会效益。

项目主要研究成果：在总结国内外地质环境问题治理方案及模式的基础上，结合规划区对"三化"土地治理工程的科学实验和典型示范经验，提出了综合整治原则及标准，最后优选出适合大庆市及周边地区地质环境问题综合整治方案及模式。提出 6 条基本原则作为所有矿山地质环境保护与治理所应遵循的原则。最后按照整治的时空顺序提出了 7 项地质环境保护与综合整治工程项目，这些项目涵盖了对规划区进行综合整治的全部内容，且贯穿了整治项目始终，针对性强，符合大庆实际现状。该项目荣获国土资源科学技术奖二等奖。

二、地下水资源勘查与评价

在中国地质调查局的国土资源大调查专项中，1999 年启动水文地质调查 23 个项目，经费 2630 万元；以后逐年增长，至 2009 年增至 62 个项目，经费 15100 万元。

（一）全国地下水资源储存量评价

1999—2002 年，由国土资源部地质环境司统一组织，中国地质环境监测院牵头，中国地质科学院水文地质环境地质研究所为技术负责单位，开展了新一轮全国地下水资源评价工作。

我国地下水资源评价始于 20 世纪 70 年代，到 80 年代末完成了第一轮覆盖全国范围的较系统的地下水资源评价。其评价结果"地下水天然资源量每年 8716 亿立方米、可开采资源量每年 2943 亿立方米"，作为我国宏观决策的主要依据一直被沿用。但随气候的变化和人类经济活动的影响，特别是各类水利工程设施的修建，导致地下水资源循环条件、地下水储量、质量和分布规律都发生了很大变化，一些地方出现了土壤盐渍化、泉水枯竭、土地沙化等环境地质问题。

新一轮全国地下水资源评价的具体内容包括：①开展地下水资源总量评价，科学分析和预测 2010—2030 年地下水资源的变化趋势和开发利用前景及地下水开采潜力、地下水开采利用保证程度，并有针对性地提出今后科学利用地下水的建议；②开展地下水环境质量评价，通过评价地下水资源质量现状，充分认识地下水资源质量变化规律和污染程度，综合分析地下水开采诱发的环境地质问题，预测地下水环境质量变化趋势；③提交《中国地下水资源》报告、《中国地下水资源与水环境图集》，用图件的形式反映我国地下水资源分布、开发利用现状、开采程度、开采潜力以及存在的问题，提出合理开发利用的供水对策；④建立中国地下水资源与水环境评价信息系统，以 GIS 为支撑地下水环境开发应用的软件实现了对资料信息的管理。

在中国地质环境监测院和中国地质科学院水文地质环境地质研究所的精心组织实施下，经过全国 350 余名水文地质科技人员的努力，全国地下水资源评价涉及全国 31 个省（区、市）以及台湾地区和香港、澳门特别行政区共 2353 个县（市、旗），涵盖黄河流域、长江三角洲、黄淮海平原、松辽平原、三江平原、西北干旱区、南方岩溶区等地区。

此项评价工作，重新评价了全国地下水天然补给资源、地下水可开采资源、深层承压水可开采储存量和地下水环境质量，调查了地下水开采现状和存在的问题，分析了地下水开发利用潜力，提出了今后地下水合理开发利用建议。其最新评价结果为：全国地下水天然资源量多年平均为9235亿立方米，其中地下水淡水资源量为8837亿立方米，约占全国水资源总量的33%；全国地下淡水多年平均可开采量为3527亿立方米。该结果成为国家水资源宏观规划、管理和合理开发利用的重要依据。

（二）全国地下水资源综合评价

2021年，中国地质调查局组织25家水资源调查专业单位和31个省级地质环境监测机构，首次完成全国地下水储存量评价。结果显示，全国地下水总储存量约52.1万亿立方米。其中，北方地下淡水总储存量约35.5万亿立方米，占全国的95%，主要分布于鄂尔多斯盆地、东北平原、河西走廊、华北平原等地区，可为保障北方水安全提供战略储备。南方地下淡水总储存量约1.9万亿立方米，仅占全国的5%，主要分布于江汉洞庭平原、长江三角洲、成都平原等地区。此外，全国还有约14.7万亿立方米的地下咸水储存量，主要分布在塔里木盆地、准噶尔盆地、柴达木盆地等地区。

从存量变化来看，数据显示，2021年，中国地下水储存量较上年度净增加363亿立方米。其中，浅层地下水储存量净增加357亿立方米，深层地下水储存量净增加6亿立方米。在17个主要平原盆地中，地下水储存量净增加的有16个，地下水储存量减少的有1个。其中，松嫩平原、塔里木盆地、黄淮平原、辽河平原、准噶尔盆地等地区地下水储存量净增加明显，分别增加97.8亿立方米、62.5亿立方米、57.1亿立方米、51.3亿立方米和30.9亿立方米，江汉洞庭湖平原地下水储存量减少18.8亿立方米。

得益于华北平原2021年汛期的强降水过程和华北地区地下水超采综合治理，华北平原地下水储存量净增加17.1亿立方米，其中浅层地下水增加32.4亿立方米，但深层地下水减少15.3亿立方米。随着全国地下水监测站网更加完善，地下水储存量计算的精度提高。在国家地下水监测工程20469个站点基础上，2021年全国地下水测点数由6.7万个增加到7.6万个，监测面积由上年度的400万平方千米拓展到740万平方千米。此次的监测范围涵盖了全国主要平原盆地以及长江源区、黄河源区、羌塘内流河湖区、塔克拉玛干沙漠等生态脆弱区和水源涵养区。

（三）区域地下水资源调查评价

1. 华北平原地下水资源可持续利用调查评价

该项目由水文地质环境地质研究所负责组织实施，包括9个工作项目：河北、北京、天津、河南、山东地下水可持续利用调查评价，华北平原地下水资源可持续利用综合研究及专题研究，华北平原地下水资源及环境专题研究问题调查综合评价，北京市重要水源地综合地质环境调查，北京环保型地温地质勘查与示范。工作起止年限：2003—2005年。

项目内容包括：①开展了地下水流场演化研究，进行地下水动态监测38920点次、地下水统测8540点次，编制了华北平原地下水埋深及标高等值线分布图。②进行了地下水动态、地下水动力场变化、地下水储变量、地下水恢复等方面的研究。③开展了地下水形成和更新的惰性气体同位素研究，沿石家庄—渤海剖面开展了承压水形成和更新的惰性气体指示研究。④以滹沱河冲积扇为研究区，开展了浅层地下水平均更新速率估算。开展了东部平原地下水补给时期^{14}C年龄、第三含水层组^{14}C校正年龄分布图修编、鲁中山区—滨州—黄骅剖面同位素特征研究。⑤开展了地下水咸水分布规律及变化研究。开展了地下咸水水化学演变、咸水底界面下移的动态变化研究。⑥开展了地下水补给研究，运用氚、溴示踪方法确定了不同土地利用类型的地下水垂向补给量。进一步探讨了利用人工氚、溴示踪技术确定地下水垂向入渗补给量的适用性。⑦进行了地下水调蓄能力评价，提出华北平原理想储水空间是山前冲洪积扇卵砾石区带、冲积扇中粗砂含砾石区带、平原古河道带。⑧进行了地下水功能评价，完成地下水系统划分和各子系统面积的确定。华北平原地下水系统共划分为四级，其中，一级系统由滦河冲洪积扇、海河冲洪积扇和古黄河冲洪积扇组成，总面积139238.45平方千米。地下水功能评价内容包括资源功能、环境功能、生态功能3个大类10种指标，共30项评价因子。编制了相关图件。

2.鄂尔多斯盆地地下水勘查

2003—2006年，中国地质科学院岩溶地质研究所及西安地质矿产研究所共同负责组织实施鄂尔多斯盆地地下水勘查专项，包括8个工作项目：陕西、甘肃、宁夏、内蒙古、山西鄂尔多斯盆地地下水勘查，鄂尔多斯盆地地下水勘查综合调查评价，鄂尔多斯盆地陕北能源化工基地地下水勘查，鄂尔多斯盆地人为活动诱发荒漠化调查。首次探明了盆地地下水资源总量和开发利用潜力。盆地区域地下水补给资源量每年105亿立方米，可采资源量每年58亿立方米，实际开采量每年11亿立方米，每年尚有47亿立方米开采潜力。在已勘查划定的18个地下水资源富集区，确定地下水源地161处，初步评价累计供水能力每年可达22亿立方米。首次建立了全盆地三维地质结构数字模型和白垩系砂体模型，进一步查明了盆地周边岩溶区地下水的形成机理与循环模式，定量揭示了白垩系大厚度含水层不同深度地下水的形成年龄和更新速率。建立了鄂尔多斯盆地地下水数据库与空间信息系统，实现了对地理信息、基础地质、水文地质、物探和遥感信息等数据的有效管理，为地下水资源合理开发、科学管理与环境保护提供了数字平台。该项目首次系统地取得了全盆地基础地质、水文地质方面的海量实测数据。项目成果已被陕、甘、宁、内蒙古、晋5省（自治区）经济社会发展规划广泛采用。解决了陕、甘、宁、内蒙古、晋5省（自治区）严重缺水地区的20多个城镇、上百个乡村及部分厂矿近57万人的饮用水困难。

第二节　服务脱贫攻坚和乡村振兴

精准脱贫攻坚和乡村振兴战略都是为实现"两个一百年"奋斗目标确定的国家战略。前者立足于全面建成小康社会的第一个百年奋斗目标，后者着眼于到21世纪中叶把我国建成社会主义现代化强国的第二个百年奋斗目标。这个过程中，地质科技工作从来没有缺位。地质工作以找水打井、调查富硒土地、灾害防治、旅游地质和绿色矿山建设为特色，打通支撑脱贫攻坚的最后一千米，助力乡村振兴，走出了一条"地质调查+"特色扶贫之路。

一、国家集中连片贫困区和革命老区找水

中国地质调查局一直关注解决缺水地区的饮水安全问题。1999—2015年，中国地质调查局利用中央资金9.54亿元以及地方政府配套资金，组织26个省（区、市）地勘队伍及地质调查局直属单位共2.5万人，在我国黄土高原、内陆盆地、基岩山区、红层盆地和饮水型地方病区，实施了集中连片扶贫区和革命老区地下水勘查与扶贫找水。完成1∶5万水文地质专项调查面积32.52万平方千米，水文地质钻探78.36万米，红层区小口径浅钻122万米，采集分析岩、土、水、同位素样品6.21万组；完成探采结合井6600余眼、供水浅井213.5万眼，直接解决了贫困区2250万缺水群众的饮用水水源问题。此后，创新了"中央资金拉动，地方资金配套"的新机制。地方筹集资金实施大规模的饮水解困工程，又解决了900多万人的饮水困难。对不同地区的地下水富集规律进行了深入总结，形成了高效地下水勘查技术方法体系，开创了集约化项目组织模式，实现了资金投入效益最大化和地质调查工作精准扶贫促进全面建成小康社会的目标。

在地下水勘查和扶贫找水实施过程中，总结了不同缺水区地下水富集规律和蓄水构造类型，丰富了水文地质理论，为进一步寻找地下水提供了方向。在严重缺水的基岩山区，依据地下水形成的地质构造、富集规律与循环机理，总结出 20 种基岩裂隙水相对富集类型。在地下咸水与淡水层（体）交错叠置埋藏区，考虑古沉积环境控制水质形成与演化，总结出 8 种地下淡水层（体）埋藏分布模式，为在咸水区寻找适宜饮用地下水提供了方向。在饮水型地方病区，通过研究高砷、高氟、高碘地下水分布规律和形成机理，总结了适宜饮用地下水分布规律和开发利用方式。在此基础上，选择砷、氟、硒、碘等 12 项水质指标，对华北平原、东北平原、长三角、珠三角、江汉—洞庭湖平原、鄂尔多斯盆地、山西盆地等主要平原盆地进行水质分区和安全供水区划，为国家在贫困区乃至缺失地区实施供水安全宏观决策提供了水文地质依据。

勘查找水中，理论创新与技术创新相结合，建立了缺水区"逐步逼近式"找水模式，从找水、增水到改水的完整技术方法体系。在总结黄土高原、内陆盆地、丘陵山区、红层盆地、岩溶地区、地方病区地下水富集规律和蓄水构造模式的同时，建立了缺水区"逐步逼近式"找水模式，形成了包括遥感解译、水文地质测绘、地球物理勘探、水文地质钻探、水文地质实验与测试、水井增水、水质改良等技术手段，从找水、增水到改水的完整技术方法体系，提高了勘查效率，降低了勘查成本，平均成井率大于 90%。此外，针对不同地层条件，研发出了高效增水技术；研发的成井新管材和压裂新技术得到广泛推广和应用；在水质改良方面，开发了高砷、高氟、高矿化度地下水水质改良技术及装置，取得了显著的社会效益和经济效益。

2001—2003 年，中国地质调查局组织实施了四川省、重庆市和云南省红层地区地下水勘查示范工程，在成功取得"小口径浅井""分散式"取水示范经验基础上。2004 年国土资源部与四川省人民政府签署协议，合作开展四川省红层地下水调查与开发利用。中国地质调查局投入经费 1800 万元、四川省政府投入经费 3900 万元配套联合开展基础性调查评价与示范，后四川省政府又筹集 7.2 亿元实施供水打井工程。通过 5 年努力，在 105 个县完成 213.5 万眼"小口径浅井"的勘查施工与供水配套，为 800 多万人解决了饮水困难。供水井经受了 2006 年特大干旱和 2010 年持续干旱的考验，95% 的水井能够正常供水。2008—2011 年依据国务院扶贫办公室制定的《阿坝州扶贫开发和综合防治大骨节病试点工作总体规划（2007—2010 年）》，国土资源部和四川省人民政府合作开展了"四川阿坝州地方病严重区地下水勘查及供水安全示范"项目。项目解决了四川省 8 市（州）27 个县大骨节病区 17 万农牧民的饮水安全问题，有效阻断了大骨节病饮用水源感染途径，病区县防病改水以后未发现新发病例，儿童大骨节病发病率基本消除。四川经验在西藏推广取得新成果。在西藏自治区大骨节病重病县和重点城镇，实施探采结合井 197 眼，解决了 10 万多人的饮水安全问题。

从 2009 年起，国土资源部连续 4 年组织实施了抗旱打井应急行动，转战滇桂黔、冀鲁豫等地区。在组织实施的西南滇黔桂、华北—黄淮大规模抗旱找水打井行动中，国土资源部紧急动员全国地质勘查队伍，在 7 个省 66 个市（州）326 个县投入抗旱找水打井人员近 2 万名，累计完成探采结合井 5052 眼，成井 4575 眼，总出水量 152.5 万立方米 / 天，成井率 90.6%，为革命老区和干旱缺水地区的 740 万群众解决了饮水困难。在抗旱找水打井过程中，充分体现了快速高效的应急能力。西南滇黔桂抗旱中，在隆安县丁当镇那六屯实现了抵达现场后 24 小时内确定井位、钻探打井、抽水出水的高效率。山东应急抗旱找水时，在临朐县东城甘石沟村，从抵达现场定井位到钻孔出水累计时间不足 30 小时，打成的井深 184.5 米，出水量 600 立方米 / 天，解决了 2000 人及 1000 亩农田供水需求。

2012 年，黑龙江煤炭基地七台河市由于连续气象干旱，作为其供水水源的桃山水库水位不断下降，如无有效降雨供水将只能维持到第二年春节。为应对这一严峻形势，部省合作开展地下水勘查示范，发现了特大型水源地一处，可采资源量 17.6 万立方米 / 天，可解决全市 35 万人饮用水、5 万头大小牲畜饮水及 3 万亩耕地灌溉用水问题。

2010 年 3 月至 2014 年年底，广西壮族自治区地质矿产勘查开发局承担了广西应急抗旱大会战。5 年累计钻探进尺 43 万米，成井 2748 口，总涌水量达 75 万立方米 / 天，从根本上保障了 180 多万人的饮水安全。

贵州省"十二五"期间共成井 3000 多口，总涌水量 108.51 万立方米 / 天；地下河开发量 13 万立方米 / 天。为岩溶山区 353 万人、50 万头大小牲畜的饮水安全，以及 23 万亩农田补充灌溉提供了水源保障。

二、打造西南岩溶地区生态环境综合治理模式

西南岩溶分布于云南、贵州、广西、湖南、湖北、重庆、四川和广东等省（区、市），面积为 78 万平方千米。受岩溶特殊地质条件、全球气候变化和人类工程活动影响，干旱缺水等问题异常突出，区内缺水人口达 1700 万，占总人口的 12%；受旱耕地近 1 亿亩，占总耕地面积的 10%；制约了社会经济的发展。2000 年以来，在全球变暖背景下，极端气候事件频发。我国西南岩溶地区生态环境脆弱，在不合理人类活动影响下，该地区生态系统退化、石漠化加剧、季节性缺水和极端干旱事件频发。2003—

2015 年，中国地质调查局组织 8 省（区、市）地矿局、有关科研院所和地质大学等 30 多家单位，开展了水文地质、环境地质综合调查和地下水开发利用示范，累计投入经费 4.8 亿元，完成 1 : 5 万水文地质调查面积 23 万平方千米，综合地球物理探测 6 万点，岩溶洞穴探测 6 万米，水文地质钻探 5.8 万米。基本查明了西南岩溶重点地区水文地质条件和主要环境地质问题，建立了地下水开发利用和生态环境综合治理模式，解决了 620 万人的饮水困难。在此基础上，探索和实践了西南岩溶地区生态环境综合治理模式。通过开发利用岩溶地下水、开展石漠化综合治理，提高了该地区应对和适应气候变化的能力。主要取得以下成果。

1. 开发利用岩溶地下水，应对极端干旱气候

我国西南地区旱情频发、地表水资源季节性短缺严重，但地下水资源较为丰富。合理开发利用岩溶地下水，可在很大程度上缓解旱情，保障民生。对南方岩溶地下水资源开展的系统调查结果表明，西南岩溶地区共有地下河 2763 条，总长度为 1.3 万千米，枯季径流量可达 470 亿立方米 / 年，地下水可开采资源量达 534 亿立方米 / 年，现开采量仅为 66 亿立方米 / 年，开采率仅为 12%，尚有很大的开发利用潜力。2009— 2010 年，地处岩溶地区的云南、贵州、广西等省（自治区）遭遇特大旱灾。国土资源部积极开展抗旱找水打井救灾工作，利用西南岩溶地区水文地质调查成果，成功打井 2348 口，成井率达 85%，每天出水量达 36 万立方米，解决了 520 万人的饮水问题，提升了岩溶区应对干旱气候的能力。

2. 创新性提出岩溶地下水有效开发利用模式

示范项目采取堵洞蓄水、暗河截流、大泉壅水、钻井等多种方式，实施了岩溶地下河和大泉开发利用工程 12 处，表层岩溶水调蓄 20 余处，岩溶蓄水构造钻探成井 300 多眼。西南岩溶地区水文地质调查成果服务于 2009—2011 年国土资源部组织的抗旱找水打井突击行动，在已经查明的富水区块和地下水径流带快速定井，勘探成井 2348 眼，成井率达到 85% 以上，为应急抗旱提供了水源。在岩溶丘陵洼地区的地下河内堵洞形成地表 - 地下联合水库，开凿隧洞引水灌溉和发电，发展生态经济；在深切割峰丛洼地区，利用高部位表层岩溶泉水，建设调蓄水柜，发展立体生态农业；在岩溶峰林平原和丘陵谷地区，建设抽水型地下调节水库，发展节水生态农业；在断陷盆地区，采取周边地下水径流带堵洞蓄水，水资源联合调度，盆地内发展果粮基地。

3. 岩溶石漠化综合治理，显著提高适应气候变化的能力

中国岩溶石漠化地区主要分布在广西峰丛洼地、贵州高原、云南断陷盆地等地区。岩溶石漠化区是对气候变化最为敏感并受气候变化不利影响最为严重的地区。广西壮

族自治区平果县果化乡，位于云贵高原向广西盆地过渡的桂西的斜坡地带，是典型的峰丛洼地石漠化区。2001年以来，成功地实施石漠化综合治理示范1000公顷，植被覆盖率由2001年的10%提高到现在的70%，每年可利用岩溶地下水资源1万立方米，构建了"沼气—火龙果"为龙头的种－养殖低碳生态农业模式，其直接经济效益可以达到每亩11000元，在提高经济效益的同时有效遏制了石漠化扩展。2009—2010年西南地区遭遇特大旱灾，但该区域"大旱之年，无旱象"，并未受旱情影响，抵御自然灾害、适应气候变化的能力显著增强。

三、全国多目标区域地球化学调查专项

（一）专项概况

紧密围绕国民经济和社会发展需求，中国地质调查局于1999—2001年开始在广东、湖北、四川等省实施多目标区域地球化学调查试点工作。从2002年起，全国多目标区域地球化学调查工作正式启动。国土资源部先后与浙江、四川、湖南等18个省区采取部省政府间合作方式，共计投入经费67059.45万元，其中地方经费35809.45万元，占53.4%。2005—2008年，经由温家宝总理批示，财政部设立"全国土壤现状调查及污染防治专项"，由国土资源部与环保部共同负责，国土资源部到位经费27511万元，对多目标区域地球化学调查进行专项支持，调查工作扩大到全国31省（区、市）。全国多目标区域地球化学调查工作分为调查、评价和评估三个层次开展。

1. 调查阶段

调查主要任务是掌握情况。全国共计部署450万平方千米调查面积，截至2009年年底，已经完成160万平方千米，覆盖我国东中部平原盆地、湖泊湿地、近海滩涂、丘陵草原及黄土高原等主要农业产区。全国投入地质科技人员500余人，采样人员10余万人，选定部级重点实验室23个，采用大型精密仪器测试地球化学样品60万件，分析3240万个元素指标。基本查明我国土地有益和有害组分等54种元素指标组成、类型、含量、强度及其分布地区、范围和面积等，填补了我国长期以来土地各项元素指标的空白。

2. 评价阶段

针对调查发现问题，按照长江流域、黄河流域、东北平原及沿海经济带等我国主要农业经济区域开展生态地球化学评价，对影响农业经济发展的肥力组分和重金属污染问题进行科学研究，旨在查清土地有益和有害组分成因来源、迁移转化、生态效应

和变化趋势等，为土地质量评估提供科学依据。共计采集各类样品 12 万件，分析各项指标数以百万计。

3. 评估阶段

依据调查和评价结果，根据各省区具体情况，对土地质量进行应用性地球化学评估。共计安排省级土地评估项目 13 项，市县级 20 项。通过土地质量等级划分，发掘土地利用潜能，为土地绿色产能提供依据，因地制宜发展优势农业和生态农业，在农业区域规划和发展现代生态农业中发挥重要作用。

（二）专项成果

1. 首次系统地获得了我国中东部重要经济区土地 54 种元素指标的高精度数据，全面查清了我国土地质量地球化学状况

调查显示我国土地质量总体状况是好的，达到土壤环境质量一、二类标准占87%，氮、磷、钾、锰、硼、钼、铜、铁、锌、碘、硒等各种有益元素呈多样性分布特点，有利于因地制宜发展特色农业，提高土地利用价值和促进农业经济全面发展。

同时发现系列生态地球化学问题，局部地区污染严重。南京某些流域镉、汞、铅、砷等重金属异常沿江分布，城市及周边地区汞、铅等异常普遍存在。部分城市放射性异常明显，湖泊有害元素富集。西南石灰岩发育地区由于砷、镉等元素在风化成土过程中发生了次生富集作用，土壤酸化，存在生态风险。

2. 依据土地有益元素优势特点，开发特色农产品，科学合理施肥，提高土地利用价值，预期年增加经济效益达千亿元

江西省丰城发现富硒土地资源 525 平方千米，规划"中国生态硒谷"，开发闲置土地 15 万亩，拉动商业投资 5.5 亿元，预计每年增收 1.56 亿元。海南省发现全岛 1/3 面积（9500 平方千米）天然富硒区，其中定安县已确定 2010 年 5 万亩种植发展计划，预期可使该县农业年增收 5 亿元以上。四川成都经济区优质土地生产各种无公害农产品和富硒大米、小麦等，每年产生经济效益 40 亿元。辽宁省发现盘锦大米富铁、碘、镁等微量元素，大大提高了经济价值，预期年增值 10 亿元。浙江富硒土壤面积高达7654 平方千米，仅浙北 2200 平方千米开发生产富硒稻米，每年即可增加经济收益 8.25 亿元。

依据有益元素丰缺状况，进行配方施肥，提高土地产出率。四川成都划分土地肥力等级，在缺硼、锌、锰、铁、铜、钼、硒等微量元素土地开展科学配方施肥，小麦、油菜、蔬菜等普遍增产 10%~20%，新增经济效益超过 10 亿元。江苏省开展施硼试验，

使缺硼地区特色农产品牛蒡增产达 8.4%，红富士苹果增产达 9.5%，棉花最高增产超过 20%。山西省依据玉米、豆类种植区营养元素分布状况，开展施锌、钼试验，玉米产量增加 6.37%~15.38%，豆类产量增加 7.64%~11.48%。

3. 系统获得了我国主要农耕区土壤有机碳高精度数据，显示我国土壤碳库的巨大固碳潜力

系统、海量、高精度土壤实测碳数据，为我国准确获取土壤碳储量、深入研究土壤碳库空间分布特征和影响因素、碳地球化学循环规律、圈定我国土壤碳汇区奠定了重要的基础数据。调查结果显示，我国土壤有机碳储量空间分布不均，与各地区不同的土壤类型、成土母质、土地利用方式等密切相关。以面积加权平均推算，我国调查区 0~0.2 米的碳密度为 3186 吨 / 平方千米，0~1.0 米的碳密度为 11646 吨 / 平方千米，0~1.8 米的碳密度为 15339 吨 / 平方千米。其中我国主要农耕区 0~30 厘米土壤平均碳密度为 4880 吨 / 平方千米，低于美国的 5030 吨 / 平方千米、欧盟的 7080 吨 / 平方千米，显示出巨大的固碳空间。

四、打造地质工作服务农业的样板工程

近年来，浙江省嘉兴市主动发挥了地质工作在推动城市经济社会可持续发展中的保障作用，成为地质工作服务农业的样板。

1. 服务于土地资源管理

2014 年 10 月，嘉兴成功申请并启动 "浙江省土地地球化学调查及在土地规划中的应用与示范" 大型农业地质调查项目，确定将海盐县全域、秀洲区油车港镇、平湖市广陈镇以及嘉善县干窑镇作为试点，扎实开展土地质量安全调查和永久基本农田质量建档，着力把地质调查成果与土地利用总体规划调整完善、永久基本农田划定、耕地质量等级监测、建设占用耕地表土剥离再利用等充分结合起来，为嘉兴市坚守国土资源空间开发生态保护、基本农田保护和建设用地扩展边界 "三条红线" 提供有力的地质支撑。

2. 服务于城市可持续发展

嘉兴市将加快城市地下地质结构研究作为推进地下空间资源规划管理与科学开发利用的前提基础，地质工作为重大工程项目的科学选址提供了有力支撑。该市利用浙江海洋经济发展示范区（嘉兴）城市群地质调查这一省部合作项目，建立了工程、水文、第四纪地质、基岩面起伏等城市三维地质结构模型，科学模拟嘉兴城市地下岩、

土体空间分布与地层结构，实现城市地下地质结构的任意、实时分析和三维、动态、可视化展示。

3. 服务于培育经济发展新增点

2008年，嘉兴市在嘉善县大云镇成功打出杭嘉湖平原第一口深部热矿水；2012年，又在运河农场"运热1号井"打出迄今为止省内水量最大、水温最高的地热井，率先实现了全省地质"攻深找矿"的重大突破。该市树立综合利用和产业集成的理念，坚持"温泉+"的开发利用方向，科学合理开发利用地热资源，着力把温泉与旅游、康乐疗养休闲、会展、地产开发、高端种养殖、热能高效利用转换等有机结合起来，努力拓展和培育经济发展的新增点。

4. 服务于物产增值和农民增收

2002年以来，嘉兴市先后开展了浙江省农业地质环境调查、浙江省基本农田质量调查试点、富硒土壤专项调查以及土地质量地球化学调查等6个农业地质调查项目，分别在秀洲油车港镇、嘉善干窑镇、海盐澉浦镇发现5.47万亩、1.64万亩和1.8万亩的富硒土壤。该市深化工作对接，把富硒土壤优先划入基本农田保护并组织做好土地流转，抓紧规划富硒农产品种植品种，加快打造优质富硒农产品品牌，为发展现代农业，推进物产增值、农民增收奠定了良好基础。

5. 服务于生态环境建设与保护

近年来，嘉兴市扎实推进矿山环境治理和恢复再造，全市在采矿山全部通过省级绿色矿山验收，创建率达到100%。着力巩固治理成果，抓好矿区关停，消除安全隐患，美化矿区环境，做到"宜林则林、宜水则水、宜园则园"。加强地面沉降综合防治，全面落实地质灾害分区评估告知承诺等机制，确保老百姓的生命财产安全，建设山清水秀、海晏河清的美丽嘉兴。

五、"地质调查+特色扶贫"之路

"十三五"期间，中国地质调查局创造的"地质调查+特色扶贫"之路，在解决贫困地区突出民生问题，助力就业增收等方面取得了实际成效。

（1）找水打井，为严重缺水地区贫困群众提供了生产生活水源保障。在江西赣南红层区、滇桂黔岩溶区和西部干旱区等资源型、水质型缺水和季节性缺水严重地区，深入调查摸底，精准对接需求，根据当地的地质条件，成功找水打井1600多眼，总涌水量超过20万吨/天，为严重缺水地区贫困群众提供了生产生活水源保障。

（2）开展富硒土地调查评价，支撑富硒产业发展。先后在贫困地区调查圈定绿色富硒土地 2366 万亩，支撑江西赣州、云南昭通、贵州黔西、黑龙江海伦等地建设 300 余处富硒农业产业示范园，形成了梦江南、虔农、五色谷等一批市场畅销绿色富硒农产品品牌，推动贫困地区走上富硒产业致富之路。

（3）积极开发地质景观资源，发展地质文旅新产业。在贫困地区调查发现各类地质遗迹景观资源 2200 多处，其中世界级的有 98 处，国家级的 509 处，通过挖掘地质文化元素和特色资源，支持成功申报世界自然遗产和各级地质公园 44 处，其中成功申报世界自然遗产 3 处、世界地质公园 5 处、国家地质公园 5 处、省级地质公园 26 处。推动建设地质文化村 10 余处，着力打造特色文化旅游产业，带动群众增收，助力乡村振兴。

（4）指导贫困山区全面开展地质灾害隐患排查，查清集中连片贫困区地质灾害隐患点 10 万多个，建立健全监测预警体系，研发推广地质灾害监测预警设备，保障人民群众生命财产安全。

（5）加快矿产资源优势转化，带动贫困群众就近就业、稳岗、增收。为贫困地区评价提交矿产地 420 多处。

第三节　服务基础设施建设

一、行业发展概述

工程勘察是我国基本建设程序中十分重要的内容之一，是固定资产投资转化为现实生产力的先导性工作。所有的工程建设项目的设计都必须首先经过可行性研究和工程勘察，然后才可绘制成建设蓝图。20 世纪 50 年代以来，我国的工程地质工作是水工环地质工作的重要组成部分。地质部（地质矿产部、国土资源部）所属的地勘单位在完成重要区域工程地质调查工作同时，在国家重大基础设施建设项目前期论证中发挥了重要作用。20 世纪 80 年代以来，地勘单位以传统的岩土钻掘技术为基础，向工程建设领域进行全面拓展。其中的工程勘察技术服务在建设市场中占有重要的份额。

2000 年以来，我国的工程勘察行业经过地区性、部门性的重组，开始呈现中观与微观两大板块的格局。所谓中观层面，指为一个经济区的创建或可持续发展提供前期性、决策性的技术服务，在实施过程中一般与环境地质工作深度融合。所谓微观层面，是以单体工程为单元，对项目设计提供技术支持。其时代特点则是区域性和部分性分割明显。例如，国家重大基础设施建设的工程勘察工作主要由城建、交通、能源等系统的勘察设计部门完成。原地勘单位继续活跃在所在地区的工程勘察市场，并保持一定比例的市场份额。中国勘察设计协会作为政府和企业之间的桥梁和纽带，在工程勘察市场中发挥着作用的指导和协调作用。

据工程勘察设计行业的统计，21世纪的前10年我国的工程勘察设计产业发展势头强劲。企业的营业收入从2001年的719亿元增长至2010年的9547亿元，增长超过了12.3倍，年均增长达到了33.3%；人均产值从2001年的10万元/人增长至2010年的68万元/人，增长了近6倍，年均增长23.7%。"十二五"时期，全国勘察设计行业的发展规模继续扩大。2015年，行业企业总数达20480家，营业总收入达27089亿元，勘察设计收入达4108.7亿元，利税总额2318.1亿元。在超高层建筑、高铁、公路、水利水电、轨道交通、核能、电力、冶金、化工、建材等领域设计建造了一批难度高、体量大、技术复杂的工程项目，行业设计水平居世界领先地位。2015年，行业专业技术人员达1371万人，注册执业人员达30.1万人次，比"十一五"末分别增长48.1%和72.9%。在此期间，完成了一批具有世界影响的高速铁路、高速公路、跨海大桥等交通设施和水电、核电等能源设施的工程勘察。其中所依托的前期地质资料均是由地质部门在过去或近期所完成。

二、典型工程及实践

21世纪的前20年，工程地质服务区域经济发展首先体现在规模和影响上。在国家确立区域经济发展规划的同时，工程地质工作及时跟进。在中国地质调查局组建的最初10年，依托国土资源大调查项目，以青藏高原及其周边地区的重大工程区域地壳稳定性为重点，在第四纪地质和活动断裂调查、地壳稳定性评价、地质灾害和重大工程地质问题研究等方面开展了一系列专项调查，涉及的重大工程主要包括青藏铁路工程、滇藏铁路工程、西气东输工程、南水北调西线工程、三峡引水工程等，为这些工程的规划、选线、设计、施工和运营管理提供了重要的工程地质环境资料和科学依据。

党的十八大以后，京津冀三省（市）国土资源及地勘部门完成了《支撑服务京津冀协同发展地质调查报告（2015）》《支撑服务京津冀协同发展地质调查实施方案（2016—2020）》的编制。尤其是在雄安新区建设和粤港澳大湾区建设中充分发挥了地质工作的先行性、基础性作用。与此同时，这种专业化的先期服务更体现在了技术上的不断升级以及内涵的丰富与外延的拓展，对一个地区的综合性发展规划的论证发挥了重要导向。典型的项目主要体现在东部沿海地区的区域发展规划的制定和实施中。

（一）环渤海湾重点地区环境地质调查及脆弱性评价

该项目由天津地质矿产研究所负责组织实施，包括2个子项目：环渤海地区重点地段环境地质调查及脆弱性评价；辽宁省海岸带环境地质调查评价。工作起止年限2004—2007年。项目主要成果包括：①开展了曹妃甸海岸带环境地质调查评价，为曹妃甸港建设、首钢搬迁及南堡油田开发等提供了技术支撑，内容包括：区域稳定性调查评价、地面沉降预警系统建设、海洋水动力环境监测与海岸带近现代地质环境演化趋势预测、工程地质调查评价、风暴潮灾害区划与风险评价、水文地质环境地质基础调查评价、应急后备水源地质勘查、地热资源调查及浅层地温能开发利用示范、咸水资源调查及开采技术条件评价、地下水污染调查及防污性能评价、地质环境保障综合研究等。②完成了环渤海海岸带17个重点城市供水保证程度论证，为海岸带城市供水提供了技术对策。重点城市包括：大连、丹东、营口、锦州、盘锦、葫芦岛、唐山、天津、烟台等城市。对辽东半岛和山东半岛地下水库进行了专题调查并进行了建设规划。对滨海地区应急水源地进行了调查，探讨了滨海地区地下水开发的新模式。③开展了重点港口环境地质工程地质调查。通过对长兴岛—东岗、金州—大连、曹妃甸港、天津港、烟台港的环境地质调查，查明了威胁港口安全和运行的主要环境地质问题，对港口建设区工程地质适宜性进行了评价，对主要地质灾害进行了危险性评价，对风暴潮危险性进行了评估，对港口供水和地质环境保护提出了相应对策。④陆续开展了黄港洼、七里海、团泊洼应急供水水源地勘查。可提交大型水源地3处，总供水量可达15~20万立方米/天，可保证滨海新区150万人应急供水。⑤针对滨海新区建设、曹妃甸港建设、南堡油田开发、海上辽宁建设等国家重大工程建设所面临的水资源与环境地质问题，开展了国土开发重大环境地质问题及对策战略研究，编制了曹妃甸港区、滨海新区环境地质图集和辽宁海岸带地质基础图系，开展了第四纪基础研究及区域稳定性评价，为海岸带开发和规划提供了重要基础数据。

（二）天津港区环境地质调查及脆弱性评价

2004—2005年，由天津市地质调查研究院完成的天津港区环境地质调查及脆弱性评价项目共投入港口环境地质调查（1:5万）350平方千米，遥感解释400平方千米，于2005年12月提交《天津市天津港区环境地质调查及脆弱性评价》报告。报告对海岸带沉积环境、场地类别及场地类型、区域地壳稳定性和地基稳定性作了详细论述，对港口区地质灾害危险性进行了评估，最后作了海岸带脆弱性评价。报告指出天津港处于滨海低平原，为软土地基，砂土液化是普遍而突出的问题，主要地质灾害是地面沉降，再由于海平面上升而加重了风暴潮灾害，沿海地质环境正在恶化之中。港区范围内海岸带脆弱性评价结果是：塘沽区北塘水库—新河街—新城镇—高沙岭村连线以东至海边为脆弱性较高区，连线以西依次为脆弱性中等区和脆弱性低区；最后提出了港口建设和规划建议。

（三）苏南现代化建设示范区综合地质调查

2013 年，国家发展改革委发布《苏南现代化建设示范区规划》。2016 年 9 月，中国地质调查局南京地质调查中心和原江苏省国土资源厅共同印发《苏南现代化建设示范区综合地质调查总体实施方案》，合作开展苏南地区综合地质调查，总经费 3.273 亿元。

1. 主要成果及科技创新

项目系统查明了苏南地区地质资源禀赋与主要地质环境问题，并依托"部 – 省 – 市 – 县"多级合作机制，瞄准服务对象，分级定制，精准服务，取得了一批看得懂、用得上的成果。

（1）探明地质资源禀赋，支撑城镇发展与乡村振兴。经过详细调查，全面评价了苏南现代化建设示范区土地、地下水、地热、地下空间、地质遗迹等资源家底；完成了苏南地区 1∶5 万土地质量地球化学调查全覆盖，建立了可直接满足地块尺度土地质量管理需求的土地质量档案；首次统筹开展流域尺度地表水与地下水资源评价，查明了区域水资源数量和质量的空间特征；在查明苏南软土、砂土等工程地质问题分布特征的基础上，构建了苏南区域 – 中心城市 – 重点规划区的多尺度地质结构模型；探明了深部地热、浅层地热能等清洁能源禀赋和地质遗迹、矿泉水、富硒土壤等可服务乡村振兴的资源。

（2）查清主要地质环境问题，服务国土空间生态修复与重大工程建设。项目查清了水土污染、矿山环境、地面沉降等重大地质环境问题，探索了土地质量调查与污染修复服务土地分类管控的路径，精确提出了地块的分类管控建议。探索出污染耕地边利用边修复模式；在查明区内露采矿山环境、水土污染等问题基础上充分考虑生态要素空间关联和结构差异，从区域 – 小流域 – 地块等多个尺度提出上下游联动的系统修复建议；在区域重要工程安全影响因素和多年地面沉降监测成果的基础上，支撑服务高铁、城市轨道交通线路等重大工程建设。首次完成苏南地区地质资源环境承载力评价，编制苏南地区耕地适宜性评价图与建设用地限制性评价图等，并结集成册《苏南资源环境承载力评价图集》。

（3）进一步完善地质环境监测网络，发挥长效监测预警作用。整合已有地质环境监测网络，在区域控制的基础上针对新发现的地质环境问题新建地面沉降基岩标分层标、地下水监测井、土壤环境监测点等监测站点，应用星、空、地多种监测技术手段，实现自然资源要素与生态环境质量变化的实时掌握。并积极拓展调查监测内涵，建设系列水土环境综合监测试验场。及时向地方自然资源管理部门提交多期次地质环境监测简报，发挥长效监测预警作用，延续地质调查成果生命力。

2. 应用成效

（1）支撑服务国土空间规划编制工作。本次工作成果紧密结合土地规划编制，根据精细的地质成果提出了城镇周边永久基本农田划定、中心城区城市开发边界调整等方面的应用建议，在苏州市、县两级土地利用总体规划调整完善及苏州高新区"两规合一"过程中发挥了重要的数据支撑作用；查明了软土、砂土分布特征，总结了地下空间开发需保护的资源和需规避的地质环境问题。针对地方迫切需求，完成常熟城铁新区、张家港康得新未来城工程建设适宜性评价，有力支撑了新区规划编制。

（2）多种特色资源支撑服务乡村振兴战略。精细圈定富硒地块，提出了太华镇富硒土壤开发区划，基于此2018年太华镇政府与金丝利药业集团签订了富硒康养小镇项目协议投资15亿元；查明优质地下水资源禀赋，积极对接地方相关企业，在苏南地区多个矿泉水水源地选址论证及资源量评价中提供了业务支撑；提交地质遗迹开发建议，引起溧阳市地方政府重视，助力其申报国家地质文化镇。

（3）地质结构与地质环境监测成果服务重大工程建设。在多年地面沉降调查与监测成果的基础上，结合区域地质条件，得出地面沉降、地裂缝易发性，分析高速铁路、西气东输等重大线性工程受地面沉降、地裂缝的风险，划定风险等级。该项成果在南沿江高铁、通苏嘉甬高铁建设过程中，对线路的选址选线与地质灾害评估提供了技术支撑。

（四）山东半岛和沿海城市群发展地质环境效应调查

2003年，为研究《山东半岛城市群总体规划》实施过程中存在的项目建设与环境建设之间的矛盾，山东省财政厅、山东省国土资源厅下达了"山东半岛城市群建设发展地质环境效应调查与评价"项目，充分利用了地面调查、遥感解译、地球物理勘探、地下水动态监测、海水入侵监测、环境地质试验等工作手段，调查面积 29098 平方千米。2004 年 12 月，山东省地质环境监测总站提交了报告。该项目研究了与人类工程经济活动有关的环境地质问题和地质灾害的发育现状、分布规律、诱发因素、危害及危险程度，并提出相应的防护和治理措施建议。

2006 年，青岛地质工程勘查院完成了"山东省海岸带城市建设地质环境适宜性调查研究"项目，对青岛、威海、烟台、东营、日照、潍坊 6 个沿海城市的地质资源和地质环境条件进行了分析研究；对各城市地下水资源短缺、地下水污染、城市垃圾污染、海水入侵、海岸侵蚀与淤积进了调查与评价；对区内各种地质灾害和环境地质问题进行了全面评价和综合分析；首次从地质环境角度将城市建设用地按功能分为 6 种，即城市综合开发用地、高层建筑用地、低层建筑用地、矿产资源开发用地、垃圾填埋场用地和地质环境保障用地，并采用专家聚类法和模糊数学综合评判相结合的二级评价方法进行了城市建设地质环境适宜性功能区划。

（五）浙江省跨海大桥工程地质勘察

浙江省海岸线绵长、岛屿众多，为解决跨海交通和发展海洋经济，20 世纪末至 21 世纪初，陆续兴建的重大项目有杭州湾大桥、舟山大陆连岛工程和温州半岛工程等。工程地质勘察为工程设计提供了丰富的地质基础资料和正确合理的评价建议。

1. 杭州湾大桥岩土工程勘察

杭州湾大桥是 21 世纪初世界上已建和在建最长的跨海大桥，全长约 36 千米，设计时速 100 千米，双向六车道，总投资约 107 亿元，建成后将使上海至宁波的陆路里程缩短约 120 千米，是同（江）三（亚）线沿海大通道的重要组成部分。勘察的主要任务是查明桥位区域工程地质条件、不良地质作用，软土、饱和砂土、浅层气的分布规律、工程特性及其危害性，查明地下水对桥桩的腐蚀性，为大桥工程设计提供可靠的岩土物理力学参数，评价沉桩的可行性，论证桥桩的施工条件及对环境的影响。杭州湾大桥专题勘察始于 1994 年，至 2002 年提交施工图设计阶段工程地质勘察报告，先后有包括浙江省水文队在内的 20 个单位参与了勘察。在可行性研究阶段，主要借助于水上磁法、电法、地震、旁侧声呐等地球物理勘探的各种手段，辅以少量的控制性钻孔，对 3 个桥址方案进行勘探和评价。初步查明基底地质构造和基岩类型、覆盖层厚度和岩性、不良地质作用发育情况等，为桥址比选提供了可靠的工程地质依据。在初勘和详勘阶段，以钻探取样和原位测试为主，辅以必要的地球物理勘探。详勘阶段工程地质勘察共完成钻孔 388 个、静力触探孔 51 个、浅层地震 47 千米，查明了桥址区各岩土层的分布变化规律和物理力学性质，查明了砂土液化、冲刷槽和南岸滩涂区浅层气分布特征，提出了相应的岩土工程设计参数、桥梁基桩持力层选择、不良地质作用预防措施等建议。

2. 舟山大陆连岛工程地质勘察

舟山大陆连岛工程横跨丘陵、海积平原和海域，第四系厚度及岩性岩相变化较大，平原区最大厚度 102 米。工程绵延 50 千米，设有金塘、西堠门、桃夭门、响礁门、岑港 5 座跨海大桥。其中，西堠门大桥为全长 2.3 千米、主跨 1650 米的悬索桥，在当时同类桥梁中居国内第一、世界第二；金塘大桥为全长 21 千米、海上部分长 18.49 千米的特大桥。浙江省水文地质工程地质大队从 1999 年至 2005 年分次进行，完成的全部工作量有：钻探 34314 米 /711 孔，原状土样 6892 个，岩石样 1670 组，以及大量的原位试验。勘察的主要目的是查明各桥梁区的地质、地貌、水文地质及物理地质现象，评价工程地质条件，为桥梁的设计和施工提供地质依据和有关设计参数。主要任务有：①在充分收集资料的基础上，查明桥位处地形地貌、地层岩性、地质构造、水文地质及不良地质等问题；②重点研究区内主要覆盖层的分布及物理力学性质，基岩的特性，提供大桥设计的有关设计参数；③评价桥位的工程地质问题，查明与桥位桥型有关的区域 / 场地稳定性、构造地质背景及工程地质条件，特别是西堠门大桥中的北主塔位于老虎礁上，其边坡稳定性将影响西堠门大桥的整体布置，是整个工程的关键。

该勘察取得的主要成果有：①勘察中采用了综合手段，并充分利用前期地质、地震和安全评价等研究成果，根据各大桥特定海域的自然条件和工程特点，克服水深、流急、浪大、流向乱、基岩起伏大和地质条件复杂等困难，合理采用不同手段和方法，详细查明了各桥位处的地层岩性、地质构造、不良地质的分布规律及水文地质条件，通过原位测试、室内试验等手段取得了大量的岩土物理力学性质指标，为设计提供了合理的参数。②在西堠门大桥勘察中，对老虎礁边坡稳定性进行了专题研究，在大量现场调查、试验基础上，通过三维有限元数值模拟及大量的不同工况计算，确切地评价了边坡的稳定性并对局部表层不稳定体提供了加固方案。③在对地基基础综合分析的基础上，针对钻孔灌注桩、钢管桩等桩基类型的适宜性、基础设计与施工中可能产生的问题进行了分析论证，提出了切实可行的建议。④试桩资料证实勘察报告提供的参数是可靠的，报告的主要结论和建议为设计施工所采纳。

（六）青藏铁路活动断裂调查与监测

青藏铁路活动断裂调查与监测项目隶属于中国地质调查局"国家重大工程区域地壳稳定性调查与评价"计划项目，起止时间为 2005 年 1 月—2007 年 12 月。中国地质调查局水文地质环境地质部为归口管理部门，中国地质科学院地质力学研究所为实施单位，成都理工大学信息工程学院和中国地震局第二监测中心为主要协作单位。该项目结合青藏铁路工程建设，开展了青藏铁路沿线活动断裂调查，完成铁路两侧 500 米范围 1∶2000 活动断层地质填图和铁路沿线 1∶10 活动层调查，完成 15 点 GPS 测量的布设任务，建立了青藏铁路唐古拉—拉萨段和拉萨地块中部的地壳形变与活动断裂 GPS 监测局域网；完成首期 GPS 精度的观测数据。完成昆仑山地区 InSAR 资料处理任务，获得了昆仑山 8.1 级地震前地壳变形的高精度遥感观测资料。对西大滩 180 米孔和安多 120 米孔进行了水压致裂法地应力测量；在西大滩钻孔完成了地应力、地形变、地温、地下水位、气温监测仪器的安装和调试；实现了数据自动传输和对监测设备的远程控制，在昆仑山地区建立了我国第一个现代化的全自动地应力综合监测站，实现了地应力测量从定点定时、人工操作、一次性测量向无人值守的全自动实时监测的技术突破，为工程设计和建设提供了重要的地质资料。根据大型探槽观测和热释光测年资料，发现西大滩断裂东段最早古地震发生于距今 5 万年前，晚更新世发生过 4 次强烈古地震，全新世发生过 5 次强烈古地震事件；西大滩断裂西段最早古地震发生于约 1 万年前，全新世共发生 4 次强烈古地震事件，最近一期古地震发生于距今 1000 年前。库赛湖断裂自 5000 年前（全新世晚期）至今共发生 3 次强烈古地震事件，最近一期强烈地震为 2001 年 11 月 14 日发生的昆仑山口西 8.1 级地震。调查与监测成果及时提交给铁道第一勘察设计院及青藏铁路设计人员和施工单位使用，为青藏铁路优化设计施工方案提供了重要依据，产生了显著的社会效益。

第四节　服务城市发展繁荣

长期以来，地质工作远离城市。作为地质工作的一个分支，城市地质体系形成得较晚，至今仍处在发展过程中。一般认为，城市地质工作任务主要有 6 项：一是开展城市基础性综合地质调查，二是开展城市地下空间地质调查评价，三是加强特色地质资源调查评价，四是统筹地上地下空间支撑国土空间规划，五是建设城市地质大数据共享平台，六是提交一批城市地质服务产品。通俗地说，城市地质能为城市的绿色、集约、智慧发展提供地质保障。

一、城市地质调查

21世纪以来，中央和地方对城市工作的支持力度不断加大，服务城市发展成效日益显著，在技术方法、工作机制、服务模式等方面积累了丰富的经验。1999年，实施国土资源大调查以来，由中国地质调查局牵头、地方政府支持配合，在城镇化地区开展的全国性地质调查工作取得了丰硕的成果。为了向城市建设和经济社会可持续发展提供全面、详细的地质环境数据，2003年，中国地质调查局选择北京、上海、天津、广州、杭州、南京6个城市先后开展了三维城市地质调查试点工作。通过城市地下三维地质结构、工程地质调查、地质灾害调查等，集成历史地质数据，建立城市三维可视地学信息管理和服务系统。所取得的成果在应急水源勘查、垃圾填埋场选址、新城规划、城市地铁施工、特色农业区划、地热和浅层地温能开发利用等领域发挥了重要作用。

试点工作首次系统开展了城市地下空间适宜性评价。在三维地质结构调查基础上，结合地质灾害和不良地质体的危害性评价，系统开展了城市地下空间开发适宜性评价，为城市向深部空间发展提供了重要基础资料。工作主要成果包括：①北京。结合《北京城市总体规划（2004—2020年）》对六环以内地下空间的开发利用进行了适宜性评价。在分析区域稳定性、岩土体稳定性、地下水、不良地质作用等影响北京地下空间开发利用的工程地质问题的基础上，把平原区六环以内地下空间工程地质环境适宜性分为四个区。②上海。围绕上海地下空间开发中所面临的典型地质问题和土特性及其衍生的地质问题对地下空间规划、开发的不利影响进行了系统的分析和评价。根据影响地下空间开发的地质结构特征及可能产生的地质问题，分别针对基坑开挖和盾构掘进两种施工工艺进行了适宜性分区评价。③天津。在基本查明天津市中心城区工程建设层的水文地质、工程地质、环境地质等条件的基础上，分析了区域性活动断裂、软土、液化土层对地下空间开发利用的影响。首次对中心城区60米以浅的四个地下空间域进行开发利用工程地质适宜性评价和综合评价。对地下空间开发利用可能出现地质问题进行了综合分析，提出了防治对策及建议。成果已应用于修订《天津市地下空间综合利用规划》。④广州。根据广州市地下空间资源的开发利用现状及趋势，按照浅层（0~15米）、中层（15~30米）、深层（大于30米）三个空间域，对广州市中心城区（老八区）—番禺区开展了地下空间资源质量分区评价。将中心城区—番禺区地下空间浅层、中层和深层三个空间域各自划分为地下空间开发利用适宜性优区、良区、中等区、差区、很差区五个质量区。⑤杭州。杭州市以《城市规划工程地质勘察规范》为标准，对地下空间开发的场地进行适宜性分类，将地下空间开发利用划分为适宜区、较适宜区、较差区和不适宜区四个区。

试点工作期间，实现了城市地质信息集群化管理。上海城市地质数据中心按统一规范，汇集上海50年的地质成果，利用30万个各类地质钻孔、1266万条地质环境（地面沉降、地下水、河口海岸）监测数据。建立的三维可视化管理平台，极大地促进了城市地质空间、地下构筑物空间综合一体化和三维定量化的研究与管理，有利于合理、有效地进行各种预测与评价，减少实际应用中的盲目性，降低风险，对生产及环境分析发挥指导和决策作用，具有重大的经济与社会效益。广东省佛山地质局聚焦城市地质工作需求，构建城市资源缓解安全新体系。在全面整理原始地质资料数据、构建三维地质模型的基础上，加载融合地下管线、隧道、基础建筑物等，建立地下空间一体化模型，实现全视角、地下地面一体化三维展示，为城市综合服务系统提供了技术支撑。山东省潍坊、泰安、济南等多个地市以地勘单位为主导，纷纷建立城市地下空间基础信息平台，推进地下空间资源信息与基础地理、土地、地质矿产、规划管理等信息资源整合和共享，提升城市管理质量。

接续前期工作，中国地质调查局全面部署了31省（区、市）地区级及以上300多个城市的环境地质调查评价。工作重点以搜集资料、加强资料的开发和综合研究为主，在城市重点区域开展1∶5环境地质监测，查明了主要城市地质环境背景和环境地质问题的类型、分布、成因和危害程度。2005—2009年，率先完成了江西、浙江、四川、云南、黑龙江、甘肃、海南、河南、湖南、吉林、贵州、福建、山西、广西、安徽15个省（区、市）的196个地级以上城市环境地质调查评价，至2010年实现了城市环境地质调查评价的全覆盖。

二、城市地质调查典型案例

（一）北京市多参数立体地质调查

2005年，为服务于实现首都"总体规划"和成功举办2008年奥运会，实现首都"天蓝、水清、地绿"的环境目标，中国地质调查局、北京市地质矿产勘查开发局联合开展了"北京市多参数立体地质调查"项目。该项目第三专题第二子项目"北京城市生活垃圾处置现状及选址地质环境调查"要求查明北京市城市生活垃圾处置现状以及垃圾处置场地选址区的地质环境和水文地质条件，研究垃圾场地地下水污染控制和治理对策，开展垃圾填埋场地地质环境污染风险评价，为北京市的城市建设和生态环境保护规划提供依据。项目共完成遥感解译 7900 平方千米，1：5 万综合环境地质调查5400 平方千米。2007 年 4 月提交了《北京城市生活垃圾处置现状及选址地质环境调查报告》。

（二）天津市中心城区地下空间综合地质调查报告

天津市中心城区地下空间综合地质调查项目为中国地质调查局与天津市政府合作项目"天津城市地质调查"的子项目之一，由天津地质调查研究院于 2005—2007 年完成。共投入如下主要工作：搜集前人工程勘察孔 468 个，遥感解译 510 平方千米（1：1 万），综合地质调查 334 平方千米（1：2.5 万），工程地质钻探 45 孔，进尺 2777 米，土工试验 1917 件。进一步查明了市区工程建设层的岩石地层层序和三维地质结构；进一步确定了对中心城区构造稳定性具有决定性影响的断裂的活动性及地壳稳定性分区；判定了可液化粉（砂）土的液化等级及其分布，查明了软土和可液化土层对地下空间开发利用的影响及防治措施；对中心城区 60 米深度内地下空间按不同开发利用层次划分为 4 个空间域，并对其工程地质适宜性进行了定量化综合评价与分区，确定了地下空间资源容量。

（三）苏州城市地质调查

2009 年 5 月，江苏省国土资源厅与苏州市人民政府签署了合作开展"苏州市城市地质调查"项目协议，项目由江苏省地质调查研究院组织实施。根据苏国土资发〔2006〕471 号《关于开展城市地质调查试点工作的通知》，苏州城市地质调查项目主要有以下 4 项任务：①查明苏州市城市规划区三维地质结构，以城市发展需求为目的，对包括城市地下空间，水、土等地质资源合理利用进行分析评价，开展城市地质环境监测。②以调查研究城市化、工业化与地质环境的相互作用和影响为主线，查明存在的主要地质灾害和地质环境问题及其对社会经济的影响。③结合数字苏州总体框架，编制城市环境地质系列图件，建立城市地质环境信息平台。④围绕城市发展目标和功能定位，提出对策建议。省厅和市局分别成立了项目领导小组和联合协调小组负责项目的指导实施工作，江苏省地质调查研究院组织了基础地质研究所和环境地质研究所相关技术人员，分解为 7 个专题研究组开展专题研究，2012 年 8 月进行最终成果审查并移交苏州市人民政府。

该项目的主要成果及科技创新包括：①完成了中心城市区域范围内的城市地质调查工作，全面系统完整地总结了苏州城市规划区范围内的三维地质结构特征，总结了矿产资源总量和优势矿产类型，提出了矿产资源保护、开发和管理的建议，分析评价了地质遗迹资源的质量，初步评价了区域地壳稳定性，为城市规划发展奠定了较好的基础。②细化建立了第四纪地层精细结构模型，为与城市建设密切相关的工程地质勘查、地下水资源勘查、地质灾害地面沉降防治提供了坚实基础。③建立了城市区域范围内的标准工程地质层划分方案，构建了精细三维工程地质模型，为城市地下空间开发、应用、管理和应急抢险提供了科学准确方便的管理工具。④查明了苏州城市规划区内各含水层地下水资源量，利用三维水文地质模型建设和精确模拟技术，首次提出苏州市利用地下水为应急水源地的建议对策，为城市水资源安全提供了可靠保障。⑤系统分析了城市地质灾害的现状和发展趋势，提出了科学的管理、防治方法和措施；对城市范围内的土壤和浅层水地球化学现状进行了全面的分析，提出了土地利用调整建议，分析了浅层水防污性能，为土地管理、开发、利用、保护从数量管理向质量管护转变提供了有效支撑。⑥通过信息平台建设，使地质信息的管理实现了与数字城市管理系统的对接，促进了地质资料集约化管理服务的发展。上述成果较好地提高了国土资源管理部门在城市规划、建设、管理、应急及决策中的服务能力和手段。

（四）上海市三维城市地质调查

上海市三维城市地质调查项目由上海市地质调查研究院担任第一完成单位，获 2011 年度国土资源科学技术奖一等奖。项目开展过程中，紧密围绕城市发展面临的资源、环境及安全问题，研究成果在城市规划、建设和管理工作中得到了广泛应用。主要工作如下：①首次建立了上海三维基岩地质、第四纪地质、工程地质和水文地质结构模型，结合城市规划和地下空间开发进行了地质环境适宜性评价，提出地上地籍图 – 地下地籍图 – 地质图"三图合一"构想并进行了有益尝试，有关成果已应用于中心城区地下空间开发规划和重点工程建设。②建立了上海城市地质环境监测和安全预警机制。在加强上海地面沉降监测与控制研究基础上，提出了上海城市应急地下水源地建设方案，建立了地铁、防汛墙、桥梁、高架等生命线工程沉降预警机制；有关研究成果已作为"十一五""十二五"地面沉降防治规划制定的重要依据。③系统开展了上海城市环境地球化学调查与综合评价，查明了土壤和浅层地下水地球化学环境状况，建立了土地质量动态监测网络。有关成果已应用于基本农田保护、农用地分等定级、工业用地转型地质环境风险评估等。④建立了长江河口海岸带地质环境三维演化模型，研究了人类活动、长江泥沙、海洋等因素耦合作用下海岸带地质环境演化规律，评估了滩涂资源分布和演化趋势。有关成果在土地利用总体规划、滩涂造地等工作中得到具体应用。⑤首次系统开展了上海城市地质环境容量评价研究，提出了评价体系和评价模型，建立了地下水环境容量、土壤环境容量、地面建筑容量评价方法，并对上海市城市总体规划实施开展了后评估研究，为城市可持续发展提供了重要的基础资料。⑥研发了具有自主版权的上海市三维可视化城市地质信息管理和服务系统，初步建立了全面系统、开放共享、动态更新的上海城市地质数据中心，实现了基于多源海量数据的三维地质结构动态建模、地质过程模拟和空间分析评价。

（五）服务上海城市基础设施建设

城市地质环境是大型基础设施建设的前提条件。作为国际大都市，上海自1999年9月提交了我国首份建设项目地质灾害危险性评估报告——《上海外高桥造船基地建设用地地质灾害危险性评估报告》以来，至2008年年底，已先后完成近1000项建设项目的灾评工作。其中包括磁悬浮列车工程、洋山深水港东海大桥、浦东国际机场扩建工程、上海长江隧桥工程、西气东输上海段等国家重大基础建设项目；并出台了《上海市工程建设规范：建设项目地质灾害危险性评估技术规程》。

地质灾害危险性评估日益成为水工环地质工作为城市建设服务的重要途径和方式，其中影响面较大的项目有上海市地质调查研究院于2004年6月提交的《中国2010年上海世博会场址建设用地地质灾害危险性评估报告》。上海世博会园区位于上海中心城区南浦大桥与卢浦大桥之间的黄浦江滨江地带，规划面积5.28平方千米。该评估工作针对上海地区地质环境的特殊性、世博会场址所在地段地质结构特征和上海地区丰富的地质资料及地质环境监测调查成果，确定评估区主要的地质灾害类型为地面沉降、边坡失稳、砂土液化、地基变形、海平面上升与潮灾、水土污染和浅层天然气灾害7个灾种，深入分析了每个灾种的特征、成因、发展历史与变化趋势，阐述了每个灾种的危害地域（点）、危害性质和危害程度。根据世博会场馆建设工程特点，经地质环境分区和地质灾害发育现状分析，预测认为：工程建设存在诱发或加剧地面沉降、边坡失稳、砂土渗流液化（流沙）和浅层气灾4种地质灾害的可能性，工程建设存在遭受地面沉降、砂土震动液化、地基变形和海平面上升与潮灾4种地质灾害的可能性。报告对评估区的地质灾害危险性划分出大和中等两类区域，并提出了相应针对性的地质灾害防治对策措施，为园区的规划与建设提供了重要的技术支持。

第五节　服务地质旅游

改革开放以来，我国的旅游业是增长最快的行业。旅游资源是旅游业的基础，一般将其分为自然资源和人文资源两大类。从成因方面看，各种自然旅游资源都是地质作用过程中形成的；而大多数人文旅游资源也都依托其特定的地质环境。进入 21 世纪，地质旅游的理念迅速形成，并广泛普及。地质旅游已经形成了全新的经济增长点。

一、地质旅游概念的形成

（一）地质旅游资源分类

从旅游资源开发的角度看，地质旅游资源可分为三种基本类型。

（1）保护性开发。对大自然鬼斧神工形成的独特的地质现象，以保持其自然属性和面貌为前提，进行开发利用。所谓的地质公园即是在此类资源的基础上建立。

（2）恢复性开发。对已经破坏的地质现象进行最大限度的恢复和提升，其中已一定程度地融入了人文属性。所谓的矿山地质公园即是在此类资源的基础上建立。

（3）收藏性开发。对可移动的地质体进行集中展示。各种公益性、商业性博物馆即是基本形式。其间不但添加了一定的人文色彩，甚至还具备了一定的投资属性。

（二）地质旅游资源功能

在 21 世纪 20 余年地质旅游资源的开发实践中，地质旅游产业已经体现了如下基本功能。

（1）观光功能。无论出于休闲的需要，还是出于探险的需要，地质资源总是具有较大的观赏价值。围绕旅游资源所建的地质公园，不但具有较强的公益性，更有较高的商业性。例如，在我国"老、少、边、山、穷"地区，吸引游客成为脱贫的重要途径，当地的宝玉石和观赏石是旅游商品的重要原材料。矿山地质公园更是延长矿山生命、拓展经营范围的重要形式。总之，只要用心观察、悉心保护，奇特的地质遗迹层出不穷，并能带来可观的直接和间接经济效益和社会效益。

（2）教学功能。无论是专业教学，还是科普教学，地质资源是人类认识大自然的重要载体。早在中华人民共和国成立不久，我国便开始开发地质遗迹资源用于地质院校的教学实习。同时组织各种类型的夏令营对中小学生进行地质科普。地质旅游具有较强的地学知识普及的功能，旅游者每参加一次地质旅游，目睹瑰丽、奇特的自然景观，总能激发好奇心和求知欲。因此，每一个地质旅游景区，都是普及地学知识最生动、最直观的天然课堂。自然界中的科学现象无穷无尽，只要细心观察，总能有所发现。潜移默化之中，便提升了全民族的科学文化素养。

（3）投资功能。大到可供长途跋涉的区域性地质现象，小到可供掌中把玩的矿物、岩石标本，均具有资产的属性。中国的石文化历史悠久，其中以玉石观赏为特色，并有观赏彩石的文化传统。现代地质科学引进中国以后，宝石、化石、矿晶的概念也进入到大众收藏者的视野。其中，不可移动的标本依附于地质遗迹，可移动的标本则聚集在博物馆及个人收藏者的家中。传统的地质博物馆为公益性。近年来，具有商业特征的民间博物馆蓬勃发展，不但纳入到了地质旅游资源的大家族，而且具备了一定的投资及金融属性。

总之，地质旅游是继观光旅游、休闲旅游之后的第三类旅游。我国地质旅游资源丰富多样，潜力极其巨大，前景非常广阔。在充分肯定21世纪地质旅游取得长足进展的同时，应当客观地认识到，我国的地质旅游还处在起步阶段，有不少尚未充分开发的地质旅游处女地。在管理体制和运营机制上，也与西方发达国家存在一定的差距。因此，地质科学服务地质旅游的空间较大，或者说是任重道远。

（三）地质旅游资源发掘

地质旅游是指以地质遗迹及与地质体直接有关的人类活动遗迹作为主要旅游资源的一种主题旅游。它包括旅游资源中的自然遗迹，以及在晚近地质历史时期人类形成与发展过程中留存的人类文化遗迹，以及人类与地质体相互作用的遗迹。

地质旅游在欧洲已发展成为一种成熟的旅游活动，但在我国仍然是一种新兴的旅游方式，且有着不可阻挡的发展趋势。我国地大物博，地质旅游资源丰富。因此，我国具备开发地质旅游良好的基础条件。与此同时，随着旅游业的快速发展及时代的进步，游客也开始追求旅游的高层次性、高知识性、高质量性。地质旅游作为一种集科普性、娱乐性、体验性于一体的旅游方式正为越来越多的游客所喜爱。广大游客通过观察和探寻地质现象、讲述地质故事的活动，以实现关注大自然、亲近大自然、享受大自然，并从大自然中探寻真知与灵感，使身心感悟和科学素养得到升华。因此，地质旅游资源具有服务经济社会可持续发展的重要价值。在此过程中，地质工作者运用地质科学的方法和手段来观察、分析、解释名胜区、风景点的地质景观，对地质自然景观作出科学性的描述与探讨，提出地质资源的规划、开发和保护的方案，是时代的呼唤和社会的需求。其研究范围大致包括以下几个方面。

（1）地层景观。标准地质剖面和化石产地，如：具有地区性、区域性和国际性地质对比意义的地层剖面；典型和重要的地质构造；重要而珍贵的化石产地及古人类居住遗址等。

（2）地貌景观。包括由于大自然的作用而形成的各种自然景观，如峰峦、峡谷、岸湾、江河、湖泊、海滨、岛屿、沙漠等；现代地质作用过程所形成的典型地貌，如岩溶、冰川、崩滑、溶洞、瀑布、黄土、石林、土林、熔岩、火山、天池等奇观地貌。

（3）资源景观。具有特殊保护价值和开发价值的岩石、矿物产出地段，以及古代的采矿与冶炼遗址等；具有特殊的经济、医疗、科普和教育价值的地质现象，如矿泉、温泉等。

（4）人文景观。其他与地质资源相关的人文历史遗迹，如古城、城堡、宫殿、庙宇、园林、陵墓、古塔、桥梁、渠堰、运河、大坝、水库等建筑物、构筑物；以及石窟、石刻、碑碣、摩崖、壁画等文化遗迹。

二、地质旅游资源现状

经过 21 世纪前 20 年发展，我国已经形成了一批极具价值和潜力的地质旅游资源。

（一）世界地质公园

世界地质公园是联合国教科文组织评选的，以其地质科学意义、珍奇秀丽独特的地质景观为主，融合自然景观与人文景观为一体的自然公园。公园评选计划在 2000 年之后开始推行，目标是选出超过 500 个值得保存的地质景观加强保护。截至 2020 年 7 月，联合国教科文组织世界地质公园总数为 161 个，分布在全球 41 个国家和地区。中国拥有 41 个世界地质公园，具体期次和明细如下。

2004 年中国第一批世界地质公园：黄山世界地质公园（安徽）；庐山世界地质公园（江西）；云台山世界地质公园（河南）；石林世界地质公园（云南）；丹霞山世界地质公园（广东）；中国张家界世界地质公园（湖南）；五大连池世界地质公园（黑龙江）；嵩山世界地质公园（河南）。

2005 年中国第二批世界地质公园：雁荡山世界地质公园（浙江）；泰宁世界地质公园（福建）；克什克腾世界地质公园（内蒙古）；兴文世界地质公园（四川）。

2006 年中国第三批世界地质公园：泰山世界地质公园（山东）；王屋山 – 黛眉山世界地质公园（河南）；雷琼世界地质公园（广东）；房山世界地质公园（北京，河北）；镜泊湖世界地质公园（黑龙江）；南阳伏牛山世界地质公园（河南）。

2008 年中国第四批世界地质公园：龙虎山世界地质公园（江西）；自贡世界地质公园（四川）。

2009 年中国第五批世界地质公园：秦岭终南山世界地质公园（陕西）；阿拉善世界地质公园（内蒙古）。

2010 年中国第六批世界地质公园：广西乐业 – 凤山世界地质公园（广西）；宁德世界地质公园（福建）。

2011 年中国第七批世界地质公园：天柱山世界地质公园（安徽）；香港世界地质公园（香港）。

2012 年中国第八批世界地质公园：三清山世界地质公园（江西）。

2013 年中国第九批世界地质公园：延庆世界地质公园（北京）；神农架地质公园（湖北）。

2014 年中国第十批世界地质公园：昆仑山地质公园（青海）；大理苍山地质公园（云南）。

2015 年中国第十一批世界地质公园：敦煌世界地质公园（甘肃）；织金洞世界地质公园（贵州）。

2017 年中国第十二批世界地质公园：阿尔山（内蒙古）；可可托海（新疆）。

2018 年中国第十三批世界地质公园：光雾山 – 诺水河地质公园（四川）；黄冈大别山地质公园（湖北）。

2019 年中国十四批世界地质公园：沂蒙山世界地质公园（山东）；九华山世界地质公园（安徽）。

2020 年中国十五批世界地质公园：湘西世界地质公园红石林（湖南）；甘肃张掖世界地质公园（甘肃）。

（二）国家地质公园

2001 年 4 月，国家首批命名国家地质公园 11 家：云南石林国家地质公园、湖南张家界砂岩峰林国家地质公园、河南嵩山国家地质公园、江西庐山国家地质公园、云南澄江动物群国家地质公园、黑龙江五大连池火山国家地质公园、四川自贡恐龙国家地质公园、福建漳州滨海火山国家地质公园、陕西翠华山山崩国家地质公园、四川龙门山国家地质公园、江西龙虎山国家地质公园。

此后，2002年2月第二批命名国家地质公园33家；2004年2月第三批命名国家地质公园41家；2005年8月第四批命名国家地质公园53家；2009年8月第五批命名国家地质公园44家；2011年11月第六批命名国家地质公园36家。

截至2016年，我国共建立了243家省级地质公园，并且仍有新的省级地质公园正在不断申报、建设中。

（三）国家矿山公园

国家矿山公园的建设，是矿山环境保护、治理和开发的创新途径，通过融人文景观与自然景观为一体，实现经济效益、社会效益、生态效益的有机统一。我国已分别于2005年9月、2010年4月、2013年1月、2017年12月创建了四批国家矿山公园，分布于28个省（区、市），共88处，具体分布情况如下。

（1）广东（7处）：深圳市平湖凤凰山国家矿山公园、韶关芙蓉山国家矿山公园、凡口国家矿山公园、深圳鹏茜国家矿山公园、梅州五华白石嶂国家矿山公园、大宝山国家矿山公园、广东茂名国家矿山公园。

（2）湖北（6处）：黄石国家矿山公园、应城国家矿山公园、潜江国家矿山公园、宜昌樟村坪国家矿山公园、湖北郧阳云盖寺绿松石国家矿山公园、湖北保康尧治河国家矿山公园。

（3）内蒙古（6处）：赤峰巴林石国家矿山公园、满洲里市扎赉诺尔国家矿山公园、林西大井国家矿山公园、额尔古纳国家矿山公园、内蒙古白云鄂博国家矿山公园、内蒙古准格尔国家矿山公园。

（4）黑龙江（6处）：嘉荫乌拉嘎国家矿山公园、鸡西恒山国家矿山公园、鹤岗市国家矿山公园、黑河罕达气国家矿山公园、大兴安岭呼玛国家矿山公园、大庆油田国家矿山公园。

（5）江西（6处）：景德镇高岭国家矿山公园、德兴国家矿山公园、萍乡安源国家矿山公园、瑞昌铜岭铜矿国家矿山公园、江西大余西华山国家矿山公园、江西于都盘古山国家矿山公园。

（6）浙江（5处）：遂昌金矿国家矿山公园、温岭长屿硐天国家矿山公园、宁波宁海伍山海滨石窟国家矿山公园、浙江苍南矾山国家矿山公园、浙江三门蛇蟠岛国家矿山公园。

（7）湖南（5处）：宝山国家矿山公园、郴州柿竹园国家矿山公园、湘潭锰矿国家矿山公园、湖南沅陵沃溪国家矿山公园、湖南益阳金银山国家矿山公园。

（8）北京（4处）：平谷黄松峪国家矿山公园、首云国家矿山公园、怀柔圆金梦国家矿山公园、史家营国家矿山公园。

（9）河北（4处）：唐山开滦煤矿国家矿山公园、任丘华北油田国家矿山公园、武安西石门铁矿国家矿山公园、迁西金厂峪国家矿山公园。

（10）山东（4处）：沂蒙钻石国家矿山公园、临沂归来庄金矿国家矿山公园、枣庄中兴煤矿国家矿山公园、威海金洲国家矿山公园。

（11）重庆（3处）：江合煤矿国家矿山公园、重庆渝北铜锣山国家矿山公园、重庆万盛国家矿山公园。

（12）安徽（3处）：淮北国家矿山公园、铜陵铜官山国家矿山公园、淮南大通国家矿山公园。

（13）吉林（3处）：白山板石国家矿山公园、辽源国家矿山公园、汪清满天星国家矿山公园。

（14）福建（3处）：福州寿山国家矿山公园、上杭紫金山国家矿山公园、福建寿宁古银硐矿山公园。

（15）河南（3处）：南阳独山玉国家矿山公园、焦作缝山国家矿山公园、新乡凤凰山国家矿山公园。

（16）甘肃（3处）：白银火焰山国家矿山公园、金昌金川国家矿山公园、玉门油田国家矿山公园。

（17）山西（2处）：大同晋华宫矿国家矿山公园、太原西山国家矿山公园。

（18）辽宁（2处）：阜新海州露天矿国家矿山公园、辽宁南票煤炭国家矿山公园。

（19）江苏（2处）：盱眙象山国家矿山公园、南京冶山国家矿山公园。

（20）广西（2处）：合山国家矿山公园、全州雷公岭国家矿山公园。

（21）四川（2处）：丹巴白云母国家矿山公园、嘉阳国家矿山公园。

（22）贵州（1处）：万山汞矿国家矿山公园。

（23）云南（1处）：东川国家矿山公园。

（24）青海（1处）：格尔木察尔汗盐湖国家矿山公园。

（25）宁夏（1处）：石嘴山国家矿山公园。

（26）新疆（1处）：富蕴可可托海稀有金属国家矿山公园。

（27）陕西（1处）：潼关小秦岭金矿国家矿山公园。

（28）海南（1处）：海南石碌铁矿国家矿山公园。

此外，各级政府均在积极策划新的一批矿山地质公园。建成和正在建设的矿山地质公园成为 21 世纪中华大地一道亮丽的风景线。

（四）各级各类地质博物馆

1. 国家级博物馆

中国地质博物馆创建于 1916 年，位于北京市西城区西四羊肉胡同 15 号，以典藏系统、成果丰硕、陈列精美在世界范围内享有盛誉。收藏地质标本 55 万余件，涵盖地学各个领域。

2. 地方地质博物馆

截至 2020 年，全国约有一半以上的省（区、市）建有并开放具有地方特色的省级地质博物馆。这些地质博物馆建于不同的历史时期，或大或小，但却承担了本地区地质科学研究与普及的重要使命。

（1）南京地质博物馆，始建于 1935 年，原名中央地质调查所地质矿产陈列馆，新老馆面积 9700 平方米，展出标本 2 万余件，因珍藏有国内最完整的 6 件北京猿人头盖骨化石首批复制品、中国最早研究的禄丰龙真骨化石及模型、比周口店更完整的周口店动物群化石珍藏、瑞典返还中国的部分仰韶文物石器闻名于世。

（2）浙江东方地质博物馆，成立于 2008 年，展出标本 1.2 万余件，其中不乏珍奇标本。

（3）甘肃地质博物馆，始建于 1943 年，馆藏标本 3 万余件。

（4）湖北地质博物馆，1956 年正式开馆，馆藏标本 1.8 万余件。

（5）山西地质博物馆，创建于 1958 年，馆藏标本 5.1 万多件。

（6）广东地质博物馆，始建于 1958 年，馆藏标本 4 万件。

（7）山东省地质博物馆，始建于 1976 年，馆藏标本 2 万余件。

（8）安徽省地质博物馆，2012 年 10 月正式开馆运行，馆藏标本 5 万余件。

（9）宁夏地质博物馆，筹建于 2008 年，馆藏标本 1.6 万件。

（10）湖南省地质博物馆，始建于 1958 年。2012 年 4 月 22 日，湖南省地质博物馆新馆正式对外开放。新馆建筑面积 2 万平方米。

3. 高校地质博物馆

2000 年以来，各个承办地质类专业的高等院校均积极扩建和提升院属的地质博物馆，并面向社会提供服务。成都理工大学博物馆始建于 1960 年，在中国科协组织开展的 2015—2019 年度全国科普教育基地的认定中，被命名为全国科普教育基地。馆藏

10万余件各类标本藏品，每年接待观众达5万余人次。中国地质大学、河北地质大学等地质博物馆也颇具特色。

4. 民间地质博物馆

21世纪以来，多元投资的地方博物馆如同雨后春笋。其中最有代表性的是江苏矿物文化交流中心。该中心始建于2012年，南京大学地球科学与工程学院客座教授彭兆远先生为该中心负责人。该中心毗邻风景秀丽的南京中山陵景区，建筑面积4000平方米，收藏3000余件来自世界各地的顶级矿物晶体标本精品，部分珍品已媲美欧美顶级矿物藏品，其中不乏海外回流精品。参观者可以领略到矿物晶体神奇的魅力，欣赏大自然给人类带来的视觉盛宴，同时为他们打开一扇通向迷人的晶体收藏世界的大门。中心主要从事矿物晶体文化推广，旨在整合资源，联合国内外博物馆及专业院校、研究机构、网络平台、开采公司、实验团队，打造国际矿物交流平台，举办国际学术论坛、高端峰会、矿物特展；协助打造专业的民间博物馆联盟；培养和输送相关专业人才；培养大众对矿物的兴趣和认知；进行地质矿物科普推广；更好地服务于矿晶爱好者和收藏家。中心同时也是中国观赏石协会矿物晶体专业委员会、中国矿物晶体研究院所在地。成立10年间，中心已接待近百位中科院院士，邀请了众多欧美知名博物馆、研究机构负责人前来参观交流。

三、地质旅游资源调查

地质旅游资源调查是旅游规划的一项前期性基础工作，也是旅游地研究的核心和重要任务，其内容涉及对旅游资源的勘查、发现及综合评价等。传统的工作方式包括地方志提供线索，文物、风景管理部门的档案资源线索，当地居民找景、报景线索，以及老景区或成景条件的外延拓展等。21世纪以来，地质工作者以专业化的视角，在全国及重点地区开展了系统的地质旅游调查工作。

（一）全国重要地质遗迹调查

2008年，中国地质调查局地质环境监测院组织实施了全国范围的重要地质遗迹资源调查，全国多个地勘单位联合开展工作，取得了一系列重要进展，有效服务了地质遗迹保护与管理、国家脱贫攻坚以及经济社会发展等工作。根据全国地质遗迹调查成果，我国地质遗迹多集中在地质构造和地形地貌的突变带上。青藏高原、大兴安岭—太行山—武陵山、贺兰山—龙门山—横断山，黄河、长江、珠江几大水系的河谷地带以及海岸带是我国地质遗迹资源最为富集的区域。这些地质遗迹从数量上呈东西部分布不均匀状态，东部少于中部，中部少于西部，西部的地质遗迹资源占全国的40%以上，是我国地质遗迹资源最为丰富的地区，其中云南、湖南、四川、河南等省资源量比较大，仅单省重要地质遗迹点就超过了300处。总体来看，我国地质遗迹在研究程度上，东部和中部高，西部低；在数量上西部高东部低，南部高北部低；在开发利用程度上，东部高，西部低。

此外，这次全国地质遗迹调查工作不仅按照省份进行，还按照区域整合数据进行分析，调查成果对提升区域品牌和地方经济有着重要意义。经调查发现，长江经济带区域共有地质遗迹点2962处，地质遗迹点分布密度为14.61个/平方千米，是全国地质遗迹点分布密度的2.25倍。地质遗迹集中分布在云南、四川以及湖南三省。区域内共有734处地质遗迹点得到保护，其中国家级以上的地质遗迹点231处。该区域在探索中形成了一条"在保护中开发、开发中保护"的路径，保护当地地质遗迹资源的同时，也提升了当地旅游品牌形象、带动了地方经济发展。"一带一路"倡议区共有重要地质遗迹点3476处，占我国地质遗迹资源总数的一半以上。其中，丝绸之路经济带地质遗迹点2720处、海上丝绸之路地质遗迹点756处，地质遗迹点集中分布在天山—祁连山、小兴安岭—长白山以及横断山脉地区等地，区域内共建立了120处国家地质公园、200余处省级地质公园、35个国家级古生物化石集中产区以及20座古生物化石村。

调查发现，全国6021处地质遗迹点中，已经通过建设各类保护区、保护段等形式加以保护的重要地质遗迹点不足三成，其中东部地区地质遗迹保护程度明显高于西部地区，保护范围达到70%以上；城市及周边地区地质遗迹点中529处地质遗迹点得到不同程度的保护，占城市地质遗迹点的2/3以上。此外，我国还有3000多处地质遗迹点仍处于未保护状态，城镇化发展以及工业化的进程都对地质遗迹保护带来了严峻的考验。

调查成果显示，已查明我国重要地质遗迹点6021处。其中，基础类地质遗迹点2815处、地貌景观类地质遗迹点3042处、地质灾害类地质遗迹点164处；初步鉴评出世界级地质遗迹点307处、国家级1525处、省级4189处。2016年度新发现地质遗迹点95处，其中基础地质类地质遗迹点31处、地貌景观类地质遗迹点63处、地质灾害类地质遗迹点1处。通过开展调查工作，初步摸清了我国地质遗迹资源家底，一些有关地质遗迹的新发现，填补了我国在这一领域的空白，为我国成为地质遗迹资源大国奠定了基础。

此次地质遗迹调查将江西赣州、四川稻城以及西藏波密、扎达作为单列市（县）与其他省（市）同时进行调查，梳理该区域内的地质遗迹资源，为国家精准扶贫战略和藏区建设进行技术支撑。已有98处世界级地质遗迹点和509处国家级地质遗迹点处在我国集中连片贫困区内。2014年，取得国家地质公园建设资格的江西省石城县通过地质旅游实现了脱贫致富。石城县位于江西省赣州市东部，该区域内发育碎屑岩类、水体类、地质构造类等地质遗迹，具备地质旅游和科普教育条件。2016年上半年，石城县建立了农家乐100余家，共接待游客138.43万人次，实现旅游综合收入5.335亿元，带动了1000多户贫困户增收。

从2018年起，中国地质环境监测院计划在全国建立5处地质文化示范村，以地质遗迹景观为媒介，将地质遗迹资源与当地的民俗文化、地域景观结合起来，实现地质文化与乡村文化融合、地球故事与村民故事融合、农业地质与农耕文化融合以及环境地质与村民生活融合，达到地质文化惠及村民、旅游经济带动乡村发展的目的。同时，针对藏区的地域特点，将编制地质遗迹科普作品，提出该区域的地质遗迹保护与开发利用建议，支撑藏区旅游发展和美丽乡村建设。

（二）贵州省旅游资源大普查

为充分发挥好旅游地学人才优势，做好地质科技支撑，针对贵州省尚未开展过专项的普查，山地旅游资源家底不清的问题，贵州省地矿局向贵州省政府提交了《关于以县为单元开展全省山地旅游资源普查工作夯实旅游业井喷式增长基础的建议》。该建议受到贵州省委省政府高度重视。2016年2月21日，贵州召开加快旅游发展工作动员部署会议，明确提出要举全省之力、集全省之智推动旅游业实现"井喷式"增长。4月15日，贵州省政府下发《关于开展旅游资源大普查的通知》，随后累计组织10多万人在全国率先开展旅游资源大普查。此次旅游资源大普查，共普查旅游单体数82679处。其中，新发现旅游单体数51626处。大普查成果显示，贵州地学旅游资源异常丰富，总体呈现新增资源数量大、重要资源发现多、扶贫区旅游资源类型全的三大亮点。依托地质旅游资源大普查成果，贵州可建成完整的包括3个世界级、25个国家级、89个省级、2000个市（州）县（区）乡村级地质公园在内的覆盖全省的地质公园体系，使贵州成为名副其实的山地（地质）公园省。还将以地质公园为主建设10~20个"地学旅游研学基地"、5~10条地学精品旅游线路、3~5个重点地学旅游区、3~5个地学文化旅游创意产业园等，为贵州包括乡村旅游、红色旅游、山地体育、康体养生等在内的特色旅游提供了丰富的后备资源。贵州省地矿局创立的"地学旅游模式"，将推动经济社会发展与构建山水林田湖草生命共同体充分结合起来，将普查成果与现有旅游资源开发、脱贫攻坚、经济社会发展紧密结合起来，系统组织开发、包装和推介，推动全域旅游发展，打造一批旅游扶贫样板。比如，2018 年 12 月 12 日，贵州省地矿局与有关方面合作，在遵义市绥阳县温泉镇创建了全国第一家国家地质公园"园中村"——双河洞旅游地学文化村，率先在旅游扶贫上取得突破。该地引进江苏银河投资开发公司，持续对双河溶洞景区投资达 4.5 亿元，完成洞穴探险和露营基地建设。2018 年，全镇年接待游客超过 20 万人次，旅游综合收入突破 1 亿元。

（三）山西省运城市旅游地质、地质遗迹调查项目

山西省地球物理化学勘查院承担实施的《山西省运城市旅游地质、地质遗迹调查项目》是山西省自然资源厅 2019 年省级地质勘查项目。该项目在调查地质遗迹的基础上，对旅游地质、地质遗迹资源形成的地质背景、原因、机制、过程及其分布状况和周围环境进行科学探究和调查，并将地质学科知识以科普形式与自然、人文景观相结合，追溯地貌形成年代，解译景观形成背景，揭秘地质活动与气候演变合力造就的旧貌新颜。项目调查足迹遍及河东大地 13 个县（市、区），调查具有旅游价值的地貌、峡谷、河流湖泊等景观类遗迹 10 个，发现具有旅游价值的古生物化石、人类活动、矿业等遗址类 9 个，涉及已开发景区景点 12 个，具有潜在旅游价值的地质遗迹 14 处。其中，对闻喜汤王山变质岩地貌、永济五老峰碳酸盐岩地貌、平陆门里碎屑岩地貌的调查，揭示了亿万年前惊天动地的峰起海退；对永济水峪口神潭大峡谷、垣曲望仙峡谷、运城盐湖、芮城圣天湖、永济伍姓湖的调查，揭开流年似水的秘密；对垣曲古城黄河湿地、河津禹门口黄河风景河段等地的地质调查，呈现远古时代不一样的黄河底蕴。在垣曲寨里动物群化石产地（世纪曙猿的发现动摇了当时"人类起源于非洲"的论断）、闻喜上社观赋存化石（发现 70 万年前的古动物化石）、平陆张峪村早更新世哺乳类化石产地（发现 70 万年前的古动物化石）、芮城西侯度遗址（发现 180 万年前用火证据）、垣曲南海峪古人类遗址（发现 60 万年前古人类活动遗址）、芮城匼河遗址（发现 70 万年前古动物化石，旧石器时代与西侯度遗址属同期）的调查，勾勒出河东早期人类生活和生态状况。而对平陆米汤沟石膏矿、垣曲北峪古铜矿采矿遗址的调查，让人们重新认识山西矿业大省的悠久历史。调查中还发现，从古元古代的中条运动、中生代的燕山运动到新生代的喜马拉雅运动，不仅赋予了运城地区丰富的矿产资源，还造就众多地质遗迹景观：25 亿年前的岩石景观地貌，23 亿年前的中条运动，4500 万年前的世纪曙猿，180 万年前的人类活动，4000 年前的运城盐湖等。每一个时间节点，每一处历史印记，都会让人们重新审视这片原本熟悉的土地，用地球科学讲好运城故事，以此给山西旅游增加更深广的内涵。

第二十五章
地质科技创新

2000 年以来，伴随体制和机制的创新，自然资源部所属各省（市、区）地勘单位、中国地质调查局所属的地调机构和科研机构、中国科学院所属的科研院所、教育部所属的高等院校等科研队伍系列的科技创新能力接续增强，多种经济成分的科技创新实体日益活跃，为实现地质找矿和产业发展提供了重要的技术保障，为经济社会可持续发展和生态文明建设作出了积极贡献。

第一节　地质科技新体制与新机制

21 世纪初期，我国的基础地质研究工作处在新、旧两种科研体制、机制转轨的过渡期。计划经济体制下的科研体制、机制开始淡出，而以社会主义市场经济体制的科研体制、机制还处在建立的过程中。尽管中华人民共和国成立以后的 50 年，地质科学事业取得了举世瞩目的巨大成就，但科技支撑能力薄弱、科技创新能力不强、鼓励创新机制僵化、关键技术对外依赖程度较高等问题亟待解决。

与此同时，来自外部和内部的驱动力也在促进我国地质科技工作的跨越式发展。一方面，世界范围内的高新技术革命，为传统的地质科技注入了强大的活力。随着信息技术迅猛兴起与快速发展，以地学信息技术为基础，多学科、多专业跨越与集成，获取了更加丰富、更加有效的数据资源，对解决基础地质、矿产地质、环境地质等相关领域中的重大问题开辟了全新的视野，不断形成全新的技术支撑。另一方面，全球经济的持续增长，向地质科学技术不断提出新的刚性需求；环境保护和生态建设也对地质工作不断提出新的挑战。在此期间国家采取了一系列的重要战略举措。

其一，在平台建设方面向世界一流水平看齐。在国家"863"和"973"计划等支持下，加大地质科技研发的基础性投入，先后建立了10个国家重点实验室（固体地球）。分别是：岩石圈演化国家重点实验室（中国科学院地质与地球物理研究所）；内生金属矿床成矿机制研究国家重点实验室（南京大学）；矿床地球化学国家重点实验室（中国科学院地球化学研究所）；地质过程与矿产资源国家重点实验室（中国地质大学）；大陆动力学国家重点实验室（西北大学）；同位素地球化学国家重点实验室（中国科学院广州地球化学研究所）；页岩油气富集机理与有效开发国家重点实验室（中国石化石油勘探开发研究院）；壳幔物质与环境中国科学院重点实验室（中国科学技术大学）；造山带与地壳演化教育部重点实验室（北京大学）；成矿作用与资源评价自然资源部重点实验室（中国地质科学院）。与此同时，自然资源部积极打造部级勘查创新平台。2020年1月7日，自然资源部办公厅公布了自然资源部科技创新平台序列名单，批准了77个重点实验室、36个工程技术创新中心。其中直接隶属中国地质调查局的创新中心包括天然气水合物勘查开发工程技术创新中心、航空地球物理勘查技术创新中心、地热与干热岩勘查开发技术创新中心、地质信息工程技术创新中心、地质环境监测工程技术创新中心、城市地下空间探测评价工程技术创新中心等。

其二，在研究方向上向资源与环境科技问题并重的方向转变。结合地质大调查专项等专项，围绕国家所急需的大宗矿产、紧缺矿产、新兴矿产，启动了一批重大科技专项。加强了以解决资源环境重大问题为出发点的地球系统科学的研究。以航空航天技术为依托，加快对地观测、地面观测、深部探测、综合利用、信息模拟和分析测试等现代地质技术体系的成形和发展。先后编制全球、洲际、全国区域性不同比例尺的图件或图集。基础地质走向了世界的前沿，在古生物学、地层学、大地构造学、生态地质学研究领域，取得了一批原创性成果。围绕大宗矿产，提出了新的成矿系列概念，创建了碰撞造山带成矿理论和深部找矿的"三位一体"找矿模型。围绕新能源矿种，在可燃冰、干热岩等能源资源成藏研究方面取得了突破性进展；探索了油气区和煤田区砂岩型铀矿勘查技术方法体系，创新北方砂岩型铀矿成矿理论，总结了砂岩型铀矿成矿规律理论新认识及方法技术。围绕新兴矿种，总结了"多类型、多岩性，多时代、多层位，多因继承，多相复合，多模式、多标志"的"三稀"资源勘查模式。丰富了水文地质和环境地质研究内涵，建立了华北和西北等大型盆地地下水循环理论与技术方法体系，开展了岩溶作用与碳循环对全球变化影响研究。

其三，在技术创新方面致力于跨越式发展。通过对地观测、地面观测和深部探测三大技术，构建起"天－地－深部"三位一体的探测技术体系。开展了航空地球物理探测技术与装备实用化研究，提高了我国航空地球物理探测系统的分辨率、稳定性和探测深度，形成多平台、多方法、多尺度的立体勘查能力；构建了立体遥感地质调查技术体系，实现了国产卫星全载荷、全流程、全业务的产品生产和服务能力。开展了大深度、高分辨、抗干扰以及快速勘查的重、磁、电、震等地球物理勘查技术的研发和应用，构建三维立体地球物理勘查模式；加强化探方法技术的基础理论研究，探索了新类型、新矿种化探方法技术，研制了适用于复杂景观条件下的地球化学勘查方法，建立了生态地球化学评价的技术体系。推进深部探测技术的研发，开展 5000 米以浅系列全液压动力头地质取心（样）钻机及配套设备研制，开展了高温地热及干热岩钻井技术、开发技术研究。在分析测试技术方面，建立以现代多元素分析测试技术为主要手段的主、次、痕量化学组分测试技术方法体系，开展了生态地球化学、生物地球化学和重要有机污染物的分析测试技术与方法的研究。引进、研发、形成了我国海洋（深海）地质矿产资源调查技术和装备体系，其中二维地震和三维地震测量精度达到了国际先进水平。在信息技术方面，以数字地质填图技术和地质体三维可视化为核心，推进了地质调查工作全流程的信息化。

其四，科研投资呈现多元化格局，国际合作与交流更加广泛。国土资源部（自然资源部）系统、中国科学院（中国工程院）系统、教育部系统的地质科技资源配置得到进一步的优化。地质学及地学科技成果的数量和质量不断提升。国土资源系统在"十一五"期间，包括国家科技重大专项、国家高技术研究发展计划（"863"计划）、国家重点基础研究发展计划（"973"计划）、国家科技支撑计划、国家自然科学基金等在内的国家科技计划项目、课题数约 586 项，占全部的 31.2%。国家发展改革委国家高技术产业化应用专项、国土资源部公益性行业科研专项、国土资源大调查、全国危机矿山接替资源找矿专项等部门专项的科技项目 605 项，占全部汇交成果的 1/3。与此同时，地方科技项目，以及其他途径来源的科技项目逐渐增多，两者约占汇交成果数的 40%。从国土资源系统汇交科研成果涉及的经费来看，"十一五"时期总计 97.6 亿元，其中中央财政拨款 62.9 亿元，占 64.4%；地方财政拨款 6.3 亿元，占 6.5%；其他经费来源 28.4 亿元，占 29.1%。从 2016 年起，财政资金投入地质科技创新逐年减少，社会资金开始大幅提升。2018 年非油气地质科技与综合研究投入资金 15.77 亿元，同比增长 2.0%，其中社会资金占 7.07 亿元，同比增加 15.4%。地方政府部门的科研能力得到接续巩固。在自然资源部的 77 家重点实验室中，隶属于各省（区、市）自然资源厅的有 37 家。伴随地勘事业单位转企的推进，队伍自主创新的内动力不断增强。根据国家专利局数据，截至 2019 年 2 月，地勘单位申请的有效专利数 1917 项。资源型央企，尤其是能源类企业，科技创新成果的原动力和影响力十分突出。多种经济成分的地质设备仪器厂家的自主创新能力不断增强，在地质高新科技推广的过程中展现了特有的体制和机制优势。在国际地质科技合作领域，与国际学术组织的联系愈加广泛和紧密，中国学者在国际学术组织中的地位及话语权不断提升；争取到的国际组织投资不断增多，合作开展的重大专题科研项目的成果日益引人注目；与此同时，向周边国家及第三世界提供的技术服务持续产生广泛的影响；在此期间，更培养了一大批具有较强国际交流合作能力的学者和专家。中国地质科技研究开始全面面向世界、面向未来。

第二节　地质科学研究

2000 年以来，在广大地质科研人员的不懈努力下，我国的地质科学研究取得了一系列成果。

一、地层地貌研究

古生物学研究是地质科学研究的基础性学科。近 20 多年来，围绕国内新近发现的热点地区和种群开展了深入的研究，取得了一系列具有国际水准的重要成果。

（一）古生物研究与进展

1. 研究成果

（1）辽西中生代鸟类化石及鸟类的早期演化。2001 年 2 月 19 日，由中国科学院古脊椎动物与古人类研究所的侯连海、周忠和、金帆、张江永及辽宁省文化厅的顾玉才等完成的"辽西中生代鸟类化石及鸟类的早期演化"项目成果荣获国家自然科学奖二等奖。

鸟类的起源和早期演化是古生物学和生物学界所关注的重大理论问题之一。近 10 年来，在国家自然科学基金和中国科学院重大项目的支持下，项目研究者们在辽西晚中生代地层中发现并采集了大量保存精美的早期鸟类化石，填补了距今 1.5 亿 ~8000 万年之间鸟类演化的许多空白。通过研究首次确立了以华夏鸟和孔子鸟为代表的两大古鸟类群，同时还提出反鸟亚纲起源于亚欧大陆的假说，为研究早期鸟类的演化和分异作出了重要的贡献；在研究中国中生代鸟类的基础上，创造性地使用脚趾的比例恢复早期鸟类的生活习性，并结合对早期鸟类飞行能力的研究，提出了支持鸟类飞行树栖起源假说的新证据，引起国际同行的很大关注。通过对始祖鸟—孔子鸟—河北鸟—华夏鸟至现代鸟类演变过程中飞行器官的变化，揭示了鸟类飞行进化的特点；还为探讨长期争论不休的鸟类起源研究提供了丰富的资料。他们的杰出工作不仅使得鸟类起源和早期演化的研究有了突破性的进展，而且极大地带动了整个辽西热河生物群的研究。

（2）澄江动物群与寒武纪大爆发研究。2004年2月20日，由中国科学院南京地质古生物研究所陈均远研究员、云南大学侯先光教授和西北大学舒德干教授承担的"澄江动物群与寒武纪大爆发"项目荣获国家自然科学奖一等奖。

云南东部早寒武世澄江动物群，以软躯体化石的罕见保存为特色，是一个举世闻名的化石宝库。该动物群是由当年在中国科学院南京地质古生物研究所工作的侯先光于1984年在澄江帽天山首次发现。现已描述的澄江动物群化石共120余种，分属海绵动物、腔肠动物、曳鳃动物、叶足动物、腕足动物、软体动物、节肢动物、棘皮动物、脊索动物等10多个动物门以及一些分类位置不明的奇异类群，此外，还有多种共生的海藻。

众所周知，寒武纪大爆发是令达尔文最为困惑的一个科学问题。达尔文在《物种起源》中承认他无法解释在寒武纪早期生物化石突然出现这一事实，同时，他还承认这一事实将可能成为否认其进化理论的有力证据。而澄江动物群化石生动再现了距今5.3亿年前海洋生物世界的真实面貌，充分显示出寒武纪早期生物多样性，将绝大多数现生动物门的演化历史追溯到寒武纪开始，为揭示早期生命演化"寒武纪大爆发"的奥秘提供了极其珍贵的证据，因而在国际上被誉为"20世纪最惊人的科学发现之一"。

近20年来，以陈均远、侯先光和舒德干等科学家通过对澄江动物群化石的不断挖掘发现和深入系统研究，诠释并回答了寒武纪大爆发这一重大疑难科学问题，探索了脊椎动物、真节肢动物、螯肢动物和甲壳动物等动物的起源，证实了现生动物门和亚门以及复杂生态体系起源于早寒武世，挑战了自下而上倒锥形进化理论模型，为自上而下的爆发式理论模型提供了化石证据。研究提出了神经脊动物的概念，创建了无脊椎动物向脊椎动物演化五个阶段的假说。共发表高水平学术论文90余篇，其中发表于《自然》和《科学》14篇，出版专著6部；在《自然》和《科学》发表专评9篇。该研究引起了国际学术界广泛的关注，并产生了震撼性的影响。

（3）热河脊椎动物群的研究。2007年，由中国科学院古脊椎动物与古人类研究所周忠和、徐星、王元青、张福成、汪筱林、胡耀明和王原完成的"热河脊椎动物群的研究"项目获国家自然科学奖二等奖。

中国科学院古脊椎动物与古人类研究所热河生物群研究团队通过20多年扎实的野外和室内研究工作，在鸟类及其羽毛和飞行的起源，恐龙、早期鸟类、哺乳类和两栖类的演化，早期鸟类和翼龙的胚胎发育以及热河生物群的综合研究等方面取得了一系列重大发现和原创性研究成果。仅在《自然》和《科学》杂志就发表论文30余篇。成果多次入选《发现》杂志年度一百项科学新闻。

早期鸟类的发现填补了100多年来始祖鸟和晚白垩世鸟类演化的空白，使得我国成为世界上中生代鸟类最为丰富的国家；首次发现了四个翅膀的恐龙化石，支持并完善了鸟类飞行的"树栖起源"及"四个翅膀阶段"的学说，并为"鸟类起源于恐龙"的学说提供了一些关键证据；发现了世界首例哺乳动物食恐龙的证据；发现了世界上首枚翼龙的胚胎化石，为翼龙"卵生"提供了最直接的化石证据，填补了自发现翼龙100多年来在这方面的认知空白；还揭示了早期哺乳类、鸟类、恐龙、翼龙、两栖类等的演化辐射以及在食性、大小和行走等方面的显著分异，为恢复早白垩世地球陆地生态系统提供了重要的证据。

这些重大发现和研究成果在脊椎动物许多类群的起源和系统演化研究方面具有重大的意义，为解决进化生物学和地学领域一些重大理论问题提供了重要依据。不仅改变了人们对许多重大生物学和古生物学理论问题的固有认识，拓展了学科研究方向，开辟了学科新的研究前景，而且对我国古生物学研究走向世界、占领国际学术前沿领域起到了很大的推动作用。

（4）中国的乐平统及二叠纪末生物大灭绝研究。由中国科学院南京地质古生物研究所金玉玕、沈树忠、王向东、王玥和曹长群完成的"中国的乐平统及二叠纪末生物大灭绝"项目获2010年度国家自然科学奖二等奖。

本项成果属于地球科学领域关于地质历史时期重大生物演化事件及其环境背景的国际前沿性基础研究。地球上生命从初始形成至今天的繁荣经历了无数生存竞争、优胜劣汰等自然规律的选择，生命的形式从中得到不断的进化。然而地质学家发现，生物的这种自然演变曾经被灾难事件所点断，生物前进的方向与进程也因此被完全扭转。在整个地质历程中发生了5次生物大灭绝事件，二叠纪末期（2.5亿年前）的生物大灭绝代表显生宙地球生态系统的最大一次灾难，约95%的海洋生物物种和75%陆地生物物种发生灭绝。

揭示生物大灭绝的过程及其机制必须依靠精细的古生物学和地层学研究，需要全球性的视野在统一的时间格架上分析这一历史转折时期生物与环境的互动关系。《国际地层委员会》通常依据地层划分方案，选定地层记录最完备、研究水平最高的地层剖面作为各国参照的标准，提交国际地球科学联合会，并正式推荐给国际地质学界使用。这一标准剖面即为全球界线层型剖面和点位（GSSP），又称"金钉子"剖面。二叠纪的地层划分方案由于古地理区系差异明显而存在长期的争论。研究小组着眼于华南详细的生物地层和生物古地理研究，建立完整的中国乐平统地层学格架，作为对比和参考的标准，根据全球不同地区的二叠系发育特点，提出新的二叠纪年代地层综合框架。这个新框架包括了俄罗斯的乌拉尔统、美国的瓜德鲁普统和中国的乐平统，得到了全球各国二叠纪研究专家的普遍认同，被国际地层委员会、世界地质图委员会和联合国教科文组织纳入新的国际地层表。中国的乐平统及其下属的吴家坪阶和长兴阶成为我国最早列入国际地质年代表中的地层单位，两颗"金钉子"落户中国。

中国乐平统的研究不仅体现了我国地层学研究的国际水平，更主要的是为生物大灭绝的研究提供了精确的时间格架。研究小组利用华南完整的乐平统沉积记录和丰富的生物群，开展多门类化石的系统古生物学和生物地层学研究，建立华南二叠纪海生动物化石数据库。在1991年首次提出二叠纪末生物大灭绝由两幕组成。针对生物大灭绝的主幕，即二叠纪最末期的生物事件，研究小组对浙江长兴煤山二叠系—三叠系界线剖面展开综合研究，获取了对10多个门类古生物化石的延限数据、界线附近的碳氧同位素数据和高精度的同位素绝对年龄值，利用定量分析和数学模拟方法建立生物大灭绝的模式，提出二叠纪末生物大灭绝是一次突发性的灾难性事件，与当时广泛而突然出现的环境快速恶化有关。

通过华南和西藏等地的数据，研究小组系统地建立了古、中生代之交这一重大地质历史转折时期的年代地层综合格架，使得中国的乐平统成为世界标准，并精细地剖解了二叠纪末多门类生物群的演化型式，提升了对二叠纪末生物大灭绝事件的理论认识。

（5）显生宙最大生物灭绝及其后生物复苏的过程与环境致因。由中国地质大学（武汉）谢树成、赖旭龙、宋海军、孙亚东和罗根明完成的"显生宙最大生物灭绝及其后生物复苏的过程与环境致因"项目获2016年度国家自然科学奖二等奖。

该项目在古温度、古海洋水化学与生态系统食物链底层方面的成果对生物危机的研究具有重要的科学价值，两次在《科学》上被专门撰文正面评述，被《自然中国》（Nature China）作为一种灭绝理论进行亮点评述。项目在显生宙最大生物灭绝的模式、原因和随后生物复苏方面取得的系统认识得到国内外学术界的高度认可，入选 2012 年"中国科学十大进展"和"中国高校十大科技进展"，荣获 2 项省部级自然科学奖一等奖。完成的 20 篇核心论文被 SCI 他引 554 次，8 篇代表性论文被 SCI 他引 384 次。20 篇核心论文中有 8 篇第一作者论文发表在《科学》、《自然·地球科学》（*Nature Geoscience*）、《地质学》（*Geology*）和《地球与行星科学快报》（*EPSL*）上。项目成员推动并引领我国地球生物学的发展，使得我国二叠纪—三叠纪地球生物学研究在国际上处于领导地位，领衔编写并出版了第一个独立的《中国学科发展战略·地球生物学》报告。

2. 重要进展

（1）首次发现具有皮膜翅膀的小型恐龙。山东省临沂大学与中国科学院古脊椎动物与古人类研究所等单位的徐星、郑晓廷、舒克文和王孝理等共同合作，对中国河北上侏罗统髫髻山组地层中发现的约 1.6 亿年前的一件奇翼龙化石开展研究。研究发现，奇翼龙的前肢和后肢上长一种特殊的僵直长丝状羽毛，长丝羽毛具有多样化的黑色素体形态；具有一个长长的棒状骨与腕骨连接，并且在此棒状骨与手指间具有皮膜，这是一种在恐龙中从来没有出现过的形态，但在各种飞翔或滑翔四足动物中存在，由此表明奇翼龙具有与鸟类和其近亲们的羽翼完全不同的皮膜翼结构，这一发现对于了解恐龙形态差异和鸟类飞行起源具有重要意义。这一成果发表在《自然》上，代表着中国学者在鸟类起源研究方向上再次取得新成果。该成果被评为 2015 年度"十大地质科技进展"。

（2）埃迪卡拉纪新化石揭示动物的早期演化。中国科学院南京地质古生物研究所早期生命团队袁训来课题组在湖北三峡地区约 5.5 亿年前的"石板滩生物群"中发现并研究了新的动物化石——夷陵虫及其遗迹，为探索两侧对称动物的早期演化提供了直接的化石证据。相关研究成果发表在《自然》杂志上。夷陵虫是目前在寒武纪之前发现的唯一的身体分节、具有运动能力，并可以形成连续的遗迹的两侧对称动物，将具分节两侧对称动物出现的时间提前了至少 1000 万年，为之后寒武纪以三叶虫为代表的动物大爆发找到更为久远的"根"，表明"寒武纪大爆发"时期以底栖动物为主体的生态系统在这一时期已经开始建立，并逐渐取代了前寒武纪统治地球数十亿年的微生物席基底，对地球表面系统造成了深远的环境和生态影响。该成果被评为 2019 年度"十大地质科技进展"。

（3）澄江动物群"麒麟虾"的发现揭秘节肢动物起源之谜。中国科学院南京地质古生物研究所朱茂炎研究员领导的"寒武纪大爆发"研究团队在云南约 5.18 亿前的澄江动物群中，发现了解答"节肢动物起源之谜"的关键过渡型化石——"麒麟虾"。麒麟虾这一造型奇异的五眼虾形动物嵌合了奇虾类等多种节肢动物祖先类型和真节肢动物的形态特征，填补了节肢动物起源过程中的核心缺失环节，为节肢动物主要演化创新的起源提供了关键参考点。该研究同时解答了节肢动物第一对附肢的同源性和演化路径问题，并为解析早期节肢动物之间的演化关系提供了重要信息。该成果被评为2020年度"十大地质科技进展"。

（二）古地理研究与进展

1. 研究成果

（1）亚洲风尘起源、沉积与风化的地球化学研究及古气候意义。由南京大学、同济大学和中国科学院地球环境研究所陈骏、郑洪波、鹿化煜、季峻峰和杨杰东完成的"亚洲风尘起源、沉积与风化的地球化学研究及古气候意义"项目获2010年度国家自然科学奖二等奖。

该项目针对亚洲风尘系统，利用沉积学、矿物学、地球化学和古气候学的研究方法，深刻揭示了东亚季风气候的演变规律，重建了700万年以来东亚季风的演化历史。

课题组通过研究亚洲内陆和周边海洋的古环境记录，发现气候事件与青藏高原隆升存在紧密的联系，为建立构造－气候联系的模型提供了重要支撑；对中国沙漠和黄土沉积进行了系统的矿物、元素、同位素、生物地球化学和沉积学研究，圈定了亚洲风尘的可能源区，揭示了风尘在源区化学演化、搬运与沉积和沉积后的物质变化规律，从而为黄土沉积古气候重建提供了理论依据；建立了多种指示古季风气候变化的地球化学新指标，大大促进了黄土古季风研究的进展。

（2）晚中新世以来青藏高原东北部隆升与环境变化。由兰州大学方小敏、李吉均、潘保田、马玉贞和宋春晖完成的"晚中新世以来青藏高原东北部隆升与环境变化"项目获2011年度国家自然科学奖二等奖。

青藏高原隆升过程和环境效应一直是科学界极为关注的重大科学问题。1964年，施雅风先生等据首次发现的喜马拉雅山上新世地层高山栎化石，推论珠峰地区自上新世以来上升3000米以上，在学术界引起巨大反响。李吉均院士等通过青藏高原科学考察和综合集成研究，于20世纪70—80年代原创性地提出了高原隆升时间、形式和幅度及其环境效应的框架性概念模型，成为国际上高原隆升模型的主要学派之一。但是该概念模型中涉及的高原隆升和气候环境变化没有精确年代控制和定量连续的记录支持，从而难从科学上最终确证高原隆升过程和两者之间的关系。针对这个薄弱环节，课题组在国家"八五"和"九五"攀登计划、2个"973"计划、国家自然科学基金委杰出青年基金和重点基金等项目资助下，以高原东北部为重点，利用该区独特的地貌地层和环境演化记录优势，以现代手段为依托，开展了系统的晚新生代以来盆地沉积地层年代学、古气候环境学和构造地貌演化的研究。首次用精细年代控制和多指标连续记录确定了青藏高原东北部晚新生代地层年代序列、重大构造变形隆升序列、黄河上游形成演化过程和重大生态环境变化事件序列，明确指出了晚中新世以来该区隆升过程和环境效应之间的可能联系，建立了两者之间更加清晰的关系模型，推动了中国青藏高原与环境效应的研究，对后来国际更加关注构造隆升与气候环境效应和大江大河演化、推动一些新的年龄节点（如距今360万年）成为国际构造－气候相互作用的关注点，并将青藏高原东北部作为现在国际高原研究热点起了重要的推动作用。主要研究和发现点为：①率先建立起晚新生代以来青藏高原东北部精细地层年代序列和晚中新世以来详细的构造变形隆升序列（即距今约800万年、360万年、260万年、170万年、120万～60万年和15万年），提出该区隆起是一个多阶段过程，划分并命名为青藏、昆黄和共和运动，导致了今天高原东北部地貌形成和环境巨大改变。②首次揭示了青藏高原东北部黄河水系详细演化过程及其与高原隆升的关系。现代黄河水系始于约距今170万年，以袭夺和串联内流水系扩展演化，受构造隆升和气候变化共同作用，前者决定河流下切幅度，后者决定河流阶地形成时代。③率先获得高原东北晚新生代以来详细环境变化记录，建立了重大环境变化事件序列；揭示生态环境自约800万～900万年以来开始显著阶段性变干，森林逐步被草原取代，重大干旱化事件与上述构造事件基本同步。该项目发表论文583篇（SCI收录139篇，EI收录47篇，CSCD收录298篇），被包括《自然》在内的SCI他引1865次，被CSCD他引3113次，单篇最高他引191次。提出的高原隆升与环境效应概念模型，被写进美国教科书，被综合性论文系统引用；临夏盆地记录的高原东北部隆起和气候变化被2004年《地质年代》（*GeoTime*）杂志点评为当年全球盆地研究亮点，国际一流学者综述论文给予图文引用，认为是来自高原北部不多的确定性的构造隆升证据。2次获得教育部自然科学奖一等奖。2人获得国家杰出青年基金。

（3）中国最古老大陆的时代和演化。由中国地质科学院地质研究所万渝生、刘敦一、宋彪、伍家善和沈其韩完成的"中国最古老大陆的时代和演化"项目获2018年度国家自然科学奖二等奖。

研究团队自1990年以来，在原国土资源部、国家自然科学基金和国家"973"项目支持下，对华北克拉通古老岩石进行了广泛深入研究，发现和确定大量始太古代—

新太古代早期陆壳物质，系统揭示了太古宙地壳形成演化历史，在多方面取得重要进展和创新性成果。在鞍山首次发现 38 亿年岩石和 3 个时代为 31 亿～38 亿年的杂岩体，包括 38 亿年变质石英闪长岩。在冀东铬云母石英岩等岩石类型中首次发现大量 36 亿～38.5 亿年碎屑锆石。这是我国地质年代学的重大突破，对于中国早前寒武纪研究具有里程碑意义。所揭示的鞍本地区长期连续太古宙地壳演化历史，在全球范围内也是唯一的。首次确定华北克拉通存在多期次太古宙构造岩浆事件，提出 27 亿年 TTG（奥长花岗岩 – 英云闪长岩 – 花岗闪长岩）岩石在华北克拉通广泛分布的新认识。27 亿～29 亿年前是华北克拉通陆壳增生最重要时期，但以 25 亿年构造 – 岩浆热事件强烈发育而显示其独特性。在华北克拉通首次划分出三个古陆块（＞26 亿年）。根据系统 SHRIMP 锆石定年，确定华北克拉通沉积变质型铁矿主体形成于新太古代晚期，为铁矿资源勘查提供了重要成矿时代信息。首次对华北克拉通广泛分布的孔兹岩系进行了系统的 SHRIMP U–Pb 锆石定年，确定其主体形成于古元古代晚期而不是太古宙。团队在锆石成因研究方面的成果产生了重要影响。成果获得国土资源部科学技术奖一等奖 2 项（2004 年、2017 年）。发表论文 100 余篇，第一作者（通讯作者）国际 SCI 论文 28 篇。发表于国际著名刊物《地质学》（*Geology*）单篇论文 SCI 他引高达 708 次，8 篇代表性论文 SCI 他引共 1687 次，其他 20 篇第一作者（通讯作者）论文 SCI 他引共 1115 次。成果对全球早期陆壳研究作出了重要贡献，极大地提升了我国在早前寒武纪研究领域的国际地位。

2. 重要进展

（1）陕西蓝田黄土 – 古土壤序列与 210 万年前古人类活动历史新纪录。由中国科学院广州地球化学研究所朱照宇及古脊椎动物与古人类研究所黄慰文联合国内外科研人员组成的团队在陕西蓝田地区历经了 17 年综合地质研究，发现了秦岭山前黄土侵蚀面，将公王岭直立人头盖骨年代从距今 115 万年推前到距今 163 万年；在上陈一带发现了新的连续黄土 – 古土壤序列剖面，并在早更新世层段发现了 17 层旧石器埋藏文化层，年代为距今 126 万～212 万年，使蓝田地区成为世界上非洲以外最早的古人类活动遗迹地点之一，该成果发表在《自然》和《人类进化杂志》（*Journal of Human Evolution*）上。在蓝田连续黄土 – 古土壤序列中发现世界罕见的含多层旧石器文化层，拓展了已处于世界领先地位的中国黄土研究的新方向。该成果被评为 2018 年度"十大地质科技进展"。

（2）西北地区构造 – 古地理重建取得重大进展。该项目构建了埃迪卡拉纪疑难化石 Shaanxilithes 与最早矿化骨骼生物 Cloudina 之间的亲缘演化关系。依据东坡组中新发现的 Shaanxilithes 化石，将罗圈冰碛岩时代限定为埃迪卡拉纪，提出华北克拉通与全吉地块在埃迪卡拉纪—寒武纪具有相似的构造 - 沉积演化史新认识。研究识别出北山地区石炭系—二叠系 27 个微相和 14 个相组合，建立了该阶段沉积岩的源—汇模型。提出古亚洲洋西段于晚石炭世之前闭合新认识，并对生物地理演化产生了重大影响。重建了西北地区南华纪—二叠纪的构造 - 古地理格局与演化史，探索了以陆（地）块为核 + 侧向 / 垂向不规则增生的造山带构造单元划分的新理念，提出古亚洲主洋盆残迹位于北天山—康古尔塔格—红石山一带的新观点和秦—祁—昆早古生代弧 - 盆系属于特提斯构造域的新认识。该成果被评为 2021 年度 "十大地质科技进展"。

（三）地层学研究与进展

1. 研究成果

（1）全球二叠系—三叠系界线层型研究。由中国地质大学、南京地质古生物研究所殷鸿福、杨遵仪、盛金章、张克信、陈楚震、童金南和王成源完成的 "全球二叠系—三叠系界线层型" 项目获 2002 年国家自然科学奖二等奖。

确定国际各地层系、统和阶之间的界线层型剖面和点，简称 "金钉子"（GSSP），并作为全球标准，是国际地层委员会的核心任务。2.5 亿年前的全球二、三叠系界线是地球历史上最大的三个 "金钉子" 之一，这一时期发生了最大的生物绝灭事件，是国际地学最前沿课题之一。本研究创造性地提出以牙形石 H. parvus 替代耳菊石作为三叠系底界的国际新标准，准确地标定了 H. parvus 在煤山 D 剖面的首现点，建立了国际二叠系最高阶长兴阶，运用多种地层学方法对煤山剖面进行高精度研究，并开展大比例尺地质填图，综合研究了地质事件（生物灭绝、火山事件、海水进退、缺氧、碳氧同位素异常、地球化学异常等），证实了灾变事件群导致显生宙最大生物灭绝事件，并进行了全球对比，其广度和深度在界线地层研究中处于国际领先，推动了地史重大转折期各项地学研究的重大进步，是我国地学领域取得的重大进展。该成果被评为 "2001 年中国基础研究十大进展" "2001 年度中国高等学校十大科技进展" 和 "2001 年中国十大科技新闻"，荣获 2001 年湖北省科学技术奖自然科学奖一等奖。

（2）寒武系和奥陶系全球层型剖面和点位（金钉子）及年代地层划分。由中国科学院南京地质古生物研究所彭善池、陈旭、戎嘉余、林焕令和张元动完成的 "寒武系和奥陶系全球层型剖面和点位（金钉子）及年代地层划分" 项目获 2008 年度国家自然科学奖二等奖。该项目属于地质学领域，重点包括地层学和古生物学等。

地质年代系统是地球科学研究不可或缺的参照系。通过在全球范围内确立一系列"金钉子"（即全球范围内地层记录最完备、研究水平最高的剖面），是构建全球统一的地质年表的主要途径，是现代地质学的重要前沿课题，也是国际地层委员会（ICS）现阶段的主要历史使命。作为全球地层划分和对比的唯一标准，"金钉子"要求苛刻，国际竞争激烈，被认为体现一个国家地质学的总体实力和水平。项目着重开展寒武系和奥陶系全球界线层型剖面和点位（金钉子）及年代地层划分对比研究，以我国华南等地的寒武系和奥陶系地层为主要研究对象，通过生物地层学、定量地层学、化学地层学、生态地层学、系统古生物学、进化古生物学、沉积学和同位素地球化学等多学科的综合交叉研究，在我国成功建立了 3 个"金钉子"和寒武系"4 统 10 阶"的全球寒武系新划分体系。主要成果包括：① 2003 年在湖南花垣排碧确立了寒武系芙蓉统（暨排碧阶）底界的"金钉子"，这是全球寒武系内的第一个"金钉子"，并以我国地名为《国际地层表》和国际《地质年表》创建了"芙蓉统"和"排碧阶"两个全球年代地层标准单位。②确立了华南"4 统 9 阶"的寒武系划分方案，并据此结合其他大陆的地层发育状况，提出国际寒武系"4 统 10 阶"的划分方案，统一了寒武系的全球划分标准。③ 1997 年在浙江常山黄泥塘确立了我国的第一个"金钉子"——奥陶系达瑞威尔阶底界的全球界线层型，实现了我国自 20 世纪 70 年代开展该领域研究以来的历史性突破，这也是全球奥陶系的第一个"金钉子"；其研究思路和开辟的新技术方法被各国专家广为采纳，极大地推动了全球奥陶系年代地层研究的深入开展。④ 2006 年在湖北宜昌王家湾确立了奥陶系赫南特阶底界的"金钉子"，为研究该重大地史转折时期的生物大灭绝与复苏、全球性海退和冰川事件等，构建了迄今为止可在全球范围内识别和精确对比的生物地层序列和年代地层划分标准。

2. 重要进展

（1）湖北宜昌黄花场剖面被确立为全球中/下奥陶统界线暨奥陶系第三个阶界线层型剖面（"金钉子"剖面）。2007 年，中国地质调查局宜昌地质矿产研究所主持完成的"中国湖北宜昌黄花场剖面——全球中/下奥陶统暨奥陶系第三个阶（大坪阶）底界界线层型剖面和点位（金钉子）研究"项目，确定了全国最后一处奥陶系"金钉子"剖面，该剖面被视为全球奥陶系年代地层研究中唯一一个没有解决的问题。我国专家根据对湖北宜昌地区不同剖面所采集的 70 个样品，17520 个保存完好的牙型石及其他门类化石的深入研究，提出以黄花场剖面波罗的海三角牙形石的首次出现作为划分全球中/下奥陶统界线的生物标志，在生物层位界线之下 0.6 米处发育 0.9 米厚的高位白云质灰岩和所存在碳同位素异常可作为界线划分的辅助标志，该方案于 2007 年被国际地层委员会批准认定。这是奥陶系研究历史上第一次用中国的地名命名的年代地层单位，该项成果的综合研究水平已达世界领先地位。该成果被评为 2007 年度"十大地质科技进展"。

（2）石炭系维宪阶和寒武系古丈阶全球界线层型剖面和点位在我国建立。我国广西壮族自治区柳州市长塘乡梳桩村碰冲屯、湖南省古丈县罗依溪镇等地剖面经国际地质科学联合会 2008 年 3 月正式批准分别当选为石炭系维宪阶和寒武系古丈阶的全球界线层型剖面和点位。2008 年，第 33 届国际地质大会期间，国际地层委员会颁布了新国际地层表，中国的维宪阶和古丈阶点位均标注为"金钉子"，至此，在国际地层界线层型研究中，我国已获得 9 枚"金钉子"。"全球界线层型剖面和点位"的建立是经过长期研究、全球对比、国际考察、反复讨论、协商，由国际各系地层委员会最后投票表决产生，并经国际地层委员会赞同，国际地质科学联合会批准而成立。因此，它的确立标志全世界科学家的努力，国际合作的结晶，以及所在国的地层研究水平。"金钉子"在我国的建立，不仅反映中国地质科学界的成就，也代表了国家的荣誉。上述"金钉子"所在地的政府已将它们列为国家级地质遗迹保护区，并计划开辟为地质公园，作为普及地学的基地和旅游观光点。石炭系维宪阶"金钉子"的主要完成人是中国地质科学院地质研究所侯鸿飞；寒武系古丈阶"金钉子"的主要完成人是中国科学院南京地质古生物研究所彭善池。该成果被评为 2008 年度"十大地质科技进展"。

（四）地貌学研究与进展

1. 研究成果

由中国科学院寒区旱区环境与工程研究所施雅风、北京大学崔之久、兰州大学李吉均、中国科学院寒区旱区环境与工程研究所郑本兴和华南师范大学周尚哲完成的"中国第四纪冰川与环境变化研究"项目获 2008 年度国家自然科学奖二等奖。

该项目所开展的中国冰川编目工作是在航空像片校对地形图和野外考察的基础上，逐条量算冰川面积、类型、雪线高度以及冰储量等 34 项形态指标，最后集成为《中国冰川目录》12 卷 22 册，并附有冰川分布图 195 幅。为便于科学研究和生产部门使用，编写了《简明中国冰川目录》中英文版专著和建立了冰川目录数据库。突出的创新点是研制出高精度的 B-1 型冰川测厚雷达，在测量数十条冰川厚度的基础上，建立了冰川平均厚度和面积的关系式，据此较准确地估算了中国冰川储量。中国共发育有冰川

46377 条，面积 59425 平方千米，冰储量 5600 立方千米，是世界上冰川面积最大的四个国家之一。

《中国冰川目录》用于冰川融水径流估算、小冰期及近 50 年来的冰川变化监测、冰川灾害防治等方面，先后发表论文 250 余篇，相关著作 30 余部，促进了冰川学的深入发展；在生产上被水资源研究与规划（13 项）、水利工程（6 项）、防灾减灾（5 项）、冰川旅游资源开发（8 项）等部门所采用；在国际上被世界冰川监测服务处（WGMS）、世界雪冰数据中心、美国地质调查局、国际山地开发中心（ICIMOD）等国际组织和科研单位收录和引用，收到了显著的社会效益和巨大的经济效益。

2. 重要进展

中国地质调查局"1∶150 万青藏高原新构造与地质灾害图"项目通过编图和系统研究，阐明了青藏高原形成与构造变形的关系。获得了青藏高原最主要的构造变形期发生在上新世晚期—早更新世的可靠证据。证实西昆仑地区西域砾岩的沉积时代约为距今 300 万～100 万年。西域砾岩属于快速堆积的山麓冲洪积扇相沉积，它的出现与区域同时期的构造变形密切相关。高原西北缘的磷灰石裂变径迹分析及其热历史模拟揭示了区域地貌陡坡带上新世以来的快速冷却剥蚀，特别是 300 万～100 万年以来的快速冷却剥蚀，剥蚀深度达 5 千米以上，这进一步说明了西域砾岩的物质来源，同时暗示：陡坡带的形成是青藏高原抬升的重要过程。通过河流研究高原构造地貌的演化是近期国际地学研究的热点和亮点。这项研究通过克里雅河构造地貌的分析证实：现今克里雅河的历史始于距今 110 万年前；前克里雅河流域地貌演化的起源不超过上新世阿图什组沉积期。这是人类第一次完整地认识一条河流及其水系地貌的发育历史。早更新世至中更新世早期塔里木盆地应当存在一个大湖。在黄河源扎陵湖、鄂陵湖地区发现高出现今湖面 335 米的湖相地层。青藏高原主体可能在中更新世早期前后才抬升进入冰冻圈。这项系列成果对于区域环境变化的研究和减灾工作都有重要意义。研究主要完成人为中国地质科学院地质力学研究所赵越、邵兆刚、黎敦朋和刘健等。该成果被评为 2008 年度"十大地质科技进展"。

二、大地构造研究

21 世纪以来，地壳上地幔地球物理探测技术的发展和地震断裂带科学钻探工程的启动，促进了地质工作者对大地构造的认识。

（一）研究成果

1.喜马拉雅地区深反射地震和雅鲁藏布江缝合带深部结构和构造研究

由中国地质科学院赵文津、徐中信、熊嘉育、陈乐寿和蒋忠惕完成的"喜马拉雅地区深反射地震和雅鲁藏布江缝合带深部结构和构造研究"项目获 2000 年国家自然科学奖二等奖。

该项目利用现代近垂直反射地震、广角反射地震、宽频天然地震台阵及超长周期大地电磁测量等新技术以及地面地质构造和同位素年代学研究，完成了一条横穿喜马拉雅和雅鲁藏布江缝合带综合地质、地球物理剖面，开发了 50 秒记录的深反射技术，发现了主喜马拉雅逆冲断裂，探讨了陆－陆碰撞造山带及雅鲁藏布江缝合带发生的构造作用过程。

2.华北及其邻区大陆地壳结构、组成与壳幔交换动力学研究

由中国地质大学、西北大学高山、金振民、章军锋、刘勇胜和张宏飞完成的"华北及其邻区大陆地壳结构、组成与壳幔交换动力学研究"获 2007 年国家自然科学奖二等奖。

地壳和上地幔是直接影响人类生存的固体地球圈层，大陆地壳组成与壳幔交换作用的物理和化学过程是地球动力学研究的主题之一，是当今地球科学研究的前沿领域。本研究以华北克拉通及其相邻秦岭—大别山—苏鲁超高压变质带为研究基地，开展多学科结合和广泛的国际合作，围绕大陆地壳结构、组成和壳幔交换作用的关键科学问题开展深入研究，在大陆地壳组成、榴辉岩下地壳拆沉再循环作用、上地幔动态部分熔融、俯冲榴辉岩脱水熔融、榴辉岩流变学及其动力学效应等方面取得了系统原创性新成果，在国际上得到广泛反响。通过查明中国东部地壳 63 种元素组成，为认识大陆的形成演化和成矿作用提供了新的基础数据，丰富了元素丰度研究；提出了我国东部地壳和地幔物质交换的拆沉作用模式、中源地震形成的新认识等，为人类寻找金属矿产、探索地震灾害形成提供理论背景。该研究为我国壳幔交换动力学研究在国际上占有一席之地作出了重要贡献。该成果荣获 2006 年湖北省科学技术奖自然科学奖一等奖。

3.大别山—苏鲁大陆深俯冲及其对华北克拉通的影响

由中国科学院地质与地球物理研究所叶凯、张宏福、王清晨、杨建军和刘景波完成的"大别山—苏鲁大陆深俯冲及其对华北克拉通的影响"项目获 2009 年度国家自然科学奖二等奖。

该项目属于地质学和地球化学研究领域。近 20 年来大陆动力学研究最重要的进展之一是发现了低密度的大陆地壳能够俯冲到大于 80 千米的深部地幔，并快速折返到地表。大陆深俯冲及其折返过程对大陆板块汇聚边界的结构、组成、变质变形和构造演化造成了巨大影响。超高压变质和大陆深俯冲研究为发展和完善板块构造学说提供了重要的科学依据和学术思想。该项目的创新性研究为该领域的进展作出了实质性贡献。大别山—苏鲁超高压变质带是世界上规模最大的超高压变质带，是扬子陆块在三叠纪向华北克拉通之下俯冲变质形成的。自 1987 年始，该项目对大别山—苏鲁超高压变质带和华北克拉通南缘的中生代幔源岩浆岩及其捕房体/晶进行了系统的研究，在以下方面取得了一系列在国际上产生重要影响的系统性和创新性成果：①论证了大陆地壳物质能够俯冲到大于 200 千米的深度，突破了由柯石英和金刚石的发现所厘定的 80～120 千米的陆壳俯冲深度。②论证了大规模的大陆地壳整体经历了深俯冲作用，结束了国际上多年的超高压变质岩"异地说"/"原地说"之争论；提出了超高压变质地体三阶段折返模型，修正了此前在国际学术界长期盛行的单阶段折返模型。③论证了大别山—苏鲁大陆深俯冲造成华北中生代岩石圈地幔的高度化学不均一性，并首次将华北南缘岩石圈地幔的演化与扬子北缘大陆深俯冲结合了起来，为研究华北岩石圈的破坏和减薄作用的动力学来源提供了证据。④论证了大陆深俯冲和折返过程中存在强烈的熔/流体活动，改变了大陆深俯冲过程中缺乏熔/流体活动的传统认识。这些成果为国际学术界准确认识超高压变质和大陆深俯冲作用及其对周边板块的影响提供了关键科学依据，为发展和完善板块构造学说，使之能准确涵盖大陆地质，提供了重要的学术思想。该项目在国内外刊物上发表了 80 篇 SCI 收录论文，这些论文被 SCI 刊物他引 1789 次，8 篇代表性论文被 SCI 刊物他引 595 次。

4. 华北及邻区深部岩石圈的减薄与增生

由中国科学院广州地球化学研究所徐义刚、郑建平、范蔚茗、许继峰和郭锋完成的"华北及邻区深部岩石圈的减薄与增生"项目获 2011 年度国家自然科学奖二等奖。

本项目属地球科学领域的基础研究。近 20 年来深部动力学研究最重要的进展之一是发现陆下岩石圈不是一成不变的。岩石圈的不稳定性与其结构、组成和流变学性质巨大变化有关，其起因和作用机制是理解板块内部的岩浆活动、成矿作用、地震活动乃至构造演化的关键，可为丰富板内构造理论框架、完善和发展板块构造学说提供重要的科学依据。本项目通过对华北陆块及邻区发育的不同时代（古生代、中生代、新生代）火成岩及其携带的壳、幔捕房体的矿物学、岩石学、地球化学和年代学的综合研究，在大陆岩石圈地幔组成、结构和演化及大陆地幔动力学研究领域取得了一系列在国际学术界产生重要影响的开创性成果，为该领域的进展作出了实质性贡献。部分成果获广东省和湖北省科学技术奖自然科学奖一等奖。这些成果显著提升了中国科学家在大陆岩石圈研究领域的国际影响和地位，使华北东部成为国际学术界公认的克拉通下岩石圈减薄的最典型地区，推动了国家自然科学基金委重大研究计划项目"克拉通破坏"的立项。本研究集体成功主办了国际火山学和地球内部化学协会2006年度学术会议（IAVCEI-2006），并组织出版国际核心刊物专辑两部。

5. 华北克拉通早期陆壳形成与演化

由中国科学院地质与地球物理研究所翟明国、郭敬辉和彭澎完成的"华北克拉通早期陆壳形成与演化"项目获2013年度国家自然科学奖二等奖。

为了深化对华北克拉通的认识，进入国际前寒武纪地质研究的前沿，该项目完成人以高压麻粒岩和退变榴辉岩的发现和研究为契机，采用最新的岩石学和地球化学方法，针对华北克拉通前寒武纪地质演化开展了多方面研究。通过十多年的努力，在华北克拉通早期陆壳的形成（27亿~25亿年前）、克拉通的形成（25亿~18亿年前）和随后的演化（18亿~16亿年前）等方面有重要发现，在国内外学术界产生了重要影响。这些成果为准确认识华北克拉通地质演化的规律及其在全球克拉通形成演化中的特殊意义作出了实质贡献。重要科学发现包括：①在华北克拉通首次发现了可以作为板块聚合标志的古老前寒武纪高压变质岩，包括高压麻粒岩和退变榴辉岩，系统研究揭示了大陆俯冲—碰撞—抬升的完整造山过程，该过程最后完成于19亿~18亿年前。此成果为确定地球在早元古代时期开始有板块构造机制存在提供了依据，把板块构造的起始时间提前了约8亿~9亿年，并且还为华北克拉通构造单元的划分和早期大陆碰撞拼合模式的建立奠定了坚实的基础。高压麻粒岩和退变榴辉岩的发现还改变和修正了早前寒武纪不存在高压变质带，因此不存在与显生宙可以对比的构造机制的传统看法。②首次在华北克拉通建立了世界上最完整的前寒武纪下地壳剖面，并进一步阐明了地壳垂向分异对大陆稳定化（克拉通化）的贡献，系统归纳了华北克拉通早期陆壳形成的特殊规律，包括27亿~25亿年前陆壳物质的多期生长与改造、25亿年前多个小陆块拼合、22亿~19亿年前复杂的裂谷-碰撞过程等，创新地提出多阶段克拉通化概念。另外，通过对比研究提出华北克拉通东部的作为一个地壳圈层的前寒武纪下地壳已经在中生代被置换。③深入研究了华北克拉通18亿年前基性岩墙群及相关裂谷岩浆岩系，发现了该期基性岩墙群的放射状几何学分布特征，确定了岩浆序列，建立了古老的大火成岩省，提出了地幔柱成因模式，明确其代表裂解事件，为恢复和确定华北克拉通在超大陆格局中的位置提供了关键依据，通过岩墙群提出华北曾与印度古陆相连。上述成果是恢复和确定华北克拉通在超大陆格局中位置的非常重要的岩浆岩岩石记录，其中对岩浆活动涉及的范围与分布、源区性质、形成构造环境的研究还为理解华北克拉通岩石圈地幔演化、陆壳地质演化和构造环境演化提供了重要论据。该项目针对这一主题的研究论文发表在《中国科学·D：地球科学》（*Science in China：D-Earth Sciences*）、《国际地质学综述》（*International Geology Review*）和《岩石学》（*Lithos*）等杂志上。以上三方面的成果，系统构建了华北克拉通的形成、稳定及早期裂谷和裂解过程。20 篇核心论文被 SCI 刊物他引 873 次，总他引 1456 次；其中 8 篇代表性论文被 SCI 刊物他引 529 次，总他引 838 次。2 篇论文被 ISI 认定为 Top1% 论文。第一、二完成人均进入 ISI 全球地学高引用率科学家排名前 500 名。

6. 华北克拉通早元古代拼合与 Columbia 超大陆形成

由香港大学赵国春、孙敏和中国海洋大学李三忠完成的"华北克拉通早元古代拼合与 Columbia 超大陆形成"项目获 2014 年国家自然科学奖二等奖。

地球表层由大洋和大陆所组成，其洋陆的演变主要通过大陆的聚合和裂解来完成，是板块运动的结果。在地球演化某一阶段，当所有大陆板块聚合到一起时，它们就形成一个超大陆。事实上，所有大陆板块聚合到一起的概率是极低的，这也是为什么地球在近 46 亿年漫长演化过程中只形成少数几个超大陆。其中广为人知的是距今 2.5 亿万年前形成的 Pangea 超大陆（也称"泛大陆"）。

20 世纪 90 年代初，地质学家们又证实距今 10 亿年前所有大陆板块拼合到一起形成 Rodinia 超大陆，并认为它是地球历史上所出现的第一个超大陆。然而，该项目在研究华北陆块早元古代拼合的基础上，通过全球各古老大陆及其早元古代碰撞造山带的系统对比并结合古地磁重建资料，在 2000 年首次提出一个形成于 18 亿年前的超大陆，并于 2002 年和 2004 年在国际地学权威刊物《地球科学综述》（*Earth-Science Reviews*）上发表 2 篇长文，对该超大陆的形成、增生和裂解进行了系统阐述，并提出了该超大陆的重建方案。该超大陆后来被命名为 Columbia（或 Nuna），它的存在已被越来越多的地质和古地磁资料所证实。该超大陆的重建已成为国际地学界的一个研究热点。项目组成员所发表的 2 篇有关该超大陆重建的经典论文已被他人引用 760 余次，其 Columbia 重建模式被美国大学教科书《全球构造学》（*Global Tectonics*）所采用。Columbia 超大陆的提出原本启发于该项目另一项突破性研究成果，即在华北中部发现一条形成于大约 18.5 亿年前的大陆碰撞带（Trans-NorthChina Orogen），并证实它由两个微陆块（东部陆块和西部陆块）拼合而成，与当今的喜马拉雅山一样，是古大洋俯冲、闭合所形成的陆－陆碰撞带。后来，项目组成员在华北西部陆块内发现了另一条距今约 19.5 亿年前形成的大陆碰撞带（Khondalite Belt）。这些发现说明中国华北在 18.5 亿～19.5 亿年前就已存在现代样式的板块构造，是由微陆块拼合而成，而在此之前，主流观点一直认为华北陆块是由一个统一的结晶基底所组成。因此，这些发现改写了人们对华北陆块形成历史的认识。这两条古老大陆碰撞造山带的发现也引起国际地学界的广泛关注，华北也由此成为国际前寒武纪研究的热点地区和研究程度最高地区之一。该项目在国内外学术刊物上共发表 SCI 论文 100 余篇，其中 20 篇核心论文他引总数 4405 次（SCI 他引总数 3007 次），其中 8 篇代表性论文他引总数 2632 次（SCI 他引总数 1806 次）。项目完成人赵国春、孙敏和李三忠教授均进入 ISI 全球地学高引用率科学家排名录，在全球 2871 名 Top1% 地球科学家中排名分别为第 15 位、第 7 位和第 257 位。赵国春教授担任国际前寒武纪研究领域最高级别刊物《前寒武纪研究》（*Precambrian Research*）主编，为国家自然基金重大项目"Pangea 的东亚重建"（2012—2016）的首席科学家。三人均获国家杰出青年基金或海外杰出青年基金资助。

7. 青藏高原生长的深部过程、岩石圈结构与地表隆升

由中国地质大学（北京）王成善、魏文博、朱弟成、莫宣学和金胜完成的"青藏高原生长的深部过程、岩石圈结构与地表隆升"项目获 2015 年度国家自然科学奖二等奖。

青藏高原是地球的第三极，是我国地学领域中一块得天独厚的瑰宝，也是 20 世纪 90 年代以来被国际地学界公认的大陆动力学天然实验室。它的生长是现今全球地形 - 地貌塑造的关键所在，是印度—亚欧大陆碰撞所导致的陆内改造过程的具体体现，研究两大陆块碰撞和青藏高原深部过程与地表隆升的相互作用，对认识全球地形 - 地貌的形成，发展大陆动力学理论具有重要的科学意义。本项目针对青藏高原生长这一重大科学问题，重点通过对青藏高原晚中生代和新生代的岩浆岩和沉积盆地的多学科交叉结合研究，在印度大陆的初始裂解和与亚欧大陆碰撞的时间演化序列，以及随后导致的青藏高原隆升的深部过程和浅部隆升响应等方面，取得了一系列重要成果，概括如下：①青藏高原中部先隆升的"原西藏高原"隆升新模式：青藏高原隆升的过程一直是科学界研究的热点和难点，本项目在高原南部特提斯喜马拉雅发现中国大陆上最年轻的海相地层（距今 5000 万～4000 万年），精确限定高原中北部可可西里盆地巨厚陆源碎屑沉积的时代（距今 5100 万～3000 万年）和物源区（来自盆地南部），提出高原中部（羌塘和拉萨地体）率先隆起并在距今 4000 万年左右已达到现在高度的"原西藏高原"认识。该项成果改变了"单一活塞"和向北生长隆升模式的传统认识，被认为"为未来研究西藏高原隆升与全球气候变化的联系提出了新的挑战"。②幔源物质在青藏高原南部拉萨地块巨厚地壳形成中的作用：以往研究强调了构造缩短引起的

地壳增厚，忽略了幔源物质加入的贡献。本项目首次定量地论证了幔源物质注入在拉萨—羌塘地体和印度—亚欧大陆碰撞过程中对形成青藏高原南部巨厚地壳的贡献及地壳加厚的时间，提供了印度大陆向北俯冲在拉萨地块之下的岩石学和地球化学证据，揭示了高原南部岩石圈地幔的低压高温性质。该项成果突破了地壳净生长不能发生在大陆碰撞带的传统观点，对深入理解大陆地壳生长的机制具有普遍意义。③ Comei-Bunbury 大火成岩省的提出和印度大陆初始裂解、碰撞的关键时间节点：复原分散保存在不同板块上同一大火成岩省的岩浆活动是该领域研究的难点。本项目发现并命名位于现今西藏南东部和澳大利亚南西部的 Comei-Bunbury 大火成岩省，证实印度大陆在约 1.32 亿年前开始从东冈瓦纳大陆裂解，其机制与 Kerguelen 地幔柱活动有关，提出印度大陆在距今 6500 万年左右与亚欧大陆发生初始碰撞。Comei-Bunbury 大火成岩省已得到国际地学界的广泛认可，在印度—亚欧大陆初始碰撞时间这一关键科学问题上给出了明确的答案。本项目共发表专著 11 部，论文 490 篇（SCI 收录 138 篇，CSCD 收录 352 篇），被包括《自然》和《科学》在内的 SCI 他引 2536 次，被 CSCD 他引 2455 次。5 篇论文被 ESI 认定为 Top1% 论文（其中 1 篇被认定为核心论文），1 篇论文入选"第一届中国百篇最具影响力的优秀国内学术论文"，两位主要申请者进入 ISI 全球地学科学家高引用率排名录。在研究过程中，1 人当选中国科学院院士，1 人获国家杰出青年科学基金。上述成果为提升中国科学家在青藏高原地球科学研究中的国际影响和地位作出了实质性贡献。

8. 青藏高原及东北缘晚新生代构造变形与形成过程

由中国地震局地质研究所张培震、郑德文、郑文俊、张会平和王伟涛完成的"青藏高原及东北缘晚新生代构造变形与形成过程"项目获 2017 年度国家自然科学奖二等奖。

该项目从相互关联的两个方面开展了长达 20 多年的持续研究：一是利用全球定位系统（GPS）的观测资料，研究了整个高原尺度的变形格局、运动速率和应变分配，定量揭示了高原现今构造变形状态；二是以青藏高原最新组成部分（东北缘）为研究对象，从构造变形、山脉隆升、盆地消亡和地貌演化等方面，系统解剖了高原晚新生代的形成过程。

项目执行以来，发表 SCI 论文 41 篇，国内核心期刊论文 61 篇，其中第一作者（通讯作者）SCI 论文 21 篇，SCI 论文单篇他引最高达 827 次，8 篇代表性成果他引 1738 次。其中 2 篇最重要的论文分别发表于国际著名刊物《自然》和《地质学》，共被他引 1258 次，在 2001—2011 年 ESI 最高被引论文中的排名分别为第 466 和 218 位。国家自然科学基金会地学部 2013 年曾在《自然·地球科学》(*Nature Geoscience*)上发表综述文章，将成果作为重要进展之一加以评述。项目获省部级科技成果奖一等奖 1 项。1 人当选中国科学院院士，1 人获国家杰出青年基金，1 人获国家优秀青年基金，1 人入选中组部"万人计划"青年拔尖人才，1 人进入 2006—2016 年 ESI 全球地球科学领域高引用率排名录（3409 名中的第 952 位）。

（二）重要进展

1. 南秦岭主要构造岩带形成时代研究新进展

南秦岭从甘肃的康县、徽县到陕西的略阳、勉县、留坝、城固、洋县、石泉、汉阴旬阳一带，广泛分布一条由白水江群、三河口群和人河坝群组成的志留系岩带，该带岩石类型多变，构造类型复杂，时代不明。通过研究在变质哑地层中发现众多微体化石，为重新厘定地层时代提供了重要依据，使南秦岭的地层时代有了比较清晰的轮廓。本项目由中国地质科学院地质研究所完成。该成果被评为 2009 年度"十大地质科技进展"。

2. 华南中生代构造变形序列与动力学分析

中国地质科学院董树文团队完成的"华南中生代构造变形序列与动力学分析"项目，基于雪峰山地区沅麻盆地、湖南衡山西缘拆离构造带、武夷山地区韧性剪切带和东南沿海构造带详细的野外调查和古构造应力场反演、叠加褶皱构造样式分析、云母 Ar–Ar 和锆石 U–Pb 年代学测试分析，区分了华南地区三叠纪碰撞造山作用和侏罗纪—白垩纪陆内造山作用的变形特征；系统建立了华南地区晚侏罗世以来 5 期构造应力场及其转换历史；精确确定了华南地区早白垩世陆内造山作用时期从区域挤压构造应力体制向区域伸展应力体制转换的时代；首次确定了华南大陆边缘（沿海构造带）挤压—伸展构造转换的时代。研究结果深化了对华南大陆中生代陆内造山过程的认识，为陆内造山作用的研究提供了全新的思路。该成果获 2011 年度"十大地质科技进展"。

3. 华北古老大陆地壳结构及演化过程

中国地质科学院地质研究所万渝生研究员团队在地质调查项目与国家自然科学基金项目联合资助下，通过精度测年和综合研究，在冀东地区发现大量 38 亿～35 亿年前形成的碎屑锆石，在鞍山地区发现 38 亿～31 亿年前多期岩浆活动，证明鄂尔多斯地块强烈卷入古元古代晚期构造热事件；首次在华北克拉通划分出三个年龄大于 26 亿年的古陆块，深化了华北克拉通早期地壳演化、壳幔相互作用及沉积变质铁矿的认识。相关成果在《前寒武纪研究》《冈瓦纳研究》《美国科学》等国际学术期刊发表，受到国内外专家好评。该成果被评为 2014 年度"十大地质科技进展"。

三、岩石矿物研究

（一）研究成果

1. 岩石剩磁机理与古地磁场

由中国科学院地质与地球物理研究所朱日祥、张毅刚、潘永信和邓成龙完成的"岩石剩磁机理与古地磁场"项目获 2006 年度国家自然科学奖二等奖。

该项目开拓了新的实验技术和方法，对岩石剩磁机理进行了深入的研究，为沉积盆地定年提供了突破点，确定了泥河湾文化遗址的地质年代，研究成果两度在《自然》上发表，为认识早期人类演化作出了重要贡献；在广泛的温度、压力和成分区间对多种流体体系的相图、状态方程和水岩相互作用进行了详细的研究，为认识岩石剩磁改造机理提供了理论基础；发现了松山－布容极性转换过程是由多次快速倒转构成，每次快速倒转经历的时间约几百年，确定了极性转换期间虚地磁极路径环太平洋分布的规律和布莱克亚时的三元结构，发展了地磁极性转换场形态学理论，被国内外同行广泛引用和正面评述；开辟了国内地质时期地磁场古强度研究的新领域，发现了晚中生代地磁极性倒转频率与强度变化为负相关的重要规律，将古地磁学研究范畴拓展到认识地球深部动力学过程。

2. 中国东部燕山期花岗岩成因与地球动力学

由中国科学院地质与地球物理研究所吴福元、李献华和杨进辉完成的"中国东部燕山期花岗岩成因与地球动力学"项目获 2011 年度国家自然科学奖二等奖。

本项目属于地质学研究领域。中国东部中生代燕山期（侏罗纪—白垩纪）岩浆活动是我国大陆地质极为显著的特征之一，伴随本期岩浆活动所形成的各类矿产是支撑我国经济发展的重要保证。显然，对这一时期花岗岩空间分布、形成时代、成因及其形成地球动力学背景的研究是认识中国大陆地质演化和寻找潜在矿产资源的关键所在。长期以来，国内外学者对北至大兴安岭，南至海南岛这一广大区域的燕山期花岗岩进行了大量的研究工作，但仍存在众多悬而未决的基础地质问题。本项目通过 10 余年的努力，在以下方面获得了一系列新发现，为全面认识中国东部中生代大规模岩浆作用和大陆地质演化作出了实质性贡献。

3. 华夏地块中生代花岗岩成因与地壳演化研究

由南京大学周新民、徐夕生、王汝成、舒良树和于津海完成的"华夏地块中生代花岗岩成因与地壳演化研究"项目获 2017 年度国家自然科学奖二等奖项目。

　　华南是世界著名的花岗岩大火成岩省，盛产钨、锡、铌、钽等金属矿产。20 世纪 50—60 年代，南京大学与国内众多兄弟单位一起开始注重花岗岩地质时代和成矿专属性研究，对华南地质和找矿研究起了很大的推动作用。1995 年起，针对国际花岗岩研究进展和华南地域特色，华南花岗岩研究的重点转向花岗质岩浆形成的构造背景、岩浆作用过程、花岗岩形成与地壳演化、花岗岩成矿系列等。华夏地块约占华南总面积的三分之二，位于其东南部，是华南花岗岩 – 火山岩分布的聚集区，是华南花岗岩研究的关键地区。

　　多时代性是华夏地块花岗岩的突出特点，其中中生代花岗岩占绝大部分，大规模成矿作用又与该时代花岗岩密切相关。因此，华夏地块中生代花岗岩一直是国内外学者研究的热点，尤其以下三个问题是花岗岩地质研究和找矿实践取得新突破的关键科学问题：①花岗岩浆形成的动力"引擎"在哪里，岩浆形成后如何获取侵位"空间"？②形成花岗质岩浆的"物源"和"热源"是什么？③如何在众多花岗岩中识别成矿岩体？针对这些重大问题，该项目在国家自然科学基金 5 个重点项目、2 个杰出青年科学基金和 13 个面上项目支持下，组织实施了长期的综合研究。该项研究从岩石学、构造地质学、矿物学等多学科的视角，以野外研究为基础，对华夏地块上的 50 余个代表性花岗质杂岩体、10 余个典型火山 – 沉积盆地以及前寒武纪基底变质岩进行了大面积考察和采样，同时强调典型样品的精细研究，取得了以下重要科学发现：①首次建立了华夏地块中生代花岗岩成因的两阶段消减 – 伸展模式，阐明了特提斯 – 太平洋构造域的转换关系，确证了华夏地块晚中生代伸展构造背景，解决了花岗岩成岩成矿动力机制和赋存空间的关键问题。②深入揭示了壳幔相互作用、岩浆混合作用与花岗岩成因的"物源"关系，以及大规模花岗岩浆形成的"热源"问题；阐明了华夏地块不同地区前寒武纪地壳的差异和演化历史以及显生宙幕式再造的过程，明确提出了东华夏武夷地体存在与 Columbia 超大陆聚合相关的古元古代造山作用，限定了华夏地块在 Rodinia 超大陆的位置。③系统研究了该区钨、锡、稀有金属花岗岩的地球化学特征，深入揭示了岩浆 – 热液过程对钨锡 – 稀有金属成矿的重要性，进一步阐明了花岗岩的成矿效应。

　　上述研究解决了华夏地块中生代花岗岩成因的关键科学问题，发展了花岗岩成岩成矿基础理论，重建了华南中生代大地构造框架，为寻找金属矿产的战略性布局，提供了基础地质依据。该研究共发表 SCI 收录论文 131 篇，出版专著一部。其中 8 篇代表性论文 SCI 他引 1432 次，单篇最高 SCI 他引 521 次。3 篇代表性论文入选本领域 ESI 高被引论文 Top1%。研究成果得到涂光炽、张国伟、翟裕生等一批中国科学院院士的赞同和引用。2003 年、2007 年和 2011 年分别获教育部自然科学奖一等奖。

（二）重要进展

1. 华夏地块龙泉地区发现亚洲最古老锆石

中国地质调查局南京地质调查中心邢光福研究员团队在地质调查项目与国家自然科学基金项目联合资助下，在华夏地块龙泉岩群云母石英片岩首次发现两颗冥古宙碎屑锆石。通过高精度测年研究，表明其中一颗为亚洲最古老的锆石，年龄为41.27亿年；另外一颗锆石记录了地球最早变质事件，年龄为40.70亿年。两颗锆石均具有极高的结晶温度和异常高的氧逸度，明显不同于世界其他地区同时代锆石，证明冥古宙地壳性质和构造环境存在多样性，为认识地球早期大陆演化提供了新的重要信息。研究成果在国际核心期刊《科学·报道》公开发表，受到广泛关注。该成果被评为2014年度"十大地质科技进展"。

2. 天然后尖晶石超高压矿物的发现

中国科学院广州地球化学研究所科技人员和美国卡内基地球物理实验室合作者在我国随州陨石中发现了两个冲击成因的后尖晶石超高压矿物。这是在自然界首次发现的后尖晶石超高压多形，其中一个已于2008年获得国际新矿物、命名与分类委员会的批准并命名为谢氏超晶石，另一个矿物的研究也已经完成。尖晶石结构是矿物家族中的重要结构类型，尖晶石和铬铁矿是上地幔矿物中的常见结构；地幔过渡带主要矿物林伍德石等也具有尖晶石结构。近40年来，系列的实验研究致力于探索尖晶石相可能发生的高压多形转变，但天然产状的后尖晶石超高压矿物一直没有被发现和证实。该项研究在陨石冲击脉体中，发现了铬铁矿尖晶石经固态相转变形成的两个超高压多形，矿物由原来的立方结构转变为密度更大的斜方结构。他们同时在实验室成功合成了这两个超高压新矿物。两个后尖晶石超高压矿物形成的压力分别相当于离地表400千米和580千米以上的地幔深度的压。由于尖晶石－铬铁矿是陨石和地幔岩石中的常见矿物，后尖晶石超高压矿物的天然产出可用于判断冲击变质陨石和从地球深部折返的地幔岩石压力温度演变历史的压力标准。天然后尖晶石超高压矿物的发现不但为探索地球深部岩石成因历史提供了一个有效窗口，而且为当前受到广泛关注的大陆碰撞带构造地质学研究开辟了一个有效的途径。该成果先后在《地球化学和宇宙化学学报》《美国科学院院刊》和《科学通报》上发表。该成果被评为2008年度"十大地质科技进展"。

（三）综合利用

2000年以来，地质调查、地质勘查、地质勘探领域的事业单位和企业单位，基于对矿物、岩石理论认识的不断深化，以及新材料市场的需求拉动，围绕矿产资源的综合利用，展开了广泛而深入的科学实验，取得了一批重要的科研成果。主要表现在：共伴生难处理矿产综合利用水平得到提升；复杂难利用矿产综合利用方法得到改造；低品位矿产、复杂难利用矿产提高资源回收率的技术得到突破；非金属矿产高效开发利用技术呈现亮点；尾矿回收利用技术取得新进展。具有代表性的成果如下。

1. 磁铁矿选矿提质节能新技术磁场筛选法及应用

"磁铁矿选矿提质节能新技术磁场筛选法及应用"是由中国地质科学院郑州矿产综合利用研究所担任主要完成单位，王成学、冯安生、郭珍旭、李迎国、于岸洲、雷晴宇、简少芳、王建业、杨卉芃、张颖新、崔跃先和杨欣剑担任主要完成人的一项科技项目，获 2014 年度国土资源科学技术奖一等奖。

进入 21 世纪以来，我国钢铁需求日趋旺盛，国内优质铁精粉产能的不足造成了我国铁矿石对外依存度连续多年居高不下，损耗了大量宝贵的外汇储备的同时，给我国钢铁工业的发展带来巨大隐患。然而，我国国内部分磁铁矿类矿山，多年来一直沿用传统的"细筛 – 弱磁选"生产工艺（部分采用反浮选工艺），出现了铁精粉全铁品位低、筛分效率低、夹杂严重等问题，大大提高了下游钢铁冶金行业的焦比和渣比；而采用化学工艺方法引起高成本以及对环境的不利影响。针对我国磁铁矿资源"贫、细、杂"的特点，为解决我国磁铁矿矿山质量与产量、质量和成本的突出矛盾，在国家科技攻关项目、地质大调查项目、河南省重大科技攻关计划项目等一系列政府项目资金的支持下，通过对磁性矿物在磁场中的运动形态研究以及系统的试验研究，本项目创造性地运用磁场媒介下的选择性筛分效应，将不规则的磁团聚（磁聚体）转变为规则排列的"磁链"，实现了脉石型矿物以及连生体矿物的选择性分离，最终形成了"磁场筛选法"（简称"磁筛"）重大科技成果。"磁场筛选机"在 2010 年度被列入当前国家鼓励发展的环保产业设备（产品）目录，2011 年度入选国家重点新产品计划。磁场筛选法揭示了工业上磨矿解离的磁铁矿比石英更细，尽早选出解离的磁铁矿具有放粗磨矿细度的节能效果、取得更高品位精矿的提质效果；利用弱磁场中的磁铁矿形成的磁链粒度远远大于石英颗粒粒度，配合与磁场方向垂直的、合适的筛孔，在流动矿浆中实现分选，有效去除了粗粒石英杂质，显著节约用水；巧妙地实现了选矿过程中磁团聚条件下不规则的磁团聚（磁聚体）变为规则排列的"磁链"，使得脉石性矿物更容易暴露于磁团聚体的表面，从而大幅度提高磁铁矿分选效率，减少夹杂。

该项目主要内容、性能指标及社会效益：①全面丰富了"磁团聚分选"理论，使物理手段下（相对于浮选等处理方法）磁铁矿分选理论、分选工艺和分选指标达到国际领先水平。②在磁筛技术基础上研制了实验室小型分选机模型，利用模型机对国内众多铁矿山粗精矿进行了精选处理评价试验，铁精粉全铁品位提高 2 ~ 5 个百分点，全面评估了我国磁铁矿类铁矿山铁精粉提质潜力，扩大了磁铁矿矿山资源可利用范围。③通过一系列技术创新实践，成功研制了 CSX 系列工业型磁场筛选机，已在国内 22 家铁矿山得到成功应用，显示了提质降杂与节能降耗双重效果。④与同类精选技术对比，磁筛技术节水 50% 以上，对铁矿山水循环利用率的提高意义重大。本成果已获国家发明专利 1 项，实用新型专利 3 项，发表论文 15 篇，被国内 4 部业内专著收录。本成果已在我国河南、河北、湖北、云南、山西、江苏、新疆等省（区）22 家铁矿厂成功获得工业应用，实践证实：平均提高铁精矿品位 2 ~ 5 个百分点，选厂生产能力提高 9% ~ 50%。按提高铁精矿品位 2 个百分点，生产能力提高 10% 计算，企业每生产 1 吨铁精矿带来的直接增效为 30 元，应用的企业年产铁精矿 600 万吨，每年直接产生经济效益为 1.8 亿元。

2. 典型氟碳铈稀土矿清洁利用新技术研究及示范

"典型氟碳铈稀土矿清洁利用新技术研究及示范"是由中国地质科学院矿产综合利用研究所担任主要完成单位，熊文良、陈炳炎、邓善芝、曾小波、邓杰、曾令熙、张新华、陈达、杨耀辉和朱昌洛担任主要完成人的一项科技项目，获 2018 年度国土资源科学技术奖二等奖。

国内典型氟碳铈稀土矿开发利用过程中，由于技术的局限性，存在一系列问题。其中较为突出的包括浮选矿浆需要加温增加单位产品的能耗，稀土精矿品位低造成后续冶炼成本高，细粒级矿物回收困难导致稀土资源利用率低，稀土浮选药剂在生产和使用过程中对环境污染大等一系列共性、关键性技术问题。针对这些技术问题，中国地质科学院矿产综合利用研究所以典型氟碳铈稀土矿为研究对象，开展绿色低毒稀土选矿药剂研究和稀土清洁高效利用短流程研究，研发了"稀土浮团聚磁选新工艺"和绿色 RF 系列稀土浮选药剂，形成"典型氟碳铈稀土矿清洁利用新技术研究及示范"技术成果。

该技术成果通过引入 RF 浮选药剂，强化了稀土矿物与捕收剂的物理作用，实现了零加温浮选，减少了煤炭等能源消耗和碳排放，通过采用直链羟肟酸取代传统药剂中 50% 的带苯环的羟肟酸，减轻了药剂对环境的影响；将湿式高梯度磁选作为产品精选作业，提高了稀土精矿品位及产品价值，取缔传统的干式磁选设备，减少了放射性粉尘对环境的污染；成果浮选捕收剂的团聚作用，人为增大细粒稀土矿物的表观颗粒尺寸，将浮选作业获得的团聚体作为磁选的原料，提高了难选细粒稀土矿物在磁选设备中的选别效果，解决了细粒难选稀土矿选矿损失大的技术难题，大幅提高了资源利用率。针对难选稀土矿，新工艺可以使稀土选矿回收率由 20% 提高到 55% 以上，精矿品位由 55% 提高到 65% 以上。

2012 年，四川汉鑫矿业发展有限公司依据典型氟碳铈稀土矿清洁利用新技术在德昌大陆槽建立 600 吨 / 天和 2500 吨 / 天的工业示范线，使稀土回收率由原有的 20% 提高至55% 以上，稀土精矿品位由原有的 55% 提高到 65% 以上。2016 年，新型稀土 RF 系列浮选药剂在冕宁牦牛坪稀土矿选矿厂开展选矿工业试验并取得良好技术指标，四川江铜稀土矿选厂与中国地质科学院矿产综合利用研究所签订了该药剂的长期供销合同。该技术成果在德昌大陆槽稀土矿选矿厂应用后，为当地新增就业岗位 130 余个，带动了当地运输、消费等行业的健康发展。该成果实现常温浮选后，不仅为企业节约了生产成本，每年还可减少煤炭用量 600 吨，减少碳排放 1200 吨、二氧化硫 5 吨、氮氧化物 4.2 吨，有效促进了企业节能减排，具有巨大的环保意义。该成果的应用使稀土选矿回收率提高，实现了稀土矿产资源的高效利用，提高了企业的经济效益，具有显著的经济效益。

综上所述，该技术成果的研发实现了稀土矿物的常温选矿，提高稀土精矿品位，降低单位产品能耗和冶炼成本，实现细粒级矿物的有效回收，提高资源利用率；降低稀土选矿药剂的有毒成分，减少了浮选药剂对环境的污染。该技术成果有效解决了典型氟碳铈稀土矿开发过程中存在的技术问题，具有较好的经济、环境和社会效益。

3. 高技术矿产资源利用评价理论及应用

"高技术矿产资源利用评价理论及应用"是由自然资源部信息中心、中南大学担任主要完成单位，陈从喜、王昶、崔荣国、朱学红、李政、张迎新、左绿水、姚海琳、徐桂芬和吴初国担任主要完成人的一项科技项目，获 2019 年度国土资源科学技术奖二等奖。

面向国家需求，选题意义重大。高新技术发展已成为当今世界综合国力竞争的制高点，是我国加快新型工业化进程，建设世界强国的战略任务。当前国际资源争夺和矿业结构调整进一步深化，突出表现在矿产资源战略结构调整，固体矿产从大宗支柱金属向"三稀"金属（稀有金属、稀散金属和稀土金属）等"高技术矿产"转变，特别是通过"三稀"金属产业链的延伸提升新兴产业。课题组承担多项国家软科学、社科基金和中国地质调查局项目，在高技术矿产可供性论证方法、循环利用模式、国家资源安全保障等方面取得多项创新和应用。选题具有十分重要的理论意义和实践价值。

理论与实践紧密结合，科技创新十分突出。针对高技术矿产特点，该项目提出了可供性论证技术方法，建立了高技术矿产的国家资源安全战略和保障政策体系。具体表现在：①提出高技术矿产利用评价的理论体系。基于国内外对比分析研究，在国内提出了高技术矿产的新概念，厘定了高技术矿产的分类体系，建立了可供性评价、安全风险评价、二次资源利用评价等三大理论，并研究了全球资源供需格局及我国的资源保障程度。②基于行业需求分析，建立了高技术矿产可供性评价方法。选取了5个一级指标16个二级指标从需求与供应两个角度分矿种进行可供性评价。对铟、铌、钽、锂等9个矿种开展了实证可供性评价，研究提出了到2020年和2025年我国稀有金属高技术矿产资源保障程度及对策建议。③建立了我国优势高技术矿产供应全球需求的风险评估模型与方法。从可依赖性、可持续性和可承受性三个维度，对高技术矿产供应安全的影响因素进行了分析，对我国优势高技术矿产供应全球需求的风险进行了评估，为保障我国高技术矿产供应安全提供了决策参考依据。

项目边研究边应用，应用成效显著。成果在我国矿产资源管理、在中国地质调查项目部署中得到应用，设立了"三稀矿产"地质调查项目，并把"三稀"金属矿产纳入国家战略性矿产目录，加强了对高技术矿产资源勘查、开发利用和管理；37篇成果在《社科内参》《科技工作者建议》《信息参考》《国际动态与参考》等上供中办、国办、国土资源部领导参阅。同时，项目组开展了城市高技术矿产循环利用研究，对高技术矿产利用和保障进行了全生命周期评价，项目成果对促进我国矿产资源可持续利用和提升矿产资源安全程度有参考价值。项目组公开出版专著1本，公开发表论文47篇，其中英文SCI论文15篇，中文刊物32篇，在国内外学术界、产业界被广泛引用，对推进高技术矿产开发利用理论研究和实践发挥了积极作用。

四、成矿理论研究

据最新的成矿理论，我国的矿产资源潜力巨大。尤其是在广大的西部及海域地区，勘查的程度依旧较低，中东部的深部找矿仍有较大的潜力。21世纪以来，一批重大地质基础问题研究取得的重要成果，有力支撑了中国区域成矿理论的发展。基于新的成矿理论及找矿模型，地质找矿取得了一系列重大突破。反过来，又促进了新的成矿理论和成矿模式的形成。

（一）成矿理论

1. 分散元素矿床和低温矿床成矿作用

由中国科学院地球化学研究所涂光炽等完成的"分散元素矿床和低温矿床成矿作用"项目获2005年度国家自然科学奖。

该项目属地球科学领域。长期以来，矿床学、地球化学界普遍认为金、银、铜、锌、铂族元素等大都只在中、高温条件下活化、迁移、富集沉淀。但随着一些新类型矿床的相继发现，人们逐渐认识到在200℃左右及200℃以下的低温开放体系中，上述元素照样可以活化、迁移、富集沉淀成工业矿床。直至20世纪80年代末国内外的权威著作还断言分散元素不能形成独立矿床，只能作为副产品从其他矿床中回收。而近年来在我国西南地区相继发现了一批主要在低温条件下形成的分散元素超长富集的地质体。针对上述情况，该项研究从20世纪90年代初起，采用矿床地球化学—实验模拟—计算模拟紧密结合的方法，联系我国西南地区地质条件的特殊性，进行了开拓性的综合研究。主要研究成果为：①确立了中国西南地区存在约90万平方千米的大面积低温成矿域，揭示了西南低温成矿域大规模成矿的成矿机理，确定了这一世界独具特色的低温成矿域的形成背景、机制和过程，建立了分散元素超常规富集形成独立矿床的理论体系，指出了分散元素的找矿方向。②突破了低温条件下元素迁移富集的机理实验的理论和技术难点，突破了中高温条件下才能成矿的金、汞、锑、砷、铂族元素等"惰性"元素，在低温条件下不能大规模成矿的传统观念；突破了分散元素不能形成独立矿床的传统观念，奠定了低温成矿和分散元素超常富集成矿的理论基础，开拓了分散元素矿床找矿新思路。该项目在国际学术会议上作特邀报告4次。出版专著4部，发表论文304篇，SCI收录34篇、SCI引用170次，EI收录29篇，CSCD引用447次。

2. 大陆碰撞成矿理论的创建及应用

由北京大学陈衍景完成的"大陆碰撞成矿理论的创建及应用"项目获2015年度国家自然科学奖二等奖。

该项目属于矿产资源领域的基础科学研究。基于成矿理论的多元信息综合预测评价是最佳找矿途径，成矿理论的科学性和实用性决定了找矿成败，是矿床研究的主题。中国大陆碰撞造山带丰富，找矿勘查急需大陆碰撞成矿理论支撑。然而，传统观点认为碰撞不成矿，致使国际上长期缺乏大陆碰撞成矿理论和成矿模式，相关研究薄弱，难度大。该项目瞄准学科发展空白和找矿勘查的重大需求，持续研究大陆碰撞成矿30年，创建并不断完善了大陆碰撞成矿理论，产–学–研应用效果显著。获得相关成果包括：①大陆碰撞成矿理论的创建。基于大陆碰撞造山带的地质–成矿现象和实际研究结果，根据碰撞造山带 P-T-t（压力–温度–时间）轨迹和A型俯冲强烈的特点，通过分析A型俯冲过程中物质活化迁移规律，分别建立了成矿省、矿田和矿床尺度的大陆碰撞成矿（CMF）模式，完善了国际流行的全球构造–成矿模式，阐明了大陆碰撞过程的成矿类型及其源运储变保特征，为碰撞造山带找矿预测和评价提供了一套成矿模型和理论支撑。②大陆碰撞成矿理论的证明：揭示碰撞造山带成矿规律。采用区域调研和矿床解剖相结合的方法研究中央和中亚等造山带及其夹持区，既系统证明了大陆碰撞成矿理论的科学性，又获得了多项创新成果：碰撞成矿集中于主边界断裂与反向边界断裂之间，具有极性分带特点；挤压向伸展转变期大规模成矿，成矿高峰滞后于洋盆消失约5000万年；提出了甄别矿床成因的流体包裹体标识体系，发现了多子晶富CO_2流体包裹体；发现了造山型银、铅锌、铜、钼矿床的存在及其找矿潜力，提出了元素空间分带模型；突破地球化学数据多解性，在多个矿田/矿床获得了CMF模式的排他性证据；发现碰撞前陆壳增生强度不同导致强增生与弱增生碰撞造山带之间存在显著的成矿差异；发现了Columbia超大陆会聚期的钼矿化。③大陆碰撞成矿理论的应用。该项目提出并证明一套大陆碰撞成矿模式，揭示造山带成矿规律，是大陆碰撞成矿理论应用于科研工作的重要途径；而且，它已被作为中国最近15年制订和执行地质勘查和"973"等重大科技计划的重要依据，促进了创新和发现。项目成果用于成矿预测，推动了一些大型、超大型矿床的找矿突破；用于教学，被翟裕生院士和国际矿床大师弗朗哥·皮拉伊诺（Franco Pirajno）编入国内外矿床教材，称为"陈氏CMF模式"，弥补了矿床学教材长期空白（"大陆碰撞成矿"章节的缺陷），改变了国外矿床教材无中国人所建成矿模型的历史。大陆碰撞成矿研究属于国际研究热点，国际矿床成因协会（IADOD）成立了专门研究组（陈衍景任组长）。20份核心论著被SCI他引1520次，平均每篇76次；其中8篇代表作被SCI他引908次，平均每篇113.5次；被引次数多位居所在期刊前茅，提高了相关期刊的影响力。阶段性成果作为有关项目的一部分，曾8次获得省部级二等奖以上奖励。

3. 中国东部板内燕山期大规模成矿动力学模型

由中国地质科学院矿产资源研究所毛景文、北京大学陈斌和中国地质科学院矿产资源研究所谢桂青完成的"中国东部板内燕山期大规模成矿动力学模型"项目获2016年度国家自然科学奖二等奖。

项目针对中国东部板内燕山期大爆发成矿这一世界级难题，通过15年研究，获得了创新性成果，发展了成矿理论，有力地推动了找矿勘查实现重大突破。已知全球板内环境成矿规模小，通常与裂谷和地幔柱构造有关。但中国东部燕山期既未见这种构造环境，也不是以"沟弧盆"为特征的板缘狭长成矿带，而是宽达1000多千米的大面积爆发板内成矿。该项目突破了板内成矿动力来自板内的传统认识，发现东部板内燕山期成矿受控于板缘块体之间的相互作用，建立了中国东部燕山期板内成矿动力学模型，被国际同行定义为Maoetal模型。

4. 碰撞型斑岩铜矿成矿理论

"碰撞型斑岩铜矿成矿理论"是中国地质科学院地质研究所侯增谦院士、杨志明研究员及其团队的研究成果，该项目荣获 2019 年度国家自然科学奖二等奖。

斑岩铜矿是全球最重要的矿床类型。过去认为其形成与大洋俯冲有关，产出于岩浆弧环境。项目通过青藏高原斑岩铜矿省的详细研究及全球对比，确定其形成亦可与大陆碰撞有关，称之为"碰撞型斑岩铜矿"，并取得以下重要科学发现：①证实成矿斑岩起源于加厚的新生下地壳的部分熔融；②发现成矿所需的水来自幔源碱性岩浆的混合注入及源区角闪石分解；③证实成矿金属及硫主要起源于碰撞前沉淀于下地壳中硫化物的熔融分解；④发现碰撞型斑岩铜矿呈强叠加的蚀变矿化分带模式。最终创立了碰撞型斑岩铜矿理论，引发全球重新认识斑岩铜矿的成因，显著提升了我国在该领域的国际地位；拓宽了全球斑岩铜矿的勘探区域，指导了碰撞带的斑岩铜矿的勘查。

5. 华南陆块中生代陆内成矿作用

由中国科学院地球化学研究所胡瑞忠、苏文超，中国地质科学院矿产资源研究所毛景文、袁顺达和中国科学院广州地球化学研究所王岳军完成的"华南陆块中生代陆内成矿作用"项目获 2020 年度国家自然科学奖二等奖。

板块构造理论较好地解释了大陆板块边缘成矿规律，但难以揭示大陆板块内部（简称陆内）成矿作用。因此，陆内成矿是矿床学研究的重要国际前沿。涵盖扬子和华夏地块的华南陆块中生代成矿大爆发，不仅强度巨大、矿种丰富，而且具有明显的分区性：东部为与花岗岩有关的钨、锡、铜、铅、锌等多金属高温成矿省，西部为金、锑、铅、锌、汞、砷等多金属低温成矿省。这些高温和低温矿床呈大面积分布，远离活动大陆边缘，显示出典型陆内成矿特征，在全球具有鲜明特色。本项目主要以国家"973"计划为支撑，历时 10 年，针对这一具有全球影响重大成矿事件的成矿背景和过程开展了深入研究，在前人工作基础上，取得重要科学发现。项目发表论文 100 余篇。8 篇代表性论文被他引 1597 次，3 篇入选全球 ESI Top1% 高被引论文。部分成果获中国科学院科技促进发展奖。项目完成人获贵州省最高科学技术奖和国际矿床成因协会库汀纳 - 斯果尔诺夫（Kutina-Smirnov）杰出成就奖，7 人次在国际学术组织和学术期刊任职。显著提升了我国在国际矿床学领域的学术地位。

（二）应用成果

2000 年以来，我国地质和矿业界的科技工作者，将最新的成矿理论应用于地质找矿实践，取得了一批重要的应用成果。

1. 大庆油田高含水后期 4000 万吨以上持续稳产高效勘探开发技术

大庆油田依靠三代自主创新技术，到 1995 年产量达到 5600 万吨，实现了 5000 万吨以上 20 年长期高产稳产，油田进入产量递减阶段。按当时的资源和技术，到 2009 年产量将下降到 3000 万吨以下。为满足国家对石油的迫切需求，大庆油田提出 4000 万吨以上高产稳产新目标。要实现这一目标，必须通过技术创新解决四大难题：一是高度分散剩余油准确描述与精细挖潜技术；二是聚合物驱在中低渗透油层大幅度提高采收率技术；三是松辽盆地老探区寻找新的规模储量技术；四是超大容量多样化注采液处理技术。经过 10 多年持续攻关，形成了大庆油田新一代技术体系，累计增产原油 5774 万吨，实现了 4000 万吨以上 14 年高产稳产。该项目 2010 年获得国家科技进步奖特等奖。此外，该成果还获得省部级一等奖 8 项；取得发明专利 49 项，形成各种新技术标准 52 项。整体技术达到国际领先水平。

2. 大港油田陆上高成熟探区千米桥潜山大型凝析气藏成藏系统与勘探

由中国石油大港油田集团有限责任公司吴永平、姚和清等完成的"大港油田陆上高成熟探区千米桥潜山大型凝析气藏成藏系统与勘探"项目获 2000 年度国家科学技术进步奖一等奖。

本项目归属石油天然气地质勘探领域。立项的目的是通过油气成藏理论、成藏条件、目标评价及综合勘探技术的攻关研究，在大港油田陆上高成熟探区，新层系、新领域取得重大发现和突破，提高勘探成效，落实后备资源，开辟老油区可持续发展的新途径。本项目以大港探区古潜山勘探领域的勘探潜力、勘探技术方法研究为主体，从含油气盆地分析、含油气系统划分入手，对大港探区古潜山形成条件进行系统分析，特别是对奥陶系灰岩潜山成藏组合进行了系统研究；探索了多期古岩溶（加里东、印支期—早中燕山期和喜山期）和深埋成岩作用对碳酸盐岩有效储层形成的控制作用与分布规律；对印支期—早中燕山期逆冲构造系进行认识与复原；在油气成藏动力过程等方面研究取得了重大进展，指出了有利的勘探方向与靶区，为风险勘探决策提供了理论依据，并通过地震资料的目标采集、高品质成像处理技术和人机交互解释技术方法进行攻关，特别是迭前深度域、井约束反演等技术的应用，解决了潜山形态不准、内幕不清、储层预测准确度较差的难题；同时根据地质研究的认识，提出并在现场采用了以欠平衡为主的井筒工艺配套技术，为及时发现、保护油气层，探索了有效的手段，也为最大限度地降低勘探风险，提高勘探决策水平，实现勘探效益的最大化和整体拿下千米桥大型油气田起到了决定性的作用。

3. 克拉 2 大气田的发现和山地超高压气藏勘探技术

"克拉 2 大气田的发现和山地超高压气藏勘探技术"是以中国石油天然气股份有限公司塔里木油田分公司等为主要完成单位，由邱中健等人完成的科研项目，获 2001 年度国家科学技术进步奖一等奖。

该项目是一项与油气勘探生产实践紧密结合的科技（攻关）工程，涉及石油地质、地球物理勘探、测井、钻井工程与测试技术等多项学科及专业，其行业属于地球科学与油气勘查技术领域。在克拉 2 大气田发现和探明的这几年来的攻关和生产实践，解决了塔里木盆地库车地区因地表地形起伏剧烈、表层岩性多变、地下逆冲断层发育而引起的一系列复杂的山地油气勘探难题。该项目针对克拉 2 大气田所在的库车前陆逆冲带油气勘探存在的一系列世界级难题，应用国内外相关学科的先进技术，并针对研究区自身的难点进行攻关与研究，形成了一套适合于库车前陆盆地油气勘探技术系列，带动了塔里木盆地库车前陆逆冲带天然气勘探的大发现、大发展，为国家"西气东输"重点工程奠定了丰富的资源基础，并取得了一系列丰硕成果。

4. 苏里格大型气田发现及综合勘探技术

"苏里格大型气田发现及综合勘探技术"是以中国石油股份有限公司长庆油田分公司为主要完成单位，由王涛等完成的科研项目，获 2002 年度国家科学技术进步奖一等奖。

该项目是科技攻关与勘探生产实践紧密结合的科技工程，涉及地质勘探、测井、钻井、测试等多学科多专业，属于地球科学与油气勘查技术领域。在苏里格特大型气田勘探发现过程中，通过科研攻关和大量技术试验，解决了鄂尔多斯盆地复杂地表、地质条件下砂岩岩性气藏的勘探难题，探索了一条在低渗透背景下如何寻找相对高孔高渗大型岩性气藏的有效途径。针对盆地气藏控制因素复杂、储层非均质性强、地表条件差等一系列技术难题，以国内外相关学科的先进理论为指导，开展了勘探各个环节的技术试验和攻关研究，形成一套适合盆地上古生界气藏特点的综合勘探配套技术系列，快速探明了苏里格气田，取得了丰硕成果。

5. 陆相断陷盆地隐蔽油气藏形成机制与勘探

"陆相断陷盆地隐蔽油气藏形成机制与勘探"项目主要由中国石化胜利油田有限公司、石油大学李丕龙、张善文等完成，获 2004 年度国家科学技术进步奖一等奖。

长期以来，世界油气勘探主要针对简单易找的构造油气藏，对大量复杂难找的"隐蔽油气藏"研究甚少。陆相断陷盆地隐蔽油气藏资源量占 50% 以上，是今后油气勘探的主要领域。"陆相断陷盆地隐蔽油气藏形成机制与勘探"是科技部和中国石油化工股份有限公司重大攻关课题的研究成果，属于国际石油地质前沿的地球科学与油气勘查技术领域。由胜利油田和石油大学等多家高等院校的石油地质、地球物理、地球化学、油藏工程、计算机工程等 10 多个学科的 1000 余名科技人员联合攻关完成。项目通过 27830 余块次的样品分析和 280 余项（次）的物理模拟实验，经 4 年的科学研究，取得了重大突破。该项目研究成果高效地指导了胜利油田隐蔽油气藏的勘探，4年间完钻探井成功率达 77%，比"九五"以前提高了 20% 以上，上报隐蔽油藏探明和控制储量 5.3 亿吨，可实现产值 1217.3 亿元。该成果应用于中国石化东部的中原、河南、江苏、江汉等探区，均取得了明显成效。该成果还指出了中国东部 100 亿吨的可探明隐蔽油气藏资源量，社会效益巨大。

6. 海相深层碳酸盐岩天然气成藏机理、勘探技术与普光大气田的发现

"海相深层碳酸盐岩天然气成藏机理、勘探技术与普光大气田的发现"项目由中国石油化工股份有限公司南方勘探开发分公司马永生等完成，获 2006 年度国家科技进步奖一等奖。

随着陆相油气勘探开发程度的提高，海相层系已成为我国油气勘探的主要接替领域。该项目针对深层碳酸盐岩储层发育与叠合盆地油气成藏机理、复杂山地深层储层预测等国际前沿领域展开多学科联合攻关，取得了如下主要创新成果：①首次在前人划分的下三叠统发现了二叠系长兴组标准化石组合，通过区域构造、层序地层和沉积体系的精细分析，突破了"开江—梁平海槽"的已有认识，建立了台地边缘礁滩相储层分布新模式。②通过大量分析测试和模拟实验，阐明了深层碳酸盐岩优质储层发育机理，建立了有效预测模式，拓展了碳酸盐岩层系的勘探空间。③通过成藏历史分析和调整过程模拟，揭示了天然气富集的复杂过程，建立了叠合－复合控藏模式，有效地指导了勘探目标优选。④形成了以复杂山地深层碳酸盐岩储层预测为核心的勘探技术系列，深层储层预测精度由原来的 37 米提高到 12 米。⑤在前人认为的不利勘探区，快速、高效、安全地探明了我国海相碳酸盐岩层系储量最大、丰度最高的整装大气田。普光气田的发现是我国油气勘探理论与实践的重要突破，对我国海相领域油气勘探具有重要的借鉴与指导作用。

7. 中低丰度岩性地层油气藏大面积成藏地质理论、勘探技术及重大发现

由中国石油勘探开发研究院贾承造等完成的"中低丰度岩性地层油气藏大面积成藏地质理论、勘探技术及重大发现"项目 2007 年获得国家科技进步奖一等奖。

"十五"期间，中国石油天然气集团公司组织实施了"岩性地层油气藏地质理论与勘探技术"科技攻关项目，取得了重大地质理论突破、勘探技术创新与油气重大发现，

主要包括：①创建了岩性地层油气藏圈闭、区带成因理论，提出了14种"构造 – 层序成藏组合"模式，突破了传统二级构造区带勘探思想，拓展了新的勘探领域。②在陆相盆地发现了大型浅水三角洲砂体，创建了中低丰度岩性地层油气藏大面积成藏地质理论。③揭示了陆相坳陷盆地三角洲"前缘带大面积成藏"、陆相断陷盆地富油气凹陷"满凹含油"、陆相前陆盆地"冲断带扇体控藏"、海相克拉通盆地"台缘带礁滩控油气"的岩性地层油气藏富集规律，有效指导了油气勘探部署。④提出以油气系统为单元的"四图叠合"区带评价新方法，形成了陆相层序地层学工业化应用、地震叠前储层预测两项核心勘探技术，攻克了火山岩气藏钻采等开发技术，共获得21项国家发明或和实用新型专利。该项目创建的地质理论与勘探技术，已成功地指导了岩性地层油气藏的大规模勘探和技术的工业化应用，取得了重大油气勘探发现，在松辽深层、鄂尔多斯西峰、四川川中、塔里木塔中、准噶尔西北缘等地区发现了多个亿吨级油气田。"十五"期间，中国石油探明储量中岩性地层油气藏已占60%以上；2004—2006年，共探明中低丰度岩性地层油气藏石油储量10.7亿吨、天然气储量5633.2亿立方米，经济与社会效益显著。

8. 塔河奥陶系碳酸盐岩特大型油气田勘探与开发

"塔河奥陶系碳酸盐岩特大型油气田勘探与开发"是依托于中国石油化工股份有限公司西北油田分公司等单位，由翟晓先等完成的科研项目，获2010年度国家科学技术进步奖一等奖。

项目实施与成果应用（2001—2009年），使塔河油气田累计探明储量由2000年的1.55亿吨油当量增至2009年的11.11亿吨油当量，以每年1亿吨油当量的速度增长；合计三级地质储量达到22.34亿吨油当量；采收率由15.8%提高到17.6%，相当于新增石油可采储量1260万吨；自然递减、综合递减由25.63%和18.63%下降到2009年的23.74%和15.89%；原油产量由2000年的194万吨增至2009年的660万吨。塔河油气田已成为中国最大的海相碳酸盐岩油气田，列国内陆上十大油气田之一。该项目通过理论创新与技术攻关，推动中国海相碳酸盐岩层系油气勘探、开发的理论与配套技术的创新与发展，对加速塔里木盆地古生界海相碳酸盐岩领域的油气勘探开发，乃至推动中国碳酸盐岩沉积区的油气勘探开发都具有重大意义。

9. 元坝超深层生物礁大气田高效勘探及关键技术

"元坝超深层生物礁大气田高效勘探及关键技术"是依托于中国石油化工股份有限公司勘探南方分公司等单位，由郭旭升等完成的科研项目，获2014年度国家科学技术进步奖一等奖。

该项目属石油天然气勘探开发科学技术领域。随着国内天然气供需矛盾日益突出，超深层（埋深超过 6000 米）天然气资源逐渐受到重视。但该领域储层致密化、成藏过程复杂、目标难以识别、工程施工难度大，高效勘探是世界公认的难题。受此制约，元坝探区长期未获突破，是四川盆地最后一个被登记探矿权的区块。2006 年以来，中国石化以元坝探区为重点，依托国家、企业科研项目开展攻关，创新超深层生物礁优质储层发育与成藏富集机理认识，形成超深层地震勘探、钻井及测试三项核心技术，在 6500～7000 米的深度发现了中国首个超深层生物礁大气田，也是国内规模最大、埋藏最深的生物礁气田。项目主要成果包括：①发现元坝大型生物礁带，形成超深层生物礁优质储层发育机理新认识。通过晚二叠世等斜缓坡—镶边台地动态沉积演化过程及区域沉积格架恢复，建立了"早滩晚礁、多期叠置、成排成带"的生物礁发育模式。揭示了"早期暴露溶蚀、浅埋白云岩化形成基质孔隙，液态烃深埋裂解超压造缝"的机理，提出"孔缝耦合"控制超深层优质储层发育的新认识，建立"孔缝双元结构"储层模型，有效指导了生物礁预测，发现三排大型生物礁带（矿权内面积 350 平方千米）。②形成了超深层生物礁成藏富集机理新认识。通过油源对比，提出深水陆棚相吴家坪组—大隆组是川北地区二叠系主力烃源岩新认识；通过油气藏解剖与数值模拟，揭示了深水陆棚—台地边缘油气运聚成藏演化过程，建立了超深弱变形区"三微输导、近源富集、持续保存"成藏模式，指导了元坝大气田的勘探。③创新形成了复杂山地超深层生物礁储层地震勘探技术系列。突破超深弱反射层地震采集处理技术瓶颈，有效提高超深层反射能量和分辨率；首创基于孔缝双元结构模型的孔构参数反演技术，大幅度提高超深储层预测精度；形成了超深生物礁储层高精度气水识别技术。在预测高产富集带内实施的 10 口探井均试获日产百万立方米高产天然气流。该项目共获发明专利 4 项、实用新型专利 5 项、专有技术 6 项，出版专著 4 部，制定企业标准 4 项。获得 2011 年全国"十大地质找矿成果奖"。项目成果指导了涪陵、川西、鄂西渝东等探区深层超深层海相突破，并促进了其他盆地超深层领域的勘探工作。

10. 山东省胶西北金矿集中区深部大型—超大型金矿找矿与成矿模式研究

山东省胶东是我国最重要的金矿集中区和黄金生产基地。截至 2003 年年底，山东省岩金保有资源储量仅 422.673 吨，可开采年限 5 年左右。金矿资源供需形势紧张，严重制约经济安全。为缓解胶东金矿资源危机，山东省地质矿产勘查开发局宋明春研究团队在胶东主要金矿成矿带开展了深部找矿理论和方法技术研究，提出了金矿阶梯式成矿模式，发现了第二矿化富集带之下将会出现第三个呈阶梯式分布的矿化富集带；

提出焦家式与玲珑式金矿是同一构造背景下形成的不同构造位置的产物，解决了找矿方向问题；集成创新了深部金矿勘查技术，建立了可控源音频大地电磁（CSAMT）、频率域激发极化（SIP）法深部金矿地质 – 地球物理找矿模型和复杂岩层深孔钻探技术组合，解决了地表信息弱和复杂条件深部找矿难题，新发现超大型金矿床 9 处、大型金矿床 4 处、中型金矿床 6 处，探获金金属资源量 1157.3 吨，潜在价值 4000 多亿元人民币。探获的资源储量分别是全国金矿保有资源储量和山东省以往累计探明资源储量的 47.34% 和 1.17 倍，实现了深部找矿理论技术的重要创新和找矿重大突破。该成果被评为 2011 年度"十大地质科技进展"。

11. 大陆碰撞成矿理论指导成功实施青藏高原首个 3000 米固体矿产科学深钻并揭露巨厚铜金矿体

由中国地质调查局中国地质科学院矿产资源研究所、西藏华泰龙矿业开发有限公司等单位组成的科研团队，在青藏高原甲玛矿区成功实施了固体矿产首个 3000 米科学深钻。项目精细揭示斑岩成矿系统结构，实现地质信息"透明化"，累计揭示 584.36 米铜钼（金、银）矿体，建立了完备的高原科学深钻施工工艺；创建了斑岩成矿系统"多中心复合"成矿作用模型，丰富和完善了碰撞造山成矿理论，并依此新发现则古朗北矿段的巨厚斑岩和矽卡岩矿体，对国内外深地资源勘查和探测技术集成具有引领示范作用。该成果被评为 2020 年度"十大地质科技进展"。

五、环境地质研究

2000 年以来，基于可持续发展和生态文明的全新理念，传统的地质工作积极向环境领域拓展。在此期间，环境地质研究取得了长足的进展。取得了一批具有时代性的科研成果。

（一）研究成果

1. 我国干旱半干旱区 15 万年来环境演变的动态过程与发展趋势

2000 年，中国科学院地质研究所刘东生院士等在国家自然科学基金资助下，利用黄土沉积、湖泊沉积、沙漠沉积及边缘海沉积等，对我国干旱半干旱区 15 万年间的时间序列、空间格局、动力学机制及演变趋势进行研究。在陆相沉积高分辨率古气候记录、季风区冰期气候不稳定性、用多种指标进行古气候参数定量半定量估算探索、东亚古季风变化的动力机制、古气候特征分析等方面取得了突破性进展。该项目在了解和理解我国干旱半干旱区地质历史和人类历史上气候环境变化的规律的基础上，将区域气候变化与全球气候变化在动力机制上做了联系，对我国干旱区气候变化的原因有了更深入的认识，并对本区今后环境变化的趋势有了较明确的了解，从而可为干旱区经济的可持续发展提供依据。该项目获 2000 年度国家自然科学奖二等奖。

2. 湖泊沉积与区域环境演化

由中国科学院南京地理与湖泊研究所王苏民、于革、沈吉、吴敬禄和羊向东完成的"湖泊沉积与区域环境演化"项目获 2006 年度国家自然科学二等奖。

项目针对湖泊沉积研究在揭示人居大陆环境演化、认识过去全球变化研究中的重要作用，率先开展了湖泊生物（硅藻、摇蚊类、介形类）、生物地球化学指标（介形类壳体同位素、微量元素等）与环境要素（温度、盐度、水位、营养要素等）定量转化关系的研究，创新发展了定量重建湖泊环境要素的多种方法；通过不同大地貌阶梯湖泊深钻岩芯研究，重建了青藏高原、云贵高原、黄土高原 280 万年以来的构造 - 气候演化序列，揭示了高原隆升、季风变迁和湖泊环境演化的关系；创建了与国际接轨的中国晚第四纪湖泊数据库，揭示了过去 3 万年来东南季风区、西南季风区、西风区湖泊水位时空变化特征和中国湖泊环境变化的区域差异，以及百年至千年尺度人类活动对湖泊环境的影响；首次引进东亚古植被和下垫面改进古气候模拟试验，模拟了晚第四纪以来特征时期的古气候，得到了湖泊沉积记录的验证，阐明了区域湖泊环境演化的动力学机制。

该研究是迄今为止我国湖泊沉积与区域环境变化研究方面最具特色的成果，已发表国际 SCI 论文 68 篇，出版了《中国湖泊演变与古气候动力学研究》等重要专著。研究成果被国际 SCI 刊物引用 368 次，并在国际学术界产生高度反响。其中青藏高原湖泊硅藻和介形类定量研究被认为是亚洲唯一定量成果；半干旱区湖水古盐度的定量成果被作为中国北方气候干旱化的重要证据；湖泊深钻的研究被国际过去全球变化组织（PAGES）及时报道，促成了国际大陆钻探计划（ICDP）在中国的实施；云南洱海全新世研究成果被国际人类活动对陆地生态影响计划（HITE）作为人与自然相互作用研究的范例；中国古湖泊数据库完善了全球古湖泊数据库，被国际古气候模拟对比研究计划（PMIP）作为重要原创性成果强烈推荐；首次引进东亚古植被的古气候模拟被认为改进了 PMIP 的模拟结果，补充和丰富了中低纬季风气候变化的理论。

3. 中国西北季风边缘区晚第四纪气候与环境变化

在国家自然科学基金和科技部的资助下，兰州大学陈发虎对中国西北季风边缘区晚第四纪气候与环境变化开展了系统研究，获得了很大的进展，获 2007 年度国家自然科学奖二等奖。

20 世纪中期，随着深海钻探计划的实施，海洋记录越来越清楚地显示了古气候领域传统冰期理论的不足，而轨道驱动的万年尺度气候旋回变化初见端倪。但当时的证据仅来自深海记录，因缺少大陆记录而很难建立完整理论。因此，长序列陆地记录及其与深海沉积记录的对比成为当时国际第四纪古气候研究的重点之一。

到 20 世纪 90 年代，欧美科学家对格陵兰冰盖冰芯钻探研究取得新的进展，发现末次冰期内存在一些千年尺度的气候大幅度变化，被称作气候快速变化或者气候变化的不稳定性，这项研究立即成为国际古气候古环境研究的热点。

区域环境变化及其影响是全球环境变化研究的重要方面。阿拉善高原、河西走廊、陇西黄土高原和青藏高原东北边缘地处我国季风区到西风环流显著影响区的过渡区，是我国三大自然地理区的过渡区，也是全球变化的敏感地区。区域环境对冰期、间冰期和间冰段气候变化如何响应，特别是末次间冰段这一特殊阶段研究区的沙漠、粉尘黄土、湖泊如何变化，干旱区是否存在间冰段大湖期，以及青藏高原隆升对区域环境的影响，气候与构造在研究区河流发育的作用等，是学术界需要解决的科学问题。

陈发虎等通过多年的研究，发现：①末次冰期季风气候具有千年尺度的快速变化特征，变化幅度介于南北极之间。②获得了黄土高原西部地区黄土地层的可靠年代，建立了区域标准剖面和黄土－古土壤序列，发现不同于我国东部洛川标准黄土剖面的新特点，建立了最近 150 万年气候变化序列。③发现我国阿拉善高原现代十分干旱的腾格里沙漠、巴丹吉林沙漠等夏季风边缘区曾经存在巨大古湖泊，碳 –14 年代在距今年 2 万 ~ 4 万年间，并存在多次波动。

成果发表在《第四纪科学评论》(*Quaternary Science Review*)、《古地理学　古气候学　古生态学》(*Palaeogeography Palaeoclimatology Palaeoecology*)、《地球物理研究杂志》(*Journal of Geophysical Research*)、《地质学》(*Geology*)等杂志上，并被广泛引用。单篇论文被 SCI 刊物正面他引超过 70 次。

4. 生命与环境协调演化中的生物地质学研究

由中国地质大学（武汉）殷鸿福、谢树成、杨逢清、童金南和王永标完成的"生命与环境协调演化中的生物地质学研究"项目获 2008 年国家自然科学奖二等奖。

在基础科学中，数、理、化、天均已与地球科学结合，形成了蓬勃发展的数学地质、地球物理、地球化学与天文及行星地质学，唯独生命科学与地球科学结合形成的地球生物学尚未繁荣。生命科学与地质学交叉所形成的生物地质学是地球生物学的关键内容之一，是研究生命与环境协调演化的关键学科。本项目开展了生物与环境协调演化的生物地质学研究，实现从古生物学向地球生物学的跨越，在国内正式提出了生命与环境协调演化中的生物地质学，形成了系统的理论思想、方法体系和完整的学科体系；提出了区域生物成矿系统的思想，即生物－有机质－有机流体成矿系统，突破了生物成矿仅研究生物及有机质原地成矿的框架，强调了有机流体在成矿中的作用；提出了华南二叠纪—三叠纪过渡期生物危机的多期次说和火山成因说，指出了地球内部的灾变事件群导致了二叠纪—三叠纪之交的最大生物突变事件，并进行了全球事件对比，对曾经盛行的地外星体撞击说提出不同看法，为火山说成为国际主流思想之一作出了贡献。该成果荣获 2007 年教育部自然科学奖一等奖。

5. 晚新生代风化成壤作用与东亚环境变化

由中国科学院地质与地球物理研究所郭正堂、郝青振，中国科学院地球环境研究所吴海斌完成的"晚新生代风化成壤作用与东亚环境变化"项目获 2014 年国家自然科学奖二等奖。

该项目属地质学研究领域。亚洲强盛季风环境和内陆荒漠的出现是新生代具全球意义的重大环境事件，涉及地球固体和流体圈层的相互作用、生物地球化学循环和生命演化等前沿研究领域。研究其演化历史与机制对理解现代气候变化机制、区分自然和人为因素的作用、评估气候变化的影响等有重要价值。然而，由于长尺度的、有准确年代控制的、能明确反映古大气环流的地质记录的相对缺乏，学术界对季风和荒漠的起源、早期演化历史与机制存在诸多争议和不确定性。同时，应对气候变化也对气候系统古增温的研究提出了更高的要求。围绕上述问题，项目组经 20 余年的持续努力，对中国北方风尘堆积中数百层古土壤和南方红土开展研究，在关键古气候地质记录的地层年代学、气候和环境变化历史与机制方面取得了一批具原创性的成果：①在中国西北发现了新的风成红土堆积，通过系统的成因、地层学和空间可对比性研究，建立了全球独有的中新世风成红土序列，检验了记录的连续性和环境信息的可靠性，把陆地风尘堆积序列从 800 万年拓展到 2200 万年。②厘定了亚洲内陆荒漠和季风主控环境的起源时代，重建了二者的早期演化历史，提出亚洲构造变动在 2000 多万年前已达到改变大气环流的阈值，而 600 万年来的干旱化受到北极冰盖发展的显著影响等新认识。③发现了第四纪季风极盛期与大洋碳同位素变化的耦合关系，揭示出冰期—间冰期旋回中两极冰盖存在不对称演化行为，估算了最近 5 个旋回中中国北方气候的时空变幅及全新世人类活动对中国土壤碳库的影响。中新世风成红土序列在新生代环境研究领域具开拓性意义，导致季风和内陆荒漠起源演化研究的新突破，显著影响了学术界的原有看法。系统的古土壤学研究为理解气候系统古增温及对东亚环境的影响获得了关键证据和新的认识。上述工作促进了第四纪地质学、土壤学和古气候学的融合与发展。成果发表在《自然》等刊物上，20篇核心论文被SCI他引1047次（SCI和CSCD他引1663次），8篇代表性论文被SCI他引701次（SCI和CSCD他引1094次），单篇最高SCI他引397次。风成红土地层学和古气候学研究的部分成果以《自然》的"亮点文章"发表，相关内容和图件进入欧美出版的多部教学参考书和百科全书。

国际学者评价认为"新近纪连续的长尺度环境记录非常缺乏，最让人印象深刻的记录之一是郭等向世界科学界展示的黄土高原西部覆盖几乎整个中新世的序列"，"是季风历史追溯到至少2200万年的重要标志"，"为中新世大气环流提供了新证据，勾画了新生代亚洲气候演化新框架"，"为喜马拉雅的隆升提供了独立的看法"。间冰期气候时空变幅研究被国际学者认为"令人信服……，有望为数值模型研究提供检验"，两半球气候不对称演化的认识"为主要季风系统与高纬冰量脱耦时的加强提供了解释"。2名完成人获国家杰出青年基金。郭正堂进入ISI全球地学高引用率学者排名录，曾当选国际第四纪研究联合会（INQUA）古气候委员会副主席、国际地圈－生物圈计划（IGBP）古全球变化（PAGES）科学指导委员会委员、"环球环境大断面（PEP-Ⅱ）"重大国际项目共同负责人，担任全球变化研究国家重大科学研究计划项目负责人。

6. 20万年来轨道至年际尺度东亚季风气候变率与驱动机制

由南京师范大学汪永进、张平中、谭明、刘殿兵和吴江滢完成的"20万年来轨道至年际尺度东亚季风气候变率与驱动机制"项目获2014年国家自然科学奖二等奖。

东亚季风环流是全球气候系统的重要组成部分，研究其形成、演化和突变事件有助于理解全球气候变化的动力学机制。该项目在国家自然科学基金等资助下，以洞穴石笋记录为载体，发表了一系列20万年来东亚季风演化历史的研究论文，其中4篇论文发表于《科学》和《自然》。该项目从不同时间尺度论述了亚洲季风变化历史、动力学机制及其与全球变化的关系，构建了20万年来中国石笋同位素气候地层学相对完整的研究体系。重要的科学发现有：①在轨道尺度上，解决了深海沉积、黄土地层和冰芯等长尺度气候记录无法直接定年的问题，建立了最近两个冰期旋回洞穴石笋同位素高分辨率气候地层序列，揭示了亚洲夏季风强度变化具有强烈的岁差旋回特征，以可靠的年代学数据证实了太阳辐射直接驱动亚洲季风的假说。《自然》同期评论："这对理解亚洲季风具有不可估量的价值"。该成果入选2008年度"中国高等学校十大科技进展"和"中国十大基础研究新闻"。②在千年尺度上，中国石笋同位素记录的精确时间标尺有效弥补了格陵兰冰芯年代学的不足，已成为全球古气候对比的另一基准。其中，2001年发表在《科学》上的论文被115种SCI源刊他引758次，并入选近

10年《科学》期刊最具影响力的31篇论文。同时，末次冰期东亚季风突变事件与格陵兰冰芯记录一一耦合，并始终贯穿于格陵兰冰芯难以涉及的倒数第二次冰期，这种冰期／间冰期旋回中持续的千年尺度气候振荡为其全球性和自相似特征提供了可靠的证据。③建立了全新世最高分辨率的亚洲季风气候记录，发现在百年、数十年尺度上季风气候振荡与太阳活动强度具有很好的相关性，提供了太阳活动驱动地球气候变化的可靠依据。《科学》同期评论认为，该研究成果将有力地推动国际古气候数值模拟工作。④发展"石笋微层年代学和气候学"的理论和方法，为构建近2000年石笋微层年表奠定了基础，揭示过去2000年季风气候年际自然变率和驱动因素。相应数据已收入"世界古气候数据中心"，并成为全球温度集成研究的重要参考，为诊断当今气候变化原因和预估未来变化趋势提供科学依据。该项目所有研究成果已被167种SCI源刊他引1889次。

（二）应用成果

1. 全国主要城市环境地质调查评价取得重大进展

"全国主要城市环境地质调查评价"为2004—2010年的地质调查计划项目，主要完成人为中国地质科学院水文地质环境地质研究所和四川、甘肃、湖南等地质调查队的刘长礼、董华、侯宏冰、王秀艳等。截至2008年年底，该项目先后完成了海南、黑龙江、四川、云南、浙江、江西、甘肃等15省（区）177个地级及以上城市环境地质调查评价，为上述地区和城市规划、建设、管理及汶川灾区灾后重建提供了地质依据。该项目取得的一系列重要进展：①查明了15个省（区）177个城市的环境地质条件、城市地质灾害特征与发展趋势、地下水污染与地下水资源衰减、特殊土分布与土壤污染等状况及其变化趋势。②查明了278个垃圾场对环境的污染状况，评估了地质灾害与问题对这些城市造成的危害、经济损失，为37个城市选定了垃圾卫生填埋场。③调查了这些城市的后备地下水资源、地质景观、地热等地质资源；评价了上述177个城市环境地质条件、地质环境质量状况，分析了其对城市发展的影响和作用，从地学角度提出了地质资源、地质环境的科学利用与保护的一系列建议。④为177个城市编制了相应的图件，为146个城市建立了地质环境数据库。这些成果被哈尔滨、康定、昆明、南昌、兰州、攀枝花等城市规划、建设与管理部门分别用于城市规划修编、后备或应急供水的水源地论证、地下水资源保护、垃圾场地的选择、地质灾害防治等方面，陇南市地震灾后重建也利用了本项目成果，产生了巨大的社会经济效益。该成果被评为2008年度"十大地质科技进展"。

2. 华北平原地下水污染调查与评价

通过对华北平原区 152586 平方千米开展的 1∶25 万，和对重点地下水污染区开展的 1∶25 万地下水污染调查发现：不用任何处理可直接可以饮用的地下水（Ⅰ～Ⅲ类）占 36.49%，经适当处理可以饮用的地下水（Ⅳ类）占 24.25%，有 39.37% 的地下水受到污染，不能直接利用（Ⅴ类）。华北平原地下水污染的特点：一是污染指标多；二是多为点状污染，分布广，多集中在城市周边和重化工开发区及影响带范围内；三是以浅层地下水污染为主。本项目由中国地质科学院水文地质环境地质研究所等完成。该成果被评为 2009 年度"十大地质科技进展"。

3. 汶川地震地质灾害调查评价

该项目由中国地质科学院地质力学研究所、中国地质环境监测院等单位承担完成。殷跃平、张永双研究团队紧密围绕汶川地震地质灾害重大科学问题和关键技术，在理论、方法和技术方面取得了多项创新性成果，特别是集成创新地面测绘、综合物探和 InSAR 技术，修正了强震区逆冲型工程活动断裂和地震破裂带安全避让公式；首次开展斜坡地震动特征监测和地脉动特征测试，获得了山体斜坡地震动放大规律，提出了竖向地震力对峡谷区山体稳定性的放大效应；建立了基于天空地一体化应急调查技术的汶川地震灾后快速编图与评估方法，以及地震滑坡－碎屑流的成灾机理和震后高位泥石流早期识别的特征指标，为制定行业标准提供了理论支撑。该成果被评为 2013 年度"十大地质科技进展"。

第三节　地质技术创新

2000 年以来，在地质科学研究取得丰硕成果的同时，我国地质勘查技术的发展也取得了长足的进展。通过引进现代信息技术对传统的技术手段进行改造和升级，使我国地质勘查技术装备的自主研发能力大大增强，形成了从空中到地面，从地表到深部，从一维到三维，从定性到定量，从地质填图到矿产勘查、环境调查的多学科、多领域的地质勘查技术体系。地质勘查技术的应用达到了国际先进水平。

一、物探技术

（一）考古地球物理综合探测技术

"考古地球物理综合探测技术"是由中国地质调查局担任第一完成单位，刘士毅、吕国印、段清波、袁炳强、王书民、于国明、杨明生、刘崇民、徐明才、潘玉玲、赵敬洗、刘同文、吴文鹏、贾京柏和肖都担任主要完成人的一项科技项目，获 2005 年度国土资源科学技术奖一等奖。

该项目在秦陵地宫探测方面取得一系列重要考古新发现和新认识。得到验证的成果主要有：秦陵地宫的存在与位置、封土堆下夯土墙的存在、地宫中石质板材的存在、西墓道的存在和南墓道的不存在、地宫的深度、墓室范围和大小、历史文献上关于地宫中存在高汞的记载、阻排水渠的阻水效果、封土堆南坡的沙石块堆积、泥石流层的分布等。其他发现：秦陵地宫尚未坍塌、在陵南 700 米处存在重力异常（推断为厚大的沙石砾石层）亦具有重大考古价值；总结出了探测地宫、陪葬坑、陪葬墓、地面建筑遗存城墙地基、"泥石流层"和古河道等六类探测目标的有效方法组合，针对性和借鉴性强，具有重要推广应用价值；结合考古实际，项目在方法技术上有重大创新：变磁性、变密度三维地形改正方法；电法人机联作地形二维反演、瞬变电磁法带地形三维反演；将地面磁力仪用于井中磁测，实现了井中磁测的高精度；首次将地温法和核磁共振法用于考古等；公开发表专著 1 部、论文 8 篇，其中 EI 收录 3 篇、ISTP 收录 3 篇。中央电视台、《光明日报》社、凤凰电视台等许多主流媒体进行了全方位报道，产生了广泛社会效益；有关探测技术已成功应用于周公庙考古中，为考古提供了新的高技术手段。

（二）时间域固定翼航空电磁勘查系统研发

时间域固定翼航空电磁勘查法具有探测深度大、测量精度高的大深度矿产勘查技术装备。中国地质科学院物化探研究所李文杰研究团队研制成功的完全自主知识产权的国产 Y-12 Ⅳ型专用飞机的大勘探深度时间域固定翼航空电磁勘查系统空中样机，在 Y-12 Ⅳ型飞机商载及供电量有限的条件下，突破了大磁矩发射关键技术难题，研制了 500000 安培·米^3 大磁矩发射机；解决了接收吊舱气动、避振设计关键技术，研制了轻量化几何对称三分量正交感应线圈传感器及接收机；解决了海量数据实时采集、存储关键技术，研制了全波形数据收录系统。系统空中样机成功完成了半航空试验试飞，稳定性、可靠性、探测能力、性能指标得到了全面验证，时间域固定翼航空电磁勘查系统样机整体性能达到了国际先进水平。该成果被评为 2011 年度"十大地质科技进展"。

（三）大深度多功能电磁探测技术与系统集成

"大深度多功能电磁探测技术与系统集成"是由中国地质科学院地球物理地球化学

勘查研究所、中南大学、成都理工大学、吉林大学担任主要完成单位，林品荣、郑采君、石福升、吴文鹏、陈晓东、汤井田、王绪本、李桐林、李勇和李建华担任主要完成人的一项科技项目，获 2015 年度国土资源科学技术奖二等奖。

该项目通过对电磁法的大功率发射、分布式多功能同步接收、三分量高温超导磁传感器等关键技术的研究开发和集成，形成了我国自主的大功率多功能电磁探测硬件系统。通过对电磁法的数据处理研究、地形条件下的二三维正反演模拟、处理解释技术的可视化集成，形成了我国自主的多功能电磁探测软件系统。

对研发的大功率多功能电磁法样机系统（DEM- V），首先与商品化仪器进行了场地对比试验，通过与 GDP32 的对比，两套系统所获取的 CSAMT 测量数据，其曲线形态一致，数值大小相近；同时 DEM- V 样机系统展示出频点密（有利于对干扰频点的剔除和对地下目标体的精细刻画）、效率高的特点。在多个典型矿区的大深度探测试验与应用中，DEM- V 系统不仅在已知矿体上获取了多功能电法的综合异常，同时还发现了新的异常，为矿区进一步的深部找矿提供了地球物理依据。

针对 DEM- V 样机的装配工艺、稳定性、密封性等方面存在的不足，在相关项目支持下，联合重庆地质仪器厂对样机进行了实用化开发，形成了仪器生产的工艺文档，编制了方法技术指南和操作手册。通过举办培训班和现场指导，对实用化生产的 DEM- V 系统已向相关地勘单位推广 13 台套，并在隐伏资源的大深度探测中发挥了重要作用，取得显著的社会经济效益。

（四）航空地球物理勘查技术系统

"航空地球物理勘查技术系统"是依托于中国国土资源航空物探遥感中心等单位，由熊盛青等完成的科研项目。该项目获 2016 年度国家科技进步奖二等奖。

该项目主要依托"863"计划重大项目，结合地质调查任务，"产学研军"结合，由中国地质调查局国土资源航空物探遥感中心牵头，成都理工大学、中国人民解放军国防科学技术大学、吉林大学等 25 家单位共计 51 个科研团队联合攻关、共同参与完成。成果的研发和应用，使我国航空地球物理勘查技术总体达到国际先进水平，航磁梯度和航空伽马能谱测量系统研制等技术达到国际领先水平。

发展高精度、高效率和大深度的航空探测技术，是实现快速找矿突破，缓解能源、矿产资源紧缺的有效途径。我国航空物探测线工作量每年需求在 100 万千米以上，对重要金属矿产的探测深度要求在 500 米以上，因长期受制于国外对敏感高科技的封锁和垄断，现有勘查能力和技术水平远难满足要求。对此，以中国国土资源航空物探遥感中心副主任、总工程师熊盛青为首的"国家重点领域创新团队"，自主研制出全套先进实用的航空地球物理勘查系统和技术，成果的研发和应用，打破了国外技术封锁与垄断，结束了航空物探装备长期依赖进口、受制于人的被动局面，已成为支撑我国中西部矿产资源及能源调查评价的主力装备和技术；研制集成的航空地球物理勘查系统已在地质矿产评价、海洋地质调查等国家专项和辐射环境评价与核应急等工作中得到应用，其中整体成果在全国地质矿产调查中全面推广应用，已成为重要装备和技术。在地质调查、矿产资源调查、地下水勘查、环境监测、地学研究、国防建设等许多领域具有广泛的应用前景。

该成果建立的高效、快速和绿色的现代化勘查技术，有力支撑了全国找矿突破战略行动。团队研制集成了国内首套航空重／磁／遥感综合勘查系统和全部国产化的航磁／电磁／伽马能谱多方法综合勘查系统，制定出系列勘查技术标准，实现了航空物探遥感综合勘查，填补国内空白，形成了"空地一体化"的快速找矿技术体系。在青海、河北和黄海等 26 个测区完成航空物探综合测量 145.49 万千米，探获铁矿资源量 30 亿吨以上，经后续工作在青海、河北等地发现了肯得可克等 10 多处大型铁、多金属矿，间接经济效益 6.8 亿元，潜在经济效益超 1 万亿元。

（五）全国矿产资源潜力预测重力应用与集成

"全国矿产资源潜力预测重力应用与集成"是由中国地质调查局发展研究中心、中国地质调查局天津地质调查中心、中国地质调查局西安地质调查中心、中国地质调查局沈阳地质调查中心、中国地质调查局南京地质调查中心、中国地质调查局武汉地质调查中心、中国地质调查局成都地质调查中心担任主要完成单位，张明华、黄金明、乔计花、赵更新、刘宽厚、孙中任、曾春芳、李富、赵牧华、兰学毅、余海龙、黎海龙、谢顺胜、陈明和姚炼担任主要完成人的一项科技项目，获 2018 年度国土资源科学技术奖一等奖。

该项目全面汇集、梳理和系统厘定我国三大陆块区五大造山系岩石密度特征，建立了我国岩石地层密度柱状图和主要密度界面，完成全国层面重力异常分区及区域、均衡、剩余异常特征变化规律研究总结及应用。编制出版全国 1∶250 万重力推断断裂、岩体、盆地系列图件：圈定我国一级、二级、三级断裂带 3457 条；二三维一体化反演圈定隐伏半隐伏岩体 2384 处；圈定 866 个沉积盆地边界和主要盆地内部构造、基底深度，圈定推覆构造和隐伏地层分布 1522 处。取得了关于大兴安岭—太行山—武陵山巨型重力梯级带地质含义、西拉木伦构造带东延位置、钦杭结合带空间展布、南岭东西向大型矿床地球物理背景及"小岩体成大矿"深部岩矿关系、西藏重力异常与矿产关系、陶老铁矿发现意义等 26 个重大基础地质和找矿问题新认识。

该项目开启我国重磁异常解释由二维到三维、2.5D-3D 联合可视化反演与大比例尺重力直接探查含矿建造的新阶段，技术应用效果显著。黔西南、大明山—大瑶山、千家、尖峰等多处岩体圈定成果成为找矿、地热、干热岩、石材勘查等定钻依据；海南洋林岭、广西社山、广东大桥等推断隐伏岩体深度成果得到工程验证，冀东、罗河铁矿，小绥河铬铁矿，夏日哈铜镍矿，沙泉子多金属矿等矿产勘查中圈定含矿建造及岩体形态，钻探验证取得找矿突破。

二、化探技术

（一）地球化学填图的战略、方法、技术与应用研究

"地球化学填图的战略、方法、技术与应用研究"是由中国地质科学院地球物理地球化学勘查研究所担任主要完成单位，谢学锦、任天祥、孙焕振、薛水根、冯济舟、陶承宏、李明喜、许嘉绩、陈绍仁、刘如英、鄢明才、李善芳、牟绪赞、曾家松和储亮侪担任主要完成人的一项科技项目，获 2006 年度国土资源科学技术奖一等奖。

项目主要科技成果包括：①提出了全国地球化学填图计划，称为"区域化探全国扫面计划"。该计划是经 1973—1977 年 5 年的预研究，总结了国内外最新研究成果，经过在皖浙赣三省的试点后（试点研究的成果总结在《区域化探》一书中），于 1978 年提出的具有我国特色的自主创新的计划。该计划经批准后，经全国 3 年的技术试点，补充完善，于 1981 年在全国正式实施。②在全国各个特殊景观区陆续开展了区域化探野外工作方法研究，研制出了低山丘陵区、高寒山区、干旱荒漠区、半干旱草原荒漠区、岩溶区、森林沼泽区等具有国际先进水平的区域化探野外工作方法，为全国各省区域化探野外工作的全面展开提供了技术保证。③研制出了我国的多元素分析系统，完成了 39 种元素配套分析方法的研究，使痕量和超痕量元素的检出限降至地壳丰度以下，并使全国分析数据可以相互对比。这项研究使我国地球化学图上的信息量超出世界各国水平，大大提高了区域化探的找矿效果。④由于发现超微细金在自然界大量存在及研制了高灵敏度的金分析方法，使区域化探找金的方法及效果在国际上遥遥领先，找到了一大批金矿。⑤研制出了使数据可全球对比的分析质量监控方案和一系列配套的水系沉积物、土壤、岩石、植物等标准物质。⑥编制了各省和全国 39 种元素地球化

学图，建立了全国区域化探数据库。⑦到 2005 年年底，全国已完成地球化学填图（或称扫面）面积 673 万平方千米。

该项目研究工作与各省的部署、采样、分析、制图等生产性工作密切结合，用研究指导生产性工作的进行。过去各省 80% 以上矿产地的新发现都与区域化探扫面计划提供的线索有关。中国有关地球化学填图的新理论、新战略、新方法技术已为全世界许多国家认可，许多国家已在中国指导下开展许多合作项目。

（二）金矿化探理论技术创新、标准物质研制与西部覆盖区大型金矿发现

由中国地质科学院地球物理地球化学勘查研究所王学求等完成的"金矿化探理论技术创新、标准物质研制与西部覆盖区大型金矿发现"项目获 2020 年度国土资源科学技术奖一等奖。

中国地球化学勘查经过 40 年的发展，奠定了以金矿化探为代表的世界勘查地球化学领先性成果，取得了世界公认的金矿找矿突破，有力支撑了国民经济发展。进入 2000 年以后，针对我国大面积高寒草原和荒漠戈壁覆盖区金矿化探这一特殊难题，实施了一系列国家科技研发和地质调查计划。这些研究建立了覆盖区深穿透金矿地球化学勘查理论，发明了浅覆盖区的微细粒采样技术和从低密度到高密度完整化探方法系列，研制了系列国家一级金标准物质，应用于甘南—川西北高寒草原区和新疆—甘肃荒漠戈壁区金矿化探，取得了浅覆盖区金矿找矿重大突破。主要成果体现在以下 3 个方面：①研发超微细金分离观测技术，建立超微细纳米金迁移理论，奠定覆盖区穿透性地球化学理论基础。金是惰性的，且比重大，如何迁移形成地球化学异常一直困扰着地球化学家。20 世纪 90 年代，发明矿物光谱量金颗粒分析技术，发现地球化学样品中大量存在小于 5 微米的超微细金。2000 年以后又进一步研发纳米金分离技术，并使用透射电镜观测到纳米金微粒，最小粒径 5 纳米。超微细金占比 30%～90%，并经实验证实超微细金具有极强活动性，可以从岩石风化中解离出来迁移到土壤和水系沉积物中，形成多层套合地球化学异常，奠定了从低密度到高密度覆盖区穿透性金矿化探理论基础。②攻克"粒金效应"难题，研制了国家一级金系列标准物质 30 个，保证了全国实验室高质量分析。金标准物质研制的最大难题是"粒金效应"的存在，导致标准物质的均匀性不合格，使得金的分析重现性差，无法获得准确可靠的数据。金颗粒计数技术的发明和超微细金的发现，应用于金标准物质研制，筛选微细粒金样品作为候选物，解决了样品不均匀性问题。研制了涵盖从超痕量（0.5 纳克/克）、痕量（纳克/克）到矿石品位（克/吨）5 个数量级国家一级金标准物质共计 30 个，建成了世

界唯一完整的金标准物质系列，被国内外 400 余家单位使用，保障了实验室高质量金分析，创造直接经济收益 3616 万元。③应用微细粒采样和分离提取技术，支撑高寒草原和干旱荒漠覆盖区一批大型超大型金矿发现，潜在经济价值达 2522 亿元。高寒草原区分布于四川西北部和甘肃南部的西秦岭、青藏高原，总面积约 150 万平方千米，土壤表层富含有机质，金易被有机硅胶包裹，难以被溶解，金异常不显著。针对该问题，研制了有机硅胶提取技术，显著提高金异常强度，与传统方法相比提高 3～10 倍，为刷经寺、平武银厂、大水、大桥等超大型金矿的发现作出了重要贡献。西部荒漠戈壁覆盖区，分布于甘肃、新疆、内蒙古西部等，面积近 200 万平方千米。地表广泛被风成沙、砾石和盐碱壳所覆盖，外来覆盖物的影响，使过去常规采样方法难以奏效，是化探的难题。通过研究发现从金矿风化解离出来的微细金可以吸附在土壤粘土颗粒上，通过微细粒采样可以有效圈定异常。该研究为甘肃南金山、小西弓、余石山西等一批中型金矿发现作出了重要贡献。

（三）山东省东部地区农业生态地球化学调查与评价

"山东省东部地区农业生态地球化学调查与评价"是由山东省地质调查院担任主要完成单位，庞绪贵、代杰瑞、王红晋、曾宪东、喻超、张华平、祝德成、季顺乐、王存龙、战金成、崔元俊、刘华峰、刘丽、赵西强和王增辉担任主要完成人的一项科技项目，获 2015 年度国土资源科学技术奖一等奖。

山东省东部地区是山东省经济发达地区，也是带动全省发展的关键区域。近年来，随着区内工业化、城镇化、农业化进程的快速发展以及资源开发强度、广度和深度的不断加大，土地资源环境发生了变化，为全面掌握土地环境质量基本状况、加快环境保护治理和支撑社会经济可持续发展，于 2006 年实施"山东省东部地区农业生态地球化学调查与评价"。项目历时 5 年，以多目标区域地球化学调查与评价为主要工作手段，对山东东部 54370 平方千米陆域开展了多介质、全要素、高精度综合调查与评价，全面摸清了土地环境质量家底，解决了有益有害元素迁移转化规律及对生态系统和人类健康影响等技术难题，实现了模型化生态环境质量安全评价、多指标土地质量区划与地球化学预测预警的技术突破，为山东省东部地区土地资源保护、整治和规划提供了重要科技支撑。

项目成果在国土、水利、环境、农业、地方病等科研部门得到推广应用，广泛应用于土地资源规划、基本农田保护和高氟区安全饮水示范工程建设，也在发展特色农业、农产品安全、土壤污染防治和矿产资源勘查中发挥重要作用。该项目获得 2012 年度山东省国土资源科学技术奖一等奖，出版《鲁东农业生态地球化学研究》专著 1 部、发表论文 14 篇，培养硕士 9 人、博士 1 人。

三、遥感技术

（一）国家土地利用宏观监测遥感技术系统及应用

"国家土地利用宏观监测遥感技术系统及应用"是由中国土地勘测规划院、二十一世纪空间技术应用股份有限公司、中国科学院遥感与数字地球研究所、黑龙江省国土资源勘测规划院、浙江省土地勘测规划院、湖南省国土资源规划院、重庆市国土资源和房屋勘测规划院、甘肃省国土资源规划研究院担任主要完成单位，刘顺喜、尤淑撑、纪中奎、周连芳、文强、何宇华、陈岩、吴海平、张荣慧、闫冬梅、刘群利、王友富、蒋星祥、马泽忠和刘军担任主要完成人的一项科技项目，获 2015 年国土资源科学技术奖一等奖。

本项目立足于健全国家土地利用动态遥感监测体系和服务国土资源宏观管理决策需求，在国家科技计划、国土资源部科技计划和工程项目的支持下，经过近 10 年的努力，突破了大区域快速图像处理及土地利用宏观信息自动提取等关键技术，自主研发了全国土地利用宏观监测业务应用平台，创建了我国土地利用宏观监测遥感技术系统，实现了产业化应用。

国家土地利用宏观监测遥感技术系统已全面应用于 2008—2014 年度全国土地利用宏观监测工程，完成了全国高尔夫球场用地、港口码头、新增机场、大型线性工程监测，以及改革开放 35 年以来全国 84 个 50 万以上人口重点城市建设规模扩展、全国 332 个地市级以上城市建设规模扩展监测，并在黑龙江、浙江、湖南、重庆和甘肃等省市开展了省级示范应用，监测成果有力支撑了国家发展和改革委员会、国土资源部等 11 部委开展高尔夫球场清理，以及土地管理重大问题和新型城镇化健康发展研究等工作，社会经济效益显著。

（二）全国土地利用遥感监测与核查关键技术研究

"全国土地利用遥感监测与核查关键技术研究"是由中国土地勘测规划院担任主要完成单位，高延利、李宪文、温礼、曾珏、史良树、吴海平、李琪、张荣慧、辛丽璇、战鹰、陈涛、高莉、杨冀红、柴渊和李万东担任主要完成人的一项科技项目，获 2016 年国土资源科学技术一等奖。

2007—2009年，国土资源部成功实施了第二次全国土地调查，为保障"二次调查"数据现势性，按照《土地调查条例》的要求，从2010年开始运用新机制、新技术和新手段，每年采集2米分辨率为主的多源卫星遥感数据，快速制作全国全覆盖正射影像图（DOM），分类提取年度用地变化信息，以此指导地方采用信息化技术开展土地变更调查，并采用互联网＋技术对变更调查结果进行快速核实，从而保障土地变更调查工作高效、精准。

基于新机制、新技术和新手段而开展的全国土地利用遥感监测与核查工作，确保了全国土地调查基础数据的现势性和真实性。项目构建的多项创新技术体系已成功应用于几十家国土资源和测绘系统的技术单位和高新企业，为其实现多源海量数据自动化处理提供了重要的技术支撑；同时应用于多家卫星数据接收处理单位，为促进数据接收评估、数据管理和服务等方面发挥了重要的参考借鉴作用；应用互联网＋在线举证和外业核查新技术，利用在线外业监管平台和手机终端应用软件快速完成在线审查工作，在当前国家严格控制行政开支和公务用车的大背景下，可以节约大量外业成本，加快调查工作进度，保障调查成果真实准确。

项目取得的成果已全面应用于全国土地利用变更调查、土地／矿产卫片执法监察、土地督察、耕地保护、国土资源监管等多项国土资源管理业务中。准确、客观、及时、连续的监测成果，为核实国土管理基础图件、数据和实地三者的一致性奠定了可操作的坚实基础，实现了从"以数管地"到"以图管地"，从"重审批、轻监管"到批后全程监管的转变，推动了国土行业科技进步和管理模式的巨大转变，为扎实推进国土资源"保发展、保红线、保民生"工程提供了有效的技术支持，社会经济效益显著。

（三）数字中国自然资源卫星立体遥感测绘技术及工程应用

"数字中国自然资源卫星立体遥感测绘技术及工程应用"是由自然资源部国土卫星遥感应用中心、北京国测星绘信息技术有限公司担任主要完成单位，唐新明、雷兵、甘宇航、王华斌、岳庆兴、王玉、刘克、周平、王光辉、徐雪蕾、胡铁之、王霞、刘宇、张涛和郑娇琦担任主要完成人的一项科技项目，获2019年国土资源科学技术奖一等奖。

近年来我国遥感卫星技术迅猛发展，影像分辨率和影像质量不断提高。党中央提出生态文明战略，推进国家治理体系和治理能力现代化，对自然资源的管理提出了更高的要求。如何为自然资源的精细化管理提供更好的影像和信息产品，已成为卫星遥感应用亟须解决的重大问题。本项目针对自然资源监测监管对高精度三维立体影像和信息产品的迫切需求，突破了国产高分辨率光学卫星影像多时相融合处理、多级格网数字高程模型快速生成、平面影像与高程模型高精度整合、大范围立体模型高保真构建、三维模型动态处理和展示、遥感影像信息提取等六项关键技术，建立了覆盖全国的高分辨率卫星三维立体影像可视化平台，实现了高分卫星影像的自然资源典型要素信息提取，为山水林田湖草沙的利用和保护提供立体遥感监测手段。

项目技术创新主要包括：①突破了高冗余度影像制作高精度 DSM 技术，在无地面实测控制点条件下完成了全国无缝 10 米格网 DSM 的快速生产，整体高程精度优于 4 米。②发展了基于不变地物信息统计的 DOM 匀光匀色方法，构建了多期 2 米分辨率卫星正射影像数据库，数据满足 1：5 万行业标准，生产效率比常规方法提高 3 倍以上。③突破了大范围高保真多层级的地形地貌三维立体产品构建技术，首次建立了覆盖全国的 1：5 万比例尺精度的 2 米分辨率 +10 米分辨率格网的地形地貌三维立体产品。④首次提出了多时相动态三维模型，研发了四维可视化引擎技术，自主研发了立体中国三维动态可视化平台。⑤提出了融合多尺度分割与全卷积神经网络模型的典型地物信息自动提取技术，自主研发了水体、居民地、导航道路等典型要素提取系统，大幅度提高了自然资源要素自动提取正确率。

项目制定了国家标准 2 项、行业标准 3 项，获得国家发明专利 10 项、软件著作权 21 项；发表高水平学术论文 68 篇，其中 SCI/EI 论文 39 篇，出版专著和图集 8 部；制作完成 4 版 2 米 DOM 数据产品、1 版 10 米 DSM 产品和立体中国数据成果，形成了 5 套软件系统和 2 个可视化平台，总体技术达到国际先进水平。

项目提出的 DOM 以及 DSM 生产关键技术和工艺流程，已应用于国家 1：5 万基础地理信息数据库更新、全国地理国情普查和监测、数字中国时空信息数据库建设与更新、全球地理信息资源建设等重大测绘工程，全面保障了我国重大测绘工程任务的顺利实施；平面和立体影像产品应用于国土、水利、林业、环保等行业，有力推动了国产卫星行业应用的广度和深度；形成的立体可视化平台以三维场景所见所得的方式现场支撑了相关业务应用。

项目取得了良好的社会经济效益。全国 2 米分辨率真彩色正射影像库产品、全国 10 米 DSM 产品先后在测绘、国土、林业、环保、水利以及科研、企业等 400 多家单位得到了推广应用，直接经济效益约 2 亿元。项目实现了对国外卫星数据同类产品的全面替代，按国外同类卫星数据计算，间接经济效益数十亿元。

四、钻探技术

（一）中国大陆科学钻探工程新型钻井技术体系的研究与应用

"中国大陆科学钻探工程新型钻井技术体系的研究与应用"是由中国大陆科学钻探工程中心担任主要完成单位，王达、张伟、张晓西、杨甘生、贾军、杨凯华、朱永宜、谢文卫、赵国隆、倪家骤、张培丰、朱文鉴、王永平、樊腊生和叶建良担任主要完成人的科研项目，获 2007 年度国土资源科学技术奖一等奖。

中国大陆科学钻探工程（CCSD）是"九五"立项的国家重大科学工程项目，总项目分为钻探、钻孔地质、分析测试、测井、地球物理和信息五大子工程。其中钻探是技术难度最大，耗用投资最多的子工程。钻孔所在的江苏省东海县属超高压变质带，结晶岩层，岩石坚硬、钻孔易斜，科学研究要求全孔取心、取样。类似的钻探工程在我国没有先例，在国际上也十分少见，钻探技术遇到了空前的挑战。为顺利完成本项目，进行了大量前期的预研究，在借鉴国际大陆科学钻探技术经验的基础上，通过我国自主研究、开发，并在科钻一井中成功实施，最终形成了独具中国特色的科学钻探新型钻井技术体系。这套技术体系主要由总体技术战略与施工方案，井底动力驱动的冲击回转取心钻探系统（螺杆马达＋液动锤＋金刚石提钻取心钻探技术），硬岩大直径长井段扩孔钻进技术，坚硬复杂地层下套管、小间隙固井及活动套管应用技术，强致斜坚硬地层井斜控制技术，性能优良的 LBM–SD 泥浆技术，孔内事故预防与处理技术，钻探数据采集处理技术等组成。应用该技术体系优质、高效和低成本地完成了科钻一井钻进施工任务。科钻一井终孔井深 5158 米，各种钻进施工累计总进尺为 9177.71 米（不含钻水泥塞和扩孔钻进中的磨孔进尺）。从 2001 年 6 月 25 日开钻，至 2005 年 1 月 24 日钻进至 5118.2 米，施工总时间 1310 天，平均日进尺 6.99 米，平均机械钻速为 0.95 米／小时，其中取心钻进 1071 回次、平均机械钻速 1.01 米／小时、平均岩心采取率 85.7%，扩孔钻进 89 回次、平均机械钻速 1.07 米／小时。该技术体系可用于深部地质勘探、石油钻井、地热钻探、科学钻探等领域，已经在国家"973"项目、冀东油田勘探钻井中成功应用，成果推广应用前景十分广阔。这些成果对促进科学钻探技术进步，对能源和资源的勘查钻探活动都有巨大推动作用，它的成功不但表明我国深钻技术获得了长足的进步，还大大提升了我国钻探技术在国际上的地位。

（二）高性能全液压地质钻机关键技术及钻机系列

"高性能全液压地质钻机关键技术及钻机系列"是由吉林大学、中国地质装备总公司、连云港黄海机械股份有限公司、深圳市钻通工程机械股份有限公司、无锡金帆钻凿设备股份有限公司、吉林省地质矿产勘查开发局、中国核工业地质局、东北煤田地质局、吉林省有色金属地质勘查局和长春工程学院担任主要完成单位，孙友宏、赵大军、朱江龙、柳生林、贾绍宽、朱国平、于萍、沙永柏、何磊、文治国、齐长缨、王德龙、王清岩、郭威和赵研担任主要完成人的一项科技项目，获 2013 年度国土资源科学技术奖一等奖。

20 世纪 90 年代，随着我国地质钻探工作量的不断增加，对地质钻机的需求越来越大，而我国使用的地质钻机大多是机械立轴式钻机，该类钻机给进行程短、操作不便、钻探效率低，严重制约了我国地质工作的发展。此时，美国、瑞典等国家全液压地质钻机纷纷进入中国市场，并实行技术封锁和价格垄断。1998 年，吉林大学等单位开始对高性能全液压地质钻机及其关键技术进行攻关研究，突破了多项重大基础理论与关键技术，研发了地质岩心钻机、水平定向钻机、地质灾害治理锚固钻机等三大钻机系列，实现了钻机的长行程给进、高度自动化、高效节能等高性能，总体成果处于国际先进水平，部分达到了国际领先，主要取得了如下四方面的创新：①首次建立了完整的全液压地质钻机的理论分析与设计体系，为全液压地质钻机的系列化研制提供了理论和技术支撑。创建了具有自主知识产权的全液压地质钻机设计、分析和计算理论体系；建立了液压系统动态特性分析数学模型及评价指标；完成了国土资源部地质岩心钻探全液压动力头钻机等 3 项行业标准制定。②发明了全液压地质钻机专用液压系统，打破了国外对钻机液压控制关键技术的封锁。首次将负载敏感技术运用于地质钻机中，实现了负载自适应；通过消化吸收，研发了新型液压控制系统，突破了负载敏感系统关键技术瓶颈；通过强效散热、回转压力分级调节和桥式过滤等，解决了常规液压系统中存在的关键技术难题，形成了具有自主知识产权的创新技术。③发明了全液压地质钻机新型部件结构，实现了钻机结构的优化。研发了新型系列钻塔和自动装卸钻杆机构，满足了不同领域钻机的需要；研制了深孔钻探用液压动力头、自动送钻绞车、大吨位连续拔管机，高精度自动送钻系统，满足了我国深部找矿要求。发明了模块组合式的车载全液压钻机，节省了运移和安装时间及费用。④发明了液压钻机检测、控制方法及监测技术，填补了多项该研究领域国内空白。发明了新型钻机过载保护系统，预防了孔内事故；发明了对变量泵用控制手柄进行选择和参数设计的方法，实现了对操作手柄的准确控制；发明了性能参数智能检测泥浆混配系统及检测方法，解决了泥浆制备及检测系统效率低和性能不稳定等的难题。

该成果已形成三大钻机系列 89 种型号，其中，岩心钻机从钻深 300～3000 米有 27 种型号；水平定向钻机从回拖力 100～10450 千牛有 40 种型号；锚固钻机从钻深 30～400 米有 22 种型号。钻机销量分别占国内市场的 32%～60%，在全国 34 个省市的多个行业得到成功应用，不但把国外钻机挤出了中国市场，还出口到德国、俄罗斯、法国等 33 个国家和地区。2010—2013 年，全液压地质钻机直接销售总额 29.02 亿元人民币，其中，外汇 4389 万美元；完成钻探工程量 271.7 万米，提高钻探施工效率 32%。该项目公开出版著作和教材 5 部；发表学术论文 84 篇；完成行业标准 3 项；申请发明专利 14 项，其中，已授权发明专利 6 项，授权实用新型专利 82 项；培养博士和硕士研究生 23 名。该成果使我国地质钻机技术水平前进了 40 年。

（三）2000 米以内全液压地质岩心钻探装备及关键器具研发

"2000 米以内全液压地质岩心钻探装备及关键器具研发"是由中国地质科学院勘探技术研究所、北京天和众邦勘探技术股份有限公司、无锡钻探工具厂有限公司和嘉兴市新纪元钢管制造有限公司担任主要完成单位，张金昌、刘凡柏、孙建华、李建华、李立明、高申友、肖红、冉恒谦、苏长寿、王年友、张永勤、董向宇、王庆晓、杨泽英和李文秀担任主要完成人的科研项目，获 2014 年度国土资源科学技术奖一等奖。

我国经济的高速发展必须有充足的资源做支撑。研究开发适合我国国情的大深度高、精、尖的钻探装备与技术十分必要，而我国使用的地质钻机大多是 20 世纪 60 年代开发的机械立轴式半液压钻机，该类钻机存在着给进行程短、操作不便、钻探效率低等缺点。同时，绳索取心钻杆的材质及标准、液动锤的技术、孔内事故处理工具的发展等一系列钻探关键器具技术也跟不上我国深孔绳索取心钻进的需求，严重制约了我国深部地质勘探工作的开展。此时，美国、瑞典、加拿大等国家先进的全液压地质钻机及钻杆等大举进入中国市场。

鉴于此，中国地质科学院勘探技术研究所联合北京天和众邦勘探技术股份有限公司、无锡钻探工具厂有限公司、嘉兴市新纪元钢管制造有限公司，在科技部、国土资源部等科技项目的支持下，对全液压岩心钻机及地质岩心钻探关键器具与技术进行了全面技术攻关，取得了全液压岩心钻机、高强度绳索取心钻杆、高效液动锤及新型事故处理工具等四方面技术创新成果，取得优异的社会效益和巨大的经济效益。

项目研制开发的全液压岩心钻机已形成 YDX、CSD 两个系列 20 个型号，拥有多项技术专利和自主知识产权，钻进深度 400～2000 米，适用于金刚石绳索取心、冲击回转、定向钻进、反循环连续取心（样）等多种高效钻探工艺方法。也可用于水井、锚固钻进、工程地质钻进工艺，在全国 34 个省区广泛应用，占领了我国全液压地质钻机 70% 的市场份额钻机出口到六大洲 20 多个国家，塑造了我国钻机的民族品牌，提升了我国钻机的国际市场地位和知名度，使我国钻机整体技术达到国际先进水平。

项目试制成功了大深度绳索取心钻孔专用的高钢级精密冷拔无缝合金管材 XJY-850，材料机械性能达到国外先进水平；完成了高强度绳索取心钻杆螺纹副和杆体结构优化，完善了管材热处理工艺、钻杆量产制造工艺。同时，编制了地质岩心钻探钻具等 3 项技术标准。钻杆产品不但在国内广泛应用于复杂地层和大深度钻孔，替代国外钻杆，还出口到国外被大量应用。

项目完成的高效系列液动潜孔锤结构简单、配套容易、维护方便、工作寿命长、稳定性高、工艺适应性好，成为市场上唯一全面规模化应用的产品。经 180 余万米的钻探实践证明，与常规回转钻进相比时效可提高 30%～360%，回次进尺可提高 18%～200%，取心率可提高 10%，钻头寿命可提高 30%～80%，生产成本降低 15% 以上。其产品多次创造了液动冲击回转钻进技术的世界纪录，达到了国际领先水平，成为我国钻探技术的主要技术特色。

项目完成了系列地质岩心钻探事故处理工具。可利用打捞、震击、切割、套取、磨铣等方法，处理卡钻、埋钻、烧钻、断钻、跑钻等各种复杂孔内事故，改变了处理孔内事故处理工具简单，处理方法单一，处理效果差的局面，大幅度提高了对各类复杂孔内事故的处理能力。2011—2014 年，研发的上述技术装备直接销售总额 11.37 亿元人民币，其中，出口 3830.9 万美元；完成钻探工程量超 600 万米，创间接经济效益超 24 亿元，社会效益极其显著。依托上述成果，公开出版著作 2 部，完成国家标准 1 项，行业标准 2 项；发表学术论文 37 篇；授权发明专利 3 项，实用新型专利 28 项；培养硕士研究生 9 名。

五、测试分析

（一）多目标地质调查中主要有机物分析方法研究及应用

"多目标地质调查中主要有机物分析方法研究及应用"是由国家地质实验测试中心担任主要完成单位，饶竹、李松、黄毅、何淼、贾静、宋淑玲、王苏明、王祎亚、祁鹏和苏劲担任主要完成人的一项科技项目，获 2010 年度国土资源科学技术奖二等奖。

针对地质调查工作的急需，在国内首次建立了多目标地质调查中主要有机物分析方法和地下水调查有机必测 37 种组分系统分析方法。项目利用有机检测新技术提高分析灵敏度、准确性，建立了水、土壤介质中苯系物、挥发性卤代烃、有机氯农药、有机磷农药、苯酚类化合物、多环芳烃、多氯联苯等多类有机污染物系列分析方法，形成了多目标地质调查中主要有机物分析系统。在国内首次建立了集样品采集、检测、全流程质量控制为一体的地下水调查有机必测 37 种组分系统分析方法，解决了地下水有机检测的难题。所建立的 16 种多环芳烃、16 种有机氯农药等检测方法达到或超过了国家标准分析方法，大多数分析方法指标达到了美国环保署标准分析方法。方法加强了质量控制（QA/QC），弥补了现行国家标准中普遍缺乏质量控制的缺点。该项目对"全国地下水水质调查和污染评价"专项中 82 种有机物目标检出限的确认、配套分析方法等起到了关键技术支撑作用，为地质行业开展有机污染物检测奠定了基础。

该研究成果迅速在国家地质实验测试中心推广应用，组建了地质系统第一个有机环境分析实验室，直接创收 600 多万；并通过举办培训班、实地和远程有机检测技术指导、参与地质有机采样培训工作等，在地质行业进行成果应用和推广。至 2010 年，共举办和参与各种有机培训班 10 余次，行业内外 50 多家实验室共 300 多人次参加过培训，形成了地质行业第一支有机分析测试技术骨干队伍，全面承担全国地下水调查样品的测试工作。截至 2010 年，已完成地下水调查样品检测近 4 万组，产生经济效益近 8000 万元。2008 年，项目组还高水平参与了汶川震区水质《水质组胺等五种生物胺的测定》和《原料乳中三聚氰胺快速检测》两个国家应急标准的起草和验证工作，并成为上述标准的起草单位，取得了良好的社会效益。该项目入选中国地质科学院 2008 年度"十大科技进展"。发表论文 15 篇，合作专著 1 部，培养硕士研究生 2 名和一批有机分析技术骨干。

（二）勘查地球化学样品中 76 种元素测试方法技术和质量监控系统的研究

由中国地质科学院物化探研究所等单位完成的"勘查地球化学样品中 76 种元素测试方法技术和质量监控系统的研究"项目成果，获得了 2011 年度国土资源科学技术奖一等奖。应用该项目成果，物化探研究所已完成了超过 100 万件地质样品的分析测试，创造利润达 8760 万元。

据了解，2000—2003 年，物化探研究所坚持以建立高效、灵敏、快速的多元素配套分析方法系统为宗旨，与国家地质实验测试中心等单位合作，共同开发和筛选出了16 种配套分析方法，在国内外首次提出针对地球化学样品中 76 种元素的分析测试方法技术体系。该项目成果实现了直接测定稀土元素和稀有稀散元素的分析测试方法技术和痕量、超痕量元素的分析测试，特别是钯、铂、溴、锗、碲、铟等多种元素的分析检出限降到了地壳丰度值以下。同时，提出和制定了一套覆盖 76 种元素的完善的分析质量监控体系和质量判别标准，首次提出了完全采用国家一级地球化学标准物质对分析质量进行监控，并以单个标准物质来进行分析准确度和精密度的统计，增加实验室内部重复性监控样品的比例，提高了重复分析偏差和合格率要求。

勘查地球化学工作具有样品数量大、分析元素多、含量范围宽等特点，急需检出限低、精密度高、准确度好、分析速度快、成本低的分析测试技术。76 种元素分析测试方法技术成果正是满足了这些技术要求，被广泛推广应用，为 120 万全国区域地球化学调查、125 万多目标地球化学调查、全国 76 种元素地球化学编图工作提供了重要支撑，为提高我国地球化学样品分析测试技术水平发挥了重要作用，并取得了良好的经济、社会效益。在项目成果支撑下，物化探研究所优质完成了"973""863"、行业基金等众多科研项目，提升了研究勘查地球化学方法技术的能力，提高了完成的国家科研工作的质量。

（三）锂同位素分析方法创建与地质应用示范

"锂同位素分析方法创建与地质应用示范"是由中国地质科学院矿产资源研究所担任第一完成单位，由田世洪、侯增谦、苏本勋、张宏福、杨丹、汤艳杰、苏嫒娜、赵悦、胡文洁、李真真、侯可军、杨竹森、李振清、肖燕和龚迎莉为主要完成人的科研项目，获 2020 年度国土资源科学技术奖二等奖。

该项目建立了锂同位素实验方法，3 件国际标准样品 AGV-2、BHVO-2 和 IRMM-016 的 $\delta 7Li$ 值与前人分析结果吻合，分析精度与国际同类实验室水平相当，说明所建立的锂同位素实验方法的可行性和长期稳定性。拉萨地块钾质 – 超钾质火山岩具有相同的稀土元素球粒陨石标准化配分型式图解、微量元素原始地幔标准化配分型式图解，均强烈富集 K、Rb、Ba 和 Th、U、Pb 等大离子亲石元素（LILE）及轻稀土元素，相对亏损高场强元素（HFSE），强烈富集 Sr-Pb 同位素和较低的 εNd 值，以及具有地幔特征的全岩 O 同位素组成和具有下地壳特征的锆石 Hf-O 同位素组成，说明其源区是经过强烈交代的富集地幔源区，有着与俯冲相关的壳源物质的存在。拉萨地块超钾质火山岩的锂含量为 11.2 ~ 46.1ppm，平均值为 26.6ppm，$\delta 7Li$ 为 –3.9‰ ~ +3.5‰，平均值为 0.0‰；钾质火山岩的锂含量为 15.8～64.9ppm，平均值为 36.1ppm，δ7Li 为 −4.9‰～+2.8‰，平均值为 −0.4‰。在厘定西藏主要地质端元的锂同位素地球化学特征基础上，通过计算模拟，认为少于 10% 和少于 30% 的印度下地壳分别参与了拉萨地块超钾质和钾质火山岩的源区富集。并结合羌塘地块超钾质和钾质火山岩的锂同位素特征，建立了青藏高原超钾质和钾质火山岩成因模式图。川西碰撞环境碳酸岩的锂同位素组成 δ7Li 为 −4.5‰～+10.8‰，明显不同于裂谷环境碳酸岩的锂同位素组成 [δ7Li=（+4±2）‰]。研究表明，川西碳酸岩的锂同位素组成反映了岩石圈地幔的组成，受到俯冲洋壳物质循环的影响。碳酸岩的锂同位素组成变化范围大，暗示了古老岩石圈地幔存在异常的 δ7Li 组成。模拟计算表明，碳酸岩异常的 δ7Li 来源于次大陆岩石圈地幔（SCLM），受到俯冲洋壳和沉积物的不同比例流体的交代。

六、储量评价技术方法

2000 年以来，我国在矿产资源储量估算方面进行了一系列的创新和实践。这种探索是以 20 世纪后期储量估算方法的种种弊端为切入点的。1949 年以来，在矿产资源估算领域，我国常用的资源储量估算方法是 50 年代从苏联引进的与勘探方法配套的矿产储量计算方法。由于不同人员技术水平的差异会导致对矿体认识的不同，矿体的连接和划分结果也不同，并且是非常地烦琐和耗时。1978 年以后，我国开始引进国际上流行的地质统计学克立格法。通过近 20 年的研究和实践，我国地质科技工作总结得出一套资源储量估算 SD 方法，并应用了最原始的计算仪器，还编制了相应的 SD 计算程序包。1990 年正式出版了《SD 储量计算法》（地质出版社）一书。1995 年，国际数学地质储量计算方法地质统计学创始人克立格先生首次访华，我国储量估算界的代表裴荣富、唐义、刘国仁、蓝运蓉和尹镇南等同志参加了全国矿产资源储量委员会专业技术人员在北京的学术交流。1997 年，全国矿产储量委员会发文件 [全资办（储）发〔1997〕02 号] 推广 SD 法。1998 年 1 月，时任国家科委主任的宋健同志在获知这项中国自主技术之后，还专门为这一全新创造的科技成果题词"独秀出新"。

随着新一轮改革和国土资源部的成立，国家矿产资源管理的状况发生了改变。为了尽快推广这种方法，国土资源部发出文件（国土资储函〔2000〕11 号）对 SD 法进行积极推广。2001 年，国际矿产资源储量估算地质统计学创始人克立格先生第二次访华，当面与我国专业研究储量估算的北京恩地科技发展有限责任公司唐长钟进行了学术交流，承认了中国 SD 法在数学地质领域优于他一直研究和推广的地质统计学法，肯定了 SD 技术在矿产资源储量计算领域是当之无愧的国际领先技术。随着国家储量分类与国际接轨，这项中国的创新技术终于在 2002 年正式纳入国家《固体矿产地质勘查规范总则》（GB/T 13908—2002）标准及行业标准。

实践证明，我国地质科技工作者经过 20 多年的潜心研究创立的一套适合我国国情、方便、快捷的革命性创新的矿产资源储量估算 SD 法，是不同于地质统计学，也有别于传统几何法的一种动态分维学资源储量计算与审定的方法。SD 法的理论和方法实现了矿床勘探、设计、开采、资源储量计算的一体化。SD 法的硬核优势在于不仅能够预测工程、明确精度、控制风险，而且用传统几何法估算资源储量的人员能迅速使用 SD 法，降低不同专家不同认识的人为技术风险，整体估算效率高、节约成本（最少降低一半），同时可以快速检验其他方法资源储量估算值的合理区间。

自 2005 年开始，这一方法和软件免费向国内开放，分别捐赠给青海、贵州等省的自然资源部门和成都理工大学、北京大学地空学院等院校。21 世纪的前 20 年，SD 法实际应用的矿权（含国内外矿山、矿区、矿权等）数百个，估算的矿体数千个，部分报告（如西藏金矿，内蒙古银矿、铅锌矿等）还成为国家高级人民法院的法律依据。首钢集团的秘鲁胡斯塔铜矿的储量估算及投资成为第一个国际应用 SD 法的成功案例；云南铜业、中国黄金、中国铝业、神华集团、江西铜业、紫金矿业、铜都铜业等上市公司也都纷纷广泛采用 SD 法提交报告用于上市；武警黄金部队在通过系统学习和在阳山等金矿应用试点后，全线配备了 SD 储量计算软件系统；众多地勘单位、矿山企业及中介服务机构和个人也积极应用；已开始应用于国际证券交易所的矿业能源交易板块。

七、信息技术

21 世纪的前 20 年，是地质矿产信息化工作突飞猛进的重要发展阶段。信息技术在地质矿产领域得到了广泛应用，并且深度和广度不断加大。全国地矿资源信息化体系初步形成，应用成效不断得到彰显。

（一）国土资源国家级数据中心建设

"国土资源国家级数据中心建设"是由国土资源部信息中心担任第一完成单位，周俊杰、吴其斌、刘延东、吴洪桥、谈天林、周春磊、张敬波、张子平、杨丽沛、贾文珏、吴明辉、傅亿恺、况海涛、王兆丰和李咏梅担任主要完成人的一项科技项目，获

2010年度国土资源科学技术奖一等奖。

经过多年建设，特别是数字国土工程的全面实施，形成大批重要的国土资源数据库和相关应用系统，这是国土资源管理和社会化服务的宝贵财富，是我国资源安全战略和可持续供给保障体系的重要基础。为保障成果有效利用和安全运行，急需建立一个统一的国土资源国家级数据中心。为此，在国土资源大调查计划"数字国土工程"中设立国土资源国家级数据中心建设项目，通过该项目的实施，为国土资源重要数据和应用系统提供运行平台，对数据进行有效管理、分析、共享、运维，形成科学合理的资源利用与统一调配模式，有效解决"国土资源信息化资源越来越多，资源利用效率低和资源统一调配难度大，在数据存储、管理等方面存在着随意性和数据存储空间不足等安全和管理方面的隐患"等突出问题。项目设计思路是从国土资源部的实际需求出发，采用先进和成熟的技术，结合国土资源部现有的软硬件环境，使用结构化、模块化、分区域的设计方法，按照"物理集中、数据集中、应用集中、安全集中"的总体要求，通过整合现有的数据库系统、电子政务系统和安全系统等，建立一个实用、可靠、安全、稳定和高性能的数据中心，满足国土资源部未来信息化发展的需要。项目采用大量先进技术，其关键技术特色主要体现在系统设计实用先进，动态逻辑分区、跨平台数据迁移、大容量及高速存储体系，统一的信息安全保障体系，数据分析与展示平台搭建、商业智能与空间信息发布有机集成，矿政数据集市以及硬件虚拟化等方面，其核心是多种成熟先进技术集成应用，有效促进了国土资源行业数据中心技术应用的发展。项目成果已经成为支撑国土资源电子政务基础平台、国土资源科学数据共享、自然资源和地理空间基础信息库、金土工程一期等项目的高效、安全、稳定的基础运行平台。其为积累多年的历史数据提供高效直观的数据管理分析展现平台，为开发、资源调配、应用迁移等提供灵活的解决方案，为国土资源信息系统进行科学管理、分析、共享、运维等创造了良好的基础条件，有效满足了业务部门的资源使用需求，为历史数据的开发利用提供全新思路和强有力的支持手段，取得了较好的效果。

（二）国土资源部综合信息监管平台

"国土资源部综合信息监管平台"是由国土资源部信息中心担任第一完成单位，韩海青、蒋文彪、吴洪涛、范延平、刘聚海、周桅、黎韶光、孟凡荣、姚敏、李磊、申世亮、曾建鹰、邓颂平、赵善仁和邓碧华担任主要完成人的一项科技项目，获2013年度国土资源科学技术奖一等奖。

国土资源部信息中心针对国土资源管理新形势，按照加快职能转变，强化监管，把权力和责任放下去，把监管与服务抓起来，充分利用科技信息手段规范和创新国土资源管理的总体思路，通过金土工程一期和数字国土工程等专项的实施，建立了集信息实时获取、综合分析、监测预警于一体的大型综合信息监管平台，实现对土地、矿产资源开发利用全程的动态监管，创新了监管方式，提高了监管效率。

项目主要成果包括：①建立了覆盖全国、贯穿四级的土地和矿产资源管理、开发利用全过程的网络化信息实时采集与监测体系。创建了统一的国土资源监管指标体系，确立了各项指标的涵义及其相互关系；研制了一系列覆盖全国、贯穿四级的网络化信息实时采集与监测系统，实现了数据一家生产、多家使用、动态更新的机制，从根本上解决了长期以来数出多门以及国家层面对全国国土资源信息掌握不实、不全、不及时的问题。②构建了面向海量、多类型、异构数据集中管理和共享服务的统一的数据管理平台。设计了海量、异构数据模型和一体化组织管理架构，开发了统一的数据管理平台，实现空间基础数据、管理业务数据等各类数据的集中统一管理和在线实时更新；形成了面向数据在线应用和实时更新的数据库优化技术模式，解决了海量数据存储、更新和访问的效率等性能问题；建立了面向不同应用场景的统一的数据服务架构，有效解决了异构数据的动态更新与实时分发的问题。③建立了面向全程监管和宏观调控，集发现、预警、处置功能于一体的数据综合分析系统。设计出一整套涵盖土地和矿产资源重点业务和关键环节的监管分析业务模型、方法和流程，为国土资源监管提供了数字化描述判断准则；建立了数据综合分析系统，通过海量数据挖掘与知识发现，形成支撑国土资源监管、预警、分析决策的通用技术平台；建立了可灵活配置的综合监管信息分析技术机制，实现对各项监管业务需求的快速构建、迅速响应，有效支撑了各类专项业务监管和评估的需要。④构建了"制度＋科技"的国土资源综合监管体系，形成了以制度为保障、以信息技术为支撑的国土资源监管新模式。建立了一系列以信息技术广泛深入运用为支撑的监管制度，初步形成了"制度＋科技"的国土资源制度框架；创建了国土资源监管新模式；形成了全国各级国土资源综合监管体系建设的基本方法。

项目成果应用覆盖四级国土资源管理部门及其相关事业单位、国家土地督察机构，注册用户4万多人，累积数据超过26T。涉及土地规划计划、预审、审批、征收、供应、利用、土地整治、占补平衡、矿业权以及执法监察等国土资源业务，广泛用于日常监测分析、历年全国土地利用变更调查、卫片执法检查、土地整治项目核查、耕地占补平衡核查、城市用地实施评估、地产市场调控、矿产开发秩序整治、全国耕地占补平衡专项督察、规划实施情况专项督察等专项行动工作，有力支撑了日常管理、形势分析、专题评估、土地督察等国土资源管理工作。该成果受到中央领导同志充分肯定，并成为国土资源工作的主要亮点之一。与国内外同类技术对比，国土资源部综合信息监管平台具有显著的行业特色和技术创新特点。

（三）数字地质调查理论、技术方法与软件平台

"数字地质调查理论、技术方法与软件平台"是由中国地质调查局发展研究中心、中国地质调查局、中国地质大学（武汉）、北京林业大学、西藏自治区地质调查院、福建省地质调查研究院、中国地质调查局西安地质调查中心、中国地质调查局天津地质调查中心、中国地质调查局南京地质调查中心和广东省地质调查院担任主要完成单位，获 2014 年度国土资源科学技术奖一等奖。

数字地质调查理论、技术方法研究与推广应用是中国地质调查局中长期发展规划纲要和国土资源部国土资源信息化"十二五"规划重要内容之一。数字地质调查主流程信息化团队（入选首批"国土资源部科技创新团队"培养计划）经过近 8 年（累计研究开发推广应用经费达 2380 万元）的持续集成研发和推广应用，逐步形成了比较完整的地质矿产调查全流程数字化理论、技术方法和自主软件平台，并出版了《数字区域地质调查基本理论与技术方法》《数字地质调查系统操作指南》《数字地质调查理技术论理论研究与应用实践》《基于 3S 技术的野外地质调查工作管理与服务关键技术研究与应用示范》等专著。2008 年开始，数字填图系统全面升级与扩展到数字地质调查系统，使数字地质调查系统贯穿整个地质矿产资源调查过程，涵盖地质调查、矿产资源勘查、矿体模拟、品位估计、资源量估算、矿体三维建模、矿山开采系统优化等内容。2010 年，数字地质调查系统开始进入新的发展和更高阶段，从数字化走向智能化和智慧化，开始形成自主版权的数字地质调查 GIS 基础平台和智能数字地质调查系统。数字地质调查系统已成为我国地质调查领域全面应用的主流软件和工具，并被国土资源部列为地质勘查资质认定可选软件系统之一。

该成果主要关键技术和内容为：①对数字填图核心 PRB 理论从二维向三维扩展和完善、创建了地质填图 PRB 双重三维构模技术并创建了 PRB 双重三维构模连续层析算法；建立了浅地表地质体和深部地质体的一体化建模技术；完善了中大比例尺地质填图、地质三维填图与建模、矿产调查与勘查一体化全过程的无缝数字过程。②建立了《固体矿产勘查数据库内容和结构》标准，其中"数字地质图空间数据库"已成为该行业在地质图数据库建设和成果汇交的标准。③面向数字地质调查特点，形成了智能化地质调查 DGSGIS 底层自主平台。④建立了集国内外主流资源储量估算方法与业务流程一

致的地质矿产勘查从野外到矿产资源评价（靶区圈定）、资源量估算及矿体三维建模一体化的软件体系。⑤把新一代信息技术和北斗技术融入数字地质调查体系，形成了现代地质调查工作＋管理与服务的新模式；提供现代地质调查工作、管理与服务的新模式。

2006年后，该成果又获国家发明专利2项，外观专利2项，计算机软件著作权6项。该成果被广泛应用于全国区域地质调查、战略性矿产远景调查、矿产资源调查评价、危机矿山接替资源调查等项目，覆盖地质行业，涉及全国地质、冶金、有色、武警黄金、化工、建材、核工业、煤炭等部门以及高校科研部门、大型矿山企业矿业公司（包括紫金矿业集团、云南驰骋锌锗有限公司、新疆有色集团、中国黄金集团等）。推广应用单位超过1000家，软件推广超过15000套；举办数字地质调查技术培训班超过100次，培训人员超过15000人次；数字地质调查技术已纳入了多个大学本科生课程；在丹麦地质调查局格陵兰数字填图计划中推广试验，并连续4年成功为东盟举办四期数字填图能力学习班，其应用开始走向国际。

第四节　地质科技拓展

地质科技的不断创新，不断拓展人类认识地球的广度和深度。反过来，取得的重要理论成果又进一步地推进了地质科技向前发展。

一、入地

（一）大陆深俯冲与科学钻探

"大陆深俯冲与科学钻探"是由中国地质科学院地质研究所担任第一完成单位，许志琴、杨经绥、张泽明、刘福来、李天福、罗立强、黄力、徐珏、唐哲民、张仲明、陈世忠、詹秀春、孟繁聪、戚学祥和薛怀民担任主要完成人的一项科技项目，获2008年度国土资源科学技术奖一等奖。

中国大陆科学钻探工程是"九五"国家重大科学工程项目，也是当前实施的全球大陆科学钻探计划中最大、最深的科钻井。中国大陆科学钻探工程是通过现代高新钻探技术，从钻孔中获取全部岩心及液、气态样品以及测井数据，再造板块会聚边界的深部三维物质组成、结构，发现来自地幔深处的新物质，验证地球物理对深部组成与结构的遥测结果，重塑超高压变质带形成以及大陆深俯冲和折返的过程，探索现代地壳流体 – 岩石相互作用以及极端条件下微生物的潜育条件。项目发表论文 128 篇，其中 SCI 检索系统收录文章 95 篇，包括国际核心期刊 36 篇；完成 3 部报告；召开 2 次中国大陆科学钻探的国际专题讨论会。中国大陆科学钻探工程科学研究取得国际领先水平的集成创新成果，在中国地球科学研究的历史上具开创性和里程碑的意义。本项目发现了新的金红石矿床层位，地下深部流体异常与地震关系提供了地震预测的重要信息；建立了一套成功、有效的岩心编录、岩心定位和岩心定向方法，发展了一套地下深部流体随钻监测与分析系统以及探索出了在坚硬岩石中微生物提取和分析方法，具有实用价值；为建立天然、动态和长期的地下观测实验站奠定了基础。

（二）松辽盆地大陆深部科学钻探工程（松科二井）完井与重大地质科技创新

由自然资源部中国地质调查局勘探技术研究所王稳石为负责人钻探完成的松科二井，深 7018 米，是亚洲国家最深的大陆科学钻井和国际大陆科学钻探计划（ICDP）成立 22 年来实施的最深钻井工程。项目研发的超深井大口径取心技术体系，攻克了超高温钻井技术等地球深部探测重大技术难题，创造了 4 项世界纪录，发现了松辽盆地深部页岩气和盆地型干热岩等 2 种具有良好勘探开发前景的清洁能源；在全球首次实现了对白垩纪最完整最连续陆相地层厘米级高分辨率的精细刻画，重建了白垩纪陆相百万年至十万年尺度气候演化历史，发现了白垩纪气候波动重大事件；建立了地层对比的"金柱子"和松辽盆地演化新模式，丰富了白垩纪陆相生油理论，取得了基础地质研究的重大进展。该成果被评为 2018 年度"十大地质科技进展"。

（三）大陆碰撞成矿理论指导成功实施青藏高原首个 3000 米固体矿产科学深钻并揭露巨厚铜金矿体

由中国地质调查局中国地质科学院矿产资源研究所和西藏华泰龙矿业开发有限公司等单位组成的科研团队，在青藏高原甲玛矿区成功实施了固体矿产首个 3000 米科学深钻，精细揭示斑岩成矿系统结构，实现地质信息"透明化"，累计揭示 584.36 米铜钼（金、银）矿体，建立了完备的高原科学深钻施工工艺；创建了斑岩成矿系统"多中心复合"成矿作用模型，丰富和完善了碰撞造山成矿理论，并依此新发现则古朗北矿段的巨厚斑岩和矽卡岩矿体，对国内外深地资源勘查和探测技术集成具有引领示范作用。该成果被评为 2020 年度"十大地质科技进展"。

（四）5000 米智能地质钻探关键技术装备研发成功并应用

该项目由中国地质科学院勘探技术研究所牵头，中国地质装备集团有限公司、中国地质大学（北京）和中国地质大学（武汉）等单位共同参加完成。牵头完成人为张金昌，刘凡柏、黄洪波和梁健等参加完成。该成果被评为 2021 年度"十大地质科技进展"。

该项目主要进展及创新：在小直径绳索取心钻进口径系列、钻柱方案、套管程序等方面初步形成了我国较为完整的、以绳索取心工艺为主体的 5000 米特深孔地质岩心钻探技术体系，建立特深孔钻探工程设计准则；确定 5000 米钻孔所用钻杆结构和套管程序；多工艺交流变频电传动顶驱系统、井口自动化作业系统、智能排绳取心绞车、全场设备及全程作业集成控制系统、钻机智能控制系统实现多项创新；国内首次研制出 5000 米地质岩心钻探用大"长径比"绳索取心钻杆；创造了 P 规格绳索取心钻进应用深度、下入直径 146 毫米地质套管深度 2 项亚洲纪录。

二、上天

（一）基于北斗一号卫星系统的地质灾害监测技术研究

该项目由中国地质环境监测院完成。项目在传统地质灾害监测系统基础上，利用北斗一号卫星系统作为信息传输系统，选择四川雅安、北京、三峡库区等有代表性的典型滑坡、崩塌、地面沉降区和地震带作为示范区，进而建立我国滑坡、崩塌、地面沉降、地应力实时监测系统，建立监测站点、地区级（省、市或地区）、国家级三级地质灾害自动监测系统。并针对我国地质灾害监测实际情况，进行了北斗通信系统的研究、数据采集仪的研制、信息系统的开发等关键技术的研究，提高对重点地区地质灾害的监测效率和预警能力。以北斗一号卫星系统作为地质灾害监测数据传输方式，为地质灾害监测开辟了一条新的数据传输途径。该成果被评为 2009 年度"十大地质科技进展"。

（二）资源一号 02C 业务卫星工程及国土资源应用

"资源一号 02C 业务卫星工程及国土资源应用"是由中国国土勘测规划院、中国自然资源航空物探遥感中心、中国空间技术研究院、中国资源卫星应用中心、中国地质环境监测院、中国科学院遥感与数字地球研究所、中国航天科技集团有限公司第八研究院、浙江省土地勘测规划院和甘肃省自然资源规划研究院担任主要完成单位，刘顺喜、甘甫平、尤淑撑、郭大海、张庆君、李庆鹏、张振华、王忠武、王啸虎、徐素宁、肖晨超、王荣彬、何宇华、钟昶和史良树担任主要完成人的一项科技项目，获2019年度国土资源科学技术奖一等奖。

连续、稳定、可靠的自主国产卫星数据源是构建现代化国土资源监管体系的重要保障。2011年之前，我国缺乏自主的陆地遥感业务卫星，国土资源调查监测工作长期以来依赖国外卫星数据。按照时任国务院副总理李克强关于"提高国产卫星分辨率，尽快发射资源一号02C卫星"的指示精神，原国土资源部紧密围绕主体业务需求开展卫星工程建设与应用工作。卫星于2011年12月22日成功发射。

截至2019年，全国31个省近120家单位使用了02C卫星数据，在土地资源、地质矿产、地质灾害与地质环境等领域12项国家级主体业务中，累计应用规模3000余万平方千米，拓宽了低丘缓坡开发状况监测、重点地区卫片预警等30余项地方业务应用领域。同时，在农业、林业、水利、环保、海洋、测绘、交通、住建、统计、地震等相关行业得到广泛应用。

（三）嫦娥五号月球样品研究获得最年轻火山活动年龄刷新月球演化认知

该项目由中国地质科学院地质研究所牵头，澳大利亚科廷大学、山东省地质科学研究院和澳大利亚国立大学等单位共同参加完成。牵头完成人为刘敦一，车晓超、王晨和龙涛等参加完成。该项目填补了月球演化历史中距今30亿~20亿年间岩浆活动记录的空白，证明了月球在19.6亿年前仍存在岩浆活动。嫦娥五号返回月球样品年代学研究获取的迄今为止最年轻岩浆活动年龄，为完善月球岩浆演化历史提供了关键科学证据。通过系统的岩石、地球化学分析，发现了相比此前所有月球样品具有极高铁镁比的新类型玄武岩，通过计算，表明导致嫦娥玄武岩岩浆发生熔融的热源应该在月球深部，而非浅层放射性热源，刷新了对月球岩浆活动机制的认知。修正了国际通用的太阳系岩石质天体表面研究的"遥感陨石坑统计定年曲线"，为月球、火星、小行星表面年代的研究奠定了基础。该成果被评为2021年度"十大地质科技进展"。

三、下海

（一）"海马"号深海遥控潜水器研制与应用

"'海马'号深海遥控潜水器研制与应用"是由广州海洋地质调查局、上海交通大学、浙江大学、上海交大海洋水下工程科学研究院有限公司、海洋化工研究院有限公司、杭州宇控机电工程有限公司、上海友拓信息科技有限公司、中国科学院南海海洋研究所、自然资源部第二海洋研究所和中国海洋大学担任主要完成单位，陶军、连琏、陈宗恒、马厦飞、刘纯虎、顾临怡、任平、温宁、杨胜雄、张汉泉、田烈余、陈先、胡波、陈春亮和冯东担任主要完成人的一项科技项目，获2011年度国土资源科学技术奖一等奖。

"海马"号深海遥控潜水器（ROV）是国家"863"计划海洋技术领域"4500米级深海作业系统"重点项目的主要成果，由广州海洋地质调查局牵头的"海马团队"经过6年的艰苦努力研制完成。在研制过程中，"海马团队"瞄准国际前沿技术，全面开展了基础研究和关键技术攻关，突破并掌握了深海遥控潜水器的总体设计与制造、系统控制与实时检测、远程动力传输与分配、远程信息传输与处理、深海液压与推进、观通导航、大深度浮力材料、机械手和作业工具、重型升沉补偿器、大规模系统集成与试验等核心技术，实现了90%的技术装备国产化和一步正样，打破了国外技术封锁，实现了我国在大深度遥控潜水器自主研发领域"零"的突破，形成我国基于"海马"号的4500米深海作业能力，是"十二五"海洋技术领域的重大标志性科技成果。

地勘应用证明，"海马"号可靠、稳定，适应性和扩展功能强，已达到国外同类深海遥控潜水器的先进技术水平，标志着我国掌握了"深海进入""深海探测""深海开发"的一项关键技术，是我国海洋科技人员坚持自主创新并赶超国际先进水平的成功范例。

"海马"号成果入选2014年两院院士评选"中国十大科技进展新闻"，2014年度"中国海洋十大科技进展"，2014年度、2015年度"地质科技十大进展"，2014年度"十大地质科技成果"，中国地质调查"百项成果""百项技术"和2018年度"中国海洋十大科技进展"，并在中华人民共和国成立70周年国庆观礼体现国家重大科技成就的"创新驱动"彩车上展示。

（二）神狐及其邻近海域天然气水合物资源勘查取得重大突破

中国地质调查局广州海洋地质调查局杨胜雄和梁金强研究团队，针对我国南海地质条件，提出了南海天然气水合物成藏理论，研发了一套天然气水合物高精度勘查、评价和预测技术体系。2015年，在神狐海域共实施23口探井钻探，均发现天然气水合物，圈定矿藏面积128平方千米，控制资源量超过1500亿立方米，相当于一个超大型油气田规模，取得了天然气水合物勘查的重大突破。在神狐西部邻近海域，利用自主研发的"海马"号非载人遥控探测潜水器，首次发现了海底活动性"冷泉"，并在此处海底表层成功获取块状天然气水合物实物样品，对后续天然气水合物钻探部署具有重要意义。该成果被评为2015年度"地质科技十大进展"。

（三）我国首次海域天然气水合物试采成功

由国土资源部中国地质调查局广州海洋地质调查局叶建良为首席专家的研究团队组织实施的海域天然气水合物试开采，是世界上首次实现资源量全球占比90%以上、开发难度最大的泥质粉砂型天然气水合物安全可控开采。连续试开采60天，累计产气量超30万立方米，创造了产气时长和总量的世界纪录。实现了勘查开发理论、技术、工程和装备自主创新。一是实现三项重大理论自主创新，创建天然气水合物系统成藏理论、"三相控制"开采理论，有力指导了试采目标井位确定和试采方案制定。二是实现储层改造、钻完井、勘查、测试与模拟、环境监测等关键技术自主创新。三是构建了大气、海水、海底、井下"四位一体"的立体环境监测网，监测结果显示，试采未对周边大气和海洋环境造成影响。该成果被评为2017年度"地质科技十大进展"。

（四）深海探测技术获重大突破

该项目由广州海洋地质调查局和中国自然资源航空物探遥感中心牵头，青岛海洋地质研究所、中国地质大学（北京）和中国海洋大学等单位共同参加完成。牵头完成人为肖波、周坚鑫、高宏伟，温明明、赵庆献、张汉泉等参加完成。该项目在近海底地震、重磁等探测技术研究取得"零"的突破，深水双船拖曳式海洋电磁探测技术填补了国内外空白，高分辨率三维地震探测技术突破国外技术封锁，突破了深潜、深钻和深海长期观测关键技术；自主研发的海底大孔深保压钻机，刷新了海底钻机钻探深度世界纪录；构建了自主研发的"三位一体"深海立体探测体系和深海公共试验平台体系；成功研发我国首套具有自主知识产权的船载重力梯度测量系统（ZT-1D），先后攻克了高分辨率石英挠性加速度计研制、高精度惯性稳定平台控制、微弱重力梯度信号精密提取等一系列核心技术。该成果被评为 2021 年度"地质科技十大进展"。

四、登极

（一）首次揭示南极大陆岩石圈三维构造格架

中国地质科学院地质力学研究所安美建、道格拉斯·威恩斯（Douglas Wiens）（美）和赵越等在国际极地年旗舰项目多国联合工作中，历经数年技术研发，使用美、中等国家在南极内陆高原获得的最新天然地震观测和其他共享观测，获得了南极板块高精度莫霍面深度、岩石圈厚度、剪切波速、温度场和地表热流三维岩石圈结构参数，在国际上首次查明了南极大陆整体构造格架。该新结果显示：1000 万年前老的俯冲板片在南极半岛之下仍有残存；东南极山系应是冈瓦纳超大陆最后聚合形成时的缝合带；大洋岩石圈增厚速率不仅与其年龄有关，还与其形成时的洋中脊扩张速度有关等。这些新发现加深了对冈瓦纳超大陆聚合和裂解以及南极大陆构造演化的认识。该成果被评为 2015 年度"地质科技十大进展"。

（二）南极埃默里冰架—格罗夫山综合地质调查与研究

"南极埃默里冰架—格罗夫山综合地质调查与研究"是由中国地质科学院地质力学研究所和中国地质科学院地质研究所担任主要完成单位，胡健民、刘晓春、赵越、陈虹、刘健、徐刚、任留东、张拴宏、李淼和崔建军担任主要完成人的一项科技项目，获 2016 年度国土资源科学技术奖二等奖。

项目通过 3 次南极科学考察，并结合大量室内实验测试和综合研究，基本理清了东南极普里兹构造带的组成、结构特征。主要创新成果包括：①在格罗夫山地区发现镁铁质高压麻粒岩，这是南极泛非期普里兹构造带首次获得的碰撞造山带的岩石学证据；②在埃默里冰架东缘及东南普里兹湾地区获得一批高级变质岩和紫苏花岗岩锆石定年，奠定了这些地区的岩石组成及年代学格架；③冈瓦纳超大陆的形成很可能是通过西冈瓦纳、印度—南极陆块和澳大利亚—南极陆块等三个陆块沿着两条造山带近于同期发生拼合碰撞的结果；④确定埃默里冰架东缘发育 4 期主要构造变形过程；⑤确定了普里兹构造带碰撞造山后伸展坍塌过程，建立起普里兹造山带碰撞后伸展垮塌作用过程；⑥格罗夫山地区沟谷–纵岭地貌与南极最大的裂谷——兰伯特裂谷的形成有关，也是普里兹构造带在晚古生代以来破碎的标志；⑦开辟了东南极冰下地质研究的新领域，这在一定程度上弥补了南极冰盖大面积覆盖、基岩露头极少所造成的可观察地质记录的不足；⑧为我国南极格罗夫山地区陨石搜寻作出贡献，共搜集陨石 486 块。

（三）"雪龙 2"号极地科学考察破冰船

2020 年 12 月 27 日，"雪龙 2"号极地科学考察破冰船项目荣获由中国工业经济联合会颁发的我国工业领域最高奖"中国工业大奖"。

"雪龙 2"号隶属于自然资源部中国极地研究中心，由中国船舶集团有限公司所属江南造船（集团）有限责任公司建造，中国船舶集团公司第七〇八研究所和芬兰阿克北极有限公司联合设计。该船总长 122.5 米，型宽 22.32 米，设计吃水 7.85 米，设计排水量 13996 吨，续航力 2 万海里，载员 90 人，自持力 60 天，可同时搭载 2 架直升机。

"雪龙 2"号具备的科考与破冰能力，使其跻身世界最先进的极地科考船之列。"雪龙 2"号结构强度高，具备全球航行能力，能满足无限航区要求，可在极区大洋安全航行。同时，该船也是全球首艘获得智能船舶入级符号的极地科考破冰船。

该船融合了国际新一代考察船的技术、功能需求和绿色环保理念，采用国际先进的艏艉双向破冰船型设计，装备有国际先进的海洋调查和观测设备，是我国开展极地海洋环境调查和科学研究的重要基础平台。

该船自 2019 年 7 月交付以来，已先后完成中国第 36 次南极考察和第 11 次北极考察任务。2020 年 11 月，"雪龙 2"号从上海出发执行中国第 37 次南极考察任务。

五、探微

（一）离子探针中心仪器取得多项科研成果

北京离子探针中心于 2013 年被科技部和财政部正式认定为首批国家级科技基础条件平台之一。10 年来，该中心两台高分辨二次离子探针质谱仪平均每年运行 266.8 个昼夜，对外开放机时比例达 76%；自 2007 年起，单台仪器科研论文产出量已连续位居世界同类仪器的第一位。

高分辨二次离子探针质谱仪（SHRIMP Ⅱ）专长含铀、钍矿物的微区定年研究，能够解决重大地球科学研究课题中的时序这一关键问题。北京离子探针中心引入我国首台 SHRIMP Ⅱ 已 10 年，年均运行机时是科技部优秀标准的 4 倍，同时为国内外地学界提供 3 倍于本单位使用的机时，开放程度达到 70%，大大超出科技部规定的 30%。

与此同时，自 2005 年以来，北京离子探针中心陆续建立了 7 个国内外远程工作站，世界各地的科学家可以实现在因特网环境下实时远程控制离子探针质谱仪、观测样品图像实时变化、在线获取试验数据、远程协同信息交流，有效提升了离子探针质谱仪实验研究的水平，推动了地学界科研方式的变革。

由于 SHRIMP Ⅱ 的引进，中国前寒武纪年代地层标定发生了重大改变，掀起了颠覆性的前寒武革命；中外科学家合作测定世界上第一颗年龄超过 43 亿年、同时具有 37 亿年变质增生壳的最老锆石，对地球早期历史研究作出了突破性贡献；中美学者联合对阿波罗飞船登月获得的毫米级月岩和月球陨石进行了高精度测年，厘定了月球早期历史几次重要事件的时代，精确测定雨海纪月球遭受强烈撞击事件年龄为 39.2 亿年。

国内外学者运用该中心的 SHRIMP Ⅱ 获得了丰富的数据，发表论文 800 余篇，其中国际 SCI 论文 275 篇。全国地学界应用中心的锆石定年数据，在国际期刊上发表的论文数从 2002 年的 4 篇逐年倍增，2011 年达 61 篇。

（二）波谱-能谱复合型 X 射线荧光光谱仪

"波谱-能谱复合型 X 射线荧光光谱仪的研发与产业化"是由国家地质实验测试中心担任第一完成单位，由邓赛文、袁良经和黄俊杰等为主要完成人的科研项目。

波谱-能谱复合型 X 射线荧光光谱仪（CNX-808WE XRF），是国内首款达到量产能力的集波谱、能谱和元素分布分析于一体的多功能高端 X 射线分析仪器，具备"两谱组合、三项功能"，整体性能达到当前国际同类型仪器的先进水平，实现了高端 X 射线仪器国产化"零"的突破，并拥有相应的自主知识产权。该项目取得发明专利 9 项，实用新型专利 17 项，5 项软件著作权登记；发表核心期刊论文 51 篇，出版专著 2 部。该光谱仪已成功应用于地质、冶金、建材、环境等领域。项目主要成果包括：①全新的设计理念。创新性提出大功率波谱和能谱复合的设计理念，成功解决了传统 X 射线荧光光谱分析仪器检出限和检测速度不能兼顾的矛盾，使仪器能在保证检出限的情况下明显提升样品测试速度，特别是分布分析的测量时间最高可降低 50 倍；②核心关键部件自主研发。完成了高精度测角仪（分辨率 0.001 度）、大功率高压发生器（稳定性优于 0.0003）、高性能探测器等核心关键部件的自主研发，主要技术指标达到国际先进水平；③实现了高精度分布分析。研制了高精度三维样品台，实现了从厘米到毫米级的多元素分布分析，为地球科学、材料科学提供了多维的研究手段;④全新的数据处理算法。创新性地提出了以 K β /K α 为指标的样品筛选方法、对水泥分析采用 MLD 系数等算法,有效提高了分析方法的准确度。

(三)岩心多参数数字化技术设备研发成功

该项目由中国地质调查局南京地质调查中心牵头,自然资源实物地质资料中心和中国地质调查局天津地质调查中心共同参加完成。牵头完成人为修连存、高鹏鑫,高延光、李建国、郑志忠等参加完成。该成果被评为 2021 年度"地质科技十大进展"。

该项目在岩心图像光谱扫描仪、成像光谱仪、X 荧光元素扫描仪、综合物性参数采集仪和便携式近红外矿物光谱仪、便携式岩心图像快速采集仪等系列仪器的自主研发方面进展显著,成功打破澳大利亚岩心光谱扫描仪垄断,大幅度降低岩心数字化成本。

该成果首次实现快速岩心图像、矿物和元素全孔在线检测,为岩心数字化和地质研究提供了多参数数据支撑。岩心预处理实现了全自动深度数据校正、图像拼接和数据格式转化,无需人为操作。项目引入深度学习算法,光谱处理速度比传统方法提高10 倍以上;完成岩心光谱扫描仪、成像光谱仪、X 荧光元素扫描仪、综合物性参数采集仪和便携式近红外矿物光谱仪产品化。

第五节 国际科技合作

2002 年,党的十六大明确提出了实施"走出去"的发展战略,刚刚组建的中国地质调查局,积极构建国际合作工作体系,努力为利用"两种资源、两个市场"提供重要的基础支撑。2012 年,党的十八大召开以后,我国积极推进"一带一路"建设及与周边国家的战略协作,地质工作承担了开始先锋的重要职责,为建立国内、国外"双循环"的新格局做出了不懈的努力。

一、开展国际间地质科技交流

(一)构建交流网络

1999 年,中国地质调查局成立后,积极开展与国外地调机构、科研院所、高等院校以及国际与地区地学组织的合作与交流，促进我国地质调查与研究的发展和创新。在成立最初 10 余年间，初步建立了覆盖各大洲的国际合作网络，先后派出 1500 多个批次共 6000 多人次赴 100 多个国家访问、考察，参加会议、参加培训，开展项目合作和经贸活动等。与此同时，接待了国外团组来访、交流、参会、合作 5000 多人次。先后与蒙古、日本、韩国、越南、菲律宾、印度、巴基斯坦、沙特阿拉伯、吉尔吉斯斯坦、澳大利亚、新西兰、美国、加拿大、巴西、阿根廷、智利、秘鲁、委内瑞拉、圭亚那、法国、英国、德国、荷兰、芬兰、丹麦、冰岛、挪威、瑞典、俄罗斯、南非、埃及、埃塞俄比亚、津巴布韦、坦桑尼亚、马达加斯加、厄立特里亚 36 个国家的地质调查局（所）签订了 39 项地学合作谅解备忘录和合作。

（二）引进分支机构

2008 年 2 月 11 日，中国与联合国教科文组织在巴黎签署《中华人民共和国政府与联合国教育、科学及文化组织关于在中国桂林建立由教科文组织赞助的国际岩溶研究中心及其运作的协定》。同年 12 月，国际岩溶研究中心正式成立，办事机构设在中国地质科学院岩溶地质研究所。该中心是联合国教科文组织从事岩溶交叉性、综合性研究的唯一的国际机构，致力于在全球范围内更好地理解岩溶系统，以保持脆弱的岩溶环境的良性生态循环，促进岩溶地区的社会和经济可持续发展。

2012 年 8 月，在第 34 届国际地质大会期间，中国国土资源部与国际地质科学联合会（简称国际地科联）正式签署地科联秘书处迁址中国的谅解备忘录，有效期为 8 年。2012 年 12 月，国际地科联秘书处正式迁址中国。2020 年，自然资源部与国际地科联签署谅解备忘录，约定 2021—2028 年国际地科联秘书处续驻中国。

2013 年 11 月，经联合国教科文组织第 37 届大会批准，教科文组织二类研究中心——全球尺度地球化学国际研究中心落户河北廊坊中国地质科学院地球物理地球化学勘查研究所。该中心的宗旨是致力于元素周期表上所有元素及其化合物在全球尺度上的含量与分布、基准与变化研究，为全面了解地球资源分布和全球环境变化提供基础知识与数据，为政府在矿产资源与生态环境等领域的全球可持续发展提供决策依据，促进发达国家与发展中国家知识共享。

2014 年 10 月，中国上海合作组织地学合作研究中心落户中国地质调查局西安地质调查中心。该组织是开放性的国际地学合作研究中心，以丝绸之路经济带建设为契机，凝聚国内外地学领域一流科学家，对地质、资源、环境等重大课题，积极开展国际合作与交流，促进地球科学理论与技术进步，助力绿色矿业经济健康发展，谋求上海合作组织各成员国的矿业经济发展。

2021 年 5 月 27 日，中国地质调查局与东亚东南亚地学计划协调委员会（CCOP）举行视频签约仪式。会上，双方签署了关于成立 CCOP 城市地质研究中心的谅解备忘录。该中心由中国地质调查局牵头发起，与 CCOP 共同成立，秘书处设在中国地质调查局南京地质调查中心。签字仪式后，CCOP 城市地质研究中心举办了首届城市地质研讨会，来自中国、英国、芬兰、日本和韩国的地质调查机构有关技术专家线上交流了各国城市地质工作进展情况。

（三）搭建交流平台

1. 项目平台

根据地质大调查中遇到的一些重要地质问题和世界地学界共同关心的资源、环境、地下水、地质灾害等热点问题，在地学合作谅解备忘录框架内，中国地质调查局与联合国教科文组织、国际原子能机构、COOP 组织、国际滑坡协会、东盟组织，美国、加拿大、澳大利亚、德国、荷兰、丹麦、挪威、日本、韩国等国的地调机构、科研院所和高等院校，开展了多种基础地质研究、矿产资源评价、海洋地质调查、地质灾害治理、地学信息技术等方面的国际学术交流。

中国地质调查局在"十二五"期间共执行 20 多项引智项目，聘请了来自美国、加拿大、法国、德国、日本等国家的各类专家 60 余人次。来华专家与国土资源系统研究单位进行了广泛的合作研究及学术交流，领域涉及地质灾害防治、海洋气体水合物勘查、大型矿床成矿图集、高压实验基地，富钴结壳资源研究、中国海及大陆架沉积物标准物质系列研制、多目标土地评价与规划、航空高光谱遥感调查等领域。

2. 学术平台

截至 2017 年，中国地质调查局有 50 余名地质科技工作者在国际地质科学联合会、联合国教科文组织国际地球科学计划等政府及非政府的国际地学组织任职。其中主要有：郑绵平，国际盐湖学会副主席（2002 年）；任纪舜，世界地质图委员会（CGMW）副主席（2004 年）；何庆成，国际地科联环境管理地球科学委员会副主席（2008 年）；石菊松，国际地质灾害减灾协会副秘书长（2008 年）；王学求，全球地球化学基准委员会联合主席（2008 年）；张永双，国际工程地质与环境协会新构造与地质灾害专门委员会秘书长（2008 年）；金小赤，联合国教科文组织国际地球科学计划（IGCP）科学执行局委员（2009 年）；李金发，东亚东南亚地学协调委员会（CCOP）中国常驻组织代表（2010 年）；姜光辉，国际水文地质学家协会副主席（2010 年）；严光生，国际数学地质学会地质调查局委员会主席（2012 年）；董树文，国际地质科学联合会司库（2012 年）；毛景文，国际矿床成因协会主席（2012 年）；季强，亚洲恐龙协会副理事长兼秘书长（2013 年）；王巍，国际地质科学联合会秘书处主任（2013 年）；殷跃平，国际滑坡协会主席（2014 年）；何庆成，国际大陆科学钻探计划执委会委员（2014 年）；严光生，国际数学地球科学协会副主席（2016 年）；张明华，国际地学信息技术委员会联合秘书长（2016 年）；金小赤，世界地质公园网络执行局副主席（2016 年）；郑绵平，国际盐湖学会主席（2017 年）。此外，有 5 名专家获得外籍院士荣誉称号。

21 世纪初期，中国地质调查局与有关国家政府及国际地科联、国际原子能机构、世界银行地学部、国际地质分析家协会、国际矿床协会、国际水文地质学家协会、COOP 组织等联合举办了一系列的国际学术会议。主要有：第 7 届国际地面沉降会议（2004 年）、第 42 届 COOP 年会和第 46 届指导委员会会议（2005 年）、第 34 届国际水文地质大会（2006 年）、第 6 届国际地质和环境材料分析会议（2006 年）、第 8 届国际矿床大会（2008 年）、国际城市遥感大会（2009 年）、地方病与地质环境国际学术研讨会（2009 年）、国际地球化学填图会议（2009 年）、中国 – 阿根廷矿业投资研讨会（2010 年）、中国 – 津巴布韦 – 坦桑尼亚矿业投资项目推介会（2010 年）、国际城市地质大会（2010 年）、第 3 届国际翼龙会议（2010 年），以及多个专业的学术研讨会。

"十二五"时期，伴随中国地质调查工作的快速发展，我国与国际地学组织的合作更加密切。其间，中国地质调查局多次组织召开了影响广泛的国际学术会议。2014 年 6 月 2—4 日，在北京召开了第三届世界滑坡大会，并形成《北京倡议》；7 月 14 日，在廊坊召开了第 12 届国际盐湖会议；7 月 28 日—8 月 1 日，在北京召开第八届国际天然气水合物大会。2015 年 11 月 12—14 日，中国地质调查局与东亚东南亚地学计划协调委员会合作项目"CCOP–CGS 地球物理地球化学数据处理能力增强（IGDP）"第三期技术研讨培训班；11 月 23—29 日，中国地质调查局承办了东亚东南亚地学计划协调委员会第 51 届年会和第 65 届指导委员会会议。

3. 会展平台

中国国际矿业大会是由中国国土资源部主办的全球顶级矿业盛会，是全球最大的矿产勘探、开发交易平台之一，内容涵盖了地质勘查、勘探开发、矿权交易、矿业投融资、冶炼与加工、技术与设备、矿业服务等整个产业链。该大会自 1999 年开始每年举办一届，到 2015 年已连续举办 17 届，成为世界四大矿业盛会之一。参会代表由 2004 年 1000 人增至 2014 年逾 9000 人，展位由 2004 年 100 个增至 2015 年的 2000 个。

大会规模在逐年提高，对全球矿业界影响越来越大。大会通过举办主题论坛、国外矿业部长论坛、国际地质调查局长论坛以及矿业发展高层论坛的形式，围绕矿业可持续发展、全球矿产勘查形势、矿业与资本市场、绿色矿山、矿产资源综合利用等专题为全球矿业领域从业人员提供最新的信息，对矿业的发展趋势提供最新的判断。至 2020 年，中国国际矿业大会已举办 22 届。该届为了克服疫情影响，大会以"线下＋线上"的方式举行。共有 35 个国家和地区的企业和展团参会参展。

中国－东盟矿业合作论坛至 2018 年已举办了 9 届。2018 年，有中国和来自东盟、中亚、西亚、非洲、欧洲及美洲等 33 个国家的矿业部门、地勘系统、矿业企业的 1600 余名代表参会，4000 余名代表参展。论坛以"聚焦丝路合作，发展绿色矿业"为主题，围绕矿业绿色发展政策与实践、矿业项目与技术合作、重要矿产资源开发与利用、地学合作机制、矿业信息服务与矿产地质线上数据库建设等议题展开探讨，进一步增进了中国与东盟国家及"一带一路"沿线国家间的矿业交流与合作的基础。

中国地质调查局自 2006 年以来每年举办一次境外矿产信息发布会，至 2015 年已连续举办 10 届，成为国土资源部境外信息产品一个品牌服务平台。首届"一带一路"地质调查国际合作论坛于 2016 年在西安成功举办。中外联合举办的中－澳矿业投资合作论坛，中国－坦桑尼亚、津巴布韦矿业投资论坛，尼日利亚－中国矿业投资合作论坛，以及中亚地学信息发布会等非定期的论坛，为国内外的矿业投资者提供了全面、权威的境外信息服务。借助中国国际矿业大会、中国－东盟矿业合作论坛等国际平台，中国地质调查局也为国内外的矿业企业提供了大量信息服务，截至 2016 年年底累计为国内外 600 余家矿业企业（机构）提供 7000 多人次的面对面服务。

二、国际间重大地质科技项目合作

2000 年以来，中国地质调查局在开展国土资源部境外地质调查项目的同时，还积极承担了科技部国际合作项目、财政部国外风险勘查项目、外交部亚洲区域合作项目、商务部援外资金项目，以及大量的援外地质调查工作。

（一）开展国际合作编图

为推进矿产资源的全球化配置，中国地质调查局与周边国家合作，于 21 世纪初的 10 余年间编制了一系列的跨国、跨洲的基础地质图件。

1. 1：500 万国际亚洲地质图

2005 年，中国地质调查局与联合国教科文组织合作，由我国科学家领衔，中国地质科学院地质研究所具体实施，联合世界地质图委员会北欧亚分会、中东分会、海底图分会以及亚欧 18 个国家——中国、法国、俄罗斯、朝鲜、韩国、日本、蒙古、哈萨克斯坦、菲律宾、印度尼西亚、越南、柬埔寨、老挝、缅甸、马来西亚、泰国、印度、伊朗地质调查局（所），100 余名地质科学家直接参与，开展了 1：500 万亚洲地质编图合作项目。这是世界地质图委员会组织并指导编制的第一幅数字化和海陆一体化的新一代地质图。图幅东起马里亚纳群岛，西至爱琴海，北到北冰洋，南抵爪哇海沟，涉及除南极洲和南美洲以外的几乎所有大陆和大洋，是全球地质结构最复杂、幅员最大的一份洲际地质图。其研究成果将广泛应用于地质工作规划部署、矿产资源普查勘探、国土资源整治建设、地质灾害防范治理、地质科学技术研究等各项领域，对我国参与全球化矿产资源配置意义重大。项目实施以后，先后于 2005 年、2006 年、2007 年和 2009 年召开了四次国际工作会议，其成果于 2012 年在澳大利亚召开的第 34 届国际地质大会上进行了展示。中方参加 1：500 万国际亚洲地质图及相关专题研究工作的单位有中国地质科学院及天津、西安、南京地质调查中心，广州海洋地质调查局，中石化石油勘探开发研究院，北京大学、中国地质大学（北京）、南京大学、浙江大学、东华理工大学、长安大学，吉林省地质矿产勘查开发局、四川省地质矿产勘查开发局和江西省地质局等单位。

2. 中国与周边国家的合作编图项目

我国与周边国家合作编图及成矿规律对比研究是计划项目"中国大陆周边地区主要成矿带成矿规律对比及潜力评价"的主要工作内容之一。计划项目自 2003 年开始实施，以东北亚、中亚、东南亚为重点工作区，开展了大量的资料收集整理、地质矿产综合图件编制、区域成矿规律对比研究、重要成矿带地质条件对比和资源潜力分析、地质矿产数据库建设等工作。同时和周边大部分国家建立了良好的合作关系。项目主要内容包括：①东北亚、中亚和南亚地区地质矿产综合图件编制。主要内容包括与国外地调机构合作，编制上述三个地区 1：250 万地质图、大地构造图和成矿规律图，并按统一要求建设矿产资源信息数据库。在此基础上，通过典型矿床考察，分析对比区域成矿地质背景，总结成矿规律。通过这些工作，不仅获得了上述地区地质、矿产综合图件，而且通过成矿地质条件对比研究和成矿规律总结，获得了境内外区域成矿作用差异的有益认识。②中俄哈蒙韩"1：250 万亚洲中部及邻区地质图"合作编图项目。2002—2007 年，中国地质科学院与俄罗斯、蒙古、哈萨克斯坦、韩国合作编制完成世界上首张 1 : 250 万亚洲中部及邻区地质图、大地构造图、非能源矿产（固体矿产）成矿规律图和能源矿产（煤、石油、天然气）成矿规律图系。编图范围为乌拉尔山脉—里海以东的 2500 万平方千米。五国共同对这个广大区域综合研究和编图，整合的地质资料包括油气田 691 个、煤田 502 个和 60 多个固体矿种的 4267 个矿床。接续开展的第二阶段合作项目"亚洲北 – 中 – 东部三维地质结构与成矿规律"于 2009 年启动。以亚洲三维结构与成矿为重点，探讨了亚洲岩石圈深部结构和过程及其资源环境响应，对区域和全球地质科学和成矿规律研究具有重要意义。

3. 1 : 2500 万世界大型超大型矿床成矿图

在国际地科联的支持下，我国地质工作者主导编制了 1 : 2500 万世界大型超大型矿床成矿图。大型超大型矿床具有丰富的矿产储量和特殊的成矿特征，其经济价值及战略意义巨大。据粗略统计，大型超大型矿床的数量仅占矿床总数的 5%~10%，却提供了全球矿产资源储量的 30%~50%。项目组通过 5 年多的编图和研究工作，建立了包括地理、经济、地质、成矿背景 4 方面特征、19 项属性和 445 个矿床的世界大型超大型矿床数据库，获得国际上的广泛关注与好评。

4. 其他国际地质图件

截至 2015 年，中国地质调查局还完成了 1 : 500 万亚洲地下水系列图、中南半岛 1 : 150 万系列地质图、1 : 250 万东北亚地质矿产图、1 : 250 万中亚国家地图集等。

（二）开展重大专题研究合作

1. 中美合作

"中美矿产资源评价合作研究"项目于 2003 年启动，主要目标是：学习借鉴美国先进的矿产资源评价方法技术，开展中美矿产资源评价体系与方法对比研究，建立适合我国特点的矿产资源评价模型与方法体系。并以此为手段，开展我国斑岩铜矿床、砂岩铜矿等重要矿产资源的潜力评价。项目由中国地质调查局发展研究中心负责组织实施，中国地质科学院资源所和地质所参加。在学习美国"三部式"资源评价工作方法的基础上，选择长江中下游地区进行了试验研究。2004 年开展全国铜矿（斑岩铜矿、砂岩铜矿）资源潜力评价；2005 年开展钾岩、铂族元素矿床初步研究；2006 年完成全国铂族元素矿床资源潜力评价；2007 年开展全国铅锌矿床资源潜力研究。项目开展以后，中美双方进行了广泛的资料收集、翻译、整理和研究，编制了 1 : 1000 万中国地球动力学纲要图（数字化图）以及说明书、中国 1 : 500 万中酸性岩分布图、1 : 500

万斑岩铜矿分布图、1：500万铅锌矿分布图；完成了中国斑岩铜矿、砂岩铜矿、铅锌矿等矿床的数据库建设；美方提供了美国的有关矿产数据库及评价成果等。应用美国"三部式"资源评价方法，完成了中国斑岩铜矿、砂岩铜矿的资源潜力定量评价，评价成果《中国斑岩铜矿、砂岩铜矿的资源潜力定量评价》（中文版及英文版）出版。根据中国大陆的评价结果，与美国1998年对金、银、铜、铅、锌等矿种的评价结果进行了对比。在项目执行中，中美专家在北京、昆明及美国、泰国等地召开了多次工作会议，就中国斑岩铜矿床和砂岩铜矿评价、中蒙边境地区远景区的接图问题、矿床模型建立、PGE矿床评价等问题进行了研讨。在此项目研究成果的基础上，2008年申请了国家科技部国际合作重点项目——"中美环太平洋成矿带动力学背景与资源评价新方法研究"项目。通过对具有全球意义的环太平洋成矿带的研究，把合作双方各自的人才、技术、数据、资金优势结合起来，对比中美环太平洋成矿带成矿动力学背景、美国的"三部式"和中国的"综合信息法"，总结出新的、具有自主知识产权的区域资源潜力评价方法，对于推动地球科学发展与创新、更好地认识全球资源与环境等具有重要意义。

2. 中德合作

2004年，广州海洋地质调查局与德国基尔大学GEOMAR海洋地学研究中心合作开展了"南海北部陆坡甲烷和天然气水合物分布、形成及其对环境的影响研究"项目。中德科学家在南海北部陆坡开展了天然气水合物调查，取得以下重要成果：①通过海底电视观测和电视抓斗取样，首次发现了一个分布面积约430平方千米自生碳酸盐岩区，为当时世界上规模最大的冷泉碳酸盐岩分布区。在碳酸盐结壳裂隙中发现了嗜甲烷和硫化氢气体的菌席和双壳类等冷泉生物。海底底水和沉积物孔隙水的现场分析发现丰富的甲烷气体，说明第四纪低海面时期曾经历了天然气水合物分解过程，造成甲烷大规模喷逸，形成大面积碳酸盐岩结壳。②全面进行综合采样和现场分析，证实了该工作海域陆坡浅表层可能存在天然气水合物。在调查区南部海域，利用海底电视首次观测到与天然气水合物密切相关的双壳类生物，并通过电视抓斗和电视多管取样方法获得了大批双壳类生物和管状蠕虫等生活在冷泉喷口处的生物及其遗体；对沉积物孔隙水甲烷、硫化氢、硫酸根、氯离子、总碱度、氨等进行现场测试分析，发现了与天然气水合物存在密切相关的显著地球化学异常。③首次运用水体地球化学站位调查，在工作海域不同水层中发现了甲烷异常，说明在调查区存在海底甲烷气体喷溢现象。④成功获得了一批沉积物地质、地球化学资料。通过对重点区浅表层沉积物进行电视多管取样、电视抓斗取样和重力取样，进行了详细的地质描述，并对沉积物孔隙水地球化学指标进行现场测试分析，系统地获得了沉积物地质、地球化学数据，为我国海域天然气水合物形成机理、分布规律和环境效应研究提供了丰富的资料。中德合作的成果进一步揭示了南海北部天然气水合物存在的地质、地球化学和海底表层微地貌等证据，对我国天然气水合物勘查具有指导性意义。

3. 中日合作

中日黄河流域地下水均衡、循环和利用及预测合作项目，合作时间为 2003—2007 年。本合作项目由中国地质调查局和日本产业技术综合研究所组织实施。中方参加单位有中国地质科学院水文地质环境地质研究所、中国地质环境监测院和青海、甘肃、宁夏、内蒙古、陕西、山西、河南和山东地质环境监测总站。日方参加单位除日本产业技术综合研究所外，还有日本筑波大学、日本国立环境研究所、日本地圈环境技术公司和瑞士苏黎世理工学院。在 5 年中，中日双方进行了 12 次联合野外调查，调查范围涉及黄河流域所有主要地下水贮水盆地。完成了如下实物工作量：①在全流域部署自动式地下水位监测仪 96 套，监测时间步长 1 小时，对黄河流域主要平原、盆地地下水位进行了 2 年的持续监测；②在黄河全流域部署了 10 条地下水取样剖面；③对黄河源区冻土分布区的冻土分布展开了全面调查和监测，全面查清了黄河源区的冻土分布情况；④利用美国空军国防气象卫星计划（DMSP）夜间灯光亮度遥感方法对整个黄河流域的地下水开采量进行了解译；⑤利用美国国家航空航天局（NASA）的 SRTM30 数据作为数据源，对黄河全流域的第四系含水层厚度进行了解译；⑥利用日本地圈环境技术公司的 GETFLOWS 软件，建立了包括整个黄河流域的统一的地下水流动系统模型，并对未来地下水流场变化情况进行了预测。

4. 中荷合作

（1）地下水能力建设合作项目。中荷合作的"中国地下水信息中心能力建设"于 2002 年经两国政府批准，2003 年 3 月正式启动。经过 5 年多的努力，该项目在北京、济南、乌鲁木齐三个地下水示范区的建设与运行中取得了丰硕成果，为建设国家级地下水科研基地奠定了坚实的基础。特别是在地下水监测网点优化设计、自动化监测仪和数据自动传输、地下水资源的可持续开发利用等方面，经过不断探索和改进，形成了多项较为成熟的技术方法；引进荷兰地学信息系统建设的先进理念，在国际通用的数据库和信息系统平台下，设计出更加科学合理的地下水数据库结构，开发了集数据采集、传输、储存、分析与发布的全过程的区域地下水监测信息一体化管理服务系统，使地下水数据库和信息管理系统的兼容性和实用性大幅度提高。

（2）中荷海岸带合作项目。"中荷海洋与海岸带科学机制化合作"项目为荷兰亚洲基金资助，2006—2008 年由荷兰三角洲研究所和青岛海洋地质研究所共同执行。主要完成了海洋地学知识管理培训、学生交流、五次专题研讨会和一次总结会，促成了中国地质调查局与荷兰三角洲研究所间合作协议的签订，成立了"中荷海岸带地学研究中心"，为我国与荷兰开展海岸带地质和海洋地质方面的进一步合作打下良好基础。

5. 中澳合作

2019 年 9 月，中国地质调查局西安地质调查中心与西澳大利亚州地质调查局关于战略性关键矿产国际合作项目取得重要进展。经过 3 年来的合作，双方围绕中国东昆仑和西澳伊尔岗东部地区镍钴锂战略性关键矿产等方面开展地质调查工作，取得了一系列重要成果。一是系统总结了西澳与科马提岩有关和东昆仑与镁铁－超镁铁质侵入体有关镍钴矿床的成矿背景、成矿机制和找矿预测评价方法。二是推广应用了西安地质调查中心"高分遥感数据识别伟晶岩→锂矿多光谱影像数据提取→野外调查验证"伟晶岩型锂矿快速预测评价技术方法，在西昆仑地区取得锂矿重大找矿突破，在西澳北部地区新圈定 3 个找矿有利区。三是拓展了与西澳大学、科廷大学及联邦科学与工业研究组织之间的合作，培养了多名青年地质人才。

（三）地质遗迹保护与开发

世界地质公园是由联合国教科文组织委派专家实地考察，并经专家组评审通过，经联合国教科文组织批准发布的地质遗迹保护园区。21 世纪以来，中国国家地质公园网络中心积极与教科文组织地质公园秘书处联络，参与其他国家地质公园实地评估检查。同时也加强我国世界地质公园的申报工作。截至 2015 年，全球共有 130 个世界地质公园，我国共有 33 处，占世界总数的约 1/4。

三、开展国际间地质科技项目服务

2000 年以来，在国土资源部、外交部、商务部、财政部和科技部等部委的大力支持下，中国的地质调查队伍在境外地质调查工作方面取得了一系列开创性和具有重要影响的成果。2003—2015 年，中国地质调查局组织了全国 60 余家单位的近 1000 名科研人员，利用地质调查专项、国外矿产资源风险勘查专项、商务部援外专项、科技部国际合作专项和亚洲区域合作专项等资金渠道，累计组织实施境外地质调查项目 215 项，总经费达 9.15 亿元。开展了全球成矿规律研究与潜力分析，合作实施了国际地质地球化学填图，建立了全球矿产资源信息系统。在推动我国先进的地质勘查技术走向世界的同时，搭建起了国际地学合作的网络和平台，培养了一批国际化的人才和创新团队。

（一）实施境外重要地质调查项目

中国是全球地球化学基准计划的发起国，并担任其核心领导职务，参加了全球地球化学基准蓝皮书的编写和技术指南的制定。自 2005 年在科技部国际合作计划支持下，"国际地球化学填图"项目开始启动，由中国牵头根据不同国家的地理景观特点，制定了有针对性的《国际地球化学填图技术指南（试用稿）》（以下简称《指南》）。《指南》涵盖国际地球化学填图从采样、样品加工、样品分析测试，直到数据管理和图件制作、报告编写的全过程。先后为亚洲、非洲、拉丁美洲等地区的 50 余个发展中国家举办了 25 次国际地球化学填图培训班，培训 500 余人次。有效支撑了"化学地球"国际大科学计划实施和全球地球化学基准网建设。

在国际合作过程中，重点完成了覆盖全球的基础图件编制与重要成矿带成矿规律研究工作。截至 2015 年，中国地质调查局与 25 个国家合作完成 260 万平方千米地质地球化学调查，圈定异常和靶区 2700 余处，新发现矿（化）点 300 处。在实施全球重点成矿区带地质矿产国际合作项目中，于 2011 年与印度尼西亚、蒙古、塔吉克斯坦、厄立特里亚、秘鲁、阿根廷、吉尔吉斯斯坦等国家和地质调查机构合作，开展了重点成矿区带的地质调查项目；2012 年开展了几内亚、利比亚、科特迪瓦、缅甸、巴布亚新几内亚、澳大利亚、玻利维亚等国家优势矿种的遥感地质图解译，圈定了战略选区；2013 年，开展了全球 25 个重点成矿带、100 多个金属矿床的研究工作，其中在非洲地区编制了 1∶100 万北苏丹、厄立特里亚、埃塞俄比亚、吉布提、索马里、肯尼亚等国的地质矿产图，在北极及北美地区编制完成了北极圈及邻区 1∶500 万矿床地质图重要金属矿床分布图。

2008—2015 年，中国地质调查局实施了重要矿产资源全球分布与潜力研究，初步取得了系列研究成果。重点选择铁、铜、锡、钴、锰、铬、铝土矿、锑、钨、金、铂族元素、稀土、锂、铀、煤炭、钾盐、金刚石等矿种开展了全球资源综合分析研究，初步掌握这些矿产全球基本分布特征，并根据不同矿种区域成矿规律，开展了资源潜力分析工作，并提出各矿种的勘查开发建议。

（二）开展全球资源环境遥感地质调查

2009—2014 年，在中国地质调查局组织实施下，中国国土资源航空物探遥感中心承担了"全球地质矿产与资源环境卫星遥感'一张图'工程"等多个境外资源环境遥感调查项目。利用不同分辨率的卫星遥感数据，实现了全球 14900 万平方千米 1：500 万、39 个重要资源型国家 1300 万平方千米 1：100 万及其重要成矿区 1：25 万~1：5 万遥感数据和解译成果全覆盖。建立了 9 类典型矿床全球遥感地质找矿模型，圈定了成矿影像单元 47 个，圈定找矿远景区 / 找矿靶区 100 余处。形成了"全球巨型成矿带重要矿产资源与能源遥感专题产品生产系统"服务系统。

（三）服务"一带一路"沿线国家

"一带一路"倡议，以打造命运共同体和利益共同体为合作目标，得到沿线国家广泛认同和积极参与。"一带一路"沿线国家在矿产资源合作方面具有很强的互补性，市场大、机会多，为沿线各国共享地球科学研究与发展成果、构筑地学发展合作共赢创造了需求与基础。为服务地质工作参与"一带一路"，中国地质调查局先后编制了《"一带一路"地质调查规划（2015—2020）》《援外地质调查工作中长期战略系列建议》等一系列战略规划；发布了《中国地质调查成果报告（2016）》；编制了《"一带一路"能源和其他重要矿产资源图集》和《"一带一路"石油天然气勘探开发图集》。

中国地质调查局采用国际培训、合作研究、联合调查、技术援助等多种形式，与"一带一路"沿线国家共享我国地球化学填图、卫星遥感、数字地质填图、数据库建设、实验室分析测试等先进技术。在各方的努力下，启动了一系列的地质调查国际合作项目。

（1）在蒙古，中国地质调查局地球物理地球化学研究所、天津地质调查中心与蒙古矿产资源管理局合作，先后开展了"中蒙边界地区 1：100 万地球化学填图""中蒙边界重要成矿带 1：100 万成矿规律图编制与研究""中蒙边界地区重要成矿带成矿规律对比研究"等项目，研究地区包含了"一带一路"中蒙走廊带的大部分区域，取得了丰硕成果。

（2）在吉尔吉斯斯坦，通工程地质合作，帮助该国建立了 7 个地质矿产类数据库，编制完成中吉系列地质图件、系列地球化学图件等 100 余幅；开展的吉尔吉斯斯坦矿产资源潜力综合信息评价，圈定了找矿预普查选区。

（3）在巴基斯坦，中国地质调查局西安地质调查中心积极与该国地质调查局开展区域编图、成矿地质背景对比及矿产资源调查评价等方面的合作研究，不仅有力支撑了中巴经济走廊建设，同时为中资企业在巴基斯坦的矿业投资提供了基础信息服务。

（4）在塔吉克斯坦，合作的帕米尔地区地球化学填图，完成了 1：100 万面积 6 万平方千米、1：25 万面积 2 万平方千米，编制近 100 张地球化学系列图件。合作成果显示合作调查区内良好的找矿前景，发现铁银山铁铜银多金属矿、铅矿川银铅矿、铅钼梁铅银铷矿和白云峰锌矿点等，对调查区内通过发展矿业经济改善民生、改善基础设施环境具有重要意义。

（四）建立全球地质矿产信息服务系统

中国地质调查局立足基础性、公益性地质调查国际合作成果，精心设计，认真开发，地学信息技术已在发展中国家处于领先地位，境外地质矿产信息服务能力逐步增强。2007年，应COOP组织要求，由中国地质调查局提供项目经费和技术支持，为COOP组织12个成员国建立涵盖能源（油气、煤、地热）、矿产、地下水、地质灾害、海岸带、地球物理、地球化学、资料档案等专业的空间和非空间数据应用的元数据标准及应用软件，以适合COOP组织成员国在今后的这些工作领域中使用。经过3年的工作，最终制定和出版了包含5个实体、8个代码表和45个要素的《CCOP地学信息元数据标准（CCOP-S01）》，并于2010年被东盟矿产高官会确定为东盟组织地质矿产信息共享工作的元数据标准。

全球矿产资源信息系统始建于2003年，截至2015年数据总量超过14TB，包括图件近2.8万幅，文档超过2万份。其中，基础地质矿产数据包含：全球不同层次不同比例尺基础地质图、地球物理数据、地球化学数据和遥感数据等，涉及127个国家及地区，中大比例尺地质矿产图件2.3万多幅；全球矿产地数据超过46万条，包括全球1万多个矿业公司信息和3.8万个矿业项目信息；全球各国1∶100万尺度地理信息数据（公路、铁路、机场、港口、水系、城市等数据）。此外，中国地质调查局发展研究中心、航感中心、地质图书馆等机构和部门，也常年作为境外信息社会公益性服务机构提供公益性服务。

（五）提供管理与科技培训

中国在开展援外地质工作的同时，积极为发展中国家的管理人员和技术人员举办管理与技术培训。截至2015年，中国地质调查局通过各种平台和途径，为90余个国家的政府官员、技术人员举办各个专业的培训班57期。其中，商务部资助的援外培训班29期，总计培训1000多人次。此后，在地质矿产领域，中国参与对外培训工作的学科继续拓展，规模不断提升。2018年承办了25期对外地质矿产官员和技术人员地质调查培训班，领域涵盖地质调查信息化、地球化学、航空遥感、物探技术、水资源与环境、能源资源、海洋地质等方面，共培训了来自亚非拉和中东欧50多个国家和地区的668位地质矿产官员和技术人员。

四、面向国际的地质科技出版物

2019 年和 2020 年，在 74 届、75 届联合国大会期间，中国代表团分别发布了基于中国科学院"地球大数据科学工程"的《地球大数据支撑可持续发展目标报告》的 2019 年和 2020 年版。报告展现了中国利用科技创新推动落实联合国 2030 年可持续发展议程的探索和实践，为各国加强 2030 年议程落实监测评估提供借鉴。

2022 年 1 月，由中国地质调查局发展研究中心编著的《世界矿情·非洲卷》一书出版发行。该书是我国首部集非洲区域地质、矿产资源、矿业开发、矿业投资环境和中非矿业合作等研究内容于一体的综合性研究专著。

第六节　高等地质教育

进入 21 世纪，我国世界地质教育大国的地位进一步得到巩固，较好地承担了服务国家地质科技发展战略的重要使命。更突出的是，我国的高等地质教育能够与时俱进、创新驱动，在教育理念、目标定位、模式培育、建设路径等方面，走出了一条中国特色、世界一流的发展道路。

一、地质院校重组调整

2000 年，国务院发布了《关于调整国务院部门（单位）所属学校管理体制和布局结构的实施意见》。高等地质教育从此摆脱了以行业管理为特点的计划经济时代的窠臼。20 世纪 90 年代以来原分别隶属于 18 个部（委、局）、总公司和 13 个省（区、市）的地质和矿业类高校先后更名、重组，转为中央或地方政府与行业部门共建的新模式。形成了中央与地方分级管理，普通高等教育、高等职业技术教育、民办高等教育并立，学士、硕士、博士（含博士后）学术梯队结构完整的教育制度。

2000 年 3 月，中国地质大学、中国矿业大学等承办地质专业的院校被列为教育部直属高校。4 月，西安公路交通大学、西安工程学院、西北建筑工程学院合并组建长安大学，为教育部直属高校，学校设地质类专业的院系有地球科学与国土资源学院、地质工程与测绘工程学院、水文地质与环境工程系；中南工业大学、湖南医科大学和长沙铁道学院合并成立中南大学，在 4 个学院中设有地质类专业。6 月，吉林大学、吉林工业大学、白求恩医科大学、长春科技大学、长春邮电大学合并组建新的吉林大学，为教育部直属高校，设地球科学学部，下设 4 个学院——地球科学学院（5 个地质类本科专业）、地球探测科学与技术学院（4 个地质类本科专业）、环境与资源学院（下设 3 个系）、建筑工程学院。

2001 年 9 月，由成都理工学院、四川商业高等专科学校、成都有色地质职工大学合并组建成成都理工大学，为四川省省属学校，含地质类专业院系为地球科学学院、能源学院、环境与土木工程学院、核技术与自动化学院、材料工程与生命科学学院、信息工程学院。10 月，北京大学地质学系、地球物理学系固体地球物理学专业与空间物理学专业、遥感所和城市与环境学系地理信息系统专业合组地球与空间科学学院。

2002 年 4 月，华东地质学院更名为东华理工学院，学校设 6 个地学类的系：地球科学系、岩土工程系、勘查技术系、应用化学系、测量系、材料科学与工程系。10 月，同济大学创建海洋与地球科学学院，设 3 个本科专业：地质专业包括海洋地质方向、环境地质与工程方向、宝石学方向；地球物理学专业包括环境与资源评价方向和信息处理方向；地球信息科学与技术专业包括海洋资源与环境信息管理方向、地学信息软件工程方向、海岸带信息综合管理方向、城市地学信息管理方向。同月，大庆石油学院在原石油勘探系基础上，建立地球科学学院，下设资源与环境、地球物理两个系，设资源勘查工程、资源环境与城市规划管理、地球化学、勘查技术与工程、地球物理学 5 个本科专业。

二、地质院校专业设置

据 2003 年《中国普通高等学校本科专业设置大全》统计，中国地质类高等教育专业包括：①地球科学（理学）本科专业设置，涵盖地质学类、地理科学类、地球物理学类、大气科学类、海洋科学类中 10 个专业，有 347 个办学点。②地矿学科（工学）本科专业设置，涵盖地质工程（勘查技术与工程、资源勘查与工程）、矿物资源工程（采矿工程、石油工程、矿物加工工程）2 个专业，有 119 个办学点。③地学类相关学科本科专业设置，包括材料科学类、环境科学类、土建类、水利类、测绘类、环境与安全类和公共管理类中的特色专业 9 个，有 863 个办学点。④除教育部批准设置的目录外与地学有关的专业 10 个，有 21 个办学点。⑤培养地学研究生学科，专业设置包括地理学、大气科学、海洋科学、地球物理学、地质学、地质资源与地质工程、矿业工程、石油天然气工程等一级学科中的 24 个专业，有 379 个办学点（2000 年数据）。⑥培养地学相关学科研究生学科，专业设置包括环境科学与工程、土木工程、测绘科学与技术、材料科学与工程、水利工程、公共管理一级学科中的 10 个专业，有 354 个办学点（2000 年数据）。⑦博士后流动站 61 个。

2003—2007 年，地质类专业布点继续增加。据 2007 年《中国普通高等学校本科专业设置大全》统计，在我国的高等教育中，全国含地质学类、地球物理学、地矿类专业的普通高校共有 85 所。含地质学类、地球物理学、地矿类 11 个专业布点 196 个，海洋科学专业布点 17 个，测绘工程专业布点 89 个。

三、地质专业人才培养

21 世纪的最初 10 年，是中国地质教育转型的重要阶段。一方面要适应地质工作转型升级的需要，另一方面要适应市场经济对专业技术人才的需要。其间，地质教育积极"转变发展方式"。坚持通识教育与宽口径专业教育相结合，注重全面素质教育，研究与学习相结合，人文教育与科学教育互融，注重创新精神和实践能力的培养，以及因材施教和个性化培养的教育模式，从根本上改变了长期计划经济体制下形成的行业对口专业单一的局面。地质教育克服了地质学校院系更名，以及地勘行业大起大落的影响，为我国地质事业提供了有效的人才支撑和智力保障。1999 年，地质学、地球化学、地球物理学、海洋科学、石油工程、勘查技术与工程、资源勘查工程、地质工程专业的招生人数为 4069 人，到 2009 年增长至 15294 人。2007 年，地质类专业在校硕士生 25328 人，博士生 6670 人；相比 2004 年，在校硕士生增长 21.4%，博士生增长 5.6%。

四、地质院校科教活动

2000 年 8 月，教育部公布第 3 批教育部重点实验室名单，决定北京大学地表过程分析与模拟，石油大学石油天然气成藏机理，中国地质大学岩石圈构造、深部过程及探测技术，武汉大学地球空间环境与大地测量，中南大学有色金属材料科学与工程，西北大学大陆动力学，兰州大学西部环境等 60 个研究机构为教育部重点实验室。

2001 年 1 月，中国地质教育协会"并入"中国地质学会，更名为中国地质学会地质教育研究分会。该会原业务主管单位是教育部,挂靠单位是国土资源部;更名后主管单位为国土资源部,挂靠单位转至中国地质大学(北京)。

2005 年 8 月,第八届国际矿床地质大会在中国地质大学(北京)召开,来自 70 多个国家的 600 多名学者出席了这次盛会。这是国际矿床地质大会首次在欧洲之外的国家举行。2009 年 10 月 25—28 日,第一届世界青年地球科学家大会在中国地质大学(北京)召开,来自 37 个国家和地区的 380 余名青年代表围绕"青年地球科学家为社会服务"为会议主题,通过口头报告和圆桌讨论等形式,探讨了具有全球性意义的科学与社会问题。

21 世纪的最初 10 年,中国地质教育在国际交流与合作方面不断扩大和提升。以中国地质大学(武汉)为例,先后与美、法、澳、俄等国家的 150 多所大学签订了友好合作协议或结为友好学校。学校公派出国访问、留学的师生每年超过 200 人次,邀请来校访问讲学的国外专家、友人每年超过 300 人次。中国地质大学(北京)已同俄、美、加、法、德、韩、日等 30 多个国家和地区的 80 多所大学、科研机构和著名企业建立了良好的学术交流和实质性的教育合作关系,同 40 多个国际学术组织建立了经常性的联系,70 多名学者参加了国际著名学术组织并担任职务。每年聘请长短期外国专家 200 余人次。有来自韩国、越南、蒙古、土耳其、尼日利亚、伊朗、纳米比亚、印度尼西亚等国家的长短期留学生 150 余人。有效地开展了与国外大学、科研机构和著名企业多种形式的联合办学。吉林大学地学部地球科学学院与英国、法国、德国、奥地利、俄罗斯、乌克兰、日本、澳大利亚、加拿大、美国等 20 余个国家和地区的近 40 所大学、研究机构及地质调查部门,在科学研究、学术交流和人才培养等方面,建立了密切合作关系。中、韩、俄、朝、日、蒙 6 国协商成立的区域性国际学术组织——东北亚国际地学研究与教学中心,围绕东北亚地区地质及资源环境等问题,成功开展了一系列学术交流与科研合作。

第六篇
新时代

据新华社 2022 年 10 月 4 日报道，10 月 2 日，习近平总书记给山东省地矿局第六地质大队回信，全文如下：

山东省地矿局第六地质大队的同志们：

你们好！来信收悉。建队以来，你们一代代队员跋山涉水，风餐露宿，攻坚克难，取得了丰硕的找矿成果，展现了我国地质工作者的使命担当。

矿产资源是经济社会发展的重要物质基础，矿产资源勘查开发事关国计民生和国家安全。希望同志们大力弘扬爱国奉献、开拓创新、艰苦奋斗的优良传统，积极践行绿色发展理念，加大勘查力度，加强科技攻关，在新一轮找矿突破战略行动中发挥更大作用，为保障国家能源资源安全、为全面建设社会主义现代化国家作出新贡献，奋力书写"英雄地质队"新篇章。

习近平

2022 年 10 月 2 日

习近平总书记重要回信在全国特别是自然资源系统、地勘行业引起强烈反响，各地掀起了学习贯彻落实重要回信精神的热潮。此次回信，为中国的地质科学工作者注入了强大的精神动力，为地质工作指明了方向。

事实上，党的十八大以来，以习近平同志为核心的新一代中央领导集体高度重视地质和矿产工作，就新时代的地质工作和生态文明建设，作出了一系列的重要指示。

2012 年 11 月在北京召开的中国共产党第十八次全国代表大会，确立了全面建成小康社会和"两个一百年"奋斗目标，明确了中国特色社会主义事业"五位一体"的总体布局，对我国经济建设、政治建设、文化建设、社会建设、生态文明建设作出全面部署。中国特色社会主义进入新时代。

中国的地质工作与时代同行。地质工作进入新时代的主要标志是：在地质工作的服务方向上，从过去以支撑服务矿产资源管理为主，向支撑服务包括矿产资源在内的自然资源管理转变；在指导理论上，从以地质科学理论为指导，转变到以地球系统理论为指导，加强地球多圈层相互联系、相互作用、相互影响的调查研究，为自然资源合理开发和生态系统保护提供系统科学解决方案；在发展动力上，由主要依靠承担项目向主，向依靠科技创新和信息化、智能化建设转变，促进地质工作转型升级。

第二十六章
自然资源管理体制

基于建设生态文明的时代需要，为统一行使全民所有自然资源资产所有者职责，统一行使所有国土空间用途管制和生态保护修复职责，着力解决自然资源所有者不到位、空间规划重叠等问题，2018年3月，中华人民共和国第十三届全国人民代表大会第一次会议表决通过，批准成立中华人民共和国自然资源部。

第一节　管理机构

自然资源部是国务院组成部门，为正部级，对外保留国家海洋局牌子。2018年4月10日，自然资源部在北京正式挂牌。

一、主要职责

自然资源部的主要职责包括：① 履行全民所有土地、矿产、森林、草原、湿地、水、海洋等自然资源资产所有者职责和所有国土空间用途管制职责。② 负责自然资源调查监测评价。③ 负责自然资源统一确权登记工作。④ 负责自然资源资产有偿使用工作。⑤ 负责自然资源的合理开发利用。⑥ 负责建立空间规划体系并监督实施。⑦ 负责统筹国土空间生态修复。⑧ 负责组织实施最严格的耕地保护制度。⑨ 负责管理地质勘查行业和全国地质工作。⑩ 负责落实综合防灾减灾规划相关要求，组织编制地质灾害防治规划和防护标准并指导实施。⑪ 负责矿产资源管理工作。⑫ 负责监督实施海洋战略规划和发展海洋经济。⑬ 负责海洋开发利用和保护的监督管理工作。⑭ 负责测绘地理信息管理工作。⑮ 推动自然资源领域科技发展。⑯ 开展自然资源国际合作。⑰ 根据中央授权，对地方政府落实党中央、国务院关于自然资源和国土空间规划的重大方针政策、决策部署及法律法规执行情况进行督察。⑱ 管理国家林业和草原局。⑲ 管理中国地质调查局。⑳ 完成党中央、国务院交办的其他任务。

二、内设机构

新组建的自然资源部设置 25 个管理职能部门，其中与地质科技工作直接相关的部门包括：

自然资源调查监测司。拟订自然资源调查监测评价的指标体系和统计标准，建立自然资源定期调查监测评价制度。定期组织实施全国性自然资源基础调查、变更调查、动态监测和分析评价。开展水、森林、草原、湿地资源和地理国情等专项调查监测评价工作。承担自然资源调查监测评价成果的汇交、管理、维护、发布、共享和利用监督。

自然资源开发利用司。拟订自然资源资产有偿使用制度并监督实施，建立自然资源市场交易规则和交易平台，组织开展自然资源市场调控。负责自然资源市场监督管理和动态监测，建立自然资源市场信用体系。建立政府公示自然资源价格体系，组织开展自然资源分等定级价格评估。拟订自然资源开发利用标准，开展评价考核，指导节约集约利用。

国土空间规划局。拟订国土空间规划相关政策，承担建立空间规划体系工作并监督实施。组织编制全国国土空间规划和相关专项规划并监督实施。承担报国务院审批的地方国土空间规划的审核、报批工作，指导和审核涉及国土空间开发利用的国家重大专项规划。开展国土空间开发适宜性评价，建立国土空间规划实施监测、评估和预警体系。

国土空间生态修复司。承担国土空间生态修复政策研究工作，拟订国土空间生态修复规划。承担国土空间综合整治、土地整理复垦、矿山地质环境恢复治理、海洋生态、海域海岸带和海岛修复等工作。承担生态保护补偿相关工作。指导地方国土空间生态修复工作。

地质勘查管理司。管理地质勘查行业和全国地质工作，编制地质勘查规划并监督检查执行情况。管理中央级地质勘查项目，组织实施国家重大地质矿产勘查专项。承担地质灾害的预防和治理工作，监督管理地下水过量开采及引发的地面沉降等地质问题。

矿业权管理司。拟订矿业权管理政策并组织实施，管理石油天然气等重要能源和金属、非金属矿产资源矿业权的出让及审批登记。统计分析并指导全国探矿权、采矿权审批登记，调处重大权属纠纷。承担保护性开采的特定矿种、优势矿产的开采总量控制及相关管理工作。

矿产资源保护监督司。拟订矿产资源战略、政策和规划并组织实施，监督指导矿产资源合理利用和保护。承担矿产资源储量评审、备案、登记、统计和信息发布及压覆矿产资源审批管理、矿产地战略储备工作。实施矿山储量动态管理，建立矿产资源安全监测预警体系。监督地质资料汇交、保管和利用，监督管理古生物化石。

国土测绘司。拟订全国基础测绘规划、计划并监督实施。组织实施国家基础测绘和全球地理信息资源建设等重大项目。建立和管理国家测绘基准、测绘系统。监督管理民用测绘航空摄影与卫星遥感。拟订测绘行业管理政策，监督管理测绘活动、质量，管理测绘资质资格，审批外国组织、个人来华测绘。

地理信息管理司。拟订国家地理信息安全保密政策并监督实施。负责地理信息成果管理和测量标志保护，审核国家重要地理信息数据。负责地图管理，审查向社会公开的地图，监督互联网地图服务，开展国家版图意识宣传教育，协同拟订界线标准样图。提供地理信息应急保障，指导监督地理信息公共服务。

科技发展司。拟订自然资源领域科技发展战略、规划和计划。拟订有关技术标准、规程规范，组织实施重大科技工程、项目及创新能力建设。承担科技成果和信息化管理工作，开展卫星遥感等高新技术体系建设，加强海洋科技能力建设。

第二节　政策法规

党的十八大以后，对地质勘查工作转型升级提出了明确要求，国家有关部门对有关地质勘查的行业政策、法规进行了相应的调整和修改。新的政策法规紧紧围绕建设美丽中国，推进绿色发展、循环发展、低碳发展的需要；矿业领域简政放权、放管结合、优化服务改革，充分发挥市场在资源配置中的决定性作用和更好发挥政府作用的需要；国家鼓励地勘行业加强对新兴战略性矿产的勘查，鼓励地勘行业参与国家生态文明建设、地质灾害防治以及山水林田湖草沙的调查与治理等方面的需要。

一、五部委联合印发《关于加强矿山地质环境恢复和综合治理的指导意见》

2015 年，国土资源部颁布了《历史遗留工矿废弃地复垦利用试点管理办法》（国土资规〔2015〕1 号），将历史遗留工矿废弃地复垦与城市新增建设用地挂钩，调整建设用地布局，解决土地复垦资金不足和城市建设缺乏空间的矛盾。

2016 年，国土资源部等五部委联合印发《关于加强矿山地质环境恢复和综合治理的指导意见》（国土资发〔2016〕63 号），要求加快解决矿山地质环境历史遗留问题，鼓励社会资金参与，大力探索构建"政府主导、政策扶持、社会参与、开发式治理、市场化运作"的矿山地质环境恢复和综合治理新模式。2017 年，国土资源部颁布了《关于加快建设绿色矿山的实施意见》（国土资规〔2017〕4 号）和《国土资源部土地复垦"双随机一公开"监督检查实施细则》（国土资规〔2017〕23 号）要求进行土地复垦监督检查。同年，印发了《关于开展绿色矿业发展示范区建设的函》（国土资规〔2017〕1392 号），提出到 2020 年在全国创建 50 个以上具有区域特色的绿色矿业发展示范区的目标。2018 年，自然资源部设立国土空间生态修复司，使矿区土地复垦与生态修复有了统一的管理机构。

为破解矿山生态修复面临的资金短缺问题，自然资源部于 2019 年 12 月印发《自然资源部关于探索利用市场化方式推进矿山生态修复的意见》（自然资规〔2019〕6 号）。2020 年 10 月，为充分发挥中央财政安排的重点生态保护修复治理资金和特大型地质灾害防治资金职能作用，自然资源部、财政部联合印发了《中央重点生态保护修复资金项目储备库入库指南（2020 年）》和《中央特大型地质灾害防治资金项目储备库入库指南（2020 年）》，按照"资金跟着项目走"的原则，推进项目储备库建设和管理。

二、国家鼓励对支撑新兴战略性产业的战略性矿产的矿产勘查

2016 年 11 月，国务院批复通过的《全国矿产资源规划（2016—2020 年）》，首次将 24 种矿产列入战略性矿产目录。这 24 种矿产包括：能源矿产，包括石油、天然气、页岩气、煤炭、煤层气、铀；金属矿产，包括铁、铬、铜、铝、金、镍、钨、锡、钼、

锑、钴、锂、稀土、锆；非金属矿产，包括磷、钾盐、晶质石墨、萤石。

三、自然资源部印发《关于加强地质勘查和测绘行业安全生产管理的指导意见》

2021年3月22日，自然资源部按照"管行业必须管安全，管业务必须管安全，管生产经营必须管安全"等安全生产管理新要求，印发了《关于加强地质勘查和测绘行业安全生产管理的指导意见》。《指导意见》要求，自然资源主管部门在地质勘查和测绘行业管理中加强安全生产保障，关键是科学衔接好三方面的关系：要坚决贯彻落实国家安全生产统一部署，按照应急管理部门要求，推进业务工作与安全生产的融合；地质勘查和测绘单位要切实履行安全生产主体责任，把各项要求层层分解、细化到具体的业务工作之中；自然资源主管部门要把安全生产理念融入日常监管中，做好督促、提醒、指导工作，促使业务管理和安全生产相互补充，不断夯实安全生产基础。

四、自然资源部发布《关于促进地质勘查行业高质量发展的指导意见》

2021年5月，自然资源部发布《关于促进地质勘查行业高质量发展的指导意见》（自然资发〔2021〕71号）。要求地质勘查行业要坚持以习近平生态文明思想为指导，统筹行业发展与经济社会高质量发展，在服务生态文明建设、保障国家能源资源安全和地质灾害防治工作中发挥重要作用。从深化改革、促进发展，抓住机遇、加快发展，提升能力、高质量发展，加强监管与服务等四个方面为进一步推动各省级自然资源主管部门支持地勘单位改革，加强服务监管，推动地勘行业更好发展提供了方向、遵循与指引。进一步明确了地勘行业的功能定位，要求在服务生态文明、保障能源资源安全、加强地质灾害防治等方面发挥重要作用。与此同时，要求各省（区、市）自然资源主管部门要紧密结合本地地质勘查工作需求和目标，指导地勘单位不断加强基础研究和人才培养，提升科技创新能力、装备研发能力和信息化智能化水平；并要求要加大政策和项目支持力度，注重推广典型经验，支持地勘单位发展；建立健全地质勘查监督管理机制，加强地质勘查领域信用体系建设，规范地质勘查活动，指导地勘单位更好发展。

五、自然资源部办公厅印发《地质勘查活动监督管理办法（试行）》

2021 年 5 月，自然资源部办公厅印发了《地质勘查活动监督管理办法（试行）》（自然资办发〔2021〕42 号）。该办法明确："地勘活动监督管理要坚持职责法定、信用约束、协同监管、社会共治的原则，通过加强监管，构建地勘单位自治、行业自律、社会监督、政府监管的社会共治格局。自然资源部负责组织开展全国地勘活动的监管，统一建设全国地勘行业监管服务平台，组织制定、修订国家及行业标准和技术规范，统筹地勘单位情况统计工作，指导推动全国地勘技术鉴定与服务。"

第二十七章
新一轮地质找矿战略

第一节　重大地质找矿投资专项

一、找矿突破战略行动

找矿突破战略行动是国土资源部 2009 年在全国国土资源系统和地勘行业组织开展的地质找矿改革发展大讨论的重要成果之一。

（一）工作部署及安排

2011 年，国务院批准实施《找矿突破战略行动纲要（2011—2020 年）》（以下简称《纲要》），国土资源部、国家发展改革委、科技部、财政部四部委联合启动，确定了地质找矿"358"目标，即"三年有重大进展、五年有重大突破、八年重塑矿产勘查开发格局"。

1. 总体目标

《纲要》提出，用 8~10 年时间，实现主要含油气盆地、重要矿产资源整装勘查区、老矿山深部和外围的找矿突破及重要成矿区带找矿远景区的找矿发现，形成一批能源资源战略接续区，建立重要矿产资源储备体系。结合国家主体功能区划、区域产业布局和重大基础设施建设，矿产资源利用结构形成"油气并举""大宗紧缺矿产和新兴材料资源并举""开源节流并举"格局，勘查开发形成"陆海并重""东西并重"的空间布局，推进资源产业向西部地区转移、矿产资源勘查开发向海域拓展，促进资源与环境协调发展和矿产资源可持续利用，为促进经济平稳较快发展提供有力的资源保障和产业支撑。同时，通过推进资源整合，实施整装勘查，提高资源规模化开发、集约化利用水平，形成一批具有国际竞争力的矿业集团。推进地勘单位改革发展，通过鼓励和支持地勘单位走探采一体化道路，增强地勘单位综合实力，发展一批具有活力的资源型企业。

2. 主要任务

《纲要》提出，围绕实现找矿重大突破、提高资源保障能力的目标，根据地质找矿新机制的总体要求，按照地质工作规律，找矿突破战略行动部署三个方面的工作：①加强基础地质调查与研究；②以石油、天然气、铁、铜、铝、钾盐、铅、锌、金等为重点加强矿产勘查；③依托大型骨干矿业集团，建设一批"关系全局、意义深远、带动性强"的综合利用示范基地。

3. 总体部署

按照《纲要》确定的主要任务，找矿突破战略行动分四大战略领域部署实施：

①战略准备：加强基础地质调查、矿产远景调查和基础地质研究，拓展新的找矿战略目标区。②战略展开：在已有能源和重要矿产资源生产基地外围和深部，增储扩产。老矿山深部和边部的探矿权优先配置给现有矿山企业。民营企业也可以利用此政策加强矿山深部和边部的勘查，延长矿山服务年限。③战略突破：以石油、天然气、页岩气、铁、铜、铝、钾盐、铅、锌、金等为重点，将最具找矿突破条件的地区划为整装勘查区，统筹调动企业、地勘单位的资金与技术力量，实施整装勘查，构建新的资源基地。整装勘查区内的矿业权出让遵循"三优先"原则，即"敢于风险钻探的优先、探采一体化的优先、资本与技术相结合的优先"。④科技支撑：加强地质找矿理论、方法技术创新，包括为矿业权人在勘查过程中提供各种技术服务，提高矿产勘查和资源节约与综合利用水平。

4. 主要工作内容

找矿突破战略行动包括八项重要任务，即基础地质调查、油气资源调查、矿产远景调查、地质科技攻关、油气资源勘查、重要固体矿产勘查、老矿山找矿、矿产资源节约与综合利用。

在20个重点成矿区带，围绕国家紧缺和大宗支柱矿产为主攻矿种，2011年3月首批划定47片整装勘查区；2012年9月划定了第二批31片整装勘查区；2013年划定了第三批31片整装勘查区。2014年，国土资源部滚动调整，不断优化整装勘查布局，原有109个整装勘查区退出11个，新增9个，全国共有107个整装勘查区，分布在23个省（区、市），涉及铀、钾盐、锰、铁、铜、金、铅、锌、铝土、钨、锡、钼、镍、铬、磷、金刚石、石墨、锂18个矿种，总面积约46万平方千米。全国整装勘查区主要分布在 26 个重点成矿区带和北方沉积盆地中，以东西天山、秦祁昆、班公湖—冈底斯—藏南、三江、扬子、大兴安岭、长江中下游、江南陆块南缘、南岭为主。2011—2015 年，全国整装勘查区矿产勘查投入 315.4 亿元。

（二）找矿突破取得的成效

找矿突破战略行动实施的前五年，取得了重要阶段性成果。以国家财政资金牵引社会的资本投入，积极创新投资模式。截至 2015 年年底，全国累计投入地质找矿资金 5623 亿元，较"十一五"期间增长 38%，其中社会资金占 84%，除煤层气和锡矿外，其他矿种均完成或超额完成了五年目标任务，尤其是金、铅、锌、镍、钨、钼 6 种矿产提前完成十年找矿目标。这是中华人民共和国成立以来新增资源储量最多的五年。

找矿突破战略行动实施的第二个五年也取得了一系列重大成果，为保障国家能源资源安全作出了重大贡献。2021 年 2 月 25 日，自然资源部在京召开找矿突破战略行动十年成果新闻发布会公布，自 2011 年国务院批准实施找矿突破战略行动以来，在党中央、国务院坚强领导下，自然资源部、国家发展改革委、科技部和财政部密切配合、精心组织，地方各级党委政府高度重视、努力推进，矿业企业、地勘单位和科研院所积极发挥作用，找矿突破战略行动完成总体目标，取得丰硕成果，在开采消耗持续加大的情况下，主要矿产保有资源量普遍增长。

找矿突破战略行动的成功实践，为新一轮战略性矿产找矿奠定了重要基础。自然资源部将会同国家发展改革委、科技部、财政部等部门共同开始组织实施《战略性矿产找矿行动（2021—2035 年）》，加大国内矿产勘查特别是精查力度，增强我国能源和战略性矿产资源保障能力，积极推动矿业高质量发展，为全面建设社会主义现代化国家提供坚实矿业支撑。

1. 找矿取得重要进展和突破

石油、天然气十年新增资源量分别为 101 亿吨、6.85 万亿立方米，约占中华人民共和国成立以来查明总量的 25%、45%；发现玛湖、庆城等 17 个亿吨级大油田和安岳、苏里格等 21 个千亿立方米级大气田。页岩气勘探开发取得进展，川南气田年产量达到 117 亿方米，涪陵气田年产量达到 67 亿立方米；发现沁水千亿立方米级煤层气田。在长江上游贵州、云南，中游湖北，下游安徽获得页岩油气调查重大发现。晶质石墨十年新增资源量为 3.36 亿吨，约占中华人民共和国成立以来查明总量的 65%；锰新增资源量为 12 亿吨、钼 1874 万吨、钨 612 万吨、金 8085 吨；铅锌新增资源量为 1.37 亿吨、铝土矿 18 亿吨、钾盐 5.23 亿吨；煤炭新增资源量为 5268 亿吨、铜 3711 万吨、镍 349 万吨、萤石 9062 万吨。新发现多处砂岩型铀矿；贵州铜仁新增锰资源量 7 亿吨；西藏多龙新增铜资源量 1837 万吨，成为我国首个千万吨级铜矿。新形成 32 处非油气矿产资源基地，其中 25 处分布在西部，占全国总数的 78%。西部铜矿新增资源量占全国新增资源量的 70%，西部铅锌矿新增资源量占全国新增资源量的 83%，西部地区找矿突破为西部地区脱贫和经济发展提供资源基础和产业支撑。

根据《自然资源部办公厅关于开展找矿突破战略行动优秀找矿成果评选工作的通知》（自然资办函〔2020〕2061号），评选确定"黑龙江省林口县五义屯石墨矿勘探"等 284 个找矿成果为找矿突破战略行动优秀找矿成果。

（1）山东省胶东地区金矿深部勘查取得重大成果。找矿突破战略行动实施以来，胶东地区在国内率先实现了具有世界级影响的深部找金重大突破，探明资源储量保持高位增长。新发现 4 个储量在 100 吨以上的超大型金矿床，8 个大型金矿床，121 个中小型金矿床，新增金资源储量 2957.62 吨，超过山东省 1949—2010 年 61 年累计查明金资源储量的总和（1932 吨），形成了三山岛、焦家、玲珑三个千吨级金矿田，胶东地区成为世界第三大金矿区。

（2）莱芜张家洼铁矿勘查取得重要成果。找矿突破战略行动实施以来，在齐河—禹城整装勘查区新发现了最厚达 97.45 米、平均品位 55.95% 的富铁矿体，成为全国最大的矽卡岩型富铁矿，开创了我国在深覆盖区寻找富铁矿的先河。

（3）长江中下游铁铜矿。2011 年，庐枞地区进入全国首批整装勘查区。通过整装勘查，地质找矿取得重大进展，新发现铁矿产地 2 处，铜矿产地 2 处，铀矿产地 1 处；有望为安徽省"十二五"找矿计划新增大中型铁、铜矿产地 2～3 处，大中型铀矿产地 1 处。铜矿有望新增 130 万吨，铁有望新增 1 亿吨，铀 300 吨。系统阐明了庐枞地区不同系列的岩浆岩形成、演化机制，构建了区域早白垩世岩浆成因模型，提出岩浆源区控制了岩浆岩的成矿专属性。开展了典型矿床研究，总结了区域成矿规律，建立了区域早白垩世多金属矿成矿模式，阐明了庐枞矿集区构造 - 岩浆 - 成矿耦合关系。

（4）湖南花垣—凤凰铅锌矿。2011 年，"湖南花垣—凤凰地区铅锌矿整装勘查"项目被中国地质调查局确定为全国 47 个整装勘查项目之一。勘查范围除花垣、凤凰主要区域外，还涉及周边的吉首、张家界、泸溪等地，勘查面积 3800 平方千米。同年，将勘查地域延至保靖、龙山、桑植等县，面积达到 18000 平方千米，并且增加了对锰矿的勘查。通过两年整装勘查工作，共完成钻探进尺 16500 米，槽探 32700 立方米，1:1万地质填图 180 平方千米。总结出湘西"层控型低温热液铅锌矿"地质特征及规律。提出"扬子型 - 渔塘式铅锌矿"重要矿床与寒武纪早世碳酸盐岩礁带有关，与"准同生"断裂有关的成矿模式，指明湘西铅锌矿整装勘查新的找矿区域和重点靶区。根据湘西地质成矿理论，指出湘西北铅锌矿属"密西西比型"，程度高，岩层厚度大，规模大，分布矿床范围广，埋藏浅，矿石易开采易选冶，预测了地质找矿突破的可能性。对"湘西—鄂西成矿带"北至陕西、南至广西铅锌矿成矿规律的认识都有着极其重要的借鉴和指导意义。

2. 矿产资源勘查开发的区域布局实现了重大调整

找矿突破战略行动实现了矿产资源勘查开发重心向西部转移、向海域拓展。西部石油新增探明地质储量和产量分别占全国总量的62%和34%，天然气占85%和84%。2020年，海域油气产量约占全国油气产量的1/4。全国新形成的32处非油气矿产资源基地中，有25处分布在西部。长江经济带取得页岩气调查重大发现，青海共和盆地实现干热岩调查突破。

3. 矿山找矿新增一批资源量

老矿山找矿是找矿突破战略行动的一项重要内容。根据《找矿突破战略行动总体方案》关于老矿山找矿工作的安排，中国地质调查局于2012年在地质矿产调查评价专项中设置了"老矿山深部和外围找矿"计划项目，由中国地质调查局发展研究中心（国土资源部矿产勘查技术指导中心）实施。该计划项目于2014年结束，共实施3个年度。计划项目提出，全面贯彻落实地质找矿新机制，通过基础性、公益性和战略性矿山地质工作，显著拉动矿山企业开展后续商业性矿产资源勘查，发现并探明一批重要矿产资源储量，延长矿山服务年限，缓解部分矿山企业职工的就业问题，促进老矿山和矿业城市（镇）的经济发展和社会稳定；选择具有重大战略意义的矿山密集区开展深部矿产资源战略性勘查，拓宽矿山深部和外围找矿领域，全面提升我国重要矿山密集区（资源基地）成矿规律认识水平，特别是矿床深部赋矿规律的认识；开展大比例尺找矿预测和勘查技术研究，进一步完善深部找矿方法与技术体系，创新具有中国特色的深部成矿和找矿理论，提高深部矿产勘查方法技术水平，为老矿山找矿工作提供理论和方法技术支撑；通过矿山资源潜力调查与评价，基本查明主要矿产矿山企业的分布、生产状况、深部与外围的资源潜力和找矿前景以及资源危机的主要原因，筛选出具有资源潜力和找矿前景的矿山，为科学、有序地部署老矿山接替资源勘查工作提供依据，为各级政府的宏观管理提供科学的决策依据。

老矿山找矿工作主要开展四类项目：第一类为老矿山深部和外围接替资源勘查项目，申报主体为矿山企业，项目由地勘单位具体承担；第二类为矿山密集区深部矿产战略性勘查项目，由地勘单位申报并具体承担；第三类为矿产预测及勘查技术研究项目；第四类为矿山资源潜力调查与评价项目。其中，重点支持国家紧缺大宗战略性矿产、资源潜力大、企业积极性高的矿山，优先支持国务院批准的资源枯竭型城市的矿山和资源危机的矿山。其工作范围为国有（含国有控股）大中型矿山深部和外围，矿山密集区深部；矿山深部和外围以普查为主，矿山密集区深部以预查为主；主攻矿种包括煤、铀、铁、锰、铬、镍、铜、铝、铅、锌、钨、锡、钼、锑、金、钾盐、磷等，煤限于缺煤省及地区。

为规范老矿山找矿工作，保障项目的顺利实施，国土资源部印发了《国土资源部关于加强老矿山找矿工作的通知》《老矿山找矿监审办法》，中国地质调查局印发了《地质矿产调查评价专项老矿山找矿项目管理暂行办法》，组织编写了《老矿山找矿项目技术管理细则（暂行）》。这些制度和办法规范了项目管理，建立了适应老矿山找矿专项实际的管理体系，形成了"统一部署、分级管理、各负其责"的组织管理体系：国土资源部矿产勘查办公室统筹全国老矿山找矿工作，中国地质调查局负责老矿山找矿财政资金部分的实施管理，技术指导中心负责项目技术管理；省级国土资源主管部门作为省级项目主管部门，负责省级组织实施、协调服务和日常监督管理，全国 28 个省级国土资源主管部门和中核集团参与了项目组织实施和监督管理；矿产勘查办公室聘请 90 余位地质矿产、物探专家对项目进行监审，建立了"责任到人、任务到区"的专家监审体系；268 家矿山企业、地勘单位和科研院所参与项目实施。

在资金投入方面，老矿山找矿工作累计投入总经费 22.35 亿元。其中，中央财政补助资金 10.42 亿元，地方财政匹配资金 550.9 万元，矿山企业匹配资金 11.88 亿元。2012—2014 年，中国地质调查局共部署实施老矿山找矿项目 188 项，其中，勘查类项目 168 项，找矿预测与方法技术研究类项目 20 项；共有 115 家地勘单位和 143 个矿山企业参与项目实施。累计施工钻探 94.4 万米，坑探 7.4 万米。87 座老矿山新增资源量达到大中型矿床规模，755 座生产矿山不同程度地延长了服务年限，平均延长矿山开采年限 16.8 年，巩固老能源资源基地 50 处，一批危机矿山重新焕发生机，稳定职工就业 20 余万人。主要成果如下。

（1）矿山资源潜力调查取得一批重要成果，为科学部署老矿山找矿工作提供了重要依据。根据《找矿突破战略行动总体方案》的要求，完成了 232 座国有（含国有控股）矿山资源潜力调查与评价，查明了矿山资源现状，评估了矿山危机程度和接替资源找矿依据，摸清了矿山资源潜力，提出了矿山接替资源找矿工作部署建议，为科学有效部署老矿山找矿工作提供了重要依据。

①取得一批矿山外围新发现。西藏罗布莎铬铁矿勘查取得重大突破。通过研究罗

布莎矿区含矿构造岩相带与矿体分布规律，配合重磁电综合解释，圈定深部找矿靶区，经钻探验证发现厚大隐伏矿体，实现铬铁矿找矿重大突破。在罗布莎矿区发现和评价铬－80 等多个致密块状铬铁矿富盲矿体，矿体品位 40%~55%，新增铬铁矿资源量 200 万余吨，其中铬－80 矿体提交 115 万吨。在香卡山矿区深部发现铬－166 等 6 个铬铁矿富盲矿体，新增资源量 25 万余吨，预测深部仍有很好的找矿潜力。罗布莎铬铁矿的找矿突破，深化了对区域空间成矿规律的认识，总结完善了有效的勘查方法，拓展了区域找矿空间，对缓解我国铬铁矿供需压力和增强资源保障能力具有重要的现实意义。贵州灰家堡矿集区位于我国滇黔桂"金三角"成矿区，通过系统总结研究灰家堡地区微细浸染型金矿的控矿因素和成矿规律，对灰家堡矿区纳秧、战马田、刘家纱厂等预测区开展深部找矿预测、并对圈定找矿靶区进行深部钻探验证，施工的 11 个钻孔中 10 个见工业矿体，矿体控制深度达到 1100 米，初步估算新增金资源量 21.4 吨，并提交了 3 个可供进一步勘查的深部找矿靶区，大幅拓展了该区深部找矿空间。辽宁鞍本铁矿重点对弓长岭铁矿东南区深部富铁矿进行潜力验证评价，通过钻孔验证施工，在 -700 ~ 1200 米水平标高探获厚大富铁矿体，为该矿区及相邻其他矿区深部寻找富铁矿进一步指明了方向。②取得一批矿山深部新类型发现，扩大了深部找矿前景。在江苏栖霞山铅锌矿，通过研究硅/钙面控矿规律和矿体侧伏规律，并施工坑内钻探进行验证，取得深部找矿重大突破，新发现多层厚大铅锌富矿体，并在深部新发现共（伴）生铜、金矿体。在 -625 米中段施工的坑内钻 KK4201 揭露铅锌矿体视厚度 91.0 米，平均品位为铅 6.84%、锌 15.4%、金 2.19 克/吨、银 319.73 克/吨、铜 0.49%。估算新增资源量：铅锌 74.1 万吨、金 7.64 吨、银 1113 吨、铜 1.53 万吨。本次工作不仅铅锌矿找矿取得重大突破，在深部还新发现了金、银、铜矿体，且往深部品位有明显升高的趋势。成矿元素具有"上铅锌下铜金"的垂分带规律，深化了区域成矿规律认识。湖南水口山铅锌矿属矽卡岩型铅锌多金属矿，通过对矿区隐伏岩体超覆、二叠系栖霞组碳酸盐岩、岩体接触破碎带"三位一体"控矿规律的研究，开展深部找矿预测，并实施深部钻探验证，在鸦公塘矿段新发现厚层矽卡岩型铜硫矿体和铁铜矿体。其中，ZK2071 孔在蚀变花岗闪长岩下部矽卡岩带中见两层厚大矿体：第一层为铜硫矿体，视厚度 16.84 米，品位为铜 0.69%、硫 14.19%；第二层为含铜磁铁矿夹含铜矽卡岩，见矿厚度达 267.91 米，铜品位 0.62%、磁铁矿品位 25.44%。矿区深部铜硫矿体和铁铜矿体的发现，深化了区域成矿规律的认识。③拓展找矿新方向，实现锡矿找矿重大突破。内蒙古维拉斯托铜锌多金属矿位于大兴安岭成矿带中南段，本次工作新发现了一个大型锡矿床，主矿体已控制延长 800 ~ 900 米，延深 700 ~ 800 米，矿体平均厚 2 ~ 3 米，锡平均品位 1.0%；矿体沿倾向和走向均未封闭，深部和外围仍具有很大找矿潜力。估算新增锡资源量 8.6 万吨，伴生铷 1.3 万吨、铅锌 8.2 万吨、钨 1.3 万吨。通过成矿规律研究，建立了该区石英脉型矿体、中部隐爆角砾岩筒型矿体、深部石英斑岩型矿体的大型斑岩型成矿系统。

（2）矿山深部和外围找矿成果显著，新增一大批可接替开发的资源储量。计划项目安排的 168 项勘查类项目中，有 18 项取得突破性找矿进展，新增资源量达到大型矿床规模；37 项取得重要找矿进展，新增资源量达中型矿床规模；60 项新增资源量达到小型矿床规模。其中，河南桐柏老湾金矿新增金 46.0 吨，甘肃早子沟金矿新增金 33.9吨，广西金牙金矿新增金 27.3 吨，辽宁白云金矿新增金 26.7 吨，甘肃大水金矿新增金 25.8 吨，贵州灰家堡新增金 21.4 吨，四川拉拉铜矿新增铜 614 万吨，甘肃厂坝新增铅锌 99.8 万吨，新疆维权银（铜）矿新增铅锌 92.9 万吨，江苏栖霞山铅锌矿新增铅锌714 万吨，内蒙古维拉斯托铅锌矿新增锡 8.6 万吨，湖南香花岭锡矿新增锡 5.6 万吨，广东翁源红岭钨矿新增钨（WO_3）5.6 万吨，贵州乌罗—耿溪锰矿新增锰矿石 12270 万吨，广西天等锰矿新增锰矿石 6966 万吨，贵州西溪堡新增锰矿石 4399 万吨，重庆永荣矿区新增原煤 13227 万吨，新增资源储量均达大型矿床规模。山东玲珑金矿新增金13.8 吨，河南大湖金矿新增金 13.0 吨，新疆金窝子金矿新增金 12.3 吨，海南抱伦金矿新增金 11.1 吨，江西武山铜矿新增铜 33.4 万吨，湖南水口山铅锌矿新增铜 29.9 万吨、铁矿石 4914 万吨，甘肃白银厂新增铅锌 38.7 万吨、铜 6.9 万吨，陕西铅硐山铅锌矿新增锌 33.2 万吨，广西大厂锡多金属矿新增锌 27.1 万吨、铜 5.56 万吨，内蒙古白云鄂博铁矿新增铁矿石 6500 万吨，新增资源储量均达中型矿床规模，平均延长矿山开采年限约 10 年，稳定职工就业 16.5 万余人。

（3）通过老矿山找矿实践，进一步验证和完善了以"成矿地质体、成矿构造和成矿结构面、成矿作用特征标志"为核心内容的勘查区找矿预测理论方法体系，实现了矿床学、矿床地球化学、地球物理研究与矿产勘查紧密结合，进一步将矿床科学研究成果充分应用到勘查区找矿预测中。在科研、地勘单位和矿山企业，进一步普及了该理论方法的推广和应用，并获得了巨大成功。

（4）充分利用关键地球物理、地球化学探测技术，抗干扰电法和气体地球化学测量等方法技术推广和示范取得显著成效；组织专家团队开展重要矿区物探数据复核和技术指导，"会诊"解决找矿技术难点，取得突出效果，老矿山找矿成为矿产勘查的"品牌工程"。

（5）推动了我国深部找矿及矿山地质工作。老矿山找矿在 800~1500 米的深度范围探获一大批资源储量，证实了老矿山深部具有较大的找矿空间和找矿潜力，对整体认识我国矿产资源潜力意义重大。这些新的成果、发现和认识，将引导和推动我国矿产资源勘查向深部拓展。

（6）采集和馆藏了17座老矿山实物地质资料，共计2.5万余米岩芯、655块系列标本和25块大标本，形成了数字化的实物资料成果，为社会各界提供便捷的公益性资料服务。同时，探索性地建设了老矿山项目钻孔数据库，抢救性地收录了16个老矿山找矿项目信息、岩芯保管单位信息、200个钻孔信息、10万米钻孔岩芯信息，为钻孔岩芯资料服务提供了便利条件。

4. 基础地质调查工作程度提高

全国1:5万区域地质调查覆盖率达44.5%，重要找矿远景区基本实现全覆盖，在长江经济带取得页岩气调查重大发现，在青海共和盆地实现干热岩调查突破。

此外，在推进找矿突破战略行动的同时，科技创新能力、矿产资源节约与综合利用水平、深化矿产资源管理制度改革均有新进展。

5. 矿产资源节约与综合利用水平提升

发布煤炭、铁等88个矿种"三率"指标要求，遴选推广360项先进适用采选技术、工艺及装备。

二、大宗紧缺矿产和战略性新兴产业矿产调查

2015年，中国地质调查局为全面落实党中央国务院和国土资源部党组关于地质调查工作的一系列新要求，在深入分析国家重大需求、合理规划目标任务、有效设计预期成果的基础上，以大区地调中心、发展研究中心为依托，前后经历近一年的时间，充分研讨，科学论证，编制了以"九大计划"为纲要的地质调查总体方案（2015—2020年）。

方案框架设置上总体分为"计划—工程—项目—子项目"四个层次。第一层次是计划，方案梳理了九大目标，设置了九大计划。第二层次是工程，通过工程的实施，有望取得一批具有宏观影响的整装成果，对经济社会发展发挥重要作用，设置50个工程。第三层次是项目，作为基本的实施单元，围绕特定目标，设置200余个项目。第四层次是子项目，主要是加强重点成矿区带地质矿产综合调查，推进大宗紧缺矿产和新兴产业矿产战略调查，深化整装勘查区和重要矿集区找矿预测与技术示范，突出南疆五地州和乌蒙山集中连片扶贫区调查评价。

2015 年安排 14 项工程 47 个项目。其中，"大宗急缺矿产和战略性新兴产业矿产调查工程"是 14 项工程之一。本工程主要对钾盐、铬铁矿、铁锰等大宗、急缺和战略性新兴产业所需的锂、铍、铌、钽、锆、铪、稀土等重要战略性新兴产业金属矿产及金刚石、晶质石墨、萤石、硼等重要非金属矿产开展调查评价，发现一批新的矿产资源，提高重要矿产的保障程度。重点成矿区带基础地质调查圈定找矿靶区 500 余处，新发现矿产地 50 余处，为促进形成一批大型资源基地奠定了地质基础。

大宗急缺矿产和战略性新兴产业矿产调查工程下设有 6 个二级项目，即"西部地区钾盐矿产远景调查评价""川西甲基卡大型锂矿资源基地综合调查评价""华南重点矿集区稀有稀土和稀散矿产调查""中西部地区晶质石墨等特种非金属矿产调查""华北和扬子地区金刚石矿产调查""东部地区硼磷萤石等重要非金属矿产调查"。2016—2018 年完成了第一个阶段工作，取得了一批新成果，起到了"基金跟进，引领商业性勘查"的积极作用。3 年间，该工程提交了四川甲基卡东部外围稀有金属矿、江西宁都东家排稀有金属、福建清流县芹溪萤石矿、辽宁宽甸和平村硼矿、江苏省徐州市铜山区柳泉镇西村金刚石等找矿靶区 40 多处，川西九龙洛莫稀有金属、湖南浏阳白沙窝稀有金属、河北康保后大兴德晶质石墨、山东临朐邵家峪脉石英矿、辽宁瓦房店大李屯金刚石等矿产地 14 处，大型资源基地 2 处（川西甲基卡、新疆黄羊山）。具体成果如下：钾盐调查取得了重大突破，柴西新增 KCl 资源量 3.56 亿吨，川西杂卤石型 K_2SO_4 远景资源量 10.59 亿吨，并在塔里木盆地预测 KCl 资源量 4.8 亿吨；川西甲基卡锂矿和新疆黄羊山 2 个大型资源基地重点调查评价工作稳步推进，新增锂资源量 31.75 万吨（公益性地质调查累计新增 114.41 万吨，相当于 11 个大型锂辉石矿床）；新增石墨资源量 7378 万吨（100 万吨为大型）、脉石英 56 万吨、萤石 1159 万吨（100 万吨为大型）、金刚石资源量 2.29 万克拉；华南"三稀"（稀土、稀有、稀散）矿产资源调查取得重大突破，新增重稀土资源量 12 万吨。

（1）钾盐找矿取得重大突破。钾盐找矿工作分别在陆相地层区和海相地层区进行。陆相找钾的重大突破主要是在柴达木盆地大浪滩、黑北凹地及马海等地均发现了深部大孔隙卤水型钾盐。具体成果如下：2018 年在马海地区新增孔隙型卤水 KCl（334）资源量 1458 万吨，使得柴西大浪滩—黑北凹地深层含钾卤水 KCl 资源量累计达到 3.56 亿吨；在黑北凹地取得了地下卤水提钾实验成功，在 5000 平方米的盐田内，将 4.5 吨光卤石混盐通过冷分解－磨矿－浮选工艺扩大试验，获得精矿产品 50 千克，KCl 品位为 91.25%，钾回收率为 61.71%，指标达到氯化钾产品农业用三级品要求。在海相钾盐找矿方面，通过建立四川盆地东北部新型杂卤石钾盐成矿的"三层楼"模式（上为富钾卤水层→中为新型杂卤石钾盐矿层→下为天然气产层），在达州宣汉地区取得实质性进展，带动四川恒成公司成功实现了含杂卤石岩盐对接井溶采实验。同时，对四川盆地三叠系富钾卤水的资源潜力进行了评价，获得雷一、嘉四—五段储层富钾卤水氯化钾资源量 5585 万吨、氯化锂资源量 240 万吨（大型规模）、碘 6.99 万吨和溴 288.64 万吨。如果将预测区的范围外推至中石化 21 口钻井及三维地震工作范围，硫酸钾的测算远景资源量可以达到 10.52 亿吨。在滇西南勐野井地区通过前期基础地质调查工作，提出了勐野井钾盐成矿新认识，建立了"二层楼"成矿模式。在新疆塔里木盆地库车坳陷，预测钾盐资源量 4.8 亿吨，并新发现高溴岩盐。

（2）川西大型锂矿资源基地取得新突破。在甲基卡大型锂矿资源基地，年新增锂资源量相当于发现了 3 个大型矿床；另外还圈定了 7 个找矿靶区，落实了 2 个矿产地。

（3）幕阜山大型稀有金属基地基本成型。幕阜山大型稀有金属基地位于湖北、湖南和江西三省交界处。项目组通过对 140 多条矿脉的野外调查研究，查明了伟晶岩的区域分带性（微斜长石型→微斜长石＋钠长石型→钠长石型→钠长石锂辉石型），建立了"大型构造控制大型矿脉"的找矿模型，在距离幕阜山岩体 8.5 千米的外带发现了锂辉石伟晶岩，大大拓展了伟晶岩型锂矿的找矿空间，也助力了湖南核工业三一一地质队在仁里取得特大型铌钽矿的找矿突破。

（4）晶质石墨找矿取得重大进展。新兴产业的快速发展，尤其是以石墨烯为标志的新材料异军突起，对石墨矿的地质找矿提出了新的要求，即已将晶质石墨作为主攻类型而不再强调隐晶质石墨的评价。通过 3 年工作，该工程已在新疆黄羊山、河北张家口、陕西商洛等地取得了一系列找矿新突破，提交预测晶质石墨矿物量约 1.06 亿吨、晶质石墨找矿靶区 26 处、矿产地 7 处，有力支撑了"十三五"规划中晶质石墨找矿目标的提前实现。

（5）脉石英、萤石、硼矿找矿取得新进展。高纯石英是制造高端电子产品，尤其是中央处理器等的核心材料，主要通过脉石英等矿物原料提取，在我国属于急缺关键资源。通过 3 年工作，发现脉石英矿产地 1 处、找矿靶区 6 处，提交预测资源量 239 万吨。其中，在鲁西断垄高纯石英成矿带临沂中北部调查区，提交脉石英矿产地 1 处、B 类找矿靶区 3 处，提交预测的脉石英资源量 127 万吨；在安徽大别山东段高纯石英成矿带安徽大别山东段地区提交 B 类找矿靶区 1 处、C 类找矿靶区 2 处，提交资源量 112 万吨。山东省临朐县邵家峪含水晶脉石英矿产地共出露有含水晶脉石英矿体 4 个。萤石是我国的重要战略性化工矿产，尤其作为氟化工的基本原材料是不可或缺的。通过 3 年调查工作，在闽西萤石矿集区新发现 19 处萤石点，圈定了 16 处萤石矿找矿靶区，提交了 5 处矿产地，预测区域萤石资源潜力 2600 万吨（CaF_2）。本次调查工作在辽宁宽甸县发现了和平村硼矿，矿化带走向长 4.8 千米，宽大于 9 米，主矿体走向长 600 米，地表宽度 5 米左右。

（6）金刚石找矿取得新进展。金刚石尤其是 Ⅱ 型金刚石长期以来是我国急缺战略性矿产资源。该工程通过在华北克拉通辽东、鲁西南—苏北及扬子克拉通西北缘等地完成 6 个 1∶5 万比例尺图幅的矿产调查，发现次生金刚石 15 颗，圈定自然重砂异常 22 处、水系沉积物综合异常 3 处、有意义的磁异常 23 处；提交江苏省徐州市铜山区柳泉镇西村、山东省费县大井头村、湖南桃源县理公港镇、湖南省洪江市安江镇斗汤田村和安江镇林家盘村等金刚石找矿靶区 5 处；在辽宁岚崮山新发现金伯利岩脉 1 处（命名为 kb113 号），提交辽宁瓦房店大李屯地区 38 ～ 111 号岩管和 110 号岩管金刚石资源量 2.29 万克拉；在苏北白露山隐爆角砾岩筒中选获原生金刚石并在铜山北村新发现金伯利岩体 1 处、钾镁煌斑岩脉多处，对西村金伯利岩体进一步解剖表明，苏北地区具有良好的金刚石成矿条件和找矿潜力；在贵州镇远马坪东方 1 号岩体东侧圈定隐伏岩体 1 处，推测为东方 1 号岩体的"根部相"，并可望取得贵州镇远地区原生金刚石的找矿突破；山东费县大井头钾镁煌斑岩研究取得新进展，并再次选获原生金刚石 5 颗。在鲁西隆起区圈定山东沂源县东唐庄、柳子—小东峪金刚石原生矿找矿远景区 2 处，圈定自然重砂异常 10 处，发现金伯利岩管 1 处。

三、其他地质找矿专项

除了上述专项外，从 2000 年前后开始，国家还实施了其他几个重大地质找矿专项，取得了令人瞩目的成果。

（一）地勘单位"走出去"战略

党的十六大报告指出："实施'走出去'战略，是对外开放新阶段的重大举措。鼓励和支持有比较优势的各种所有制企业对外投资，带动商品和劳务出口，积极参与区域经济合作与交流。"我国工业化的高速发展加快了国内对资源的需求，与此同时，矿山资源的短缺、地勘单位竞争的凸显，进一步加剧了资源对经济发展的制约效应。为应对这种局势，国家提出了地勘单位"走出去"战略，以参与世界资源市场竞争和资源再分配。地勘单位作为海外矿产勘查开发的主力军，近年来纷纷走出国门，积极开展海外矿产资源勘查开发和工程施工、地质技术服务等活动，取得了一些令人瞩目的成果。

1. 河南省地矿局

河南省地矿局是全国地勘行业实施"走出去"战略较早、规模较大、效果较好的专业队伍。经过 10 多年努力，至 2021 年，境外矿产资源勘查开发项目已遍及 4 大洲 16 个国家，其中大部分项目分布在非洲，工作地区覆盖了阿尔及利亚、埃塞俄比亚、苏丹、尼日利亚、塞拉利昂、加纳、坦桑尼亚、刚果、赞比亚、纳米比亚、博茨瓦纳等 11 个国家，涉及贵金属、稀有金属和黑色金属等十几个矿种，已形成了北部非洲区、南部非洲区、西部非洲区三个战略目标选区，并在西部非洲区的几内亚、尼日利亚，北部非洲区的阿尔及利亚，东部非洲区的坦桑尼亚等，建立了 4 处矿产勘查开发基地，打造了一支结构合理、技能优良的境外工作队伍。得益于国家和河南省"境外矿产资源风险勘查专项"资金引领，与国内企业强强联合，河南省地勘单位在非洲新发现大中型矿产地 10 处，其中特大型 3 处、大型 7 处，矿产勘查成果丰硕。

（1）几内亚铝土矿。河南省地矿局与河南国际矿业公司、中国电力投资集团等联合，探明世界级超大型铝土矿床 2 处，总储量达 48 亿吨，超过国内铝土矿保有储量的 2 倍，是近年来国内地勘单位在境外取得的最大勘查成果，荣获 2010 年度"中国矿业国际合作最佳勘查奖"。河南国际合作集团已完成矿山及港口、道路等基础设施建设，558 矿区于 2017 年下半年投产，设计年产 1500 万吨铝土矿。

（2）利比里亚东部山区宝米（Bomi）铁矿勘查。该项目是为服务宝钢集团产能转移开展的勘查项目，已查明铁矿石量 5.2 亿吨。矿山一期工程已开工建设，目标是建成宝钢集团最大的境外原料基地。

（3）尼日利亚宾盖铌钽矿开发。已探明铌铁矿物资源量 5267.72 吨，伴生锡石矿资源量 2849.79 吨，为大型铌铁砂矿。2014 年 6 月，取得宾盖铌铁砂矿采矿权，已开始建设日处理 2000 立方米矿石量的一期矿山，为河南地矿局在西部非洲自主建设的开发基地。

（4）坦桑尼亚勘查开发。自 2010 年起持续在坦桑尼亚开展工作，已成立 5 家公司，固定中方工作人员 50～80 人，当地雇工 200 人左右。拥有优质探矿权 40 处（矿种涵盖金、镍、铀、煤、铜、石墨等），采矿权 3 处，投入钻探工作量 7 万余米，槽探 2 万余方，总投资超过 3 亿元。已查明金资源量近 60 吨，金远景资源量不低于 100 吨，基本形成"4+3+2"矿产资源战略布局，即 4 个主力资源配置区、3 个后备资源拓展区、2 个探采一体化产业基地。河南省地矿局和河南省自然资源投资管理中心共同投资 4 亿元、合作建设的两座金矿山，已试生产出第一桶金。此外，于 2014 年 8 月，河南省地矿局与中国地质调查局天津地质调查中心联合投资 2000 余万元，在坦桑尼亚穆万扎市，建成了非洲大陆技术领先的岩矿测试中心，满足了在非洲勘查项目快速评价的技术需求，节约岩矿样品化验成本，并开拓当地及周边国家测试服务市场。

2. 山东省地矿局

地勘单位属地化管理后，山东省地矿局积极推动全省"走出去"工作。2001年2月，山东省地矿局提出要实现跨越式发展，提出积极实施"走出去"战略。山东省地矿工程勘查院、山东省地矿工程集团有限公司在非洲的阿尔及利亚、加纳、埃塞俄比亚等国家注册公司，积极承揽世界银行工程承包项目，努力探索以工程换资源，并逐步站稳脚跟。山东省鲁地矿业有限投资公司发挥地勘技术优势，在周边的孟加拉国、缅甸、蒙古、老挝等国家注册矿业公司，与有关公司合作开展风险勘查。2004年后，山东省地矿局加强对"走出去"工作的统一领导，并确定了"走向西部，走出国门"的两头"走出去"战略，其中，山东省第一地质矿产勘查院、山东省第四地质矿产勘查院、山东省鲁南地质工程勘查院、山东省地质测绘院等在西部大开发战略实施过程中，取得较好成果，在新疆等西部省区获得了大量煤矿权。同时，山东省地矿局成立了外经外事办公室，出台了《山东省地矿局关于加快实施"走出去"战略的意见》，指导帮助山东省鲁南地质工程勘查院、山东省地质测绘院、山东省第一地质矿产勘查院、山东省第三地质矿产勘查院、山东省第四地质矿产勘查院、山东省第七地质矿产勘查院、山东省第八地质矿产勘查院7个地勘单位向商务部申办了对外经济技术合作资质。山东省地勘院已经走进非洲，在阿尔及利亚、加纳等开展基础施工、水利工程修复、打井供水等工程。山东省地矿工程集团有限公司在埃塞俄比亚实施供水与卫生打井项目、城镇供水打井项目。山东省地勘单位在俄罗斯、蒙古、马来西亚、委内瑞拉、苏里南等14个国家进行了金、煤、铜、铁、钾盐、铝土、萤石、石材等矿产的勘查开发活动。山东省地矿局国外合作找矿始于21世纪初。2006年，召开实施"走出去"工作会议。2008年，国家和山东省相继出台国外风险勘查专项资金扶持政策，为"走出去"开展矿产资源勘查提供支持。山东省地矿局争取风险勘查专项资金：2009年省财政资金5600万元；2010年中央财政资金9253万元，省财政资金3697.21万元；2011年中央财政资金2.0894亿元；2012年中央财政资金4071万元，设备补贴等2200万元。2009—2012年，山东省地矿局有14个地勘单位在国外开展矿产资源勘查，实施财政扶持项目60个。其中，中央财政项目42个，省财政项目18个。2008—2016年，山东省地矿局在亚洲及周边国家，非洲国家，澳大利亚、美洲国家开展矿产资源勘查，发现探明矿产地67处。其中最引人瞩目的是，在科学技术和市场经济均很发达的美国领土所取得的一系列地质找矿成果。

（1）美国加州圣贝纳迪诺县新戴尔—洛杉矶矿区金矿。2008年4月，山东省第六地质矿产勘查院完成美国加州圣贝纳迪诺县新戴尔—洛杉矶矿区金矿普查。完成1∶1万地质简测69.21平方千米，竖（浅）井、平巷编录2314.08米，采集、加工、测试各类样品896件。2008年4月，国土资源部矿产资源储量评审中心评审通过，提交金（333）矿石量102.32万吨，金金属量13014千克，平均品位12.72克/吨；金（334）矿石量135.64万吨，金金属量19702千克，平均品位14.52克/吨。

（2）美国加州里弗赛德县PINTO矿区金矿。2009年3月，山东省第六地质矿产勘查院完成美国加州里弗赛德县PINTO矿区金矿普查。完成1∶1万地质简测22.75平方千米，坑道工程编录614.2米，岩矿测试样8件，样品430件。矿区分3个矿段，圈出含矿构造带74条，圈出地表矿体75个。探求金矿资源量（333）+（334）+（333D）+（334D）矿石量139.50万吨，金金属量6160千克，平均品位4.42克/吨。

（3）美国加州圣贝纳迪诺县奥德山矿区铜金矿普查。2009年3月，山东省第六地质矿产勘查院完成美国加州圣贝纳迪诺县奥德山矿区铜金矿普查。完成1∶1万地质简测6.60平方千米，竖（浅）井、平硐编录318.00米，采集、加工、测试各类样品583件。2009年4月，国土资源部矿产资源储量评审中心评审通过，查明金资源量（333）矿石量265.31万吨，金金属量9436千克，平均品位3.56克/吨；另有低品位矿石量481.83万吨，金金属量1020千克，平均品位2.12克/吨；共生铜资源量（333）矿石量190.98万吨，金属量32738吨，平均品位1.71%；伴生银资源量（333）矿石量265.31万吨，金属量33.60吨，平均品位12.66克/吨。

（4）美国加州圣贝纳迪诺县铜王、铜世界、纽崔矿区铜多金属矿。2010年4月，山东省第六地质矿产勘查院完成美国加州圣贝纳迪诺县铜王、铜世界、纽崔矿区铜多金属矿普查。完成1∶1万地质简测6.27平方千米，简易坑道编录233.50米，探槽26.50米，基本分析样品519件，内检分析样品60件，外检分析样品30件，小体积质量、湿度测试样各55件。探获铜矿（333）矿石量525.99万吨，铜金属量194494吨；金矿（333）矿石量562.42万吨，金金属量10742千克；银矿（333）矿石量549.15万吨，银金属量630.07吨；铅矿（333）矿石量96.43万吨，铅金属量35155吨；锌矿（333）矿石量96.43万吨，锌金属量42576吨。

3.西北有色地质勘查局

2005年以来，西北有色地质勘查局先后赴津巴布韦、秘鲁等20多个国家开展矿产资源勘查及前期调查工作。西北有色地质勘查局专门设立西色国际投资有限公司以拓展其海外项目。

4. 有色金属矿产地质调查中心

2009 年 3 月，有色金属矿产地质调查中心（简称有色地调中心）通过其中色地科公司在香港设立的全资子公司中色地科（香港）对加拿大加纳克资源公司（Canaco Resources Inc）进行私募投资，开展坦桑尼亚 Magambazi 金矿勘查。以 0.05 加元 / 股的价格购买了加拿大加纳克资源公司 3200 万股，占总股本的 35.2%，附加 1600 万股的购股权，行权价位 0.07 加元 / 股，2 年有效。完成这一投资后，中色地科公司成为加拿大加纳克资源公司公司第一大股东，拥有今后公司和项目增资的优先权，从而实现了对公司的有效控制。2010 年 7 月，有色地调中心通过这家上市初级勘查公司的平台，抓住机遇进行融资，进入了矿产勘查的国际资本市场。仅以 1.4 加元 / 股的股价融资，成功融得 2500 万加元，筹集了充足的风险勘查资金。

5. 天津华北地质勘查局

"十二五"期间，天津华北地质勘查局在苏丹、南苏丹、刚果（金）、多哥、乍得、毛里塔利亚、塞拉利昂、马里、喀麦隆、厄立特里亚、南非、老挝、加拿大、玻利维亚、墨西哥、朝鲜等 20 多个国家，开展了地质勘查、矿业开发、工程施工和国际贸易等业务。

（二）青藏高原地质矿产调查与评价专项

2008 年，经国务院同意，启动实施青藏高原地质矿产调查与评价专项（简称青藏专项）。青藏专项顺利实施，国土资源部与青海省人民政府签署了合作协议，组建了青藏专项小组、青海项目办公室等机构。2008 年以来，共组织全国 200 多家地勘单位，累计 6 万多人次在青海省开展地质工作。参与项目的除中国地质调查局局属相关单位和青海省内的地勘单位外，还有中央行业地勘部门、大专院校、23 个省区的地勘队伍等。

2008—2015 年，青海片区共投入资金 161.76 亿元。其中，中央财政投入 48.55 亿元（其中青藏专项 46.53 亿元），占 30.01%；地方财政（省基金、州县财政）投入 43.59 亿元，占 26.95%；社会资金投入 69.62 亿元，占 43.04%。西藏片区共投入资金 75 亿元。其中，中央财政投入 32.16 亿元，占 42.88%；商业性勘查投入 40.9 亿元，占 54.53%；自治区地质勘查基金投入 1.94 亿元，占 2.59%。青藏专项实施以来，发现了一大批大中型矿产地，初步形成了 4 个国家级资源基地。

1. 新发现一批具有重要经济价值的大型超大型矿床，探获了一批资源量

青海片区提交新发现矿产地 81 处，其中大中型矿产地 42 处，新发现夏日哈木铜镍矿、大浪滩—黑北凹地钾盐矿、尕林格铁矿、多才玛铅锌矿、尕龙格玛铜多金属矿、大场金矿、沟里金矿、五龙沟金矿、坑得弄舍金矿、瓦勒根金矿等大型—特大型矿产

地。新探明石油地质储量 2.96 亿吨，天然气地质储量 987.81 亿立方米；新增资源量：煤 25.25 亿吨，铁矿石 5 亿吨，铜 193 万吨，铅锌 1093 万吨，镍 117 万吨，金 409 吨，钾盐 3.5 亿吨。

西藏片区新发现和评价超大型铜矿床 6 个，大型铜铅锌矿床 21 个，形成大型铜、铅锌矿集区 18 个，提出了区内矿产勘查基地。

2. 初步形成 4 个国家级基地

（1）柴达木盆地深层卤水钾盐勘查基地。柴达木盆地继大浪滩凹地之后，昆特依、察汗斯拉图、尕斯库勒、马海等次级盆地内均新发现了大厚度孔隙卤水矿层，新增氯化钾资源量 3.5 亿吨，开拓了柴达木盆地卤水钾盐新的找矿空间，将有效缓解我国钾盐资源缺乏的现状。其中，大浪滩—黑北凹地氯化钾资源量 2.42 亿吨、察汗斯拉图凹地 0.42 亿吨。昆特依凹地、马海凹地、尕斯库勒湖等地区也显示出良好的找矿前景。

（2）祁漫塔格有色金属勘查开发基地。祁漫塔格地区分布有夏日哈木铜镍矿、尕林格铁矿、四角羊—牛苦头铅锌矿、野马泉铁多金属矿、卡而却卡铜多金属矿等 10 余处大中型矿床，共计探获资源储量：铁矿石 5.32 亿吨，铜 75 万吨，镍 110 万吨，铅锌 497 万吨。新发现的夏日哈木超大型铜镍矿已进入勘探开发阶段。

（3）东昆仑金矿勘查开发基地。东昆仑地区共发现金矿床（点）35 处，累计探获金资源储量 506 吨，成为青海省乃至我国重要的金矿勘查开发基地。其中，大场金矿田金资源储量 213 吨，规极达超大型；五龙沟金矿床及外围资源储量达 119 吨，沟里金矿床及外围资储量达 116 吨，为青海山金矿业公司和金辉矿业公司等提供了资源保障。

（4）沱沱河—玉树有色金属资源储备基地。区内分布有多才玛、楚多曲、尕龙格玛、纳日贡玛、东莫扎抓、莫海拉亨等多金属矿床，累计铅锌资源储量 1322 万吨（其中，铜 106 万吨，铅锌 1191 万吨，钼 25 万吨），初步形成了国家资源储备基地。多彩铜多金属整装勘查区查涌、撒纳龙洼地区新发现有较大远景规模的富铜矿体，累计探获铜资源储量 40 万吨、铅锌 75 万吨；多才玛矿区铅锌资源量累计 545 万吨，达超大型规模。

3. "可燃冰"、石油天然气、页岩气、干热岩等能源矿产找矿取得重大突破和重要进展

祁连山冻土区首次成功钻获"可燃冰"（天然气水合物），使我国成为陆域上第三个发现"可燃冰"国家。2008 年，我国首次成功在祁连山木里地区冻土带 DK-1 钻获"可燃冰"实物样品，这使我国成为世界上第一次在中低纬度地区发现天然气水合物的国家，也使我国成为继加拿大、美国之后第三个在陆域发现"可燃冰"的国家。近年来，在 DK-9、DK-12、SK-1 和 SK-2 等钻井中也钻获天然气水合物实物样品。天然气水合物产于冻土层之下，埋深 133~396 米，具有产出层段多、较为连续、单层厚度大等特征。

石油天然气、页岩气、干热岩等能源矿产勘查取得重要进展和重大发现。柴达木盆地英雄岭、扎哈泉地区石油储量进一步增加，新探明石油地质储量 2.96 亿吨；阿尔金牛鼻子梁南缘发现大型天然气藏，新增天然气地质储量达到 987.81 亿立方米，柴达木盆地累计探明油气地质储量超过 7 亿吨。柴北缘鱼卡坳陷"柴页一井"钻获 3 套高含气量泥页岩层段，累计厚度达 141 米；共和盆地、贵德盆地分别钻获 181.7℃、151.34℃的干热岩。柴北缘和祁连山新增煤炭资源量 25.25 亿吨。

（三）铀矿勘查专项

21 世纪初是我国核地质勘查队伍改革的过渡期和阵痛期。2000 年，全国能直接用于铀矿地质勘查和科研的经费仅为 6437 万元，仅可安排钻探工作量 9.3 万米，队伍基础设施陈旧破损，基本装备十分落后。时任国务院副总理温家宝了解到铀矿地质情况后批示："铀矿地质工作应该继续下去。要收缩战线，选准靶区，集中力量寻找富矿和易选矿。保持足够的铀矿资源储备，不仅具有经济意义，而且具有战略意义。地勘资金不足的问题，请财政部考虑可否予以支持……"

从 2002 年起，国家先后投资对核工业铀矿地质勘查装备进行了多期改造，购置了新的钻探、地面及航空物化探、分析测试和工艺试验仪器。基本达到了配套齐全，能满足地浸条件要求的铀矿地质勘查所需的分析、测试、评价要求；野外生产、指挥和生活保障设施初步实现机械化；形成了 50 万米 / 年的钻探生产能力，为开展大规模铀矿勘查创造了条件。2006 年 1 月 20 日，《国务院关于加强地质工作的决定》提出："加强铀矿勘查，尽快探明一批新的矿产地。"2007 年 10 月，国家发展改革委发布《核电中长期发展规划（2005—2020）》。2008 年 3 月 4 日，国土资源部、国防科工委印发《关于加强铀矿地质勘查工作的若干意见》，提出健全完善铀矿地质勘查工作体系，构建铀矿地质勘查多元投入机制。随即，除财政部直接投资外，其他一些部门（中国地质调查局、中央地质勘查基金、地方地质勘查基金）和一些企业投资支持或参与铀矿地质工作，年钻探工作量增加到 60 万 ~70 万米。多元投资不仅提高了北方近 160 万平方千米地区的铀矿地质调查程度，还新探明了一批大型、特大型铀矿床，其中皂火壕、纳岭沟、塔木素、蒙其古尔、白杨河（铀铍）为特大型矿床，努和廷发展为超大型规模。在中石油集团辽河油田企业投资支持下，钱家店矿床发展成为一个特大型可地浸型砂岩型铀矿床；在中央地勘基金支持下，在鄂尔多斯盆地东北部落实了大营特大型砂岩型铀矿床。

在加强中新生代盆地铀矿勘查的同时，2005 年后，又相继恢复了对相山、桃山、下庄、诸广南部、鹿井、大湾、苗儿山、若尔盖、大桥坞、青龙、连山关、丹凤、白杨河等矿田或矿化集中区的铀矿勘查工作，也取得了较显著的找矿成果。在相山矿田西部扩大了横涧、居隆庵等老矿床和探明了河元背 8 号带等新矿床；在苗儿山地区扩大了沙子江矿床资源量，探明了向阳坪大型铀矿床；在诺尔盖矿区深部探明厚大矿体；浙江大桥坞矿床和粤北棉花坑矿床资源量大幅度增加；在新疆不仅使白杨河矿床铀矿床发展成为中型矿床，而且探明了资源量大于 4 万吨的特大型铍矿资源；对陕西华阳川矿床进行了新的评价，落实为铀铅锌稀土特大型矿床。2001—2015 年，全国新增的铀资源量接近过去 45 年间探明的总量，使我国的铀资源的分布由过去的以南方为主，变为南北并重的新格局。

（四）"三稀"金属资源战略调查

2011 年，在国土资源部和中国地质调查局的统一部署下，中国地质科学院矿产资源研究所组织实施了"我国三稀金属资源战略调查"工作项目，2012 年升格为"我国三稀资源战略调查"计划项目，2015 年改为"稀有稀土稀散矿产调查"二级项目，工作周期为 2012—2015 年。该项目已于 2016 年 4 月通过验收。先后有 33 个单位共 220 余人参加，投入经费 1.38 亿元。

三稀项目组在 2012—2015 年间，为国家提交三稀资源矿产地 7 处、矿点 21 处、矿（化）体 42 个、找矿线索 9 条，圈定找矿靶区 144 个、重点评价区 5 个、找矿远景区 103 个、综合异常 8 个。

1. 四川甲基卡锂矿等调查评价取得重大进展

这个项目是中国地质调查局部署开展的"我国三稀资源战略调查"计划项目之一，由四川省国土资源厅、四川省地调院、四川省地质矿产公司和西南科技大学共同参与完成。通过开展四川甘孜甲基卡锂辉石矿调查，新发现锂辉石矿脉 14 条，新增锂资源量（Li_2O）88.55 万吨，平均品位 1.41%，达超大型规模，共伴生的铍、铷、钽、铌等稀有金属矿均可综合回收利用，全区锂矿总资源量超过 200 万吨，奠定了 1 处世界级锂矿资源基地，为打造川西新能源产业基地提供了资源基础。

2. 藏北地区新发现 9 处含锂盐湖

中国地质科学院矿产资源研究所在西藏北部地区开展 85 个盐湖水化学地质调查，

收集 435 个盐湖水化学地质资料，新发现结则茶卡、龙木错、查波错、扎仓查卡、捌仟错、仓木错、拉果错、当雄错和鄂雅错 9 处含锂盐湖，引导和拉动商业性勘查，新增资源量（LiCl）1400 万吨；在青海柴达木盆地东台吉乃尔、西台吉乃尔和一里坪等开展盐湖卤水锂矿调查，企业跟进勘查新增资源量（LiCl）1260 万吨；柴达木西部南翼山地区深层富锂卤水资源调查，估算资源量（LiCl）1200 万吨，达到超大型卤水锂矿规模。

3. 云南、贵州中重稀土找矿取得新发现

在云南梁河和腾冲地区新发现陇把、吕连两处重稀土找矿靶区，对富钇花岗岩体风化壳取样分析表明，风化壳中富集稀土元素，已达到工业品位，中重稀土占总量的 76.2%，预测稀土氧化物 12 万吨，达大型矿床规模。

贵州威宁—水城地区磷块岩矿床中稀土资源评价取得新发现，初步估算稀土金属量近 10 万吨。

4. 铍、铌、钽等稀有金属矿调查取得新发现

新疆富蕴新发现沙依肯布拉克铍矿，圈出铍矿体 60 条，矿体平均长 120 米，平均厚 2 米，BeO 平均品位 0.06%。新增铍（BeO）资源量 2100 吨，达中型矿床规模。

新疆别也萨麻斯矿区圈定 28 条稀有金属伟晶岩脉。预测资源量：铍（BeO）3130 吨，锂（Li_2O）3.2 万吨，铌钽（$Nb_2O_5+Ta_2O_5$）900 吨，达中型矿床规模。

福建霞浦大湾铍矿床发现 12 条铍矿（化）体，矿体长 100~900 米，厚度 1.0~7.3 米，铍平均品位 0.134%。预测铍资源量（BeO）1340 吨，有望达中型规模。

福建永定新发现潜火山岩相花岗斑岩型钽矿，估算钽矿（Ta_2O_5）资源量 1.36 万吨，达超大型矿床规模。湖北竹溪天宝地区新发现 3 条铌矿化带，出露长 5.5~8.5 千米，厚 5~265 米，平均品位（Nb_2O_5）0.074%。预测资源量 100 万吨以上，达大型矿床规模。

新疆和田大红柳滩稀有金属矿调查，圈定铌钽、锂矿靶区 4 个。预测资源量：钽（Ta_2O_5）504 吨，锂（Li_2O）2.5 万吨。

5. 稀土选冶技术取得新突破

中国地质科学院成都矿产综合利用研究所成功开发出"脱泥－浮选"技术和"浮团聚碰选"技术，并先后应用于冕宁等稀土矿，实现了技术转化，为实现该地区稀土资源的绿色、高效开发提供了技术支撑。针对轻重混合型复杂稀土，研发出了"化学解理－选漫联合"技术，成功实现了轻、重稀土的有效分离与富集。稀土精矿"盐酸直接提铈技术"等稀土分离提取工艺，成功生产氯化物、氧化物、氟化物、碳酸盐、高纯金属、稀土硅化物等系列产品。以上技术处于国际领先地位，为提升国际话语权奠定了基础。

6."太阳池提锂技术"成功应用于盐湖锂产业，实现了从技术研究到产业化开发的结合

中国地质科学院矿产资源研究所致力于盐湖锂矿开发利用研究，其研发的"太阳池提锂技术"已成功应用于西藏扎布耶盐湖开发。该技术工艺利用青藏高原丰富的太阳能资源，让高锂碳酸盐型卤水在太阳池中不蒸发而只加热，从而获得 70%~90% 的高品质碳酸锂精矿，再经简单化工加工即可得到工业级或电池级碳酸锂产品。这一工艺对环境影响较小。利用该项技术已经在扎布耶盐湖建成了 5000 吨工业级碳酸锂生产线。

（五）中国近海海砂及相关资源潜力调查

2005 年，中国地质调查局启动了"中国近海海砂及相关资源潜力调查"工作，在我国近海 50 米以浅海域部署了 9 个调查区块。截至 2016 年，先后完成了南海珠江口区、东海舟山区、黄海成山头区、渤海辽东湾区、台湾海峡西岸区 5 个区块的海砂资源潜力调查与评价，以及海南岛浅海砂矿资源调查与评价、浙江舟山海域海底淡水资源调查试点。这些项目完成了近海（5~50 米水深）海砂、砂矿以及海底淡水等相关资源潜力调查与评估，开采边界条件调查与评价，海砂开采对海域沉积动力环境影响评估，编制了我国近海海砂资源勘查与开发规划，补充建设了我国近海海砂资源信息管理系统，为国土资源管理部门提供了近海海砂管理圈定的基础资料和提出了海砂资源探矿权招拍挂的重点区块。累计投入 6763 万元，完成主要实物工作量包括浅地层剖面测量 17292 千米，侧扫声呐测量 5372 千米，多波束水深测量 5360 千米，单道地震测量 4350 千米，地质取样 1410 站位，地质浅钻 44 口（总进尺 1566 米），沉积动力调查 67 站位，样品测试 42000 余件。

（六）商业性大宗矿产资源勘查

在公益性地质调查工作引导和拉动下，商业性矿产勘查取得一批重大找矿成果。一些重要矿山，如云南普朗、羊拉铜矿，新疆阿吾拉勒、查干诺尔、智博等铁矿，西藏的驱龙、甲玛铜矿，辽宁大台沟和安徽泥河铁矿等都是在国土资源大调查取得重要新发现后，大型企业及时跟进开展后续勘查，短时间内探明大型、特大型矿床，并迅速规划建设大型矿山。

1.辽宁本溪大台沟铁矿新增铁矿石资源量 57 亿吨

本溪大台沟铁矿位于辽东吉南成矿带，矿体顶部埋深 1100~1500 米。2006 年，地

质调查项目施工 ZKO1 验证孔，在 1279 米深处，发现了铁矿体，至 1500 米仍未穿透铁矿体，从而实现了鞍本地区"鞍山式"铁矿的找矿重大突破。后续商业性地质勘查跟进，2008 年 1 月，辽宁省地质矿产调查院和深圳万利加集团共同组建了本溪大台沟矿业有限公司，并获得探矿权。截至 2014 年，大台沟矿业有限公司已完成 36 个钻孔。探明铁矿石资源量 57 亿吨（TFe33.07%），资源远景可达 100 亿吨以上。

2. 安徽庐江泥河铁矿探获铁矿石资源储量 1.8 亿吨

2006 年，地质调查项目在系统总结区域成矿地质条件、成矿规律、控矿地质因素的基础上，在泥河地区施工 ZK0501，累计见矿厚度 250.93 米，磁性铁品位 35.6%。中央财政资金带动了 5 倍的后续勘查投入，探索出"政府引导、公商衔接，强强联合、整装勘查，探采结合、加快开发"的"泥河模式"，丰富了地质找矿新机制内涵，3 年时间完成预查、普查、详查的勘查评价任务，最终探明铁矿资源储量 1.8 亿吨。

3. 西天山阿吾拉勒铁矿探获铁矿石资源量 12.5 亿吨

西天山阿吾拉勒铁多金属矿带长 250 千米，宽 20~40 千米。自西向东，分布有查岗诺尔、智博、备战、敦德等 4 处大型铁矿以及式可布台、松湖、尼新塔格、阿克萨依等 4 处中型铁矿，小型铁矿床 40 余处。累计探获铁矿资源量 12.5 亿吨，预测资源量 20 亿吨。

4. 初步形成西藏多龙矿集区 2000 万吨级铜资源基地

西藏多龙矿集区地处班公湖—怒江成矿带西段，改则县城西北约 90 千米处。地质大调查新发现并评价了多处大型和超大型斑岩型铜矿，确定了拿若、铁格隆南、孕尔勤等一大批具有大型超大型远景规模的铜矿找矿靶区。西藏地勘局第五地质大队先后与四川宏达股份有限公司、中国铝业西藏矿业有限公司合作全面展开商业性勘查。仅 3 年间商业性勘查投资超过 3.2 亿元，极大地加快了勘查步伐，助推找矿取得重大突破。截至 2015 年年底，西藏多龙矿集区累计探获资源量：铜 1917.32 万吨，伴生金 457.71 吨，银 3482.68 吨。

5. 初步形成西藏驱龙—甲玛 2000 万吨级铜资源基地

西藏驱龙斑岩型铜（钼）矿床位于特提斯—喜马拉雅成矿域之冈底斯成矿带东段，拉萨市东约 90 千米，隶属墨竹工卡县。国土资源大调查项目发现并开展普查工作，中国地质调查局累计投入勘查经费 4250 万元，提交铜资源量（333）+（331）1036 万吨。在公益性地质调查工作的引领和带动下，西藏巨龙铜业股份有限公司累计投入商业性勘查资金 2.5 亿元开展普详查工作，探明（331）+（332）+（333）铜资源量 1022 万吨，一举成为我国首个资源量突破千万吨的铜矿矿床。

西藏甲玛铜矿位于西藏自治区墨竹工卡县，西临驱龙铜矿约 20 千米。西藏华泰龙矿业开发有限公司投入探矿资金近 2 亿元，完成钻探进尺 13 万米，实现了重大找矿突破，探获的铜资源量由矿业权整合前的 93 万吨，增至约 1500 万吨，远景资源量有望突破 2000 万吨。

6. 初步形成滇西北 500 万吨级铜资源基地

云南普朗铜矿区位于中甸陆块东部格咱岛弧铜多金属成矿带，距香格里拉县城约 30 千米。中国地质调查局于 2002 年开始将该区列为国土资源大调查项目，累计投入工作经费近 7000 万元，2005 年开始引入商业性矿产勘查资金开展详查与勘探。普朗铜矿探获铜资源量 436 万吨，共（伴）生金 213 吨、银 1503 吨、钼 12 万吨。在普朗铜矿区外围新发现普上、地苏嘎、红山、雪鸡坪、春都等一批较好的找矿线索，展示了巨大的找矿潜力，远景资源量有望超过 500 万吨。

第二节　矿产资源保障总体评估

早在 20 世纪 90 年代，地矿行业即开始对我国 21 世纪矿产的供应保障的安全性进行了深度的预测和评估，但对国际矿业市场的多变性和残酷性并未达成共识，甚至对我国加入 WTO 以后的前景充满了不切合实际的幻想。直至以铁矿石为代表的国际矿产品市场的价格"井喷"之后，我国矿业界才对找矿和买矿的利弊得失有了比较辩证的思考。

我国矿产品的结构性供需矛盾是由区域性矿产资源禀赋所决定的。通俗地说，"粮食"供给不足、"味素"供给有余。尤其是石油、铁等大宗矿产品，"深水不解近渴"。地勘市场形成以后，对"生产周期"缺乏有效控制，以致紧缺矿种的供应短缺未能得到缓解，而富余产品的库存积压却不断加剧。

矿产资源的安全问题也得到了最高决策层的关注。2019 年 2 月和 6 月，习近平总书记两次批转自然资源部"要切实提高我国战略性矿产资源全球话语权和控制力"。为了更好地协调地勘和矿业的矛盾，政府部门及业内学者对我国矿产资源的保障进行了多角度的思考与研究。此后，"资源安全"成为国家安全体系 16 个方面的基本内容之一。

一、矿产资源现状

截至 2010 年年底，我国已发现 171 种矿产资源，查明资源储量的有 159 种，包括石油、天然气、煤、铀、地热等能源矿产 10 种，铁、锰、铜、铝、铅、锌、金等金属矿产 54 种，石墨、磷、硫、钾盐等非金属矿产 92 种，地下水、矿泉水等水气矿产 3 种。在 45 种主要矿产中，有 24 种矿产名列世界前三位，其中，钨、锡、稀土等 12 种矿产居世界第一位；煤、钒、钼、锂等 7 种矿产居第二位；汞、硫、磷等 5 种矿产居第三位。从总体上看，我国矿产资源人均探明储量占世界平均水平的 58%，位居世界第 53 位。石油、天然气人均探明储量分别仅相当于世界平均水平的 7.7% 和 8.3%；铝土矿、铜矿、铁矿分别相当于世界平均水平的 14.2%、28.4% 和 70.4%；镍矿、金矿分别相当于世界平均水平的 7.9%、20.7%；炭人均占有量仅为世界平均水平的 70.9%；钾盐等矿产储量更是严重不足。

截至 2017 年，我国已经发现矿产 173 种，包括：能源矿产 13 种，金属矿产 59 种，非金属矿产 95 种，水汽矿产 6 种。其中查明资源储量的矿产 162 种。根据美国地质调查局的统计，2018 年我国 45 种主要矿产中储量居于世界前三位的约有 20 种，它们是煤、钨、钼、钒、铅、锌、钛铁矿、锡、锑、锶、稀土、锂、萤石、磷矿、重晶石、石墨、石膏、石棉、高岭土、菱镁矿。其中，钨、钼、钒、锡、锑、锶、稀土 7 种矿种位居世界第一位；铅、锌、钛铁矿、萤石、磷矿、石墨、石棉 7 种居世界第二位；煤、锂、重晶石、石膏、高岭土、菱镁 6 种居世界第三位。

截至 2020 年年底，我国已发现 173 种矿产，其中，能源矿产 13 种，金属矿产 59 种，非金属矿产 95 种，水气矿产 6 种。

二、矿产资源保障程度

2016 年，《全国矿产资源规划（2016—2020 年）》将 24 种矿产列入战略性矿产目录。主要有：能源矿产——石油、天然气、页岩气、煤炭、煤层气、铀；金属矿产——铁、铬、铜、铝、金、镍、钨、锡、钼、锑、钴、锂、稀土、锆；非金属矿产——磷、钾盐、晶质石墨、萤石。

2020 年，我国对矿产资源储量分类进行了重大改革。按照"有没有""有多少""可采多少"的逻辑，简化为资源量和储量两类。改革前，资源储量为当前技术条件下查明的资源储量，开发利用时需要进一步勘查及经济评价；改革后，储量为经济可采储量，直接为国民经济建设提供安全保障，对我国矿产资源储量报告（2019 年、2020 年、2021 年）进行分析整理，大宗矿种查明资源储量大部分为经济可采储量的 5~10 倍，少部分基本相当，极个别超过 10 倍（表 27-1）。

表 27-1　矿产资源储量不完全统计

矿种	单位	查明资源储量（2019 年）	可经济利用储量（2020 年）
煤炭	亿吨	17385.8	1622.88
石油	亿吨	46.83	36.2
天然气	万亿立方米	6.60	6.3
铁	亿吨，矿石	857.49	108.8
锰	万吨，金属	19.16	2.12
铬	万吨，矿石	1193.27	276.9
钛	亿吨，TiO_2	8.26	1.94
铜	万吨，金属	11806.69	2701.3
铝土矿	亿吨，矿石	54.50	5.76
铅	万吨，金属	9821.51	1233.1
锌	万吨，金属	20235.57	3049.8
镁	亿吨，MgO	31.03	2.14
镍	万吨，金属	1194.38	399.64
钴	万吨，金属	69.65	13.74
钨	万吨，金属	1078.52	222.5
锡	万吨，金属	456.99	72.25
钼	万吨，金属	3185.01	373.61
锑	万吨，金属	346.98	35.2
金	吨，金属	14126.10	1927.4
银	万吨，金属	35.21	5.07
铂族	吨，金属	401.0	12.67
稀土	万吨，REO	—	4400
铌钽	万吨，金属	—	18.34
锂	万吨，氧化物	1092.0	234.5
石墨	亿吨	5.29	0.56
磷	亿吨，矿石	255.12	19.13
钾盐	亿吨，K_2O	10.41	2.81
重晶石	亿吨	3.73	3.68
萤石	万吨，CaF_2	27200	4857.6

资料来源：中国矿产资源报告（2019 年、2020 年、2021 年）。

国内非油气矿产勘查投入于 2012 年达到峰值 414 亿元后，连续 9 年下滑，至 2020 年的 82.47 亿元，仅为 2012 年的 19.9%，主要矿种储量增速也明显放缓。有效探矿权数量持续下降，2010 年为 33978 宗，2020 年降为 10351 宗。其中，中央财政开展基础地质经费小幅下降，来自社会资金开展矿产勘查降幅最大，从而导致储量增速放缓，供应能力和保障程度双下降，以致矿产资源安全保障直接受到威胁。

三、矿产资源供给预测

（一）矿产资源消费预测

1. 我国是全球矿产资源消费第一大国

2020 年，我国 24 种矿产品消费量同比增长，5 种基本不变，15 种下降。其中：36 种矿产消费量位居全球第一，2 种位居全球第二，6 种位居全球第三至五位；消费占全球比例超过 50% 矿产有 22 种（图 27-1）。

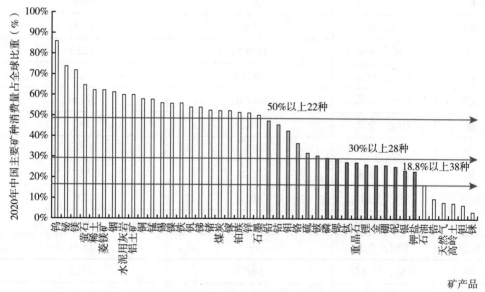

图 27-1　2020 年我国 24 种矿产品消费量增减情况
资料来源：田郁溟中央党校培训班论文（2021 年）。

2. 战略矿产资源需求预测

我国处于工业化中后期的关键发展阶段，国民经济发展对大宗紧缺矿产资源的需求仍将高位运行，新能源新材料战略性矿产资源仍然呈增长态势。据中国地质科学院全球矿产资源研究中心预测，我国第二个百年目标的第一阶段（2035年）基本实现现代化，累计需要消耗：一次能源消费达102亿吨油当量；粗钢83亿吨，精炼铜2.05亿吨，原铝4.95亿吨，以及种类更多的其他矿产资源。多种重要矿产资源将在2030—2035年达到需求峰值。

（二）矿产资源储量评述

总体评价，我国矿产资源的供给形势优劣并存。少数矿种具有较强国际竞争力，但仍有多数重要矿种供给形势堪忧。

1.优势矿种

我国矿产资源中14种经济可采储量高于中国人口全球占比18.8%，159种矿产经济可采储量远低于中国人口全球占比。储量占全球比例超过30%矿种为：钨、钼、钒、稀土、钛等5种；储量占全球比例在20%～30%的有锡、锑、石墨、铅等4种；储量占全球比例在10%～20%的有锌、菱镁矿、萤石、煤炭、铁等5种，如图27-2。

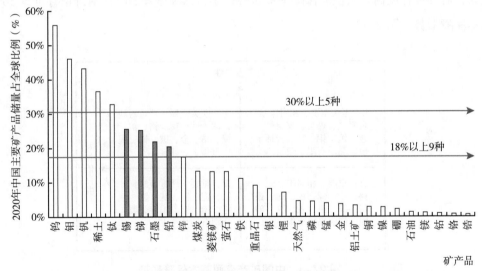

图 27-2　2020 年中国主要矿产储量占全球比例（数据来源：USGS，BP）

注：图中18%的水平线相当于中国人口全球占比。资料来源：田郁溟中央党校培训班论文（2021年）。

2.劣势矿种

尽管我国是全球矿产资源生产第一大国，但战略矿产资源对外依存度居高不下。据自然资源部《全球矿产资源形势报告（2021）》，2020年，我国战略性矿产资源中，除天然气、铝和钾盐外，对外依存度均超过65%；除天然气、铀、锰和钾盐4个矿种外，其他 12 种矿产累计缺口是其现有经济可采储量的 2~10 倍，甚至更高。其中：铬、铌、锆、铂族等对外依存度超过 98%；钴、铀、镍、铁矿石、锰矿石等对外依存度超过 80%；锂、石油、铜、铝等矿产资源对外依存度在 70% 以上。

自 20 世纪 90 年代以来，我国矿产品贸易由顺差转为逆差，近年来，矿产品贸易逆差进一步加大。据中国海关数据，2020 年，中国进口矿产品总额 4633 亿美元，其中：能源矿产品进口额 2698 亿美元，占 58.2%；金属矿进口额 1866 亿美元，占 40.3%（铁矿石 1228 亿美元，主要来自澳大利亚）。其中：11 种进口量超过全球一半（钴矿、铬矿、铀矿、贵金属矿、铝土矿、镍矿、铌钽锆钒矿、锰矿、锡矿、铜矿、铁矿石），8 种矿产品进口量占全球的 20%~50%（铅矿、钛矿、硫黄、锌矿、钨矿、钼矿、原油、其他金属矿）。

3. 总体评价

综合考虑我国资源禀赋、供应保障率、累计保障率和对外依存度等指标变化，我国石油、铁、锰、铬、铜、镍、钴、金、铍、锆、铌、金刚石、锑、硼等大宗矿产结构性短缺态势将长期存在，其特点是：我国已探明储量占世界比例偏低；国内需求量较大，对外依存度高，其供应保障率 < 50%，累计保障率 < 50%，对外依存度 > 50%，基本保障形势如图 27-3。

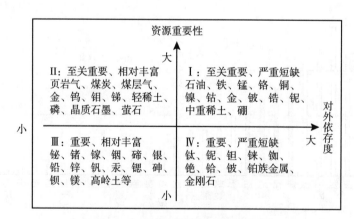

图 27-3　中国矿产资源基本保障形势

资料来源：田郁溟中央党校培训班论文（2021 年）。

此外，我国海外进口资料来源较为集中，运输要道也受控于人。44% 的进口石油来自中东地区，60% 铁矿石、85% 以上锂、49% 锆来自澳大利亚，95% 钴来自刚果（金），96% 铌来自巴西，35% 钾盐来自加拿大，近 40% 锰和 73% 铬来自南非等，运输通道主要经马六甲海峡、巽他海峡和南海。总之，国际形势的突变对我国矿业的冲击不可忽视，相关预案必须加紧制定。

（三）重要矿种保障程度分析

1. 铁矿

我国铁矿资源较丰富，储量仅次于澳大利亚、巴西、俄罗斯，列世界第四位。品位大于 50% 的富铁矿 10.4 亿吨，仅占总量的 1.2%。作为世界第一大铁矿石生产国和消费国，2015 年铁矿石产量达到 13.8 亿吨，占世界铁矿产量的 41.6%。国内铁矿石产量大，但品位不高，难于满足需求。对外依存度高达 70.7%，资源保障形势严峻。

2. 锰矿

我国锰矿资源总量较大，储量位居世界第四位，占世界总量的 14.9%。截至 2015 年，查明资源储量 13.8 亿吨。锰矿多为贫矿，平均品位 21.4%，远低于锰矿大国 40% 的平均品位。富矿资源储量仅 4200 万吨，占总量的 3.0%。2014 年，我国锰矿石产量 711 万吨，进口量 1622 万吨（进口锰矿均为富矿），对外依存度高达 70%，资源保障形势严峻。

3. 铬矿

铬矿是一种战略矿产资源。我国铬矿资源极其匮乏，品质差异很大。截至 2015 年年底，查明铬矿矿区数 64 个，全为中小型，查明资源储量 1246 万吨，基础储量 420 万吨。查明资源储量不足世界总量的 1%。2014 年，我国铬矿石产量 2.4 万吨，进口量 938.6 万吨，消费量 941 万吨，对外依存度高达 99%，资源保障形势严峻。

4. 铜矿

我国铜矿储量占世界总量的 3.9%，居世界第七位。品位大于 1% 的富矿占查明资源储量的 20%。随着我国经济的持续快速增长，国内市场对铜材料的需求不断增长。我国是世界最大的铜生产国。2015 年，矿山铜产量 180 万吨左右，净进口铜矿 900 万吨，消费量达 1143 万吨（占世界铜消费量的一半以上），对外依存度达到 78.7%。

5. 铅矿

我国铅矿资源较丰富，2015 年储量占世界总量的 19.1%，居世界第二位。截至 2015 年年底，我国查明资源储量 7767 万吨，基础储量 1739 万吨。我国铅矿资源的特点是贫矿多、富矿少。品位大于 5% 的资源储量仅占总量的 10.8%。2014 年，我国铅精矿产量为 297.6 万吨，占世界产量的 53.9%，产量和消费量均居世界首位，对外依存度为 36.1%。

6. 锌矿

截至 2015 年年底，我国查明锌资源储量 14985 万吨，基础储量 4102 万吨。我国锌矿储量占世界总量的 18.7%，居世界第二位。我国锌矿资源具有贫矿多、富矿少的特点，品位大于 8.0% 的资源储量仅占总量的 16.9%。2014 年，我国锌精矿产量 493.0 万吨，占世界的 35.1%，产量和消费量均居世界首位，锌净进口量 220.0 万吨，对外依存度达 35.2%。

7. 铝土矿

截至 2015 年年底，我国查明铝土矿资源储量 47 亿吨，基础储量 10 亿吨，铝土矿储量位居世界第七位。与国外铝土矿相比，我国铝土矿质量比较差，加工困难、耗能大，导致我国铝土矿资源利用率不高。截至 2014 年，我国已开发利用的铝土矿查明资源储量仅占查明铝土矿资源储量的 24.7%。我国是铝生产和消费大国，近年来铝资源总体对外依存度在 50% 左右波动。

8. 镍矿

截至 2015 年年底，全国查明镍资源储量 1116 万吨，基础储量 287 万吨。镍矿储量占世界总量的 3.7%，居世界第十位。我国镍矿贫矿多，富矿少。品位大于 3% 的特富矿仅占查明资源储量总量的 2.5%。2014 年，中国镍精矿产量 10.11 万吨，占世界产量的 5%，国内矿山镍供应量仅占消费量的 11%，对外依存度高达 89.2%。

9. 金矿

截至 2015 年年底，全国查明金矿区 3172 个，查明资源储量 11563.5 吨，基础储量 1986.7 吨。金矿以中、低品位为主。查明资源储量中，岩金占 82.4%，伴生金占 13.4%，砂金占 4.2%。2015 年，我国黄金产量 450 吨，已连续 9 年世界产量第一，消费量占世界的 1/5 左右，对外依存度高达 58.2%。

10. 银矿

我国银基础储量占世界总量的 7.4%，居世界第五位。截至 2015 年年底，全国查明银资源储量 25.4 万吨，基础储量 3.9 万吨。银矿以伴生矿为主，占查明资源储量的 60% 左右，总体品位较高。2014 年，中国矿银产量为 3568 吨，占世界产量的 13.1%，居世界第三位；银消费量为 6682 吨，居世界第一位，原矿对外依存度 35.3%。

11. 磷矿

截至 2015 年年底，我国查明磷资源储量 231 亿吨，基础储量 33 亿吨。我国磷矿资源储量大，富矿少，贫矿多，易选矿少，难选矿多，资源保障程度较高。我国磷矿储量占世界总量的 5.0%，居世界第二位。2014 年，全国共生产磷 3613 万吨，占世界产量的 50.1%；磷肥产量 1709 万吨，净出口磷肥量 671 万吨，产能仍有些过剩。

12. 钾盐

截至 2015 年年底，我国已查明钾盐资源储量 10.78 亿吨，基础储量 5.76 亿吨，占世界的 15.0%，位居世界第四位。我国钾肥产量增势明显，但供应不足，仍需大量进口。2014 年，我国钾盐产量 557.65 万吨，是世界第四大钾盐生产国；净进口氯化钾 772.0 万吨，占世界钾盐进口量的 16.1%，是世界第三大钾盐进口国，对外依存度 47.7%。

（四）地质勘查供给的主要瓶颈

1. 地质勘查市场主体缺乏活力

作为地质找矿的主力军，国有地质勘查单位的改革缺少顶层设计，一省一策，推进迟缓；民营地勘企业短期行为突出；风险投资市场尚未萌芽。地质勘查市场主体体制不顺、机制不活，构建全国统一的地勘大市场任重道远。

2. 地质勘查市场准入壁垒较高

探矿权配置的方式不够规范，渠道不够顺畅。对生态保护与资源安全的相互关系缺乏共识，面对的现实是生态红线占地面积大，约 35% 的国土面积和至少 60% 的矿床不能利用。

3. 矿产资源产业链条周转不畅

地质勘查业作为矿业的上游，与其下游的产业链条——采矿业不能有效互动。一方面，地勘业生产周期过长，有效供给不足，不能满足采矿环节的需要；另一方面，采矿业不能对其上游的地勘环节形成"反哺"。全行业各个环节的权责利关系不匹配，整合效能较低。

第二十八章
服务生态文明建设

　　党的十八大将生态文明建设纳入"五位一体"中国特色社会主义总体布局；习近平总书记在十九大报告中指出，坚持人与自然和谐共生，必须树立和践行"绿水青山就是金山银山"的理念；十九届五中全会通过的《中共中央关于制定国民经济和社会发展第十四个五年规划和二〇三五年远景目标的建议》也明确提出要推动绿色发展，促进人与自然和谐共生。坚持"绿水青山就是金山银山"理念，坚持尊重自然、顺应自然、保护自然，坚持节约优先、保护优先、自然恢复为主，守住自然生态安全边界。这是新时代赋予地质工作的神圣使命。

第一节　生态地质工作战略部署

　　《中共中央　国务院关于加快推进生态文明建设的意见》（2015年4月25日），确定了我国生态文明建设的总体要求、时间表和路线图，其中有诸多内容与地质工作紧密相关。自然资源部组建以后，党中央和国务院明确了其所承担的"统一行使全民所有自然资源资产所有者职责，统一行使所有国土空间用途管制和生态保护修复职责"。"十三五"时期，在习近平生态文明思想指引下，自然资源部、国家林草局会同相关部门积极推进山水林田湖草一体化保护修复，取得显著成绩。

一、加快推进地质生态工作的体系建设

自然资源部配合立法机关完成了《森林法》《海洋环境保护法》《防沙治沙法》《土地管理法》等多部法律修订工作；加快推进了矿产、草原、自然保护地、野生动物保护、国土空间开发保护、空间规划等方面的立法修法进程。推动国家层面出台了关于建立国土空间规划体系、自然资源资产产权制度改革、自然保护地体系、统筹划定落实三条控制线、严格管控围填海和天然林、湿地保护修复以及推行林长制等重要政策文件。积极探索生态修复的市场化投入机制，出台了探索利用市场化方式推进矿山生态修复的意见，通过制定自然资源资产产权政策等，激励社会主体投入矿山生态修复。2019 年 1 月，自然资源部中国地质调查局颁布了地质调查技术标准《生态地质调查技术要求（1∶50000）（试行）》。

与此同时，积极推进生态文明建设专业技术队伍建设。2020 年 5 月 11—14 日，中国地质科学院和环境监测院共同举办了国土生态地质调查及修复支撑技术专题培训班。本次培训采取视频会议方式进行，6400 余人次参加了本次培训。本次培训重点在"国土空间重大生态问题研究与保护修复对策的思考、地质调查支撑服务承德市生态文明建设探索与实践、地质调查支撑服务海南生态文明建设的探索与实践、支撑国土空间规划的'双评价'思考与实践、省市级'双评价'探索与实践——以辽宁省和榆林市为例、基于土地质量的耕地适宜性评价、我国生态安全格局构建的思考、生态修复技术创新与应用、黄河流域矿山生态修复的思考、岩溶关键带调查与资源环境、湿地生态地质调查监测与修复研究"十一方面开展。通过本次培训，学员进一步增强了国土生态地质调查及修复支撑技术业务本领，建立了与专家的沟通途径。

二、自然资源部与省（区、市）政府联动

至 2021 年，自然资源部积极与省（区、市）政府联动，实施了一批生态环境整理项目。开展了蓝色海湾整治行动、海岸带保护修复工程、渤海综合治理攻坚战行动计划、红树林保护修复专项行动，全国整治修复岸线 1200 千米、滨海湿地 2.3 万公顷；破解了黄海浒苔绿潮灾害防治的难题，治理区域海洋生态质量和功能得到提升。开展了长江流域、京津冀和汾渭平原等重点区域历史遗留矿山生态修复，将治理修复矿点近 9000 个，面积约 2.5 万公顷。完成防沙治沙 1000 多万公顷、石漠化治理 130 万公顷；支持了深度贫困地区实施土地整治重大工程，提升农田的生态功能。

三、中国地质调查局服务生态文明建设

2018 年起，自然资源部中国地质调查局在"两省三市"（福建、海南、承德、宜昌、广安）等国家生态文明试验区（示范区）开展自然资源综合地质调查试点，形成了"转型升级支撑服务国家战略发展、科技攻关破解制约地方发展难题、成果转化探索生态地质产品价值实现路径"的自然资源综合调查服务模式。经过 3 年的探索，有效促进了从综合地质调查转向自然资源综合调查支撑服务生态文明建设。一是转型升级支撑服务国家战略发展需求。以综合地质调查为基础探索了自然资源综合调查及技术方法，形成了"中央引领、地方跟进"的机制。二是科技攻关破解制约地方发展难题。在生态地质调查方面，立足支撑生态保护与修复，攻关了多项地质控制理论和技术。三是成果转化探索生态地质产品价值实现路径。取得的主要成果包括：①在福建完成省级"双评价"，提出长汀水土流失"精准治理、深层治理"方案，攻克城市地下孤石精准探测难题，有效支撑福建国土空间规划、生态保护修复和都市区规划建设。②系统总结海南省自然资源和国土空间综合调查示范性整装成果，针对海南省国土空间格局优化和海岸带开发利用、江东新区和三亚重点地区规划建设、红树林湿地和岸滩生态保护修复等方面提出建议，有力支撑海南省国家生态文明试验区建设。③基于综合地质调查成果，优选划定承德市生态与农业高质量发展区和水土生态修复区建议，研究提出承德市山体保护名录和可供利用的侧向山体资源潜力区，支撑承德市盛世上河图城市设计、山体保护立法和现代山地城市规划建设。④围绕宜昌"化工围江"、矿山环境治理等问题和需求，查明流域磷的来源、沿江化工区土壤防污性能及分布、废弃硫铁矿和煤矿矿山环境现状，提出磷污染防控、化工产业布局、废弃矿山治理等地质科学建议。⑤在广安新发现一批矿产地、页岩油气有利区、地热富集区、特色土地资源，为广安市能源资源安全提供保障；向广安市政府移交 2019 年地热井资料，有效支撑地热采矿权出让。

四、地勘单位积极参与实施生态文明建设

2000 年以来，地质勘查行业及地质勘查队伍的服务向"山水林田湖"、重要经济区与城市群以及海岸带的空间规划与布局、生态管控与保护、环境恢复与治理、灾害监测与防治等方面转变，充分发挥了地质工作在自然资源调查评价、科学研究及监测防控等方面的独特优势，地质工作在农业地质、城市地质、环境地质、防灾减灾等方

面支撑服务的范围更广、层次更深、要求更高，基础性、先行性、战略性地位愈加凸显，在提高人类对自然规律认识以及保障能源资源、地灾防治等方面作出了重要贡献，探索出了一条地质工作服务生态文明建设的新路子。例如：青海省制定绿色勘查管理办法，同时建立地勘单位业绩信誉考核、野外地勘项目生态环境保护检查、地质勘查生态环境恢复治理检查等一系列配套制度，形成绿色勘查的"多彩模式"，充分统筹协调了矿产勘查与生态保护的关系；北京地勘单位参与编制《支撑服务京津冀协同发展地质调查报告（2015 年）》，充分发挥了地质工作的基础性和先行性作用；甘肃省地勘单位在"国家生态安全屏障综合试验区建设"中为重大生态工程提供技术支撑；湖北省地勘单位为长江中游城市群建设提供有力的资源保障和地质基础支撑；安徽地勘单位提出支撑长江经济带发展的有利资源环境和重大地质问题报告分析；宁夏地勘单位为生态移民安置区勘查找水，为生态移民区提供水资源保障等；四川省地矿局成都水文队利用地质勘查技术优势，摸清地下水的补、径、排系统，有效治理了酸性矿井涌水问题；江苏省地质勘查技术院充分运用高光谱遥感测量技术，建设"城市干扰环境高效地下探测体系""土壤污染快速调查与治理体系"，增强了在水域调查监测、土壤污染调查与修复等领域的技术支撑；河南省地矿局第五地质勘查院开展全域性废弃矿山生态修复项目，在徐州、驻马店、光山县、修武县等市县区域累计治理超过 20 平方千米，投资金额数十亿；河南省地矿局环境一院发展水土污染修复自主创新能力，开展污染调查，成功建设我国第一座用于防控重金属六价铬污染地下水的可渗透反应墙修复技术示范工程；江苏省有色金属华东地质勘查局积极推进山水林田湖生态保护和修复、实施盐碱化治理，实现补充耕地 2686 亩。

第二节　生态地质环境调查

21 世纪伊始，我国的地质工作者即开始进行区域性生态地质的调查工作，并取得系列成果。

一、区域性生态地质调查

（一）四平市幅（1∶5 万）生态环境地质调查

"四平市幅（1∶5 万）生态环境地质调查"由吉林大学（长春科技大学）担任第一

完成单位，项目起始时间为 2000 年 1 月—2002 年 12 月。该项目按照 1∶5 万地质调查规范，运用"3S"技术，开展了地层、岩石、构造、地貌、新构造运动、矿产资源和旅游资源研究；开展了土壤环境调查，查明了土壤类型、土壤地球化学特征、土壤质量、土壤污染情况和土地资源利用现状，提出了合理的农业种植模式；开展了工程地质环境调查，查明了测区区域地壳稳定性特征、工程地基稳定性和主要地质灾害及工程地质问题，提出了地质灾害防治对策。

（二）海南省生态环境地质调查

2004 年，由海南省地质调查院提交的"海南省琼海县幅 1∶25 万生态环境地质调查"项目，涉及地球化学、遥感应用、环境地质等学科，是一项综合性的调查研究项目。其主要内容是开展海南岛区域生态环境地质调查试点，查明海南岛东北部地质生态环境基本状况，总结我国热带生态环境地质调查内容、技术与方法。项目运用资料开发、遥感解译、地球化学调查、生态环境地质调查、岩矿测试（土壤样、水质样）、综合研究评价等方法，查明海南岛东北部 15000 平方千米的气象、地质、水文地质、工程地质、环境地质、矿产、土壤、人类工程与活动、热带植被生态环境地质特征、地质灾害等生态环境地质内容，从城市环境地质、海岸带生态环境地质、热带雨林生态环境地质、热带农业生态环境地质等方面，研究评价海南岛东北部生态环境地质状况，预测生态环境地质的发展趋势，提出了生态环境地质保护建议。该项目成果已应用于海南生态省的建设与规划，土地资源的开发利用和热带高效农业的规划与指导，地质灾害的规划和防治，地下水环境的规划、评价与保护，海南岛东北部海岸带的生态环境保护与矿山环境地质的治理和规划，取得了良好的效果。

2002—2003 年，海南水文地质工程地质勘察院承担实施了"海南岛海岸带生态环境地质调查"项目。在海南岛海岸线往陆地方向 10~20 千米范围内，开展海岸带生态环境地质调查。查明了海岸带地质、生态环境基本状况，重点包括岸带的变迁情况、地质灾害情况以及海岸带范围内的开发利用对环境、水质、土壤、生态的影响。完成海岸带环境地质调查（1∶25 万）9154 平方千米，生态环境地质调查点 61 个。2004 年7 月，提交了《海南岛海岸带生态环境地质调查报告》。

2002—2005 年，海南省地质调查院开展了"海南岛西南部生态环境地质调查"。项目工作区范围为海南岛西南部地区，包括 1∶25 万乐东县幅的东北角、陵水县幅的西北角、东方县幅的东南角，陆域面积 18920 平方千米，占全岛面积的 56%。行政区域隶属三亚、陵水、保亭、乐东、东方、五指山、琼中、万宁、儋州、昌江、白沙等11个县市，少部分隶属琼海市。2005年，提交了《海南岛西南部生态环境地质调查报告》。

2004—2006年，海南省地质调查院开展了"海南岛生态环境地质综合研究"项目。该项目是计划项目"东南沿海及重要经济区环境地质调查评价"的子项目，是在"海南省琼海县幅1∶25万生态环境地质调查"项目和"海南岛西南部生态环境地质调查"项目的基础上，经综合分析研究成果汇总形成的综合研究成果。项目的工作范围为海南岛陆域部分，面积33920平方千米。2006年4月，提交了《海南岛生态环境地质综合研究报告》。

（三）珠江三角洲经济区生态环境地质调查

"珠江三角洲经济区1∶25万生态环境地质调查"项目是中国地质调查局于2000年下达的新一轮国土资源大调查项目，2006年8月提交了成果报告。测区陆地总面积41698平方千米。该项目基本查明了珠江三角洲经济区的生态环境地质条件、主要环境地质问题和地质灾害，对矿产资源、土地资源、地下水资源、地质地貌景观资源等进行了分析和评述；综合分析了区内地下水类型、土壤类型及其特征，评价了区内的水资源量、地下水可采资源量、地下水的质量和土壤环境质量，新圈定出17个后备水源地；基本查明了珠江三角洲经济区近现代海岸线冲淤变化和岸线演变规律，分析了海岸变迁的成因、速率及其引发的海岸环境地质问题，重点研究了珠江口区近现代人类活动特点及其对岸线迁移的作用效应；查明了调查区软土的工程地质分布和性质，划分了软基沉降的类型，探讨了软基沉降效应，深化了对软基沉降机理的认识，评估了软基沉降造成的灾害经济损失和软基沉降发展趋势，提高了该区软土地基沉降研究的程度；基本查明了调查区土壤侵蚀、矿山开采引起的环境地质问题，崩塌、滑坡、泥石流地质灾害和地方病的分布现状，分析了其成因机理；半定量评价了珠江三角洲经济区的生态地质环境质量，划分出了不同的等级区，对工程建设适宜性、农业生态地质环境和人居适宜性地质环境质量评价方法进行了探索；针对调查区水土污染、矿产资源开采产生的问题，海岸变迁、软土沉降等问题提出了相关建议；建议下一步在经济区进行的地质工作必须与城市发展规划密切配合；为该地区社会经济发展规划和后续项目工作的开展提供了丰富的科学依据。项目成果为提交的《珠江三角洲经济区1∶25万生态环境地质调查成果报告》《珠江三角洲经济区环境地质系列图（1∶25万）》《珠江三角洲经济区生态环境地质图集（1∶100万）》等。

（四）承德自然资源综合地质调查

2014年7月，国家六部委将承德纳入首批生态文明先行示范区建设，要求先行示范地区紧紧围绕破解本地区生态文明建设的瓶颈制约，大力推进制度创新，并以确定的制度创新点为重点，先行先试、大胆探索，力争取得重大突破，为地区乃至全国生态文明建设积累有益经验，树立先进典型，发挥示范引领作用。2017年10月，中国地质调查局与承德市委、市政府共同商定，将承德作为支撑服务国家生态文明建设的自然资源综合地质调查示范区，并确定由中国地质调查局地质环境监测院牵头组织实施水文地质、土地质量调查和资源环境承载能力评价等工作。期望通过开展水、土、地质遗迹、城市地下空间等要素调查评价监测，支撑服务承德市国土空间规划及用途管制、农林业高质量发展、矿山生态修复、地质文化村建设等，同时探索不同单元自然资源综合调查技术方法，形成生态文明示范区自然资源综合调查技术方法体系。主要任务包括：①自然资源综合调查评价；②资源环境承载能力和国土空间开发适宜性评价；③山水林田湖草整体保护与系统修复；④支持服务矿业转型发展；⑤建设自然资源长期监测研究基地；⑥构建新的工作机制和合作模式。此次调查基本查明了地质构造对农业和生态的控制关系，揭示了地表基质层特征及其与农林业适宜关系。取得的主要进展与成果包括：探索了自然资源综合调查支撑服务模式。在系统梳理武烈河流域的水、土、地热和地质遗迹等自然资源基础上，整合区域历史文化景观，将自然地质景观与历史文化资源深度融合，编制完成《支撑服务武烈河百公里生态与文化产业走廊地质调查报告和图集》，并基于特色资源优势，提出了打造"6个核心区、16个辐射区"的规划建议。

（五）海洋地质调查服务国家生态文明试验区（海南）

2018年，自然资源部中国地质调查局与海南省人民政府签署加强海南省地质调查工作战略合作协议。2019年，双方合作共建"南海地质科技创新基地"，以广州海洋地质调查局为主体，武汉地调中心等多家单位参与，围绕天然气水合物勘查开发先导试验区建设、南海油气和基础地质调查、南海岛礁综合地质调查、海岸带综合地质调查、海南国家生态文明试验区综合地质调查与资源环境承载能力评价、重大科研基础设施和条件平台建设、数据集成与成果转化应用等七方面部署开展地质工作。至2020年年底取得了一系列海洋地质科技创新成果，其中之一是，编制完成《海南海岸带资源环境图集》和《支撑服务海南海岸带社会经济发展资源环境调查报告》。

海南省海岸带资源丰富，是支撑海南高质量发展的前沿阵地，是海南自贸区建设最重要、最核心区带，也是地质工作支撑服务的主要对象之一。中国地质调查局精准对接海南需求，组织广州海洋地质调查局实施海南海岸带综合地质调查，开展"重点生态区"生态地质调查、"重点规划区"综合地质调查以及重要资源专项调查，并系统总结已完成的海南岛1∶10万、1∶5万水工环地质调查成果，编制完成海岸带自然资源、生态环境、海岸带资源环境承载能力和国土空间开发适宜性"双评价"等系列图件27幅，全面展示了海岸带地质资源禀赋、生态环境现状、致灾因素等，系统梳理了资源优势和地质环境问题，为海岸带空间规划提供了直接依据，是首套系统开展海南海岸带资源与环境调查研究成果。该成果已及时提交海南省海岸带保护与利用综合规划编制使用，为海岸带产业规划、生态环境保护和地质灾害防治等提供及时、科学、有效的地质依据。

（六）长江沿岸带生态环境地质调查与评价

湖北省武汉市自然资源和规划局结合正在实施的多要素城市地质调查工作，于2019年部署实施了"长江沿岸带生态环境地质调查与评价"项目，首次以水体、土壤、岩石、植物等生态系统的组成要素为调查对象，对武汉市长江两岸各1千米范围内开展高精度的生态环境地质调查。至2021年2月，此项调查取得阶段性成果。一是查明了长江沿岸带水土质量。调查显示，武汉市长江沿岸带绝大部分被第四纪松散土体覆盖，地表水主要为重碳酸钙型水。长江水质总体较好，以Ⅱ类水、Ⅲ类水为主，但排放至长江的水中汞元素、氟化物超标以及总磷超标等问题值得关注。二是摸清了长江沿岸带生态地质环境质量状况。调查组基于地球系统科学理论建立了多圈层相互作用下的环境地质评价指标体系，系统评价了武汉市长江沿岸带的生态环境地质质量，评价结果显示区域总体情况较好。三是揭示了长江消落带的结构、过程及其生态效应。调查发现，长江消落带表现出重金属元素易富集的特征，说明其具有净化生态环境的功能，是需要重点保护的自然资源。四是研究了长江与东湖的水力联通关系。调查发现，武汉市东湖周围虽然存在粘土隔水层，但东湖与沙湖通过楚河连通，可间接与长江构成地下水力联系。五是针对沿岸带存在的生态环境问题，从河流塌岸治理、污染防控和生态修复区划等方面提出了修复建议。

（七）地质调查支撑服务福建生态文明试验区

2019年，福建省政府与自然资源部中国地质调查局签署了《地质调查支撑服务福建生态文明试验区建设战略合作协议（2019—2025年）》，此后共同在宁德实施多项综合地质调查项目，有效地服务和支撑了宁德生态文明建设。项目主要成果包括：①为"蓝色海湾"发展提供基础地质资料。通过开展不同历史时期多源卫星遥感解译，结合野外实地调查、取样、生态指标测试等工作，系统查明环三都澳地区岸线、湿地、围垦尤其是湿地红树林的历史演化过程，摸清三都澳海洋生态环境现状，分析生态系统退化机理及海洋生态环境污染源，并提出相应修复建议，有效推动了三都澳实现生态环境"高颜值"和经济发展"高质量"。②为形成山海联动新格局贡献地质方案。通过开展宁德市级资源环境承载能力和国土空间开发适宜性评价工作，对宁德市自然资源禀赋和问题风险进行综合分析研判，并提出"三区三线"优化调整建议，有效支撑宁德市国土空间规划编制。③为助力乡村振兴与高质量发展找寻特色资源。在宁德蕉城区的飞鸾镇、三都澳镇等脱贫攻坚和乡村振兴的重点村镇，部署实施特色农业地质调查、地热资源勘查和扶贫找水等"一揽子"工程。发现富锌富硒土地3150亩，并提出富硒农业产业发展规划建议。在雷东村等闽东革命老区村实施9口水井，日出水量累计达1900余吨，水质达到矿泉水等级，成功解决上千户百姓的日常饮水问题；在飞鸾镇实施地热探测井，探明孔底500米深处水温39.29℃，出水量1600吨/日，为宁德开展清洁能源综合利用奠定基础。

二、应对全球气候变化地质调查

减少温室气体排放、应对全球气候变化是国际社会关注的重大课题，事关世界各国经济社会发展。我国是受气候变化不利影响最为严重的国家之一，也是世界能源消费、二氧化碳总排放量第一的国家，减排增汇任务艰巨。2010年以来，国土资源部中国地质调查局发挥部门优势开展应对全球气候变化地质调查研究，在揭示过去气候变化规律和极端气候事件、开展二氧化碳深部地质储存、探索人为增加地质碳汇效应和增强岩溶石漠化区生态系统适应气候变化能力等方面取得了重要进展，成果可为我国促进节能减排、履行国际承诺、应对气候变化等提供技术支撑。

（一）地质记录研究揭示过去气候变化事实取得四点认识

对古气候的重建，能够弥补人类观测记录过短的不足，有利于认识气候演变过程和成因机制，并为推测未来环境演变规律提供历史相似型。洞穴石笋、海洋沉积物、湖泊沉积、沼泽泥炭、冰芯和黄土等是过去某一时期形成并一直保存至今的地质体，是记录古气候变化的重要载体，通过气候变化地质记录研究，在揭示古气候变化规律及如何看待现代气候变化方面取得了一些认识。

1. 地球长周期性气候变化存在变冷—变暖交替过程，变暖过程快速，需时仅为变冷过程的1/10

从地质气候演变历史看，受太阳轨道周期辐射强度的控制，全球气候存在冰期（气候变冷）—间冰期（气候变暖）交替出现的自然变化过程。距今13万年以来，地球经历了间冰期—冰期—间冰期的变化。上一次间冰期开始时间为距今12.93万年，气温在250年内快速回暖，平均气温由6℃增加到12℃，之后呈小幅波动状态；间冰期持续时间为1.17万年，结束时间为距今11.76万年。由间冰期进入冰期的转化时间为2700年，与此相比，变暖过程仅为变冷过程的1/10。

目前，全球正处于间冰期，已经持续了1.15万年，距今1.15万~8800年间，气温迅速升温；距今8800~4500年间，呈现高温震荡；距今4500~2000年间，气温有所下降；距今2000年以来波动升温。与上一次间冰期气候变暖相比，现今气温变化幅度与速率可以在地质历史时期找到。

2. 岩溶洞穴石笋地质记录研究达到年际精度，可分辨过去极端气候事件，为未来气候变化预测提供了可能

湖南龙山洞穴石笋调查获得500年以来年际气候变化，数据显示，距今500~150年间存在5个冷期，每个冷事件持续时间约为20~30年；冷期对应的是5个暖期，暖期持续时间为30~110年；1500年、1575年、1770年、1875年为极端干旱年。

150年以来，石笋记录了可与仪器记录对应的极端气候事件。在现代升温期间，夹有1个短暂的冷期，持续了5年（1925—1930年），1950—1952年为极端降水事件，1954—2000年为干旱频率增加期。过去年际气候变化和极端气候事件的揭示，为未来气候变化趋势的预测提供了坚实基础。

3. 1万年以来渤海湾相对海平面变化取得新证据

海岸带地质调查，通过特征沉积物调查、钻孔岩心探查分析、AMS $14℃$测年，尤其是对海陆变迁及软体动物沉积过程、埋藏学的研究，系统获取500余组标志性数据，揭示了距今1万~6000年间，中国渤海湾相对海平面上升了25米，即平均每年上升约6毫米；距今6000年以来，海平面高度介于+1米至+2米间波动。

距今1万年前的低海岸线位于渤海海峡附近，距现代岸线向海一侧约100千米；在距今6000年前后，海水向陆进侵到最大边界，直抵现在的德州—白洋淀—廊坊—唐山一线，距现代岸线向陆一侧约140千米。之后，经历了大规模的海退成陆过程，在

距今约 1000 年前后，海水退到现代海岸线位置。

4. 地球气候变化对人类社会活动具有很大影响，同时人类活动对地球大气环境的影响不容忽视

调查表明，距今 5000 年气候变化对我国经济社会发展产生了重要影响，暖气候时期往往对应着社会经济发展的兴旺发展，而冷气候则对社会经济发展产生明显制约。例如，距今 4200 年、2800 年、1800 年和 450 年左右的快速变冷事件，分别对应着龙山文化末期、西周末年、西汉末年和明朝晚期。

工业革命以来，全球变暖与温室气体的排放关系密切，且近年来全球气候变暖，导致极端气候事件频发，让人们切身体会到全球气候变化的不利影响。如果目前每百年 0.85℃（IPCC 第 5 次评估报告）的全球平均升温速率得以延续，气候将明显背离自然变化轨迹，甚至打破气候变冷—变暖交替的自然变化进程，需要认真面对。

（二）发挥地质专业优势，探索缓解气候变化的四项技术途径

国际社会所讨论的气候变化问题，主要是指温室气体增加产生的气候变暖问题。因此，世界各国正努力采取多种措施控制温室气体排放，以达到减缓气候变化的目的。

1. 我国盆地级二氧化碳地质储存潜力巨大。与企业合作，成功实施我国首个全流程深部咸水层二氧化碳地质储存示范工程，为我国开展二氧化碳地质储存提供了技术储备

二氧化碳地质储存是指将二氧化碳从工业或能源产业的排放源中分离出来，输送并封存在地质构造中，长期与大气隔绝的过程。该技术是国际公认的能够实现低碳减排直接、有效的手段之一。

全国 417 个大型沉积盆地（面积大于 200 平方千米）的二氧化碳地质储存潜力与适宜性评价结果显示，我国盆地级二氧化碳地质储存潜力巨大，其中，深部咸水层储存潜力占 95.6%。适宜二氧化碳储存的地区主要位于盆地面积大、储盖组合条件好的珠江口、鄂尔多斯、准噶尔、塔里木、松辽、渤海湾、四川等盆地内。

通过适宜性评价，初步圈定出一批二氧化碳地质储存目标靶区，储存潜力相当于2010 年全国二氧化碳排放量的 18 倍。

与神华集团合作，在内蒙古鄂尔多斯市伊金霍洛旗实施了我国首个全流程深部咸水含水层二氧化碳地质储存示范工程，突破了钻探、灌注、采样、监测等技术难题，实践了二氧化碳地质储存的一整套工程技术。截至 2015 年 4 月，累计注入二氧化碳

30 万吨，工程运行正常，未发现二氧化碳泄露及对周边环境的影响。此外，还与中联煤层气公司、中国石化集团等企业合作，实施了二氧化碳地质储存提高煤层气采收率、提高石油采收率等试点工程。

结合我国地质条件，建立了中国二氧化碳地质储存评价技术方法体系，集成创新了深部成水层二氧化碳地质储存场地选址评价指标体系和二氧化碳地质储存环境影响、安全风险评价与二氧化碳泄露监测技术方法体系，研制了 pH 值深层原位自动监测系统和"U"形管深层原位采样系统，填补了国内 pH 值深层原位监测技术空白，研发了具备国际先进水平的二氧化碳地质储存模拟系统，可广泛应用于碳储工程决策和预测。

2. 岩溶碳循环在中国地质碳循环过程中占据主导地位，碳汇效应相当于同期森林碳汇的 20%~30%，可通过地表生态恢复等措施增加地下岩溶碳汇

碳酸盐岩是可溶岩，碳酸盐岩的风化溶解过程，可快速将大气二氧化碳转移到水圈中，产生碳汇效应。调查结果显示，中国碳酸盐岩分布面积占全球的 16%，入海河流注入海洋的流量占世界河川径流总量的 6.8%，而携带的无机碳通量占全球的 16.1%，碳酸盐岩的贡献率达 78%。中国岩溶作用每年净回收大气二氧化碳的量达 8800 万吨，相当于同期森林碳汇通量的 20%~30%。

流域尺度岩溶碳循环过程主要包括 3 个部分：一是水和二氧化碳（包括生物作用）对碳酸盐岩溶解、生成水体中的无机碳；二是水流与无机碳的迁移与转化；三是水生植物与无机碳、有机碳之间的转化。

建议在土地空间合理高效利用规划的基础上，综合考虑以下人为干预增加岩溶碳汇的技术途径：①选择和培育适宜岩溶环境、碳固定能力强的 C4 植物，增加岩溶碳汇发生强度；②使用来自硅酸盐岩地区、具有侵蚀力的外源水灌溉，增加岩溶碳汇量；③改良土壤，如增加生物碳，在改善土壤质量的同时，提高土下岩溶碳汇发生强度；④有针对性地选择和培育沉水植物，如海菜花，提高岩溶碳汇的稳定性。

3. 基性、超基性岩矿物风化产生碳汇强度相当于碳酸盐岩的 40%~60%

基性岩、超基性岩在适宜的条件下，其风化溶解产生的碳汇强度，相当于碳酸盐岩的 40%~60%，且明显受温度和降雨的影响。典型玄武岩流域的监测结果显示，从温带内蒙古、亚热带南京到热带海南，玄武岩风化溶解每年每平方千米消耗二氧化碳的碳汇通量分别为 6.6 吨、24 吨和 26 吨。

建议在小型二氧化碳主要工业源区，探索人工干预、增加硅酸盐岩风化碳汇的技术途径，可采用优势微生物（尤其是真菌）、生物酶（碳酸酐酶）提高基性岩、超基性岩的溶解速率，增加碳汇发生强度，探索二氧化碳零排放吸收反应器。

4. 我国主要农耕区土壤碳库调查揭示，土壤固碳潜力可达 180 亿吨

对我国 160 万平方千米主要农耕区开展的土壤碳汇调查结果显示，我国东部地区 0~1.8 米深度范围内土壤平均碳密度为 48.8 吨／公顷，比欧盟国家低 30% 左右。如果采取有效措施，使土壤有机碳密度增加 30%，土壤固碳能力累计可达 180 亿吨，基本能够平衡 2050 年之前我国超过排放预期的二氧化碳总量 170 亿吨。近年来，华北、华东、华中等地区，由于农业耕作水平提高，土壤碳汇明显增加。与第二次土壤普查相比，东北是碳源区，华北和中南是碳汇区，海南是源与汇大致平衡区。

建议在碳源区、平衡区开展保护性耕作，防治水土流失，提高土壤有机碳密度，达到固碳增汇效果。

三、开展清洁能源调查，减少有害气体排放量

（一）地热资源调查

1. 21 世纪地热资源开发现状

我国是一个地热资源相当丰富的国家，地热资源主要集中于构造活动带和大型沉积盆地中，主要类型为沉积盆地型和隆起山地型。根据我国地热资源分布的特点以及当地的社会特征，可制定相应的地热资源发展规划。例如，西部、西南地区可重点发展地热发电，该区域地热资源品位较高，人口密度较小，发展地热发电对人类的生产生活影响较小，而且电力便于输送，能在一定程度上缓解全国电力需求的压力。在东南沿海地区，夏季温度高、时间长，制冷的能耗相当高，如果利用该区域丰富的地热资源来制冷，可以大幅缓解我国南方地区夏季电力供应不足的矛盾。东北、华北地区，冬季供暖的压力非常大，当前的供暖方式以燃煤为主，空气污染十分严重，严重影响了当地人们的生活质量，而作为优质清洁能源之一的地热能，资源量大，供应持续稳定，是北方供暖的最佳替代能源。同时，在地热资源品位相对较低的地区，可大力发展地源热泵技术，这也是节能降耗的有效途径。

我国地热资源年可开采量折合标准煤 26 亿吨，年开采量折合标准煤仅 2100 万吨，开发利用潜力巨大。我国地热资源主要用于旅游疗养、供暖制冷、种植、养殖等，2015 年产值约 7500 亿元，超过同年 GDP 的 1%。我国现有地热资源开发利用每年减少二氧化碳排放 4800 万吨，减排效果显著。据上述国土资源部最新的评价数据资料，我国已查明 287 个地级以上城市浅层地热能、12 个主要沉积盆地地热资源、2562 处温泉区隆起山地地热资源。利用地热发电的有 4 处，其中西藏 3 处，分别是羊八井、那曲

和朗久 3 个地热田，总装机容量约为 25 兆瓦；广东丰顺地区有 1 处，其装机容量约为 0.3 兆瓦。其余主要用于供暖、热泵、洗浴、医疗、养殖和农业大棚等。京津冀地区地热资源年可开采量折合标准煤 3.43 亿吨，可基本满足该地区建筑物供暖制冷需求。

2009—2011 年，国土资源部在系统收集中国基础地质、地热地质、水文地质、城市地质、石油地质等已有资料的基础上，对地热资源潜力进行了重新评价。这一最新评价认为，我国浅层地热能资源量相当于 95 亿吨标准煤。每年浅层地热能可利用资源量相当于 3.5 亿吨标准煤，如全部有效开发利用则每年可节约 2.5 亿吨标准煤，减少 CO_2 排放约 5 亿吨；全国沉积盆地地热资源储量折合标准煤 8530 亿吨；每年可利用的常规地热资源总量相当于 6.4 亿吨标准煤，每年可减少 CO_2 排放 13 亿吨；中国大陆 3000~10000 米深处干热岩资源总计相当于 860 万亿吨标准煤，是年度能源消耗总量的 26 万倍。

"十二五"期间，国土资源部中国地质调查局组织全国 60 多家单位 3000 多名技术人员投入中央财政资金 416 亿元，完成了 336 个地级以上城市浅层地温能调查，31 个省（区、市）地下热水资源调查，启动了干热岩资源调查，基本查明了我国地热资源赋存条件、分布特征与开发利用现状，初步评价了全国地热资源量。

2. 地热资源现状调查

2013 年，基于中国地质调查局组织实施的"全国地热资源现状调查评价与区划"项目。以江苏省地质调查研究院承担并实施的"江苏省地热资源现状调查评价与区划"为例，取得了如下主要成果及科技创新：①首次获得江苏省地热井分布及使用现状。对全省大部分地热井、温泉进行了深入调查了解，调查获得 132 口地热井、温泉开发利用现状，归纳全省地热资源开发利用类型。②获得了江苏省地温梯度分布情况。对全省的地热钻孔及一些测井资料进行整理，获得了江苏省的地温梯度等值线，证实在泰州低凸起与吴堡低凸起及盐城地区地温梯度较大。③获得了江苏省地热水水质分布特征。对 102 个采取的地热水样进行全分析及微量元素分析。结果显示，省内的地热水理疗价值方面主要以偏硅酸水和氟水为主；部分地热水硫化氢含量较高，部分地热井铁含量较高，或存在氡异常、锂含量较高；部分区域地热水矿化度过高，对开发利用有一定的影响。④首次对江苏省地热资源量及地热流体可开采量进行了定量计算。⑤对江苏省地热资源开发利用进行了区划。

（二）浅层地热调查及开发

1. 南京市浅层地温能调查评价

南京市正处在经济快速发展时期，节能减排和能源结构调整压力巨大，合理开发及利用浅层地热（温）能是发展绿色经济，低碳经济和循环经济的必然趋势。2011年10月，中国地质调查局正式向江苏省地调院下达了开展南京浅层地温能调查工作项目任务书。项目组用3年时间，完成的主要成果包括：①完成了南京市浅层地温能资源调查。查明了南京市浅层地温能资源赋存的地质条件并进行了开发利用适宜性区划；评价了南京市浅层地温能资源量、开发利用潜力和经济环境效益；开展了气候夏热冬冷地区浅层地温能开发利用环境响应研究。②完成了浅层地温能资源开发利用调查及示范工程研究。据南京市现有浅层地温能应用项目估算，一年常规能源替代量相当于6.48万吨标准煤。对有代表性的12处浅层地温能开发利用示范工程进行深入的分析研究。③开展了浅层地温能资源开发利用动态监测网建设和数据库建设及信息管理系统研发。相关信息系统融入了南京市国土资源"一张图"平台，编制出台《浅层地温能开发利用地质环境监测规范》。④编制了《南京市浅层地温能开发利用总体规划（2014—2020年）》；起草了《关于促进我市浅层地温能开发利用工作的意见》和《南京市浅层地温能资源管理办法》。⑤分析了不同开发利用方式和不同地质环境在地埋管换热过程中的作用，为科学合理开发利用浅层地温能资源提供了重要依据。⑥论证了气候夏热冬冷地区浅层地温能长期开发利用过程中的岩土体热堆积问题，提出了浅层地温能长效开发利用的合理建议。⑦成功地将光纤光栅测温技术运用于地温场监测工作实践，制定出台了浅层地温能开发利用地质环境监测标准。

2.探索培育地矿健康养生新业态

贵州省城市地形总体属山地分散型和局部盆地型，按常规化石型、消耗型及污染型能源实施规模化、集成化的集中供暖/制冷难度大、成本高。但贵州省浅层地热能具有资源分布面积广、环保无污染、可再生的清洁能源，而且具有地域优势及资源优势。根据中央及贵州省关于生态文明试验区建设、改善贵州能源结构、实现节能减排和改善环境质量、将开发浅层地温能作为助推贵州生态文明试验区建设的重点工作的总体要求，贵州省地矿局一方面主动作为，开展地热资源潜力、开发条件、环境影响"三位一体"综合调查评价，编制地热资源开发利用与保护区划，精心服务贵州省城市规划建设；另一方面，于2013年专门组建贵州浅层地温能开发有限公司，立足于贵州地热资源开发利用特别是浅层地温能开发运用和推广，精心打造地热资源开发利用样板。该公司已经总结出一套适宜于贵州岩溶地区浅层地温能开发运用的实践经验，成为贵州省浅层地温能开发利用的先行者和引领者。成功实施运行了贵州省地质科技园浅层地温中央空调项目、遵义大酒店（五星级）地源热泵中央空调项目、六盘水市钟山区水月园区马坝安置小区浅层地温热能供暖示范工程（一期）等。

（三）干热岩资源调查

青海共和盆地重点地区干热岩勘查，在中国地质调查局、青海省国土资源厅的统一部署与指导下，自 2013 年以来，依托"主要沉积盆地地热资源综合评价"（中国地质调查局，2013—2015 年）、"青海省共和县恰卜恰镇中深层地热能勘查"（青海省地调局，2013—2015 年）、"青藏高原北缘重点区 1∶5 万水文地质（干热岩）调查"（中国地质调查局，2015 年）、"青海省共和县恰卜恰镇干热岩勘查"（青海省地调局，2015—2017 年）、"青海省贵德县扎仓沟地热 – 干热岩勘查"（青海省地调局，2015—2017 年）、"青海西宁—贵南地区地热资源调查"（中国地质调查局，2016—2018 年）等项目，由中国地质调查局水文地质环境地质调查中心、青海省水文地质工程地质环境地质调查院、青海省环境地质勘查局、中国地质科学院水文地质环境地质研究所与 20 余家科研院所（校）合作，在 234 名专业技术人员的不懈努力下，2014 年首次在青海省共和盆地钻获干热岩。2017 年 5 月，在共和县恰卜恰镇南东完井的 GR1 干热岩勘探孔再获温度新高，3705 米的孔底温度高达 236℃，实现了我国干热岩勘探重大突破。

该项目先后完成高精度航磁测量 20099 平方千米，天然地震背景噪声成像勘查 20000 平方千米，高精度重磁测量 800 平方千米，大地电磁测深（MT）620 千米，钻探 20380 米，先后攻克了高温钻井和深孔高温高压测温等关键技术。钻探结果表明，DR3、DR4、GR1、GR2 这 4 眼干热岩勘探井控制的恰卜恰干热岩体埋深 2104.31～2500 米，在平面上呈东西向展布的椭圆形，面积 246.90 平方千米；其重要技术突破包括：①在青海省共和—贵德地区钻获 150℃以上干热岩体，实现了我国干热岩勘查零突破。②在共和盆地及其周边地区圈定 18 处干热岩体，评价出干热岩资源。③查明了重点勘查区共和县恰卜恰干热岩体的空间分布、地质结构和热源机制。④成功实施的 GR1 干热岩勘探孔获我国温度最高的干热岩体。⑤初步建立了干热岩综合地球物理勘查技术体系。⑥通过干热岩钻探实践与攻关，攻克了干热岩体特有的高温、高硬度、高研磨性钻井工艺及高温固井工艺，形成了干热岩钻探的技术体系。⑦采用自主研发的干热岩深孔分布式光纤测温测斜仪器，成功实现了高温高压高地应力复杂条件下的干热岩深孔测温。

（四）天然气水合物调查

天然气水合物是 21 世纪最具潜力的新型洁净能源之一。世界上的天然气水合物约有 97% 分布于海洋中，仅 3% 分布在陆地冻土带。科学家估算，海底可燃冰的储量就够人类使用1000年，其被誉为"21世纪的绿色能源"。从20世纪90年代开始，世界不少国家加快了天然气水合物资源研究和勘探开发的步伐。世界上已有30多个国家和地区开展可燃冰的研究与调查勘探。截至2015年年底，全球已发现天然气水合物156处。

2016年6月25日，中国地质调查局广州海洋地质调查局在广州首次向媒体宣布：通过对"海马冷泉"的调查，广州海洋地质调查局已基本查明"海马冷泉"的分布范围、地形地貌、生物群落、自生碳酸盐岩及流体活动特征等。调查发现，位于珠江口盆地西部海域的"海马冷泉"，总体呈东西向条带状展布，水深为1350~1430米，面积约为618平方千米，其中已探查发现有冷泉活动的区域约350平方千米。有冷泉的地方，说明其下面的海底沉积物里可能存在天然气水合物。

早在1997年，原地质矿产部设立了"中国海域天然气水合物勘测研究调研"课题，国家"863"计划820主题也于1998年设立了"海底气体水合物资源勘查的关键技术"课题，中国地质科学院矿产资源研究所、广州海洋地质调查局、中国科学院地质与地球物理研究所等单位联合，对中国近海天然气水合物的成矿条件、调查方法、远景预测等方面进行了前期预研究，为中国开展天然气水合物调查做好了资料和技术准备。1998年，国土资源部成立后，开展了新一轮国土资源大调查。当时，在大调查的框架之下，国土资源部投入了960万元进行天然气水合物面上的调查和机理的研究，并很快启动了南海北部陆坡天然气水合物资源勘探。1999年10月，中国地质调查局启动了"西沙海槽天然气水合物资源前期调查"项目，广州海洋地质调查局"奋斗五号"调查船开启了中国天然气水合物调查的处女航，对南海西沙海槽开展试验性的地球物理调查，在西沙海槽开展高分辨率多道地震调查，由此揭开了中国天然气水合物调查的新篇章。2002年1月18日，政府批准设立《我国海域天然气水合物调查与评价专项》（2002—2010年）。这个专项以广州海洋地质调查局为主，广泛吸收高等院校、科研院所、国家石油公司等参与。从此，我国正式开启了大规模、多学科、多手段开展天然气水合物资源调查的历程。在此前后，广州海洋地质调查局在南海北部陆坡完成了19个航次的地质、地球物理和地球化学调查，并圈定出找矿突破有利靶区。2004年，中德两国展开政府间合作，在南海北部陆坡开展甲烷和天然气水合物分布、形成及其对环境的影响研究。

2007年5—9月，广州海洋地质调查局联合国内外先进调查勘探力量，在南海北部神狐海域实施了我国首次钻探航次，发现了矿层厚度大、饱和度高、甲烷含量丰富的分散型水合物矿藏。钻获水合物样品的具体位置为珠江口盆地南部的神狐地区，水深 1230~1245 米，水合物样品采自于海底以下 183~225 米处，呈分散浸染状分布，含水合物层段厚 18~34 米，水合物饱和度 20%~43%，释放出的气体中甲烷含量达 99.7%~99.8%。2010 年 12 月 30 日通过终审的《南海北部神狐海域天然气水合物钻探成果报告》显示，科考人员在我国南海北部神狐海域 140 平方千米钻探目标区内，圈定出 11 个可燃冰矿体，含矿区总面积约 22 平方千米，矿层平均有效厚度约 20 米，预测储量约 194 亿立方米。科考人员对含可燃冰样品气体组分及同位素分析表明，钻探区可燃冰富集层位气体主要为甲烷，其平均含量高达 98.1%，主要为微生物成因气。

2013 年 6—9 月，广州海洋地质调查局在珠江口盆地东部海域安排了 3 个航段的钻探。这次钻探成果的四大特点：一是在同一矿区发现多种类型水合物。钻探取样发现，这一矿区共发现层状、块状、结核状、脉状、扩散状等类型，涵盖了世界上已发现的所有水合物类型。二是在同一矿区发现多层位富集水合物。钻探共控制上下两套累计厚度达 45 米的水合物矿层，其中上层厚约 15 米、下层厚达 30 多米。三是水合物纯度高。分析检测表明，水合物中甲烷含量最高达 99%，国际罕见。四是控制矿藏面积大。10 口钻井控制矿藏面积 55 平方千米，以最低转换率算，控制储量达到 1000 亿~1500 亿立方米，相当于新发现一个特大型高丰度的常规天然气田。

2017 年 5 月 18 日上午 10 时许，在距离祖国大陆 300 多千米的我国南海北部神狐海域"蓝鲸 1 号"海上钻井平台，时任国土资源部部长、党组书记、国家土地总督察姜大明宣布，我国首次可燃冰试采宣告成功。这是我国首次、也是世界首次海域天然气水合物试采成功。当天，中共中央、国务院发了贺电：

国土资源部、中国地质调查局并参加海域天然气水合物试采任务的各参研参试单位和全体同志：

在海域天然气水合物试采成功之际，中共中央、国务院向参加这次任务的全体参研参试单位和人员，表示热烈的祝贺！

天然气水合物是资源量丰富的高效清洁能源，是未来全球能源发展的战略制高点。经过近 20 年不懈努力，我国取得了天然气水合物勘查开发理论、技术、工程、装备的自主创新，实现了历史性突破。这是在以习近平同志为核心的党中央领导下，落实新发展理念，实施创新驱动发展战略，发挥我国社会主义制度可以集中力量办大事的政治优势，在掌握深海进入、深海探测、深海开发等关键技术方面取得的重大成果，是中国人民勇攀世界科技高峰的又一标志性成就，对推动能源生产和消费革命具有重要而深远的影响。

海域天然气水合物试采成功只是万里长征迈出的关键一步，后续任务依然艰巨繁重。希望你们紧密团结在以习近平同志为核心的党中央周围，深入学习贯彻习近平总书记系列重要讲话精神特别是关于向地球深部进军的重要指示精神，依靠科技进步，保护海洋生态，促进天然气水合物勘查开采产业化进程，为推进绿色发展、保障国家能源安全作出新的更大贡献，为实现"两个一百年"奋斗目标、实现中华民族伟大复兴的中国梦再立新功！

天然气水合物又称可燃冰，是水和天然气在高压低温情况下形成的类冰状结晶物质，1立方米的可燃冰分解后可释放出约0.8立方米的水和164立方米的天然气。可燃冰具有燃烧值高、污染小、储量大等特点，被各国视为未来石油、天然气的战略性替代能源。

从2017年5月10日起，国土资源部中国地质调查局从我国南海神狐海域水深1266米海底以下203~277米的可燃冰矿藏开采出天然气。截至5月17日15时，总量试采12万立方米，最高产量达3.5万立方米/天，平均日产超过1.6万立方米，其中甲烷含量最高达99.5%，圆满完成预定目标，实现连续稳定产气。这一成功取得了天然气水合物试开采的历史性突破，打破了我国在能源勘查开发领域长期跟跑的局面，取得了理论、技术、工程和装备的完全自主创新，实现了在这一领域由"跟跑"到"领跑"的历史性跨越。这一成果对促进我国能源安全保障、优化能源结构，甚至对改变世界能源供应格局，都具有里程碑意义。

2020年3月27日，由自然资源部中国地质调查局组织实施的我国海域天然气水合物（又称可燃冰）第二轮试采取得成功并超额完成目标任务。在水深1225米的南海神狐海域，试采创造了"产气总量86.14万立方米，日均产气量2.87万立方米"两项新的世界纪录，攻克了深海浅软地层水平井钻采核心技术，实现了从"探索性试采"向"试验性试采"的重大跨越，在产业化进程中，取得重大标志性成果。

自然资源部会同财政部、国家发展改革委、科技部，联合广东省人民政府、中国石油天然气集团，加快推进南海神狐海域天然气水合物勘查开采先导试验区建设。中国地质调查局联合中国石油天然气集团、北京大学等国内外70余家单位近千名业务骨干，经过两年多的集中攻关，2019年10月正式启动第二轮试采海上作业。试采团队克服了无先例可循、恶劣海况等困难，尤其是施工关键期正值新冠疫情防控最吃劲阶段，现场指挥部全面精准落实各项防控措施，保障正常生产作业，于2020年2月17日试采点火成功，持续至3月18日完成预定目标任务。

此次试采取得一系列重大突破。一是创造了"产气总量、日均产气量"两项世界纪录，实现了从"探索性试采"向"试验性试采"的重大跨越。本轮试采1个月产气总量 86.14 万立方米、日均产气量 2.87 万立方米，是第一轮 60 天产气总量的 2.8 倍。试采攻克了深海浅软地层水平井钻采核心关键技术，实现产气规模大幅提升，为生产性试采、商业开采奠定了坚实的技术基础。我国也成为全球首个采用水平井钻采技术试采海域天然气水合物的国家。二是自主研发了一套实现天然气水合物勘查开采产业化的关键技术装备体系，大大提高了深海探测与开发能力。形成了六大类 32 项关键技术，其中 6 项领先优势明显。研发了 12 项核心装备，其中控制井口稳定的装置吸力锚打破了国外垄断。这些技术装备在海洋资源开发、涉海工程等领域具有广阔应用前景，将带动形成新的深海技术装备产业链，增强我国"深海进入、深海探测、深海开发"能力。三是创建了独具特色的环境保护和监测体系，进一步证实了天然气水合物绿色开发的可行性。自主创新形成了环境风险防控技术体系，构建了大气、水体、海底、井下"四位一体"环境监测体系。试采过程中甲烷无泄漏，未发生地质灾害。

实现天然气水合物产业化，大致可分为理论研究与模拟试验、探索性试采、试验性试采、生产性试采、商业开采 5 个阶段。第二轮试采成功实现从"探索性试采"向"试验性试采"的阶段性跨越，迈出天然气水合物产业化进程中极其关键的一步。

第三节　矿山地质环境治理与生态修复

中华人民共和国成立以来，经历 70 多年的发展，我国已崛起为世界第二大经济体。这期间，国民经济建设对矿产资源的需求十分旺盛，矿产资源开发利用在国民经济建设中的基础地位和作用不断提升。然而，大规模、高强度的矿产资源开发活动，在为国家能源安全、经济发展作出重大贡献的同时，也付出了巨大的生态环境代价。长期以来"重开发、轻保护"的不合理矿产资源开采利用方式产生了大量废弃矿山，遗留了大量矿山生态环境问题。近年来，我国矿山生态修复工作越来越得到重视，特别是党的十八大以来，国家将生态文明建设提升到前所未有的高度，废弃矿山生态修复成为我国生态文明建设的重要任务。

一、矿山生态修复概况及政策

（一）矿山环境保护与生态修复政策

我国矿区生态修复工作萌芽于 20 世纪 50 年代，起初往往是个别矿山自发进行的一些小规模修复治理工作；20 世纪 50—70 年代，该项工作还处于自发探索阶段；进入 20 世纪 80 年代，才真正得到重视，从自发、零散状态转变为有组织的修复治理阶段。特别是 1988 年颁布《土地复垦规定》和 1989 年颁发《中华人民共和国环境保护法》，标志着矿区生态环境修复走上了法制化的轨道。这项工作在我国尽管起步较晚，但发展十分迅速。20 世纪 80 年代初，我国矿山废弃地的生态修复率不到 1%，20 世纪 80 年代末期，生态修复率约为 2%，到 2014 年年底，治理率为 26.7%，仍远低于发达国家 65% 的修复率。

2006 年，国土资源部等七部委颁发《关于加强生产建设项目土地复垦管理工作的通知》（国土资发〔2006〕225 号），土地复垦工作纳入开采许可和用地审批，即要求编制土地复垦方案。2007 年出台《关于组织土地复垦方案编报和审查有关问题的通知》（国土资发〔2007〕81 号），对土地复垦方案的编制内容、审批要求等进一步进行明确，从而使土地复垦有了很好的抓手，促进了复垦义务人对土地复垦的重视。《全国土地利用总体规划纲要（2006—2020 年）》《全国矿产资源规划（2008—2015 年）》和《全国土地整治规划（2011—2015 年）》均对土地复垦提出了明确要求，确立了土地复垦的重点区域和复垦目标。2011 年修订的《土地复垦条例》，标志着土地复垦工作全新阶段的开始，随后出台了《土地复垦条例实施办法》，构建了我国土地复垦的基本制度框架。此后，加强了土地复垦技术标准和规范的编制，先后颁布《土地复垦方案编制规程》（TD/T 1031—2011）、《土地复垦质量控制标准》（TD/T 1036—2013）、《生产项目土地复垦验收规程》（TD/T 1044—2014）和《矿山土地信息基础信息调查规程》（TD/T 1049—2016）等技术规范，使土地复垦迈入了高速发展的新时期。

2007 年，我国在中国国际矿业大会首次提出了"绿色矿业"的理念，标志着我国矿山企业的绿色发展之路正式起航。2010 年 9 月，国土资源部下发了《关于贯彻落实全国矿产资源规划发展绿色矿业建设绿色矿山工作的指导意见》（国土资发〔2010〕119 号），确定了 2020 年绿色矿山格局基本建立的总体目标，明确了绿色矿山建设的总体思路、主要目标以及包括"依法办矿、规范管理、综合利用、技术创新、节能减排、环境保护、土地复垦、社区和谐、企业文化"九大基本条件。截至 2014 年，国土资源部正式公告了四批共 661 家"国家级绿色矿山试点单位"。此后，在绿色矿山建设过程中，涌现出了一大批行业典范。在"开采方式科学化、资源利用高效化、企业管理规范化、生产工艺环保化、矿山环境生态化"等方面取得了诸多创新成果，较好地奠定和丰富了中国矿业科学发展、和谐发展、绿色发展的新理论。

2015 年出台的《历史遗留工矿废弃地复垦利用试点管理办法》（国土资规〔2015

1号）提出：将历史遗留工矿废弃地复垦，与城市新增建设用地挂钩，调整建设用地布局，解决土地复垦资金不足和城市建设缺乏空间的矛盾。2017年出台的《关于加快建设绿色矿山的实施意见》（国土资规〔2017〕4号）提出绿色矿山建设要求及支持政策。2017年出台的《国土资源部土地复垦"双随机一公开"监督检查实施细则》（国土资规〔2017〕23号）要求进行土地复垦监督检查。2017年颁布的《关于开展绿色矿业发展示范区建设的函》（国土资规〔2017〕1392号）提出到2020年在全国创建50个以上具有区域特色的绿色矿业发展示范区的目标。2018年，自然资源部成立并设立国土空间生态修复司，使矿区土地复垦与生态修复有了统一的管理机构。

为破解矿山生态修复面临的资金短缺问题，自然资源部于2019年12月印发《自然资源部关于探索利用市场化方式推进矿山生态修复的意见》（自然资规〔2019〕6号）。2020年，为充分发挥中央财政安排的重点生态保护修复治理资金和特大型地质灾害防治资金职能作用，自然资源部、财政部联合印发了《中央重点生态保护修复资金项目储备库入库指南（2020年）》和《中央特大型地质灾害防治资金项目储备库入库指南（2020年）》，按照"资金跟着项目走"的原则，推进项目储备库建设和管理。

（二）矿山地质环境调查

2002—2006年，中国地质环境监测院负责组织实施了全国矿山地质环境调查与评估项目，包括2个子项目：重点矿区环境地质问题专题调查；全国矿山地质环境调查综合研究及成果集成。据调查，截止到2006年，全国共调查矿山117291个，调查的矿山面积581.9万公顷；全国因采矿形成的采空区面积约80.96万公顷，引发地面塌（沉）陷面积35.22万公顷；采矿活动压占、破坏的土地面积约143.89万公顷，其中，耕地29.56万公顷，林地13.65万公顷，草地16.38万公顷，其他84.3万公顷；采矿活动平均每年产生的废水、废液数量约60.89亿吨，年排放量约47.9亿吨；采矿活动平均每年产生的尾矿或固体废弃物量约16.73亿吨，年排放量约14.54亿吨，尾矿或固体废弃物的累计积存量约219.62亿吨；采矿引发的矿山次生地质灾害累计12379起，造成的直接经济损失达161.63亿元，死亡人数4251人。矿山在建矿、采矿过程中的强制性抽排地下水以及采空区上部塌陷开裂使地下水、地表水渗漏，严重破坏了水资源的均衡和补径排条件，导致矿区及周围地下水位下降、泉流量下降甚至干枯，地表水流量减少或断流，引起矿区水源破坏、供水紧张、植被枯死和灌溉困难等一系列生态环境问题。矿业活动，特别是露天采矿常常破坏大量植被和山坡土体，而矿坑排水导致地下水位下降，使矿山周围生态环境遭受破坏，导致水土流失、土地沙化。

（三）矿山土地复垦与生态修复技术

2000年以来，我国积极开发土地复垦与生态修复新技术，在以下几个方面取得了重要进展。

1. 采煤沉陷地治理技术

采煤沉陷地的治理一直是煤矿区土地复垦与生态修复的研究重点，在高潜水位采煤沉陷地复垦方面，由最初提出的疏排法、挖深垫浅法、泥浆泵法等非充填复垦的技术方法，到使用煤矸石、粉煤灰、黄河泥沙等作为充填材料的充填复垦技术，都有很大进展。最新研发的黄河泥沙充填复垦技术，攻克了取沙输沙技术、土工布排水固结技术，提出了间隔条带式充填沉陷地复垦技术工艺流程以及交替多层多次充填复垦技术，这一技术减少了充填过程中细粒径泥沙流失，加快了充填后期饱和泥沙的侧向排水，缩短了复垦工期，该技术不仅解决了充填材料不足的问题，而且解决了黄河泥沙淤积问题。以上这些采煤沉陷地治理技术都是"先破坏、后复垦"的末端治理方法，即在土地稳沉后再采取复垦治理措施，这时生态环境已经遭到极大的破坏，复垦施工难度增大，成本增加。因此，为了更好地保护生态环境，提高复垦效率，相关学者提出了边采边复技术。由于边采边复技术是在地面沉陷前或沉陷过程中采取的复垦措施，从而促进了"末端治理"向"源头和过程控制与治理"的转变，极大地提高了土地复垦率，减少了对土地的破坏。

《土地复垦规定》颁布后的20年里，我国主要对东部高潜水位矿区进行了大量复垦技术研究和实践。近10年来在西部采煤沉陷地治理的研究才得到重视，并取得飞速发展，如西部风沙区采煤沉陷存在自修复现象及分区治理模式、保水采煤技术等，煤矿复垦方面7项国家科技进步奖中的5项都是近10年围绕西部矿区而产生的。

随着国家对生态环境保护日益重视，开展了矿区受损土地建设城市景观湿地的技术研究，并在多个地区建立试点，取得良好的效果。目前采煤沉陷湿地治理主要是通过采取水质净化、水系连通、基底改造、植物修复和景观设计等治理技术，使采煤沉陷湿地成为水质优良、景观优美的稳定、功能多样的湿地生态系统。近几年，我国采煤湿地的规划和治理方向主要是湿地公园、水产养殖、水库/蓄水池和人工湿地污水处理系统等。通过采煤沉陷湿地治理，采煤沉陷地的生态环境得到很大程度的改善。

2. 煤矸石山生态修复技术

煤矸石是煤矿生产的必然产物，是矿区的主要污染源之一。即使我国煤矸石的综合利用率有了大幅度的提高，但是仍有很多煤矸石堆积如山。煤矸石山一方面占用大量土地，另一方面酸性煤矸石山的自燃易造成大气污染，甚至引发矸石山爆炸，严重影响矿区周边百姓生命安全。目前煤矸石山的生态修复主要从非酸性煤矸石山绿化、自燃煤矸石山的综合治理等方面着手。非酸性煤矸石山研究，从矸石山整地方式、绿化植被的选择、种植及管理方式等方面总结出了一套完整的煤矸石山绿化技术。后期随着研究的不断深入，又提出了以"配土栽植"为核心的煤矸石山无覆土绿化技术，重点研究植被恢复技术及其效应，筛选出适合煤矸石山生长的植被类。为了促进煤矸石山植被的生长，通过接种丛枝菌根促进植被的生长发育，提高煤矸石山植被的成活率。通过物种的筛选及植被生境的改善，不断优化煤矸石山绿化技术。酸性煤矸石山往往自燃和容易复燃，是治理的难点。传统采用注浆与黄土覆盖相结合的灭火方法，但实践表明，经此方法治理后的煤矸石山复燃现象比较严重，针对此问题，提出了在煤矸石与覆盖土壤之间增加隔离层的方法。随着煤矸石山灭火技术的不断发展，提出了通过利用杀菌剂抑制煤矸石山酸化以防止煤矸石山的自燃与复燃，形成了酸性自燃煤矸石山原位治理与生态修复一体化技术，实现控灭防一体化自燃煤矸石山的综合治理。

3.露天矿复垦技术

我国露天煤矿相对较少，起步较晚，技术标准的要求与国外有一定差距。最初露天矿复垦没能有计划、有组织地进行复垦，只在排土场及采空区开垦种植，且多数为个体的"小开荒"，复田地块零落，没有统一规划。但随着复垦规划的不断完善，露天矿的复垦从过去的以外排土场复垦为主，发展为采矿—复垦一体化的治理技术。该技术实现了采矿过程的各个工序有序结合，同时结合 GPS、GIS 及三维可视化技术，对露天矿采场、排土场复垦前后情况进行虚拟展示，实现边开采、边复垦、边预控的目的。随着对复垦土壤质量的要求不断提高，相关研究采用植被修复与微生物修复的方式来改良排土场复垦土壤质量。目前露天矿复垦已经达到了国际先进水平，尤其是我国独特的黄土高原大型露天煤矿土地复垦与生态修复技术与实践，取得了显著的成效。

（四）我国废弃矿山生态修复概况

1.废弃矿山类型及分布

根据中国地质调查局以市、县为单元的全国矿山地质环境调查数据统计，截至 2018 年，我国共有各类废弃矿山约 99000 座，按矿产类型分，非金属矿山约 75000 座，金属矿山 11700 座，能源矿山 12300 座。按生产规模分，大型废弃矿山共有 2000 座，中型废弃矿山共有 4200 座，小型废弃矿山共有 92800 座。按开采方式分，露天开采的废弃矿山共有 80600 座，井工开采的废弃矿山共有 16400 座，其他混合开采的废弃矿山 2000 座。全国废弃矿山空间分布极不均匀，有的区域密集，有的区域稀疏，整体呈现出大中型矿少、小型矿多，建材等非金属矿多、能源和金属矿少，东部多西部少的趋势。

2. 废弃矿山生态问题

受矿山类型、规模、开采方式，以及矿区地质环境条件等因素的影响，我国废弃矿山的生态环境问题具有类型多样、成因复杂、数量众多、分布广泛、危害严重等特点。废弃矿山的主要生态环境问题有矿山地质灾害、矿区土地资源毁损、区域地下水系统破坏和矿区水土环境污染等。矿山地质灾害主要包括地面塌陷、地裂缝、崩塌、滑坡和泥石流等。其中，矿区地面塌陷是主要的生态环境问题，尤以煤炭废弃矿山的地面塌陷最为严重。截至 2018 年，全国废弃矿山共发生地面塌陷灾害约 1.2 万处，存在崩滑流地质灾害隐患数量约 2.5 万处。从危害程度看，矿区地面塌陷影响范围大、危害重，对矿区周边人民生活和工农业生产造成巨大影响；全国废弃矿山固体废弃物累计积存量约 496 亿吨，累计毁损土地面积超过 63 万公顷，其中以非金属类废弃矿山毁损土地最多。废弃矿山毁损的土地资源主要集中在我国西北、东北以及华北地区，西南地区也分布较多，总体上呈现出北多南少的特点。废弃矿山对土地资源的毁损，不仅加剧矿区土地资源短缺矛盾，还导致土地经济和生态效益严重下降；采矿过程中强制性疏干排水以及采空区上部塌陷开裂使上覆地下水漏失，严重影响和破坏了区域地下水系统，导致地下水位下降、泉流量减少甚至干枯，造成矿区及周边区域地下水资源破坏、地表植被枯死等一系列生态环境问题。特别是平原盆地区的废弃煤炭矿区，历史时期的采矿活动造成的含水层破坏和地下水补、径、排条件的改变，地下水位下降十分严重，严重破坏了地下水系统循环，加剧了区域水资源短缺的矛盾，影响了当地居民的生产生活用水；矿产资源开发过程中产生的各种固体废渣、废水，含有大量重金属和有毒有害元素，有的未经达标处理，不合理堆积、排放，通过雨水淋溶和风扬作用扩散传播到矿区周边的土壤和水体中，对矿区及其下游的水土造成严重污染。某些有毒物质不宜降解，在生态系统生物链中不断累积，最终会引起十分严重的生态环境问题，尤以金属废弃矿山酸性废水造成的水土污染最为严重。

3. 矿山生态修复进展与存在问题

自 2000 年以来，中央财政投入矿山地质环境治理专项资金，重点针对废弃无主矿山、矿产资源枯竭型城市、矿产资源集中连片开采区开展矿山环境治理和生态修复工作。截至 2015 年，累计投入资金约 318 亿元，完成矿山环境治理与生态修复面积约 20 万公顷，治理矿山崩塌、滑坡、泥石流等地质灾害 4916 处，治理修复矿山数量 1773 个，38 个资源枯竭城市的矿山环境得到初步治理，33 片矿产集中开采区域生态环境得到修复和改善。然而，我国废弃矿山数量众多，问题复杂，受投入资金和治理修复理论限制，虽然以往的治理修复工作对于废弃矿山的生态环境改善发挥了一定的作用，但区域性的总体效果仍不明显。究其原因包括四个方面：一是矿山环境治理与生态修复工作缺乏区域生态系统完整性考虑，管山的治山、管水的治水、管林的护林、管田的治田，各自为战，不能形成生态修复"合奏"；二是治理修复之前对矿区的生态系统类型构成和特征、主要生态环境问题的底数不清，生态修复的针对性不强；三是治理修复的重点区域和解决的关键问题不突出，对于采矿活动影响国家生态安全格局的区域和工程实施能否系统解决区域性生态问题等缺少总体考虑和顶层设计；四是废弃矿山治理和生态修复的技术方法和理念还有待提高。

二、矿山地质环境治理与生态修复典型工程

（一）基本情况

1949 年以来，矿业在为国民经济发展提供重要资源保障的同时，也留下了较大的地质环境遗留问题，甚至地质灾害隐患。2000 年以来，在探索矿山地质环境治理与生态恢复的过程中，矿山公园建设是一条重要的途径，并且取得了一批重要的典型案例。

（二）典型案例

1. 抚顺西露天矿综合治理重大工程

抚顺是一座以煤而兴的城市。中华人民共和国成立初期，抚顺被誉为"煤都"。1958 年，毛泽东主席视察抚顺西露天矿，写下了"大鹏扶摇上青天，只瞰煤海半个边"的诗句。经历了百余年的煤炭资源开采，资源日渐枯竭，抚顺市于 2009 年被列为国家第二批资源枯竭型城市。所留存的西露天矿矿坑地面平均标高为海拔 80 米左右，东西最长 6.6 千米，南北最宽 2.2 千米，垂直最大深度 420 米（海拔 –340 米），面积 10.87 平方千米，是"亚洲第一大露天矿"。2018 年 9 月 28 日，习近平总书记在抚顺考察时作出重要指示："开展采煤沉陷区综合治理，要本着科学的态度和精神，搞好评估论证，做好整合利用这篇大文章""把综合治理同产业发展结合起来，决不能为治理

而治理"。2019 年 6 月 30 日，辽宁省政府对西露天矿进行政策性关闭，由生产阶段转入生态环境修复阶段。开展的工作围绕西露天矿坑及周边共 25.3 平方千米的核心区的综合治理，带动采煤影响区及周边 150 平方千米范围的地灾治理、生态修复、产业发展和民生改善，建成城市生态绿肺和文旅康养功能区。治理工程遵循的基本原则是：地方主导，多方参与；多灾并治，治用结合；尊重自然，保持地貌；资源再生，循环利用。抚顺市委托中国国际工程咨询有限公司编制了《总体思路》；委托中国煤炭科工集团有限公司会同相关专业机构编制了《可行性研究报告》。2021—2023 年，抚顺西露天矿综合治理主要包括回填和生态修复两部分：①回填工程：通过铁路线将回填物料由东露天矿运输至西露天矿坑实施回填储备，以达到压坡脚减灾的目的；②生态修复工程：在土方回填的基础上，使矿坑生态环境得到明显改善，生态保护能力得到进一步提升。根据抚顺市"产业＋民生＋生态"同步推进规划，西露天矿这个最深处达 420 米、长度近 7 千米、容积超过 17 亿立方米的亚洲最大的废弃大矿坑，未来将成为抚顺市的"城市绿肺"和文化旅游聚集区，并建成国家工业遗址公园和国家地质公园。

2. 阜新海州露天矿治理重大工程

阜新海州露天煤矿位于辽宁省阜新市，曾是世界第二、亚洲最大的露天煤矿，代表 20 世纪 50 年代中国采煤工业的最高水平。全矿区占地面积约为 26.82 平方千米，于 1952 年 8 月开工建设，1953 年 7 月正式投产，2005 年 6 月因资源枯竭关停，2014 年 4 月全面关闭。经过半个多世纪大规模的开采，形成了东西长 3.9 千米、南北宽 1.8 千米、深约 350 米的城市"伤疤"。南面的海州露天矿排土场、孙家湾煤矸石山，西面的五龙矸石山，占地面积约 16.35 平方千米，平均高度约 50 米，煤矸石堆积量超过 10 亿立方米。矿坑的东部、南部、西部和矿坑的四周形成了高德沉陷区、孙家湾沉陷区和五龙矿沉陷区，总面积超过 20 平方千米。矿坑及周边现有残煤自燃点约 184 个，火区 49 处。经过上百年的开采，造成海州露天矿及周边出现大面积采煤沉陷区，农田沉降塌陷、地下水位下降、道路损毁、房屋开裂、煤矸石占用大量土地等问题十分突出，严重制约了城市空间向南扩展，同时给沉陷区人民群众的日常生活、生命财产安全和社会稳定带来了巨大压力。

2005 年，依据财政部和国土资源部联合下发的《关于组织申报 2005 年度矿山地质环境治理项目经费和国家级地质遗迹保护项目经费的通知》，辽宁省阜新市人民政府及阜新市国土资源局依据《阜新市矿山生态环境保护与治理规划》，提出《海州露天矿闭坑后生态环境综合治理与开发利用工程》建议，并向国家申报了"海州露天矿矿山环境治理一期工程"项目，得到国土资源部、财政部的批准并投入资金 2300 万元，同年被列为国家第一批矿山公园。阜新市国土资源局于 2006 年提出进行"海州露天矿矿山环境治理一期接续工程"的可行性研究；于 2007 年提出了"阜新海州露天矿矿山环境治理项目续作工程"，同年该项目得到了批准并投入资金 5000 万元（其中财政投入 4000 万元，地方配套 1000 万元）；于 2008 年提出进行"海州露天矿矿山环境治理二期工程"的可行性研究，同年，该项目得到批准并投入资金 1500 万元；于 2009 年提交了《海州露天矿矿山环境治理三期工程可行性研究报告》，得到国土资源部批准，并获批项目资金 5000 万元。

习近平总书记一直关心资源枯竭型城市转型发展，并作出了一系列重要论述。2018 年 9 月总书记在辽宁考察时，专门赴特大露天矿区调研，作出了"开展采煤沉陷区综合治理，要本着科学的态度和精神，搞好评估论证，做好整合利用这篇大文章"的重要指示。2019 年 8 月，中共中央、国务院下发了关于支持东北地区深化改革创新推动高质量发展的意见（中发〔2019〕37 号），明确提出支持海州等特大露天矿坑综合治理。通过统筹推进海州矿及周边矿区的综合治理和整合利用，将实现地质环境和土地功能恢复，生态环境和城市功能修复，煤矿文化和工业遗产保护，助推阜新城市转型升级高质量发展，把阜新建设成为全国露天煤矿灾害治理和产业发展相结合的典范，为全国类似废弃工矿区转型发展提供示范和借鉴。治理工程遵循的基本原则是：统筹规划，综合治理；政府主导，社会参与；利用为主，以用促转。以海州露天矿综合治理和整合利用为突破口，加快推进采煤沉陷区、尾矿库、煤矸石山、排土场等损毁土地整治力度，按照"产业＋民生＋生态"的原则，因地制宜发展文旅康养、工业旅游、竞技体育等新兴产业，以新产业带动产业提质升级，以新动能助推城市转型发展，拓展城市发展新空间和新领域，实现阜新城市转型升级高质量发展。计划从 2021 年至 2025 年，通过海州露天矿及周边矿区环境治理，逐步消除地质灾害隐患，改善城市生态环境状况。充分挖掘海州露天矿及周边区域工业文化和历史文化价值，实现历史文化价值、生态价值、经济价值、科研价值的共同开发，形成初具规模的生态修复、文化旅游、体育竞技、康养休闲和资源综合利用等绿色产业体系。计划从 2026 年至 2035 年，海州露天矿及周边区域生态治理成效显著，重塑城市生态空间，基本建成有利于当地环境、经济发展的人工生态系统。城市空间布局不断优化，各类新兴产业竞相发展，基础设施条件显著改善，用提升城市竞争力、整体实力、对外影响力的方式带动城市转型，重组城市新格局，重现海州新精神，重塑阜新新名片。

3. 唐山开滦煤矿矿山环境治理

开滦煤矿拥有 130 多年开采历史，曾经是中国近代煤炭工业的摇篮。随着煤炭资源开发强度和范围逐步扩大，开滦煤矿面临着采煤带来的严重地质环境问题。位于唐山市中心南部 2 千米处的采煤塌陷区，是垃圾成山、污水横流、杂草丛生、人迹罕至的城市废墟地，严重影响了城市的环境和整体形象，制约了城市的发展，影响了市民的工作和生活，浪费了大量的土地资源。2006 年年底，唐山市委、市政府作出加快治理开滦煤矿采煤沉陷区的决策。2007 年年初，组织煤炭科学研究总院唐山分院等 3 家权威机构对这一区域进行地质勘测和科学论证，攻克了防治水渗漏等诸多难题。随后，北京清华同衡规划设计研究院、中国城市规划设计研究院、德国 ISA 意夏国际设计集团、美国龙安集团等 4 家国内外顶尖的规划设计公司汇聚唐山，综合确定了在开滦煤矿采煤沉陷区及其周边建设南湖城市中央生态公园的规划方案。唐山市委、市政府邀请城市规划设计单位，对城区南部的大面积采煤沉陷区进行大手笔规划，计划投资 39 亿元打造了 28 平方千米的南湖公园，将其纳入了 2016 年世界园艺博览会举办地。2008 年，南湖城市中央生态公园的建设正式开工。经过建设，南湖城市中央生态公园现有桃花潭、龙泉湾等 9 湖，还有云凤岛、香茗岛等 5 岛以及樱花大道、凤凰台、音乐喷泉等 120 多个景点。其中，市民广场占地 50.5 公顷，文化娱乐 21.0 公顷，植物园 32.5 公顷，城市滨水绿地 20.0 公顷，公共水域 93.5 公顷，酒店会议区 22.0 公顷，休闲娱乐 8.8 公顷，生态隔离缓冲区 95.8 公顷，湿地保育区 142.8 公顷，生态净化水域 106.7 公顷。2009 年 5 月，南湖城市中央生态公园正式对游人开放。建成后的南湖城市中央生态公园成为国务院批准的第二批国家城市湿地公园之一，为国家 4A 级景区。

4. 湖北大冶铁矿生态修复项目

大冶铁矿是中国古老的铁矿之一。该矿是一种典型的矽卡岩型矿床，被称为"大冶式铁矿"。矿体位于扬子准地台下扬子坳陷褶皱带的大冶坳陷褶皱束内，全长约 5 千米，宽约 500 米，面积 2.5 平方千米，矿石以磁铁矿为主，次为赤铁矿，是一个经济价值很高的铁铜矿床。大冶铁矿主要使用的是阶梯式采矿，是现代科学露天采矿的基本方法之一。"亚洲第一采坑"不仅是我国千年矿冶文化重要组成部分，也见证了中国近代钢铁工业发展的历史。有专家称：这样规模的露天采场，是世界矿业史上的一个奇迹！大冶铁矿东露天采场，东西跨度 2400 米，南北跨度 1000 米，坑顶边缘面积 118 万平方米，坑底面积 8150 平方米，最大垂直高度达 444 米，是露天开采大冶铁矿象鼻山、狮子山、尖山三个矿体形成的采矿遗迹。东露天采场于 1958 年 7 月 1 日投入生产，2005 年结束露采。据统计，从东露采坑中共剥离岩石 3.64 亿吨，采出铁矿石 1.34 亿吨。由于长期粗放式开采，大冶铁矿也产生了一系列的环境问题。首先，矿区经历 100 多年的开采，场地地面严重下沉。其次，大冶铁矿的开采在输送矿业原料的同时也产生了大量的废石，严重影响矿区人身及生态环境质量。2004年年底，大冶铁矿在借助场地自然地质优势和铜绿色古铜矿遗址资源的基础上，深入挖掘大冶铁矿的千年矿冶文化，并以此为特色积极申报建设"黄石国家矿山公园"。2005年6月16日，该矿通过国家矿山公园评审，大冶铁矿成为全国首批、湖北首座国家矿山公园。2007年4月22日正式对外开园。长达120余年的矿业活动，遗留下规模宏大的近现代采矿遗迹，尤以世界级规模的东露采坑最令人震撼，堪称旷世奇观。

5. 上海佘山露天采坑治理项目

上海佘山景区的天马山深坑内，那里曾经是巨大的采石场，深88米，面积约3.68万平方米，是第二次世界大战时期日本在中国建造的采石场，属于废弃矿区采坑。中华人民共和国成立后，松青采石公司统一经营采石，分别在辰山、薛山、凤凰山下设轧石一厂、二厂。1957年，因战备需要，各轧石厂移至卢山。1959年，天马人民公社在小横山设立采石场，那时小横山还是一座海拔近20米高的山体。后来，随着城镇建设和经济发展的需要，石材需求量与日俱增，开挖面积不断扩大，石坑深度逐渐加深，最终形成了80多米的深坑。1999年，市矿产局停止核发采矿许可证，小横山采石场就此关闭。2006年，世茂集团决定利用深坑的自然环境，打造世界上第一个建立在废石坑里的五星级酒店。酒店遵循自然环境，以反向天空发展的传统建筑理念，下探地表88米开拓建筑空间，依附深坑崖壁而建，是世界首个建造在废石坑内的自然生态酒店，被美国国家地理誉为"世界建筑奇迹"。

第四节　海洋及海岸带生态保护与修复

我国高度重视海洋生态保护和海洋资源开发。2000年以来，尤其是党的十九大以后，国家坚持陆海统筹，加快建设海洋强国，实施重要生态系统保护和修复重大工程，优化生态安全屏障体系，构建生态廊道和生物多样性保护网络，提升生态系统质量和稳定性。自此过程中，地质工作发挥了不可或缺的重要作用。

一、概述及政策

（一）国家海洋生态修复政策现状

21世纪伊始，国家在法律法规方面陆续颁布了《中华人民共和国海域使用管理法》《中华人民共和国海岛保护法》；修订了《中华人民共和国海洋环境保护法》，对开展海洋生态修复进行原则性的约束。《国务院关于加强滨海湿地保护严格管控围填海的通知》（国发〔2018〕24号），对加强海洋生态修复提出具体方略。2017年10月，党的十九大报告提出了"实施重要生态系统保护和修复重大工程"。2018年10月，习近平总书记在中央财经委员会第三次会议强调"实施重点生态功能区生态修复工程"和"海岸带保护修复工程"，对海洋生态修复工作提出明确要求。同年，党中央、国务院在出台的《关于建立更加有效的区域协调发展新机制的意见》中，着眼于生态修复的整体性、系统性，提出编制实施海岸带保护与利用综合规划，严格围填海管控，促进海岸地区陆海一体化生态保护和整治修复，对海岸带生态修复提出了更为具体的目标和要求。2020年，国务院办公厅印发《自然资源领域中央与地方财政事权和支出责任划分改革方案的通知》（国办发〔2020〕19号），明确了生态保护修复的中央与地方财政事权和支出责任。

其间，国家在财政上对海洋生态修复予以积极支持。财政部、国家海洋局印发了《关于中央财政支持实施蓝色海湾整治行动的通知》（财建〔2016〕262号），对沿海城市开展蓝色海湾整治给予奖补支持。2018年，财政部印发了《海岛及海域保护资金管理办法》，支持海洋环境保护、入海污染物治理、修复整治、能力建设等项目，对滨海湿地、海岸带、海域、海岛进行修复整治，提升海岛海域岸线的生态功能。财政部印发《海洋生态保护修复资金管理办法》（财资环〔2020〕24号），提出保护修复资金支持范围。

相关部委也印发了海洋生态修复相关规范性文件，原国家海洋局主要有《关于开展海域海岛海岸带整治修复保护工作的若干意见》（国海办字〔2010〕649号）、《国家海洋局海洋生态文明建设实施方案（2015—2020年）》、《国家海洋局关于全面建立实施海洋生态红线制度的意见》（国海发〔2016〕4号）、《全国科技兴海规划（2016—2020）》、《围填海管控办法》（2017）、《贯彻落实〈围填海管控办法〉的指导意见和实施方案（2017）》、《海岸线保护与利用管理办法》（2017）、《贯彻落实〈海岸线保护与利用管理办法〉的指导意见和实施方案（2017）》、《关于印发无居民海岛开发利用具体方案编写要求的通知》（国海规范〔2017〕4号）等。原国家林业局颁布了《湿地保护管理规定》（2017年修订）。

自然资源部组建以后，对海洋生态资源的修复工作不断提出新的要求。自然资源部、国家发展改革委印发了《关于贯彻落实〈国务院关于加强滨海湿地保护严格管控围填海的通知〉的实施意见》（自然资规〔2018〕5号）；自然资源部印发了《关于进一步明确围填海历史遗留问题处理有关要求的通知》（自然资规〔2018〕7号）等；自然资源部、国家林业和草原局印发了《红树林保护修复专项行动计划（2020—2025年）》（自然资发〔2020〕135号）等，进一步明确了包括海洋生态修复在内的各项重点任务。

这一历史时期，颁布的海洋生态修复技术方面的标准和规范性文件主要有《围填海工程生态建设技术指南（试行）》（国海规范〔2017〕13号）、《围填海项目生态评估技术指南（试行）》（2018）、《围填海项目生态保护修复方案编制技术指南（试行）》（2018）、《海洋生态损害评估技术导则第1部分：总则》《红树林植被恢复技术指南》《海滩养护与修复技术指南》等。2020年，国家有关部门发布了21项海岸带保护修复工程系列技术标准，包括红树林、盐沼、珊瑚礁、海草床、牡蛎礁、砂质海岸等海岸带生态系统现状调查与评估技术导则10项；海堤生态化、围填海工程生态海堤建设等海岸带生态减灾修复技术导则10项；监管监测技术方法1项。

（二）海洋生态保护修复的空间范围和内涵

海洋生态保护修复的空间范围主要涉及海岸带、近海海域和海岛。其中，海岸带指海洋和陆地相互交接、相互作用的地带。自然资源部将海岸带空间范围定位为向陆到沿海县级行政边界（重点是海岸线以上10千米范围），向海到领海外部界限。基于陆海统筹的理念，海岸带生态修复的空间范围应向陆地延伸一定距离。近岸海域是指与沿海省（区、市）行政区域内的大陆海岸、岛屿、群岛毗连，领海外部界限向陆一侧的海域。海岛是四面环水并在高潮时高于水面的自然形成的陆地区域，根据属性不同，可分为大陆岛、列岛、群岛、陆连岛、特大岛等，大部分海岛面积狭小，环境相对封闭，生态系统构成较为单一，生物多样性较低，生境稳定性较差。

（三）海洋生态环境问题和修复对象

陆海生态要素存在密切的空间联系，水、土、生物等各生态要素之间相互影响。其生态环境问题主要表现在：海洋污染，渔业资源减少，湿地退化；海岸带侵蚀，海滩、岸线受损；岛体植被破坏，水土流失等。海洋生态修复须从全局视角出发，寻求系统性的陆海统筹解决方案，针对水、土、岸、滩、山、海、景各要素及其生境综合考虑，进行生境修复、岛屿岸线的形态恢复、基础设施改善及自然景观保护等，整体提升海域海岛海岸带的生态环境和生态价值。

（四）海洋生态保护修复的主要内容

海洋生态保护修复主要包括四个方面。一是海域海岸带生态保护修复，包括修复海域（含重要海湾、河口海域和浅海）生态、拆除废弃码头、清理废弃物、整治人工岸线、恢复沙滩和自然岸线、修建防潮堤和护岸等。二是海岛生态保护修复，包括海岛生态环境整治、海岛基础设施建设和特殊用途海岛保护，通过海岛岛体修复、基础设施提升、植被种植、岸线整治、沙滩修复、周边海域清淤以及养殖池和废弃设施拆除等措施，改善海岛生态环境；通过领海基点所在海岛以及重要生态价值海岛修复，提升海岛生态价值和管护能力。三是典型生态系统保护修复，通过退养还海、退养还滩、退养还湿等措施，恢复碱蓬、芦苇和柽柳等植被，修复滨海湿地、珊瑚礁、红树林和海草床等典型生态系统。四是生态保护修复能力建设，包括管护能力提升、监视监测能力建设和海洋预警预报系统建设等。

海洋生态修复项目的环节涉及前期的可行性研究评估、勘察测量和项目方案制定，中期的规划、设计和施工，后期的项目验收、跟踪监测和绩效评价。与陆地生态修复不同，其涉及空间区域复杂，生态系统要素多，技术难度大。

二、海洋生态修复的基础工作

（一）南海东北部海域基础地质调查成果与应用

南海东北部海域基础地质调查项目承担单位是广州海洋地质调查局，项目实施时间为 2011 年 7 月—2015 年 9 月。该项目依托"1：100 万汕头幅海洋区域地质调查"项目，采用最先进的多波束、单波束、重力测量、磁力测量、单道地震、浅地层剖面、地质取样、地质浅钻等高精度综合探测技术和最新的技术标准，获得了海区全覆盖实测资料。取得的重要成果：①获取了海量的全覆盖、高精度实测资料，填补了我国南部海域 1：100 万海洋区域地质调查的空白；②编制了高精度的区域地形图、地貌图，新发现了精细地貌；③首次应用陆架坡折带迁移的方法，证实了东沙运动在区域上具有明显的"构造－沉积"响应；④重新厘定南海北部陆缘洋陆过渡带的范围，为南海被动陆缘深水盆地油气勘探提供重要的指导；⑤厘定了南海东北部区域层序地层格架及沉积充填演化过程，推动了南海沉积理论研究的进步与创新；⑥首次确定闽粤滨海断裂带具体位置、走向及构造变形特征，为华南沿海减震防灾、工程建设和岛礁稳定性评价提供科学依据；⑦查明了南海东北部海底沉积物特征，重建区域晚第四纪环境演化过程；⑧查明了调查区天然气水合物、石油与天然气、重矿物、铁锰结核和滨海砂矿等矿产资源的分布状况，划分了矿产资源分布远景区；⑨查清了主要包括海底滑坡、活动断层、浅层高压气等地质灾害；⑩新技术新方法的使用，为图幅获得高精度、高质量、高可信度的数据提供保障。该项目成果为闽粤近海海洋基础地质研究和国防建设提供翔实的基础地质资料，为广东沿海油气资源和其他海洋资源的开发利用提供了有效支撑，为粤港澳大湾区地区经济可持续发展、减灾防灾提供了重要依据，也为军事海防提供重要基础保障和服务。

（二）长江三角洲海岸带综合地质调查与监测

长江三角洲海岸带综合地质调查与监测项目隶属于中国地质调查局"海洋基础性公益性地质调查"计划项目，由青岛海洋地质研究所负责，上海市地质调查研究院、江苏省有色金属华东地质勘查局、浙江省水文地质工程地质大队参加。实施时间为 2012 年 1 月—2015 年 12 月。取得的主要成果：①查明了上海和浙江海岸带地形地貌、海底表层沉积物类型、沉积物来源和元素地球化学特征、沉积速率空间分布及沉积动力特征等，揭示了近现代沉积过程控制下的浙闽近岸泥质沉积带对人类活动特别是三峡工程建设的响应；②精细刻画了江苏海岸带、上海和浙江近岸海域自倒数第二次冰期以来（约距今 20 万年以来）沉积环境变迁和沉积相的时空分布特征，证实了长江三角洲地区下切河谷的充填序列至少包含倒数第二次冰期以来的沉积地层；③揭示了长江口滨外区扬子浅滩（全球最大规模的水下浅滩之一）的成因和年龄，阐述了浙闽海岸带地区上升流活动的沉积记录，解译了近 160 年来人类活动和气候－环境变化在浙闽泥质区的有机地球化学记录；④系统厘定了舟山地区前第四系岩石地层划分、岩浆侵入活动期次和区域地质构造格架，进行陆海域第四纪地层划分对比，编制了区域地质图和第四纪地质图；⑤查明了上海和江苏海岸带滩涂资源演变规律和发展趋势，估算了江苏 1985—2002 年围海面积，证实苏北境内古砂堤是全新世海侵时期产物；⑥开展了江苏潮间带 1：10 万地形测量和地质取样，查明区内地形地貌、沉积物类型、地层结构、地质灾害等基础地质信息，编制了 1：10 万海底地形地貌图，查明江苏东部海岸平原全新世沉积演化和"源－汇"过程；⑦对上海市海堤进行每年 2 次的沉降监测，评价了青草沙水库、南汇东滩、东海大桥及金山石化等重大工程潜在地质灾害风险，查明舟山群岛新区地质灾害类型和分布及地质遗迹、浅层地温能等资源。

（三）海南西南海域基础地质调查及大型砂质体和古河道的新发现

海南西南海域基础地质调查项目承担单位为广州海洋地质调查局，项目实施时间为 2014 年 1 月—2017 年 12 月。该项目按国际标准分幅，运用当今海洋地质、地球物理、地球化学和卫星遥感等高新技术手段，系统采集 1∶25 万乐东幅海洋区域地质基础数据，查明区内海底地形地貌、地球物理场和地球化学场特征、海底沉积物类型、地层结构及其分布规律、地质构造特征、矿产资源类型和分布状况、海水水质情况和地质灾害分布等基础地质信息，开展区内关键地质问题综合研究。取得的成果包括：①解决了资源环境问题和基础地质问题。本项目成果在调查区通过多手段的调查和综合研究，查明区内海底地形地貌、地球物理场和地球化学场特征、海底沉积物类型、地层结构及其分布规律、地质构造特征、矿产资源类型和分布状况、海水水质情况和地质灾害分布等基础地质信息，为支撑海域能源和重要矿产资源新的有利区和目标区提供了良好的基础资料和科学依据，为推进海南岛国际旅游岛的建设、海域管理、军事海防、涉海建设和基础地质研究提供了基础保障。通过本图幅调查发现砂质沉积物和在新机场附近海域发现两条古河道，可为新机场建设提供满足机场建设需求的填料来源，为机场安全建设提供了科学保障。新发现大型海砂矿 1 处，远景资源量超 10 亿立方米，将有效服务海南自贸区建设。②成果实现了转化应用和有效服务。该项目成果为地方地质调查单位，为相关的海洋科学调查与研究机构以及地质相关大学提供了良好的基础资料，并得到了广泛的推广应用，取得了良好的效果，实现了成果的转化应用和有效服务。该成果为海南三亚新机场选址建设提供了地质依据和决策建议；为国家海洋局南海调查技术中心进行的国电海南西南部电厂配套码头工程波浪、潮位观测及分析，提供了海南岛西南部海域 2 个观测站位的潮汐、海流资料以及海上水质评价结果等基础资料。

三、海洋生态修复典型工程

2010 年起，国家开始利用中央分成海域使用金支持各地方政府进行海域、海岛和海岸带整治修复工作；2012 年，设立海岛保护专项资金，支持实施海岛生态修复示范与领海基点保护试点项目；2014 年，中央分成海域使用金和海岛保护专项资金合并为中央海岛和海域保护资金，继续支持进行海域、海岛和海岸带整治修复。2010—2017年，中央累计投入财政专项资金 137 亿元；截至 2018 年年底，累计修复岸线约 1000

千米，滨海湿地 9600 公顷，海岛 20 个。自然资源部在答复十三届全国人大二次会议代表《关于加强海岸线生态修复的建议》中指出：2016 年起，中央财政累计安排海岛及海域保护资金 68.9 亿元，先后支持 28 个沿海城市开展"蓝色海湾"整治行动。实施内容包括海岸线生态修复工程、恢复海岸线生态功能、海岛保护利用示范工程等；浙江、秦皇岛、青岛、连云港、海口一省四市率先开展"湾长制"试点工作，探索形成陆海统筹、河海兼顾、上下联动、协同共治的海洋生态环境治理新模式。

（一）温州洞头蓝色海湾整治行动

2016 年，浙江省温州市洞头区成为全国首批 8 个蓝色海湾整治试点单位之一。整治前所面临的基本问题是，随着沿海地区经济社会的加速发展，海洋资源开发与保护的矛盾日趋突出，近岸海域污染趋势尚未得到有效遏制，滨海景观沙滩受台风、风暴潮等灾害频发影响，非法挖砂、采砂以及其他人为干扰损害程度日益加剧，岸线景观破碎化较严重，整体面貌破旧、凌乱。

整治过程中所采取的主要措施是：①基于自然，修复海洋生态系统；②民资参投，探索社会资本共建模式；③数字赋能，设立蓝色海湾修复标准；④法治护航，构建全民参与体制机制。通过整治，取得了以下成效：①蓝湾为生态赋能，迭代了自然修复的理念。蓝湾工程实施后，红树林、盐沼湿地新增常驻候鸟 20 余种，海藻场自然恢复了 3000 平方米，周边海域一类、二类海水水质 2020 年 8 月达到了 94.8%。"南红北柳"年固碳近 200 吨，紫菜、羊栖菜年吸碳近 14000 吨。②蓝湾为生产赋能，迭代了在保护中开发的模式。近 5 年间，洞头落地开工亿元项目 30 个、百亿项目 2 个，总投资达449 亿元，29 个烂尾项目被激活；GDP 年均增长 8.2%，增速居温州市第一。海洋经济乘势崛起，洞头用科技赋能"两菜一鱼"，比如黄鱼岛公司探索声波养殖黄鱼的新模式，现代渔业向深海养殖、装备式养殖转型；滨海旅游做特做精，近 5 年接待游客超过 3000 万人，年均增长 20%。③蓝湾为生活赋能，迭代了实现共同富裕的路径。一个民宿就是一个旅游目的地，形成 13 个民宿村集群，共有民宿 447 家、床位 4777 张，民宿村户均年收入超 15 万元；一个沙滩带火一方经济，帆船帆板、邮轮游艇、休闲海钓等海上运动业态不断涌现，铁人三项世界杯赛等国际赛事落户，打响了洞头国内外知名度；每年有千名大学生回乡创业，常住人口比 10 年前增长了 22%，老百姓工资性、财产性、经营性收入大幅增长，城乡收入比缩小至 1.62：1，均衡度排在浙江前列。

通过实施蓝色海湾整治项目，利用生态"杠杆"撬动了产业崛起、海岛振兴。2018 年，洞头成功入选全国第二批"绿水青山就是金山银山"实践创新基地，成为获此荣誉的首个海岛地区，蓝色海湾行动助力打通了"两山"转化通道，为践行"两山"理论提供了海岛经验。

（二）青岛蓝色海湾生态修复项目

青岛作为国家沿海重要中心城市和滨海度假旅游城市，海域面积 12240 平方千米，其中近岸陆域 1021 平方千米，近岸海域 2270 平方千米，近岸陆域和近岸海域构成海岸带，为目前主要开发利用区域。海岸线全长 885 千米，其中大陆岸线约 783 千米，海岛岸线约 102 千米，约占山东省海岸线长度的 26.4%。

青岛海岸线中大陆岸线按照自然属性分为岩礁岸线、粉砂淤泥岸线、砂质岸线和人工岸线（主要是指已经人工固化的岸线）4 种类型；按照岸线现状使用功能分为渔业岸线、港口及工业岸线、旅游岸线、防护岸线和特殊岸线。

青岛已开展蓝色海湾整治的区域主要集中在胶州湾和青岛西海岸新区海岸线，总长度约 489 千米，其中，港口航运岸线约 100 千米，特殊岸线约 15 千米，现状岸线约 100 千米，需整治和生态修复岸线约 274 千米，主要集中在旅游岸线和部分渔业岸线。

蓝色海湾生态修复工程涉及近海陆域及海域部分区域，海域主要以拆违章、清养殖池等为主，近海陆域是项目建设重点区域，但向陆域方向控制范围需结合现状实际情况确定。根据《青岛市胶州湾保护条例》规定，胶州湾保护控制线向陆地一侧距离根据现状实际情况，按照 30 米、100 米划定；西海岸蓝色海湾生态修复工程，向陆域方向控制范围按照近海第一条车行道路红线、已建项目边界线等控制，其他没有参照物的区域按照 40~100 米控制。遵循的建设原则：保护生态原则；慢生活引导原则；文化传承原则；环境协调原则。建设主要包括慢行系统、景观绿化、公共服务设施及护岸修复等内容。

（三）福州市滨海新城岸段美丽海湾保护与建设

福州市位于福建省东部闽江下游，下辖 6 区 6 县，土地总面积 11862 平方千米，海域面积 10573 平方千米。随着福州滨海新城开发逐渐深入，大规模海岸带开发活动对该区域近岸海水水质带来较大压力，对区域生态环境造成较大影响，包括：①陆海排污问题突出，近海海域水环境质量下降；②海岸带生态缓冲带受损严重，整体功能下降明显；③滨海湿地生态系统退化，湿地生物多样性保护压力大；④粗放式开发加剧公众亲海空间生态环境破坏。

基于滨海新城岸段海洋生态环境问题分析，滨海新城地区已经成为福州市海岸带最为脆弱的区域，其保护与建设工作成为福州市海洋生态环境与海岸带治理的重中之重。2017年起，福州市生态环境、自然资源等部门有针对性地开展了保护治理工作。依据福州市生态环境局等部门编制的《福州市国家生态文明建设示范市规划（2018—2025年）》《福州市近岸海域环境保护规划（2014—2020年）》《福建闽江河口湿地国家级自然保护区总体规划（2017—2026年）》等，从顶层设计上明晰了海洋污染治理路径。此外，福州市先后出台了《福州市湿地保护管理办法》《福州市闽江河口湿地自然保护区管理办法》等文件，初步建立从源头到末端的系统管理制度体系，为海洋污染治理、生态保护提供了"蓝图"。

在实施过程中，首先坚持问题导向，精准治理。针对陆海排污加剧问题，开展了闽江流域入海河流整治，严格入海排污口监管，全面启动入海排污口排查整治，完成了沿海溪流、沟渠黑臭水体整治等；为解决海岸带生态缓冲带受损严重问题，实施了福州滨海新城森林城市景观带（防护林）建设；修复了受损滨海湿地，开展闽江口、东湖湿地生态保护修复；开展了福州滨海新城下沙海滩修复与养护、长乐机场北部海滩整治修复与养护。其次坚持因地制宜、多头并进。完成了机场北部海滩114万平方米的垃圾清理和外文武海堤后方84.6公顷湿地生境修复等相关工作；对闽江口湿地公园"退养还滩"区域，因地制宜改造水闸、打通土堰，建成湿地水鸟高潮位栖息地调节区195公顷。

经过几年的努力，取得了以下建设成效：一是陆海污染得到有效控制，海水水质整体优良且呈改善趋势，稳定实现"水清滩净"；二是海湾滨海湿地、生物多样性等得到有效保护修复，海湾生态服务功能得到恢复，稳定实现"鱼鸥翔集"。此外，通过实施美丽海湾保护与建设，扭转了沙滩资源持续退化的趋势，统筹推进山水林田湖草沙一体化保护和修复，有效改善滨海生态环境，提供更多高质量的亲水空间，为建设好"海上福州"打下坚实基础。

第五节　山水林田湖草沙综合治理

进入21世纪之后，我国的生态环境问题受到广泛关注，国家启动和持续开展了包括三北防护林建设、天然林保护、退耕还林还草、国家水土保持重点工程、国家土地整治工程等一系列生态建设重大工程，生态保护和修复取得一定成效，生态系统恶化的趋势得到遏制。

但受自然条件和人为活动的影响，我国陆地生态环境依然面临一定的威胁，主要表现为城镇和农业空间布局不尽合理、局部自然生态空间挤占严重，水土流失、土地沙化、石漠化和土地污染等土地退化问题仍然存在，气候变化和地质灾害等不确定性风险依然较大，极大地阻碍了我国生态文明建设进程。研究表明，新时代生态文明建设中解决这些问题，需要规避以往的生态建设工程中存在的相关部门各自为战的机制，充分考虑到国土空间的系统性、空间各组分的关联性，用一个综合性的工程模式来指导生态保护修复，以促进经济社会生态协调和可持续发展。

一、山水林田湖草沙综合治理理念的提出

党的十八大以来，党中央、国务院高度重视生态保护修复工作，提出了一系列新理念新思想新战略，尤其是习近平生态文明思想，给整体性和系统性的生态保护修复指明了道路。2013年，习近平总书记指出："我们要认识到，山水林田湖是一个生命共同体，人的命脉在田，田的命脉在水，水的命脉在山，山的命脉在土，土的命脉在树。用途管制和生态修复必须遵守自然规律，如果种树的只管种树、治水的只管治水、护田的单纯护田，很容易顾此失彼，最终造成生态的系统性破坏。由一个部门负责领土范围内所有国土空间用途管制职责，对山水林田湖进行统一保护、统一修复是十分必要的。"2015年，中共中央、国务院印发了《生态文明体制改革总体方案》，提出"树立山水林田湖是一个生命共同体的理念"。党的十八届五中全会提出"筑牢生态安全屏障，坚持保护优先、自然恢复为主，实施山水林田湖生态保护修复工程，开展大规模国土绿化行动"。

为深入贯彻党中央、国务院关于开展山水林田湖生态保护修复的要求，2016年，财政部、国土资源部、环境保护部联合下发了《关于推进山水林田湖生态保护修复工作的通知》，以顶层设计的方式，明确提出坚持尊重自然、顺应自然、保护自然的方针，以生命共同体的重要理念指导开展山水林田湖草生态保护修复工程试点工作，对山上下、地上下、陆地海洋以及流域上下游进行整体保护、系统修复、综合治理，真正改变治山、治水、护田各自为战的工作局面。"十三五"期间在全国开展了25个山水林田湖草生态保护修复工程试点，25个试点工程涉及全国24个省份。同时，党的十九大将建设美丽中国作为全面建设社会主义现代化国家重大目标，提出要统筹山水林田湖草生态系统治理，指出"实施重要生态系统保护和修复重大工程，优化生态安全屏障体系，构建生态廊道和生物多样性保护网络，提升生态系统质量和稳定性"；2019年的政府工作报告继续要求"加强生态系统保护修复。推进山水林田湖草生态保

护修复工程试点"。山水林田湖草生态保护修复是以生命共同体理念为指导，依据国土空间规划和生态保护修复等专项规划，以保障国家生态屏障和重点生态功能区健康安全为目标，在景观尺度上，统筹考虑山上山下、地上地下、陆地海洋以及流域上下游，优化国土空间布局，调整土地利用结构和关系，对退化、受损和毁坏的生态系统进行恢复的活动。开展山水林田湖草生态保护修复工程，需要牢固树立山水林田湖草是一个生命共同体理念，坚持节约优先、保护优先、自然恢复为主的方针，以保障优化国家生态安全战略格局体系为目标，以改善区域生态环境质量为重点，按照生态系统的整体性、系统性及其变化规律，统筹考虑自然生态各要素、山上山下、地上地下、岸上岸下、流域上下游，进行整体保护、系统修复、综合治理。

山水林田湖草生态保护修复工程以保障优化国家生态安全战略格局体系为主要任务。根据《全国主体功能区规划》，"两屏三带"是国家生态安全战略格局的主体，在这一战略格局的基础上，山水林田湖草生态保护修复工程促进生态空间和生态功能的维持和恢复。

首先，是维护自然生态系统原真性和完整性，减少人为扰动。坚持保护优先，在禁止建设区及限制建设区、各类保护地核心区等禁止开发区域，严格控制不符合主体功能定位的开发活动，加大封育力度，维护原有地形地貌和生物多样性，不得影响野生动植物栖息地及其生境，保护并提升现有自然生态系统功能。

其次，是修复治理退化生态系统。在生态受损区域，采用人工与自然恢复相结合的措施，开展防护林建设、退耕还林还草还湿等生态建设工程，以及地质灾害防治、防洪防护等安全工程，恢复自然生态系统。同时，山水林田湖草生态保护修复工程兼顾区域内农村和城镇的生态保护修复，维护粮食安全，保障生产生活环境，促进绿色发展。一是保护农业生态系统。维护农田原有生境，保护农田生物多样性，强化农地景观和绿隔功能；切实保护耕地，严守永久基本农田保护控制线，不能大搞人造景观，避免农田景观城市化。二是提升乡村生态功能。依据村庄规划，统筹生态保护修复和村庄整治，将耕地、林地、草地整治与农村建设用地布局优化相结合，打造规模多种生态系统要素的复合格局，建设美丽乡村。三是联通城乡生态网络。依托现有山水脉络等独特风光，对区域内自然生态空间进行系统修复，打通城市内部的水系、绿地和城市外围河湖、森林、耕地，形成完整的生态网络，扩大城市周边的生态空间。四是保护城市内部生态空间。与"海绵城市"等生态市政建设相结合，在城市建设规模范围内，保护现有生态廊道，不得规避法律法规及相关要求新建人造景观，促进城市可持续发展。

2020年是"绿水青山就是金山银山"理念提出15周年。作为践行"两山"理念的重要力量，自然资源部门积极推进山水林田湖草一体化保护和修复，努力探索生态产品价值实现路径。6月11日，党的十九大后全国生态保护和修复领域的第一个综合性规划——《全国重要生态系统保护和修复重大工程总体规划（2021—2035年）》公布，明确以"三区四带"为核心的全国重要生态系统保护和修复重大工程总体布局。这是新时代国家层面推进生态保护和修复工作的基本纲领，为促进自然生态系统治理体系和治理能力现代化提供了重要抓手。

2020年8月26日，《山水林田湖草生态保护修复工程指南（试行）》印发。这是我国第一个按照"山水林田湖草是一个生命共同体"理念，系统指导我国生态保护修复实践、带有通则性质的标志性技术成果，对于全面推进山水林田湖草一体化保护和修复具有重大意义。

二、试点项目布局及特征

2016年，我国的山水林田湖草生态保护修复工程试点开始启动。2016年，批准的第一批5个试点为河北京津冀水源涵养区、江西赣南、陕西黄土高原、甘肃祁连山、青海祁连山。2017年，批准的第二批6个试点为吉林长白山、福建闽江流域、山东泰山、广西左右江流域、四川华蓥山、云南抚仙湖。2018年，批准的第三批14个试点为河北雄安新区、山西汾河中上游、内蒙古乌梁素海流域、黑龙江小兴安岭—三江平原、浙江钱塘江源头区域、河南南太行地区、湖北长江三峡地区、湖南湘江流域和洞庭湖、广东粤北南岭山区、重庆长江上游生态屏障、贵州乌蒙山区、西藏拉萨河流域、宁夏贺兰山东麓、新疆额尔齐斯河流域。截至2019年7月，中央财政已下达第一批5个工程试点基础性奖补资金共计100亿元（每个工程20亿元），第二批6个工程试点基础性奖补资金共计120亿元（每个工程20亿元），第三批14个工程试点基础性奖补资金共计140亿元（每个工程10亿元）。综上，我国共计实施25个山水林田湖草生态保护修复试点工程，涉及24个省（区、市）约111万平方千米的国土面积，投入中央支持建设资金共计360亿元（截至2019年7月）。

试点工程在全国的分布具有明显的空间格局，大都位于"两屏三带"和大江大河等我国生态安全战略格局骨架的核心区域，同时基本都属于国家重点生态功能区范围，工程分布和我国生态安全战略的格局一致性较高，工程的实施将会对重要生态系统功能的维持起到有力的支撑作用。具体地，以试点工程在生态安全战略格局骨架中的区位来看，大致可以分为以下六类：一是青藏高原生态屏障的保护修复，包含青海祁连山和西藏拉萨河流域的 2 个试点工程；二是黄土高原—川滇生态屏障的保护修复，包含陕西黄土高原和云南抚仙湖的 2 个试点工程；三是东北森林带的生态保护修复，包含吉林长白山和黑龙江小兴安岭—三江平原的 2 个试点工程；四是北方防沙带的生态保护修复，包含河北京津冀水源涵养区、甘肃祁连山、内蒙古乌梁素海流域等 3 个试点工程；五是南方丘陵山地带的生态保护修复，包含福建闽江流域、江西赣南、广东粤北南岭山区、广西左右江流域等 4 个试点工程；六是我国主要大江大河的生态保护修复，包含湖北长江三峡地区、湖南湘江流域和洞庭湖、重庆长江上游生态屏障、四川华蓥山、贵州乌蒙山区等 5 个长江流域的试点工程，山西汾河中上游、山东泰山、河南南太行地区、宁夏贺兰山东麓等 4 个黄河流域的试点工程，以及河北雄安新区（海河流域）、浙江钱塘江源头区域、新疆额尔齐斯河流域等相应流域的试点工程。

三、山水林田湖草生态保护修复内容

实施山水林田湖草生态保护修复工程，以矿山地质环境治理、流域水环境治理、土地复垦及整治、土壤及地下水污染防治、生物多样性保护等为重点内容，以景观生态学理论为指导，以自然恢复为主、人工修复为辅，因地制宜设计实施路径。其实施内容包括：以《全国重要生态系统保护和修复重大工程总体规划（2021—2035 年）》及相关专项规划为基础，对全国生态功能区划中重要生态功能区、重点生态敏感脆弱区和生态保护红线内的典型区域开展生态系统功能状况调查和评估，将评估结果作为制定山水林田湖草生态保护修复工程实施方案的依据。根据不同保护修复对象和主要目标，山水工程建设内容主要包括：重要生态系统保护修复工程，以及统筹考虑自然地理单元的完整性、生态系统的关联性、自然生态要素的综合性，在一定区域内对山水林田湖草等多自然生态要素开展的整体保护、系统修复、综合治理等各相关工程。山水林田湖草工程还包括为提升生态保护修复能力而建设的野外保护站点、开展工程效果评价及生态系统监测的监控点和监管平台等。

四、山水林田湖草系统保护修复实践

2016—2018 年，国土资源部、财政部、环境保护部联合实施了三批次 25 个山水林田湖草生态保护修复工程，总投资 3000 亿元左右；2020 年年底，三部委再次组织实施了 10 个山水林田湖草沙一体化保护修复工程，总投资 500 多亿元。在国土空间规划以及国土空间生态保护修复等相关专项规划指导下，对受损、退化、服务功能下降的若干生态系统进行整体保护、系统修复、综合治理，整体提升生态系统自我恢复能力，增强生态系统稳定性，促进自然生态系统质量的整体改善和生态产品供应能力的全面增强。

目前，我国开展的山水林田湖草系统保护修复试点区集中在祁连山冰川与水源涵养生态功能区、黄土高原丘陵沟壑水土保持生态功能区、京津冀水源涵养功能区和南岭山地森林及生物多样性生态功能区等国家重点生态功能区。各地区由于其自然地理条件、经济社会发展水平、生态功能定位及存在问题都不尽相同，所实施的山水林田湖草生态保护与修复项目也存在差异。

（一）以"山"生态修复为核

1. 泰山区域山水林田湖草生态保护修复

2017 年 4 月，财政部、国土资源部、环境保护部三部委启动了第二批山水林田湖草生态保护修复工程试点的申报工作，确定在全国范围内选择 6 个生态保护修复区域进行资金奖补。其中，泰山区域山水林田湖草生态保护修复工程被纳入第二批山水林田湖草生态保护修复工程试点。工程以泰山山脉为核心，向东扩至莱芜，向北扩至济南南部山区，涵盖济南、泰安、莱芜三地，项目区总面积 1.35 万平方千米。该项目以泰山山脉、大汶河流域、东平湖、小清河流域为重点，根据试点区域自然地理特征、生态环境特点，共规划了 5 大类 13 小类共 132 项工程。泰山山水林田湖草生态保护修复项目提出重新梳理蓝道和绿道的关系，改善水系渗透条件，恢复河流自然水循环，合理布局河滨植被，重新构建多样化生态栖息地，营造良好的滨河游憩环境。山水林田湖草建设与海绵城市建设相互结合，项目范围分为山体修复段、城市生活段和生态活力段。山体修复段以陆地密林种植为主，植物以泰山的种植类型作为延续；城市生活段更多考虑人类活动与可能带来的动物，以公共绿地为主，延续密林种植，形成稳定的生态廊道；生态活力段以水生、密林和农田为主，构建生物多样性。

2. 长白山区山水林田湖草生态保护修复

吉林省长白山区地处我国东北地区中部，生态安全屏障地位突出，生态产品供给潜力巨大。但由于受人为活动影响，长白山区生态空间遭受持续威胁，局部生态环境恶化，生态产品供给能力不足等问题日益显现，保护修复迫在眉睫。长白山区开展山水林田湖草生态保护修复试点，对山水林田湖草进行整体保护、系统修复、综合治理，逐步恢复和增强长白山水源涵养和生物多样性保护功能，提高长白山生态产品供给能力，筑牢我国东北乃至东北亚地区的生态屏障。基于区内生态系统要素的核心功能定位和突出问题，将长白山区划分为"一核、三流域"四大片区。通过"山、水、林、田、湖"多要素联动，"关键节点、扩散廊道、流域区域"多维度统筹，带动整个长白山区生态系统功能恢复和提升。"一核"：该区是长白山区生物多样性保护的核心区域和松花江、鸭绿江和图们江的发源地，重点实施生态移民和小水电拆除工程，恢复与重建野生动物迁徙廊道，加大森林保护和种质资源保护，治理小流域水土流失，维护长白山生物多样性保护优先区域的核心地位。松花江水源涵养和土地整治修复区：该区是吉林、长春两市水源地，并承担着吉林省中部城市群调水任务，区内永吉县等8个县市是国家级农产品主产区。该区重点实施流域水污染治理和湿地恢复工程，整治水土流失和矿山生态破坏；推广农业清洁生产和测土配方施肥，建设高标准农田，强化农村和农业污染防控，增强区域水资源和农产品供给保障能力。鸭绿江流域水源涵养保护修复区：该区位于辽宁省大伙房水库调水工程上游，是重要的种质资源保护区。该区重点实施森林封禁管护和育林地保护工程，建立生物遗传资源保存及迁地保护体系，加强物种和遗传资源破碎分布点的保护；实施矿山环境治理恢复工程，恢复植被，增强区域水土保持能力。图们江流域水生态修复与生物多样性保护区：该区是长白山天然林分布最为集中的区域，是东北虎、豹主要栖息地和扩散廊道分布区，是洄游鱼类重要产卵场分布区。该区重点实施水环境综合整治和生态恢复工程，改善重污染河段水生态和水环境状况；实施生态移民和封山育林，抚育中幼龄林，保护天然林资源，恢复与重建东北虎豹扩散廊道，增强栖息地的适宜性和连通性。

修复试点实施五大工程系统推进：①生物多样性保护工程。在长白山保护开发区和延边地区建设野生动物通道4处、东北虎豹扩散廊道5条、清理拆除8座小型电站，拆除现有林场村屯70公顷，生态移民1686户4528人，有效打通动物迁徙通道。建设通化县植物迁址保护工程、抚松县林业局种质资源库等工程，重点保护东北红豆杉、高山红景天、朝鲜崖柏、淫羊藿等珍稀植物，促进种子遗传改良创造的遗传增益。在长白山保护开发区、延边地区、吉林磨盘湖国家湿地公园、集安市国家级自然保护区，重点对东北红豆杉、黄菠萝等野生植物以及东北虎、豹、原麝等濒危动物开展野生动植物资源调查和监管体系建设，建设野生动物救护中心（站）和长白山动物资源保存库。②森林保护与修复工程。在长白山森林保护核心区、通化市和延边州森林抚育重要区，退耕还林12000亩，封山育林13.7万公顷，林分改造及保护约4万公顷，抚育幼林4万公顷，实现区域林地结构优化、质量提高，全面提升森林水源涵养和土壤保持功能。在长白山森林保护核心区内，建立生态本底数据库，新建长白山生态气象监测站及 15 千米保护区围栏等，基本建成保护区森林监管体系。③矿山环境治理恢复工程。在长白山浑江区、板石镇、通化东昌区等矿山集中区域实施矿山环境综合整治，植树约 230 万株，清理废石、矸石约 850 万立方米，回填采空区 280 万立方米。在通化二道江区、集安市、柳河县、通化县、长白县、敦化市等矿山灾害集中区域，清理淤泥约 3 万立方米，绿化 60 公顷，植树约 20 万株，新增农用地、建设用地约 20 平方千米，有效消除滑坡崩塌地质灾害隐患。④土地整治与修复工程。在桦甸市、磐石市、蛟河市、永吉县、舒兰市等国家级农产品主产区，建设高标准农田 34000 公顷。在通化县治理尾矿坝 5 座，修复污染场地 16 块。在通化市辖区、通化县、长白县、临江市等地，治理水土流失面积 23543 公顷，侵蚀沟 302 条，营造水土保持林 198 公顷。⑤流域水环境保护治理工程。重点治理辉发河、牡丹江敦化段、松花江干流吉林段、浑江通化段、嘎呀河延吉段等河段，治理河道长度 225.5 千米，新建人工湿地 667.57 公顷，清淤疏浚 269.3 万立方米，恢复河岸生态系统，提高减灾能力。实施通气河、通溪河、石井沟河等小流域综合整治，减少入河污染负荷，改善流域水环境质量。实施 6 个水源地的水资源保护工程，营造水源涵养林 120 公顷，建设乡镇垃圾转运站 10 处，新增污水处理规模 2.2 万吨 / 天。实施 277 个水源地的水源保护工程，设置界碑 134 个，标示牌 572 个，搬迁居民 143 户，拆迁房屋 14634.4 平方米。

（二）以"水"生态修复为核

1. 北京密云水库山水林田湖草生态保护与修复

北京密云水库山水林田湖草生态保护与修复项目主要以强化水源地保护和生态要素综合修复为基础，强化了对农业面源污染控制和水库水质保护，划分 5 个功能区包括：以水土流失控制与水源涵养为主的源头坡地区；缓坡农业面源污染防治区；美丽乡村建设为主的村镇区域；以恢复河沟道自然生态、增强河流自净能力与减少入库污染负荷为重点的河沟道区；库区则强调对水库库滨带的长效管护，包括实施封闭管理、退耕禁种、清退养殖场，在库滨建设乔灌草植被缓冲带，建立生态补偿机制及应急预警防控体系等。

2. 延安市安塞区山水林田湖草生态修复

延安市安塞区山水林田湖草生态修复项目重点以水土流失治理为核心，以植树护田和防污治田为辅助，建立以水资源保障为支撑的山水田林湖草生态系统。规划形成了将延河与杏子河作为两带，将云台山、马家沟、魏塌 – 南沟、周河、龙石头作为五区，将人居环境和产业提升配套作为一辐射的"两带五区一辐射"总体治理布局。明确了两带的治理重点为水生态修复及水资源综合利用，五区的治理重点为流域水土流失综合整治，一辐射的重点是人居环境改善及产业综合配套等。

3. 辽河流域（浑太水系）山水林田湖草生态保护与修复

辽河流域（浑太水系）山水林田湖草生态保护与修复项目以水系干支流岸线生态修复及水源保护区生态修复为重心，开展4项重点工程，包括浑河流域森林生态修复及水环境治理工程、太子河流域水环境治理与水源涵养区生态修复工程、汤河水库饮用水源保护区生态修复与水质保障工程、葠窝水库工农业水源区生态修复与水质提升工程。主要采取水系连通修复技术、岸坡生境修复技术、河道缓冲带构建技术、生态湿地修复技术、生态环境物联网与管理支撑建设技术等，以确保生态护岸及岸线绿化面积增加，提升水系两岸的水土保持和防风固沙能力，支撑流域水质达标，构筑辽宁省生态廊道。

4. 澜沧江流域山水林田湖草生态保护与修复

澜沧江流域西双版纳的山水林田湖草生态保护与修复项目依据"遵循自然规律，充分利用生态系统的自我恢复能力，辅以人工措施，使遭到破坏的生态系统逐步恢复并引导其向良性循环方向发展"的理念，针对不同区域的地理特征和突出问题，进行任务部署。对山水林田湖草进行严格保护和系统修复，并建立长效机制，全面改善试点区域生态系统环境，进一步提升西双版纳州作为国家主体功能区试点示范区域的水平和地位。通过山水林田湖草生态保护修复工程方案的实施，使生态环境稳定性明显改善，生态系统服务与保障功能供给能力显著增强，生态系统保护、修复和管理的体制机制日趋健全，资源环境承载能力显著提高。

（三）以"林"生态修复为核

江西省赣州市在进行山水林田湖草生态保护修复试点方案申报时，将低质低效林改造工作作为山水林田湖生态保护修复的重要一环，并先行先试。针对全市低质低效林所处的不同生态区位、林分类型、立地条件等具体情况，因地制宜采取补植补造、抚育改造、封育改造、更新改造四种不同改造方式。在低质低效林改造过程当中，赣州市、县、乡三级领导干部带头建设示范基地，即市领导每人在挂点县建设一个面积不少于500亩的示范基地，各县（市、区）党政主要领导和分管领导每人建设不少于300亩的示范基地，各县（市、区）林业局和276个乡（镇）主要领导建设一个面积不少于200亩的示范基地，通过高标准示范基地建设，引领推进全市低质低效林改造工作。在实施山水林田湖草生态保护修复项目过程中，赣州市积极创新、先行先试，为生态文明试验区建设探索创新了一些好经验、好做法。

寻乌县在推动废弃矿山修复过程中，按照小流域综合治理和分区实施的总体思路，摸索出了一套山上山下同治、地上地下同治、流域上下同治的模式及项目建设和管理同步推进、相互结合的方法。通过抓治水、抓复绿、抓提升，坚持把生态效益和经济效益相结合，将昔日废弃矿山变成绿水青山。

良好的生态是乡村振兴的有力支撑点，赣州积极推动农村绿色发展，以生态保护修复引领乡村振兴。如瑞金市在推进农村环境综合整治过程中，围绕"一朵花、一篮菜、一体验、一桌饭、一台戏"的规划思路，完成了村庄整治，发展了生态旅游产业，初步形成了集"农业观光、农事体验、农业科普、农家文化"于一体的生态旅游村，走出了一条生态宜居和经济发展相辅相成、相得益彰的新路子。

通过实施重大生态工程建设，发展生态产业等方式，推动扶贫开发与生态保护相协调、脱贫致富与可持续发展相促进。如宁都县大力推进农田整治和高标准农田建设，坚持农村产业发展与扶贫相结合的工作思路，采取贫困户以产业扶贫资金入股、股份分红的运作方式，发展大棚蔬菜及观光、采摘农业，促进贫困户兴业脱贫，创业致富；石城县、南康区将低质低效林改造与精准扶贫相结合，聘用吸纳贫困户参与低改劳作，提高贫困户收入水平。

（四）以"田"生态修复为核

陕西省黄土高原地区山水林田湖草生态保护修复主要思路以构建国家西北重要生态屏障为总体目标，针对水土流失严重、水资源短缺且时空分布不均、矿山开采造成生态破坏、荒漠化等突出问题，实行"梁、塬、坡、沟、川"共治，"水、土、林、田、人"共利，系统规划，整体推进。工程部署依据黄土高原地区土地利用现状、各地开展黄土高原综合治理的实际需要进行规划，主要包括水土流失综合治理工程、水资源保护与综合利用工程、废弃矿山综合整治与生态修复工程、农村面源污染综合整治工程和农田生态功能提升工程等。

（五）以"湖"生态修复为核

1.合肥市环巢湖地区山水林田湖草生态保护与修复

合肥市环巢湖地区山水林田湖草生态保护与修复工程针对巢湖特点、污染特征和保护需求，以小流域为治理单元，以污染治理为主线、以生态修复为重点，注重山水林田湖的系统性、关联性，对山水林田湖生命共同体进行统一保护和修复。通过山水林田湖生命共同体整体保护、系统修复、综合治理，流域水环境质量明显改善，生态系统服务和保障功能显著增强，形成较为完善的生态系统保护、修复和管理的体制机制，尊重自然、顺应自然和保护自然的生态文明理念基本树立，探索、创新和建立生态系统健康、人群健康以及创新协调绿色开放共享的更高层次生命共同体。成为与流域经济社会发展相协调、相融合，可复制、可推广的山水林田湖生态修复工程典范，并为推进国家主体功能区建设和实施安徽生态强省战略提供重要支撑。修复工程以"污染源头减排、入湖河流减负、水系湿地净化、河道补水自净、湖泊引流扩容"为治理重点，按照"治湖先治河，治河先治污，治污先治源"的总体要求，谋划了六期项目，包括荒山水土流失防治、废弃矿山生态修复、城镇生活污水收集处理与提标改造、工业废水深度处理、城区初期雨水处理、规模化畜禽养殖场废水治理、底泥清淤、河道原位生态修复、生态补水、水源涵养林、生态防护林体系、河岸湖岸植物群落拦截系统、调水引流、湖滨消落带、河流入湖口湿地建设、湖内营养盐与生态群落平衡初步构建等工程。

2.抚仙湖流域山水林田湖草生态保护修复

抚仙湖流域是我国西南地区和珠江流域重要的生态屏障，是我国"两屏三带"生态安全战略格局的重要组成部分，具有极其重要的生态战略地位。抚仙湖流域是滇中地区的重要流域，其生态环境的良好保护，山水城田林和谐共生的生态、生产和生活空间的合理布局，对于提升滇中地区生态资源承载力，保障滇中地区的生态文明建设，有力促进我国依托长江建设中国经济新支撑带等方面具有重要的意义。抚仙湖流域又是珠江上游西江水系南盘江流域的源头，其优质的淡水资源是我国泛珠三角区域经济发展战略的重要保障。鉴于抚仙湖流域的重要区位及其保护的示范意义，坚持尊重自然、顺应自然、保护自然的原则，将抚仙湖流域作为我国西南地区生态环境保护与修复试点流域加以保护，综合考虑流域内矿山修复、国土保护、水污染治理、生态修复、系统调控管理等措施，形成全方位、系统综合治理的修复格局。该流域于2017年10月被列入国家山水林田湖草生态保护修复工程试点。

根据抚仙湖流域山水林田湖草生态保护修复的总体思路，在流域空间格局优化与管控的基础上，实施了修山扩林（水源涵养与矿山修复）、调田节水（田地整治与节水减排）、控污治河（污染源治理与入湖河流清水修复）、生境修复（生态保护与修复）、保湖管理（湖泊保育与综合管理调控）五大类47项工程，总投资为93.57亿元。

修复工程以"库塘湿地修复、湖滨缓冲带修复、流域生物多样性保护"为主要思路。通过库塘生态系统修复和调蓄净化系统建设，加强库塘湿地作为流域生态关键节点的作用；通过湖泊缓冲带的全面退还与修复及良好管护，使缓冲带发挥环湖生态屏障功能；通过生物多样性保护，促使流域生态系统进一步得到恢复和改善，增强流域生态系统稳定性和多样性。

（六）以"草"生态修复为核

草在山水林田湖草生命共同体中处于不可或缺的基础地位。作为我国面积最大的陆地生态系统，草原生态建设事关我国生态文明建设大局。对于牧区发展来说，草原是重要依托，草原生态建设可以为牧区发展创造更好的生态条件。御道口牧场管理区山水林田湖草生态保护修复工作，在国家大力推动京津冀协同发展与省市高度重视牧区生态保护修复工作的机遇下，采取整体保护、系统修复、综合治理相结合的实施路径，保障牧区生态安全和提升生态系统服务功能，对全国其他牧区具有较强的示范作用。

河北省承德市御道口牧场管理区山水林田草生态保护与修复包括流域水生态环境、重要生态系及坝上防风固沙功能保护与修复三大类工程。针对御道口牧区生态环境特点和存在的突出问题，统筹考虑各区域承担的生态服务功能和系统性、关联性修复要求，确定山水林田湖草生态修复总体布局为"一区""两带"，对空间布局内的生态环境问题、主要任务进行重点聚焦，着力打造小滦河防风固沙带和如意河水源涵养带。"一区"指以总场部及周边为核心的总场部生态建设区。针对总场部及周边地区河道亟待整治、林草植被退化、生活污水和垃圾处理设施建设滞后等生态环境问题，采取退化林草植被修复、流域生态河道综合治理、天然湖泊涵养、自然生态系统围封保护等措施，提高防风固沙和水源涵养能力。"两带"指小滦河防风固沙带和如意河水源涵养带。小滦河流域、如意河流域周边居民、牧民肆意放牧，湿地和草地花草始终处于低矮状态，湿地水位严重下降。聚焦流域河道整治及草地退化、沙化等生态环境问题，开展退化草地沙化治理、流域综合治理、村庄景观建设、破损山体地质环境治理、自然生态系统围封保护等生态保护修复工作，并适度引入生态旅游产业，有效解决禁牧反弹等现象，全面提升两河流域防风固沙和水源涵养功能。修复工程实施"山水林田湖草—人—产业"战略，进行御道口牧区生态环境综合治理修复。

第一，"山水林田湖草"——全方位系统综合治理修复。根据"山水林田湖草"六大生态要素现存问题的空间分布、面积及受损程度等，采取工程与生物措施相结合、人工治理与自然修复相结合的方式进行御道口牧区生态环境综合治理修复，包括流域水生态环境保护修复、重要生态系统保护修复、坝上防风固沙功能保护修复三大类工程。具体内容包括：①推动流域水生态环境保护修复。在如意河流域源头及水源涵养区开展生态保护和修复，以重点流域为单元开展湿地修复与保护；结合小滦河流域水环境的重要生态功能，建设污水处理厂，从而满足御道口牧区场部和旅游业发展对生活污水处理的需要；高标准开展农牧区环境综合整治，着力解决影响农村可持续发展的农村环境问题。②开展重要生态系统保护修复。综合运用生物围栏、观赏草混播等技术建设生态围栏，以围栏封育保护区为主体，设置生态系统检测预警体系；实施退化林草抚育和植被人工修复，加快恢复草场植被生产力，带动生态空间整体修复；开展生物多样性保护，并布设生物多样性观测设施，加强对鸟类、植被和湿地环境的监测，促进生态系统功能提升。③推进坝上防风固沙功能保护修复。按照宜乔则乔、宜灌则灌、宜草则草，乔灌草结合的原则，综合采用"机械沙障＋植灌＋封育保护"技术、新型高分子与沙生植物种植相结合固沙技术，实施网格治沙、固沙造林、破损山体地质环境治理，有效治理牧区主要土地沙化问题，预防沙化土地扩大，强化坝上防风固沙功能。适用于牧区生态环境综合治理修复的技术。

第二，"人"——引导当地群众积极参与到生态产业中。具体内容包括：①发展优质民宿游，加快牧民就地致富步伐。推进牧民居住区的统一规划和整体优化，带动当地牧民开展草原特色民宿旅游。组织技术和服务培训，保证旅游服务质量，举办年度评比活动，对环境卫生和食品安全的优质民宿颁发证书，给予鼓励政策、优先宣传和物质奖励。②建立生态公益岗位制度，增加群众收入。尝试设立牧民环保监督员制度，鼓励当地牧民开展生态旅游的同时自查自检，保护牧区环境卫生；采取政府购买服务的方式，利用国家财政转移支付资金及相关生态保护资金，设立围封管理巡护、草场监测预警等生态公益岗位，聘用牧场管理区当地牧民上岗，参加生态管护工作，增加劳动收入。

第三，"产业"——发展特色生态产业。按照"变民居为民宿，变农牧为体验，变游牧为经营"的思路，充分发挥御道口牧区的生态环境优势、旅游资源优势和地理区位优势，在优先保护生态环境的前提下，坚持生态产业化、产业生态化，把做大做强生态经济作为加快发展的重要抓手，改善农牧民生产生活方式，大力发展御道口坝上草原生态旅游产业，让牧区居民共享优质生态环境带来的经济成果。以绿色有机农业为方向，以优质、生态、安全农业为目标，优化农牧业产业布局，推进生产方式由粗放型向生态型转变。大力推进国家有机食品生产基地建设，建设一批绿色、有机、生态农产品生产基地。推动农业休闲观光旅游，建立田园式家庭农场示范区，将休闲旅游与家庭农场结合起来，走种养业与旅游业特色之路。

（七）以"沙"生态修复为核

陕西省黄土高原地区是抵御毛乌素沙漠向南荒漠化和沙尘侵袭的第一道屏障，是我国"两屏三带"生态安全战略格局的重要组成部分，对保障黄河中下游地区生态安全有重要作用。根据全国水土保持规划国家级水土流失重点预防区和重点治理区复核划分成果，铜川市宜君县、印台区、耀州区、王益区属于国家级子午岭六盘山国家级水土流失重点预防区，延安市的吴起县、志丹县、安塞区、宝塔区、延川县、延长县属于黄河多沙粗沙国家级水土流失重点治理区。

陕西省黄土高原地区最突出的生态问题是水土流失、水资源短缺、植被稀疏且质量较差，以及矿山开采对生态的破坏。陕西省黄土高原地区生态保护修复主要思路以构建国家西北重要生态屏障为总体目标，针对陕西省黄土高原地区水土流失严重、水资源短缺且时空分布不均、矿山开采造成生态破坏、荒漠化等突出问题，坚持山水林田湖是一个生命共同体的理念，按照整体保护、系统修复、综合治理的方针，实行"梁、塬、坡、沟、川"共治，"水、土、林、田、人"共利，系统规划，整体推进。突出问题导向，根据黄土高原生态问题及其成因，以遵循自然规律、恢复自然生态、提高资源环境承载力为原则，按照因害设防、对位配置、突出重点，分步实施、点面结合、以点带面的方式，形成多目标、多功能、高效益的保护修复体系。

陕西省黄土高原地区生态保护修复工程部署依据黄土高原地区土地利用现状、各地开展黄土高原综合治理的实际需要，充分考虑投资合理性和可行性，保证项目顺利实施，充分考虑生态系统的相关性与完整性、区域生态功能的特殊性与重要性。

第一，水土流失综合治理工程。遵循因地制宜，因害设防，水土共保、系统治理的原则，实施梁、峁、坡、沟共治，林、草、田一体化治理，制定科学的水土流失综合治理规划。在规划治理的顺序和措施的配置上，坚持先上游后下游、先支毛沟后主干沟、先坡面后沟道的原则，通过梯田改造及其配套设施建设工程、林草封育、植被恢复、林草改良、沟谷综合整治工程的实施，建立梁、峁、坡、沟兼治的立体防护体系，层层设防、节节拦蓄、疏堵结合，有效控制流域内水土流失。同时，充分考虑生态效益与经济效益相结合，加强改善农业生产条件，提高区内生态环境与土地承载能力。

第二，水资源保护与综合利用工程。在提高水资源利用效率的前提下，适度开发利用新水源，提高水资源承载能力，支撑经济社会持续发展。通过建设堰、塘、坝等雨洪调剂设施，调节水资源时空分布不均问题，通过水源涵养林建设和湿地保护与修复，提高水资源的涵养能力、自净化能力，恢复水域生态系统功能。

第三，废弃矿山综合整治与生态修复工程。主要针对渣堆压占损毁土地、渣堆形成滑坡和泥石流灾害、地面塌陷、水土污染等，根据"宜耕则耕、宜林则林、宜园则园、宜水则水"的原则，对试点区内历史遗留无主矿山采取工程、生物等措施恢复损毁土地使用功能。

第四，农村面源污染综合整治工程。以"全面规划、合理布局、适度超前"为方针，采用"村收集、乡转运、镇处理"的处理方式，建立垃圾收集转运处置体系。强化重点乡镇农村生活污水处理及配套设施建设，实现重点区段污水截流、收集、处理，实现达标排放，有条件的地区积极推进城镇污水处理设施和服务向农村延伸。

第五，农田生态功能提升工程。在黄土台塬区、河谷阶地等主要农业耕作区，实施农田生态功能提升工程，增加口粮田的土地产出率，保障区域粮食安全。做好农田生态功能提升工程，通过科学合理地开展土地整理、灌溉排水、田间道路、农田保护与生态环境保持等田间基础设施建设，在满足田间管理和农业机械化、规模化生产需要的同时，达到节约水资源、提高农业生产效率以及改善农业生态系统的目的。合理布置耕作田块，保持各项工程之间的协调配合，实现田间基础设施配套齐全。

（八）生态修复实践措施

在地方立法方面，承德市在全国范围率先研究制定了《承德市山水林田湖草生态保护修复条例》，明确各级政府及部门、企业团体及个人的职责与义务，全过程、全领域地规范生态保护修复各种行为。在模式打造方面实施"绿色＋"重大战略，注重生态优势与脱贫攻坚、旅游发展的深度融合，打造承德"绿色＋"山水林田湖草系统治理模式。

在机制体制方面，日照市山水林田湖草综合治理中实施"挂图作战、按表督战"，将规划"从图上落到地上"，制作了林水会战重点工程规划图、林水会战重点工程责任细化分解表、林水会战水利工程技术手册等。将规划任务逐级分解到水利、林业等有关部门、各县（区）和乡镇，明确节点目标，落实包保责任制，制定出台检查督导、奖补办法、工程管护等一系列规章办法。

在修复方式方面，重庆市渝北区针对传统湖底清淤换水治标不治本的问题，采用"食藻虫引导水下生物修复技术"，通过构建"食藻虫－水下森林－水生生物－微生物"生态循环自净体系，对碧津湖、木鱼石湖等实施水生态修复，湖库水质从五类提升到三类。

在资源利用方面，在重庆跳蹬河综合整治中，九龙坡区将33万立方米河道工程弃土运至中梁云峰废弃矿山回填，既减少了44千米河道工程弃土运距，又解决了废弃矿坑回填客土难题，节约费用3200余万元，实现治山与治水的有机协同。

第二十九章
地质工作转型升级

第一节　地质勘查市场形成发展

2000 年以来，我国地质勘查事业单位坚持市场化的改革取向，多种经济成分的地勘市场主体不断发展壮大。但总体而言，国有地质勘查事业单位仍处在事业单位转企改革的进程中，地质勘查市场也处在发展的初级阶段。

一、地勘投资

进入 21 世纪以来，全球矿业一直处在剧烈震荡和持续盘整，与多种主客观环境多重叠加的敏感性、紧张性、脆弱性表现得较为突出，重要矿产品的需求前景始终不甚明朗，以致全球矿产勘查的预期难以预期和把控。从 2003 年开始，中国地质勘查投入开启了 10 年连续上行的黄金期。从总量上看，2001—2012 年地勘投入从 222.37 亿元增加到 1296.75 亿元，增加 4.83 倍；钻探进尺从 281.07 万米增加到 3419.1 万米，增加 11.2 倍。其中油气地勘投入增加到 786.61 亿元，非油气地勘投入增加到 510.14 亿元。在矿产品价格上涨的刺激下，大量社会资金涌入勘查市场，中国开始呈现市场投入占地勘投入主体地位的局面。2012 年，非油气地质勘查中，矿产地质勘查占比达 81.2%，基础地质调查占比为 10.2%；水工环地质占比为 5.2%；地质资料服务与地质科技占比为 3.4%。2013—2021 年，地质勘查投入形势发生了新的变化。油气地质勘查表现出更明显的周期性，与原油价格关系密切，2013—2016 年连续下滑后随着原油价格的回升而上升。非油气地质勘查则因经济下行、政策调整、环保升级等各种因素的影响而呈现连续下降。2014 年，全球固体矿产勘查投资跌至 114 亿美元，跌幅达 26%。国际矿业经济的颓势迅速传导至我国地质勘查业。据统计，2014 年全国地勘投入 415 亿元，同比减少 10%。2017 年，国土资源部颁布矿业权清理文件，启动了全国自然保护区内矿业权的清理退出工作。同年，财政部、自然资源部颁布矿业权权益金制度，矿产资源勘查受到了极大的限制。2020 年，全国非油气地质勘查投入陷入谷底，与 2012 年相比下降 2/3。全年投入总量 161.61 亿元，同比减少 6.1%。其中，中央财政 46.26 亿元，同比减少 26.8%；地方财政 63.87 亿元，同比增加 20.4%；社会资金 51.48 亿元，同比减少 7.8%。其中：全国非油气矿产勘查投入为 82.47 亿元，同比减少 6.3%（其中：中央财政 15.77 亿元，同比减少 6.3%；地方财政 27.85 亿元，同比增加 26.5%；社会资金 38.85 亿元，同比减少 11.9%）。从资金来源上看，社会资金投入的持续下降，反映了社会投入信心的不足。2021 年上半年，地质勘查投入开始呈现拐点，非油气地质勘查同比上回 4%，其中社会资金同比增加 12.4%。其重要原因之一是，2020 年以来的矿产品价格飙涨再次引发政策面和社会面对矿产资源供应安全的担忧。尽管偶见复苏迹象，但地勘经济走势低迷的现状始终未能得到根本性的扭转。其间，国家对地勘行业作出了一系列重大调整：一是大宗矿产品的勘查投入逐步回归理性，新、特矿种的勘查投入蓄势待发；二是深入推进生态文明建设，环境地质调查评价工作迅猛增长；三是中央与地方财政资金进一步聚集在重点矿种，努力在地质勘查投资领域发挥积极的牵动效应，公益性地质调查、矿产勘查投入进一步减少；四是全面深化地勘行业改革，努力调整地勘投入结构，呼唤社会资金在商业性地质勘查工作中发挥更大的主体作用。与此同时，矿产、能源安全进入《国家安全战略（2021—2025）》。在地勘全行业的呼唤下，地勘行业发展开始步入"新常态"，但与十年黄金期相比仍有较大幅度的差距。未来的希望寄托在了国内、国外双循环体系的构建，积极营造全国统一的地勘大市场，并努力参与全球化的资源配置，在更加宽广的领域开辟地勘行业发展的新空间。

二、矿权市场

（一）矿权管理

自 2007 年开始，国土资源部积极探索探矿权采矿权全国统一配号制度。截至 2008 年年底，全国有效勘查许可证 3.67 万个（新立 3673 个），其中石油天然气 2040 个；通过招标拍卖挂牌出让探矿权 514 个，占当年新增探矿权的 14%，出让价款 29.83 亿元。截至 2008 年年底，全国有效采矿许可证 9.71 万个（新立 10395 个），其中石油天然气 1229 个；通过招标拍卖挂牌出让采矿权 9128 个，占当年新增采矿权的 87.81%，出让价款 60.17 亿元。2008 年共完成探矿权全国统一配号 2.22 万个。

（二）中介机构

伴随矿权市场的形成，在部分省（区、市）陆续建立了一批区域性的矿业权交易机构。据中国国土资源经济研究院、中国矿联地质勘查协会于 2010 年 6 月提交的《矿业权市场建设研究》报告，至 2010 年，全国地方主要矿权交易机构如下。

省级矿业权交易机构：①辽宁省国土资源厅——辽宁省矿业权交易中心；②甘肃省国土资源厅——甘肃省国土资源交易中心；③内蒙古自治区国土资源厅——内蒙古自治区矿业权交易服务中心；④江西省国土资源厅——南昌矿业权交易中心；⑤重庆市国土资源和房屋管理局——重庆市土地和矿业权交易中心；⑥云南省国土资源厅——昆明（国际）矿业交易中心；⑦贵州省国土资源厅——贵州省矿权储备交易局；⑧陕西省国土资源厅——陕西省矿业权交易中心；⑨海南省国土环境资源厅——海南土地矿产交易市场；⑩云南省国土资源厅——云南省矿业权交易中心。

市县级矿业权交易机构：①大连国土资源和房屋局——大连矿业权交易中心；②乐山市国土资源局——乐山市土地矿权交易中心；③赣州市矿产资源管理局——赣州市矿业权交易中心；④达州市国土资源局——宣汉县土地矿权交易中心；⑤玉溪市国土资源局红塔分局——玉溪市矿业权交易中心；⑥楚雄市矿业权交易中心；⑦元谋县国土资源局——元谋县矿业权交易中心；⑧泰来县国土资源局——泰来县土地矿业权储备交易中心；⑨河南省国土资源科学研究院——河南省金地矿业权交易中心有限公司；⑩达州市人民政府——达州市土地矿权交易中心。

此外还有其他类矿业权交易机构 10 余家。

（三）一级市场

根据 2004 年至 2008 年《国土资源统计年报》，中国国土资源经济研究院统计汇总，2004—2008 年，5 年间全国探矿权出让 19917 宗，1446195 万元。其中：申请审批 17268 宗，446570 万元；招标 179 宗，17625 万元；拍卖 528 宗，638605 万元；挂牌 1942 宗，167778 万元。宗数最高年份为 2005 年，探矿权出让 6002 宗，146743 万元。其中：申请审批 5657 宗，54976 万元；招标 5 宗，1335 万元；拍卖 99 宗，62409 万元；挂牌 241 宗，28024 万元。

2004—2008 年，5 年间全国采矿权出让 152457 宗，5854050 万元。其中：申请审批 92358 宗，3673021 万元；招标 10320 宗，183812 万元；拍卖 3530 宗，981853 万元；挂牌 46249 宗，861123 万元。宗数最高年份为 2005 年，采矿权出让 34995 宗，971334 万元。其中：申请审批 21831 宗，537968 万元；招标 2146 宗，24089 万元；拍卖 875 宗，264843 万元；挂牌 10143 宗，144434 万元。

（四）二级市场

根据 2004 年至 2008 年《国土资源统计年报》，中国国土资源经济研究院统计汇总，2004—2008 年，5 年间全国探矿权转让 5240 宗，2267410 万元。其中：出售 4326 宗，1678770 万元；作价出资 548 宗，451637 万元；其他 366 宗，76002 万元。宗数最高年份为 2007 年，探矿权转让 1578 宗，680896 万元。其中：出售 1426 宗，504530 万元；作价出资 125 宗，175666 万元；其他 27 宗，700 万元。

2004—2008 年，5 年间全国采矿权转让 5872 宗，1975828 万元。其中：出售 4381 宗，1113077 万元；作价出资 416 宗，540872 万元；其他 1075 宗，320719 万元。宗数最高年份为 2004 年，采矿权转让 1487 宗，406892 万元。其中：出售 963 宗，191069 万元；作价出资 99 宗，200140 万元；其他 425 宗，15083 万元。

第二节　地质勘查投入周期总览

1949 年以来，我国地质勘查行业存在周期性波动的特点。我国的地质勘查周期不是独立存在的，除受国家政策取向的影响外，还与我国的财政收支、经济波动有关。同时，不论是改革开放前还是改革开放后，我国地勘投入也保持与全球矿业形势密切的发展趋势。中华人民共和国成立之初，我国的工业化是在资本极度短缺之下的工业化，通过引进外资和国内富余劳动力替代资本的不足。在这种情形下，外资的突然中断、财政赤字的大幅增加带来经济的调整，形成内生性债务危机，进而导致地勘周期的阶段性低谷。这种财政周期导致地勘周期的规律一直持续到 20 世纪 80 年代。进入 20 世纪末和 21 世纪，中国融入全球经济体系，中国产业结构与地勘政策发生重大变化，在中国经济周期与全球联动作用下影响到矿业周期和地勘周期。

通过对中华人民共和国成立以来历年地质勘查投入、钻探工作量、见矿异常和发现矿产地等数据进行统计，划分了地质勘查工作周期和阶段，运用经济周期理论、工业化发展阶段理论、矿产品使用强度理论、政治决策因素、全球矿业形势等对地勘周期和地勘投入进行了分析和解释，试图认识地勘周期时间跨度、影响因素、地勘投入发展趋势和变化规律。

由于物价的变动，地勘经费不是衡量地勘周期的最佳指标。从实际效用看，实物工作量是体现勘查投入周期的最直观有效的方式。机械岩心钻探是探矿工程中最重要的工作之一，也是我国历年统计年鉴中记录时间跨度最长的一项统计，可将其作为划分勘查周期的首要依据。井探等其他实物工作量以及地勘成果（物化探异常、矿产地）、勘查投入费用等作为重要参考依据。地勘投入经费占财政支出的比重则反映了地勘工作在国家经济地位的重要性。

一、地勘投入周期的划分

中华人民共和国成立以来我国地质勘查投入呈现明显的阶段性和周期性。这从以钻探为代表的地勘工作量、地勘投入增速和地质勘查成果等指标上反映明显。

根据上述指标，按照从谷底到下一个谷底为一个周期（"谷－谷"）的划分原则，一共划分了8个周期，计入两端年份平均每个周期8.7年，多集中于6~8年（图29-1~图29-3）。地勘周期划分如下：1950—1962年、1962—1968年、1968—1974年、1974—1981年、1981—1987年、1987—1993年、1993—2001年、2001—2020年。从中我们看到地勘投入增速周期性变化与地勘工作量同向共振，同时地勘成果跟随地勘投入和工作量周期性变化，二者之间存在1~2年的时滞。

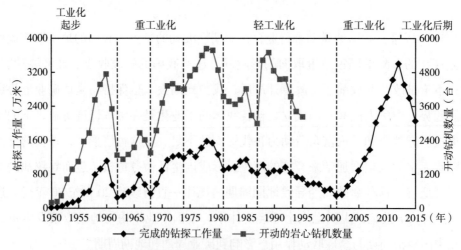

图29-1　中国机械岩心钻探工作量（1950—2015年）、
每年最高钻机数量（1950—1995年）与勘查周期

　　除了周期性，我国地勘工作还存在明显的阶段性。1950—1980 年，是我国地勘工作的主要上升期。1952—1957 年，是我国地勘工作起步阶段，地勘投入以持续 50% 以上快速增长，地勘工作量快速增加，并带动找矿成果的飙升。1958 年以后，地勘实物工作量和地勘经费在大起大落中逐年上升，于 1978 年达到顶峰。1979—2001 年，我国地勘实物工作长期下滑。其中钻探工作在经过两年大幅下滑后，于 1982—1992 年总体维持较高水平缓慢振荡下降，1992—2001 年则处于单边下滑状态。2002—2020 年，我国地勘实物工作量历经 10 年黄金期的快速增加和长达 8 年的持续下行。

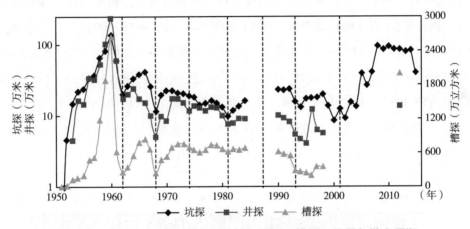

图 29-2　1951—2015 年中国坑探、井探、槽探工作量与勘查周期

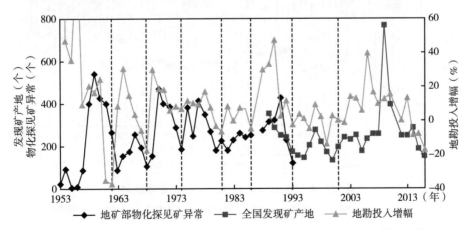

图 29-3　1953—2016 年中国地勘投入增幅、地质勘查成果与勘查周期

二、地勘投入和地勘周期的影响因素

（一）工业化发展阶段对地勘工作的影响

1.我国工业化进程中的五个阶段

一般产业演进规律是按照农业—轻工业—重工业的步骤有序推进。中华人民共和国成立后，我国基于国家战略选择绕过了轻工业的发展阶段，优先发展重工业。根据工业化进程结合三次产业比重和轻重工业的比值可以划分为5个工业化发展阶段：工业化起步阶段（1950—1957年）、重工业化阶段（1958—1979年）、农业与轻工业补课阶段（1980—1999年）（非主动补课1980—1991年和主动补课1992—1999年两段）、重新重工业化阶段（2000—2012年）、工业化后期产业升级阶段（2013年至今）（图29-4）。

1949—1957年，工业化起步阶段。主要涵盖了中华人民共和国成立后的三年经济恢复时期（1950—1952年）和第一个五年计划期间（1953—1957年）。这一阶段，我国第二产业占比逐年提升，1957年达到29.55%。重工业发展速度较快，重工业与轻工业总产值的比值从1949年的0.36上升到1957年的0.82。

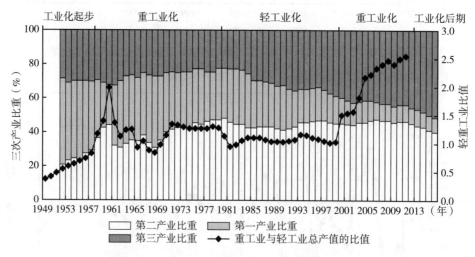

图 29-4　1949 年后我国产业结构变动趋势

资料来源：（1）张恒.全球矿业周期嵌套模型与我国矿业发展对策研究［D］.中国地质大学（北京），2019.

（2）张恒，王训练，袁帅.中国地质勘查周期及成因分析［J］.地质与勘探，2020，56（3）：182-194.

1958—1979年，重工业化阶段。这一时期，我国工业化进程已初见成效，第二产业占比多数时间在35%以上。由于国际环境的影响和国家战略的选择，我国选择了以军事重工业优先的发展战略，除"大跃进"之后的几年调整时期，重工业与轻工业的比值长期处于1.2以上的水平。这期间包括了1958—1960年的"大跃进"和"大炼钢铁"、1964—1980年的三线建设、1977—1978年的引进外资和"洋跃进"等重大历史事件。

1980—1999年，农业、轻工业补课阶段。又可进一步分为两个阶段。1980—1991年，被动补课阶段。长期以来重工业的超常规发展带来我国产业结构的严重失衡，农业、轻工业等日常生活用品严重不足。我国的改革从农村开始，取得了巨大成功，1982年第一产业上升到32.79%，比1978年27.69%高5.1个百分点。重工业与轻工业的比值从1979年的1.29，下降到1上下。1992—1999年，主动调整产业结构发展轻工业阶段。王建1988年提出，我国应选择国际大循环经济发展战略，利用我国劳动力优势参与国际竞争，并弥补轻工业发展的短板，这一观点被很多人看作中央决策的理论依据。1992年十四大召开，确定了沿海沿边开放的战略，促成出口换汇、轻工业、劳动密集型产业大力发展。开启了我国曾绕过的轻工业发展阶段主动补课期。

2000—2012年，再度重工业化阶段。2000年，我国重工业与轻工业的比值一跃达到1.54，随后逐年攀升，2011年达到2.55。第二产业占比也于2005年达到了47.56%的峰值，并保持46%以上的高位到2011年。这一时期，我国重工业快速发展。

2013年至今，工业化后期阶段。2012年，我国第三产业占比（45.31%）首次超过第二产业（45.27%），随后差距快速拉大。我国工业化进程发生历史性的变化。2016年，我国第三产业占比达51.56%，比2011年的44.16%高7.4个百分点。第二产业占比为39.88%，比2011年的46.4%低6.12个百分点，创下了1970年以来最低值。依据钱纳里工业化发展阶段理论，我国进入工业化后期发展阶段。

2. 不同工业化阶段下的矿产品使用强度与地勘投入变动趋势

矿产品使用强度一般是指矿产品相对于人均GDP的单位消费量，反映人均GDP变化情形下的矿产品消费的程度，它与工业化进程密切相关。下面所使用的矿产品使用强度概念是仅考虑GDP总量变化下矿产品消费的程度，其具体含义等价于单位GDP的含矿（产品）量。我国重工业的程度直接决定了矿产品使用/生产强度。以粗钢生产强度为例，1952—1957年为快速上升期，1958—1980年为峰值平台期，1981—1999年为下降期，2000—2012年为再度上升期，2013年以后再次进入下降期，与工业化发展阶段完全对应（图29-5）。

从产业上下游来看，工业化发展阶段决定了矿产品的使用/生产强度，而矿产品的使用/生产强度决定了地勘投入的强度。因而我国地勘投入与矿产品使用强度完全吻合，也与工业化发展阶段相对应。1949—1957年是地勘投入的快速上升期，也是工业化起步阶段。1958—1980年的峰值平台期，是重工业化阶段。1981—2001年的下降期，是轻工业化补课阶段，特别是1992—2001年的长期单边下降与我国主动轻工业化战略阶段相对应。2002—2012年上升期，对应再度重工业化阶段。2013年以来再度下降，与我国进入工业化后期相对应。

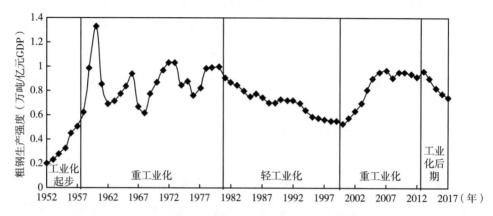

图29-5　我国粗钢生产强度与工业发展阶段（1952年不变价格）

资料来源：（1）张恒.全球矿业周期嵌套模型与我国矿业发展对策研究［D］.中国地质大学（北京），2019.

（2）张恒，王训练，袁帅.中国地质勘查周期及成因分析［J］.地质与勘探，2020，56（3）：182–194.

（二）我国经济波动与财政周期下的地勘周期

1.我国的经济周期与财政周期

1949年以来，我国的经济在经济－政治－社会的互相作用下经过了多次波动。我国的GDP增长率、财政收支增长率的波动清楚地展示了历次经济波动周期。温铁军认为，1949—2009年我国出现了9次经济危机，分别是：1950—1952年、1958—1960年、1968—1970年、1974—1976年、1979—1980年、1989—1990年、1993—1994年、1997年、2008年。根据"谷－谷"的划分标准，可将历次危机为分界点将1950—2016年为划分10次经济周期。

刘树成等2005年研究了1949年后到2004年的经济周期，确定了9个周期分界点，分别是1957年、1962年、1968年、1972年、1976年、1981年、1986年、1990年和2001年。刘树成等与温铁军的划分方案总体较为接近，主要差别在于：①温铁军所指出的1958—1960年危机本身是"大跃进"带来的经济高增长及随之而来的三年经济困难，因而其前后的1957、1962成为刘树成等所划的两次分界点；②刘树成等将1972—1976作为一个独立周期，但1974—1976实际上是一次经济危机的组成部分；③1986年的经济下滑，温铁军未单独划出；④温铁军提出的1993—1994年危机，是固定资产投资超高速增长所形成的，并没有立即反映在 GDP 增速上，其后续影响持续到 90 年代末。以刘树成等经济周期界线为基础，吸收温铁军观点，可将 1949 年以来的经济周期共分为 10 个（图 29-6）。具体经济周期划分为：1950—1957 年、1957—1962 年、1962—1968 年、1968—1976 年、1976—1981 年、1981—1986 年、1986—1990 年、1990—2001 年、2001—2008 年、2008—2016 年。

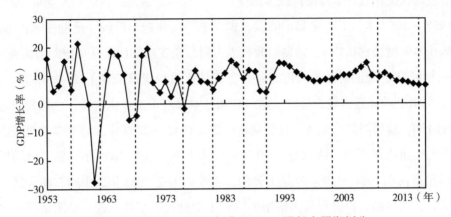

图 29-6　1953—2017 年我国 GDP 增长率周期划分
资料来源：国家统计局（2019 年）。

根据财政收支增速变动情况，我国财政周期划分为 10 个（图 29-7）。1950—1957 年、1957—1962 年、1962—1968 年、1968—1974 年、1974—1981 年、1981—1987 年、1987—1991 年、1991—1998 年、1998—2008 年、2008—2016 年。财政周期与经济周期的划分基本吻合。

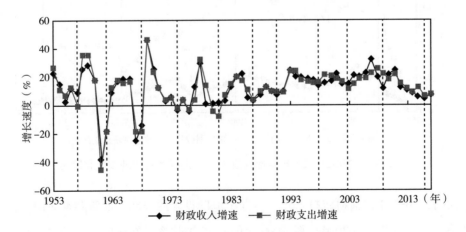

图 29-7　1953—2017 年我国财政周期划分
资料来源：国家统计局（2019 年）。

2. 经济周期和财政周期对地勘周期的影响

如前所述，我国经济周期和财政周期分别划分为 10 个周期，地质勘查周期划分为 8 个周期，地勘周期和主要经济财政周期的时间点基本吻合。但是在不同的时期，地勘工作在国民经济中的地位是不一样的。与工业发展阶段对应，其地位分为上升、高位维持、下降、回升、再下降五个阶段。在上升阶段地勘工作量涨多跌少、高位阶段与经济波动状况相近、下降阶段跌多涨少。

1952—1957 年，工业化起步阶段，也是地勘工作起步阶段。地勘投入占 GDP 的比重从 0.04% 增长到 0.52%。地勘财政投入占财政总支出的比重从 0.17% 增长到 1.9%。1958—1982 年，地勘财政投入占财政总支出的比重稳定维持在 1.5%~2% 的高位。地勘投入占 GDP 的比重也较为稳定。这一时期基本对应重工业化阶段，也是我国地勘投入高位时期。地勘周期与经济、财政周期一致。1982—2003 年，地勘财政投入占财政总支出的比重连年下滑，特别是 1999 年断崖式下滑，直到 2003 年见底。地勘投入占 GDP 的比重仅在 1988—1990 年是上升的，主要原因是 1988 年，中国石油天然气总公司的成立，油气勘查自筹经费大幅增加拉升了地勘投入基数。这一时期是我国地勘投入长期下降期，地勘周期以跌多涨少为主要特征。2004—2011 年，地勘财政投入占财政总支出的比重缓慢上升，2012 年以后再度进入下降通道，形成了最近一个地勘周期（图 29-8）。

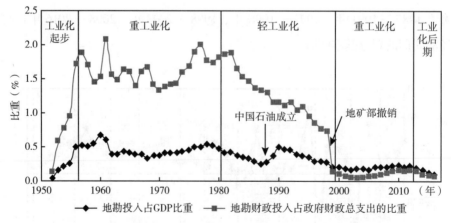

图 29-8　1952—2016 年地勘投入在国民经济中的地位变化趋势

因而，1987 年以前财政投入几乎占据了地勘投入的全部，地质勘查周期与财政周期几乎一致。1987—2020 年，除 2009 年的 GDP 增长率低谷在地勘周期中没有体现出来，地勘周期与 GDP 波动率周期基本吻合。由于 2003 年之前地勘工作在国民经济中的地位长期下降，地勘周期以下行趋势为主，与财政周期的波动形态并不一致。

（三）地勘投入结构对地勘投入的影响

1987 年以前，财政投入主导了地勘投入总量。1988 年，中国石油天然气总公司成立，油气勘查开始主要由企业投入，并连续 3 年大增，将财政投入占地勘总投入的比例拉低至 40% 以下，该比例稳定到 1998 年。1998 年以后，地勘投入的市场部分占据主导地位，市场投入更加敏感地反映了经济形势的变化，地勘投入波动加大（图 29-9）。1987 年以前，地勘投入以固体矿产勘查为主。1988—1990 年，油气勘查占比快速增加，上升趋势持续到 2004 年。2005 年以后，非油气勘查占比逐年回升。2013 年，油气勘查再度缓慢上升（图 29-10）。总体来讲，由于中国石油、中国石化作为大型垄断国企实力雄厚，占据了油气勘查的主导地位，它们在经济形势低谷时也能保证油气勘查投入下降幅度不会太大。而非油气勘查在市场投入占据主导地位后，波动率较高。

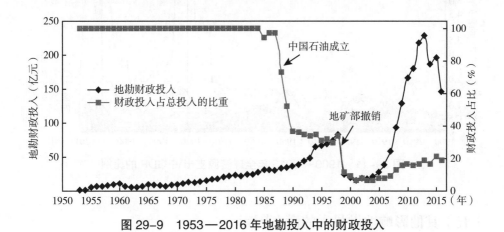

图 29-9　1953—2016 年地勘投入中的财政投入

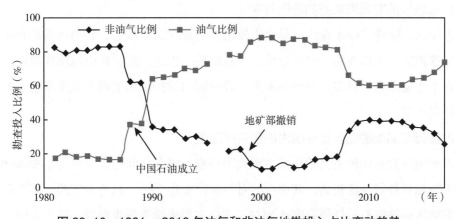

图 29-10　1981—2016 年油气和非油气地勘投入占比变动趋势

（四）1949年以来我国地勘长期趋势与全球矿业形势总体保持一致

麦肯锡全球研究院2017年指出，1900年以来，资源支出占全球GDP的百分比只有两次达到了6%（图29-11）。分别是1980年前后和2008年前后，均被称为超级周期。将该数据与中国机械岩心钻探数据相对比，可以发现二者之间的一致性。特别是20世纪60年代中后期开启的资源支出高峰和中国地勘投入高峰相匹配，1980年以后，长达20年的下滑与中国地勘投入20年的下滑期相对应。2000年以后的快速上升与中国地勘投入的高峰相一致。因而，中国地勘投入无论改革开放以前还是之后均摆脱不了全球矿业发展的大背景。

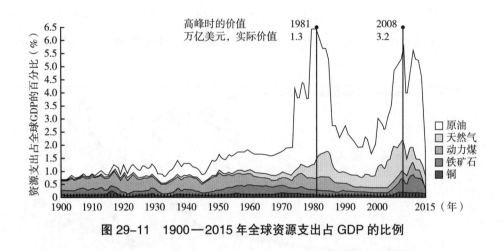

图29-11 1900—2015年全球资源支出占GDP的比例

（五）其他影响地勘投入的潜在因素

1. 绿色经济发展带来新的地勘需求

近年来，随着"绿水青山就是金山银山"的观念深入人心，新的地质勘查领域正逐渐显露出来。城市地质、农业地质、工程地质、水文地质、矿山地质环境修复等地质勘查工作需求愈来愈多，并将在未来一段时间内对传统地质勘查工作的萎缩起到更多的补充作用。

2. 国际贸易摩擦加剧促使国内加强资源勘查

当前国际贸易保护主义抬头，主要大国特别是中美之间的经济贸易摩擦加剧。中国能源资源对外依存度较高，其中石油对外依存度达72%，且主要依赖于高度不稳定的中东地区；铁矿石对外依存度达85%，进口主要来源为澳大利亚、巴西等国。众所周知，中东地区、巴西所在的南美地区、澳大利亚等地区均为美国传统势力范围，中美之间进一步加剧紧张关系将迫使中国进一步寻求资源安全，一方面是加强与友好可靠资源供应国的合作，另一方面通过加强国内资源勘查提高保障能力。

三、历次地勘周期的演变及成因分析

以 20 世纪 80 年代为界，在此以前我国尚未融入世界经济体系，经济危机为内生性债务赤字危机。我国财政收支出现四次明显的波谷，对应四次经济危机。经济周期主要表现为投资大幅扩张—财政赤字—缩减投资—调整结构—再扩张的规律，相应的也产生了四次地勘周期。1980 年后，伴随着我国产业结构的变化，地勘周期随之调整。地勘周期与经济周期虽然时间节点相近，但波动特征截然不同。由于我国地勘投入长期以来处于计划经济或计划到市场的过渡中，地勘单位均属国有管理体制，每一个地勘阶段都受到政治因素和政治决策的重大具体影响。

（一）第一次地勘周期：1953—1962 年

1949 年以后，我国实行"一边倒"外交政策，经济上全面嫁接苏联经济体系。以军、重工业为中心，通过工农剪刀差进行原始积累。在 1953—1957 第一个五年计划期间，引进了大量的苏联工业设备和资金，被称为第一次对外开放。

1958 年，地勘工作达到顶峰，机械岩心钻探达 1085.29 万米，槽探达 2608.87 万立方米、坑探达 138 万米，井探达 235.71 万米。然而，在提出建立长波电台和联合海军建议被拒绝后，苏联中断对华援助、撤走苏联专家。为维持高速增长的投资，中央将财权和发展任务下放到地方。撤走苏联专家，客观上造成了地方上在专业能力不具备情况下盲目的"大炼钢铁"和"大跃进"运动。随后，财政赤字大幅增加，导致了财政和经济危机。1962 年，财政收入和经济总量跌入谷底，同年年地勘工作周期性见底。

这是中华人民共和国成立后的第一次经济危机和地勘低谷，钻探开动钻机从 4735 台下降到 1688 台，机械岩心钻探从 1085.29 万米下降到 238.48 万米，槽探从 2608.87 万立方米下降到 250.17 万立方米，坑探从 138 万米下降到 20.33 万米，井探从 235.71 万米下降到 17.7 万米。

（二）第二次、第三次地勘周期：1962—1968 年、1968—1974 年

20 世纪 60 年代，是中国地缘环境最紧张的时代。美苏两大军事强国敌视，中印

爆发边境冲突。与此同时，台湾试探反攻大陆，中南半岛进行着抗美援越战争。1964年5—6月，中国作出"三线建设"重大战略决策。在这种情形下，军、重工业化只能加强，不能削弱。地质勘查工作提供着工业的食粮，在1962年以后快速进入新的周期。1965—1975年，中国拿出了几乎近一半的基本建设资金用于"三线建设"。1966年，钻探工作777.54万米，是1962年的3.26倍。槽探834.52万立方米，坑探41.74万米，分别是1962年的3.34倍、2.05倍。

然而，这种由政府追加投资所进行的国家工业化建设和偿还苏东外债所带来的压力再次带来债务赤字危机。1966年"文化大革命"开始，1967—1968年是"文化大革命"最混乱的两年。1967年、1968年经济分别下滑5.7%、4.1%，财政收入分别下降23.9%、13.9%，财政赤字再次达到阶段性顶峰。1968年地勘工作迎来谷底，钻探开动钻机从2637台下降到1931台，机械岩心钻探从777.54万米下降到342.86万米，槽探从834.52万立方米下降到234.11万立方米，坑探从41.74万米下降到11.69万米。

在1968年大规模的"上山下乡"运动之后，经济危机得以转移缓解。以"三线建设"为代表的军、重工业化仍在继续，地勘工作很快达到新高。1970年，物化探见矿异常469个，是1968年的4.4倍。坑探22.61万米，是1968年的1.93倍。1972年，槽探760.24万立方米，是1968年的2.95倍。1973年，钻探工作1243.39万米，是1968年的3.63倍。

中国过度的重工业化引起的经济不平衡逐渐引起中央的重视。为了适度发展轻工业，周恩来总理提出"四三方案"，20世纪70年代初引进43亿美元成套设备改进中国工业结构。这次大规模的"对外开放"产生了与20世纪50年代面向苏东第一次开放的类似问题：扩大再生产能力严重不足，财政赤字不断增加。这次危机在1974—1976年通过又一波"上山下乡"高潮得以缓解。在地勘投入周期上体现在了1974—1976年的短期震荡。

（三）第四次地勘周期：1974—1981年

"文化大革命"结束后，在论证不足的情形下，我国大幅提高固定资产投资并引进国外设备。这在后来被称为"洋跃进"运动。1978年，国有单位基本建设投资达500.99亿元，同比增长31.1%。工业基本建设投资达273.16亿元，同比增加55.8%。1978年年底，全国在建全民所有制项目达65000个，总投资需3700亿元。1978年地勘经费比1974年增加58%，钻机开动数量达5634台。机械岩心钻探达创纪录的

1568.7 万米，直到 30 年后的 2008 年才被超过。

由于过度投资，财政再度出现巨额赤字，不得不进行新一轮的调整。1979—1981 年财政收入连续 3 年下降，财政赤字却减少了。1981 年财政收入比 1978 年减少 100 多亿元，财政支出减少 250 亿元。主要是通过压缩国有单位的基建项目实现的。地勘工作再度大幅下滑，到 1981 年，钻探开动钻机从 5634 台下降到 3917 台，机械岩心钻探从 1568.7 万米下降到 884.21 万米，3 年内降幅 43.7%，井探下降 40.5%，坑探下降 41.1%，槽探下降 16.4%。

（四）第五次、第六次地勘周期：1981—1987 年、1987—1993 年

带动国家走出 1981 年危机的主要原因是农村成功的改革和乡镇企业、集体企业的发展。在乡镇企业的引领下，中国经济复苏并开始了长达 5 年左右的快速增长。我国经济发展的引擎逐渐从传统的国防工业、重工业切换为农业、轻工业。中央财政是地勘投入的主要来源，但此时中央财政占全国财政的比例不断缩减。

地勘工作在整个 80 年代处于平台震荡状态，比 70 年代高强度的地勘工作降低一个台阶。1985 年、1989 年、1993 年，全国财政支出出现了三个小高峰，机械岩心钻探进尺相应地出现了三次起伏。结合开动钻机数量，分别把 1981—1987 年和 1987—1993 年看作两个地勘周期。

在 1981—1987 年的第五次地勘周期中，1985 年，高峰时机械岩心钻探进尺 1128.23 万米，比 1981 年增加 27.6%。1987 年低谷时 806.19 万米，比 1985 减少 28.5%。1987—1993 年的地勘周期中，1989—1990 年中国迎来一个滞胀危机，钻机开动数量连续下滑，1993 年全国钻机开动数量 3910 台，比 1989 年下降 29%。机械岩心钻探进尺 805.73 万米，比 1988 年减少 21.5%。

由于国家战略的改变，尽管财政收入增速增加，1993 年，地勘工作在非油气勘查大幅减少的驱动下开始下降（图 27-12），进入了一个新的阶段。

（五）第七次地勘周期：1993—2001 年

1988 年，王建在《经济日报》发表文章《选择正确的长期发展战略——关于"国际大循环"经济发展战略的构想》，建议我国选择轻工业、劳动密集型产业为主导，加入国际经济大循环，引起了理论政策界的大讨论。1992 年，中共十四大召开，确定了沿海沿边开放的战略。出口换汇、轻工业、劳动密集型产业大量发展，进入我国曾绕过的轻工业发展阶段主动补课期。

对于地质工作，1994年国务院副总理朱镕基作出批示，地质队伍要逐步划分为"野战军"和"地方部队"。"野战军"吃中央财政，精兵加现代化设备，承担国家战略任务。地方部队要搞多种经营，分流人员，逐步走向企业化。此时恰逢国际矿产品价格处于低位，一时"找矿不如买矿"成为理论政策界主流意见。发展思路的转变造就了我国长达10年地勘工作的连续下滑，油气勘查因中石油集团自筹经费尚相对稳定，非油气勘查受影响尤为明显（图29-12）。同期全球地勘投入出现的小高潮（图29-13）对国内影响微弱，只引起了槽探、井探、坑探等地表性工作的增加。即使如此，也形成了一个矿产地发现周期。这是我国地勘工作最困难的时期。1998年属地化改革之后，地勘单位被下放到地方，大量职工下岗甚至被买断。属地化改革之后，应由地方承担的原中央投入地勘费用最终并未实现，1999年，全国地勘财政投入断崖式下降。

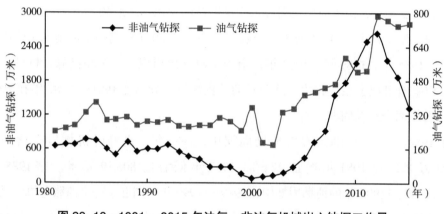

图 29-12　1981—2015 年油气、非油气机械岩心钻探工作量

1993—2001年，是地勘投入在国民经济中的地位单边下行的时期，机械岩心钻探工作从1993年的805.73万米，下降到2001年的281.07万米，降幅达65.2%。这期间，全球金属勘探投入经历了一轮周期，于1997年达到周期顶峰。在国内反映在坑探、槽探等投入较少的地表工作上。1997年，槽探工作量为352.25万立方米，比1994年增加34.7%。1998坑探工作量为19.87万米，比1994年增加49.5%。在勘探成果上，1997年发现矿产地280个，比1995年增加94.4%，形成了一个成果小高峰。

这一时期地勘投入的过度减少危害深远，地勘政策的制定没有考虑到重工业化阶段即将到来和矿产品需求的大幅飙升成为后来资源安全问题的根本原因。

图 29-13 1991—2017 年全球金属价格和勘查投入变化趋势

（六）第八次地勘周期：2001—2020 年

2001 年 12 月 11 日，我国加入世界贸易组织，此后我国经济加速增长，经济形势高涨。前 10 年地质勘查投入严重不足的后果体现出来，矿产品供不应求，价格连年上涨（图 27-13）。由于国内矿产品供应不足，中国在国际矿产品市场上严重缺乏议价能力，陷入买啥啥涨的尴尬局面。

在矿产品价格上涨的刺激下，大量社会资金涌入勘查市场，中国第一次出现市场投入占勘查投入主体地位的局面。地勘行业管理由计划经济体制向市场经济体制的转化在此期间基本成型。2006 年，国务院下发"关于加强地质工作的决定"之后，地质工作进一步加强。中国地勘投入开启了 10 年的黄金时期，2001—2012 年地勘投入从 222.37 亿元增加到 1296.75 亿元，增加 4.83 倍。钻探进尺从 281.07 万米增加到 3419.1 万米，增加 11.2 倍。尽管期间遇到了 2008 年全球经济危机，全球矿企地勘投入下降，但丝毫没有影响到中国。在 4 万亿经济刺激计划的作用下，我国固定资产投资高速增长，地勘投入继续快速攀升。

延续到 2012 年，传统的增长模式难以为继，矿产品价格开启了震荡下跌的局面，地勘投入转入下降态势。2017 年前后，我国加强了环境保护的力度，出台了自然保护区内矿业权推出政策；同时改革矿产资源管理，出台了矿产资源权益金制度。自然保护区内矿业权大量清理，大幅缩小了可供勘查的地理空间。矿产资源权益金的征收，则大幅提高了市场主体投入矿产勘查的风险系数，远远降低了预期汇报。2017 年后，非油气矿产资源勘查投入出现了加速寻底的过程。

截至 2020 年，地勘投入比 2012 年下降 55.3%，非油气勘查更是下降 68.3%。油气勘查伴随着油气价格回升已经触底回升，而非油气勘查直到 2020 年才基本见到底部。进入 2020 年以后，国内外环境发生新的重大变化。铁矿、铜矿、黄金、原油、煤炭、稀土、锂等一大批关键矿产资源价格飙升，对我国矿产资源和能源安全提出了重大挑战。随后，加强资源勘查，保护国家资源供应的呼声再起。地勘投入有望出现新的回升。

2017 年以后，由于对环保和民生的重视，新领域地质勘查投入异军突起。城市地质、农业地质得到重视，水文、工程与环境地质投入连年大幅增长。

因而，我国进入工业化后期发展阶段后，虽然地勘投入或将面临长期波动下行局面。但绿色经济发展将带来新的地勘需求，国际贸易摩擦加剧可能促使国内加强资源勘查、矿产资源价格的飙升等，它们对地质勘查投入形成了新的驱动因素。

总体来说，进入 21 世纪之后，中国地质勘查周期虽然与全球基本保持一致，但由于我国政策的作用和国情的特殊性，还保留了一定的自有特点。非油气地质勘查投入对市场的敏感性较弱，在 2017 年后，全球勘查投入开始恢复时未同步恢复，预计下一轮恢复期延迟至 2021 年以后。油气勘查投入则对市场相对敏感，与油价的波动较为密切，因其投入主要来自油气企业的年度预算，与经营业绩密切相关。

四、小结

经过前文分析可知，我国地勘投入周期是各类政治、经济因素综合作用的结果，体现出了短期波动和长期趋势叠加的特点。

（1）1949 年以来，共划分了 8 次地勘周期，分别是 1950—1962 年、1962—1968 年、1968—1974 年、1974—1981 年、1981—1987 年、1987—1993 年、1993—2001 年、2001—2020 年，周期跨度集中在 6~8 年。财政因素是 1985 年年末以前地勘波动的主要因素。1950—1981 年四次国家主导的周期性过度投资引起地勘工作的高涨，随后财政收缩导致地勘工作快速下降，形成地勘周期。市场因素在 20 世纪末至今占据主导。因地勘投入结构中的市场投入逐渐占据决定性地位，受全球矿业形势和国内需求影响，产生了 20 世纪 90 年代的地勘弱周期和 21 世纪前期暴涨暴跌的强周期。政策因素对地勘工作周期性波动有放大或熨平效果，它通过财政投入的多寡、体制机制的变化和具体的事件起作用，在 1988 年中石油成立、1998 年地矿部撤销和 2006 年加强地质工作等事件中有充分的体现。

（2）国家发展战略选择和工业化发展阶段影响地质勘查长期趋势。1949 年后五个地勘工作阶段中，1950—1957 年是工业化起步阶段，地勘工作由无到有快速发展。1958—1979 年我国选择了军、重工业优先的发展战略和发展阶段，地勘投入高位波动。1980—1999 年农业、轻工业补课阶段，地勘投入长期波动下滑。2002—2012 年重工业化阶段，地勘投入飙升。2013 年后走向工业化后期，地勘投入进入下降通道。

（3）随着我国进入工业化后期发展阶段，矿产品使用强度逐年下降，在矿产品价格周期性变动下，未来中国地勘投入将总体呈现长期周期性波动下降趋势。同时，需要注意绿色经济的发展和国际贸易摩擦的加剧以及阶段性的矿产资源价格飙升是促进国内地勘投入增加的潜在因素。

第三节　地质找矿新机制的探索

一、新机制的形成与完善

2007 年 9 月，国土资源部开始部署和启动"地质勘查新机制研究"工作。一是通过研究初步梳理出了地质找矿统一部署和协调不够、基础地质工作支撑能力不足、政府投入矿产勘查缺乏约束机制、地质矿产勘查监管不到位、行业发展引导不够、地质找矿激励机制不健全、社会投资矿产勘查不够理性、国有地勘单位活力不足等八个方面的问题。二是初步提出了建立重要成矿区带统一规划部署机制，由国土资源部、地质调查局、国土资源厅（局）组成协调机构。国土资源部组织制定重点成矿区带统一部署实施方案，确定重点找矿远景区和勘查规划区，合理设置矿业权，协调各类资金和各类队伍的关系，组织签订相关实施协议。地质调查局具体编制统一部署的实施方案，制定相关技术要求，组织开展技术咨询、业务指导和经验交流，组织实施国土资源大调查项目。省级国土资源厅（局）组织实施地方财政资金安排的项目、协调外部环境、编制矿业权设置方案，协助部搞好矿权设置。

2008 年度，在上个年度工作的基础上，取得了如下阶段性成果。一是研究形成了构建新机制的总体思路。围绕一个目标：建立政府调控、市场配置、企业运行有机衔接的地质勘查新机制；坚持一个中心：贯彻落实科学发展观，以提高矿产资源保障能力为中心；遵循两个规律：遵循市场经济规律和地质工作规律；推进三个互动：实现中央政府与地方政府互动、政府财政资金与社会资金互动、公益性地质调查与商业性矿产勘查互动；落实两大任务：有效推进国有地勘单位的改革，又好又快地实现地质找矿突破。二是形成了重点成矿区带统一部署工作思路。明确部、局、厅分工，促进各类资金联动。中央财政主要开展公益性地质调查，通过国土资源大调查基础性、示范性、综合集成性工作，指导地方公益性地质调查，地方财政主要开展1：5万及其更大比例尺地质矿产调查；中央地勘基金主要开展矿产勘查前期工作，重点投入找矿风险大的项目、实现整装勘查的项目，同时发挥中央地勘基金在整装勘查中的调控作用；社会资金主要开展商业性矿产勘查；各类资金按照统一部署方案和要求开展勘查，集中投入，整装勘查，鼓励国有地勘单位和社会出资人共同出资合作勘查，大型—超大型矿产勘查通过市场机制引进国有大企业进行风险勘查；其他地质勘查专项需做好与统一部署方案的协调工作，实现地质找矿的快速突破；拟在大兴安岭成矿带、长江中下游成矿带、西南三江成矿带（中南段）、青藏高原、新疆地区等地区开展地质找矿统一部署试点工作。三是提出了"公益性与商业性地质工作合理分工、相互促进，中央和地方地质勘查工作相互协调、有机衔接，勘查与开发紧密衔接、良性循环，政府和企业分工明确、各负其责，地质找矿与地勘单位改革、矿业权市场建设相互促进"的地质勘查新机制。

2009年度，地勘新机制研究紧紧围绕"中央、地方政府和企业相互联动、公益性地质工作与商业性矿产勘查及地勘基金有机衔接、地质找矿与矿产开发紧密结合、地质找矿与矿业权管理及地勘队伍建设协调配合"目标。紧密结合2009年3月国土资源部党组决定在全系统、全行业广泛深入地开展地质找矿改革发展大讨论活动，形成了《国土资源部关于构建完善地质找矿新机制的若干意见》（征求意见稿），从八个方面提出了构建完善地质找矿新机制的方向性意见：统筹协调全国地质找矿工作；有机衔接多元投入地质找矿工作；科学部署实施矿产资源整装勘查；进一步优化探矿权出让；完善地质找矿成果收益分配制度；加强地质找矿工作监管与服务；大力推进地质找矿成果资料共享；建立科技创新产学研联合攻关机制。

2010年度，作为地质找矿改革发展大讨论成果之一，出台了《国土资源部关于构建地质找矿新机制的若干意见》（国土资发〔2010〕59号），明确提出了"公益先行、基金衔接、社会跟进、整装勘查、快速突破"的地质找矿新机制。

二、地质找矿新机制部分典型模式

（一）河南嵩县模式

河南嵩县模式的基本内涵就是整合矿业权、勘查资金、找矿技术、组织管理等要素，组建地质找矿利益共同体，以实现地质找矿快速突破的目标。主要做法为：整装部署、联合勘查、风险分担、利益共享、快速突破。①整装部署：遵循地质找矿工作规律，按照整装勘查的指导思想，将项目部署在重要成矿区带上，以矿集区为单元，统一勘查规划、统一项目设计、统一技术标准、统一组织实施、统一提交成果，并根据矿业权的分布情况，从局部到整体分步实施。②联合勘查：由原探矿权人、勘查投资人和承担项目任务的地勘单位等多个主体组成"找矿联盟"，并以资本为纽带，形成"利益共同体"联合实施风险勘查，实现找矿突破。③风险分担：通过矿权整合，大大提高了找矿成功的概率，并且只要其中的一个勘查区实现突破，就保障了整合项目的投资回报。在我国尚未建立风险勘查市场的情况下，"嵩县模式"在一定程度上解决了商业性矿产勘查的风险分摊问题。④利益共享：合作各方按照协议约定，原探矿权人将尚未达到详查程度的矿业权以已有投入和矿权评估（初次评估）作价入股，出资人以资金投入占有股份，联合开展勘查找矿。总体完成详查或"项目管委会"决定终止勘查工作后对探明的资源进行价值评估（二次评估），二次评估与初次评估的增值部分为"找矿联盟"应分享的利益。⑤快速突破：由于有充裕的勘查资金，综合采用多项技术手段，采取大会战的组织形式，建立和完善了项目管理和监理制度，促进了勘查区工作程度的迅速提高，实现了快速勘查、快速突破。

嵩县模式所处的河南是矿产资源大省，地质工作程度较高，已查明的矿产资源总量丰富，但与实现中原崛起战略目标的需求还存在一定差距，部分重要矿种由于长期强力开发，保障年限远低于全国平均水平，资源供给形势严峻。同时，河南省成矿地质条件有利，且以往所开展的地质勘查工作主要集中在中浅部，通过实施以中深部评价为主的新一轮找矿计划，有望再找到一个"资源省"，显著提高资源保障能力。嵩县金钼多金属整合勘查项目首先整合了同一矿集区内局属区调队、地质二队的8个探矿权，勘查区面积67平方千米，由新成立的局级国有地勘企业——豫矿公司作为投融资平台，与中国五矿集团公司联合组织实施。该项目2009年3月全面启动，采取找矿大会战的组织形式，半年时间内完成钻探18834米、坑探306米、槽探12623立方米，累计投入勘查资金4000多万元，并在3个勘查区实现了找矿突破，新增黄金资源量超过20吨，达到大型规模。2010年，进一步扩大了勘查区范围，河南省地质矿产勘查开发局将在该矿集区的自有探矿权、采矿权、在产矿山企业和部分社会矿权整合在一起，使整合勘查区面积增加到140平方千米。中国五矿集团公司派出一批专家对项目进行全过程管理，确保项目进度、质量、成果，彰显了大企业成熟而有效的管理优势。

（二）安徽泥河模式

安徽泥河模式的主要做法为：政府引导、公商衔接；强强联合、整装勘查；探采结合、加快开发。①政府引导、公商衔接，成功搭建大企业快速多元投入平台。公益性地质工作与商业性矿产勘查的无缝对接是泥河模式的基础。在公益性地质工作调查中发现泥河铁矿后，根据"四方协议"，中国地质调查局收回前期投入，并继续用于庐枞地区地质大调查，泥河铁矿由中国五矿集团公司和安徽省地质矿产勘查局合作及时跟进进行商业性勘查。泥河模式在矿业权管理上有两项尝试和突破：一是为大调查项目办理了探矿权登记，从而有利于在地质调查期间能够开展深部钻探验证。二是"四方协议"签订后及时批准探矿权转让变更，从而确立安徽五鑫矿业有限公司投资勘查权益主体地位。②强强联合、整装勘查，实现了技术与资本的有机结合。地勘单位的勘查技术和队伍与矿山企业的资金和管理有机结合、优势互补、强强联合，是"泥河模式"的核心。安徽省地质矿产勘查局与中国五矿集团公司联合组建的五鑫矿业有限公司打破传统评价阶段划分和单兵作战模式，实行集群施工，大大加快了勘查评价速度。将预查、普查、详查、勘探四个阶段一步设计到位，并在钻探过程中，及时调整方案，及时补充完善设计。安徽省地质矿产勘查局作为承担勘查任务的单位，成立由局长任总指挥的泥河铁矿勘查指挥部，集中优势技术、装备和人员力量，地、物、化、遥、测、钻多工种、多方法整合施工，联合作战，加快了勘查评价步伐。③探采结合、加快开发，实现速度与效益最大化。五鑫矿业有限公司按照"找矿着眼于开矿、开矿引导找矿"的思路，在勘查过程中就考虑探矿工程与采矿工程的有机衔接，在勘查阶段就引入开发设计单位进行同步开发研究。勘查和开发的紧密结合，缩短了开发周期，降低了开发成本，加快了开发步伐。

泥河模式是中国五矿集团公司和中国地质调查局、安徽省国土资源厅、安徽省地质矿产勘查局四方联动创造。在安徽省庐江—枞阳地区，长江中下游成矿带的庐枞火山岩盆地，专家们通过对庐枞地区成矿背景与成矿规律的研究，认为庐枞盆地找矿前景广阔。中国五矿集团公司进入后，与各单位集中优势资源，仅用3年多时间成功的探明了1.2亿吨磁铁矿、3000多万吨硫铁矿以及一个500万吨中型石膏矿。实现了长江中下游地区20年来找矿的重大突破，被评为2007年"地质调查十大进展"和2008年"十大地质找矿成果"。

（三）山东地质六队典型经验

山东省地矿局第六地质大队（以下简称"山东六队"）成立于1958年，1992年被国务院授予"功勋卓著无私奉献的英雄地质队"荣誉称号。2022年10月2日，习近平总书记在给山东六队全体地质工作者的回信中表示，山东六队建队以来，一代代队员跋山涉水，风餐露宿，攻坚克难，取得了丰硕的找矿成果，展现了我国地质工作者的使命担当。希望同志们为保障国家能源资源安全、为全面建设社会主义现代化国家作出新贡献，奋力书写"英雄地质队"新篇章。

山东历来是我国黄金产量最大的省份，其中胶东地区一直稳居我国最大金矿区地位，以不足全国陆域面积的 0.27%，拥有着超过全国 30% 的黄金储量。建队以来，山东六队立足山东省，深耕胶东，全力为国家寻找急需的矿产。从招远建队到探获国内首个特大型蚀变岩型金矿，再到率先实现国内"攻深找盲"战略突破……

六队在实践中创立的"焦家式"金矿成矿模式和找矿理论，打破了"大断裂只导矿不储矿"的传统理论，不仅使我国金矿勘查实现了重大突破，而且在国际地学界产生了重大而深远的影响。"焦家式"金矿作为山东六队在国内首先发现的金矿新类型，探明储量占山东省金矿总产量的 69%。"焦家式"金矿作为新类型金矿分类，已被编入国家地质学系列教材。

2009 年之前，李家庄—水旺庄金矿床勘查工作局限于 500 米以浅，一直未能取得找矿突破。山东六队在综合分析以往工作的基础上，结合多年区域工作经验，对成矿地质条件及成矿规律进行了深入分析研究，认为矿床深部具有巨大找矿潜力。技术团队打破以往找矿思维，首先施工钻孔 42ZKC1（孔深 1596.98 米），对矿床深部进行探索，成功揭露了金矿体，自此拉开了李家庄—水旺庄金矿床 12 年勘查工作的序幕。山东六队承担的"山东省招远市水旺庄矿区金矿勘探"项目入选中国地质学会 2021 年度"十大地质找矿成果"，见证了我国第三条千吨级控矿断裂带——招平断裂带的诞生，是招平断裂带探获的深部最大金矿床，其 Ⅱ–1 号主矿体为招平断裂带单矿体规模之最。至 2021 年，山东六队已在招远市水旺庄矿区探获金资源量 186 吨，使该矿区成为玲珑金矿田最大金矿，并仍在进行深部资源勘查工作。

2014 年，山东六队在莱州纱岭矿区探获一处 389 吨超大型金矿，是当时我国陆域发现的最大金矿。莱州纱岭金矿位于焦家断裂带的中段西部，共圈定 184 个金矿体及矿化体，为我国设计规模最大、主采井单井最深的金矿山建设以及深部金属矿建井与提升关键技术研发及示范工程提供了资源保障。该项目创建了"高精物探 + 三维地质建模 + 深孔钻探技术"深部金矿找矿模型，首次使焦家成矿带勘查深度延伸至 2000 米以深，开拓了深部找矿新空间。

2018 年，山东六队承担的深部勘查项目"山东省乳山市西涝口金矿勘查"在乳山市西涝口矿区探获一处 31 吨大型金矿，后续勘查显示预计超过 50 吨，是当时威海市已发现的最大金矿，实现了威海市找矿的重大突破，为威海市经济社会发展提供了坚实的资源保障。该项目找矿成果丰富和完善了该区域金矿成矿理论，为区域找矿模型的建立提供了借鉴，为盆缘找矿勘探面上选区、点上预测提供了思路。

山东六队始终坚持科技攻关，创新找矿关键技术，把论文写在祖国的大地上。"十三五"时期我国地勘行业科技创新成果显示，山东六队宋明春研究团队研发的以"阶梯式成矿模式 + 精细地球物理模型"为核心的深部金矿阶梯式找矿方法，将胶东主要金矿区的探测深度延伸到超过 2000 米，新方法为胶东深部找矿提供了关键技术支撑，助推探明了三山岛、焦家和玲珑 3 个千吨级金矿田，成矿理论方法创新助力地质找矿取得新突破。

他们主动挑战深部找矿面临的诸多"不可能"问题，紧紧依托工程实验室、博士后创新实践基地等省部级科技创新平台，先后承担国家自然科学基金，省重大专项、重点研发等重要项目十余项，在焦家式金矿成矿模式和找矿理论研究基础上，又提出了胶东金矿"热隆－伸展"成矿理论和阶梯式成矿模式，创建了新类型"辽上式"黄铁矿碳酸盐脉型金矿床式，为胶东乃至全国深部找矿明确了方向、提供了理论技术支撑、拓宽了找矿领域。

同时，他们苦练钻探本领，先后攻克了漏失地层封堵、金刚石钻头寿命低、卡钻等深孔钻探"卡脖子"的关键核心技术难题，连续刷新全国深部钻探纪录，钻探水平稳居全国同行业领先地位。

山东六队成立以来，在黄金等矿产资源勘查上勇于创新突破，累计查明金资源量 2810 余吨，是全国找金最多的地质队。近 30 年来，他们锐意进取、创新实干，立足山东，深耕胶东，陆续探获了纱岭、水旺庄和西洼口等 11 个大型—超大型金矿，新发现金 2122 吨，助力胶东地区一跃成为世界第三大金矿集区，书写了我国找金史上一个又一个精彩篇章。

山东六队获得的荣誉不胜枚举，累计荣获省部级以上科技奖项 67 项，其中国家科技进步奖特等奖、二等奖、三等奖各 1 项；先后涌现出全国劳动模范、全国五一劳动奖章获得者、中华技能大奖获得者、李四光地质科学奖获得者、自然资源部科技领军人才等省部级及以上先模人物、技术拔尖人才 80 余人次。2003 年，山东六队荣获"国家技能人才培养突出贡献奖"；2007 年，时任国务院总理温家宝批示祝贺山东六队率先实现全国"攻深找盲"战略重大突破；2009 年以后，连续保持省级文明单位荣誉称号；2012 年、2013 年分别荣获"全国模范地勘单位""首届中国百强地质队"荣誉称号……六队人砥砺奋进、赓续前行，不断以实干实绩谱写着新的篇章。

山东六队作为国务院授予全国唯一的英雄地质队，显然有着经得起考验的硬实力，但他们少于提及过去的荣光，更没有躺在过去的功劳簿上，而是甘于默默奉献，凭借出色的专业技术不断取得新的荣誉。

"爱国敬业、无私奉献、守正创新、勇毅登攀",这是这个英雄地质队的精神坐标,新时期的六队人,仍以昂扬的姿态,奋勇拼搏、攻坚克难,以实际行动再铸英雄地质队新的辉煌。

(四)其他模式

1.湖南锡田模式

中国地质调查局与湖南有色金属控股集团有限公司探索了锡田模式。其特点概括为:公益先行、商业跟进;统一部署、有序推进;矿权整合、地方支持;快速突破、多方共赢。

2.云南模式

基于2010年3月18日颁布的《云南省人民政府关于实施3年地质找矿行动计划的意见》,云南模式概括为:政府主导、督察管理;确立主体、整装勘查;资金多元、利益激励;统一标准、质量严管。

三、中外合资合作的尝试与探索

21世纪初叶,云南省为引资勘查的热土。2003年,在云南投资矿产勘查开发的外国公司有35家,勘查项目48个,共投入资金1.7亿元人民币,并取得了重要的找矿进展。其间,云南省率先在全国出台了《云南省外商投资勘查开采矿产资源条例》和《云南省外商投资勘查开采矿产资源登记管理规定》。云南省形成了几项与国际惯例接近的政策规定。例如:外商对探明的矿产资源,享有开采权;地方的利益体现在外商企业上缴的属地方税种的税费中;明确了合作方式和办证程序,实施"一站式"办公;不要求国外投资者本身具备勘查资质;严格按《矿产资源法》和3个配套法规,办理探矿权的登记,按地质勘查的客观规律,处理好招拍挂的范围,以较低的准入条件,鼓励外资投资;减少对探矿权二级市场运作的行政干预等。在此期间,发生了在业界产生重要影响的播卡金矿造假事件。播卡金矿位于云南省昆明市东川区,勘查前有小规模民采。加拿大西南资源公司是在加拿大多伦多证券交易所创业板上市的一家初级勘查公司,于1995年进入中国寻求合资勘查项目,曾在内蒙古、黑龙江、云南等省(区)寻找金矿和铂钯矿。2002年,与云南省核工业地质局二〇九队建立了合资勘查企业,即云南金山矿业有限公司。双方分别占有90%和

10%的权益。云南省核工业地质局二〇九队投入云南东川播卡地区3块探矿权，共157平方千米；加拿大西南资源公司投入310万美元。2005年年底，加拿大西南资源公司宣称，共完成156个钻孔，累计进尺6.2万米。以50米的孔距，控制了1号、7号和8号矿体。一家咨询公司以金0.5克/吨为边界，提交了初步评估报告，估算出了确定加推测资源量约150吨金，品位2.88克/吨。连续发布的找矿新闻，使该公司的股价由每股1加元上涨到20加元，引起了世界上大型矿业公司的关注。2007年7月19日，加拿大西南资源公司的独立董事发挥作用，播卡金矿勘查的问题东窗事发。造成加拿大西南资源公司的股价放量暴跌，下跌80%。在云南勘查金矿的其他外资勘查公司，也受到拖累，如亚洲现代、美星的股价同时大幅下挫。2007年8月27日，加拿大西南资源公司再次发布新闻公告，宣布经独立勘查地质学家的初步核实，播卡项目的金资源量，要大大少于以前公布的金资源量数据。经查，钻孔和坑道采样和化验的原始数据都没有问题，是人为故意篡改数据库，从而扩大了矿体，提高了金品位。至此，与10年前"布桑金矿"的世纪黄金勘探骗案一并，作为反面案例写进了世界矿产勘查的历史。

第四节　地质单位转型发展实践

一、产业结构

自20世纪90年代中期，国有地勘队伍即已形成地质勘查、勘察施工、矿业开发、多种经营四大产业门类。21世纪以来，由于实施的属地化管理，未有行业管理部门对各个地勘队伍的"非地勘业"进行统一指导，各个产业的主要经济指标也无统计制度进行统一评价，但四大门类的基本格局并未改变。其主要特征如下：①地质勘查产业。为地勘队伍的主导产业。在经济总量中的占比不大，但其利润占比较高。仅有少许单位有一定额度的矿权转让收入，大多数单位为"劳务型"产业。其主要特征是处在剧烈的周期震荡中。"黄金期"时一个人干三个人的工作；"黄土期"时三个人干一个人的工作。②勘察施工产业。为地勘队伍的支柱产业。在经济总量中的占比较大，大多数队伍的比重为2/3左右，但其利润占比不高。大多数队伍未能实现纵向延伸，向高层建筑总包方向发展；而是局限在岩土工程领域横向拓展。总体上看，集约化程度不高。③矿业开发。为地勘单位的战略产业。但绝大多数地勘队伍未能实现当初产业结构目标所涉及的勘查开发一体化、探采工贸一条龙。只有约 10% 的地勘队伍具备了一定的发展规模。④多种经营。也叫其他产业，即三大产业门类以外的其他产业，是地勘队伍的辅助产业。总体上看，经济效益不突出，主要体现在安置效益。产品型比重不高，也没有突出的品牌效益。大多数单位以劳务型、租赁型为主要产业基础。总之，四大产业门类与地勘队伍的生存和发展依旧保持着相互支撑、彼此难分的特殊关系。一方面，产业发展需要事业单位的经费进行"暗补"；另一方面，事业单位的生存需要产业发展的收入进行支撑。尤其是在地勘市场的低迷期，非地勘产业的发展对队伍的稳定发挥了重要的作用。

二、产业规模

2010 年，属地化管理地勘单位总收入 871.86 亿元。其中：地质勘查收入 454.18 亿元；矿业权转让收入 14.20 亿元；矿产开发收入 58.75 亿元；工程勘察施工收入 247.77 亿元；其他产业收入 96.96 亿元。2010 年，中央管理地勘单位总收入 203.27 亿元。其中：地质勘查收入 106.91 亿元；矿业权转让收入 3.56 亿元；矿产开发收入 2.98 亿元；工程勘察施工收入 47.67 亿元；其他产业收入 42.15 亿元。2010 年，其他地勘单位总收入 1178.56 亿元。其中：地质勘查收入 122.04 亿元；矿业权转让收入 10.02 亿元；矿产开发收入 745.94 亿元；工程勘察施工收入 45.81 亿元；其他产业收入 254.75 亿元。

2020 年，全国非油气地勘单位共实现总收入 3300.93 亿元。其中：地质勘查收入 508.07 亿元，占总收入的 15.39%；工程勘察与施工收入 1610.08 亿元，占 48.78%；矿产开发收入 124.77 亿元，占 3.78%；矿业权转让收入 8.54 亿元，占 0.26%；其他收入 1049.47 亿元，占 31.79%。上述收入中，中央管理的地勘单位 410.01 亿元，占 12.42%；属地化管理的地勘单位 1290.37 亿元，占 39.09%；其他地勘单位 1600.55 亿元，占 48.49%。地质勘查收入中，财政资金收入 183.97 亿元，占地质勘查收入的 36.21%。其中：中央财政资金 69.57 亿元，占财政资金收入的 37.82%，占地质勘查收入的 13.69%；地方财政资金 114.40 亿元，占财政资金收入的 62.18%，占地质勘查收入的 22.52%。地质勘查收入中，非财政资金收入 324.10 亿元，占地质勘查收入的 63.79%。其中：国有资金 197.31 亿元，占非财政资金收入的 60.88%，占地质勘查收入的 38.84%；非国有资金 126.79 亿元，占非财政资金收入的 39.12%，占地质勘查收入的 24.95%。地质勘查收入中，中央管理的地勘单位 123.86 亿元，占 24.38%；属地化管理的地勘单位

278.59 亿元，占 54.83%；其他地勘单位 105.62 亿元，占 20.79%。

三、百强队伍

曾经号称"百局千队百万大军"的国有地勘队伍在 21 世纪义无反顾地面向了市场。经过 10 余年的打拼，涌现了一批开拓市场的"领头羊"。2013 年 4 月 18 日，中国矿业联合会地勘协会发布了《首届中国百强地质队排序结果的报告》（中矿联地勘发〔2013〕7 号）。其评选结果如下。

矿产勘查类 74 名，按经济规模排行如下：①新疆地矿局第一地质大队；②新疆地矿局宝地矿业有限责任公司；③西北有色地勘局七一七总队；④内蒙古地矿局第十矿产勘查开发院；⑤新疆地矿局第九地质大队；⑥山东省地矿局第六地质矿产勘查院；⑦山东省地矿局鲁南地质工程勘察院；⑧河南省地矿局第二地质勘查院；⑨辽宁省地矿局第六地质大队；⑩浙江省地勘局第七地质大队；⑪ 中国冶金地质总局第二地质勘查院；⑫ 山东省地矿局第一地质矿产勘查院；⑬ 新疆煤田地质局一六一地质勘探队；⑭ 甘肃省地矿局第三地质矿产勘查院；⑮ 内蒙古地矿局地质工程有限责任公司；⑯ 新疆煤田地质局一五六煤田地质勘探队；⑰ 内蒙古地矿局矿业开发有限责任公司；⑱ 河南省地矿局第一地质矿产调查院；⑲ 江西省核工业地质局二六一大队；⑳ 河南省地矿局第三地质矿产调查院；㉑ 河北省地矿局保定地质工程勘查院；㉒ 河北省地矿局第二地质大队；㉓ 甘肃省地矿局第二地质矿产勘查院；㉔ 浙江省地勘局第九地质大队；㉕ 新疆地矿局第六地质大队；㉖ 山东省地矿局第三地质矿产勘查院；㉗ 江西省核工业地质局二六四大队；㉘ 河北省煤田地质局物测地质队；㉙ 内蒙古龙旺地质勘探有限责任公司；㉚ 青海省地矿局第五地质矿产勘查院；㉛ 安徽省地矿局三二一地质队；㉜ 山西省地勘局二一七地质队；㉝ 紫金矿业集团股份有限公司勘查总院；㉞ 内蒙古地矿局第九矿产勘查开发院；㉟ 河北省地矿局第十一地质大队；㊱ 甘肃省地矿局第四地质矿产勘查院；㊲ 辽宁省地矿局第五地质大队；㊳ 河北省地矿局秦皇岛矿产水文工程地质大队；㊴ 西北有色地勘局七一三总队；㊵ 新疆地矿局第十一地质大队；㊶ 内蒙古地矿局地质矿产勘查院；㊷ 中国冶金地质总局中南地质勘查院；㊸ 安徽省地矿局三一三地质队；㊹ 中国冶金地质总局山东正元地质勘查院；㊺ 新疆煤田地质局综合地质勘查队；㊻ 河南省地矿局第一地质勘查院；㊼ 山西省煤炭地质局一一四勘查院；㊽ 中国煤炭地质总局江苏煤炭地质勘探二队；㊾ 福建省地矿局闽北地质大队；

(50) 陕西省煤田地质局一九四队；(51) 河北省地矿局第三地质大队；(52) 黑龙江省地矿局第一地质勘察院；(53) 山东省地矿局第四地质矿产勘查院；(54) 辽宁省地矿局第七地质大队；(55) 陕西省煤田地质局一八六队；(56) 湖南省地勘局四一八队；(57) 宁夏地矿局矿产地质调查院；(58) 四川省地矿局川西北地质队；(59) 四川省地矿局一〇六地质队；(60) 中国煤炭地质总局一一九勘探队；(61) 西藏自治区地矿局第五地质大队；(62) 中化地质矿山总局河南地质勘查院；(63) 华东冶金地质勘查局八一二地质队；(64) 青海省地矿局柴达木综合地质矿产助查院；(65) 湖北省地矿局宜昌地质勘探大队；(66) 河北省地矿局第四地质大队；(67) 安徽省地矿局三二四队；(68) 中国煤炭地质总局广东二〇一勘探队；(69) 内蒙古地矿局第六地质矿产勘查开发院；(70) 陕西省地矿局西安地质矿产勘查开发院；(71) 中国煤炭地质总局一二九勘探队；(72) 四川省地矿局二〇七地质队；(73) 中国冶金地质总局西北地质勘查院；(74) 山西省煤炭地质局一四四勘查院。

水工环类13名，按经济规模排行如下：①湖北省地矿局建设工程院；②安徽省地矿局三二七地质队；③辽宁省地矿局第二水文地质工程地质大队；④山东省地矿工程勘察院；⑤重庆市地勘局南江水文地质工程地质队；⑥四川省地矿局地质工程勘察院；⑦河北省地矿局水文工程地质勘查院；⑧黑龙江省地矿局九〇四水文地质工程地质勘察院；⑨山西省煤炭地质局水文勘查研究院；⑩中国煤炭地质总局华盛水文地质勘察工程公司；⑪ 北京市地勘局地质工程公司；⑫ 河北省煤田地质局水文地质队；⑬ 江苏省地矿局地质环境勘查院。

专业勘查技术服务类13名，按经济规模排行如下：①浙江省地勘局第一地质大队；②中国冶金地质总局福建岩土工程勘察研究院；③浙江省地勘局第三地质大队；④广西地矿局建设工程有限公司；⑤中国冶金地质总局湖北中南勘察基础工程有限公司；⑥安徽省地矿局核工业勘查技术总院；⑦中国冶金地质总局山西冶金岩土工程勘察总公司；⑧深圳市地质局；⑨中国冶金地质总局中冶地勘岩土工程有限责任公司；⑩四川省地矿局华地建设工程有限责任公司；⑪ 江苏省地矿局第一地质大队；⑫ 宁夏地矿局地质工程院；⑬ 辽宁省有色地质局勘察研究院。

四、转型方向

历经21世纪前20余年的实践，地勘单位已经明确了本行业及本单位转型升级的基本方向。首先要立足地勘主业，坚持地质找矿不动摇。以地勘为基点向两个方拓展。

一是以专业技术为载体，向"大地质"领域横向拓展；二是以矿产资源为载体，向勘查开发一体化、探采工贸"一条龙"方向拓展。在此方面，一批地勘队伍取得了典型经验，其中河南省地矿局较具代表性。

截至2021年上半年，河南省地矿局由省编办核定局机关参公管理事业编制83名；局属正处级事业单位20个，其中公益一类7家，公益二类13家；事业人员编制10868人，在职职工8182人，离退休人员9167人。拥有地质调查、矿产勘查、环境调查、灾害治理、信息测绘、岩矿测试等20个专业门类的产业，综合技术实力位处全国省级地勘单位前列。"十三五"期间，取得了如下基本成绩。

1. 地质找矿成果位处全国前列

河南省地矿局开展各类地质调查/勘查项目518项，取得多项有全国影响的重大找矿成果。新增和升级重要矿产资源量：金347吨、银9100吨、铜126万吨、铅锌1065万吨、钼430万吨、三氧化钨74万吨、煤73亿吨、铝土矿2亿吨、石墨4700万吨、萤石1263万吨、熔剂灰岩3.0亿吨、膨润土605万吨。特别是，在栾川县冷水—赤土店地区累计探明资源量近700万吨的特大型钼矿床，成为全球第一大钼矿田；承担的桐柏县老湾金矿勘查，取得资源量208吨的重大找矿突破，是河南省迄今发现的最大金矿床。在全国表彰的"找矿突破战略行动（2011—2020年）"284项重大成果中，独占12项（全省14项）。

2. 服务生态文明建设成效显著

河南省地矿局围绕实施河南省"污染防治攻坚战行动计划"。一是牵头实施"河南省农用地土壤污染状况详查"，使河南省农用地土壤污染详查工作处于全国前列。二是践行"两山理论"，完成全省7个重要生态功能区中的黄河中游、南太行、伏牛山、大别山—桐柏山多要素本底调查工作，参与全省露天矿山综合整治三年行动计划，承担近200处废弃矿山的生态修复，治理面积达70平方千米。三是申报成功20余项中央财政生态环保专项，包括郑州中心城区、濮范台采油区、栾川矿集区等地下水污染调查评价项目，项目数量居全国前列。

3. 务实推进境外资源合作

河南省地矿局工作区域涉及东部非洲、西部非洲、东南亚、中亚、西亚等地区14个国家，被誉为"全国地勘单位走出去的一面旗帜"。一是服务国家地质工作援外项目。如：落实中国、卢旺达两国签署的合作协议，开展卢旺达地质矿产调查工作，取得重要阶段性成果；承担中国政府援建的"恩戈罗恩戈罗世界地质公园"项目，开创中国援助非洲项目的新途径。二是加强自有矿权勘查。在坦桑尼亚探明金金属量超过

50 吨、探明优质石墨矿资源量 1000 万吨；在尼日利亚探明国内稀缺的特大型铌钽矿。三是服务中资企业境外资源布局。其中，在几内亚探明铝土矿 48 亿吨，是国内探明铝土矿的 2 倍；在利比里亚探明铁矿石 5.2 亿吨，服务宝武集团建设大型境外原料基地。依托河南省地矿局提供的找矿、开采和服务，中资企业实现几内亚铝土矿大规模开发，年运回矿石量近 4000 万吨。

4. 服务新时期自然资源管理

一是承担河南省 751 个（全省 986 个）矿区"矿产资源国情调查"任务；参与国土空间规划"双评价"工作。二是完成新乡、信阳等 8 个地市的 1∶5 万矿山地质环境调查，承担"南太行山水林田湖草生态保护修复工程"子项目 85 项，占总数的 1/3。三是作为全省地质灾害调查和应急处置的支撑单位，完成全省 70 个易发县区中 36 个县区地质灾害调查，覆盖面积 5.6 万平方千米。四是利用卫星遥感及无人机航测等高新技术，参与自然资源调查与动态管理、自然资源确权登记、国土"三调"、违法处置核查等业务，为政府建立资源开发与环境保护协同机制提供服务。

5. 助力农业高质量发展和脱贫攻坚

一是持续多年完成全省 1.16 亿亩耕地质量调查，查明 1.13 亿亩质量总体良好，而且有 1500 万亩绿色富硒耕地，确认"中原粮仓"是"安全粮仓""绿色粮仓"。二是制定河南省富硒土壤标准，推进富硒农业产业化发展，实施了洛阳、灵宝、永城、夏邑、睢县等富硒土地调查项目，提升农产品的附加值，助力粮食核心区农业高质量发展。三是开展缺水地区勘探找水工作，保障群众清洁安全饮水。特别是，在长期缺水的嵩县石场村，打出优质高产水井，带动当地旅游业发展，受到了中央和河南省新闻媒体的高度关注。四是和河南省九三学社联合开展"濮阳市黄河滩区地方病致病水土病因调查"，为从根本上防治地方病提供科学依据。

6. 加强创新引领构建新优势

一是承担国家级研发项目 6 个，省级科技专项 6 个，厅局级科研项目 106 个；获得省部级以上科技奖励 13 项（国家奖 1 项、省奖 4 项、自然资源部奖 8 项），其中"全国危机矿山接替资源勘查理论创新与找矿重大突破"项目成果，获得国家科技进步奖二等奖；获得国家专利 31 项，制定国家和省级标准、规范 10 余项。二是建成"自然资源部贵金属分析与勘查技术重点实验室""河南省地下水污染防治与修复重点实验室"等 17 个省部级科技创新平台。三是拥有多项关键核心技术。贵金属分析测试技术，处在国际领先水平；金属矿产勘查、石油污染土壤修复、铝土矿赤泥库治理等技术，处在全国前列。

第五节　地质单位管理体制改革

我国地质勘查事业单位的主体部分在 21 世纪初完成了由中央到地方的属地化管理。此后的 20 年间，不断探索企业化的具体形式和实现途径，并呈现了多元化的发展态势。

一、地勘单位企业化改革

（一）属地化管理初期改革

21 世纪的第一个 10 年，各个属地化管理的地勘队伍因地制宜探索地勘单位企业化改革现实途径，形成了一些比较典型的模式，具有代表性的如下。

1. 广东模式

2007 年 10 月，广东省机构编制委员会印发了《广东省地质勘查队伍管理体制改革意见》。首先进行了省级地勘行业整合，除保留广东省核工业地质局建制外，省有色金属地质勘查局、省化工地质勘查院和原省国土资源厅下属的省地质调查院划归省地质勘查局管理。省国土资源厅负责全省地勘行业管理，地质勘查局为厅开展矿政管理提供技术支撑和全方位服务。地质勘查局积极推进下属地质勘查单位的整合和分类改革，原则上一个地级市保留一支地质勘查队伍。广东模式可概括为："政府主导、整合队伍、分类改革、公益为主、局为整体、事企分开、逐步推进。"

2. 陕西模式

2008 年 12 月 20 日，陕西省政府办公厅印发了《关于印发我省地勘单位改革有关文件的通知》（陕政办发〔2008〕128 号）。2009 年年初，陕西省煤田地质局、省地质矿产勘查局、西北有色地勘局、省核工业地质局分别组建陕西煤田地质勘查开发有限责任公司、省地质矿产勘查开发总公司、西北有色地质矿业集团、省核工业地质勘查开发总公司挂牌成立。同时组建事业性质的陕西省地质调查院。主要扶持措施：按照"老人老制度，新人新政策"，保留原身份的人员，退休后仍按原身份对待；保留原财政拨付地勘经费及渠道。陕西模式可以概括为："政府推动、局为整体、事企分开、资产分开、人员分开、整体转企、建立公益、快速到位。"

3. 内蒙古模式

2005 年 4 月，内蒙古自治区政府批准实施《关于自治区地勘局、有色地勘局、煤田地质局推进企业化改革的意见》。3 个局分别组建 3 个集团公司，2006 年 7 月 28 日正式挂牌，集团公司与地矿局实行"一个机构两块牌子"。各局及时调整了地勘单位结构布局和产业结构，在全区所有盟市设置了综合地质找矿队伍。地质矿产勘查局主要从事基地物业管理、离退休人员管理、下岗人员管理、职工事业身份档案管理等事业职能管理工作；集团公司按照现代企业制度运行，以资产为纽带，通过投资、参股、项目合作等形式，重点发展地质勘查业、矿产开发业和工勘业等其他产业。实施"三不变"的政策，即改革后地勘局的事业牌子不摘、地勘费基数继续保留和使用；改革时在编在册职工事业身份不变，实施"老人老办法、新人新办法"。内蒙古模式可以概括为："政府策划推动、主体企业运行、混合运行机制、管理层未分开。"

4. 华东有色模式

华东有色地质勘查局自 2007 年起，开始"自主改革、局为整体、企事分离、企业运行、规范管理"，同时争取成为国土资源部的改革试点，模式的特点是："单位内驱推动、企业运行机制、谋求整体改制。"首先开展了以"主辅分离、产业分离"为主要内容的改革，将原地质队非经营性业务与经营性业务分离，经营性业务全部与事业费脱离；剥离辅业，成立了以服务离退休老同志、基地和社区管理为主要功能和职责的专业机构，独立核算，并纳入事业管理范围。保留事业身份，将所有职工的事业单位身份与职级装入个人档案，所有员工与单位签订劳动合同。成立了以矿业开发、资本运作为主要功能的华东有色投资控股公司。将所有的地质队归并成立华东有色地质勘查集团公司；将以前的工勘岩土企业转型升级后成立了华东有色地质建设集团公司。

（二）事业单位分类改革

截至 2022 年上半年，各省（区、市）地勘事业单位分类改革方案分为三种类型。

1. 以公益一类为主。主要有北京、天津、河北、浙江、广西、宁夏、山西、江苏、河南等省（区）

（1）宁夏回族自治区。2021 年 4 月，宁夏回族自治区机构编制委员会印发了《关于深化自治区地质系统事业单位改革的通知》（宁编发〔2021〕3 号）。通知明确将自治区煤炭地质局的部分职能划入自治区地质局，重新组建区煤炭地质局，为区地质局所属副厅级公益一类单位。2021 年 5 月，宁夏回族自治区党委办公厅、人民政府办公厅印发了《自治区地质局职能配置、内设机构和人员编制规定》的通知（宁党办

〔2021〕41号），明确宁夏地质局为宁夏回族自治区人民政府直属正厅级事业单位，归口宁夏自然资源厅管理，所属地勘单位优化整合为9个公益一类事业单位，包括副厅级的自治区煤炭地质局和正处级的自治区基础地质调查院、矿产地质调查院、水文环境地质调查院、核工业地质调查院、地球物理地球化学调查院、遥感调查院、地质资料馆、地质博物馆。地勘单位所办企业（包含人财物）于2021年6月30日前，全部与事业单位脱钩移交宁夏国资委管理。

（2）山西省。2021年11月18日，山西省地质勘查局根据《中共山西省委办公厅山西省人民政府办公厅关于印发〈山西省地质勘查单位改革方案〉的通知》（厅字〔2021〕55号），印发《山西省地质勘查单位改革实施方案》和《地勘单位改革政策细则及解读》。组建新的"山西省地质勘查局"。整合山西省原地质勘查局和山西省煤炭地质局，组建新的"山西省地质勘查局"，为省政府直属正厅级事业单位，公益一类，归口省自然资源厅管理。组建"山西地质集团有限公司"。将山西省地质勘查局下属事业单位转企改制和局直属企业组建成立山西地质集团有限公司。地质集团为国有独资公司，列入省管企业，由省地勘局进行直接监管。

（3）江苏省。2022年4月21日，江苏省地质局正式揭牌。根据江苏省委、省政府有关部署，整合省地质矿产勘查局及相关地勘事业单位公益职能，组建省地质局。根据中央编办批复，经省委、省政府批准，整合原省有色金属华东地质勘查局和原省地质调查研究院，组建副厅级的江苏省地质调查研究院。此次揭牌是为完善全省地勘行业管理体制、优化省属地勘事业单位布局结构作出的重要部署，有利于推动省地质事业发展迈上新台阶。省地质局将按照省委、省政府部署要求，以此次揭牌为契机，准确把握新时代对地质工作提出的新要求，着力加强地质公共服务和科技创新能力，提升地质信息化智能化水平，充分发挥地质工作基础性、战略性、公益性作用，在服务生态文明建设、保障国家能源资源安全和地质灾害防治等工作中坚决扛起"争当表率、争做示范、走在前列"光荣使命，不断开创江苏地质事业改革发展新局面。

（4）浙江省。2022年5月24日，浙江省地质院、浙江省自然资源集团有限公司在杭州正式揭牌。根据中央编办批复，组建浙江省地质院，作为省政府直属正厅级事业单位。同时，经浙江省政府批准，按照企业设立相关规定注册成立浙江省自然资源集团有限公司。浙江省地质院和浙江省自然资源集团将以服务支撑省域国土空间治理改革为主要任务，聚焦"山水林田湖草"系统保护修复、资源空间安全利用保障和自然资源资产经营保护等重点领域。

（5）河南省。2022年5月27日，新组建的河南省地质局在郑州揭牌。河南省煤田地质局、河南省地质矿产勘查开发局、河南省有色金属地质局，合并成立新的河南省地质局。河南省地质局管理的河南省地质研究院、河南省豫地科技集团有限责任公司也同时揭牌成立，形成了"一局一院一集团"的新格局。河南省地质局为省政府直属公益一类事业单位，机构规格相当于正厅级。河南省地质局将在服务生态文明建设、保障能源资源安全、地质灾害防治、推动科技创新、促进地质产业发展中发挥重要作用。

2. 以公益二类为主。主要有黑龙江、内蒙古、江西、山东、湖南等省（区）

（1）黑龙江省。2020年5月，据黑龙江省委机构编制委员会《关于组建黑龙江省自然资源调查院等事宜的通知》（黑编〔2020〕5号），黑龙江省合并整合全省地勘队伍，组建成立一局——省地质矿产局；一院——省自然资源调查院，公益一类；一集团——黑龙江省地矿投资集团有限公司，公益二类单位，转企改制的载体和平台。省有色金属地质勘查局并入省地质矿产局，并入后，仍隶属省自然资源厅，仍按正厅级事业单位管理。省地质调查研究总院、省有色金属地质勘查研究总院、省煤田地质研究院、省煤田地质勘察院等四家单位并入省煤田地质局，并入后，省煤田地质局更名为省自然资源调查院，隶属省地质矿产局，按副厅级事业单位管理。

（2）内蒙古自治区。2020年9月，内蒙古自治区对属地化地勘事业单位进行转企改制，同时组建"一中心、一院"。据内蒙古自治区党委办公厅、自治区人民政府办公厅印发《关于深化事业单位改革试点工作的实施意见》的通知（内党办发〔2020〕10号），明确将内蒙古地质矿产勘查开发局（副厅级）、内蒙古有色地质勘查局（副厅级）、内蒙古煤田地质局（副厅级）及所属地勘事业单位转企改制，退出事业单位序列。组建内蒙古地勘转制事务服务中心，机构规格为相当于正处级，负责转制单位事业在编和离退休人员服务管理等后续工作。将自治区地质调查院、测绘院、地质环境监测院、基础地理信息中心（部分划出）、航空遥感测绘院、地图院等6个事业单位整合，组建内蒙古自治区地质调查研究院，机构规格为副厅级，承担推进地质调查与科学研究一体化高质量发展职能。

（3）江西省。2020年10月21日，江西省委办公厅、江西省人民政府办公厅印发了《关于印发江西省深化事业单位改革试点工作方案的通知》。整合省地质矿产勘查开发局（正厅级）、省核工业地质局（正厅级）、省煤田地质局（副厅级）、江西有色地质勘查局（副厅级），组建省地质局，正厅级，省政府直属，归口省自然资源厅管理，主要承担组织开展基础性、公益性、战略性地质工作职责，负责推进地勘队伍改革。组建省地质调查勘查院，副厅级，由省地质局管理。将地质系统分散的地质队伍整合为25个左右专业性地质大队，不再使用事业编制新进人员，合理控制规模。以江西中煤集团为龙头，以工程建设为主干，组建企业集团。

（4）山东省。2021年3月，山东省委机构编制委员会、省委机构编制委员会办公室分别印发了《山东省地质矿产勘查开发局机构职能编制规定》（鲁编〔2021〕5号）、《省地质矿产勘查开发局所属事业单位机构职能编制规定》（鲁编办〔2021〕71号），明确省地矿局和煤田局的机关为省政府直属的公益一类事业单位；省地矿局所属的15家地勘事业单位均为公益二类，省煤田局所属的5家地勘事业单位均为公益二类。截至2021年6月底，山东省地矿局属地勘单位所办企业已全部划转至山东地矿集团控股的山东舜天地理信息有限公司，全局经营性国有资产实现统一监管，事企分开全部完成。

（5）湖南省。2021年7月，湖南省委机构编制委员会印发《湖南省地质院职能配置、内设机构和人员编制规定》；省委机构编制委员会办公室印发《关于湖南省地质院所属事业单位机构编制调整有关事项的通知》。根据省委编委规定，设立湖南省地质院，作为省自然资源厅管理的公益一类事业单位，机构规格相当于正厅级；院机关内设15个机构和机关党委，工青妇等群团组织按有关章程设置，事业编制150名；后勤服务中心为正处级，事业编制23名。根据省委编办通知，现有48家地勘单位整合组建15家省直地质事业单位，均为省地质院管理的事业单位，机构规格相当于正处级；在15家省直地质事业单位中，省地质调查所为公益一类事业单位；14家事业单位为公益二类事业单位。事业编制总量控制在7000人以内，实行自然减员，逐年到位。

3. 全面转企

截至2021年年末，实施全面转企的只有辽宁省。2016年6月18日，辽宁省省政府关于新组建省属企业集团启动工作会议在省长办公楼二楼常务会议室召开。新组建的公司名称为"辽宁省地质勘探矿业集团有限责任公司"。参与集团重组的单位包括省地勘局（正厅级），下属单位19家；东北煤田地质局（正厅级），下属单位9家；省有色地勘局（正厅级），下属单位12家；省核工业地质局（正厅级），下属单位6家；省冶金地质局（副厅级），下属单位9家；化工院（正处级）1家。56家县处级事业单位在职人数10600余人，离退休16000余人。2015年年末，集团总资产112亿元，净资产52亿元。集团年总收入60亿元，其中财政收入15亿元，经营收入45亿元。公司于2016年12月完成注册；2018年起正式按企业的财务规制运营。

（三）分类改革述评

2011年3月23日，《中共中央 国务院关于分类推进事业单位改革的指导意见》

颁布。此后的 10 余年间，已经实施属地化管理的地勘事业单位在各个省（区、市）政府的指导下，积极探索地勘单位分类改革的具体形式和实施路径，取得了重要进展。大多数的省（区、市）的地勘单位初步完成了分类改革，我国地勘队伍呈现出了新的发展格局。通过分类，并结合整合，各地区的地勘队伍的发展目标更加明确，功能定位更加清晰。原地勘事业单位划分为公益一类、公益二类、生产经营类以后，与本地区经济和社会的发展战略结合得进一步紧密，所承担的社会职责进一步明确，队伍的编制进一步趋向合理，原事业单位的历史遗留问题的导流进一步解决。然而，一些深层次的问题也不断凸显。一是分类以后，事业单位拨款的标准未能及时调整，即便是被划为公益性一类的单位，如何协调刚性人员与弹性现实的矛盾也需要进行新的探索。二是公益性地质工作与商业性地质工作的衔接机制尚不清晰，尤其是对国有地勘企事业单位如何配置矿权等问题尚未得到解决。三是在新体制和新机制的总体设计中，地勘工作的特殊规律未能充分考量，地勘与矿业之间如何良性互动和循环未能充分体现。四是各个省（区、市）的体制和机制相距较大，尤其是扶持政策差距悬殊，导致竞争不公平，对构建全国统一的地勘大市场留存了一定的障碍。

二、地勘企业上市融资

地勘单位企业化以后，云南、江苏、山东等省的地勘事业单位积极探索多种经济成分的对外合作。尽管成效不甚显著，甚至短期内便计划夭折，但却在一定程度上促进了地勘队伍市场经济理念的形成和发展，比较有代表性的有山东地矿股份有限公司。2005 年 11 月，山东省财政厅批复同意，局出资成立山东鲁地矿业投资有限公司，从事矿业开发与投资。2012 年 7 月，启动鲁地投资借壳上市。8 月，山东省政府对鲁地投资设立及国有股权转让事项合法性予以确认。9 月，山东省国资委《关于山东鲁地投资控股有限公司等单位重组泰复实业股份有限公司国有股权管理有关问题的复函》（鲁国资产权函〔2012〕90 号），同意鲁地投资国有股东按所持股权评估核准值认购泰复实业股份有限公司（ST 泰复）非公开发行股份。12 月 19 日，鲁地投资重组"ST 泰复"获中国证监会正式批文，鲁地投资借壳"ST 泰复"上市获得成功。2013 年 12 月 23 日，原"泰复实业股份有限公司"更名"山东地矿股份有限公司"，股票名称由"ST 泰复"更名为"山东地矿"。"山东地矿"控股股东为山东地矿集团，实际控制人是山东省地矿局。

第六节　地质工作转型升级思考

21 世纪以来，地质勘查行业的广大从业者，立足民族复兴，站在时代高度，对未来中国地质工作的发展战略进行了一系列的深层次的战略思考。其中，既有来自基层的实践经验，更有来自决策层的高瞻远瞩。

一、理论探索历程

（一）探索实现地质勘查队伍的属地化管理

1999 年 5 月，地质矿产部所属的辽宁省地勘队伍率先下放至辽宁省人民政府，实施属地化管理。此后，地质矿产部所属的各个省（区、市）地勘队伍，及国务院其他部委所属的地勘队伍陆续实施属地化管理。在此后的 10 余年间，各地地勘队伍积极探索地质工作融入区域经济发展的实现途径，同时也努力地向本地区政府争取更多、更好的扶持和优惠政策。对此，展开了热烈的经验交流和理论研讨。中国地质矿产经济学会、中国矿业联合会（地勘协会）为各种交流和研讨搭建平台，连续多年召开地勘局长座谈会，并举办了多期次的百家地质局长座谈会。各省（区、市）的地勘队伍，以国家的大区片为单元，自发地开展交流与研讨，为地勘队伍适应新形势提供了重要的战略支撑。

（二）落实国务院关于加强地质工作的决定

2006 年 1 月 20 日，《国务院关于加强地质工作的决定》（以下简称《决定》）颁布，为刚刚走出地勘工作低谷的地勘队伍注入了强大的思想动力。此前，围绕《决定》的起草，国土资源部及其相关社团组织即展开了多次的讨论，为《决定》的最终颁布提供了来自各个方面的智慧。《决定》颁布之时，正值地质工作"十年黄金期"的到来，广大地勘队伍职工群情振奋，纷纷为《决定》的贯彻落实献计献策。期间，正值"大地质"理念开始形成，国家及省公益性地勘队伍陆续组建，更是探矿权市场形成的初期，来自各个方面的意见和建议相对集中。通过研讨，在一定程度上助推了地质工作新体制的构建。

（三）探索如何构建地质勘查工作的新机制

2009 年 3 月，国土资源部印发了《开展"地质找矿改革发展大讨论"工作方案的通知》，历时一年的全行业的多层次、全方位的"地质找矿改革发展大讨论"活动开始启动。《中国矿业报》等新闻媒体积极搭建平台。由上千个单位、近百万人参加的大讨论，在思想、理论、制度和实践方面取得重要成果，并形成了一系列制度性政策文件。2010 年 4 月，印发了《国土资源部关于巩固和扩大地质找矿改革发展大讨论成果的通知》（国土资发〔2010〕58 号）、《国土资源部关于构建地质找矿新机制的若干意见》（国土资发〔2010〕59 号），形成了"两个共识"：一是"公益先行，基金衔接、商业跟进，整装勘查，加快突破"的地质找矿新机制基本思路框架；二是总结提炼出了安徽泥河模式、河南嵩县模式等机制创新的实践经验。

（四）探索如何实现地质勘查事业单位转企

伴随地质勘查"十年黄金期"的结束，地质勘查事业单位转企改革再次提到议事日程。2016 年 6 月，辽宁省的"五局一院"地勘事业单位合并重组成辽宁省地矿集团。与此同时，原事业单位职工的身份全部转换成企业员工。一时间，在全国地勘行业引起强烈反响。随即，各省（区、市）的改革相继跟进。由于各地区的政策和模式不一致，更重要的是牵涉到职工个人的切身利益，因此广大地勘单位的职工非常关心。此时，新媒体已经成长起来。业内的"讲道理的地动翼""桔灯勘探"等媒体传递最新动态、提供舆论平台，在一定程度上反映了广大地勘职工的愿望。

（五）探索地质工作如何服务生态文明建设

党的十八大以来，新一届中央领导集体关于生态文明建设的思想深入人心。尤其是地勘事业单位和企业单位的领导及员工极其关注。一方面，如何更好地运用地质勘查专业技术服务生态文明建设献计献策；另一方面，如何为本单位转型升级、拓展市场开辟新的途径。其间，业内的新闻报纸《中国国土资源报》《中国矿业报》，以及学术期刊《中国矿业》《中国国土资源经济》积极开辟专栏，业内的各个协会、学会社团组织踊跃组织研讨，各个地勘队伍更是将取得的成功实践进行广泛的推介，为新时期地勘工作的转型升级起到了重要的推动作用。

二、重要理论点映

在全面建成小康社会以后，双百目标的开局之年，本书顾问宋瑞祥在全国地质灾害防治与应急救援业务高级培训班上作了《从百年党史中吸取地质转型发展的智慧和力量》的演讲，从中可以看到老一代地质工作者的使命感和责任感。

从百年党史中吸取地质转型发展的智慧和力量

中国共产党百年征程，迎来了执政党的地位，开启了社会主义建设和改革开放全面发展的高潮。习近平总书记在我们党成立百年的庆祝大会上，庄严宣告我们中国建成了小康社会。中国消除了绝对贫困人口，实现了我们国家的第一个奋斗目标。中国正在朝着实现中华民族的伟大复兴，朝着全面建设中国特色社会主义现代化的国家迈进。这就是我们国家复兴之路的第二个目标。习近平总书记最近提出了党史教育的学习要以史为镜、以史明志、知史爱党、知史爱国，同时以党史为重点，系统学习新中国史、社会主义发展史、改革开放史。在我们地矿行业，还要学习好地质事业的发展史等。

1. 地球科学的认知度与人类社会发展密切相关

地球在人类社会认知中是一颗蔚蓝色的、美丽的星球，是人类唯一可以居住生活的星球。自从地球有了人类之后，地球的演化无不与我们对这个地球的认识密切相关。人类对地球的认识和生产力的提升不断地推进人类社会，经历了原始社会、农耕时代、工业化时代、电气时代、原子时代。这都是随着我们人类对地球的认知度而得来的。我们最早的祖先是用石器的，后来制陶器，后来有了铜器，再后来到了铁器等。人类的文明程度与我们对地球的认识程度、索取的物质有很大关系。从这个角度上来讲，对地球的认知，必将影响到人类的社会活动、人类生存的本身。我们不是最近谈到温室气体吧？讲碳达峰、碳平衡、碳中和。这是我们目前大的环境治理目标。今天早上我在澳大利亚有朋友给我发了一个信息，就是澳大利亚的森林大火影响到南半球的气候，2022年底导致全球变暖0.05摄氏度。相比之下，大火的影响更短暂，但更显著，在几个月使地球降温0.06摄氏度。我们80亿人口都住在这个地球上。现在好像地质工作完结了，其实我们认识地球是远远不够的。地震灾害、火山爆发影响一个地区甚至全球。在外力作用形成的地质灾害，所谓滑坡、泥石流，这在灾害当中是频发的。总之，地球内营力、外营力引发的灾害，我们地球科学工作者都必须认真研究。防灾、减灾，让人民生命财产的损失减少到最低，确保人类社会安宁。讲地球的大环境问题，要认真科学地研究对地球的影响。我们要从地球发展史的尺度，看待地球变化。我们应该从地球地层的年代里面去找它的蛛丝马迹来研究。我觉得应该考虑的是，到底人类认知和人类活动影响地球变化贡献力度多大，必须认真探索、求真。

2. 我们国家地质工作者为中国社会的发展作出了不可磨灭的贡献

明年中国地质学会成立 100 周年。中国地质工作者为中国社会的发展作出了不可磨灭的贡献。一部中国工业现代化发展史，就是中国地质人的奉献史。我可以简单地说说，我们的中国地质学家早就有了，古代就有许多著名学者。但是从我们近代来讲，四大家是了不起的。章鸿钊先生、丁文江先生、翁文灏先生、李四光先生，这四位地质先生，是中国现代地质科学的奠基人。还有，西方的学者在中国考察也是很多的。他们把西方的现代地质科学、现代技术带进来，西为中用，这也是一个贡献。所以说，从地质学的初期发展，就可以看到他们对中国的影响有多大。

3. 新中国进入全面建设社会主义工业化这个时期

新中国成立以来这一部分历史大家都清楚。实际上，新中国成立初期，1950 年成立了中央地质工作指导委员会，是由中央财经委领导，是陈云领导，一个勘探局，一个地质研究所，一个地质工作指导委员会。地质队的成立最早是 1950 年，早于地质部的成立。我们现在有 1000 多个地质队，其中地质部门系统大概是 800 多个，整个大行业共 1000 多个地质队。在这个时期，我们大家在座的都参与了，或者说正在参与。1953 年之前是国民经济恢复期。1954 年开始，就是第一个五年计划。1958 年开始执行第二个五年计划，考虑了怎么样的工业化布局。后来跟苏联签了 156 项援助项目，到底怎么开始？地质工作普遍的要参与。当时的地质队工作都是中央财经委直接指挥的，在那个时期，在计划经济下，全国集中部署的系统性地质勘查工作全面展开。这个时候我们不仅为经济建设服务提供资源保证，还为重点建设工程提供安全稳定性的科学选址。我们还抓了人才培养，抓了装备制造工作，科学成果是非常突出的。中国地质调查 100 年有个系统的材料，我想大家都看到了。所以说，这个时期的发展，矿产发现大丰收。1964 年原子弹、1967 年氢弹爆炸，这是有我们地质工作的贡献。最早在广西、广东、湖南找到了铀，提供了铀矿物原料。当时是地质部的三局，就是后来的二机部刘杰部长带过去的。大庆油田发现是地质部跟石油工业部联合进行的，而且地质部早在东北松辽平原进行调查。松基三井就是第一口工业流油的钻井，是根据我们物探队的二维地震确定的，石油部打出来的。紧接着我们在吉林也有突破。1956 年地质部成立普查委员会之后，由西转移东部地区的首要地区，在战略部署上，地质部作出了非常重要的贡献。理论上的成就，就是说陆相生油说，是潘钟祥先生和李四光、黄汲清、谢家荣他们提出来的。这个也是突破了西方认为我们国家贫油的唯一依据。所以，新中国成立之后，一大批地质勘探工作在为我们国家工业化真是当了开路先锋，也是游击队，作出了不可磨灭的贡献。

4. 改革开放以来，我们探索地质工作的改革路径

地质工作的整个历程我是比较清楚的。那时候计划经济要钱给钱，钱都用不完，就怕你工作做不上去，不是愁钱的问题。到了70年代末期，改革开放初期，我们的问题就多了。我当部长的时候，整个队伍是40多万人，在一线的还有20多万人，40多万人只给20多个亿事业费，一个人平均5000块钱，5000多块钱发工资够吗？发了工资就不要做工作，那么你要做工作就只能发一部分工资，另外一部分工资要社会市场增收。而且我当时意识到，如果地质工作在这个时候没有作为，就没有地位，你越没有做工作，越没有发现，是不是越没有话语权。你有什么地位？社会需要你什么？所以说当时就提出来"以地质找矿为中心，一业为主，多种经营"。我从90年调到部里，我协助朱训，主要是抓产业发展的问题。找矿我做了部署。我们要想办法要有所发现，要有所作为，才能有地位。这个时候我们是经过了内部的专业化改组。是改革开放初期的某种探索，是为了熬过这个困难关，不得已而为之的。这样一个短期的思考路径，不是长期的，没有看到未来的社会发展。1998年，国务院机构改革，变成国土资源部。因为当时工业部门要撤销，地矿部它既不是工业部门，又不是一个实际上的基础性部门。有几个方案，后来就是海洋局、土地局、测绘局、地质矿产部重组国土资源部，把行政管理职能集中到部里来，这很好的。而且当时的野战军，我向中央报告的是3万人的队伍。每个省有一个直属中央的野战队伍，东部地区的省份是300~500人，中部地区省份是500~800人，西部地区省区是800~1000人，加上全国性的一些研究机构，3万人左右的野战军。紧接着属地化管理，就是放到省里，以原来的财政拨款基数转移支付。后来各个省就发展不一样了，面临的形势也不一样。而且地质队如何改革，没有总体顶层设计。这一轮机构改革，自然资源部7个部委合并之后，地质队何去何从，这是个很大的一个事情。对地质事业单位的改革需要抓紧研究，跟上中央要求和部署，提出新时代中国特色社会主义的新的地质工作体制。

5. 进入新时代地质工作的改革的前景

地质事业单位的改革，要从我们本身的专业规律来研究，要考虑地球表面系统工程，总体来考虑我们的布局。什么叫地球表面系统？现在我们要可持续发展，要生态文明建设，要工业现代化发展。这些都是地球表面系统的问题。地球表面系统我们要来研究，从空间规划、空间利用，从大气圈层怎么保护，从水圈怎么保护，从生物圈

怎么保护，从土壤安全怎么保护。这些都是我们地球科学必须研究的课题。4 个圈层的地球表面系统，要研究它的空间利用。我这里可以引用几个数字。我们的资源状况是个什么状况？现在虽然我们有钱可以买，但矿产资源的保障程度影响我们国家的安全问题。根据 2019 年疫情之前的情况来讲，我国 2019 年煤炭消耗量是 39 亿吨，石油消耗量是 6.7 亿吨，天然气消耗量是 3070 亿立方米，铁矿的消耗量是 13 亿吨，铜矿的消耗量是 1208 万吨，铝的消耗量是 3000 万吨。我们是全球矿产资源品消耗量最大的国家，但是我们的战略资源依赖进口量也是非常大的。我们的铁、铜、铝等 18 种矿产，依存度分别超过 50%。2019 年石油依存度 71%，铁矿石依存度 85%，锰矿 91%，铜矿 75%，锂矿 72%，钴 90%。习近平总书记讲的大国要有大的担当。目前资源大量进口，现在供应链还是不错的，但是一旦发生战事，太平洋、印度洋卡住了怎么办？所以资源安全的依赖度的问题，我们地质工作责无旁贷的。按照我们的资源保障安全的要求、生态环境的平衡和可持续发展的要求，来实现自然灾害的科学应对和人民生命财产的安全，科学规划国土的空间利用、废弃物的安全处置，碳中和时代人类生活行为的方式转变，都是我们地质工作应该服务的领域、服务的对象。找我们怎么样从对地球的认知程度和我们对地球的研究程度，找我们的服务方向，这样的话我们的市场、我们的路径会越走越宽。所以，地质工作在新时代人与自然和谐相处，在可持续发展，在生态文明建设，在安全治国方面，应当是全方位、全空间、全尺度的服务。地质工作大有作为，这是时代的需要。地球科学作为数理化天地生的六大传统基础学科，仍然具有强大的生命力。地质工作的改革路径在实现我国第二个百年奋斗目标中是大有作为，任重而道远，前途光明，潜力巨大。祝地质工作改革顺利，祝地质工作者在新时代作出更加辉煌的贡献！

三、发展远景眺望

党的十九届五中全会，是中国共产党站在"两个一百年"历史交会点上，对开启全面建设社会主义现代化国家新征程作出战略决策的一次重要会议。全会审议通过了《中共中央关于制定国民经济和社会发展第十四个五年规划和二〇三五年远景目标的建议》（以下简称《规划建议》），提出了 2035 年远景目标和"十四五"时期经济社会发展指导方针、主要目标、重点任务和工作部署，同时也为地质勘查工作服务全面建设社会主义现代化国家、实现第二个百年奋斗目标指明了方向。

（一）新战略和新目标

1.对能源和战略性矿产资源安全保障提出了新要求

《规划建议》明确提出："坚持总体国家安全观，实施国家安全战略……保障能源和战略性矿产资源安全""推进能源革命，完善能源产供储销体系，加强国内油气勘探开发"。面对日趋复杂的国际环境带来的新矛盾新挑战，党中央明确提出"加快构建以国内大循环为主体、国内国际双循环相互促进的新发展格局"，这就要求地质调查工作必须立足国内，增强能源和战略性矿产的保障能力。

《规划建议》还提出："发展战略性新兴产业。加快壮大新一代信息技术、生物技术、新能源、新材料、高端装备、新能源汽车、绿色环保以及航空航天、海洋装备等产业。"战略性新兴产业的快速发展，必然对战略性矿产资源形成巨大的新需求，矿产地质调查必须提前谋划布局，加快调查的方向和结构调整，为战略性新兴产业高质量发展提供坚实资源保障。

2.推动绿色发展对矿业绿色转型和矿产资源集约节约高效利用提出了更高要求

《规划建议》提出："推动绿色发展，促进人与自然和谐共生。坚持绿水青山就是金山银山理念，坚持尊重自然、顺应自然、保护自然，坚持节约优先、保护优先、自然恢复为主，守住生态安全边界""构建生态文明体系，促进经济社会发展全面绿色转型""全面提高资源利用效率……提高海洋资源、矿产资源开发保护水平"。为此，地质工作要为矿业绿色转型发展和矿产资源集约节约高效利用提供解决方案和技术支撑。

3.支撑服务自然资源管理中心工作对矿产调查提出了新需求

《规划建议》提出："健全自然资源资产产权制度和法律法规，加强自然资源调查评价监测和确权登记""推进资源总量管理、科学配置"。为此，地质工作要积极支撑自然资源部履行的自然资源"两统一"职责，对矿产资源调查提供更高质量的技术支撑服务。

（二）新任务和新要求

"十四五"时期能源和战略性矿产地质调查工作，坚持深入学习贯彻习近平生态文明思想和总书记关于保障国家能源资源安全的重要指示批示精神，全面推进地质调查支撑战略性矿产资源高质量产业发展，聚焦"促进战略性矿产资源找矿增储、提高支撑国家战略决策和服务矿产资源管理水平"关键指标，主要任务包括：①推进形成能源资源勘探开发新格局，为充分利用国内国际两个市场两种资源夯实基础。②聚焦紧缺矿产，加大国内找矿力度，支撑战略性矿产资源产业高质量发展，夯实资源安全保障基础。③落实绿色发展要求，着力推进矿产资源节约与综合利用调查和技术攻关，提升矿产资源开发利用效率。④精心实施矿产资源基本国情调查和全球资源战略研究，支撑国家战略决策和服务矿产资源管理。⑤探索构建完善地质调查全生命周期支撑服务资源基地建设工作体系，推动矿产资源调查转型升级。

四、新起点和新展望

有关专家认为，未来的地质科技创新，要面向世界科技前沿、面向经济主战场、面向国家重大需求，建立起适应新时代要求的地质科技创新体系。

在地球科学方面，抢站地球科学发展的制高点。加大应用基础研究力度，强化向地球深部进军。加强深海进入、深海探测、深海开发，实现重大理论、核心技术与关键装备突破，解决我国资源环境问题中"卡脖子"的重大科技问题。

在能源矿产方面，致力天然气水合物、干热岩等新能源的研究与开发，突破复杂构造区及深部能源的高精度探测技术，实现大宗矿种、紧缺矿种、新兴矿种资源潜力评价技术方法的重大创新。

在环境地质学方面，聚焦国土资源环境承载能力、城市地下空间资源协同利用等领域，建立区域地下水水质与污染防控理论与技术方法，形成基于地质过程和动力学机制的地质灾害风险评价理论与调查评价技术方法体系。

在海洋地质方面，加强海资源的多学科建设，深化海岸带与大陆架地质学研究，夯实海洋沉积学和地球物理勘查技术基础，推进海洋环境地质调查，开发多类型的海洋矿产资源。

在地球物理方面，重点开展地球物理深部找矿技术、航空物探遥感多源地学信息融合技术研制。重点发展 3000 米深部地质岩心钻探技术、3000 ~ 5000 米水深海洋钻探技术、大陆 15000 米超深科学钻探技术及成套技术装备及工艺。

在地球化学方面，要重点发展"隐伏矿 / 盲矿"地球化学勘查技术、深穿透地球化学探测识别技术、近海地球化学勘查技术等。重点发展岩矿石结构与矿物成分超微观测技术、高精度同位素测试、生态和生物地球化学测试技术，以及基于地质大数据的地质信息技术。

在生态地质方面，实现地下空间多相多场复杂系统评价与地球物理精细探测，特大型地质灾害早期识别与高速远程评价与监测，以及基于互联网、大数据、云计算和人工智能的地质调查数据实时采集、传输、分析、处理和共享。

主要参考文献

［1］中华人民共和国自然资源部．中国矿产资源报告（2011）［M］．北京：地质出版社，2011．

［2］中华人民共和国自然资源部．中国矿产资源报告（2016）［M］．北京：地质出版社，2016．

［3］中华人民共和国自然资源部．中国矿产资源报告（2021）［M］．北京：地质出版社，2021．

［4］国土资源部中国地质调查局．中国地质调查百年史纲［M］．北京：地质出版社，2016．

［5］国土资源部中国地质调查局．中国地质调查百项成果［M］．北京：地质出版社，2016．

［6］国土资源部中国地质调查局．中国地质调查百项理论［M］．北京：地质出版社，2016．

［7］国土资源部中国地质调查局．中国地质调查百项技术［M］．北京：地质出版社，2016．

［8］刘益康．神眼之光——商业性矿产勘查［M］．北京：地质出版社，2007．

［9］刘益康．探路秘钥——矿产勘查随笔［M］．北京：地质出版社，2022．

［10］方敏．"十一五"时期我国地质勘查行业发展报告［M］．北京：地质出版社，2012．

［11］方敏，王春芳，汪恩满，等．"十三五"时期及2020年度全国地质勘查行业发展报告［M］．北京：地质出版社，2021．

［12］杨建峰，张翠光，冯艳芳，等. 中国地质环境变化与对策研究［M］. 北京：地质出版社，2010.

［13］毕孔章，胡轩魁. 中国含地质类专业高等院校（系）简介［M］. 北京：地质出版社，2004.

［14］《中国高等地质教育百年纪事》编写组. 中国高等地质教育百年纪事（1909—2009）［M］. 北京：地质出版社，2010.

［15］于晓飞，吕志成，孙海瑞，等. 全国整装勘查区成矿系统研究与矿产勘查新进展［J］. 吉林大学学报（地球科学版），2020（5）.

［16］于晓飞，李永胜，杜轶伦，等. 整装勘查区 100 例［M］. 北京：地质出版社，2019.

［17］吕志成，于晓飞，颜廷杰，等. 整装勘查区找矿预测与技术应用示范项目成果报告［R］. 北京：中国地质调查局发展研究中心，2019.

［18］张福良，胡永达，崔笛，等. 找矿突破战略行动第一阶段工作回顾与启示［J］. 中国矿业，2014，23（11）：15-18.

［19］胡永达. 矿产资源制度改革对找矿突破战略行动影响探析［J］. 中国矿业，2017，26（3）：15-19.

［20］鞠建华，黄学雄，薛亚洲，等. 新时代我国矿产资源节约与综合利用的几点思考［J］. 中国矿业，2018，27（1）：1-5.

［21］郭娟，崔荣国，闫卫东，等. 2019 年中国矿产资源形势回顾与展望［J］. 中国矿业，2020，29（1）：1-5.

［22］谭永杰，杨建锋，付晶泽，等. 全国矿业权实地核查及其成果应用［J］. 中国矿业，2011，20（7）：24-28.

［23］王登红，郑绵平，王成辉，等. 大宗急缺矿产和战略性新兴产业矿产调查工程进展与主要成果［J］. 中国地质调查，2019，6（6）：1-11.

［24］张洪涛. 服务国家目标体现科技创新——论新一轮国土资源大调查的历史意义［J］. 中国地质，2001，28（1）：4-8.

［25］田郁溟. 我国战略矿产资源安全保障若干问题的思考［D］. 北京：中央党校国资委分校，2021.

大事记

公元前

前 1831 年,《竹书纪年》记载"泰山震"。

前 780 年,《诗经》记载"高岸为谷、深谷为陵"。

前 250 年,《华阳国志·蜀志》载"穿广都盐井"。

1 世纪

88 年,东汉"罢盐铁之禁",听任百姓煮盐铸铁,向国家交税。

2 世纪

132 年,张衡创制候风地动仪,用以实测地震。

4 世纪

葛洪著《神仙传》,提出了"东海三为桑田"。

6 世纪

郦道元著《水经注》,对地震、温泉、岩溶、化石等方面作出记载。

梁有著《地境图》,论述利用植物找矿。

8 世纪

颜真卿著《麻姑仙坛记》,记载"高山中犹有螺蚌壳,或以为桑田所变"。

杜环著《经行记》，记述伊犁至阿克苏通路上的冰川景观。

10 世纪

乐史著《太平寰宇记》，记述了 124 种矿物的物理化学性质及地理分布状况。

11 世纪

1041—1053 年，四川钻凿卓筒井，深度可达几十丈。

沈括著《梦溪笔谈》，对地质、地貌、化石、石油等作有论述。

12 世纪

杜绾著《云林石谱》汇总岩石、矿物、化石等 116 种，并记载其产地、采法、产状、光泽、品评等。

朱熹著《朱子语类》，记载："尝见高山有螺蚌壳，或生石中。此石即旧日之土，螺蚌即水中之物。下者却变而为高，柔者却变而为刚。"

16 世纪

1521 年，《蜀中广记》记载："国朝正德末年，嘉州开盐井，偶得油水，可以照夜，其光加倍，沃之以水，则焰弥甚，扑之以灰则灭，作雄黄气。土人呼为雄黄油。近复开出数井，官司主之。此是石油，但出于井尔。"

李时珍著《本草纲目》，载有作为药物使用的矿物、岩石和化石共 260 余种。

17 世纪

1607 年，徐霞客开始出游，历时 30 多年，著成《徐霞客游记》。书中对岩溶地貌、山川源流、火山温泉等多有记述。

徐光启著《农政全书》，记述当时民间习用的气试、火试、盆试等"审泉源法"。

宋应星著《天工开物》，载有深井钻凿、矿石开采以及宝石采琢等方面资料。

1853 年

英国伦敦会传教士慕维廉编著的《地理全志》由墨海书馆出版，是为最早介绍西方地质学的译著。全书共分上下两编，本年出版了上编，是中国第一部中文版的西方地理学百科全书。次年，《地理全志》下编共 10 卷印行，其内容多属地质学范围。

1862 年

作为首位在中国进行地质考察的外国地质学家，美国著名地质学家庞佩勒来到中国，先后在长江流域、华北和东北进行了一年的地质调查工作。

清政府创办京师同文馆，学制 8 年，第 8 年设有"金石"一课。

1868 年

1868—1872 年，德国地质地理学家李希霍芬应上海西商会之邀，先后 7 次来华进行地质调查，足迹遍布东北、华北等地 18 省，历时 4 年。留下宝贵的考察资料——五卷本的长篇巨著——《中国：亲身旅行的成果和以之为根据的研究》。

1872 年

由美国玛高温口译、中国华蘅芳笔述，根据美国丹纳著作翻译的《金石识别》出版。

1875 年

李榕著《自流井记》记载，四川采盐者到了绿豆岩和黄姜岩两个标准层。

1882 年

丁宝桢等著《四川盐法志》，对深井钻技术介绍甚详，并有附图。

1889 年

张之洞奏准于广东水师学堂内添设矿学堂，招生 30 名，聘请英人为教习。

1892 年

俄国 - 苏联地质学者奥勃鲁契夫于 1892—1894 年、1905—1906 年及 1909 年三次从中亚进入新疆进行地质考察，1940 年出版了《边境准格尔地质》一书。

1895 年

瑞典地学家斯文·赫定开始进行中亚地质考察，途经新疆、青海、西藏，历时 2 年。

盛宣怀在天津开办北洋西学堂，在头等学堂设矿务学门，修业 4 年。

1898 年

10 月，清政府颁布《路矿章程》并设专门机构铁路矿务总局。

1902 年

2 月，清政府外务部颁布《矿务章程十九条》。

清政府颁布《钦定京师大学堂章程》，规定师范馆学生需修博物学（动植物及矿物）课程。

1903 年

4 月和 5 月，出版的《科学世界》第二、三期上发表虞和钦著文章《中国地质之构造》。

10 月，周树人（鲁迅）以"索子"为笔名，在日本东京出版的《浙江潮》杂志第八期上发表《中国地质略论》的文章。

美国地质学家维理士来华作地质考查，回国后著有《在中国之研究》三卷。

1904 年

1 月，清政府复颁布《奏定学堂章程》，正式推行新式教育，史称"壬寅—癸卯学制"。章程规定大学堂所设格致科包括算学门、星学门、物理学门、化学门、动植物学门、地质学门。地质学门学生以修习地质学、矿物学课程为主，辅以动植物学课程及实验课程，并有野外实习要求。

3 月，清政府商部颁行《矿务暂行章程》，共 33 条。

8 月，英人布鲁特发起《光绪矿律五十九条》。

1906 年

2 月 5 日，清政府派驻墨西哥参赞梁询作政府代表出席第 10 届国际地质大会第 10 次会议。

7 月，顾琅与鲁迅合著《中国矿产志》及其《中国矿产全图》先后由上海普及书店和日本东京并木活版所印行。全书分导言、本言两编，导言 4 章，记述我国矿产、矿业概况和地质形成、发展过程，本言 18 章，分述我国十八省的矿产分布和蕴藏情况。《中国矿产志》和《中国矿产全图》被清政府分别当作"国民必读"和"全民必携"的地质文献，在中国近现代地质发展史上占有重要的地位。

9月，中国首次受邀参加在墨西哥举办的第 10 届国际地质大会。

1907 年

3月，清政府农工商部颁行《大清矿务章程》，共 15 章 74 款，附章 73 条。

7月，陕北延长第一口油井钻成，每日可得原油三四百斤。

日本在大连成立地质调查所，隶属南满铁道株式会社。

张相文编《最新地质学教科书》由上海文明书局出版。

王宠佑在美国出版的《工程与矿业》杂志 12 月号上发表《中国煤的生产》一文。

1909 年

9月 28 日，中国地学会在天津成立，张相文被推为会长。

京师大学堂在格致科大学设地质学门，招生 5 人。

1910 年

2月，清政府农工商部颁布《大清矿务章程》（修订稿），共 14 章 81 款，附章 46 条。

8月 18—25 日，我国派驻柏林公使馆的外交官参加在瑞典斯德哥尔摩举办的第 11 届国际地质大会。

章鸿钊在杭州府境内实地调查地层、构造、岩浆岩。次年撰写了毕业论文《浙江杭属一带地质》。

中国地学会创办《地学杂志》，并在创刊号上发表邝荣光编绘的彩色区域地质图——1∶250 万《直隶地质图》及《直隶矿产图》。

1911 年

4月，丁文江在英国格拉斯哥大学以优异的成绩取得地质学和动物学双科毕业文凭，结束 7 年留学生活，踏上回国之路。

6月，章鸿钊在日本东京帝国大学理科大学地质学科毕业后回国，担任京师大学堂地质学讲师。

美籍女地质学家、北京协和女书院院长麦美德用中文所著的《地质学》一书印行。

1912 年

1 月，中华民国临时政府在南京设实业部矿务司地质科，章鸿钊任科长，并撰写《中华地质调查私议》，在《地学杂志》1912 年第 1 期、3 期、4 期上发表。

实业部发出《调查地质咨文》，建议在南京设立地质讲习所。

1913 年

1 月，南京临时政府迁移到北京后，地质科改由工商部矿政司管辖，丁文江任科长。

5 月，北京大学地质学门 2 名学生毕业后，地质学门停止招生。

6 月，改地质科为地质调查所，作为国内地质矿产调查的专门机构，所长丁文江。

6 月，工商部举办地质研究所，作为培养地质人才的临时机构，所长丁文江。

8 月 7—14 日，派代表出席了在加拿大多伦多举行的第 12 届国际地质大会。

11 月 12 日，丁文江奉农商部令离北京，与王锡宾、梭尔格历时一年多时间，调查正太铁路沿线地质。

12 月 27 日，丁文江接到农商部令，调查云南境内的钦渝铁路沿线矿产。

1914 年

2 月 19 日，丁文江被为任命农商部矿政局地质调查所所长，丁文江出差期间，所长一职由章鸿钊暂兼代。同日，章鸿钊被任命为地质研究所所长。

翁文灏取得比利时鲁文大学博士学位后回国，被聘为地质研究所专任教员。

1915 年

6 月，地质研究所从北京大学马神庙校舍迁至北京西城丰盛胡同 3 号。

商务印书馆出版了由南京（江宁）人顾琅撰写的《中国十大矿厂调查记》。顾琅通过在华东、中南、华北和东北地区 10 多个省的地质考察，对不同矿山的矿床成因类型、矿石质量、矿层分布、开采历史、规章制度、经营管理和工程设施等情况，均有详细记述。《中国十大矿厂调查记》，受到中国民族工业、教育事业先驱张謇，北洋政府农商部矿政司司长张轶欧、中国早期矿物学家邝荣光等一批知名人士的高度评价。

1916 年

7 月 14 日，地质研究所举行毕业典礼。22 人结业，获毕业证书者 18 人，获修业证书者 3 人，1 人未得证书。学生毕业后，地质研究所结束。

由章鸿钊、翁文灏任主编的《农商部地质研究所师弟修业记》编成。

地质研究所 18 名毕业生入地质调查所工作。

1917 年

北京大学地质学门恢复招生，亚当士、何杰、温宗禹、王烈等任教授。1919 年改称地质学系，何杰任系主任。

1919 年

时任农商部地质调查所所长的丁文江，应梁启超之邀加入中国出席巴黎和会代表团，陪同梁启超赴欧洲考察访问。5 月，考察期间，丁文江托在德国求学的朱家骅为地质调查所购置一批外文地质资料。另让自己的四弟丁文渊拜访已在英国伯明翰大学地质系取得自然科学硕士学位的李四光，恳请他去北大地质系任教。7 月，丁文江离开梁启超代表团赴美访问，盛邀葛利普教授去北大地质系当教授。

10 月，农商部地质调查所编印的不定期刊物《地质汇报》及《地质专报》创刊。

翁文灏著《中国矿产志略》由地质调查所印行。

1920 年

由叶良辅执笔所著的《北京西山地质志》及 1∶10 万《北京西山地质图》在地质调查所地质专报甲种第 1 号刊出。

李四光应北京大学校长蔡元培之聘，任北京大学地质系教授。

美国地质学家葛利普应聘来华，任北京大学地质系教授，兼地质调查所古生物研究室主任。

北京大学地质学系二年级学生杨钟健等发起成立"北京大学地质研究会"。

12 月 16 日，甘肃发生 8.5 级大地震。次年初，翁文灏、谢家荣、王烈等前往调查并作研究。

1921 年

章鸿钊所著的《石雅》出版。

由丁文江、翁文灏所编的第一期《中国矿业纪要》由地质调查所出版。

南京东南大学成立地学系，系主任为竺可桢。

《北京大学地质研究会年刊》创刊。

1922 年

2 月 3 日，中国地质学会在北京召开会员大会，通过《中国地质学会简章》，宣布中国地质学会正式成立。大会选举出中国地质学会 1922 年度职员：章鸿钊为会长，翁文灏、李四光为副会长，谢家荣为书记（秘书长），李学清为会计，丁文江当选评议员兼编辑主任，学会的刊物《中国地质学会志》同时创刊。

4 月 15 日，葛利普在中国地质学会举行的第一次常会上宣读题为《论震旦纪》的论文。

8 月 10—19 日，第 13 届国际地质大会在比利时布鲁塞尔举行。翁文灏作为中国政府代表参加，并向大会提交翁文灏、丁文江等著的论文 4 篇。

《中国古生物志》创刊，丁文江任主编。

1923 年

1 月 6—8 日，中国地质学会第 1 届年会在北京举行。会长章鸿钊发表题为《中国用锌之起源》的演说。

6 月 15 日，中国地质学会欢迎巴黎天主教学院地质学教授、法国地质学会副会长德日进。会上李四光宣读《蜷蜗鉴定法》论文。

翁文灏所著的《中国地质构造对地震分布区之影响》发表。

河南省地质调查所成立。

1924 年

1 月 5—7 日，中国地质学会第 2 届年会在北京举行。会长丁文江作题为《中国地质工作者之培养》的演说。

李四光所著《长江峡东地质及峡之历史》论文发表。

我国第一幅百万分之一的地质图——《北京济南幅》由谭锡畴主编完成。

谢家荣编写的教科书《地质学（上编）》，由上海商务印书馆出版。

孙云铸所著《中国北方寒武纪动物化石》在《中国古生物志》乙种刊出。

东南大学地理系改名为地学系，分地理、地质、气象三门。

国立广东大学（1925 年 8 月更名为国立中山大学）设立矿物地质学系。1928 年改设地质学系。

1925 年

1 月 3—5 日，中国地质学会第 3 届年会在北京举行。会长翁文灏作题为《理论的地质学与实用的地质学》的演说。

1 月 27 日，翁文灏在北京天文学会作题为《惠氏大陆漂移说》的演讲。

1926 年

5 月 3—5 日，中国地质学会第 4 届年会在北京举行，会长王宠佑发表题为《海洋深渊与大向斜层之关于矿床沉淀》的演讲。

5 月 24—31 日，第 14 届国际地质大会在西班牙马德里召开。中国派孙云铸参加，并发表题为《中国之寒武、奥陶及志留纪》的论文。

11 月，第 3 届泛太平洋科学会议在日本东京举行。中国政府代表翁文灏等参加。提交《中国地壳运动》（翁文灏）、《中国北部古生代含煤地层之时代及其分布》（李四光）、《中国温泉之分布》（章鸿钊）等地质论文多篇。

1927 年

2 月 12—14 日，中国地质学会第 5 届年会在北京举行。会长翁文灏发表题为《中国东部中生代以来之地壳活动及火山活动》的演讲，首次提出了"燕山运动"的概念。会议收到论文 29 篇。

春，隶属于湖南省建设厅的湖南省地质调查所成立。

4 月 26 日，中国和瑞典双方订立合作办法 19 条，共同组成"中瑞西北科学考察团"。

9 月，两广地质调查所成立。该所最初隶属于广州政治分会，1929 年 4 月改隶中山大学。

1928 年

1 月，国立中央研究院地质研究所在上海成立，李四光任所长。

10 月，江西地质矿业调查所成立，由卢其骏任所长，隶属于江西省建设厅。

中华矿学社在南京成立，《矿业周报》同时创刊。

葛利普编写的《中国地层》（下册）由地质调查所出版（上册于 1924 年印出）。

谢家荣撰写全国第一份水文地质报告：《钟山地质及其与南京市供水之关系》。

1929 年

李四光在英国《地质学杂志》发表题为《东亚一些典型构造型式及其对大陆运动问题的意义》的论文，创造性地运用力学方法来解释东亚大地构造。

丁文江领导地质调查所西南考察队去川、滇、黔等省考察，参加野外工作的有赵亚曾、黄汲清、王曰伦和曾世英等。

2月13—14日，中国地质学会第6届年会在北平举行，会长丁文江发表题为《中国造山运动》的演讲。

4月，农矿部地质调查所得美国洛克菲勒基金之助，成立新生代研究室，设在北京协和医学院。

7月30日—8月6日，第15届国际地质大会在南非比勒陀利亚举行。中国派李毓尧为代表参加。

8月31日，中国古生物学会在北平成立。

11月15日，赵亚曾在云南昭通闸心场殉难。

12月2日，裴文中在周口店发现一个保存完好的中国猿人头盖骨化石，当晚，裴文中给翁文灏所长发出考古史上最著名的电报："顷得一头骨，极完整，颇似人。"这一发现轰动了世界，成为中国古人类学发展史上重要的里程碑。

清华大学设地理系，翁文灏任系主任，分地理、地质、气象三科。1932年改名为地学系。

1930 年

3月，北平研究院地质研究所成立，地址在农矿部地质调查所所在地北京西四兵马司胡同九号，所长由翁文灏兼任。

3月29—31日，中国地质学会第7届年会在北平举行。会上展出了周口店中国猿人产地的全部采掘品。

5月26日，《中华民国矿业法》公布。

6月，商务印书馆出版了谢家荣著《地质学》（上篇），它是我国第一部中国人用中文编著的普通地质学教科书。

9月，地质调查所地震研究室北平鹫峰地震台建成，地震研究室主任李善邦负责管理台站。《地震专报》等刊物也同时创刊。

10月，地质调查所沁园燃料研究室在北平兵马司胡同九号成立，室主任谢家荣。

地质调查所成立土壤研究室，暂由谢家荣管理，并出版《土壤专报》《土壤特刊》等刊物。

东南大学地学系分为地质系和地理系。

1931 年

3月，中国人自己独立完成的第一篇土壤调查报告即谢家荣、常隆庆的《河北省三河平谷蓟县土壤约测报告》以及常隆庆的《陕西渭水流域采集土壤标本报告》问世，刊载于实业部地质调查所和国立北平研究院地质学研究所之《土壤专报》第二号上。

谢家荣在实业部地质调查所和国立北平研究院地质学研究所之《土壤专报》第二号上，发表了《土壤分类与土壤调查》。这是中国学者的第一篇系统的现代土壤学论文。《土壤分类与土壤调查》系统地介绍了现代土壤学的内容，包括土壤的定义、土壤的分类、土壤调查和土壤图 4 个部分，为在中国开展土壤调查和土壤研究提供了指导。

5月2—4日，中国地质学会第 8 届年会在南京举行。

李毓尧、李捷、朱森等著《宁镇山会脉地质》由国立中央研究院地质研究所出版。

1932 年

10月5—9日，中国地质学会第 9 届年会在北平举行。

秋，中国西部科学院地质研究所在重庆北碚成立。

地质调查所王竹泉、潘钟祥前往陕北作地质调查，发现了永坪油田，著有《陕北油田地质》。

清华大学地学系设立地质组。

1933 年

7月30日—8月6日，第 16 届国际地质大会在美国华盛顿举行。中国派丁文江等参加。

11月11—13日，中国地质学会第 10 届年会在北平举行。李四光作题为《扬子江流域之第四纪冰川期》的演讲。

葛利普提出"脉动学说"。

实业部地质调查所与全国经济委员会公路处、中央大学地质系等单位合组四川地质调查团。调查结束后编有《四川地质调查团报告书》。

1934 年

3 月，李四光同德日进、巴尔博、那林到庐山，辩论第四纪冰川问题。

1935 年

2 月 14—16 日，中国地质学会第 11 届年会在北平举行。谢家荣发表题为《中国铁矿之分类》的演讲。

9 月，贵州省地质调查所成立，朱庭祜任所长。地质调查所特派王曰伦、吴希曾、熊永先到该所协助工作。

谭锡畴、李春昱所著《四川西康地质志》由地质调查所印行。

冬，实业部地质调查所由北平搬至南京珠江路新舍，在北平原址成立分所，所长谢家荣。

1936 年

1 月 5 日，丁文江在湖南长沙去世。

1 月 26—29 日，中国地质学会第 12 届年会在南京举行。

2 月，中国地质学会主办的中文地质期刊《地质论评》创刊。

2 月，重庆大学设立地质学系，系主任李唐泌。

夏季，李四光再上庐山调查冰川遗迹，并撰写成《冰期之庐山》专著。

秋季，地质调查所成立中国地质图编纂委员会，负责编纂百万分之一的中国地质图。

9 月，地质调查所组织南岭地质调查队，总负责为黄汲清。

11 月 15 日，贾兰坡在周口店先后挖出两具猿人头盖骨化石。

1937 年

2 月 20—23 日，中国地质学会第 13 届年会在北平举行。杨钟健发表题为《中国脊椎动物化石之新层》的演讲。

7 月 2—29 日，第 17 届国际地质大会在苏联莫斯科举行。中国出席代表有翁文灏、黄汲清、裴文中、李春昱、朱森和丁骕 6 人。

11 月，江西地质矿业调查所改名为江西地质调查所，尹赞勋任所长。

经济部地质调查所徐克勤、丁毅于该年两次到江西南部详测钨矿，著有《江西南部钨矿地质志》。

由葛利普、章鸿钊、谢家荣、杨钟健等设计，张海若绘制的中国地质学会会徽开始使用。

云南省地质调查所成立，所长朱庭祜。

1938 年

2 月，四川省地质调查所成立。李春昱、侯德封先后任所长。

2 月 26—28 日，中国地质学会第 14 届年会在长沙举行。杨钟健作题为《我们应有的忏悔和努力》的演讲。

秋季，北京大学、清华大学、南开大学在昆明组成西南联合大学。地质地理气象学系主任孙云铸。

西康地质调查所成立。

1939 年

3 月 1—3 日，中国地质学会第 15 届年会在重庆举行。黄汲清发作题为《中国西南部之煤、铁与石油》的演讲。

4 月，玉门油矿开始出油，并很快见到工业油流。

7 月，西北联合大学改组为西北大学，原设地理系扩充为地质地理系。

李四光著《中国地质学》在伦敦用英文出版。

1940 年

3 月 14—16 日，中国地质学会第 16 届在重庆举行。李四光作题为《广西台地构造之轮廓》的演讲。

6 月 15 日，叙昆铁路沿线探矿工程处成立。10 月 11 日改组为西南矿产测勘处。1942 年 9 月改组为矿产测勘处。

福建省建设厅地质土壤调查所在永安成立，所长周昌芸。

1941 年

3 月 8—10 日，中国地质学会第 17 届年会在重庆举行。尹赞勋作题为《中国地质工作之新近进展》的演讲。

3 月 16 日，资源委员会甘肃油矿局成立，孙越崎任总经理，在矿场设地质室，室主任为孙健初。

11月，陕甘宁边区成立地矿学会，负责人为武衡。

潘钟祥在《美国石油地质家协会志》上发表题为《中国陕北和四川白垩系石油的非海相成因》的论文。

1942 年

3月20—22日，中国地质学会第18届年会暨学会成立20周年庆祝会在重庆举行。李四光宣读《20年经验之回顾》的演说词。

8月29日，蒋介石视察玉门油矿，甘肃油矿局总经理孙越崎当面向他报告了玉门油矿开发经过、已经取得的成果和面临的困难。

冬，黄汲清、杨钟健、程裕淇、周宗浚、卞美年和翁文波等去新疆，对乌苏独山子油田、库车铜厂油田、温宿塔克拉克油田的地质情况作了详细的调查。

1943 年

3月7—9日，中国地质学会第19届年会在重庆举行。

春，中央地质调查所在兰州成立西北分所，所长王曰伦。

12月31日，新疆地质调查所在迪化成立，所长王恒升。

南延宗在广西富（川）贺（县）钟（山）区发现磷酸铀矿、脂状铅铀矿和沥青铀矿等3种含铀矿物。

1944 年

4月1—8日，中国地质学会第20届年会在贵阳举行，孙云铸作题为《云南志留纪及泥盆纪地层》的演讲。

4月24日，许德佑、陈康、马以思在贵州晴隆黄厂附近调查地质时被土匪枪杀。

1945 年

3月11—13日，中国地质学会第21届年会在重庆举行。昆明分会也同时举行年会。

黄汲清所著《中国主要地质构造单位》由中央地质调查所印行。

1946 年

3月20日，葛利普在北平病逝。

6月1日，中国石油公司在上海成立，统管全国石油勘探、开发、炼制和运销工作。

10月27—29日，中国地质学会第22届年会在南京举行。

中央地质调查所由重庆北碚迁回南京珠江路旧址。中国地质学会同时由重庆迁回南京。

察绥矿产调查所在张家口成立，所长李士林。

1947 年

中央地质调查所接收伪满地质调查所，在长春成立工作站，主任岳希新。

11月18日，中国地质学会第23届年在台北举行，谢家荣作题为《古地理为探矿工作之指南》的演讲。

1948 年

3月，国立中央研究院选出院士81名，其中地质学家6人，即：朱家骅、李四光、翁文灏、黄汲清、杨钟健、谢家荣。

8月25日—9月1日，第18届国际地质大会在英国伦敦召开，中国代表李四光、黄汲清等11人参加。

10月24日，中国地质学会第24届年会在南京举行，俞建章作题为《古代生物在进化过程中之另一演变倾向》的演讲。

1949 年

年初，东北地质调查所在长春成立。

8月19日，政务院财政经济委员会决定，将原中央地质调查所划归财政经济委员会计划局领导。

8月，浙江省地质调查所在杭州成立，所长朱庭祜，副所长盛莘夫。

9月8日，为迎接中华人民共和国开国大典，北平地质调查所钻探队职工在北平门头沟耿王坟煤矿开动了解放后第一台矿产岩心钻机。

12月，中国地质学会第25届年会分别在南京、北京两地举行。

1950 年

2月17日，毛泽东主席在中国驻苏联大使馆接见使馆工作人员和中国留苏学生代表，题词"开发矿业"。

3月17日，华东军政委员会重工业部地质探矿专修学校开学。谢家荣任校务委员会主任委员。

3月，地质调查所、地质调查所北京分所、华东军政委员会矿产测勘处派人分赴东北、华北、华东、中南、西北和西南六个大区进行野外地质工作。

5月6日，李四光返回中国大陆，抵达北京。次日周恩来总理前往住所看望。

5月10日，隶属于华东军政委员会重工业部的原资源委员会矿产测勘处划归中央人民政府财政经济委员会计划局领导。

5月30日，李四光根据周恩来总理的委托，向当时留在中国大陆的地质工作者发出征询意见函。

8月25日，政务院第四十七次务会议通过，任命李四光为中国地质工作计划指导委员会主任委员；成立中国科学院古生物研究所和地质研究所，李四光兼任古生物研究所所长。

9月1日，焦作工学院从河南迁至天津，改名为中国矿业学院。燃料工部部长陈郁兼首任院长。

9月8日，政务院第四十九次政务会议通过，成立矿产地质勘探局，任命谭锡畴为局长。

10月1日，中国地质工作计划指导委员会测绘学校成立，侯德封任校务委员会主任。它的前身是中国人民解放军华东军区测绘学校，是在华东军区暨第三野战军司令部测量大队基础上建立起的中等专业学校。

11月1—7日，中国地质工作计划指导委员扩大会议在北京召开，到会代表65人。章鸿钊致开幕词，李四光作报告。

11月27日，政务院财政经济委员会和文化教育委员会联合发出《关于地质工作及其领导关系的决定》，明确中国地质工作计划指导委员会为地质工作的统一领导机关，地质研究机构及古生物研究机构仍属中国科学院领导。

12月，中国地质学会第26届年会在北京、南京、广州和杭州同时举行。

1951年

1月，尹赞勋、谢家荣两位副主任委员代表中国地质工作计划指导委员会到南京正式接管三大地质机构，并首次在南京召开在宁全体地质人员大会，宣布成立一局两所：矿产地质勘探局、地质研究所、古生物研究所。

3月，政务院文化教育委员会组织西藏工作队，李璞、方徨、王大纯、王忠、任天培、何发荣、张倬元、朱上庆、崔克信、魏春海等地质工作者随同中国人民解放军首次进入西藏进行地质考察，历时 10 个月，行程约 11 万千米。

4月 18 日，政务院公布《中华人民共和国矿业暂行条例》。

5月 7 日，在南京珠江路地质调查所举行庆祝大会，正式宣告一局两所成立：矿产地质勘探局（驻北京）、中国科学院古生物研究所（驻南京）和中国科学院地质研究所（驻北京）。

9月 6 日，章鸿钊因肝癌在南京逝世。

10月 14—25 日，全国地质工作会议在北京举行。会议制定了 1952 年资源勘探方针和第一个五年计划轮廓。议定了地质调查、矿产调查、钻探、测量、化验、物理勘探等工作制度。

10月，中国地质工作计划指导员委会在长春创办的地质专科学校开学。李四光兼任校长。

12月 29—31 日，中国地质学会第 27 届年会在北京举行。李四光作了题为《地质工作者在科学战线上做了些什么？》的长篇讲话。

全国 300 多名地质工作者组成了 84 个地质队分赴全国从事地质调查工作。

苏联第十三航测大队等在伊犁、库车和喀什地区进行 1∶20 万地质测量区域地质调查。在开发独山子油田的同时，中苏石油公司在准噶尔盆地和塔里木盆地开展石油普查。

1952 年

8月 7 日，中央人民政府委员会第 17 次会议通过决议，成立中央人民政府地质部，任命李四光为部长，何长工、刘杰、宋应为副部长。

8月 25 日，政务院通知撤销"中国地质工作计划指导委员会"，所有业务和人员由地质部接收。

10月，地质部南京地质学校成立，李旭之任校长，周道任党委书记。

11月 7 日，北京地质学院成立，刘型任院长。

11月 12 日，东北地质学院在长春举行成立典礼，文士祯任院长。

11月 17 日—12月 8 日，地质部在北京召开全国地质工作计划会议。政务院副总理兼政务院财政经济委员会主任陈云到会作重要讲话。

地质部中南地质局在武汉成立，局长朱效成。

1953 年

1 月 20 日—2 月 10 日，地质部在北京召开全国地质人员学习会议，700 余人参加，李四光部长和何长工副部长作报告。

1 月，地质部第一次派出代表团赴苏联访问，由副部长宋应率领。

2 月 8 日，中国地质学会第 28 届年会在北京举行。

4 月 10 日，毛泽东主席对地质部党组《关于反官僚主义的检查报告》作重要批示。

4 月，政务院决定铁道部张家口铁路工厂划归地质部领导，成立张家口探矿机械厂。

7 月 31 日—8 月 14 日，地质部召开首次地质教育工作会议。

9 月 15 日，地质部长春地质学校成立。

10 月 1 日，北京石油学院成立，院长阎子元。

10 月 8 日，在国家计划委员会的领导下成立全国矿产埋藏量鉴定委员会。

11 月 20 日　全国矿产储量委员会正式成立。

11 月 20 日，国家计划委员会发出《关于成立全国矿产储量委员会的通知》。

12 月　毛泽东主席、周恩来总理等就中国石油探前景问题垂询李四光。李四光深信我国油气资源的蕴藏量是丰富的，提出关键是要做好石油地质勘探工作。他的意见得到毛泽东主席、周恩来总理等的肯定。

1954 年

1 月，全国地质普查委员会成立，主任由李四光兼任，技术负责为谢家荣、黄汲清。

3 月 6 日，陈云同志核准签发了地质出版社的经营执照。

2 月 11—14 日，中国地质学会第一次全国会员代表大会在北京举行。李四光理事长作题为《旋涡状构造及其他有关西北大地构造体系的复合问题》的学术讲演。

3 月 1 日，李四光在燃料工业部石油管理总局作《从大地构造看我国石油资源勘探的远景》的报告。提出华北平原与松辽平原的摸底工作是值得进行的。

6 月 12 日，政务院财政经济委员会颁布《地质勘察工作统一登记暂行办法》。

6 月 26 日—7 月 7 日，地质部召开首次钻探工作会议。

8 月 22 日，地质部《接受群众报矿暂行办法》经中央人民政府政务院批准公布。

9 月 28 日，中央人民政府地质部改名为中华人民共和国地质部。李四光任部长。

10月18日，地质部与铁道部联合通知，由地质部统一领导长江大桥地质钻探队。

12月，国务院决定：自1955年起，由地质部承担石油与天然气的普查和部分详查工作；燃料工业部承担详查细测和钻探开发工作；中国科学院承担科学研究工作。

1955年

1月15日，地质部决定将原担负固体矿产普查工作的普查委员会改为担任石油普查和部分详查工作的主管部门。

1月20日—2月11日，地质部在北京召开第一次石油普查工作会议。决定组成5个石油普查大队，分别在准噶尔、柴达木、六盘山、四川盆地和华北平原等地和燃料工业部共同进行大面积石油普查。

1月25日，中苏两国政府签订《关于在中华人民共和国进行放射性元素的寻找、鉴定和地质勘探工作的议定书》。

1月，中国铀矿地质工作的专门管理机构——地质部第三局成立。

2月5—6日，中国地质学会第29届年会在北京举行。张家口、西安、汉口、长春、南京、沈阳等地的分会在年会的前后组织了学术活动。

2月10—17日，地质部在北京召开全国区域水文地质工作会议。

6月1—10日，中国科学院举行学部成立大会，李四光等24名地质学及相关专业人士当选为生物地学部学部委员。

11月19日，国家统计局和国家计划委员会批准《矿产储量统计和矿产储量平衡表编制规程》由地质部布置执行。

12月—1956年1月，中苏陆续签订了关于在中国进行区域地质调查、矿产普查、航空磁测、石油地质普查、地球物理勘查等技术合作合同。

秋，在新疆成立了"地质部中苏技术合作地质测量队"对阿尔泰、柯坪和西昆仑等地区进行1∶20万区域地质调查。

1956年

1月24日—2月4日，由中国科学院、石油工业部和地质部联合召开的全国石油勘查会议在北京举行。

2月，地质部第二次石油普查工作会议在北京举行。决定1956年组成14个石油普大在14地区进行油查和测工作。

2—3月，毛泽东主席在听取工交各部门工作汇报时指出："地质部是地下情况的侦察部，地质工作搞不好，一马挡路，万马不能前行。地质工作要提早一个五年计划、一个十年计划，准备好矿产资源。"

3月26日，由地质部、石油工业部、中国科学院联合组织的全国石油地质委员会成立。作为全国石油地质的咨询机构，由李四光担任主任委员。

3月，地质部中南地质局四〇四队王国骥机台在广西泗顶厂铅锌矿创月进1070米的钻探新纪录。

4月18—27日，地质部先进生产者代表会议在北京召开。毛泽东、刘少奇、周恩来、朱德等党和国家领导人接见了会议全体代表。

5月3日，周恩来总理在国务院干部会议上谈到我国石油资源情况时说："地质部长很乐观，对我们说，石油地下蕴藏量很大，很有希望。我们很拥护他的意见。现在需要去做工作。"

6月16—18日，中国地质学会第30届年会在北京举行。

7月14日，中央批准地质部党组《关于设立省（自治区）地质局和地质管理总局的报告》。

8月，中国地质学会编辑委员会和中国科学院地质研究所编写的《中国区域地层表（草案）》由科学出版社出版。

9月1日—10月5日，苏联地质保矿部副部长卡纳布良采夫率地质代表团来访，并检查在中国的苏联专家的工作。

10月10日，成都地质探学院建成开学，路拓为首任院长。

11月16日，国务院决定，地质部第三局改为第二机械工业部第三局。

中国和苏联两国科学院分别组成黑龙江流域综合考察队，于1956—1960年共同进行了黑龙江流域的综合考察。

由中科院地质研究所、兰州地质研究所、地质古生物研究所和北京地质学院等为主体组成的祁连山队，对祁连山地层、古生物、岩石、构造和矿产进行全面调查。

1957年

年初，地质部做出了石油地质工作战略东移的决定。

2月5—10日，中国地质学会第2届全国会员代表大会在北京举行。

2月8—24日，苏联地质保矿部部长安特罗波夫率地质代表团访问中国并签订了《中华人民共和国地质部和苏联地质保矿部关于共同进行地质研究的议定书》。

4月1—9日，地质部在北京召开全国第一次区调普查工作会议。

6月27日，国务院决定，全国矿产储量委员会是审查和批准各种矿产储量的国家机关。

1958 年

2月26日—3月6日，国务院总理周恩来实地考察了地质部湖北地质局三峡水文地质队在西陵峡南津关和三斗坪勘察的两个坝区。

3月，中国地质学会第31届年会在北京举行。

4月28日，毛泽东主席在广州听取地质部副部长刘景范工作汇报时指出："地质部要打破洋框框，发动群众报矿"。

6月17日，中共中央批准《地质部党组关于地质工作体制和精简本部机构的报告》。

6月20日，苏联科学院全体会议选举李四光为该院外籍院士。

8月22日，中匈签订《中匈科学技术第四届会议议定书》，确定地质部地质研究所、矿物原料研究所、物探研究所和匈牙利布达佩斯地质研究所、地球物理研究所建立直接联系。

9月10—21日，地质部、冶金部、中国科学院地学部、中国地质学会共同召开了第一次全国矿产会议。200篇工作报告和论文在大小型会场宣读。苏联地质保矿部部长安特罗波夫率苏联地质代表团参加了会议。

1959 年

3月31日，地质部地质科学研究院成立，许杰副部长兼任院长。

6月10—17日，地质部、冶金工业部和中国科学院联合在北京召开全国稀有、分散元素地质会议。

6月27日，中国与越南签订《关于中越合作进行北部湾海洋综合调查的议定书》。

9月26日，石油工业部在黑龙江大同长垣高台子构造钻获工业油流，成为大庆油田的第一口发现井。

9月29日，地质部在吉林扶余构造钻获工业油流。

10月1日，地质博物馆在北京建成并对外开放。

10月30日，朱德委员长参观全国工业交通展览会地质资源馆时题写"探清祖国宝藏"。

11月12—21日，第一届全国地层会议在北京召开。协商产生了第一届全国地层委员会，由45人组成，主任李四光，副主任武衡等。办事机构设在中国科学院南京古生物研究所。修改并通过了第一个全国性地层规范（草案）。

12 月 18 日，地质部成立石油地质局，规划和管理石油普查工作，建立区域性、综合性的石油普查大队。

《1∶300 万中国地质图》出版。

1960 年

2 月 29 日，中国第一支海上石油勘查队伍——地质部渤海综合物探大队成立。

1961 年

1 月 13 日，地质部颁发《关于推广小口径钻进方法的几项规定》。

1 月 27 日，中共中央同意《地质部党组关于加强稀有元素地质工作的报告》及报告中提出的五项措施。

1 月 28 日，地质部颁发《地质部对当前地质工作的十四条意见（草案）》。

2 月 27 日—3 月 4 日，中国科学院地学部、地质部、水利电力部联合在广西南宁召开全国喀斯特研究会议。

4 月 15 日，石油部华北石油勘探处 32120 井队在山东济阳坳陷东营构造施工的华 8 井获工业油流，日产原油 81 吨，为胜利油田的第一口发现井。

7 月 3 日，地质部、建筑工程部联合报送了《关于加强水晶、冰洲石、光学萤石、金刚石等特种非金属矿产资源的普查勘探和开采管理的报告》。

10 月 20 日—11 月 4 日，全国地质局（厅）长会议讨论了贯彻执行"调整、巩固、充实、提高"八字方针问题，制订了《地质队工作条例（草案）》。

11 月 30 日，全国矿产储量委员会组织有关单位对 1958—1960 年内提交的 7200 余份勘探和普查报告进行全面的复审核实。

12 月 2 日，中共中央同意将省（区、市）地质局收归以地质部为主的双重领导。

1962 年

3 月 8 日，国务院副总理李富春在《地质部党组关于贯彻"精兵简政"政策的报告》上批示："争取今年一步走，能减 10 万人。"

3 月 21—30 日，地质部召开全国地质局（厅）长会议，讨论和制定了精简职工的方案。

4 月，地质部在广州召开了全国区域地质测量和矿产普查工作会议。

5 月 8 日，地质部发出《关于调整全国地方地质科学研究机构的通知》，决定撤销 23 个省区地质局所属科学研究所，合并组成 6 个大区地质科学研究所。

5 月 25 日，地质部党组向中共中央汇报中华人民共和国成立以来已探明有工业储量的矿产达 96 种，再加上只探明了远景地质储量的 6 种，共 102 种。

12 月 18—25 日，中国地质学会第三次会员代表大会暨第 32 届学术年会在北京举行。李四光作《华北平原西北边缘地区冰碛和冰川沉积》的学术讲演。大会收到论文 735 篇。

1963 年

5 月 30 日，国务院批准《全国地质资料汇交办法》。

7—11 月，地质部航空物探大队九〇四队首次发现并圈出了北部湾坳陷区，面积大于 2.8 万平方千米。

8 月 6 日，地质部发出关于讨论和试行《地质部计划工作条例（草案）》和《地质部贯彻执行国务院统计工作试行条例的若干规定（草案）》的指示。

9 月 10—21 日，地质部召开第一次全国矿产储量委员会工作会议。自 1958 年以来，共编制出 27 种规范初稿，共审批了 978 份地质报告。

10 月 11 日—11 月 1 日，地质部召开全国地质局长会议，制订了《关于地质队伍调整的初步方案》《关于 1963 年地质工作计划执行情况和 1964 年计划控制数字的说明》和《关于加强科学实验的一些问题》。

11 月 8 日，地质部试行《关于地质队的设置和组织机构问题的意见》。

11 月 27 日，毛泽东、刘少奇、朱德等中央领导同志接见第一届矿物、岩石、地球化学学术年会全体代表。

12 月 3 日，国务院总理周恩来在第二届全国人大第四次会议上宣布："我国需要的石油过去绝大部分依靠进口，现在已经可以基本自给了。"

12 月 14 日，地质部部长李四光为第五物探大队物探船题名："星火一号""星火二号"。

1964 年

1 月 1 日，毛泽东主席在怀仁堂接见地质部部长李四光。李四光向毛主席汇报了石油地质工作的新进展。

4 月 22 日，中共中央、国务院同意国家经委《关于加强地质工作的报告》。

4 月，地质部决定在南京筹建海洋地质科学研究所。

5 月 5—16 日，上海地面沉降问题地质会议在上海召开。

7月21日，中国人民银行、冶金部、地质部向中共中央报送了《关于增加黄金生产的请示》。

12月11日，地质部海洋地质科学研究所在南京成立。

1965年

1月9日，地质部第一矿产公司在郑州成立，负责全国水晶矿产品的地质普查、勘探、开采、选矿和收购等工作。

2月20日，国务院批准发布《编制出版我国地图暂行管理办法》。

3月4—13日，中国地质学会在北京召开第一届全国水文地质工程地质学术会议，并成立中国地质学会水文地质专业委员会。

3月22—30日，第一届构造地质术会议在北京举行，并成立了中国地质学会构造地质专业委员会。

5月28日，以朝鲜地质总局局长郑福来为团长的朝鲜政府地质代表团，在地质部党组书记、副部长何长工的陪同下到第五物探大队参观考察。

7月28日—8月11日，地质部在北京召开试办地质机械仪器托拉斯工作座谈会。

8月25日，中共中央、国务院批转国家计委、国家经委和国防工业办公室《关于铀矿普查勘探和综合利用的若干规定（草案）》。

9月6—15日，地质部在河北召开首次全国金矿地质工作会议。同年，地质部在北京成立了与北京市地质局合署办公的金矿地质局。

12月17日，国务院批准发布地部制订的《矿产资源保护试行条例》。

12月29日，地质部部长李四光在听取海洋地质科学研究所工作汇报时指出："海上石油的远景在东海。"

1966年

3月8日，河北邢台地区发生6.7级地震。地质部、中国科学院等部门组织力量开展地震地质调查和研究工作。

4月28日，地质部颁布《一比二十万比例尺区域地质测量工作暂行规定（草案）》。

6月22日，第二机械工业部、地质部发出《关于协同做好铀矿普查工作的联合通知》。

8月14日，著名地质学家谢家荣非正常谢世。

1967 年

6 月 14 日，石油工业部海洋勘探指挥部自制固定桩基钢平台，首次在天津歧口以东 22 千米的渤海钻成"海 1 井"，为我国第一口海上工业油气井。

10 月 4 日，国务院、中央军委任命王乐天为地质部军事代表，蒋成玉为副军事代表。

1968 年

1 月 17 日，地质部向国务院报送《关于加强西藏铬矿和石油地质工作的请示报告》。

1969 年

1 月 25 日，地质部机关撤销，设立政工、生产、后勤、办事四组。大部分干部下放江西省峡江县水边"五七"干校和黑龙江省铁力市桃山"五七"干校。

6 月 6 日，地质部部长李四光在国家科委海洋工作体制改革调查小组会议上说："海洋石油是我们的重点。但在找油时，还要注意开展综合性海洋地质调查工作。"

1970 年

1 月 17 日，全国地震工作会议在北京召开。郭沫若、李四光到会讲话。

3 月 25 日，地质部地震地质队伍全部划归中国科学院领导。

4 月 8 日，国务院业务组召开专门会议，研究地质部要求建造海洋钻探船的请示。会议确定了"改一条、买一条、造一条"钻探船的计划。

4 月 22 日，地质部部长李四光接见地质部海洋地质科学研究所和第五物探大队的代表，谈到北部湾工作时指出："整个看这是个油区，北北东的凹陷中还有隆起，生油储油条件都有。"

6 月 2 日，地质部在上海组建海洋钻探船及配套设备、仪器设计工程小组，代号为地质部"六二七工程"。

6 月 22 日，中共中央和国务院决定将地质部并入国家计划革命委员会，改名为国家计划革命委员会地质局，简称国家计委地质局，对外称"中华人民共和国地质局"。

9 月，国家计委地质局决定将原地质部海洋地质科学研究所改名为第二海洋地质调查大队，由南京迁往广东省湛江市。

9月，国家地震局成立。

10月20日—11月23日，国家计委地质局在北京召开"抓革命、促生产"会议。周恩来总理在人民大会堂接见会议全体代表。

1971年

1月27日，翁文灏在北京逝世，享年82岁。

4月29日，中共中央委员、全国政协副主席、中国科学院副院长、原地质部部长李四光在北京逝世，享年82岁。

9月11日，国家计委地质局江苏石油勘探指挥所第六普查勘探大队3208井队在苏北溱潼凹陷戴南构造施工的苏20井，获日产原油14.5立方米。

10月7日，国家计委地质局一五〇工程筹备组在北京成立，负责筹建地质系统数据处理中心。

10月24日—11月11日，燃料化学工业部海洋勘探指挥部在渤海建成4号固定钻井平台钻"海4井"，在下第三系试获日产原油262吨。

1972年

3月6日—4月13日，冶金工业部、燃料化学工业部、国家建委建材工业局和国家计委地质局联合在北京召开全国地质工作会议。余秋里到会讲话。

7月6—26日，地质实验工作会议在北京召开。9月29日，国家计委地质局印发了《地质实验工作会议纪要》。

10月31日，第一海洋地质调查队在上海沪东造船厂新造的3000吨级海洋地质综合科学考察船"海洋一号"启用。

尹赞勋先后发表《板块构造简介》《板块构造述评》《从大陆漂移到板块构造》《板块构造学说的发生与发展》等一系列文章，将板块构造学说引入我国。

1973年

4月18日至5月9日，国家计委地质局在苏州召开了有各省（区、市）地质部门负责人和冶金部、燃化部、二机部、国家建委建材局参加的区域地质调查和矿产普查工作会议。

4月28日，原地质部六二七工程筹备组改建为中华人民共和国地质局海洋地质调查局，统一领导第一海洋地质调查大队、第二海洋地质调查队、第三海洋地质调查大队和海洋地质综合研究大队。

7月6—21日，国家计委地质局在青岛召开地质部门水文地质工程地质工作会议。

10月25日—11月6日，中国科学院、冶金部、国家计委地质局联合在贵阳召开全国岩矿分析经验交流会。

11月5日，国家计委颁发《矿产储量表填报规定》。

1974 年

4月3—14日，国家计委地质局在北京召开华北磷矿座谈会。

5月3日，国务院、中央军委批准国家建委《关于组建水文地质普查部队的请示报告》。

5月19日—7月18日，国家计委地质局海洋地质调查局"勘探一号"双体钻探船，在黄海南七凹陷首次试钻"黄海一井"。

6月6—21日，国家计委地质局在西安召开铬矿地质工作会议。国家计委批转了《全国铬矿地质工作会议纪要》。

6月7日，国务院批准国家计委地质局海洋地质调查局开展东海地质地球物理调查，面积约22万平方千米。

7月20—30日，国家计委地质局在河南许昌召开全国小口径钻进工作会议，确定小口径金刚石钻进为地质部门岩心钻探的发展方向。

8月15日—9月13日，由冶金部、交通部、国家计委物资局、国家计委地质局联合组成赴藏铬矿调查组。国家计委批转了铬矿调查组《对西藏铬矿工作的建议》。

中国地质科学研究院主编《中华人民共和国地质图集》由地图出版社出版。

1975 年

1月15日，国家计委地质局向国家计委报送《关于加强石油普查的报告》，建议"实行陆相和海相并举（以陆相为主）；中新生代和古生代并举（以中新生代为主）；海陆并举、油气并举"。

2月20日—3月10日，国家计委地质局在北京召开地质工作会议，国务院副总理王震、余秋里到会讲话。

4月8—17日，国家计委地质局在北京召开地质图书长远选题计划会议，许杰到会讲话。

5月22日—6月4日，石油化学工业部和国家计委地质局在武昌召开了全国磷矿地质工作会议。

6月8日，国务院副总理王震率许杰等先后到内蒙古、河北张家口和山东等地考察金矿地质工作。

6月26日—7月1日，国家计委地质局在北京召开黄金地质工作座谈会，王震副总理到会讲话。

7月，"任4井"喷出高产油流，任丘古潜山式油田被发现。

7月4日，西藏地质局第三地质队在藏北羊八井地区发现地热蒸气田。

8月，李春昱主编的1∶500万《亚洲地质图》出版。

9月30日，国务院发出《关于调整国务院直属机构的通知》。决定"增设国家地质总局"，孙大光任局长。

10月11—25日，国家地质总局召开全国地质力学经验交流会。印发了《全国地质力学经验交流会议综合简报》。

10月14日，中国地质科学院主编的1∶500万《亚洲地质图》、1∶400万《中华人民共和国地质图》和1∶400万《中华人民共和国构造体系图》，首次公开出版发行。

10月20日—11月3日，国家地质总局在北京召开地质科学技术情报工作会议。

11月13日，国家地质总局、冶金工业部、中国科学院研究讨论，制订了《富铁矿科研和找矿规划》。

1976 年

1月6—10日，国家地质总局在北京召开小口径钻进配套机具鉴定会，鉴定了高速千米金刚石钻机、陀螺测斜仪、绳索取心钻具、人造金刚石钻头等7项产品。

1月17日，国家地质总局印发了《1976—1985年地质工作十年规划（草案）》。

1月24日，中国科学院、冶金工业部、国家地质总局联名向国务院呈送《关于加强找富铁矿工作的报告》。

5月26日，国家地质总局南海地质调查指挥部在广州成立。

6月26日，地质科学研究院改名为中国地质科学院。

8月16—25日，国际地质科学联合会第五届理事会第二次会议和第25届国际地质大会在澳大利亚悉尼举行。会议通过恢复中国地质学会的合法席位。中国地质学会即组成以代理事长许杰为团长的代表团于22日赶赴悉尼参会。结束了中国地质学会未能参加第19～24届国际地质大会的情况。会议期间，李廷栋发表了《中国地质构造的发展》和《中国地质概要》的演讲。

11 月 12 日，国务院副总理谷牧批示同意国家地质总局《关于进行南海地质调查的请示》。

11 月 18 日，国家地质总局发出《关于恢复地震地质工作的通知》。

1977 年

1 月 20—22 日，中国科学院、冶金工业部、国家地质总局联合召开富铁矿地质会战座谈会。

1 月 28 日—2 月 11 日，国家地质局在北京召开地质技术装备年规划工作会议。

2 月 28 日—3 月 17 日，国家地质总局在北京召开地质工作会议，王震、余秋里副总理到会讲话。

6 月 17 日，国家地质总局颁发《金属矿床地质勘探规范总则（试行）》。

6 月 30 日，国家地质总局、国家建筑材料工业总局、石油工业部联合颁发《非金属矿床地质勘探规范总则（试行）》。

7 月 1—13 日，国家地质总局在北京召开全国地质部门工业学大庆会议。出席会议代表 2669 人。会前 1000 名代表到大庆现场参观。

8 月 28 日—10 月，南海石油勘探指挥部"南海一号"自升式钻井船在北部湾涠西南构造发现了上第三系含油层和下第三系工业油流，获日产原油 50 吨、天然气 9490 立方米。

9 月 22 日，西藏地质局地热地质队在羊八井完成第一口高温蒸气井并交付地热试验电站使用。

12 月 21 日，山东省临沭县岌山公社常林大队女社员魏振芳发现重 158.7860 克拉天然金刚石，被命名为"常林钻石"。

12 月 27 日—1978 年 1 月 26 日，国家地质总局在上海同时召开区域地质、矿产普查，铁矿地质，海洋地质调查三个会议。

经国务院批准，中国地质学会参加国际地科联地层分会中的奥陶纪、志留纪、泥盆纪、石炭纪、白垩纪、第四纪地层分会和前寒武系—寒武系界线工作组。同时参加国际对比计划中的时代准确性、北半球第四纪冰川、前寒武系 - 寒武系接线、上前寒武系及探矿项目。

1978 年

1 月 9—28 日，国家地质总局在上海召开地质系统首次海洋地质工作会议。

3 月 18—31 日，全国科学大会在北京召开，国家地质总局系统有 266 项科研成果获得大会奖励。

4 月 17 日，国家地质总局批准《长江三峡水利枢纽三斗坪坝段初步设计阶段工程地质勘察报告》。

4 月 28 日，西安地质学院在原西安地质学校基础上成立。张伯声兼任院长。

4 月，抚州地质专科学校升格为抚州地质学院。

5 月 16 日—7 月 9 日，孙大光、张同钰率地质代表团赴联邦德国、法国访问，重点考察了遥感技术和电子计算技术在地质工作中的应用。

7 月 25 日—8 月 15 日，国家地质总局在北京召开石油工作会议，研究解决了地质部门石油队伍全面进行石油勘探的重大方针问题。国务院副总理康世恩到会讲话。

9 月，第四纪冰川及第四纪地质学术会议在江西庐山举行。代表 279 人，论文和论文摘要 235 篇。

10 月 10 日，国务院批准国家海洋提出的关于开展南极考察的请示报告。

10 月 15 日—11 月 5 日，国家地质总局在成都召开教育工作会议。

10 月 27 日—11 月 4 日，第一届全国数学地质学术讨论会在杭州举行。代表 195 人，论文 131 篇。

10 月，第二届全国矿物岩石地球化学学术会议暨中国矿物岩石地球化学学会成立大会在贵阳举行。代表 357 名，论文 769 篇。涂光炽当选学会理事长。

10 月，第二届岩溶学术会议在广西桂林举行。代表 200 余人，论文近 150 篇。

12 月，首届地下水资源评价学术会议在北京举行。代表 250 人，论文近 200 篇。

12 月，桂林冶金地质学校升格为桂林冶金地质学院。

1∶300 万《中国海区及邻域地质图》出版，并附有 15 万字的说明书。

1979 年

1 月 4—20 日，国家地质总局在北京召开地质局长会议，决定将地质工作的重点转移到"以地质找矿为中心"上来。

1 月 25 日，国家地质总局海洋地质研究所在山东省青岛市成立。

3 月 6 日，国务院批准国家地质总局派人接任亚太经社会自然资源司司长工作和参加亚洲近海矿产资源联合勘测协调委员会（CCOP）。

3月13—23日，第二届全国构造地质学术会议在北京举行。代表380人，论文734篇。

3月26—30日，中国地质学会第4次会员代表大会在北京举行，黄汲清当选为理事长。

5月28日，国家地质总局首次组团，分别出席在泰国曼谷和印度尼西亚万隆举行的第六届亚太经社会自然资源委员会（ESCAP）与第16届亚洲近海矿产资源勘测协调委员会（CCOP）会议。

6月19日，国家地质总局和联邦德国经济部在北京签订了《中华人民共和国国家地质总局与德意志联邦共和国经济部关于开展地质科学技术合作的协议》。

6月，地质部水文地质工程地质研究所编《中华人民共和国水文地质图集》由地图出版社出版。

8月13—22日，国家地质总局南海地质调查指挥部第四海洋地质调查大队"勘探二号"钻井平台施工的"珠五井"获工业油流，日产原油289.31立方米。

9月13日，第五届全国人大常委会第十一次会议通过国务院设立地质部的议案，任命孙大光为地质部部长。

9月，在国家经委领导下，由地质部牵头，冶金、煤炭、石油、化工、建材、二机等部共同组成矿产资源法起草办公室。

10月24—30日，中国地质学会和中国海洋学会联合在杭州举办海洋地质第一届代表大会暨1979年年会。

10月29日—11月4日，中国地质学会和中国煤炭学会联合在西安举办第一届煤田地质学术会议，代表220人，收到论文446篇。

10月30日，中华人民共和国地质部、中国科学院与法兰西共和国国家科学研究中心《关于喜马拉雅山地质构造和地壳上地幔的形成和演化的合作研究会议纪要》在北京签署。

11月10—23日，第二届全国地层会议中国地质学会、地质部、中国科学院共同在北京举行。代表500人。论文470篇。会议编著了《中国地层》建了中国统一的地层分类和各地区的地层划分、对比系统。

11月23日—12月1日，全国沉积学和有机地球化学学术会议由中国矿物岩石地球化学学会和中国地质学会联合在北京举办。代表312人，论文及摘要450篇，宣读论文184篇。

11月，地质部在武汉召开成矿远景区划工作座谈会，总结了第一批全国 400 个成矿区的区划工作，布置了第二批区划工作。

12月，中国地质科学院地质研究所构造地质室编制的 1：400 万《中国大地构造图》和 1：400 万《中国构造体系与地震图》公开出版。

12月，我国和法国签订地质科学技术合作协定。双方确定：在矿产资源、工程地质等方面，及与之有关的技术方法、仪器设备研制和使用等领域进行交流和合作。

1980 年

1月 24 日，地质部中国地质学院与美国内政部地质调查局《地质科学合作议定书》，在北京签署。

2月 6 日，经国务院批准，国家经委通知各省、自治区、直辖市人民政府，地质工作的管理体制改为以地质部为主的双重领导。

1980 年 2 月 22 日，地质部派张炳熹教授赴曼谷就任联合国亚洲近海矿产资源联合勘测协调委员会（CCOP）组织项目工作的亚太经社会（ESCAP）自然资源司司长。

3月 18—22 日，石油地质国际会议在北京举行，来自 27 个国家和地区的 60 位学者和专家出席。

3月 27 日，地质部石油地质研究所在北京成立。

4月 10—14 日，地质部在北京召开全国地质系统评功授奖大会。会上宣布了地质部关于表彰建国 30 年来地质找矿有功单位、集体和个人的决定。全国人大常委会副委员长邓颖超，国务院副总理王震、王任重、谷牧，全国总工会主席倪志福，出席了开幕会和授奖大会。出席授奖大会的还有原地质部副部长何长工。王震在授奖大会上讲话。

4月 29 日—5 月 8 日，中国地质学会在杭州召开全国第二届矿床会议。正式代表 471 人，论文摘要 949 篇。

5月 12 日，经国务院批准，地质部、煤炭工业部、冶金工业部、石油工业部、化学工业部、第二机械工业部、建筑材料工业部、轻工业部联合颁布了《群众报矿奖励办法》。

5月 21—30 日，第一届全国助查地球化学学术讨论会在浙江莫干山举行。代表 305 人，论文 207 篇。

5月 25—31 日，青藏高原科学讨论会在北京举行。中国等 17 个国家近 300 名学者、专家参加了讨论会。

6月9日，根据《中美海洋和渔业科学技术议定书》，"中美长江口及附近陆架区沉积作用联合研究"项目开始实施。

7月7—17日，以黄汲清为团长的中国地质代表团出席了在法国巴黎举行的第26届国际地质大会。我国地质学者在会上共宣读论文28篇。

7月27日，我国科学工作者首次在海南岛发现一个海拔高度在100米以上的古海蚀遗迹。

8月20日—9月8日，地质部海洋地质调查局和海洋地质研究所联合组队，首次开展冲绳海槽水深、地形、地貌、底质的海洋地质调查。

9月9—30日，由联合国组织的，来自自亚洲、非洲、拉丁美洲的14个发展中国家的，中国北方半干旱地区地下水勘探开发和利用参观考察团在北京、河北、河南、陕西等地进行专业参观考察活动。

10月27日—11月4日，地质部全国非金属矿产地质工作会议在天津召开。

11月1—10日，郯庐断裂学术讨论会在山东潍坊举行。代表109人，论文99篇。代表们考察了山东境内的4条断裂。

11月14—23日，地质部在北京召开全国成矿远景区划工作会议。

11月19日，国务院批准地质部、中国科协、国家科委、外交部《关于参加国际岩石圈科研活动的请示报告》。

11月26日—12月5日，地质部全国区域地质调查工作会议在北京召开。

11月，全国非金属矿产地质工作会议在天津召开，会议公布中国已发现非金属矿产地4300处，已探获储量的非金属矿产资源达80种，其中硫铁矿、石膏、菱镁矿、硼、磷、砷、石棉、萤石、明矾石、岩盐等的探明储量居世界前列。

地质部高原地质研究所主编的我国第一幅《青藏高原地质图》（1∶150万）出版。

中国科学院新增补64位地质学及相关专业人士为地学部学部委员。

1981年

3月19日，《地质部地质成果公开出版系列试行方案》颁发。

3月22日—5月13日，石油工业部海洋石油勘探局在渤中28-1-1井获日产原油137吨、天然气32万立方米。

3月30日—4月4日，第一届全国遥感地质学术会议在北京举行。代表134人，论文68篇。

4月2日，地质部接受委托承担广东核电站厂址区域稳定性评价工作。

4 月 27 日，孙大光、塞风等向中央财经领导组汇报《关于我国油气资源形势及普查勘探问题》，要求把石油勘探作为一个独立阶段纳入国家计划。

4 月 27—30 日，中法两国地质工作者在法国巴黎召开讨论会，交流对喜马拉雅山地区考察的成果。

6 月 29 日—7 月 5 日，第一届全国区域地质及成矿会议在云南昆明举行，代表263 人，论文摘要 313 篇，论文 153 篇。

7—10 月，地质部南海地质调查指挥部第二海洋地质调查大队"海洋二号"调查船对台湾海峡首次进行地质调查，发现韩江凹陷、九龙江凹陷和晋江凹陷。

8 月 3 日，地质部决定，在总结 1：20 万比例尺区调工作的基础上，以省、自治区为单位编写《中国区域地质志》，并向国内外公开发行。

8 月 24 日，地质部颁发《地质科技成果评审、鉴定试行办法》。

10 月 12—21 日，地质部与联合国亚太经社会共同在江西南昌举办钨矿地质国际讨论会，并组织地质考察。10 月 20 日　李四光学术思想讨论会在湖北武昌举行。同时成立湖北省李四光研究会。

11 月 6—12 日，第一届全国矿物学学术会议在湖南长沙举行。代表 200 人，论文677 篇。

1982 年

3 月 15 日—8 月 7 日，地质部海洋地质调查局"勘探二号"平台在东海钻探"龙井二井"，终孔井深 4227 米。经测试获得日产天然气 14009.6 立方米。

5 月 4 日，第五届全国人大常委会第二十三次会议通过决议：将地质部改名为地质矿产部，增加矿产资源开发管理监督的职能。孙大光任部长。

5 月 19 日，地质矿产部与日本石油公团《关于在中国鄂尔多斯盆地北部合作普查勘探石油和天然气的协议》在北京签订。

7 月 20—24 日，国家科委、地质矿产部联合召开全国第一次地热工作会议，提出发展地热工作的总方针是：积极稳步，因地制宜，合理开发，综合利用。

7 月，国家科委自然科学奖励委员会宣布国家自然科学奖项目。地学方面得奖 28项，其中，"大庆油田发现过程中的地球科学工作"和"中国地质图类及亚洲地质图"获一等奖。

8 月 13 日，葛利普墓由北京沙滩北大旧址迁入西郊北京大学现校园内。

8 月 19 日，地质矿产部、基建工程兵联合制订《关于基建工程兵水文地质部队撤销改编的具体实施方案》。

8月25日—9月4日，中国地质学会举办成立60周年庆祝活动。中生代、新生代地质讨论会在北戴河隆重举行。理事长黄汲清作《略论60年来中国地质科学的主要成就及今后努力方向》的报告。国内学术报告会宣读论文102篇。中、新生代地质讨论会宣读论文72篇。

9月6日，地质矿产部地质技术经济研究中心在河北省三河市燕郊镇成立。

10月5—9日，第一届地质学史学术年会在北京举行，代表88人，论文61篇。

11月5日，地质矿产部成立中国地质勘探和打井工程公司。

11月17—24日，第五届国际磷块岩讨论会在中国昆明举行。15个国家的地质学者进行了讨论和交流。会议期间组织了野外地质考察。

11月19日，中国地质科学院编制的1:800万《亚洲大地构造图》公开出版。

12月15—26日，地质矿产部在北京召开石油地质工作会议，着重研究第二轮石油普查工作的部署和措施。

1983年

2月18日，地质矿产部颁布《地质找矿和地质科学技术成果奖励办法》。

3月20日，地质矿产部将5个石油普查勘探指挥部分别改为华东石油地质局、中南石油地质局、西北石油地质局、华北石油地质局、西南石油地质局。

3月30日，地质矿产部、中国科学院同法国国家科研中心合作的"喜马拉雅山地质构造和地壳上地幔的形成和演化"研究项目，经过3年野外工作，圆满结束。

4月4日，地质矿产部决定将省、自治区、直辖市地质局改名为地质矿产局。

4月7日，联合国开发计划署、意大利政府援助中国京、津、藏地热勘探开发利用项目文件在北京签字。

4月29日，地质矿产部海洋地质调查局"勘探二号"钻井平台在东海"平湖一井"首次试获日产原油174.34立方米，天然气40.84万立方米。

4—11月，地质矿产部海洋地质调查局"海洋一号"和"海洋三号"调查船在东海大陆架、冲绳海槽、琉球海沟进行地震、重力、磁测、测深等综合物探调查工作，完成了东海海域1:100万综合地球物理概查任务。

8月8日，地质矿产部颁发《地质成果公开出版暂行管理办法》。

9月4—8日，国际前寒武纪地壳演化讨论会在北京举行。中外代表140人，论文99篇。

9 月 13—15 日，国际晚前寒武纪地质讨论会在天津举行。代表 100 人，其中国外代表 11 人，论文 59 篇。

10 月 10 日，国务院、中央军委批转地质矿产部、基建工程兵《关于基建工程兵水文地质部队撤销改编的具体实施方案》。

10 月 21 日，国务院决定恢复全国矿产储量委员会，办事机构设在地质矿产部。

11 月 5—12 日，全国 1:5 万区域地质调查工作会议在北京召开。

11 月 19—24 日，由中国地质学会、地震学会、气象学会、石油学会、天文学会、空间科学学会共同发起的第一届全国天文、地质、地震、气象、相互关系学术讨论会在北京举行。代表 120 人，论文及摘要 130 篇。

12 月 12 日，国务院批准上海市地质处改建为上海经济区地质中心，为司局级单位。

1984 年

2 月 27 日，地质矿产部联合发出《关于保护云南省晋宁县昆阳磷矿梅树村地质剖面的通知》。

3 月，地质矿产部海洋地质研究所完成 1:200 万比例尺《中国海域油气勘查形势图》及说明书。

4 月 12—19 日，亚太经社会地区遥感地质应用讨论会在北京召开。16 个国家和地区有关专家 65 人参加会议。

4 月 30 日—5 月 7 日，第三届矿床会议在成都举行，486 人参加，论文 1083 篇。

6 月 5—9 日，地质矿产部、中国科学院和法国国家科研中心共同组织的喜马拉雅地质科学国际讨论会在成都举行，来自 10 个国家的 400 余位专家参加了会议。

6 月 11 日，地质矿产部印发《关于扩大地质队自主权和改革经济管理的暂行规定》。

6 月 19 日，中国设计建造的第一座半潜式海洋石油钻井平台"勘探三号"在上海建成下水。

8 月 1—10 日，有 9 个国家 70 家公司参加展出的由中国贸易促进委员会主办、地质矿产部和中国银行赞助的国际地质机械仪器展览在北京展览馆举办。

8 月 4—14 日，地质矿产部副部长朱训、中国地质学会理事长程裕祺率 78 人的中国地质代表团前往莫斯科出席第 27 届国际地质大会。我国提交论文 360 多篇。62 位代表在会上作学术报告。张炳熹当选为国际地质科学联合会执行委员会副主席。

8 月 16 日，国务院批准国家海洋局、地质矿产部、冶金工业部、国家经委、国家科委、外交部和中国有色金属工业总公司联合向国务院呈报的《关于加强大洋锰结核资源调查工作的请示》。

9 月 22 日，地质矿产部西北石油地质局第一普查勘探大队 6008 钻井队，在新疆塔里木盆地北部施工的沙参二井，于 5391.18 米深处钻出了优质高产工业油气流。

10 月 25 日—11 月 8 日，地质矿产部和联合国亚太地区经济理事会矿产资源开发中心共同组织的国际锡矿地质讨论会在南宁召开。18 个国家 100 多位中外专家和技术人员参加了会议。

10 月 30 日，国务院副总理万里主持国务院第四十八次常务会议讨论《矿产资源法（草案）》。

12 月 27 日—1985 年 1 月 18 日，苏联地质部副部长雅尔玛留克率苏联地质代表团来华进行地质工作考察。温家宝副部长会见了苏联代表团。

由中国地质科学院地质力学研究所主编，各省（区、市）地质局合作编制的《中华人民共和国及其毗邻海区构造体系图》（1∶250 万）由地图出版社出版。

1985 年

1 月 28 日—2 月 5 日，全国地矿系统第二次评功授奖大会和全国地矿局长会议同时在北京召开。国务委员宋平到会讲话。地矿部决定向献身地质事业 30 年的男职工和 25 年的女职工颁发纪念章、荣誉证和荣誉金。

3 月 2 日，地质矿产部颁发《关于简政放权、搞活地质队的暂行规定》和《总工程师职责（试行）》。

4 月，地质矿产部南海地质调查指挥部编制的 1∶200 万比例尺《南海地质－地球物理图集》通过专家评审验收，并交付出版。

5 月 14 日，在北京举办的全国首届技术成果交易会上，地质矿产部系统有 55 个单位的 262 项成果参加了交易会。

7 月 1—6 日，矿产普查与勘探第一次年会在北京举行。代表 179 人。论文 221 篇。

8 月 22 日，甘肃省人民政府和地质矿产部决定，为表彰白银厂铜矿、镜铁山铁矿、金川镍矿普查勘探的地质工作者，在白银市、嘉峪关市、金昌市三地分别建立纪念碑各一座。

9 月 6 日，第六届全国人民代表大会常务委员会第十二次会议决定，任命朱训为地质矿产部部长。

9月27日，我国地质古生物学家许杰出席联邦德国地质学会1985年年会，并接受了该会授予的最高科学奖——莱奥波尔德·冯·布赫奖。

10月7—12日，地质矿产部、冶金工业部、中国有色金属工业总公司和全国矿产储量委员会在北戴河召开全国金矿地质工作经验交流会。同时成立全国金矿地质工作领导小组，朱训任组长。

10月19日，中华人民共和国地质矿产部与德意志民主共和国地质部《地质合作议定书》在北京签订。

11月5—16日，地质矿产部与联合国亚太地区经社理事会矿产资源开发中心共同组织钻探、取样、测井研讨会在江苏无锡召开。16个国家、96位中外专家和技术人员参加了会议。

11月11日，地质矿产部代表中国作东道国在广州举办了联合国亚太经社会亚洲近海矿产资源联合勘测协调委员会第22届年会。

12月9日，地质矿产部、冶金工业部、中国有色金属工业总公司联合颁发《黄金、白银储量奖励办法》。

王鸿祯主编《中国古地理图集》由地图出版社出版。

1986年

1月，地质矿产部南海地质调查指挥部接受联合国开发计划署的经济技术援助，在珠江口盆地7万平方千米范围内首次开展1∶20万比例尺区域性海洋工程地质调查。

3月19日，国家主席李先念发布第三十六号令，《中华人民共和国矿产资源法》自1986年10月1日起施行。

3月19日，彭真委员长题词："地质队伍在社会主义建设事业中肩负着艰巨光荣的任务，望继续作出卓越贡献。"

5月10日，地质矿产部海洋地质调查"探三号"钻井平台在东海西湖凹陷施工的"天外天一井"，终孔井深5000.3米，创我国海域最深探井记录。

6月10—14日，甘肃省人民政府和地质矿产部在嘉峪关、金昌、白银等三市举行为地质工作者建立纪念碑落成典礼仪式。

6月23日，第19届南极研究科学委员会会议在美国圣地亚哥举行，中国被接纳为该委员会正式成员国。同年，中国成为《南极矿产资源活动管理公约》签字国之一。

7月9日，地质矿产部和城乡建设环境保护部联合召开全国城市地质工作会议。

8月7日，我国南海第一个海上油田——北部湾涠10-3油田建成投产。

9月3日，国家经委、国家计委、地质矿产部联合召开全国矿产资源开发管理会议在北京开幕。彭冲副委员长、宋健国务委员出席了会议。

9月30日，地质矿产部海洋地质调查局编制的1∶450万～1∶250万比例尺的《东海石油地质图集》出版。

9月，我国"海洋四号"科学考察船在南海试航，首次发现锰结核。

10月20—24日，第三届国际工程地质大会在阿根廷布宜诺斯艾利斯举行。我国代表团23人出席，提交论文70篇。王思敬当选为国际工程地质协会亚洲副主席。

11月17日，地质矿产部和山西省人民政府在山西省垣曲县举行为地质工作者树碑的揭幕典礼仪式。朱训部长和山西省人民政府领导同志为揭幕仪式剪彩。

11月18日，由中国科协所属中国地质学会等10个学会联合举办的国际遥感学术会议在北京开幕。国内代表172人，国外代表43人，论文国内130篇，国外53篇。

11月30日，地质矿产部、国家南极考察委员会、交通部和广东省党政军等部门领导同志在广州黄埔港欢送"海洋四号"船首航太平洋进行地质、地球物理综合考察。

11月，中国科协所属11个全国性学会联合举办的第二届全国天地生相互关系学术讨论会在北京召开。

12月3—29日，"六五"地质科技重要成果学术交流会在北京举行。16个系统200多人参加，论文197篇。

12月，地质矿产部海洋地质研究所编制的1∶2500万比例尺《太平洋海底多金属结核分布图》由山东省地图出版社出版。

中国地质科学院和中国科学院地质研究所在南极长城站外围20平方千米填绘了大比例尺的地区地质图。

董申保等主编的《中国变质地质图》（1∶400万）由地质出版社用中、英文版公开出版。

马杏垣主编《中国岩石圈动力学地图集》出版。

1987年

2月，南海地质调查指挥部指挥长吕华率组赴夏威夷火奴鲁鲁慰问首航太平洋的"海洋四号"船全体成员，听取中太平洋海域多金属结核调查情况的汇报和工区转移的建议。

3月19日，地质矿产部印发《地质矿产部地质工作体制改革总体构想纲要》。

3月30日，地质矿产部科学技术高级咨询中心主任张炳熹教授出席联合国国际海底管理局筹委会技术专家组首次会议，审议国际海底多金属结核资源矿区申请登记的技术经济指标。

4月10日，中国地名委员会批准地质矿产部南海地质调查指挥部第二海洋地质调查大队在南海新发现的21个海槽、海岭和海山的命名。

4月29日，国务院颁发《矿产资源勘查登记管理暂行办法》《全民所有制矿山企业采矿登记管理暂行办法》《矿产资源监督管理暂行办法》。

5月17日，地质矿产部遥感中心红外扫描组赶赴大兴安岭火区执行任务。

6月18日，地质矿产部南海地质调查指挥部"海洋四号"科学考察船圆满完成太平洋综合地质科学调查任务，返回广州黄埔港锚地。

7月6日，国家计委、国家经委、地质矿产部联合召开贯彻实施《矿产资源法》三个暂行办法的电话会议。

8月24—28日，由中国地质学会、中国岩石圈委员会、中国地震学会、中国国家自然科学基金委员会共同主办的国际大陆岩石圈构造演化和动力学学术会议暨第三届全国构造地质学术会议在北京举行。代表630人，国外代表40人，论文摘要800余篇。

8月31日—9月4日，由中国古生物学会及中国地质学会、中国煤炭学会、中国石油学会共同筹办的第11届国际石炭纪地层与地质大会在北京举行。代表402人，来自32个国家和地区的国外代表182人。大会选录国外论文摘要211篇，国内244篇。

9月1—4日，第一次台湾海峡及其两岸地质与地震研讨会在福州举行。

10月5—7日，中国地质事业早期史讨论会暨纪念丁文江先生诞辰100周年及章鸿钊先生诞辰110周年活动在北京举行。

10月8日—11月16日，地质矿产部南海地质调查指挥部"海洋四号"科学考察船开赴南沙海城进行海洋地质调查。在南通礁竖立了"中华人民共和国地质矿产部海洋四号"石碑。

11月7日，中国地质大学成立，地矿部部长朱训兼首任校长。

1988年

3月2日，地质矿产部颁发《地质矿产局总工程师职责（试行）》和《地质队总工程师责任制（试行）》。

3月7日，地质矿产部颁发经8个部门会签同意的《地质行业地质科技档案工作条例》。

3月19日，地质矿产部南海地质调查指挥部"海洋四号"船在南海北部水深1500米尖峰海山区用自行设计的拖网一次采集到262.75千克的多金属结壳。

4月2—6日，地质矿产部在北京召开对外开放工作会议。国务院副总理田纪云作了重要指示。

4月下旬，受中国科协委托，中国地质学会组织13位专家对《中长期科技发展纲要》（1990—2000—2020）进行讨论。

7月1日，经国务院批准《全国地质资料汇交管理办法》由地质矿产部发布施行。

9月6—10日，国际元古代活动带地球化学和成矿作用讨论会在天津市举行。来自21个国家49名代表和82名国内代表参加。会后组织了3条地质旅行路线考察。

9月7—10日，第一届亚洲海洋地质国际会议在上海举行。来自15个国家和地区的代表31人，国内代表99人，论文172篇。会议期间穿插了联合国教科文组织政府间海洋委员会西太平洋工作会议与国际超微化石协会工作会议。会后组织了浙江岛屿和沿海地质旅行。

9月24—30日，亚欧东部前侏罗纪地质演化讨论会在北京举行。会后组织了秦岭地质旅行。

10月10—14日，第21届国际水文地质学家协会会议在广西桂林召开，国务委员宋健出席了会议。

10月10—15日，国际水文地质学家协会第21届大会在广西桂林举行。会议专题是岩熔水文地质和岩溶环境保护。代表450人，来自31个国家的国外代表240人。会后190名外国专家分别到桂林地区及贵州、云南、山西、河北进行地质旅行考察。

11月12日，中央军委主席邓小平为"中国南极中山站"题写站名。

1989 年

1月4—8日，国家科委、地质矿产部共同主持在北京召开的全国地质灾害防治工作会议。

2月24—28日，地质矿产部石油天然气地质工作会议在北京召开。

5月15日，地质矿产部决定启用"中国地质矿产"行业微志。

6月26日，地质矿产部发布实施《全国地质资料汇交管理办法实施细则》。

7月7日，地矿部顾问程裕淇率领由地矿部、冶金部、能源部、国家教委、中国科学院等12个部门60人组成的中国地质代表团赴美国华盛顿出席第28届国际地质大会。代表团中有44人宣读了论文，6人进行了展讲。在国外的我国访问学者中有20

人宣读了论文。大会理事会同意第 30 届国际地质大会于 1996 年在中国北京举行。张炳熹再次当选为国际地科联副主席。

9 月 12—16 日，第四届全国矿床学术会议在青海西宁举行。代表 305 人，论文 657 篇。

10 月 26 日，全国政协、全国科协、中国科学院、地质矿产部联合举行李四光诞辰一百周年纪念大会。国家主席杨尚昆到会并作重要讲话。中央领导和有关部门领导向第一届李四光地质科学奖获得者授奖。会前，举行了李四光铜像揭幕暨纪念馆开馆典礼。

10 月，地质矿产部举办庆祝建国 40 周年地质成就展览。中共中央书记处候补书记温家宝、国务委员宋健参观了展览。

11 月 20 日，西藏地质矿产局在当雄县羊应乡地热田又钻出一口高温热井，水温 204℃，创中国陆地热井最高纪录。

12 月，中国科协所属 14 个全国学会联合举办的第三次全国天地生相互关系学术讨论会在北京召开。

1990 年

2 月 12 日，中共中央总书记江泽民、国务院总理李鹏、中央政治局常委宋平、国务委员兼国家计委主任邹家华、中央书记处候补书记温家宝听取了地质矿产部关于地矿工作的情况汇报，并作了重要指示。

2 月 21 日，地质矿产部、国家计委、国家科委联合印发了《全国地质灾害防治工作规划纲要》。

4 月 9 日，国务院批准国家海洋局、地质矿产部、冶金工业部、外交部、国家科委、中国有色金属工业总公司、国家矿产储量管理局联合呈报的《关于申请国际海底矿区登记的请示》。

5 月 10 日，中国矿业协会在北京召开成立大会，国务院总理李鹏发来贺信，中国矿业协会名誉会长袁宝华发来书面讲话。大会通过中国矿业协会第一届理事会名单。

5 月 22 日，中国和联合国开发计划署塔里木石油钻井合作项目签字仪式在北京举行。

6 月 14 日，地质矿产部、国家计委、国家科委联合向国务院报送《矿产资源对 2000 年国民经济与社会发展保证程度的研究报告》。

6 月 23 日，地质矿产部和上海市人民政府在上海联合召开东海油气勘查庆功表彰大会，对地矿部上海海洋地质调查局给予嘉奖。中共中央总书记江泽民和国务院总理李鹏给大会发来贺信。

6月28日—7月3日，第15届国际矿物学大会在北京举行。国务院总理李鹏、国务委员兼国家科委主任宋健出席了开幕会。地矿部部长朱训主持开幕会，李鹏总理发表讲话。来自34个国家和地区的562名代表出席了会议，其中外宾296人。共收到论文摘要800余篇，为历届会议之最，其中国外390篇。选出第15届理事会，谢先德当选为主席。

8月23日，中共中央总书记江泽民到新疆塔里木石油勘探现场看望慰问石油地质职工。

10月21—25日，中国科协主持，中国地质学会等15个全国学会共同筹办，在北京召开了全国减轻自然灾害研讨会。代表近100人，论文423篇。

10月25—31日，第15届国际地质科学史学术讨论会在北京举行。王鸿祯被增选为国际地质科学史委员会副主席。

11月8日，地质矿产部吉林石油指挥所在松辽盆地施工的"松南二井"试获日产天然气70万立方米。11月20日，李鹏总理批示："向地质战线上的同志所取得这一成就表示祝贺，希望你们抓紧勘探工作，查明储量，为吉林油田的开发作出贡献。"

11月14日，地质矿产部塔北油气查联合指挥部在塔里木盆地北部阿克库勒地区达力亚构造上施工的沙22井试获高产油气流，初喷日产原油1170立方米，天然气24万立方米。

1991年

1月17日，中共中央总书记江泽民为河南省平顶山市地质工作者纪念碑题词："献身地质事业无尚光荣"。

1月21日，中国宝玉石协会成立大会在北京举行。

1月24—26日，第三次金矿地质工作会议在北京召开。表彰了83个在金矿地质勘查工作中作出突出贡献的单位和30个成效显著的地质科研项目。

1月29日—2月3日，台湾海峡及邻区地质学术讨论会在福州举行。代表130余人，论文41篇。

2月19日，地质矿产部颁布施行《地质勘查市场管理暂行办法》。

3月5日，联合国国际海底管理局和国际海洋法法庭筹委会第九届春季会议审查批准了我国海底矿区的申请。获得了东北太平洋C-C区15万平方千米的深海海底富含铜、镍、钴、锰多金属结核资源开辟区的专属勘探权。

4月10日，"加速查明新疆矿产资源的地质、地球物理、地球化学综合研究"项目（简称国家三〇五项目）通过国家计委、国家科委、财政部组织的国家验收。

4月15—20日，全国"七五"地质科技重要成果学术交流会在北京举行。14个部门101个单位，代表271人参加，论文650篇。

4月24日，中国大洋矿产资源研究开发协会成立大会在北京举行。李鹏总理为协会成立发来贺信。

7月11—15日，地质矿产部地质矿产资源综合管理会议在河北省承德市召开。

7月16日，地质矿产部"七五"重大科技成果交流会在北京召开，有191项重大科技成果参加了交流。

8月2—9日，第13届国际第四纪研讨会大会在北京举行。主题是："第四纪时期的人类与全球变化"。来自41个国家和地区的1000余人出席大会，其中国外代表543人。论文摘要1786篇。近400名外宾和台湾同胞参加了会前、会后27条路线的考察。

8月21日，中国地质科学院南极研究中心提交的《南极乔治王岛菲尔德斯半岛弧火山作用及岩浆演化机理》和《南极埃尔斯沃思山脉文森峰地质特征》两份科研报告在北京受到评审专家的高度评价。

8月27—30日，国际硫化矿床专题学术讨论会在甘肃金昌举行。代表70人，论文摘要76篇。

9月2日，国家计委、国家科委、财政部联合表彰国家"七五"科技攻关优秀成果。地质矿产部承担的《长江三峡工程库岸稳定性研究》获国家"七五"科技攻关重大科技成果奖。

10月26日，第二届李四光地质科学奖颁奖大会在北京举行。15位在地质找矿、地质科研、地质教育中作出突出贡献的地质工作者荣膺第二届李四光地质科学奖。中共中央书记处候补书记温家宝、全国政协副主席钱伟长等领导为获奖者颁奖。

10月29日，中国地质教育协会成立大会在武汉举行。

中国科学院增选35位地质学及相关专业人士为地学部学部委员。

1992年

1月16日，地质矿产部、人事部、国家计委、全国总工会联合表彰全国功勋地质勘查单位颁奖仪式在中南海国务院小礼堂举行。会前，李鹏、姚依林、宋平、邹家华、倪志福等党和国家领导人在人民大会堂亲切接见了92个功勋地质勘查单位的代表并合影留念。

2月24日，国务院批准地质矿产部、总参谋部和外交部呈报的《关于在南沙群岛海域继续开展地质勘查工作的请示》。

7月28日，国务院总理李鹏为地质矿产部建部40周年题词："地质尖兵 功勋卓著 任重道远"。

8月24日—9月3日，第29届国际地质大会在日本京都举行。朱训率中国地质代表团出席会议。中国代表115人向大会提交论文摘要352篇，在会上宣读87篇，265篇论文进行展示。8月24日，第29届国际地质大会理事会表决通过1996年第30届国际地质大会在中国召开。

8月28日，刘敦一当选为国际地质科学联合会理事会副主席。张弥曼当选为国际古生物协会主席。裴荣富当选为国际矿床成因协会主席。王思敬再次当选为国际发展地球科学家协会主席。

9月1—10日，地矿产部在中国革命博物馆举办"地质矿产事业四十年成就展"。国务院副总理邹家华、中共中央书记处候补书记温家宝和原地矿部部长孙大光为展览开幕式剪彩。

9月8日，经国务院批准，由上海市、地质矿产部、中国海洋石油天然气总公司联合组建的上海石油天然气开发总公司在上海正式成立。

9月9—12日，国际泥盆系及固体矿产与油气学术讨论会在桂林举行。代表近100人，论文153篇。

9月15日，地质矿产部召开电话会议，表彰全国地矿系统50个地质找矿功勋单位、40名优秀青年和191个文明机台、坑口和井队。

9月20—24日，庆祝中国地质学会成立70周年暨当代地质科学进展与展望学术讨论会在北京举行，500多人参加。来自台湾省的地质工作者及正在北京访问的澳大利亚、法国、美国的地质工作者参加了会议。

10月19日，国务院颁发《关于表彰山东省地质矿产局第六地质队的决定》，授予该队"功勋卓著无私奉献的英雄地质队"荣誉称号。

1993年

2月5日，地矿部上海海洋地质调查局"勘探二号"钻井平台施工的浙江嵊泗一并在嵊泗海底打出淡水。

5月8日，国家教委批同意地质矿产部所属成都地质学院更名为成都理工学院。

5月11—14日，联合国亚太经社会和地质矿产部联合召开的外商投资勘查、开采矿产资源法规国际圆桌会议在北京举行。

5月22日，新闻出版署同意原由陕西省地质矿产局主办的《矿产开发报》更名为《中国矿业报》，主管部门为地质矿产部，主办部门为地质矿产部和中国矿业协会。

6月9日，地质矿产部地质研究所研究员田树刚在北京房山区崇青水库进行野外地质工作时首次发现了北京地区的恐龙化石。

6月29日，国务院副总理朱镕基主持第六次国务院常务会议，审议并原则通过《矿产资源补偿费征收管理规定》。

2月9—11日，中国地质学会第7次会员代表大会在北京举行。选举产生第35届理事会，张宏仁当选理事长。

9月4—6日，由国际勘查地球化学家协会、国家科委、地质矿产部、中国科协和中国地质学会联合主办的第16届国际地球化学勘探学术讨论会在北京举行。27个国家和地区的126人参加；中国代表共149人。我国学者提交论文167篇，外国学者提交论文120篇。

9月14日，中共中央总书记江泽民为《中国矿业报》题写了报头。

10月7日，地质矿产部天津地质矿产研究所朱世兴、阎玉忠、陈辉能3人在天津蓟县17.5亿年前的地层中发现了一个迄今最古老的宏观后生植物群。

10月16日，中央机构编制委员会办公室、地质矿产部联合印发了《关于实施〈地方地质矿产主管部门机构改革方案〉的通知》。

11月5日，西藏地质矿产局地热地质大队施工的羊八井地热田打出我国稳定性最高的地热井，温度达262.03℃。

11月14日，地质矿产部地质研究所编制的《1∶100万南极洲地质图》通过了中国南极研究学术委员会主持的评审。

12月22日，李四光地质科学奖第三次颁奖大会在北京科学会堂举行。中共中央政治局候补委员、书记处书记温家宝，中国科协主席朱光亚等向18位获奖者颁奖。

1994 年

1月1日，中国科学院院士、岩石地质学家与地质教育家池际尚逝世。3月4日，中央统战部、全国妇联、地质矿产部联合在北京举行池际尚教授事迹报告会。

1月21日，湖南省地质矿产局四一三地质队陈立昌、唐翠青发现的新矿物——"沅江"矿，经国际新矿物委员会及矿物命名委员会投票通过并颁发批准书。

1月27日，地质矿产部发布《地质岩心钻探泥浆泵系列》等15项行业标准。

2月1日，地质矿产部岩溶地质研究所完成的《中国南方岩溶塌陷研究》获得国家科委科技成果办公室"国家级重大科技成果"奖。

2月27日，国院总理李鹏签发第150号国务院令，发布《矿产资源补偿费征收管理规定》。

3月18日，1993年度国家科学技术奖励大会在北京人民大会堂举行。地矿部《中华人民共和国及其毗邻海区第四纪地质图（1：250万）及说明书》和《四川自贡大山铺中侏罗世恐龙动物群研究》获国家自然科学奖二等奖；《湖北省钟祥县杨榨大型累托石矿床的发现及矿石开发应用研究》获国家科技进步奖二等奖。

3月26日，国务院办公厅发出《国务院办公厅关于印发〈地质矿产部职能、内设机构和人员编制方案〉的通知》。

3月26日，李鹏总理签发第152号国务院令，发布施行《中华人民共和国矿产资源法实施细则》。

4月1日，化工部化学矿产地质研究院矿物学博士黄作良在导师王濮的指导下，在研究辽吉硼矿床时发现了一种新的硼酸盐矿物。为纪念已故著名地质学家袁复礼诞辰100周年，特命名为"袁复礼石"。并经国际新矿物及矿物命名委员会批准。

4月22—25日，大陆构造学术讨论会在北京举行。会代表71人，论文摘要161篇。宣读论文81篇。

5月19日，国家技术监督局意地质矿产部宝石监测中心改为国家珠宝玉石质量监督检验中心。

5月20日，地质矿产部质研究所研究员於祖相在燕山地区发现的3种铂族元素新矿物——马营矿、高台矿、双峰矿，经国际新矿物委员会及矿物命名委员会投票通过。

5月28日，国务院副总理李岚清在地矿部部长宋瑞祥、湖北省委书记关广富等陪同下，视察了中国地质大学（武汉），并题词："为谋求人类与地球和谐协调发展作出更大贡献"。

6月8日，我国著名地质学家黄汲清获1993年度陈嘉庚地球科学奖。

7月15—18日，第6届国际盐湖学术讨论会在北京召开，邹家华副总理到会讲话。来自15个国家的90余名代表和专家出席了会议。收到论文96篇。

8月12—18日，第九届国际矿床成因科学讨论会在北京举行。来自中国、美国、法国等42个国家和地区的300余名地质学家参加，收到论文900余篇。

8月28—31日，国际二叠纪地层、环境和资源学术讨论会在贵阳举行。参加会议的学者102人，其中国外学者43人，分别来自澳大利亚、加拿大等15个国家。交流论文 82 篇，口头报告 50 篇，展讲 32 篇。

9 月 16 日，国务院副总理朱镕基在地质矿产部部长宋瑞祥关于地矿队伍结构调整问题的签报上批示：地质队伍要逐步划分为"野战军"和"地方部队"。"野战军"吃中央财政，精兵加现代化设备，承担国家战略任务；"地方部队"要搞多种经营，分流人员，逐步走向企业化。

10 月 12 日，新疆塔北沙 15 井发生井喷并燃发大火。地矿部主要领导宋瑞祥、陈洲其、张文岳亲赴现场组织灭火。历时近 2 个月，在中国石油天然气总公司和当地党政军民的关怀支援下，夺取了灭火压井抢险的完全胜利。

中国科学院学部委员改称院士。中国工程院成立，5 位地质学及相关专业人士当选为院士。

1995 年

1 月 12 日，在国家科委举行的首届"何梁何利基金"颁奖大会上，黄汲清和王鸿祯分别荣获"何梁何利基金优秀奖"和"何梁何利基金奖"。

5 月 16—18 日，中国矿业协会第二次会员代表大会在北京召开。国务院副总理邹家华、全国人大常委会副委员长王光英、全国政协副主席朱光亚出席大会开幕会并作了重要讲话。

7 月 24 日，地质矿产部在北京举行新闻发布会，宣布东海"春晓一井"钻获日产原油 196.4 立方米、天然气 161.6 万立方米，取得东海油气勘探战略性重大突破。

8 月 16—19 日，地质矿产部科学技术大会在北京召开。全国政协副主席朱光亚、国家科委副主任邓楠出席大会并讲话。

8 月 22—26 日，邹家华副总理在地矿部部长宋瑞祥陪同下考察了青海柴达木盐湖、钾肥厂、格尔木炼油厂。

10 月 16 日，邹家华副总理在地矿部部长宋瑞祥陪同下，视察了地矿部上海海洋地质调查局和上海地矿局。

10 月 20—22 日，地质矿产部与云南省、四川省、西藏自治区政府联合在昆明召开了西南三江资源富集区矿产勘查开发研讨会。

11 月 1—3 日，第三届全国青年地质工作者学术讨论会在北京举行。138 名代表与会，84 篇论文参加交流。

12 月 18—21 日，全国"八五"地质科技重要成果学术交流会在北京举行。13 个部委系统 160 位代表出席，332 篇论文进行了交流。

12月18日，豫、陕两省小秦岭金矿区矿业秩序治理整顿工作会议在北京召开。国务院副总理邹家华出席并作重要讲话。

12月30日—1996年1月2日，全国地矿厅局长会议在江苏张家港召开。地矿部部长宋瑞祥作了题为《加快推进"两个转变"全面开展"二次创业"》的报告。

1996 年

1月15—21日，中共中央政治局委员国务院副总理邹家华由地矿部部长宋瑞祥陪同到陕西考察。邹家华强调"矿产资源勘查、开发要实行区块管理的办法"。

1月20日，我国1∶20万区域水文地质调查工作全部完成。

1月23日，国务院第九十七次总理办公会议决定成立全国矿产资源委员会。国务院副总理邹家华兼任主任，地质矿产部部长宋瑞祥兼任副主任，具体工作由地矿部承担。

1月31日，李四光地质学奖第四次颁奖大会在全国政协会议厅隆重举行。国务院副总理邹家华、国务委员兼国家科委主任宋健、中国科协主席朱光亚等国家领导人为程裕淇、王鸿祯等18位获奖专家颁奖。

2月6日，国际大陆科学钻探计划组织正式成立，中国是发起国，也是首批三个成员国之一。

3月13日，应"两会"（八届全国人大四次会议、八届全国政协四次会议）新闻中心邀请，地矿部在人民大会堂举行记者招待会。宋瑞祥部长就我国地质勘查工作和矿产资源形势等问题回答了中外记者的提问。

3月25—27日，中央国家机关中共党史人物传第二次研究会在地矿部十三陵培训中心召开。中央党史领导小组副组长邓力群、中央党史人物研究会会长李力安、地矿部原部长孙大光出席会议并讲话。

4月3日，国务院副总理、全国矿产资源委员会主任邹家华主持召开全国矿产资源委员会第一次全体会议并讲话。

4月22日，以"保护资源保护环境保护地球"为内容的"世界地球日"宣传咨询活动在全国各地举行。地矿部宋瑞祥部长发表纪念文章，陈洲其、蒋承菘副部长上街参加咨询。

4月23日，以国家海洋局南极办公室主任陈立奇为团长的一行四人参加了在德国布莱梅港举行的国际北极科学委员会1996年区域委员会、委员会年会和委员会理事会会议。会议通过中国为北极科学委员会的正式成员国。

4月26日，国务院总理李鹏为全国矿产资源委员会成立题词："开发保护矿产，合理利用资源"。

5月17日，煤炭工业部、地质矿产部、中国石油天然气总公司共同组建的中联煤层气有限责任公司在北京人民大会堂宣告成立。国家主席江泽民题词："依靠科技进步，发展煤层气产业，造福人民"；国务院总理李鹏题词："突破煤层气，开发新能源"。

5月18日，河北地质学院更名为石家庄经济学院。

7月25日，国家主席江泽民为全国矿产资源委员会成立题词："合理开发利用资源，促进经济可持续发展"。

8月4—14日，第30届国际地质大会在北京举行。参加大会的有来自100多个国家和地区的6186人，其中我国学者3547人。收到论文摘要8176篇。会议组织了74条地质旅行路线，有国内外与会者1035人参加考察。有24个国家179个单位参加科技展览的展出，参观者超过3万人次。

8月4—14日，第30届国际地质大会在北京召开。国务院总理李鹏和邹家华、钱其琛、温家宝、宋健、罗干、朱光亚等党和国家领导人以及国务院各有关部门、北京市人民政府、国际地学组织的负责人出席了开幕式。来自世界102个国家和地区的6180位地学专家出席了大会。

8月7日，国家主席江泽民在北戴河会见出席第30届国际地质大会的中外地学界知名人士时说："地质科学负有重大历史责任，是大有前途的科学。"

8月29日，《中华人民共和国矿产资源法（修正案）》在第八届全国人大常委会第二十一次会议上获得通过，国家主席江泽民签署第74号主席令予以公布，自1997年1月1日起施行。

9月2日，中国地质博物馆代馆长季强研究员在博物馆科研成果发布会上对鸟类起源和早期演化提出新见解，认为产于辽宁北票中生代侏罗纪地层中的原始中华龙鸟是鸟类的始祖。

10月5—9日，地质矿产部矿产勘查开发工作会议在西安举行。

11月2—4日，地质矿产部和陕、甘、宁、青、新、蒙六省区在新疆库尔勒市联合召开西北地区地下水资源勘查开发座谈会。国务院副总理邹家华出席会议并讲话。

11月4—9日，中国地质学会地层古生物专业委员会与比利时地质调查所共同组织的国际石炭纪地层委员会杜内－维宪统工作组野外会议，在桂林和柳州举行。

11月29日，李四光地质科学奖第三届委员会第一次会议在北京举行，宋瑞祥部长当选为第三届委员会主任。

12 月 7 日，国务院批复地质矿产部《关于成立中国新星石油有限责任公司的请示》，同意组建中国新星石油有限责任公司。

12 月 10 日，中国地质博物馆举行建馆 80 周年庆祝会。国务院副总理邹家华出席并讲话。

1997 年

1 月 23 日，地质矿产部、湖北省人民政府在人民大会堂联合召开《李四光全集》出版座谈会。全国政协主席李瑞环出席会议，中共中央政治局候补委员温家宝到会讲话。

1 月 24 日，中国新星石油有限责任公司成立大会在北京人民大会堂举行。国务院副总理邹家华到会讲话。

4 月 16—19 日，中国地质学会第 35 届、36 届理事会暨年度学会工作会议在北京召开。宋瑞祥当选为第 36 届理事会理事长。

4 月 20—23 日，地质矿产部"八五"科技工作先进集体、先进个人表彰会暨科技成果交流会在中国地质大学（北京）学术交流中心召开。

4 月 26—30 日，岩溶作用与碳循环国际研讨会在广西荔浦举行。来自日本、越南、美国、俄罗斯和中国 96 位学者参加。

7 月 3 日，李鹏总理签署国务院令，发布《国务院关于修改〈矿产资源补偿费征收管理规定〉的决定》，自发布之日起施行。

7 月 28 日，地质矿产部中地工程集团在北京成立并举行中地工程集团发展战略研讨会。中共中央政治局委员、国务院副总理邹家华为集团成立揭牌并讲话。

8 月 5—15 日，地质矿产部部长宋瑞祥赴四川、甘肃等地调研，与四川省省长宋宝瑞，甘肃省委书记阎海旺、常务副书记郭琨进行商谈，分别就共同勘查开发四川、甘肃矿产资源达成一致意见。

8 月 17—20 日，大别—苏鲁地区大陆科学钻探选址国际研讨会在山东省青岛市举行。

8 月 26 日，俄罗斯国家贵重物资管委会代表团访问地质矿产部，国务院副总理李岚清会见代表团成员，地矿部部长宋瑞祥与代表团就双方在金刚石和贵金属勘探、开采、加工、销售领域的合作举行了会谈，并达成合作协议。

9 月 20 日，全国人大常委会副委员长费孝通、地矿部副部长张宏仁为地矿部与江苏省常州市政府合作兴建的中华恐龙馆奠基。

10月5日，国务院副总理邹家华视察辽宁省北票市四合屯中华龙鸟化石产地。陪同人员有地矿部部长宋瑞祥，辽宁省委书记、省长闻世震等。

10月19—21日，矿业城市发展研讨会在河南省平顶山市召开。国务院副总理邹家华、中国市长协会会长贾庆林给大会发来贺电。

11月4日，中国地质大学在北京隆重召开建校45周年庆祝大会。中共中央政治局常委、全国政协主席李瑞环题词："培养优秀人才　发展地球科学"。中共中央政治局委员、书记处书记温家宝题词："艰苦朴素　求真务实"。全国政协副主席叶选平题词："献身地质　报效祖国"。全国政协副主席钱伟长题词："加强教育　培养一代新人"。

11月10日，中华人民共和国政府和俄罗斯政府关于发展两国金刚石－钻石领域的合作协定签字仪式在北京人民大会堂举行。地矿部部长宋瑞祥代表中国政府在协定上签字。

11月19—21日，全国地勘行业工作座谈会在北京召开。国务院副总理邹家华到会并作重要讲话。

12月9—12日，全国海洋地质科技工作会议在北京人民大会堂召开。国务院总理李鹏给大会发来贺信，副总理邹家华、国务委员兼国家科委主任宋健出席会议并讲话。

12月18日，由国防大学和地质矿产部共同举办的七集电视连续剧《何长工》首映式于何长工逝世10周年之际在人民大会堂举行。刘华清、迟浩田、温家宝、罗干、张震和萧克等出席首映式。

12月20日，地质矿产部航空物探遥感中心完成了《南沙群岛及其海域综合调查》项目任务。

12月24日，宋瑞祥主编的《党和国家领导人与地质矿产工作》出版座谈会在北京人民大会堂举行。文集汇集了毛泽东、邓小平、江泽民三代领导集体为地矿工作的题词80幅，视察地矿工作的照片76幅，批示、重要讲话、文章89篇，共约30万字。

12月27—31日，全国地矿厅局长会议在南京召开。地矿部部长宋瑞祥作题为《高举旗帜，加快调整，为下世纪初我国经济可持续发展提供资源保证》的报告。

1998年

2月12日，李鹏总理签署第240号、第241号、第242号国务院令，发布《矿产资源勘查区块登记管理办法》《矿产资源开采登记管理办法》和《探矿权采矿权转让管理办法》。

2月24日，地质矿产部部长宋瑞祥就国务院令发布的《矿产资源勘查区块登记管理办法》《矿产资源开采登记管理办法》和《探矿权采矿权转让管理办法》的实施等有关问题，回答了《中国地质矿产报》记者的提问。

3月3日，为纪念周恩来同志诞辰100周年，地质矿产部部长宋瑞祥在《中国地质矿产报》发表《周恩来与地质矿产事业》的纪念文章。

3月10日，第九届全国人民代表大会第一次会议通过国务院机构改革方案，由原地质矿产部、原国家土地管理局、国家海洋局和国家测绘局共同组建国土资源部。

4月8日，国土资源部成立大会在全国政协常委会议厅举行。国务院副总理温家宝出席会议并讲话。中共中央组织部部长张全景宣布国土资源部领导班子组成人员并讲话。

5月7—9日，在中国科协主办的第3届全国减轻自然灾害学术讨论上，中国地质学会承办了"减轻地质灾害专家论坛"。

6月16日，国务院批准《国土资源部职能配置、内设机构和人员编制规定》即"三定"方案。

8月20—26日，第9届国际地质年代学、宇宙年代学与同位素地质学大会在北京举行。来自24个国家和地区的300多位学者与会，其中国外代表和陪同180余人，大会论文摘要328篇。

9月8日，中国大陆科学钻探工程科学顾问委员会在北京成立。程裕淇任主任。

9月18—25日，第8届国际工程地质大会在加拿大温哥华举行。王思敬院士当选为第9届国际工程地质协会主席。

10月4—14日，岩溶作用与碳循环国际讨论会在桂林举行。与会代表33人，收到论文20篇，德国、法国和澳大利亚等国的代表参加会议。

12月3日，国土资源部咨询研究中心成立大会召开。

1999年

1月12日，国土资源部召开编制《全国矿产资源总体规划纲要》座谈会。

5月25—29日，中国前寒武纪及早古生代地层讨论会在中国地质大学（北京）举行。60余人与会，收到论文60篇。

7月12日，国土资源部信息中心成立。

7月16日，中国地质调查局暨中国地质科学院重新组建大会北京召开。

8月7—10日，海峡两岸暨香港、台湾地质科学讨论会和世界华人地质科学讨论会同时在北京举行。会议由中国地质学会、香港地质学会联合、台湾大学地质学系主办。到会地质学家120位，其中香港学者5人、台湾学者22人、世界各地华人学者8人。交流论文近80篇。

9月6日，国务院副总理温家宝在国土资源部《关于加强西部地区找水工作情况的报告》上批示："长期以来，地质工作者为西部地区找水作出了重大贡献。要继续把这项工作摆到地质工作的重要位置，加强科学研究，充分运用先进技术，使找水工作取得明显的成效。"

9月9—11日，为庆祝中华人民共和国成立50周年和新中国地质学50年，地质学史研究会、中国地质大学（北京）和北京大学地质系举办的新中国地质科学50年——回顾与展望学术讨论会在北京举行。

9月27日，国家发展计划委员会批准实施中国大陆科学钻探工程项目，即在江苏省东海县开钻5000米深井。

10月25—29日，大陆构造及大陆变形暨第六届地质力学学术讨论会在北京举行。与会代表124人。26日上午代表们出席了纪念李四光诞辰110周年大会。

10月26日，国土资源部、中国科学院、中国科协在全国政协常委会会议厅联合举行纪念李四光诞辰110周年大会。会上颁发了李四光地质科学奖。国务院总理朱镕基对获奖者和《中国地质学》（扩编版）出版发行表示祝贺。国务院副总理温家宝出席纪念大会并发表重要讲话。

2000年

2月2日，国务院副总理温家宝在国家海洋局通过卫星电话，听取南极考察队的工作汇报并代表党中央、国务院和全国人民，向春节期间正在南极考察的中国第十六次南极考察队队员祝贺新春。

4月，地质矿产部南京地质学校并入东南大学。

5月27日，国务院副总理温家宝出席第三届全国地层会议并作重要讲话。

6月3—4日，中国地质学会第37届理事会扩大会议在北京召开。

8月2—4日，第二届世界华人地质科学讨论会在美国旧金山斯坦福大学举行。来自中国大陆、中国台湾、中国香港及世界各地130余华人地质学家参加会议。会议由海外华人地球科学技术协会、中国地质学会、国家自然科学基金委员会、台湾大学、台湾中央大学、香港大学共同主办，美国斯坦福大学地质学系承办。收到论文摘要 140 余篇。

8 月 4—19 日，中国代表团出席在巴西里约热内卢召开的第 31 届国际地质大会。

8 月 6—28 日，第 31 届国际地质大会在巴西里约热内卢举行。大会的主题是：地质学与可持续发展——第三个千年的挑战。中国代表 181 人参加。大会邀请我国 14 位地质学家主持专题讨论会和学科讨论会。中国地质学家提交了 100 多篇论文、100 余份展讲图版，其中 50 多人作了口头发言。

9 月 29 日，国务院副总理温家宝听取 21 世纪初期首都水资源利用规划汇报会。

11 月 9—17 日，《中老两国合作开发老挝万象地区钾盐的原则协议》在老挝万象签署。正在老挝进行国事访问的江泽民主席和老挝国家主席坎代·西潘敦出席了签字仪式。

12 月 23—26 日，全国国土资源厅局长会议在北京召开。25 日下午，国务院副总理温家宝出席会议并作重要讲话。

12 月 20—22 日，全国"九五"地质科技重要成果学术交流会在北京举行。参会代表 200 余人，收到论文 300 余篇，150 余篇参加会议交流。

2001 年

1 月 4 日，国务院办公厅印发《关于转发国家经贸委管理的国家局所属地质勘查单位管理体制改革实施方案的通知》（国办发〔2001〕2 号）。

12 月，国土资源部颁布《地质队伍"野战军"组建总体方案》（国土资发〔2001〕406 号）。

在国土资源大调查专项的框架下，开始 1：100 万海洋区域地质调查工作。

2002 年

1 月，国土资源部油气资源战略研究中心正式成立。

10 月 15 日，"新中国地质工作 50 周年暨中国地质学会成立 80 周年纪念大会"在人民大会堂隆重举行。温家宝、邹家华、朱光亚等出席大会。

12 月，国土资源部批复《中国地质调查局直属单位结构调整方案》（国土资函〔2002〕156 号批复）。

颁布《关于印发〈国土资源部矿业权审批会审制度〉的通知》（国土资发〔2002〕270 号）。

2003 年

6月11日，国土资源部颁布《探矿权采矿权招标拍卖挂牌管理办法（试行）》（国土资发〔2003〕197号）。

9月4日，国务院办公厅印发《关于深化地质勘查队伍改革有关问题的通知》（国办发〔2003〕76号）。

9月19日，国土资源部印发《关于加强地方和行业公益性地质调查队伍建设的意见》（国土资发〔2003〕358号）。

2004 年

4月21日，国务院印发《国务院关于做好省级以下国土资源管理体制改革有关问题的通知》（国发〔2004〕12号）。

4月29日，中组部印发《中共中央组织部关于调整省级以下国土资源主管部门干部管理体制的通知》（组通〔2004〕22号）。

7月30日，中央机构编制委员会印发《中国地质调查局主要职责内设机构和人员编制规定》。

9月，经国务院同意，国土资源部开始实施"全国危机矿山接替资源找矿专项"。

2005 年

国务院印发了《国务院关于全面整顿和规范矿产资源开发秩序的通知》（国发〔2005〕28号）。

国土资源部制定了《关于规范勘查许可证采矿许可证权限有关问题的通知》（国土资发〔2005〕200号）。

中国实现了1∶20万或1∶25万区域地质调查全覆盖。

2006 年

1月20日，国务院印发《关于加强地质工作的决定》（国发〔2006〕4号）。

1月24日，国土资源部印发《关于进一步规范矿业权出让管理的通知》（国土资发〔2006〕12号）。

2月10日，财政部、国土资源部、环保总局印发《关于逐步建立矿山环境治理和生态恢复责任机制的指导意见》（财建〔2006〕215号）。

7月13日，财政部、国土资源部联合发布了《中央地质勘查基金（周转金）管理暂行办法》。

10月25日，财政部、国土资源部印发《关于深化探矿权采矿权有偿取得制度改革有关问题的通知》（财建〔2006〕694号）。

12月8日，国土资源部印发《关于加强地质勘查行业管理的通知》（国土资发〔2006〕288号）。

《中央地质勘查基金（周转金）管理暂行办法》（财建〔2006〕342号）文件颁布。

国土资源部颁发《关于暂停受理煤炭探矿权申请的通知》（国土资发〔2007〕20号）。

航遥中心负责开始启动实施矿产资源开发多目标遥感调查和监测工作。

我国开展了为期8年的重要矿产资源潜力评价工作。

2007 年

通过深水保温保压钻探取样，在南海神狐海域首次获取了天然气水合物实物样品，圈定矿藏面积128平方千米。

2008 年

3月2日，国务院总理温家宝以中华人民共和国国务院令第520号公布《地质勘查资质管理条例》，自2008年7月1日起施行。

2008年3月，国土资源部实施"全国矿业权实地核查专项"。

5月12日，汶川特大地震发生后，中国地质调查局于当晚组织灾情应急调查。在第一时间向国务院提交了北川等重灾区航空遥感影像。

7月29日，国务院批准了"海洋地质保障工程"的总体实施方案。

12月，国土资源部下发了《关于大力推进浅层地温能开发利用的通知》。

2009 年

3月，国土资源部印发《开展"地质找矿改革发展大讨论"工作方案的通知》。

2010 年

4月，国土资源部印发《国土资源部关于巩固和扩大地质找矿改革发展大讨论成果的通知》（国土资发〔2010〕58号）;《国土资源部关于构建地质找矿新机制的若干意见》（国土资发〔2010〕59号）。

国土资源部印发《关于进一步加强地质勘查行业服务与管理的若干意见》（国土资发〔2010〕60号）;《关于促进国有地勘单位改革发展的指导意见》（国土资发〔2010〕61号）。

2011 年

国务院批准实施《找矿突破战略行动纲要（2011—2020年）》。

2012 年

国土资源部印发《关于开展重要矿产资源"三率"调查与评价工作的通知》。

2013 年

中国地质调查局启动了"我国主要矿产资源对2020—2030年国民经济建设保障程度论证"专项。

中国地质调查局启动了全国干热岩调查评价。

2014 年

青海省水文地质工程地质环境地质调查院在共和盆地地下2230米处成功探获温度达153℃的干热岩。

2015 年

首次发现具有皮膜翅膀的小型恐龙。

利用综合地球物理方法探测古地幔柱作用"遗迹"。

首次揭示南极大陆岩石圈三维构造格架。

天然金属铀的首次发现。

神狐及其邻近海域天然气水合物资源勘查取得重大突破。

鄂尔多斯盆地环江整装大油田勘探新突破。

国土资源部颁布《历史遗留工矿废弃地复垦利用试点管理办法》（国土资规〔2015〕1号）。

5月21日，由中国地质调查局组织实施的我国东南沿海首个干热岩科学钻探深井，在龙海市东泗乡清泉林场开钻。在我国尚属首次，钻探深度将达4000米，尤其在东南沿海花岗岩地区实施4000米深钻，具有很强的探索性和挑战性，这标志着我国干热岩勘查开发进入实践探索阶段。

12月　由山东省第三地质矿产勘查院实施的莱州三山岛北部海域金矿床详查项目顺利结束，探获中国首个超大型海上金矿。

松辽盆地科学钻探"松科2井"成功突破4000米，深井大口径取心钻进工艺取得突破性成果。

2016年

7月1日，国土资源部等五部委联合印发《关于加强矿山地质环境恢复和综合治理的指导意见》（国土资发〔2016〕63号）。

9月，国土资源部党组制定"三深一土"国土资源科技创新战略。

在珠江口盆地西部海域发现了大规模的"海马冷泉"。

2017年

3月6日，由国土资源部中国地质调查局组织实施的南海神狐海域天然气水合物试采工程作业船"蓝鲸1号"从烟台启航。

国土资源部印发《关于加快建设绿色矿山的实施意见》（国土资规〔2017〕4号）。

2018年

3月，中华人民共和国第十三届全国人民代表大会第一次会议表决通过了关于国务院机构改革方案的决定，批准成立中华人民共和国自然资源部。

5月26日，松辽盆地大陆深部科学钻探工程即松科二井，历时4年多时间，胜利完井。

6月，国际地质科学联合会批准把寒武系第三统暨第五阶的全球标准层型剖面和点位（"金钉子"）建立我国在贵州省黔东南州剑河县八郎村。

11月，自然资源部印发《矿产资源国情调查试点工作方案》。

2019年

12月，自然资源部印发《自然资源部关于探索利用市场化方式推进矿山生态修复的意见》（自然资规〔2019〕6号）。

2020年

5月27日，珠峰高程测量登山队8名攻顶队员从北坡登上珠穆朗玛峰峰顶，成功地完成了峰顶测量任务。

自然资源部、财政部联合印发《中央重点生态保护修复资金项目储备库入库指南（2020年）》和《中央特大型地质灾害防治资金项目储备库入库指南（2020年）》。

2021年

1月，自然资源部办公厅印发《地理信息公共服务平台管理办法》，规定平台实行一体化建设模式，各级节点充分共享有关数据和软件系统；鼓励各地建立地理信息要素变化快速发现机制；建立健全自然资源领域以外的专题地理信息数据资源共享协调机制。

2月，自然资源部印发《自然资源三维立体时空数据库建设总体方案》，明确围绕7类自然资源，构建国家级自然资源三维立体时空数据库，实现对各类自然资源调查监测数据成果的逻辑集成、立体管理和在线服务应用，形成自然资源调查监测一张底版、一套数据。

4月，资源三号03星通过在轨测试评审，这标志着在轨测试圆满完成。资源三号03星是自然资源部作为主用户的重要自主卫星数据源，它是在资源三号02星技术状态的基础上进行了继承和适当优化，星上搭载了三线阵立体测绘像机、多光谱像机、激光测高仪等有效载荷，设计寿命由资源三号02星的5年延长至8年。

5月26日，自然资源部中国地质调查局正式宣布"地质云3.0"上线服务。

5月，自然资源部办公厅印发了《地质勘查活动监督管理办法（试行）》（自然资办发〔2021〕42号）。

5月，自然资源部发布《关于促进地质勘查行业高质量发展的指导意见》（自然资发〔2021〕71号）。

10月，自然资源部先后批复浙江省嘉兴市、湖南省株洲市、贵州省贵阳市、江苏省徐州市作为国家新型基础测绘建设试点城市。

12月，我国苏北盆地页岩油勘探获重大突破，中国石化华东石油局在苏北盆地部署的三口页岩油探井均获高产页岩油流，初步落实资源量3.5亿吨，开辟了苏北盆地原油资源战略接替阵地。

2022年

4月28日，我国"巅峰使命"珠峰科考全面启动。5月4日，"巅峰使命2022"珠峰科考队成功登顶珠峰8848.86米，成功架设世界海拔最高的自动气象站。

10月2日，习近平总书记给山东省地矿局第六地质大队全体地质工作者回信，鼓励他们"奋力书写'英雄地质队'新篇章"。

附 录

中国地质学会会歌

1940年，尹赞勋、杨钟健作词
黎锦晖作曲

大哉我中华！大哉我中华！

东水西山，南石北土，真足夸。

泰山五台国基固，震旦水陆已萌芽，

古生一代沧桑久，矿岩化石富如沙。

降及中生代，构造更增加，生物留迹广，湖泊相屡差。

地文远溯第三纪，猿人又放文明花。

锤子起处发现到，共同研讨乐无涯。

大哉我中华！大哉我中华！